shiliwanmeishouce

新手学

XINSHOUXUE

实例完美手册

入门 进阶 提高 精通

新手学 Pro/ENGINEER Wildfire 3.0 模具实例制作完美手册

王 涛 /主编

零起点轻松学电脑 应用实例提高技能

XINSHOUXUESHILIWANMEISHOUCE

UESTCP 电子科技大学出版社

图书在版编目（CIP）数据

新手学 Pro/ENGINEER Wildfire 3.0 模具实例制作完美手册/王涛主编. 一成都：电子科技大学出版社，2008.10

ISBN 978-7-81114-965-4

Ⅰ. 新… Ⅱ. 王… Ⅲ. 模具－计算机辅助设计－应用软件，Pro/ENGINEER Wildfire 3.0 Ⅳ. TG76-39

中国版本图书馆 CIP 数据核字（2008）第 129607 号

内 容 提 要

Pro/ENGINEER Wildfire 是 CAD/CAE/CAM 软件的代表，主要包括三维实体建模、装配模拟、加工仿真、NC 自动编程、有限元分析等常用模块，还包括模具设计、钣金设计、电路布线、装配管路设计等专用模块。本书采用“基本操作入门 + 典型实例进阶 + 自己动手提高”的全新体系结构，从零开始，通过丰富的实例和翔实的图文讲解，全面地介绍了 Pro/ENGINEER Wildfire 在工业设计、机械设计、模具设计、机构分析等方面的应用方法和技巧，目的是让读者先入门，再提高，然后达到精通应用的水平。

全书共分 10 章。1 ~ 9 章主要讲解 Pro/ENGINEER Wildfire 3.0 的基本操作、基于约束的草图绘制、基准特征控制、常用实体特征介绍、工程特征的建立、高级建模特征、特征操作和零件装配等；最后一章为综合实例讲解，将本书所学知识融入到综合实例中，巩固学习知识。

本书内容丰富多彩，知识点层次分明，从基础知识到专业制作都有详细的介绍，适合于学习 Pro/ENGINEER Wildfire 的初、中级读者阅读，也可作为相关院校及培训机构的配套教材，是学习与掌握 Pro/ENGINEER Wildfire 软件的理想用书。

新手学 Pro/ENGINEER Wildfire 3.0 模具实例制作完美手册

王 涛 主编

出 版：电子科技大学出版社（成都市一环路东一段 159 号电子信息产业大厦 邮编：610051）
责任编辑：吴艳玲
主 页：www.uestcp.com.cn
电子邮箱：uestcp@uestcp.com.cn
发 行：新华书店经销
印 刷：四川省南方印务有限公司
成品尺寸：185mm×260mm 印张 25 字数 640 千字
版 次：2008 年 10 月第一版
印 次：2008 年 10 月第一次印刷
书 号：ISBN 978-7-81114-965-4
定 价：46.00 元（含 1 张学习光盘）

前　言

您适合本书吗

- 对相关软件有一定的了解，但基础不太好，应用不熟练的读者；
- 掌握了相关软件的基本功能，但需进一步深入了解和掌握的读者；
- 缺乏操作技巧和工作应用经验的读者；
- 希望从零开始，全面了解和掌握相关软件技能的读者；
- 希望实现“初学电脑→操作电脑→应用电脑→电脑高手”完美蜕变的读者。

本书的特色

基础讲解·实例巩固　从基础入手，在章节开始以知识讲解的形式介绍本章节知识的内容及应用范围等。结合“经典实例”讲述知识点，以实例的形式再次巩固练习。

重点知识·醒目提示　对日常应用中容易出错的知识点，都通过“小知识”、“提示”或者“注意”等形式醒目地罗列出来，以免读者在实际操作中再度出现这样的错误。

一问一答·深入学习　在章末都添加了“有问必答”环节，此环节以一问一答的形式，加深读者对知识点的了解，同时提升知识点内涵。

综合实例·应用提高　设置重点知识综合实例应用，将书中介绍的知识进行融合，使所学知识灵活应用到实际操作中，达到学以致用的效果。

配套多媒体教学光盘　为了方便读者自学使用，本书还配套了交互式、多功能、超大容量的多媒体教学光盘。教学光盘既是图书内容的互补讲解，又是一套完整的教学软件。

精彩内容导读

本书从基础入手，详细介绍了 Pro/ENGINEER Wildfire 在工业设计、机械设计、模具设计、机构分析等方面的应用，同时全方位介绍了该软件的各项功能的具体用法，注重实例覆盖知识点，在详细的知识讲解后紧跟经典实例，使读者通过动手操作能够快速掌握知识技巧。

全书主要内容包括：Pro/E Wildfire 概述、Pro/E Wildfire 3.0 基本操作、参数化草图绘制、基准特征、基本特征的建立、放置特征的建立、高级建模特征、特征的操作、零件装配、综合实例等。

作者致谢

真诚地感谢读者选择本书。由于时间仓促及作者水平有限，书中不妥之处在所难免，敬请读者批评指正，我们的邮箱：YDKJBOOK@126.com。

编　者

CD-ROM

多媒体教学光盘使用说明

光盘使用方法

请将光盘放入电脑光驱中，光盘将自动运行出现下图所示的主界面。如果光盘自动运行失败，请手动打开“我的电脑”，并打开光盘，双击光盘中的“Autorun.exe”文件，也可以进入光盘的主界面。

光盘主界面

运行环境要求

- 操作系统：Windows 98/Me/2000/XP/2003
- 屏幕分辨率：1024×768 像素以上，16 色以上
- CPU 与内存：CPU Pentium 200 以上，内存 256MB 以上
- 其他：配备声卡、音箱或耳麦

光盘内容说明

为了方便读者的学习，我们随书赠送了多媒体教学光盘，相信该光盘会对读者的学习有所帮助。下图是多媒体学习光盘的演示界面。

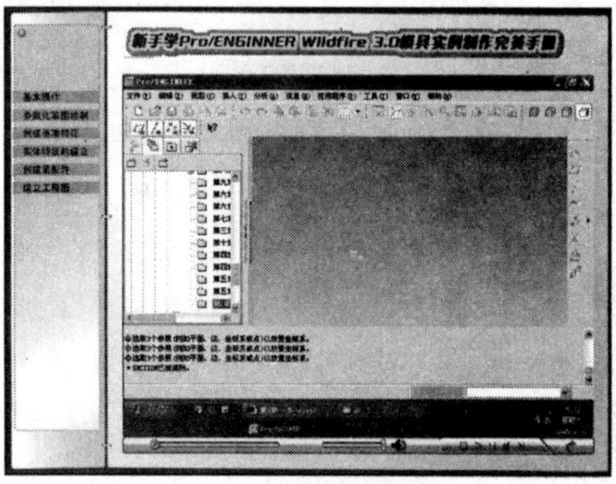

多媒体演示界面

演示内容说明

多媒体学习光盘直观形象，内容丰富。单击光盘主界面上的目录控制按钮，可进入相应的学习内容模块进行互动学习。

控制按钮说明

：此键为“后退”按钮。

：此键为“前进”按钮。

：此键为“暂停”按钮。

：此键为“返回”按钮。

目　录

第01章 Pro/E Wildfire 概述

第02章 Pro/E Wildfire 3.0 基本操作

第 03 章 参数化草图绘制

第 04 章 基准特征

第 06 章 放置特征的建立

第 07 章 高级建模特征

目录

第08章 特征的操作

第09章 零件装配

第10章 综合实例

Study

Chapter 01

Pro/E Wildfire 概述

学习导航

Pro/ENGINEER（也可简称为 Pro/E）软件自 1988 年推出以来，广泛应用于工业设计、机械设计、模具设计、机构分析、有限元分析、加工制造及关系数据库管理等领域。目前该软件已经成为应用最广泛的 CAD/CAE/CAM 软件之一。本章主要介绍 Pro/ENGINEER 的基本知识，以及安装运行、模型的设计环境等。

本章要点

- CAD/CAE/CAM
- 全相关特性
- 参数化设计
- 参数化建模
- 全尺寸约束
- 特征参考
- 尺寸驱动
- 基准特征

1.1 Pro/E Wildfire 软件介绍

Pro/ENGINEER Wildfire 作为应用最广泛的 CAD/CAE/CAM 软件之一，它具体包含哪些模块、哪些功能？它的新版本又有什么样的新增功能呢？

1.1.1 Pro/E Wildfire 特征

Pro/ENGINEER Wildfire 3.0 是美国 PTC（Parametric Technology Corp）公司于 2006 年推出的最新版本。Pro/ENGINEER Wildfire 软件的功能非常强大，它可以完成从产品设计到制造的全过程，为工业产品设计提供了完整的解决方案。

该软件主要包括三维实体建模、装配模拟、加工仿真、NC 自动编程、有限元分析等常用模块，还包括模具设计、钣金设计、电路布线、装配管路设计等专用模块。

Pro/ENGINEER Wildfire 也是 CAD/CAE/CAM 软件的代表。由它提出的基于特征、全参数化、全相关、单一数据库及数据再利用等概念改变了传统的 MDA（机械设计自动化（Mechanical Design Automation）观念。这种全新的观念成为当今世界机械设计自动化领域的新标准，利用此概念开发的 Pro/ENGINEER Wildfire 实现了并行工程，能够让多个用户同时进行同一产品设计、制造。这大大缩短了产品开发的周期，降低了设计、生产、产品测试等环节的生产成本。

Pro/ENGINEER Wildfire 的主要技术特点如下：

1. 基于特征的参数化造型

将一些具有代表性的几何形体定义为特征，并将其所有尺寸作为可变参数，例如，倒圆角特征、倒直角特征等，并以此为基础进行更为复杂的几何形体构造。产品的生成过程其实就是多个特征的叠加过程。

2. 全相关特性

Pro/ENGINEER Wildfire 软件的所有模块都是全相关的，使用同一个数据库。因此在产品开发过程中在任何一种模块中进行的修改，都不会扩展到整个过程，系统会自动更新所有的相关文档，这大大缩短了修改的时间。

3. 全尺寸约束

将特征形状与尺寸结合起来，通过尺寸约束实现对几何形状的控制，造型必须以完整的尺寸参数为出发点，不能漏标尺寸（欠约束），也不能多标尺寸（过约束）。

4. 尺寸驱动设计修改

通过修改尺寸参数可以很容易地进行多次设计迭代，实现产品的开发。

1.1.2 Pro/E Wildfire 3.0 的新增功能

Pro/ENGINEER Wildfire 3.0 蕴涵了丰富的最佳实践，可以帮助用户更快、更轻松地完成工作。该版本是 PTC 有史以来质量最高的 Pro/ENGINEER 新版本。

3.0 新版本中用于提高个人效率的功能有：

（1）快速草绘工具——该工具减少了使用和退出草绘环境所需的点击菜单次数，它可以处理大型草图，使系统性能提高了 80%之多。

（2）快速装配——流行的用户界面和最佳装配工作流程可以大大提高装配速度，速度快了 5 倍，同时，对 Windows XP 64 位系统的最新支持允许处理超大型部件装配。

（3）快速制图——这是给传统 2D 视图增加着色视图的功能，有助于快速阐明设计概念和清除含糊内容。对制图环境的改进将效率提高了 63%。

（4）快速钣金设计—— 捕作设计意图功能使用户能以比以往快 90%的速度快速建立钣金特征，同时能将特征数目减少 90%。

（5）快速 CAM——制造用户接口增强功能加快了制造几何图形的建立速度，快了 3 倍。

（6）流程效率是 Pro/ENGINEER Wildfire 3.0 改进的第二个方面。其重要功能包括：

- 智能流程向导——系统新增的可自定义流程向导蕴涵了丰富的专家知识，它能让公司针对不同流程来选用专家的最佳实践和解决方案。
- 智能模型——把制造流程信息内嵌到模型中，该功能让用户能够根据制造流程比较轻松地完成设计，并有助于形成最佳实践。
- 智能共享——新推出的便携式工作空间可以记录所有修改过、未修改过和新建的文件，它可以简化离线访问 CAD 数据工作，有助于改进与外部合作伙伴的协作。
- 与 Windchill®和 Pro/INTRALINK®的智能互操作性——重要项目的自动报告、项目只有发生变更时才快速检出，以及模型树中新增的报告数据库状态的状态栏，提供了一个高效的信息访问过程。

1.2　Pro/E Wildfire 3.0 中文版的安装运行

Pro/E Wildfire 的安装一直以来困扰着初学者，因为每种版本的安装步骤略有不同，有时即使是有经验的用户也会装几次才能正确装上，那么一般的步骤是怎样的呢？

1.2.1　Pro/E Wildfire 3.0 的系统及硬件要求

1．操作系统要求

Pro/ENGINEER Wildfire 3.0 不支持 Windows 98 操作系统，因此推荐采用 Windows 2000、Windows NT、Windows XP 或 Windows 2003 操作系统作为运行环境。

2．计算机硬件要求

Pro/ENGINEER Wildfire 较以往的版本对硬件要求更高，在 Windows 操作系统下，有如表 1-2-1 所示的硬件要求。

提示

Pro/E Wildfire 最低配置虽然能够运行，但速度很慢，硬件应该尽量达到推荐水平，特别是内存，越大越好。

表 1-2-1 硬件要求

名称	说明
处理器	CPU 主频最低 233MHz，推荐 800MHz 以上
网卡	物理网卡或安装虚拟网卡
内存	内存最低 128MB，推荐 512MB 或更大
磁盘空间	硬盘空间至少 1.2GB，如果完全安装至少 2.5GB
显示器	1024×768 分辨率，256 色
显卡	显卡支持 OpenGL，显存最低 16MB，推荐 64MB 或更大
鼠标	3 键滚轮鼠标

1.2.2 Pro/E Wildfire 3.0 的安装

下面在 Windows XP 系统中安装 Pro/ENGINEER Wildfire 3.0，如果采用其他操作系统，可能会有一定的差异，但可以参考如下安装过程。

注意

在安装之前一定要关闭防火墙和杀毒软件。

1. 授权文件

授权文件用来代表软件的合法性，扩展名一般为“.dat”或“.txt”。授权文件是安装 Pro/ENGINEER Wildfire 所必需的，利用购买软件的 PTC HostID，根据本机的网络设置可以生成授权文件。

2. 环境变量设置

虽然 Pro/ENGINEER Wildfire 支持中文，但在使用时需要进行环境变量的设置，才能够使安装和运行软件的界面为中文。

新建一个环境变量，其中变量名为“lang”，变量值为“chs”。

其操作步骤如下：

01 在计算机系统中，执行【开始】|【控制面板】|【系统】|【高级】命令，打开【系统属性】对话框，如图 1-2-1 所示。

02 在【高级】选项卡中单击【环境变量】按钮，在打开的对话框中单击【新建】按钮，然后在【新建系统变量】对话框中设置新建变量名为“lang”，变量值为“chs”的环境变量，如图 1-2-2 所示。

03 依次单击【确定】按钮使设置生效。

3. 安装 Pro/ENGINEER Wildfire 3.0

进行前面的操作后即可安装 Pro/ENGINEER Wildfire 3.0。

安装步骤如下：

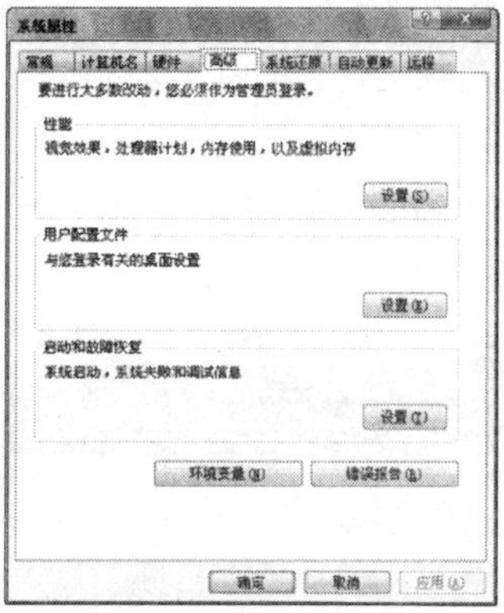

图 1-2-1　修改系统属性

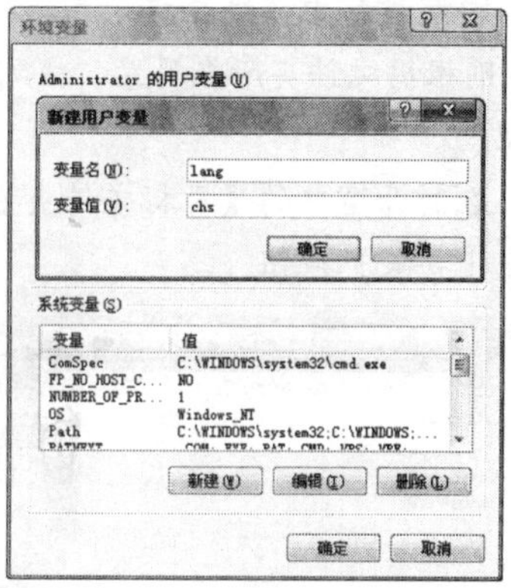

图 1-2-2　设置环境变量

01　Pro/ENGINEER Wildfire 3.0 提供 3 张安装光盘，在光驱中插入第一张光盘，打开如图 1-2-3 所示的安装界面，在【选择您的国家/地区】下拉列表框中选择【中国】，单击【下一个】按钮。

图 1-2-3　安装界面

02　在【接受许可证协议】窗口中选中【接受许可证协议条款和条件】复选框，才可继续进行安装，单击【下一个】按钮，如图 1-2-4 所示。

03　在打开的窗口中选择“PTC License Server”作为安装对象，如图 1-2-5 所示。

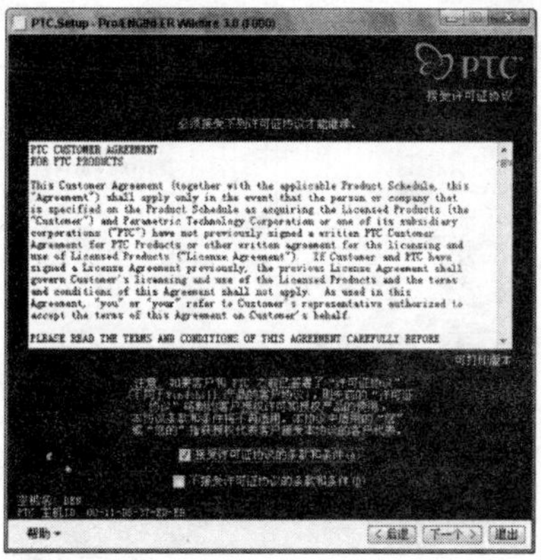

图 1-2-4　许可证协议

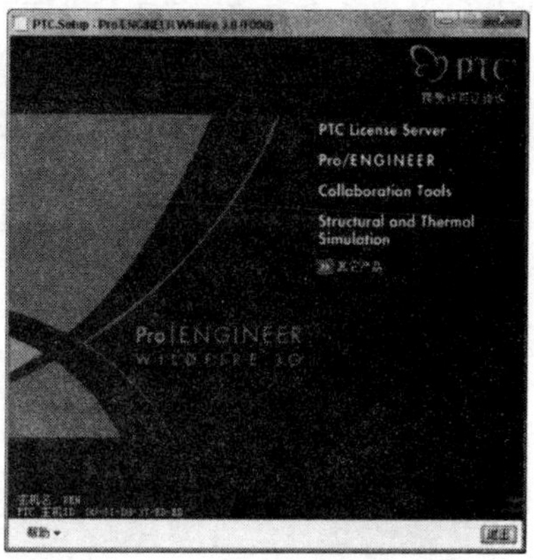

图 1-2-5　安装 License Server

04　安装过程中系统会提示寻找授权文件，如果读者将授权文件放置在命名为license的文件夹中，则根据文件夹所在目录，找到名为license.dat的授权文件，如图1-2-6所示，单击【打开】按钮。

05　在打开窗口的【目标文件夹】下拉列表框中选择license的目标文件夹，如图1-2-7所示，单击【安装】按钮。

图1-2-6　寻找授权文件

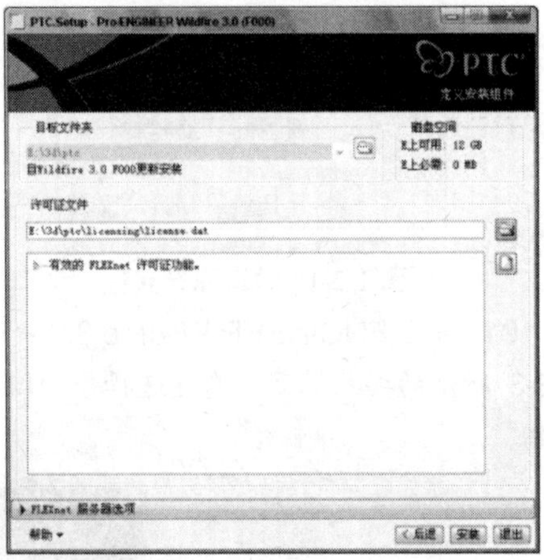

图1-2-7　安装目标文件夹

06　当系统打开【插入新光盘】对话框时更换第二张光盘，在光驱中放入第二张光盘，然后继续进行安装，如图1-2-8所示。

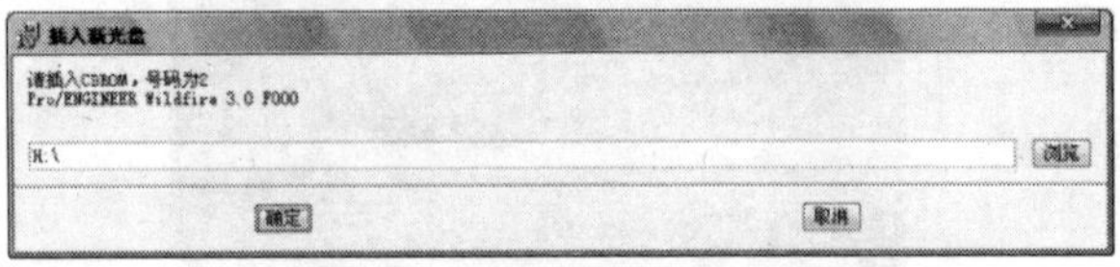

图1-2-8　更换光盘

07　License Server安装完成界面如图1-2-9所示。

08　单击【下一个】按钮，再次打开如图1-2-5所示的界面，选择【Pro/ENGINEER】进行安装。

09　打开【定义安装组件】对话框，选择Pro/ENGINEER文件的安装位置后，选择要安装的功能，此时，可不选【Pro/ENGINEER Help Files】，如图1-2-10所示。

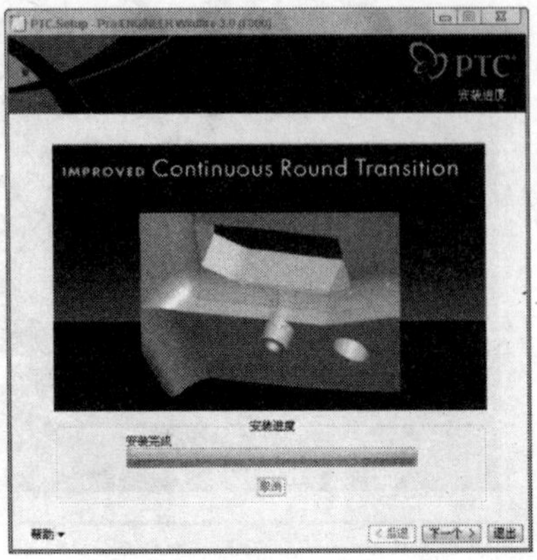

图1-2-9　License Server安装

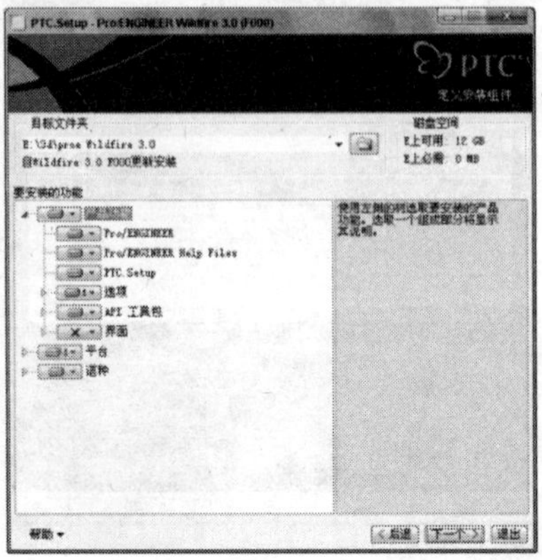

图1-2-10　选择安装功能

10　单击【下一个】按钮，界面中会自动出现许可证服务器，如图 1-2-11 所示。

11　单击【下一个】按钮，在【Windows 快捷方式优先选项】对话框中选中【桌面】复选框，在桌面上为 Pro/ENGINEER 启动命令创建程序快捷方式，其他设置不变，如图 1-2-12 所示。

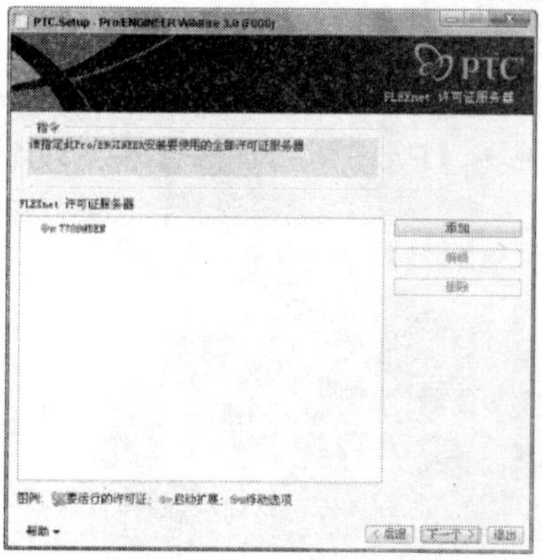

图 1-2-11　许可证服务器

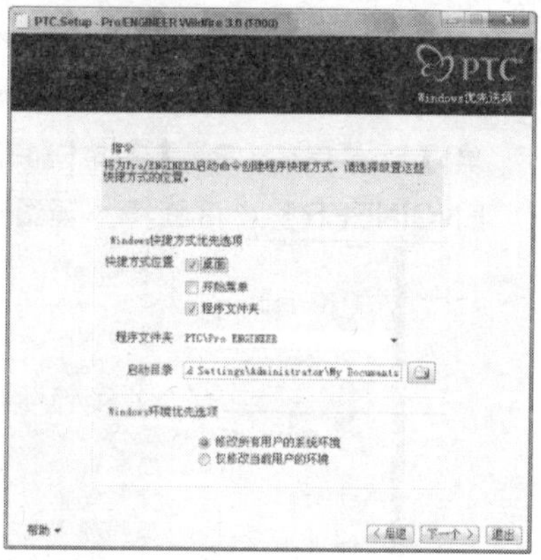

图 1-2-12　选择快捷方式

12　单击【下一个】按钮进行安装，安装界面如图 1-2-13 所示。

图 1-2-13　安装界面

13　安装完成，再次打开如图 1-2-5 所示的界面，如无需安装其他功能，则单击 退出 按钮退出安装。

双击桌面上【Pro/ENGINEER】快捷方式图标，如果出现如图 1-2-14 所示的启动画面并没有错误提示，则安装成功。

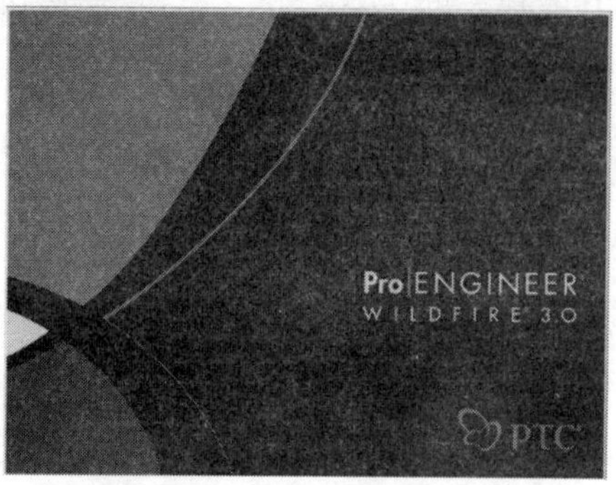

图 1-2-14　启动画面

1.2.3 启动 Pro/E Wildfire 软件环境

我们可以通过以下几种方法启动 Pro/E Wildfire 软件环境：

- 在 Windows 桌面上双击 Pro/E Wildfire 的快捷方式图标。
- 利用 Windows 操作系统的程序启动方式。方法是在桌面左下方依次选择：【开始】菜单|【所有程序（P）】菜单|【PTC】程序文件夹|【Pro ENGINEER】程序文件夹|【Pro ENGINEER】应用程序。如图 1-2-15 所示。

图 1-2-15 程序菜单启动 Pro/E Wildfire

- 使用 Windows 操作系统弹出【运行】对话框启动程序。从 Windows 桌面的左下方依次选择【开始】菜单|【运行(R)】命令，之后系统弹出【运行】对话框，直接输入 Pro ENGINEER 执行路径及名称，或使用【浏览】按钮搜索，最后单击【确定】按钮可启动 Pro/E Wildfire。

> **提示**
> 直接按【Windows】键+R 也可以启动【运行】对话框。

本章总结

本章从 Pro/E Wildfire 3.0 的基本知识入手，介绍了它的新增功能，然后介绍了 Pro/E Wildfire 3.0 的安装所需要的基本配置及其安装过程，以及怎样进入其软件环境，为以后的学习打下必要的基础。

有问必答

问：在 Windows 98 下能安装 Pro/E Wildfire 吗？

答：从野火版开始，Pro/E 已经放弃了对 Windows 9X 平台的支持。对于 Windows 系统，目前能够支持 Windows NT、2000、XP 和 2003，对其他操作系统支持较新的版本，例如 UNIX、

LinuX、Solaris 也都能够支持。

问：安装和运行 Pro/E Wildfire 一定需要网卡吗？如果没有怎么办？

答：由于 Pro/E Wildfire 的运行许可证是以网卡的物理地址为基础的，所以没有网卡是不能安装和运行 Pro/E Wildfire 的。在安装界面首页的左下角可以看到具体的物理地址。另外，在命令提示符界面（【开始】菜单|【所有程序(P)】菜单|【附件】菜单|【命令提示符】应用程序），输入 ipconfig/all|【回车】也可以看到网卡的物理地址。

如果没有物理网卡，可以使用系统的虚拟网卡来代替，效果是一样的，因为现在一般机器都有网卡，这里就不再赘述，其步骤可以参见其他资料。

问：谈谈 Pro/E Wildfire 从草图设计到造型到加工的整个过程？

答：这首先应该说一下 Pro/E Wildfire，它本身是一个三维设计软件，并不能完成草图设计，它所擅长的是实体造型和虚拟装配、结构设计和加工功能。

- 如果你需要从草图开始设计（工业造型设计），就需要用到 3D Paint 和 Pro/Designer 了，3D Paint 是专业的概念图设计工具，是搞工业美术的设计人员使用的；而 Pro/Designer 是专业工业设计工具，擅长自由曲面的造型，并且可以做出 A 级曲面。
- 通常是在 Pro/Designer 里做完曲面后输出到 Pro/E Wildfire 里进行结构设计和模具设计，然后进行虚拟加工。
- 在 Pro/E 里，由于它的全相关性和良好的无缝转换能力，可以节省很多修改的时间。只要在实体里有改动，其他包括二维图、模具、加工、装配等里的数据全部自动更新。
- 如果你需要从二维图转换成三维图，Pro/E Wildfire 是比较合适的，只要成功生成三维实体，其他的相关部分如模具设计、虚拟加工只需要几天就可以了。

问：铸具行业用 Pro/E Wildfire 适合吗？

答：对于压铸模具，可以用 Pro/E Wildfire 设计汽缸体、汽缸头等零件。对于 Pro/E Wildfire 来说，这种结构设计是最拿手的。只要你有压铸模具的专业知识，Pro/E Wildfire 是十分合适的。经过相应的模具设计和虚拟加工，可以大大减少你加工上的失误而造成的损失。

问：从 Model 转为加工文件时，Pro/E Wildfire 大概的工作过程是什么？用户在调入一个 Model 之后主要做的工作是什么？

答：nc 过程是：设定毛坯，三个坐标轴方向及原点（针对三轴机器）设定刀具，切削参数等；然后自动计算刀的路径；最后处理（ncpost），即根据机床的处理器的不同，生成对应的代码 GM 码。

从 PART 完成后主要有以下几步：

- 首先，要把 PART 拔模，这个过程很繁琐但是很重要，否则加工后出不来模。
- 其次就是在 Pro/Moldesign 中做模具了，（如果你不是加工模具的话就不用这一步了）当然是先确定分模面和滑块等结构。
- 然后分模，只要你能成功分模，一般就没有问题了。
- 最后就是编程，这个工作要针对不同的加工中心设定不同的刀速和吃刀量、夹具等，然后就可以模拟加工了。如果没问题的话就可以拿到真正的加工中心去生产。

Study

Chapter 02

Pro/E Wildfire 3.0 基本操作

学习导航

本章主要介绍 Pro/E Wildfire 3.0 中文版的基础操作，新版本在工作界面上也做了很大的改进，其界面的工作可视面积更大，图标更加醒目，背景也更加柔和了。

Pro/E 的界面总体看起来像一种典型的 Windows 界面，但是要记住它并非像普通的 Windows 应用软件那样简单。

本章要点

- 工作目录的设置
- 新建文件
- 旋转、平移、缩放
- 模型颜色
- 基准显示
- 定制界面
- 帮助系统
- 系统设置

2.1 Pro/E Wildfire 3.0 的界面组成

Pro/E Wildfire 3.0 对工作流程进行了重新设计并大幅度合并了特征操作，摒弃了大部分操作重复的下拉式菜单。同时新的界面更加重视操作的舒适性，这一切努力带来了软件界面的极大变化。和 Pro/E 以前的版本相比，Pro/E Wildfire 3.0 版的界面的工作可视面积更大，图标更加醒目，背景变得更加柔和。新界面如图 2-1-1 所示。

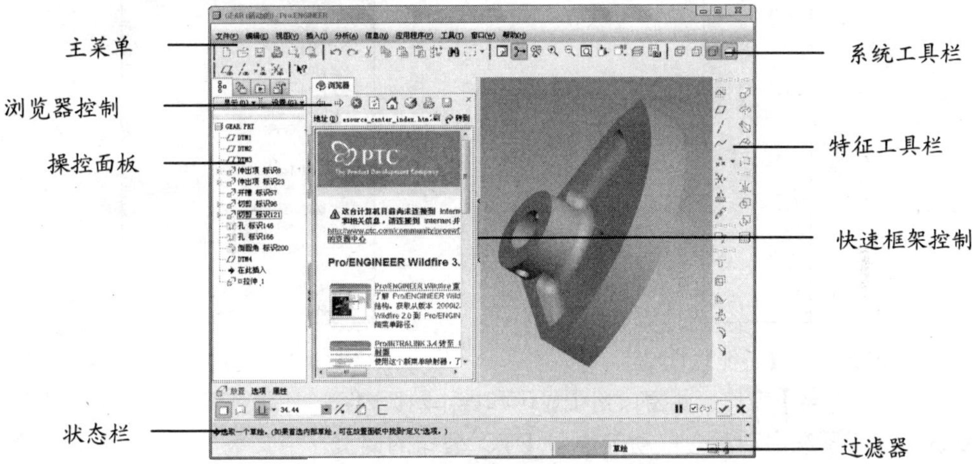

图 2-1-1 Pro/E 的界面

（1）菜单栏：主菜单的主要功能是控制 Pro/E 系统的整体环境和各种特征操作。其中包括这些菜单选项文件：（F）、编辑（E）、视图（V）、插入（I）、分析（A）、应用程序（P）、工具（T）、窗口（W）、帮助（H），如图 2-1-2 所示。

图 2-1-2 菜单栏

小知识

某些菜单的具体内容会随着当前工作模块的变化而变化。

（2）【系统】工具栏：系统工具栏位于主菜单下方。如图 2-1-3 所示是默认下的显示状态。这里包含了部分常用功能的图标按钮，可以执行相应的功能。

图 2-1-3 【系统】工具栏

（3）【特征】工具栏：【特征】工具栏位于软件界面的右侧。这里纵向排列了常用的建立特征所对应的功能按钮。默认状态下包括基准、工程特征、编辑操作等按钮，如图 2-1-4 所示。

（4）【导航器】窗口：此窗口集成模型树、文件夹浏览器、收藏夹、历史、连接、搜索等内容，打开模型的时候，层也会出现在【导航器】窗口。新的导航器可以在一个窗口中分别显示多项内容，在操作上非常方便，如图 2-1-5 所示。

提示

在界面中移动鼠标到某个按钮或绘图窗口中零件的某个特征上，停留几秒钟，系统会以鼠标旁边显示这个按钮或者零件特征的名称，在界面最下方也会同时出现相同的内容。利用这一点可以快速了解各图标按钮的作用。

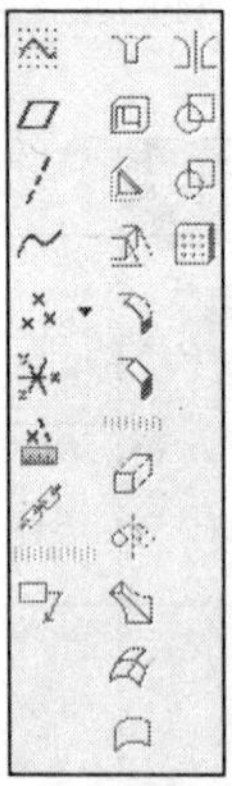

图 2-1-4 【特征】工具栏

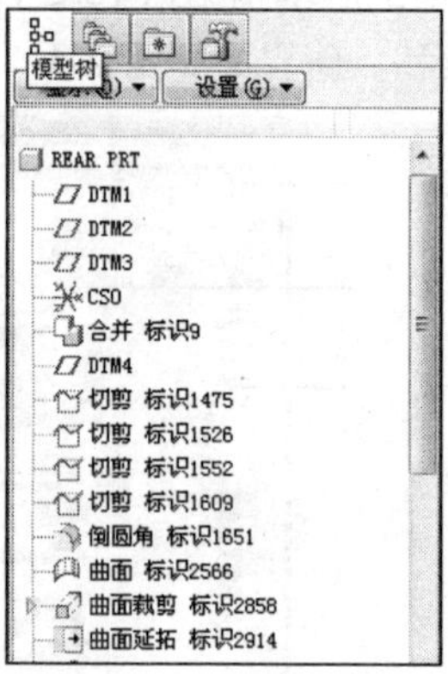

图 2-1-5 导航器窗口

（5）【浏览器】窗口：此窗口用于显示和操作网页内容。如果计算机已经连接到了因特网，在默认状态下系统启动后会自动定位到 PTC 公司的网页，中文版用户可以在这里看到许多 Wildfire 的中文介绍。浏览器的控制按钮和 IE 浏览器的基本功能相同，如图 2-1-6 所示。

小知识

如果 IE 版本低于 5.5，浏览器功能将不能正常使用，但 Pro/E Wildfire 的其他功能不受影响，系统只是关闭浏览器相应的功能。

图 2-1-6 浏览器窗口

（6）【绘图】窗口：在这个窗口中可完成创建零件的任务，是最主要的工作场所，如图 2-1-7 所示。

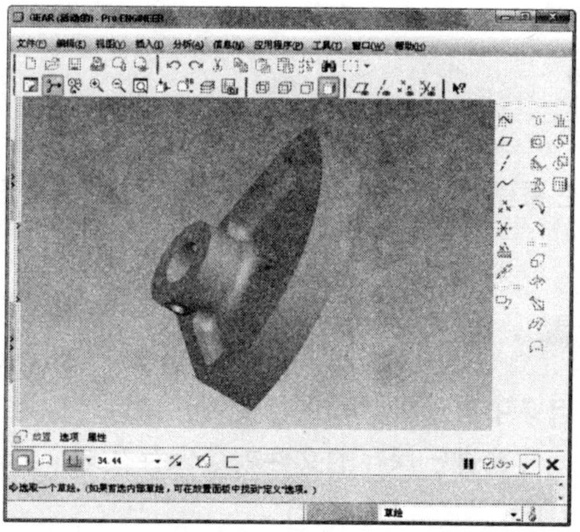

图 2-1-7　绘图窗口

（7）快速框架控制：在 Pro/E Wildfire 界面的三个窗口之间有两个快速框架控制栏，单击框架控制栏上的箭头，可以控制导航器和浏览器窗口的显示和关闭。在工作状态下隐藏这两个窗口后，会让绘图窗口处于最大状态，如图 **2-1-8** 所示。

（8）操控面板：进入特征操作后，在 Pro/E Wildfire 界面下方会出现操控面板，操控面板中包括建立当前特征所需要的各个参数。随着特征的不同，操控面板的内容也会随着发生变化，如图 **2-1-9** 所示。

图 2-1-8　拉伸工具的操控面板

图 2-1-9　倒圆角工具的操控面板

（9）状态栏：在 Pro/E Wildfire 界面下也有一个状态栏，在这里显示一条或多条当前操作状态的信息。我们可以拖动滚动条来查看未显示的信息，如图 **2-1-10** 所示。

（10）过滤器：在界面的右下角，有一个过虑器。过滤器默认的选项是【智能】。通过选择过滤器的不同选项，可以方便地选择图形窗口中零件的不同特征，极大提高选取的效率。如图 **2-1-11** 所示。

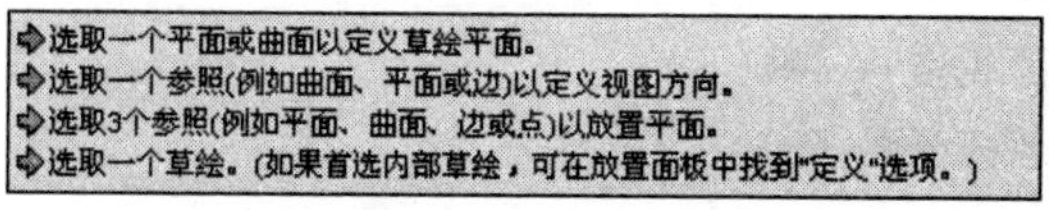

图 2-1-10　状态栏

图 2-1-11　过滤器

小知识

新安装的软件界面的中文字体可能看起来不太舒服，可尝试在计算机桌面单击鼠标右键，在弹出的菜单中选择【属性】命令，在【显示属性】对话框中单击【外观】按钮。在【项目】下拉列表中选择【菜单】选项，更改字体大小为 9。可以根据需要更改其他内容的字体大小，更改后的界面的中文显示效果更好。

2.2 管理文件

本节介绍如何在 Pro/E 系统中进行工作目录的设置、文件的管理、自动备份文件及多个窗口的管理。

2.2.1 工作目录的设置

Pro/E 系统会在当前目录中自动查找和保存文件，该目录称为“工作目录”，默认情况下，自动创建的文件和指定其他位置进行保存的文件就会保存在这个工作目录中，每次产生的轨迹文件也会保存在此目录中。

默认的工作目录是在【我的文档】中。我们可以通过【文件（F）】菜单|【设置工作目录】命令设置不同的工作目录。

2.2.2 新建文件

我们可以通过如下两种方法新建文件：

- 主菜单：【文件（F）】|【新建（N）】。
- 系统工具栏：（新建）按钮。

执行上述命令后系统弹出如图 2-2-1 所示的【新建】对话框，在这里选择我们要创建的文件的类型，设置名称等属性。

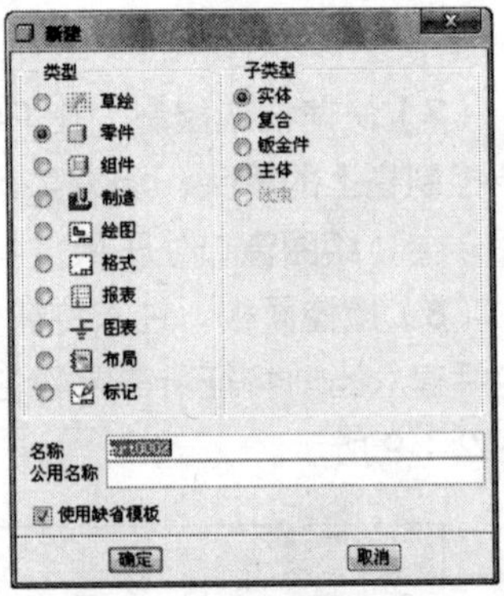

图 2-2-1 【新建】对话框

注意

Pro/E 文件名不能包含非字母与数字字符，如!、@、-或空格等，也不支持中文文件名，但可以用下划线“-”隔开数字或字母。

【新建】对话框中各选项的功能分别如下：

- 【草绘】 绘制二维剖面，文件的扩展名为.sec。
- 【零件】 三维零件，文件的扩展名为.prt。
- 【组件】 三维装配体设计，文件的扩展名为.asm。
- 【制造】 设计三维加工流程及模具制造，文件的扩展名为.mfg。
- 【绘图】 制作二维工程图，文件的扩展名为.drw。
- 【格式】 制作二维工程图格式，文件的扩展名为.frm。
- 【布局】 产品装配规划，文件的扩展名为.lay。

在【新建】对话框下方，默认状态下【使用缺省模板】复选框被选中的状态，对于中国用户此选项不恰当，因为 Pro/E 系统默认的模板是英制模板，以此建立的文件是英制单位（除非已经为系统默认单位定制为公制，这在以后有介绍），正确的是清除【使用缺省模板】复选框，再单击【确定】按钮，在【新建文件（N）】选项对话框中选择公制模板，如图 2-2-2 所示。

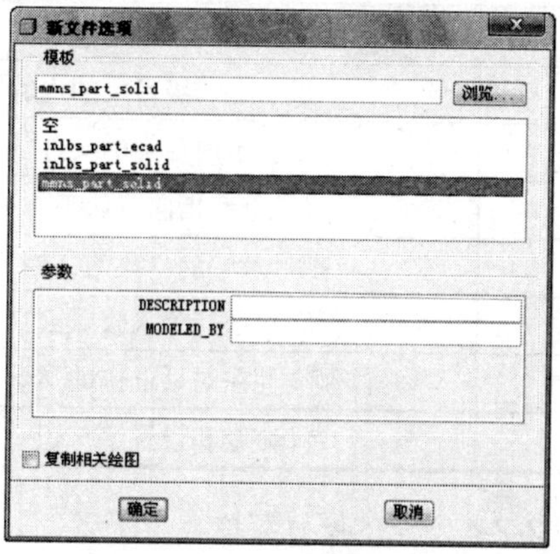

图 2-2-2　【新文件选项】对话框

提示

【新建文件选项】对话框中，默认公制的模板包括实体零件模板 mmns_part_solid，钣金零件模板 mmns_part_shheetmetal。本书后面例子所使用的全部是 mmns_part_silid。

2.2.3　打开文件

在主菜单中选择【文件（F）】|【打开（O）】命令，或者是在系统工具栏上单击【打开】按钮，系统弹出【文件打开】对话框，Pro/E 会在当前的工作目录选择文件，如图 2-2-3 所示。

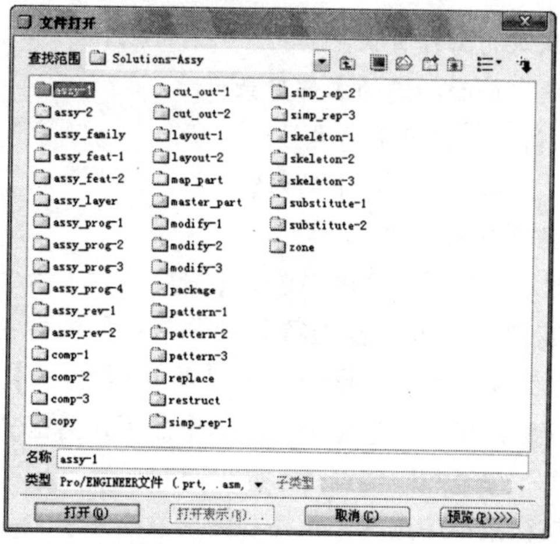

图 2-2-3　【文件打开】对话框

小知识

表 2-2-1 是【文件打开】对话框中的一些图标的说明。

表 2-2-1　文件打开对话框的说明

按钮	作用
	显示上一级目录的内容
	显示内存中的文件
	把目录重新指向默认工作目录
	把目录转到“我的文档”
	保存和选择个人收藏夹目录
	控制文件在对话框中的显示方式
	命令和设置字按钮

按下按钮会出现如图 2-2-4 所示的展开菜单。

（1）在命令与设置按钮展开菜单中选择【查找范围缺省】，即出现如图 2-2-5 所示的【“查找范围”缺省值】对话框。

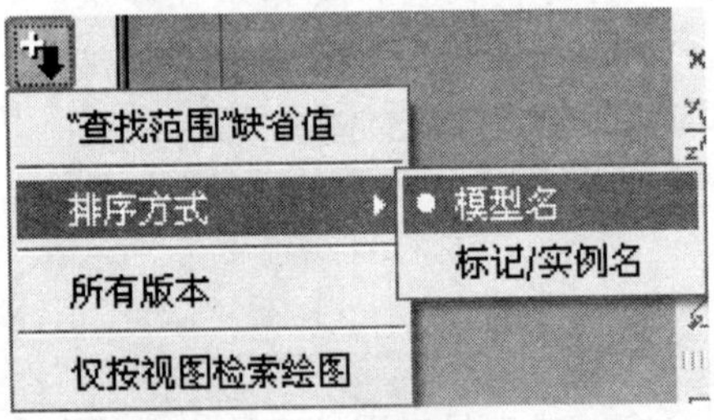

图 2-2-4　命令和设置按钮展开菜单

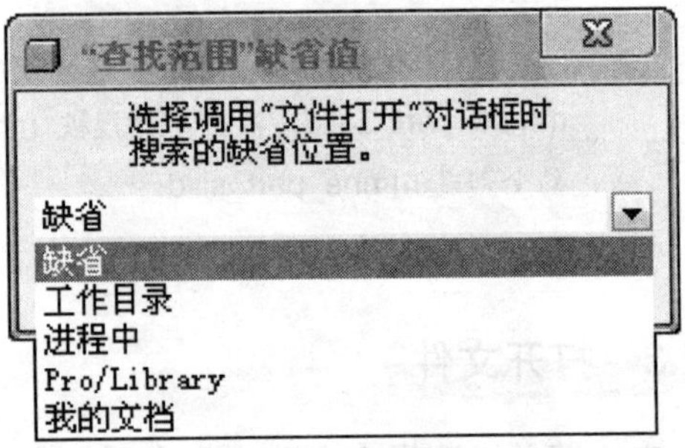

图 2-2-5　【“查找范围”缺省值】对话框

在对话框中有【缺省】、【工作目录】、【进程中】、【Pro/Library】、【我的文档】五个选项，其含义如下：

- 【缺省】　系统默认的工作目录。
- 【工作目录】　使用前面指定的工作目录。
- 【$进程中】　仅仅显示内存中的文档。
- 【Pro/Library】　显示零部件库中的内容。
- 【我的文档】　显示我的文档中的内容。

（2）在【命令和设置】按钮展开菜单中选择【排序方式】命令，此命令包含【模型名】和【标记/实例名】两个选项。如果选择【模型名】，则系统按照模型名称的字母顺序在文件列表中显示文件，如果选择【标记/实例名】，则系统按照【标记/实例名】的字母顺序显示文件。

（3）在命令与设置按钮菜单中选择【所有版本】命令，会在文件夹列表中显示文件的所有序列，例如 a.prt.1、a.prt.2、a.prt.3 等。

（4）在命令与设置按钮菜单中选择【仅按视图检索绘图】命令，则以只读方式打开工程图文件。用这种方式打开工程图的速度是最快的，在只进行工程图的检索查看时常用。

在文件打开对话框最下面单击【预览】按钮，可以在对话框中预览所选择的文件，这个功能可以帮助快速查找需要的零件，如图 2-2-6 所示。在预览状态下，显示图形的上方会出现一些控制预览图形显示状态的按钮。其含义参见表 2-2-2。

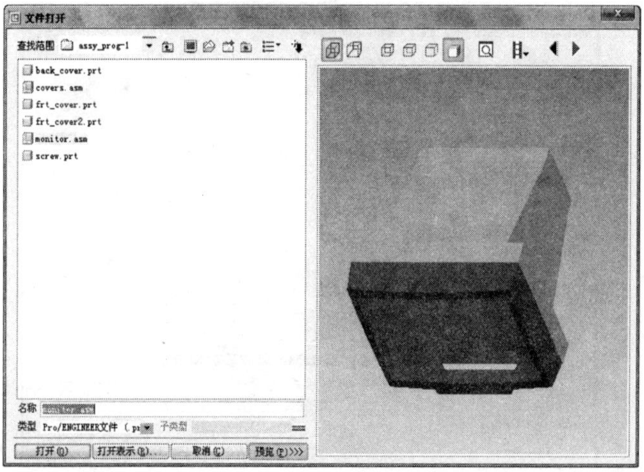

图 2-2-6　【文件打开】对话框的【预览】窗口

小知识

有时打开 Pro/E 时预览到的只能是线框模式，有两种方法可以解决：

（1）在 config.gmc 中的设置，系统默认“wireframe”,要选择后面的。

（2）在【工具】菜单|【选项】命令里，打开后在左边的框里输入 save_model_display ，然后选择模式，再重启 Pro/E ，这时就可以变换显示模式了。

表 2-2-2　预览图形控制按钮及作用

按钮	作用
	以正交图形显示模型
	以透视图形显示模型
	以线框形式显示模型
	以隐藏线形式显示模型
	以无隐藏线形式显示模型
	以阴影状态显示模型
	重新调整视图
	选择模型每秒显示的帧数，默认为 10 帧
	前进、后退按钮

打开和预览文件还有另外一种方法，即通过导航器窗口的文件夹浏览器来进行，如图 2-2-7 所示。

默认情况下，通过这种方法不能预览文件。单击如图 2-2-8 所示的位置。

系统会自动安装 PTC Product View Express，如图 2-2-9 所示。

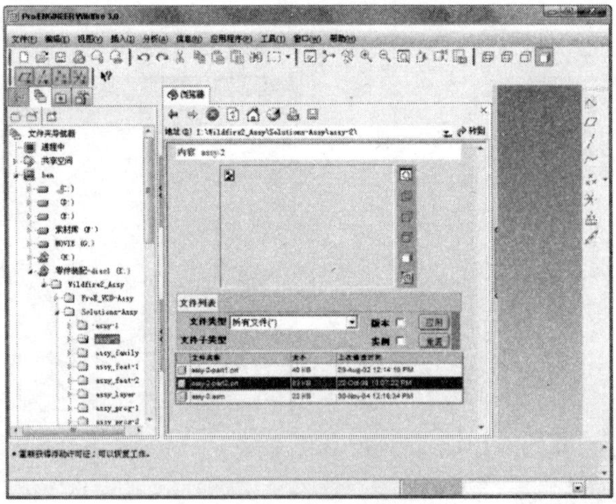

图 2-2-7　文件夹浏览器

图 2-2-8　单击区域

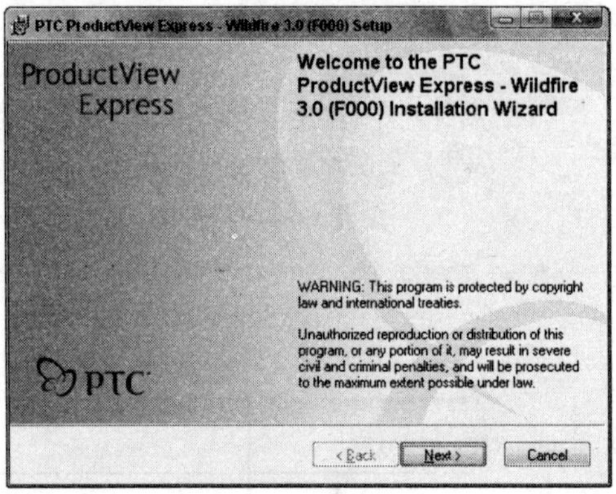

图 2-2-9　安装界面

安装后即可通过文件浏览器预览 Pro/E 文件，如图 2-2-10 所示。

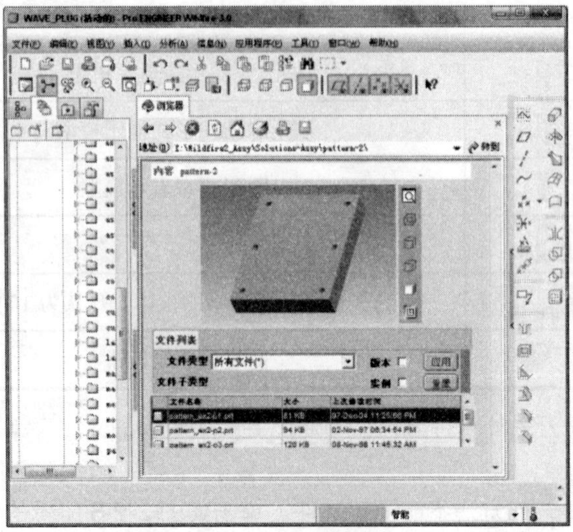

图 2-2-10　文件夹预览窗口

小知识

选中【版本】和【实例】复选框，可以按照文件版本和实例显示文件。

图像右侧的几个按钮与【文件（F)】|【打开（O)】中预览时的按钮功能相同。

单击【打开现有对象】按钮可以打开文件。

双击文件也可以打开文件。

在文件列表中选择文件，直接播放到绘图窗口也可以打开文件。

2.2.4 文件版本以及保存和备份

每次使用【保存（S)】命令时，Pro/E 会创建新的文件版本，并使用阿拉伯数字标注文件版本号。例如 w.prt.1、w.prt.2 等，以此类推。

有三种方法可保存文件：

- 菜单：【文件（O）】|【保存（S）】。
- 快捷键：【Ctrl + S】。
- 工具栏：保存按钮。

执行上述命令后，在状态栏会出现如图 2-2-11 所示的结果。单击右侧的确定按钮，即可保存文件。

在主菜单上选择【文件（O)】|【保存副本（A)】命令，可以将当前文件保存为其他名称的文件，所保存的文件默认是在当前的工作目录，如图 2-2-12 所示。如果需要指定其他目录，必须填入新建名称。

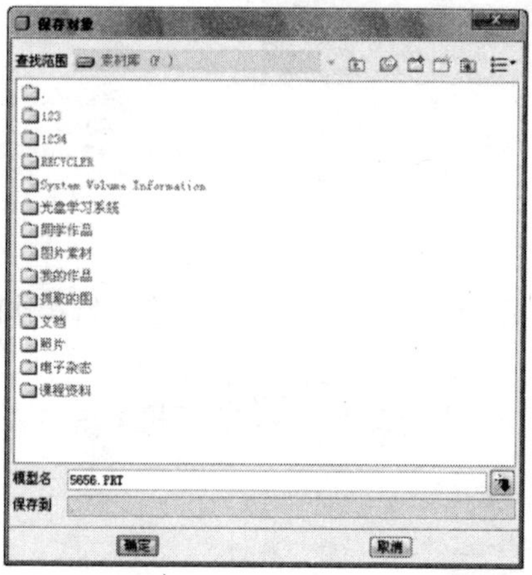

图 2-2-11 【保存对象】对话框

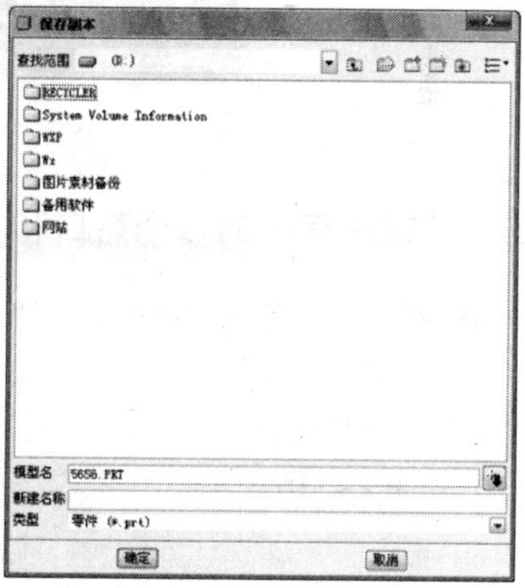

图 2-2-12 【保存副本】对话框

选择主菜单【文件（O)】|【备份（B)】命令，来指定新目录。

小知识

指定新目录时，零件的版本号始终以“1”开头，无论以前目录中的版本号为多少。

备份时无论是否指定新目录都以“1”开头。

2.2.5 重命名和删除文件

在主菜单中选择【文件（F）】|【重命名（R）】命令，可以对文件进行重命名。

删除文件有以下几种方法：

- 通过主菜单选择【文件（F）】|【删除（D）】|【旧版本】命令，可以删除旧版本的全部文件，只保留最新版本的文件。
- 通过主菜单选择【文件（F）】|【删除（D）】|【所有版本】命令，可以删除文件的全部，使用此命令会出现一个警告窗口，提醒确认删除，如图 2-2-13 所示。

图 2-2-13 【删除所有确认】对话框

- 通过主菜单选择【窗口（W）】|【打开系统窗口（O）】命令，会弹出如图 2-2-14 所示的对话框。输入 purge 命令，可以一次性删除所有的旧版本，只保留版本号最高的文件。

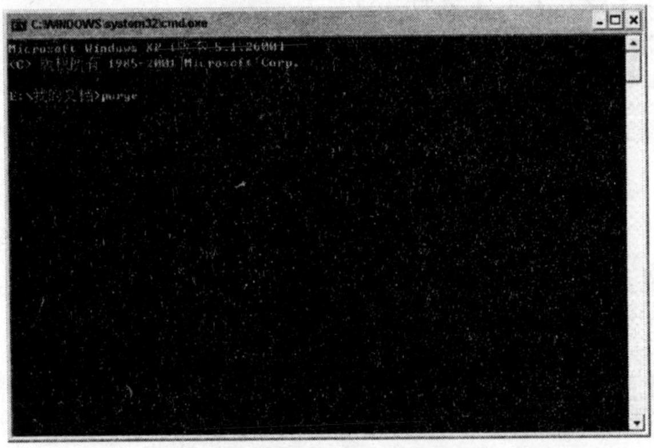

图 2-2-14 系统窗口

2.2.6 管理进程中的多个窗口和文件

在 Pro/E 系统中可以打开多个文件，但一次只能用一个窗口进行操作。正在进行操作的窗口称为“活动窗口”。

如果要在不同的窗口之间切换，可以在主菜单中选择【窗口】命令，在下拉菜单中选择不同的文件，如图 2-2-15 所示。

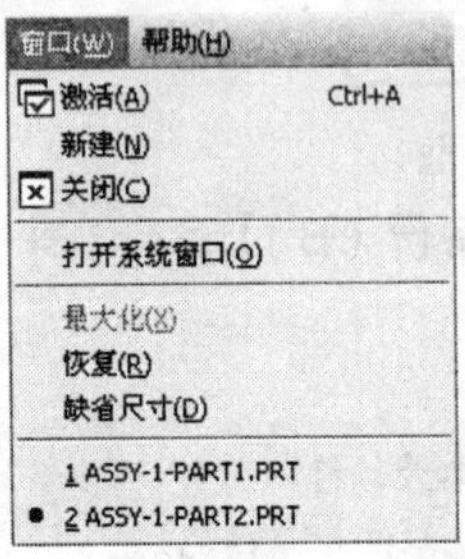

图 2-2-15 窗口下拉菜单

注意

如果使用任何其他方法切换窗口，必须在主菜单中选择【窗口(W)】|【激活(A)】命令来激活当前窗口，这样才能进行其他操作。

1. 关闭

通过主菜单选择【窗口（W）】|【关闭（C）】命令或单击标题栏【关闭】按钮，可以关闭当前窗口，但文件仍然保留在系统内存中。

2. 拭除

通过主菜单中选择【文件（F）】|【拭除（E）】|【当前】命令，关闭窗口的同时，也从内存中清除文件。

通过主菜单中选择【文件（F）】|【拭除（E）】|【不显示】命令，则会清除不在窗口中显示，但仍然保留在内存中的文件。

小知识

如果打开的绘图或组件文件正在参照某个文件，就无法将文件从内存中拭除。

2.3　视图控制及模型显示

Pro/E Wildfire 3.0 在视图操作上有了较大的变化，本节将详细介绍如何进行视图操作。虽然在 Pro/E 2001 中利用参数设置可以使用两键鼠标结合键盘进行操作，但在新版本中必须使用 3 键鼠标。

2.3.1　旋转、平移和缩放

在视图中对三维（也称 3D）零件或组件进行调整，必须通过旋转、平移和缩放操作进行，在二维（也称 2D）中则要用平移和缩放来进行调整。如表 2-3-1 所示是基本的操作方法，如表 2-3-2 所示是使用滚轮鼠标时进行快速操作的方法。

表 2-3-1　视图基本操作方法

3D 模式	方法	2D 模式	方法
旋转	【拖动中键】	平移	【拖动中键】
平移	Shift+【拖动中键】	缩放	Ctrl+【上下拖动中键】
缩放	Ctrl+【上下拖动中键】		
翻转	Ctrl+【左右拖动中键】		

表 2-3-2 快速缩放方法

【滚动中键】	可快速实现 1 倍缩放
Shift+【滚动中键】	实现 0.5 倍缩放
Ctrl+【滚动中键】	实现 2 倍缩放

提示

快捷键【Ctrl+D】可以实现零件快速回到视图默认方向。

2.3.2 使用旋转模式

单击【特征】工具栏的按钮，可以控制零件的旋转中心是否打开。当旋转中心打开时，拖动鼠标中键，零件围绕默认的中心进行旋转，如图 2-3-1 所示。

当旋转中心关闭时，可以使用同样的操作将旋转中心置于鼠标光标所在处，如图 2-3-2 所示。

图 2-3-1 默认中心旋转

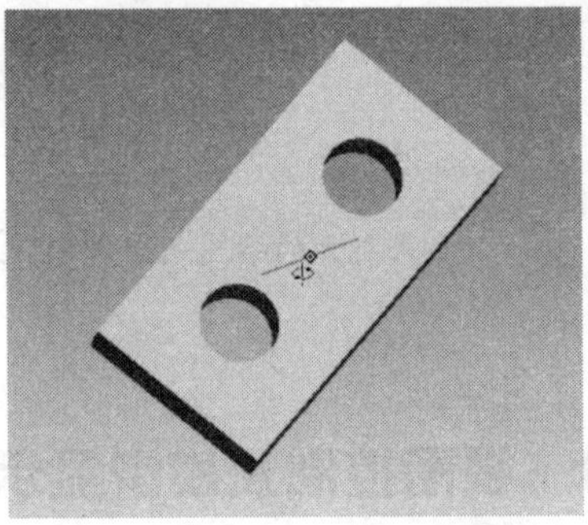

图 2-3-2 以鼠标为新中心旋转

2.3.3 使用定向模式

某些特殊的控件可在【定向】模式下使用。

可以通过下面的方法打开定向模式。

- 主菜单：【视图（V）】|【方向（O）】|【定向模式】。
- 【特征】工具栏：按钮。

在定向模式下，会始终出现一个方形的图柄，在定向模式下的操作如图 2-3-3 所示。在屏幕上单击鼠标右键，在弹出的菜单中可以选择 4 种控制，如图 2-3-4 所示。

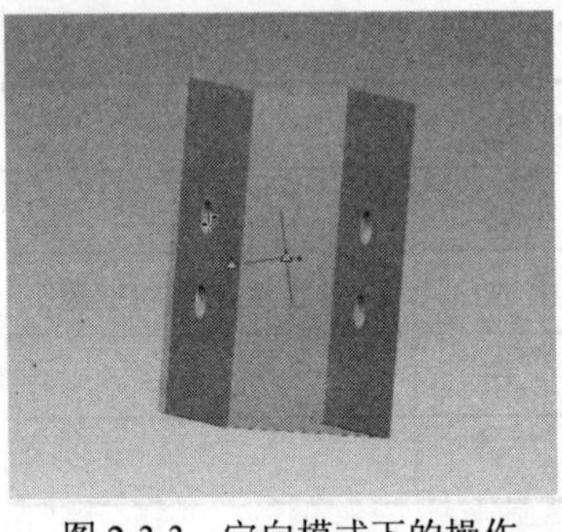

图 2-3-3 定向模式下的操作

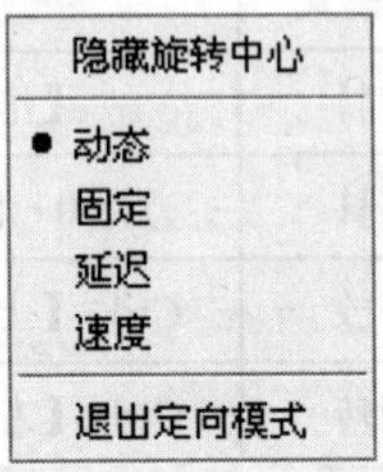

图 2-3-4 定向模式右键菜单

上述快捷菜单的各项功能如下：

- 【动态】 使用常用的旋转、平移和缩放控制。
- 【固定】 使用向量图柄来控制零件的动作。
- 【延迟】 等到移动并释放向量图柄后视图变更才生效，这样可以避免大型组件重画工作。
- 【速度】 只要按下并拖动鼠标，零件就一直保存动作，即使停止搬运鼠标零件仍然保持某种动作。

2.3.4 确定视图方向和保存视图

视图是缩放因子与 3D 方向的组合，默认情况下，每个模型的内部都存储了一些标准视图。在【特征】工具栏单击按钮，在出现的下拉列表中可以选择系统默认的视图，如图 2-3-5 所示。

如果经常使用某个视图，可以在主菜单选择【视图（V）】|【视图管理器（W）】命令，系统弹出如图 2-3-6 所示的【视图管理器】对话框。

图 2-3-5 系统默认视图

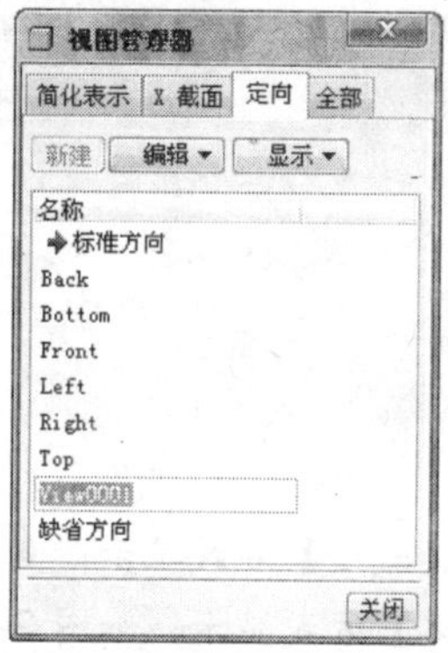

图 2-3-6 【视图管理器】对话框

单击【定向】选项卡，在该选项卡中单击【新建】按钮，再按下【Enter】键，保存需要的视图。再次单击特征工具栏的按钮，在出现的下拉列表框中便可以看到新建立的视图，如图 2-3-7 所示。

上面的方法对建立任意视角的三维视图非常方便，对于比较规范的视图，需要借助模型基准平面或模型本身的参考平面重新定位。单击【特征】工具栏的按钮，在出现的【方向】对话框中进行视图的重新定向，可以保存新的视图，如图 2-3-8 所示。

图 2-3-7 下拉列表框

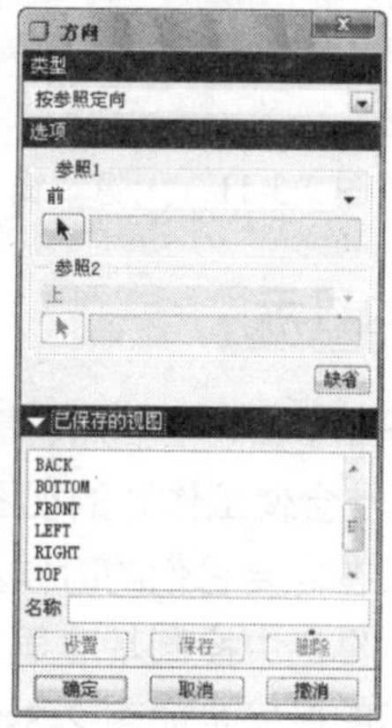

图 2-3-8 【方向】对话框

2.3.5 零件显示状态

在工作中，我们会随着零件设计的需要在实体与线框显示之间进行切换，以便于选取零件特征或提高计算机性能，零件越复杂，这种切换越频繁。

零件显示状态有 4 种状态，控制显示的按钮在【特征】工具栏内。其具体作用与表 2-2-2 中的预览按钮作用相同，这里就不再赘述。

下面是 4 种显示状态的示意图。

- 【线框】显示，如图 2-3-9 所示。
- 【隐藏线】方式显示，如图 2-3-10 所示。

图 2-3-9 线框

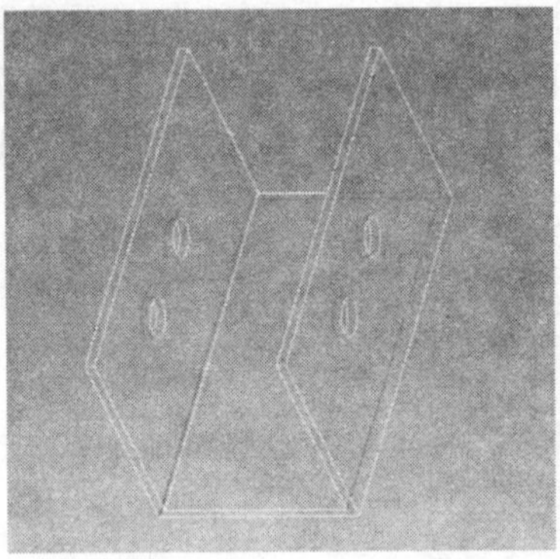

图 2-3-10 隐藏线

- 【无隐藏线】方式显示，如图 2-3-11 所示。
- 【实体】方式显示，如图 2-3-12 所示。

图 2-3-11 无隐藏线

图 2-3-12 实体

2.3.6 基准的显示

基准包括基准平面、基准点、基准轴和基准坐标系。随着特征建立过程的进行，基准也越来越多，过多的基准会使工作区的视图窗口变得混乱，并且会因重画屏幕而降低效率，因此应该尽量隐藏基准，只在需要它们的时候显示。

【系统】工具栏中控制基准显示/隐藏图标的作用分别如表 2-3-3 所示。

基准打开后图形显示如图 2-3-13 所示。

表 2-3-3　基准按钮和作用

按钮	作用
	【基准平面开/关】按钮
	【基准轴开/关】按钮
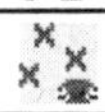	【基准点开/关】按钮
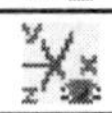	【基准坐标系开/关】按钮

图 2-3-13　基准打开后的效果

2.3.7　模型颜色和外观的编辑

在 Pro/E 中，特别是组件中，赋予不同零件不同的颜色，会使文件显示更加清晰，零件之间的区别更加明显。

小知识

好的色彩对保护工作者的视力也有一定的帮助。

在主菜单上选择【视图（V）】|【颜色和外观（U）】命令，出现【外观编辑器】对话框，如图 2-3-14 所示。

通过【外观编辑器】对话框可以改变默认状态下的材质球，也可以单击＋添加材质球，单击【外观编辑器】对话框【属性】选项卡下的【颜色】选项，如图 2-3-15 所示。

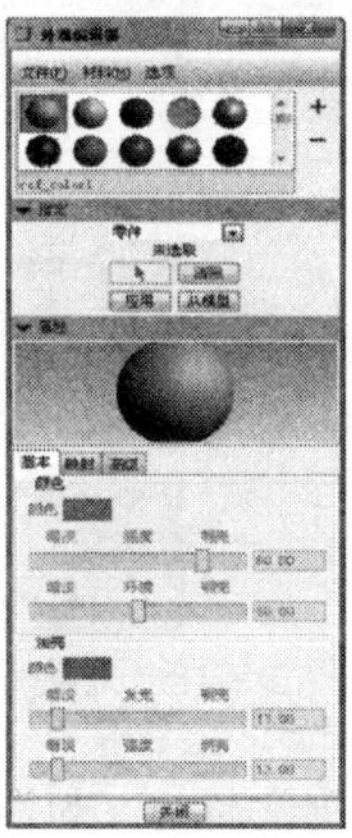

图 2-3-14　【外观编辑器】对话框

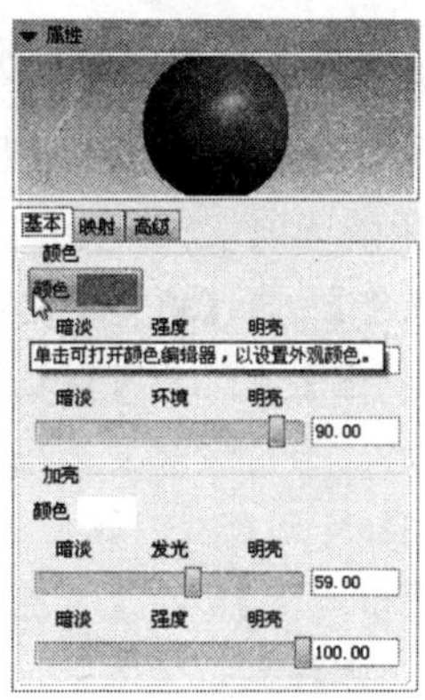

图 2-3-15　【属性】选项卡

在出现的【颜色编辑器】对话框中可以建立新的颜色，如图 2-3-16 所示。

编辑完后输入新建名称，选择对话框的菜单【文件】|【保存】命令，调配的结果保存成 appearance.dmt 文件，如图 2-3-17 所示。建议把文件保存在默认的工作目录里，Pro/E 启动时会自动加载此文件。

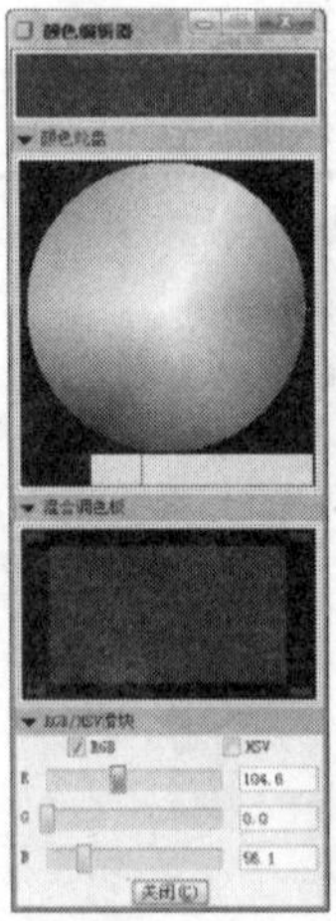

图 2-3-16 【颜色编辑器】对话框

图 2-3-17 【保存】对话框

小知识

旧版本的色彩文件 color.map 在此版本中仍然可以使用，直接选择对话框中的【文件】|【打开】命令即载入。

2.3.8 模型的其他显示控制

在主菜单中选择【视图（V）】|【显示设置（Y）命令，在出现的几个命令选项中可以对模型显示进行进一步控制。

1. 模型显示

在主菜单中选择【视图（V）】|【显示设置（Y）】|【模型显示（M）】命令，系统弹出如图 2-3-18 所示的【模型显示】对话框。

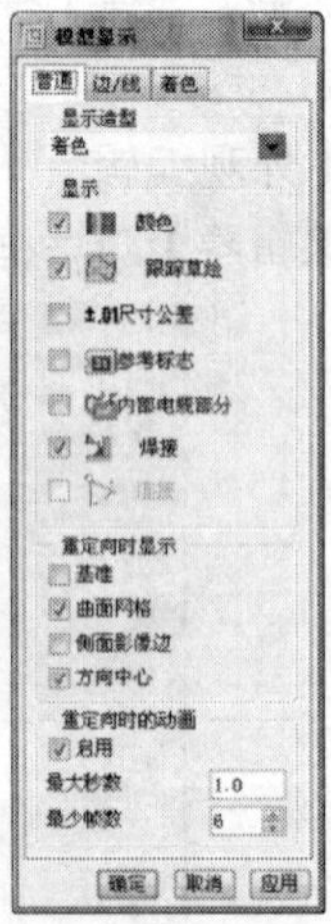

图 2-3-18 【模型显示】对话框

该对话框中大部分选项可以保持默认设置，有些选项可以通过【系统】工具栏上的【图标】按钮来完成。这里介绍几个常用的选项：

- 【颜色】 在【普通】选项卡里，通过控制第一个【颜色】复选框可以达到使用和关闭零件颜色的目的。当清除此复选框时，零件以系统默认的颜色显示。
- 【显示质量】 在【着色】选项卡里，【质量】选项为零件显示的质量，默认等级为 3，数字越大显示质量越高。如果计算机性能不错，可以适当提高显示质量。

● 【提高显示效率】关闭【启用】选项卡中的【纹理】和【透明】选项，可以使计算机性能较差的提高显示效率。

2．基准显示

在主菜单中选择【视图（V）】|【显示设置（Y）】|【基准显示（D）】命令，在出现的对话框中可以控制基准的显示与关闭，不过此功能可以利用特征或系统工具栏上的相关按钮来完成。如图 2-3-19 所示。

3．性能

在主菜单中选择【视图（V）】|【显示设置（Y）】|【性能（P）】命令，系统弹出【视图性能】对话框，如图 2-3-20 所示。

图 2-3-19　【基准显示】对话框

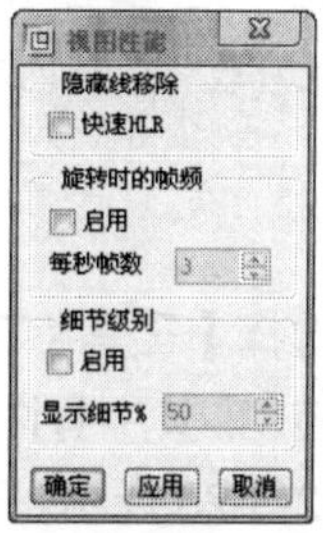

图 2-3-20　【视图性能】对话框

根据实际的需要可以选中不同的复选框。如果选中了【快速 HLR】复选框，可以减少零件隐藏线的计算，避免过长的重画时间，加快显示速度，这一项对于复杂的零件十分有用。

4．系统颜色

在主菜单中选择【视图（V）】|【显示设置（Y）】|【系统颜色（S）】命令，系统会弹出【系统颜色】对话框，如图 2-3-21 所示。

在【布置】菜单里，Pro/E 提供了几套颜色方案可供选择，在下拉菜单中可以看到这几个方案，分别是【白底黑色】、【黑底白色】、【绿底白色】、【初始】、【缺省】、【使用 Pre-Wildfire 方案】，如图 2-3-22 所示。

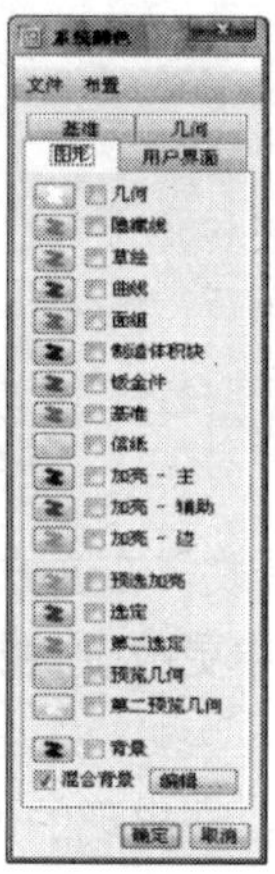

图 2-3-21　【系统颜色】对话框

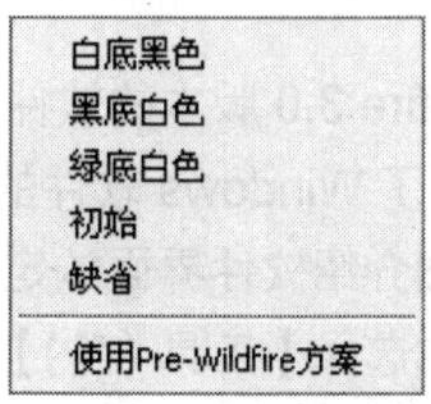

图 2-3-22　【布置】菜单

小知识

使用【布置】|【使用 Pre-Wildfire 方案】命令，系统颜色恢复成 Pro/E 2001 的色彩方案，这是专为习惯系统颜色的老用户保留的。再次单击，则恢复为 Wildfire 系统颜色的默认设置。

单击【系统颜色】对话框下方的【编辑】按钮，可以根据使用者的习惯编辑新的背景颜色。

单击【系统颜色】菜单中的【文件】|【保存】命令，可以保存新设置的背景颜色，保存的文件名称为 sysycoll.scl。如果放在默认的工作目录中，并进行相关的系统配置（以后会讲到），可以使 Pro/E 系统启动时自动加载此颜色文件。

注意

仅仅修改背景颜色不会影响 Pro/E 系统其他图元的颜色。

5. 环境

在主菜单中选择【工具（T）】|【环境（E）】命令，在出现的【环境】对话框中可以对一些视图选项进行控制。其中有许多功能和前面有重复的地方，可依据使用者的习惯进行修改。【环境】对话框如图 2-3-23 所示。

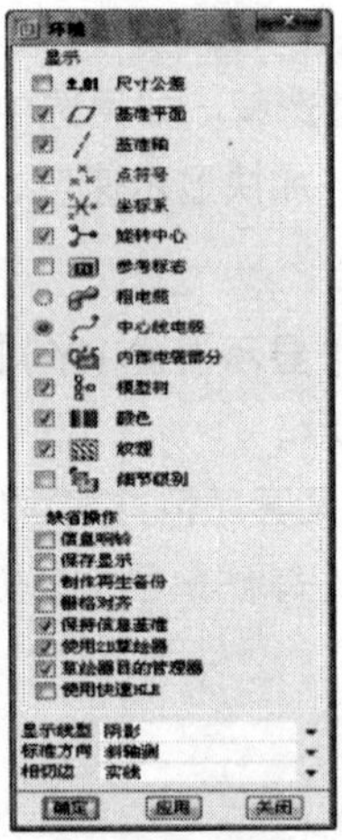

图 2-3-23 【环境】对话框

2.4 定制软件界面

Pro/E Wildfire 3.0 版本的软件界面可以根据个人习惯来更改，在这方面 Wildfire 3.0 功能很强大。对于习惯了 Windows 软件的用户来说，在 Wildfire 3.0 中更改软件界面是一件很容易的事情，本节将详细介绍软件界面的定制方法。

在主菜单中选择【工具（T）】|【定制屏幕（C）】命令，在出现的【定制】对话框中可以对软件界面进行配置，如图 2-4-1 所示。

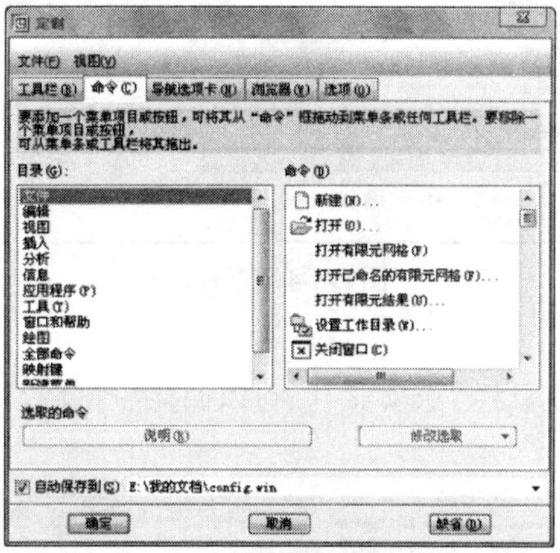

图 2-4-1　【定制】对话框

小知识

在系统工具栏或特征工具栏单击鼠标右键，在弹出的菜单中选择【命令】或【工具栏】命令，可以快速打开【定制】对话框。

【定制】对话框有 5 个选项卡，其功能分别如下：

1.【命令】选项卡

在【命令】选项卡，可以调整单独的命令图标按钮，可以根据习惯增减图标按钮，也可随意调整图标按钮在【系统】工具栏或【特征】工具栏中的位置，如图 2-4-2、图 2-4-3 所示。

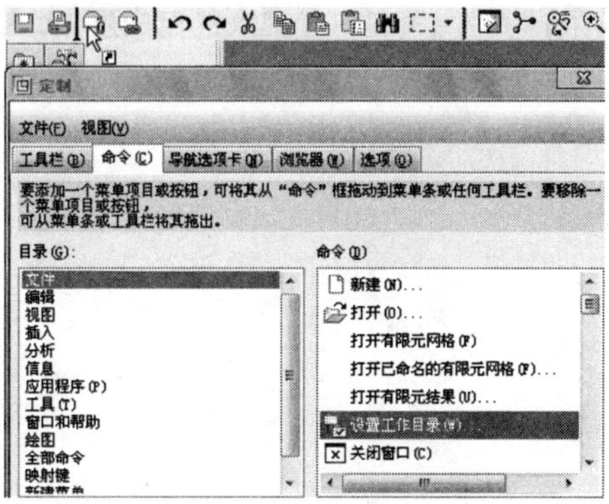

图 2-4-2　拖动按钮

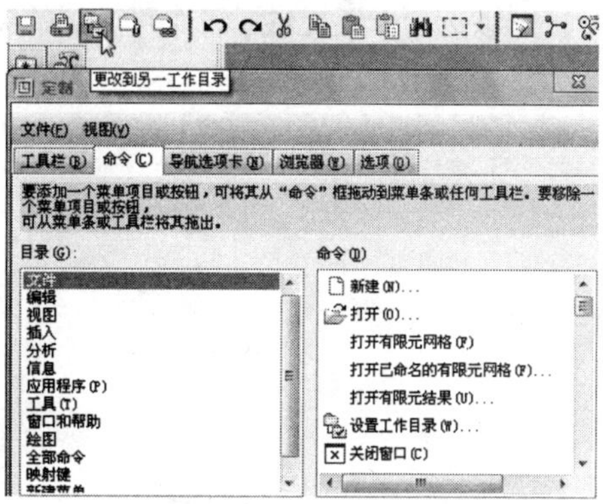

图 2-4-3　放置按钮

如果需要减少按钮，则直接用鼠标左键将对应按钮拖出【系统】工具栏即可。

小知识

当前呈现为灰色的图标按钮，一样可以进行拖放。

如果我们需要了解某一按钮的具体作用，在 Pro/E 中可以选择该按钮，然后单击【说明】按钮可以查看该按钮的作用，如图 2-4-4 所示。

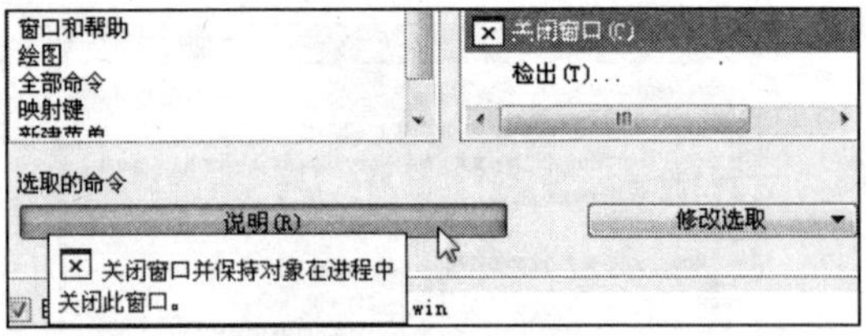

图 2-4-4　查看说明

2.【工具栏】选项卡

在【定制】对话框的【工具栏】选项卡中，可以调整各个工具栏在界面中的位置。如图 2-4-5 所示。

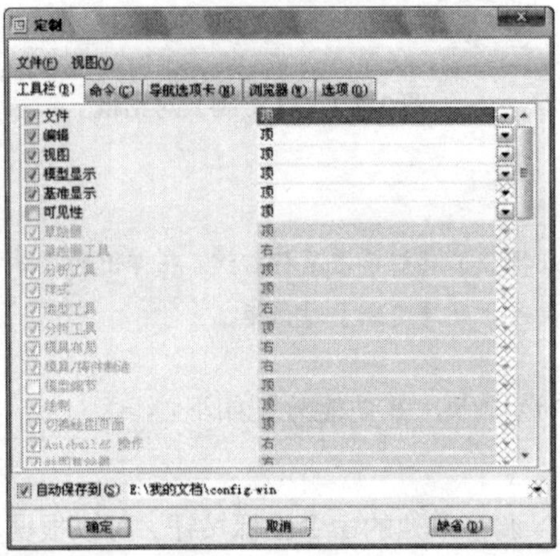

图 2-4-5　【工具栏】选项卡

同时，该选项卡还提供了三个可添加的新工具条，为使用者提供了更大的自由度，如图 2-4-6 所示。

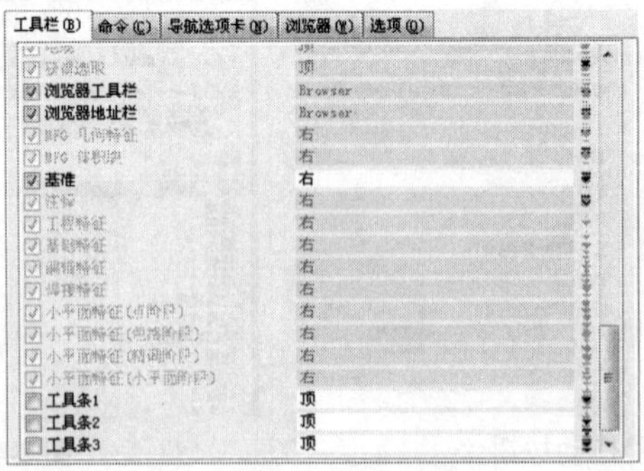

图 2-4-6　【工具条】选项卡

提示

在【工具栏】选项卡中呈现灰色的工具栏不能进行操作。

3.【导航】选项卡

在这个选项卡中，可以对导航窗口和模型树的位置进行设置。建议使用系统默认的设置，以保证最大的绘图窗口。

4.【浏览器】选项卡

在这个选项卡中，可以对浏览器进行设置。不能上网的计算机可以清除【缺省情况下在载入 Pro/E 时展开浏览器】复选框，这样可以加快启动速度。

5.【选项】选项卡

在这个选项卡中，可以对【消息区域位置】、【次窗口】和【菜单显示】进行调整。建议保持默认选项。

设置完成后的软件界面在单击对话框的【确定】按钮后，系统会自动保存为 config.win 文件，该文件默认保存在工作目录中。建议把文件保存在启动目录中，这样 Pro/E 系统启动时就会自动加载此配置文件。多次配置的文件会在 config.win 文件后面跟着数字作为版本号，这和 Pro/E 其他文件的保存方法一样。

小知识

无论做了怎么样的调整，单击对话框中的【缺省(D)】按钮，即可回到初始状态的软件界面。

2.5 通过 IE 浏览器快速查看文件

在 2.2.3 小节中介绍了通过安装 PTC Product View Express 软件，实现在文件夹浏览器中预览 Pro/E 文件的功能。其实在安装了此软件后，在不打开 Pro/E 的情况下，可以通过 IE 浏览器直接查看文件。

打开资源管理器，双击打开一个 Pro/E 文件，结果如图 2-5-1 所示。

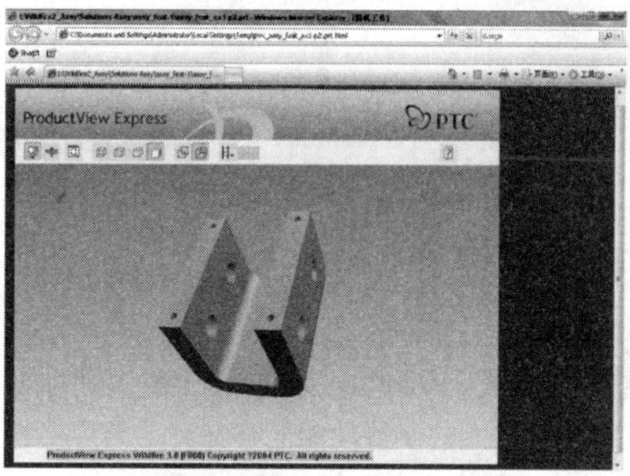

图 2-5-1 IE 浏览器打开文件

IE 浏览器按钮与预览窗口相似，这里不再赘述了。

2.6 如何使用帮助系统

PTC 在软件包中提供了比较详细的帮助说明，它对于自学能力强的人是一个不错的选择。在主菜单中选择【帮助（H）】|【帮助中心（H）】命令，在出现的【Pro/ENGINEER 帮助】对

话框中，可以根据需要查询需要帮助的主题，如图 2-6-1 所示。

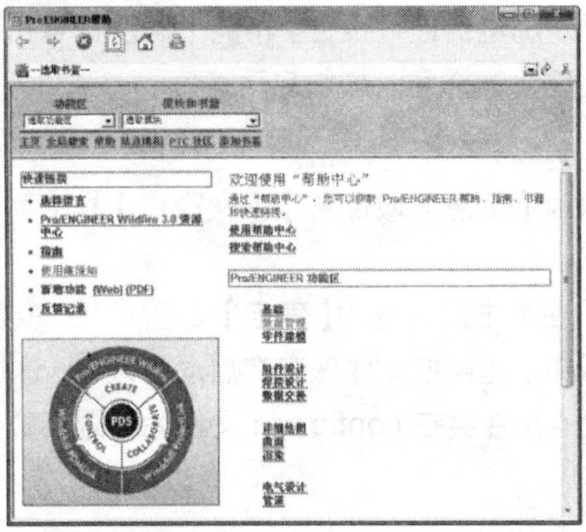

图 2-6-1　帮助中心

有两种方法直接打开相关的帮助内容：

- 主菜单：【帮助（H）】|【这是什么?（T）】。
- 【特征】工具栏：按钮。

执行上述操作后，鼠标会变成问号形状，单击界面内任何一个图元项目，如图 2-6-2 所示，便可以直接打开相关的帮助内容，如图 2-6-3 所示。

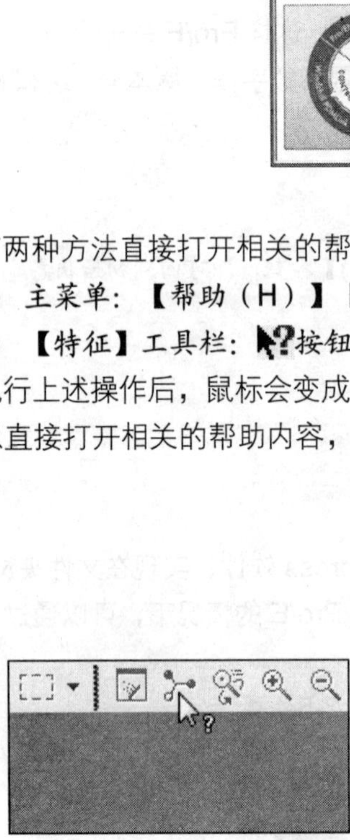

图 2-6-2　单击图元项目

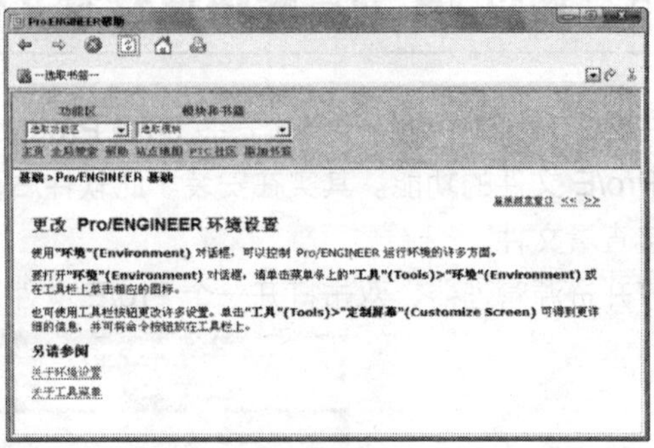

图 2-6-3　相关的帮助内容

2.7 Pro/E 的系统设置

Pro/ENGINEER 系统功能强大，Wildfire 版集成了大量的图标工具，这使得系统设置的工作量得以减少，但是 Pro/E 系统的强大的设置功能能够在满足用户不断熟悉的基础上，进一步提高工作效率。因此系统设置仍然是熟练用户不能忽略的问题。

本节将系统介绍关于 Pro/E 的系统设置。

2.7.1 启动目录的设置

所谓启动目录，就是 Pro/E 软件启动后定位的目录，打开文件进行选取文件的目录。

可以通过以下两种方法设置启动目录：

- 设置启动目录可以在安装软件的时候进行（详细见第 1 章）。

- 也可以在安装完成之后，选择桌面的 Pro ENGINEER 命令快捷方式，单击鼠标右键，在弹出的快捷菜单中选择【属性（R）】命令，打开【Pro ENGINEER 属性】对话框，在该对话框的【起始位置（S）】选框中输入新的文件夹地址，该文件夹地址即成为新的启动目录，如图 2-7-1 所示。

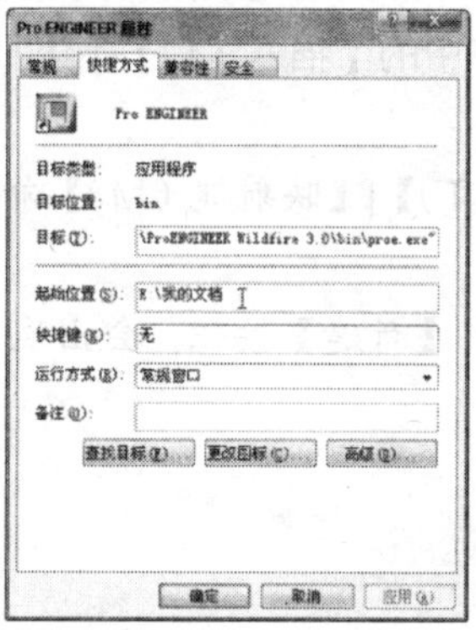

图 2-7-1 【Pro ENGINEER 属性】对话框

小知识

Pro/E 系统以后设置所依据的文件都保存在启动目录中，包括系统配置文件 config.pro、界面配置文件 config.win 等。

2.7.2 config 文件的建立

config 文件又称为系统配置文件，系统所做的修改绝大部分保存在该文件中。该文件全称是 config.pro，它需要在启动目录下手工建立，这样软件启动后会在启动目录读取该文件，进而使用该文件中的设置。

手工建立 config.pro 文件的方法如下：

- 在启动目录下单击鼠标右键，在弹出的快捷菜单中选择【新建（N）】|【文本文档】。
- 按【F2】键更改文件名为 config.pro。

注 意

不要把文件名改为 config.pro.txt。

关于 config 文件的常用配置将在后面的章节中详细介绍。

提示

工作目录中的配置文件不具有最高决定权，要想获得最高决定权，需要把此文件放在 Pro/E 系统安装目录下的 text 目录下，并更改后缀名为.sup。在此目录下的配置文件具有最高决定权，如果有别的系统配置文件与该处的配置内容相冲突，只会使用该处的配置文件。

2.7.3 映射键的建立

对于系统自身具有的命令，我们可以通过定制工具栏来提高效率；对于大量常用的命令，我们可以建立映射键，这样能使用户更加灵活地使用常用命令，提高效率。

这里介绍建立自动执行主菜单中的【插入（I）】|【扫描（S）】|【伸出项（P）】命令的映射键作为范例。

01 在主菜单中选择【工具（T）】|【映射键（M）】命令，会出现【映射键】对话框，如图2-7-2 所示。

02 单击【映射键】对话框中【新建】按钮，会出现【录制映射键】对话框，如图 2-7-3 所示。

图 2-7-2 【映射键】对话框

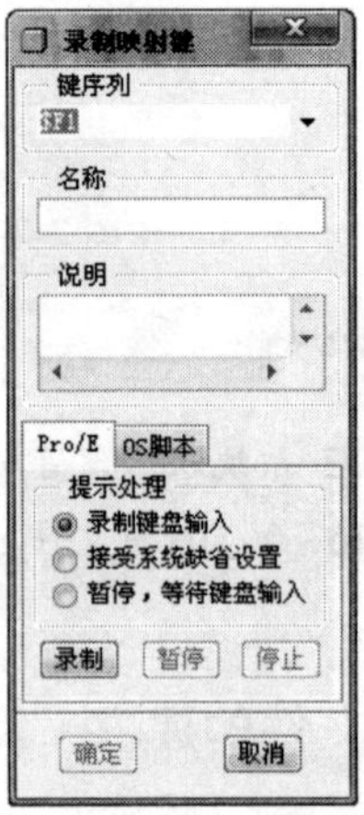

图 2-7-3 【录制映射键】对话框

小知识

在【键序列】下拉列表中，默认是$F1，这是该映射键的键盘符号的代表，意思是按下【F1】键可以执行此映射键。键【F1】到【F12】前面必须加$符号，其他字母不需要。

03 在下拉列表中输入字母“q”，在【名称文本框】中输入“扫描伸出项”作为该映射键的说明。

04 单击【录制映射键】对话框中【录制】按钮。

05 在主菜单中选择【插入（I）】|【扫描（S）】|【伸出项（P）】命令。

06 单击【录制映射键】对话框中【停止】按钮。

07 单击【录制映射键】对话框中【确定】按钮。

此时在【映射键】对话框中已经出现了该映射键，单击【运行】按钮，校验刚才的设置是否正确。

08 单击【已更改】按钮，保存该映射键至启动目录下的 config.pro 文件中。

09 单击【关闭】按钮，关闭【映射键】对话框，完成映射键的建立。

完成上述操作后按下键盘的【q】键试试，可以查看是否成功建立了映射键。

2.7.4 将映射键图标化

如果建立的映射键较少，可以省略这方面的工作，直接按下键盘的字母键即可。但如果建立的映射键较多，则把快捷键制作成图标放在工具栏上会比较方便。

在主菜单上选择【工具（T）】|【定制屏幕（C）…】命令，打开【定制】对话框，在【命令】选项卡中的【目录】列表框中选择【映射键】，出现刚才的映射键，建立的映射键默认的图标是一张“笑脸”，如图 2-7-4 所示。

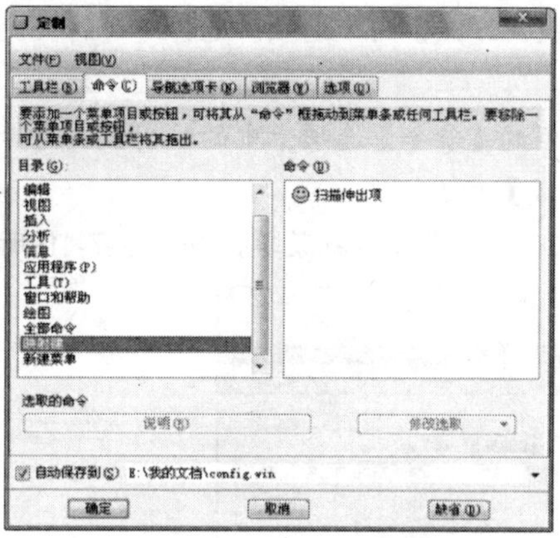

图 2-7-4 【定制】对话框

如果直接把快捷键拖到工具栏上，由于默认图标相同，会难以辨认，因此有必要对快捷图标进行编辑。

选择【扫描伸出项】，单击对话框中【修改】按钮，在其下拉菜单中选择【编辑按钮图像】命令，如图 2-7-5 所示。这时会打开【按钮编辑器】对话框，如图 2-7-6 所示。

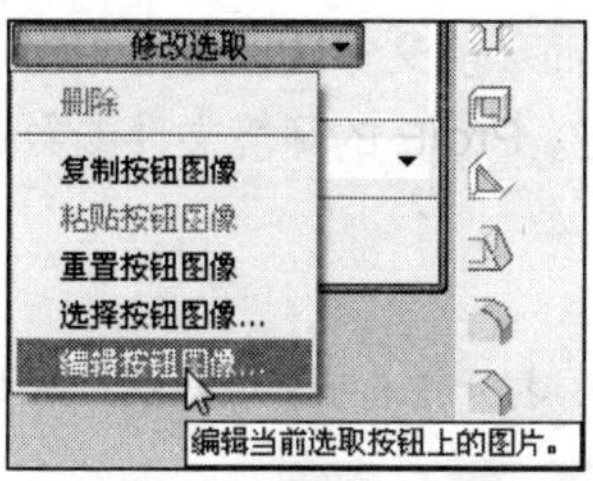

图 2-7-5 修改选取菜单

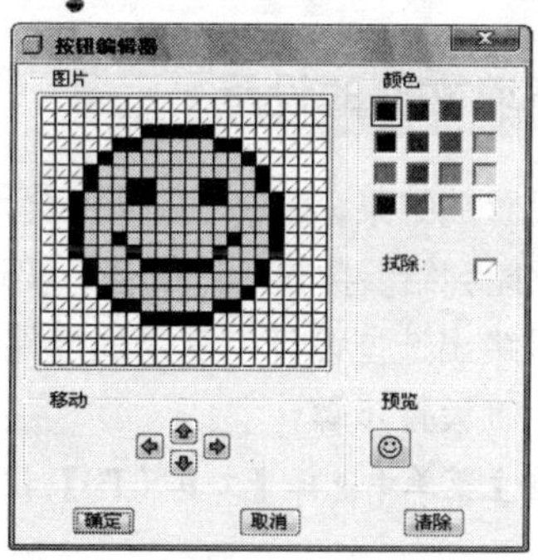

图 2-7-6 【按钮编辑器】对话框

在该编辑器中可以按照用户喜好进行图标编辑，如图 2-7-7 所示。然后按照第 2 章的方法直接把它拖到工具栏中，如图 2-7-8 所示，这样就可以直接单击这些图标按钮进行操作了。

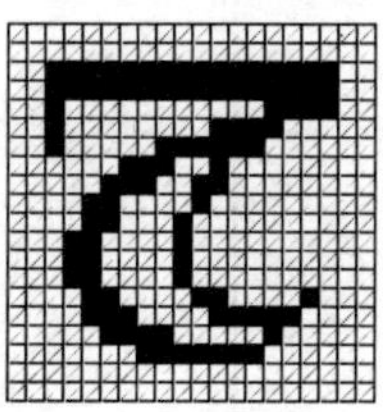

图 2-7-7 图标编辑

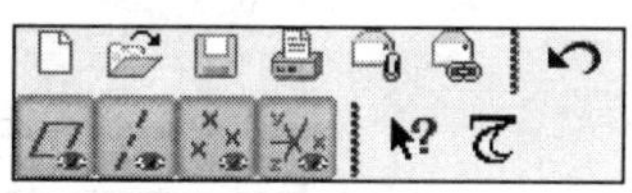

图 2-7-8 放入工具栏的图标

2.7.5 定制嵌套图标

如果映射键很多，而又把每个映射键的图标都拖到工具栏上，会造成工具栏拥挤混乱，而且会占用软件可用图形窗口面积。此时可使用嵌套图标分类归纳这些映射键图标。

下面介绍如何制作映射键命令图标的嵌套图标：

01 在主菜单中选择【工具（T）】|【定制屏幕（C）】命令，打开【定制】对话框。

02 在【命令】选项卡的【目录】列表框中选择最后的【新建菜单】，在旁边的【命令】框中有【新建菜单】和【新的快捷方式】两个选项。选择【新的快捷方式】拖动到工具栏上，如图2-7-9所示。

03 选择【定制】对话框的【命令】选项卡中的映射键，选择新建的图标按钮并拖动到【特征】工具栏的【新的快捷方式】中。

04 继续拖动其他按钮，建立嵌套图标菜单，如图2-7-10所示。

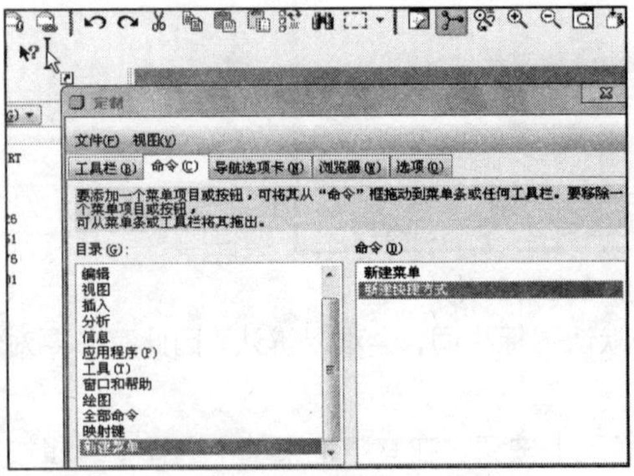

图2-7-9 建立新的快捷方式

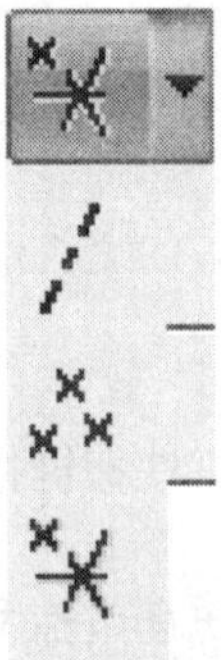

图2-7-10 新建的嵌套图标菜单

2.7.6 环境文件的设置

前面设置的结果，在软件界面上会发生很大的变化，而环境文件的设置是相对于操作系统的注册表，可能会给参数设不同的值，实现不同的环境变化。Pro/E的环境文件参数选项多达数百项，本节只给出造型设计中常用的零件参数选项及设置。

首先明确设置步骤：

01 在主菜单中选择【工具（T）】|【选项（O）】命令，打开【选项】对话框。如图2-7-11所示。

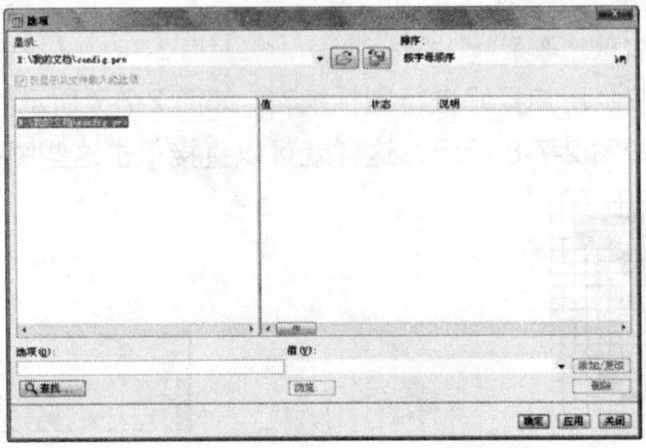

图2-7-11 【选项】对话框

02　在【选项】对话框中输入参数（如 allow_anatomic_features）。

03　单击【值】列表框的▼按钮，在下拉列表中是该参数的可选值，其中带*的是该参数的默认值（选择 “yes”），如图 2-7-12 所示。

图 2-7-12　输入参数

04　单击【添加/更改】按钮，加入该参数及设置。

05　单击【应用】按钮，即可使该参数生效。

小知识

有些设置需要重启计算机才能生效。

下面是比较常用的参数选项：

（1）设计起始默认的文件模板为公制：

如果每次都取消默认的英制单位设置，然后选择公制单位，比较麻烦，通过设置该参数，可以在建立新文件时直接使用公制。具体设置见表 2-7-1。

表 2-7-1　更改文件模型为公制

选项	值
template_solidpart	E:\3d\ProENGINEER Wildfire 3.0\templates\mmns_part_solid.prt
template_designasm	E:\3d\ProENGINEER Wildfire 3.0\templates\mmns_asm_design.prt
template_sheetmetalpartd	E:\3d\ProENGINEER Wildfire 3.0\templates\mmns_part_sheetmetal.prt

注意

其中 “E:\3d\ProENGINEER Wildfire 3.0\” 应该改成 Pro/E 系统的安装地址。

（2）在中文版中同时显示英文菜单：

menu_translation　both

利用该参数可以同时显示中文和英文，但该参数对主菜单不起作用。

（3）在着色显示零件时不显示曲线：

shade_with　no

利用该参数可以在零件处于着色状态时，旋转零件不显示曲线，这对于曲线比较多的时候用，可以使视图简洁。

（4）指定模型公差标准为 iso 标准：

tolerance_standard　iso

该参数可以使零件的公差采用 iso 标准格式。

（5）指定外观文件（*.dmt 文件）路径：

Pro_colormap_path　系统启动目录（最好使用绝对路径）。

该参数可以确定在系统启动后自动加载该色彩映射文件。

如何建立映射文件（默认文件名为 appearance.dmt），参见 2.3.7 小节。

小知识

Wildfire 以前版本中*map 映射文件在这里仍然可以使用。

（6）指定可以在外观文件中保存颜色的数量：

number_user_colors　　120

该参数数值为允许使用的最大色彩数量。

（7）加载自定义界面背景颜色文件：

system_colors_file　　启动目录

定义此参数可以在系统启动后使用定制的背景色彩。

如何调配背景颜色?

01　选择主菜单中的【视图（V）】|【显示设置（Y）】|【系统颜色（S）】命令。

02　在出现的对话框中单击最下面的【编辑】按钮（系统默认使用【混合背景】选项）。

图 2-7-13　混合颜色对话框

03　分别调整【顶】和【底】的颜色，如图 2-7-13 所示。

04　在【系统颜色】对话框主菜单中选择【文件】|【保存】命令，保存文件名为 syscol.scl，并把文件保存在启动目录内。

（8）控制参照尺寸的显示方式：

parenthesize_ref_dim　　yes（将参照尺寸括在圆括号内）

　　no（参数尺寸后面带有文件 REF）

该参数默认设置为 no，选择 yes 可以使参照尺寸括在圆括号内。

（9）为渲染文件指定图形库：

pro_texture_library　　本地地址（建议使用绝对路径）

设置该参数可以在渲染时调用安装的材质库，此选项要求安装材质库。

（10）指定轨迹文件的路径：

trail_dir　　本地目录

Pro/E 每次启动后，默认在启动目录中生成一个“trail.ext.阿拉伯数字”的轨迹文件。该文件记录了每次操作的全部启示，可以在系统不正常退出时使用该轨迹文件恢复操作。设置该参数后可以在设定的目录中专门放置、管理这些轨迹文件，非常方便。

（11）让轨迹文件单步播放：

Set_trail_single_step　　yes

使用该参数可以确定在使用轨迹文件时进行单步播放，否则会自动全部播放。利用单步播放可以方便地在需要的地方停止播放，重新进行操作。

如何使用轨迹文件恢复操作?

01　在保存轨迹文件的文件夹内把轨迹文件更改为一个文本文件，比如将 trail.ext.50 改为 123.txt。

02　启动 Pro ENGINEER。

03　在主菜单中选择【工具（T）】|【播放跟踪/培训文件（T）...】命令。

04　打开刚才更改文件名的文件。

05　打开后会出现如图 2-7-14 所示的工具条。单击【继续】按钮单步播放轨迹文件，单击【终止】按钮结束播放并停止在当前的步骤。

图 2-7-14　轨迹文件播放工具条

（12）指定草绘中保存的已执行步骤的数目：

sketcher_undo_stack_limit　　　数目

该参数可以确定草绘中使用按钮恢复操作的次数，此数目不能过大，太大占用资源严重。

（13）使【菜单管理器】出现“耳”等旧特征选项：

allow_anatomic_features　　yes

（14）调整尺寸数值的大小

Text_height_factor　　　　40 到 60

这是一个隐藏参数，设置后可以控制尺寸数值、基准平面名称等在图形窗口显示的大小。

（15）使用已经设置好的模型树配置文件：

Mdl_tree_cfg_file　　　　文件地址（建议绝对路径）

定义参数可以在 Pro/E 启动后自动加载已经建立的模型树配置文件 tree.cfg。

2.7.7　模型树的设置

零件的全部特征按照建立的顺序排列在模型中，在模型树中除了可以观察零件排列外，还有以下功能和作用：

- 通过在模型树中选择特征后单击鼠标右键，在弹出的快捷菜单中选择相关命令进行操作。
- 直接拖动模型树中的红色箭头（默认在最后一个特征后面），可以直接完成特征的隐含、恢复、重新排序及隐藏、恢复显示等操作。

1. 如何安排模型树位置

01　模型树默认在导航器内，在主菜单中选择【工具（T）】|【定制屏幕（C）】命令。

02　打开【定制】对话框，单击【导航卡选项】选项卡。

03　在该选项卡中可以选择【放置】下拉列表框中的选项，重新安排模型树的位置，如图 2-7-15 所示。

2. 如何控制特征的显示和隐藏起来

在主菜单中选择【设置（G）】|【树过滤器（C）】命令。

打开【模型树项目】对话框，在该对话框中可以选择在模型树中显示或隐藏的特征类型，如

图 2-7-16 所示。

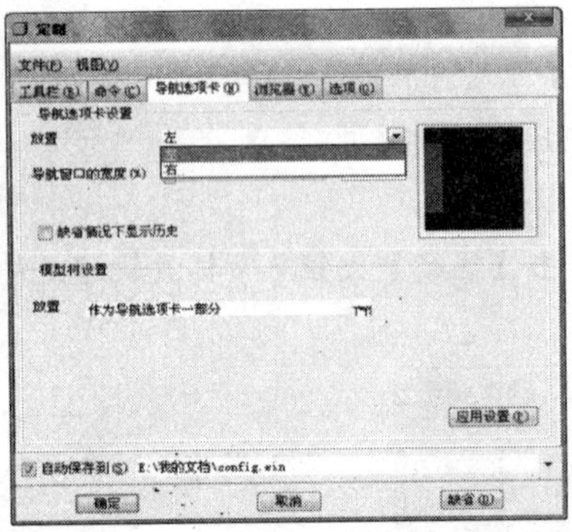

图 2-7-15 重新安排模型树位置

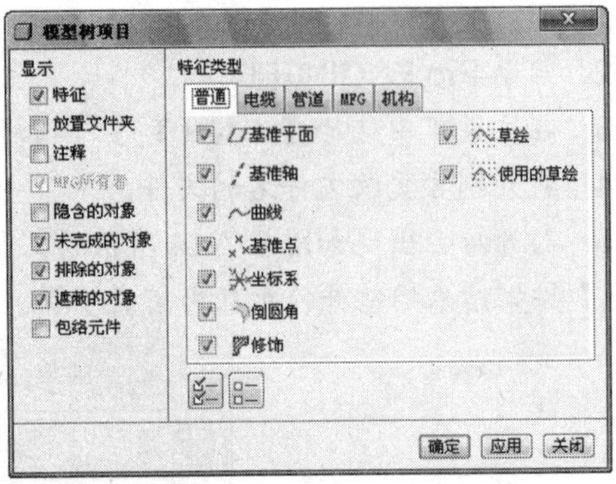

图 2-7-16 【模型树项目】对话框

3. 模型树里其他内容的显示设置

01 在【导航器】中单击【设置（G）】|【树列（C）】命令。

02 打开【模型树列】对话框，在该对话框中可以设置在模型树显示的其他内容，包括特征号等，如图 2-7-17 所示。

03 保持【类型】下拉列表框中的【信息】选项，选择下面的【特征 #】，单击>>按钮，送入右侧的【显示】框中，可以在【宽度】微调框中调整显示的宽度。

04 单击【应用】按钮，可以看到右侧同时显示每个特征的整个模型树的位置编号，如图 2-7-18 所示。

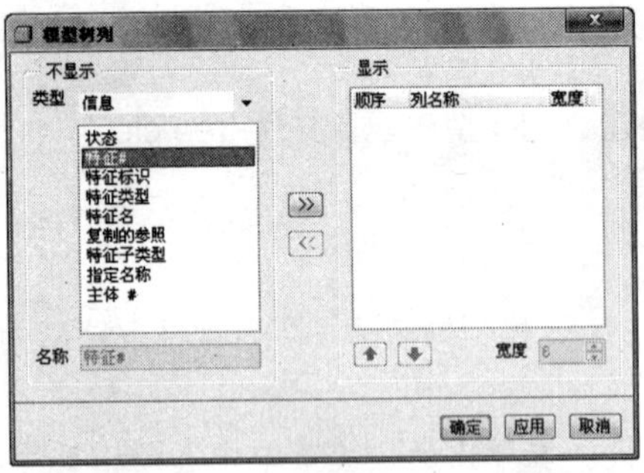

图 2-7-17 【模型树列】对话框

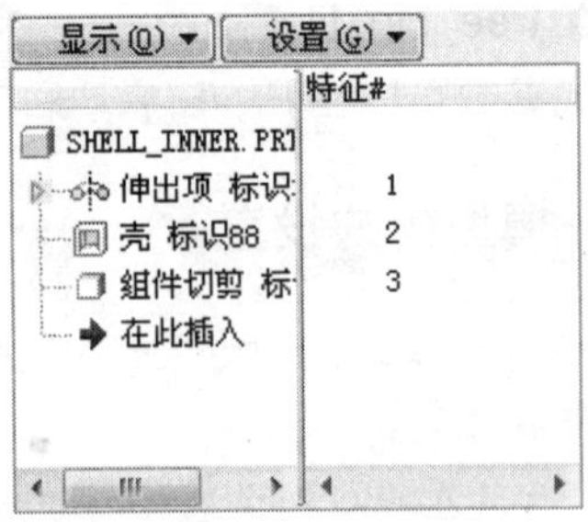

图 2-7-18 设置后的模型树

4. 如何保存设置

01 在【导航器】中选择【设置（G）】|【保存设置文件（S）】命令。

02 保存的文件为 tree.cfg 文件。

03 把文件放在启动目录中，并在系统配置文件中做出相关配置即可在 Pro/E 软件启动后自动加载该文件。

2.7.8 层的应用

层主要用于组织特征和零件，以便对于该层包括的所有项目进行集中操作。特征和零件可以存在于一个或多个层里，导航器窗口上的【层】模型树用于创建及操作层，如图 2-7-19 所示。

（1）如何新建层

01 在【导航器】窗口中，选择【显示（O）】|【层树（L）】命令。

提示

导航器窗口用于显示模型树数据或图层数据。

02 在【导航器】窗口中选择【层（L）】|【新建层（O）】命令。

03 在【层属性】对话框中输入新建层名称，如图 2-7-20 所示。

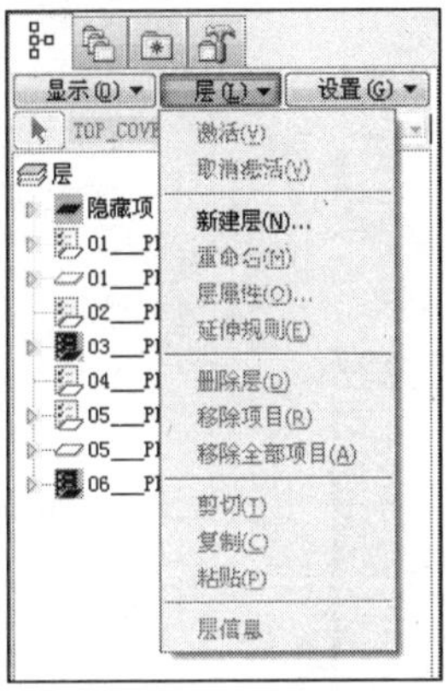

图 2-7-19 层的模型树

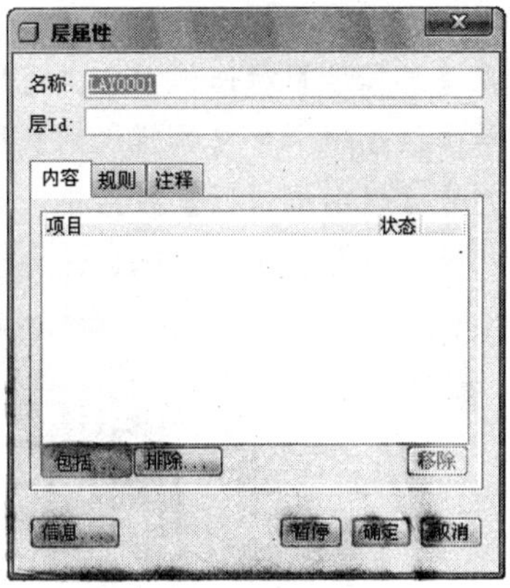

图 2-7-20 【层属性】对话框

04 单击【确定】按钮，创建新层。

（2）设置项目到一个层

01 在【导航器】窗口中选择【层（L）】|【新建层（O）】命令。

02 选择【层（L）】|【层属性（O）】命令。

注意

要选择你要设置的项目才可使用【层属性(O)】按钮，否则按钮为灰色。

03 在【层属性】对话框中单击【包括】按钮，如图 2-7-20 所示。

04 在屏幕上或对话框内选择一个项目以加入层。

05 可以加入层的项目有：【特征】、【曲线】以及【面组】等。

06 选择【确定】按钮。

（3）层

在层树中是系统默认的八个层，它们的含义如下：

- 01_PRT_ALL_DTM_PLN 零件的全部基准平面
- 01_PRT_DEF_PLN 零件的默认基准平面
- 02_PRT_ALL_AXES 零件的全部基准轴
- 03_PRT_ALL_CURVES 零件的全部基准曲线
- 04_PRT_ALL_DTM_PNT 零件的全部基准点

- 05_PRT_ALL_DTM_CSYS　零件的全部基准坐标系
- 05_PRT_DTM_CSYS　零件的全部默认坐标系
- 06_PRT_ALL_SURFS　零件的全部曲面

系统自动把属于该层特征的图元归纳在该层里面。单击层名称左侧的加号，可展开该层中的内容。

（4）显示隐藏图层

在层树中选择某一层，单击鼠标右键选择【隐藏】命令，可以隐藏该层。相反可以用【取消隐藏】命令显示恢复该层。

（5）快速添加到层

01 在【层属性】对话框中单击【规则】选项卡。

02 单击该选项卡中【编辑规则】按钮。

03 打开【规则编辑器】对话框，如图 2-7-21 所示。

04 在【查找】选项框中选择需要查找的。

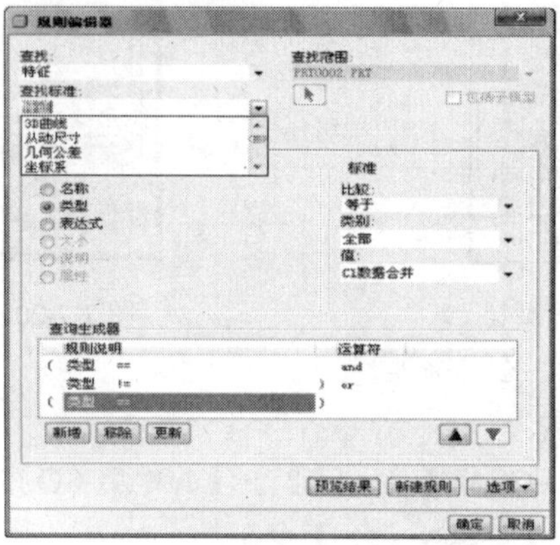

图 2-7-21　【规则编辑器】对话框

05 单击【预览结果】按钮，系统会自动找出相关的内容。

06 选择需要添加到这层的相关内容，单击【新增】按钮。

07 再单击【确定】按钮退出【规则编辑器】对话框。

08 再单击【层属性】对话框中的【确定】按钮，即完成添加。

提示

保存零件后，层的设置也一同被保存起来，以后再打开零件时，不使用隐藏操作同样可获得一个简洁的视图。

本章总结

本章从界面入手，详细介绍了 Pro/E Wildfire 3.0 的基本操作，包括界面组成、管理文件、视图控制及模型显示，也介绍了如何定制软件界面、如何快速查看文件、如何使用帮助系统和系统的设置等，为进一步介绍系统设置打下了基础。

有问必答

问：为什么在起始目录下找不到配置文件 config.pro？启始目录如何设置？

答：Pro/E 安装好后，并不会在起始目录下建立 config.pro 文件，使用者在选项对话框中，根据需要建立好配置选项后，单击【保存】按钮将其保存成名为 config 的文件即可。

起始目录是默认的工作目录，每次启动时系统都会在这里读取使用者的 config.pro 文件，系统默认安装后的起始目录就是该用户的“我的文档”，设置起始目录的方法是：使用鼠标右键单击【Pro/E】的快捷方式，从菜单中选取【属性（R）】所弹出的对话框就能够设置 Pro/E 的起始目录。

问：选项配置对话框中每个选项左侧的符号代表什么意思？

答：三种符号分别是：

- 【闪电】：立即生效。
- 【显示器】：需要重启 Pro/E。
- 【魔术棒】：所做的改变将应用于下一对象。

问：如何知道系统有哪些配置选项？

答：在系统配置的选项对话框中，单击【查找】按钮，在新弹出的对话框【关键字】栏输入“*”，单击【立即查找】按钮，即可出现所有的选项以方便查找。

问：Pro/E 启动时会自动打开浏览器，如何关闭它？

答：默认环境下，Pro/E 启动时会自动打开浏览器，当电脑连接到因特网时，则会打开 PTC 公司的相关网页。

可以通过【定制屏幕】命令使浏览器在启动时不自动打开：

- 单击下拉式菜单中的【工具（T）】|【定制屏幕（C）】。
- 在弹出的对话框中选择【浏览器】选项卡。
- 取消掉【缺省情况下载入 Pro/E 时展开浏览器】的勾选。
- 单击【确定】按钮，在下一次起动 Pro/E 时，浏览器就不会自动打开了。

问：如何设置中英文对照菜单管理器的界面？

答：只要在 config.pro 文件内添加如下设置即可：

menu_translation both

menu_translation 选项能够设置【菜单管理器】的语言界面，它有三个设置值，分别是 yes、no、both。其中 yes 为默认值，both 为显示双语对照界面。

Study

Chapter 03

参数化草图绘制

学习导航

参数化草图绘制是创建各种零件特征的基础，它贯穿整个零件建模过程，不论 3D 特征的创建、工程图的创建还是 2D 组装示意图的创建都要用到它。

草图绘制是包括 Pro/ENGINEER 在内的所有参数化设计应用程序中的一项基本技巧。几何特征，例如拉伸或切减材料，需要用草图绘制来定义特征的截面；其他特征，如基准曲线、扫描特征的扫描轨迹以及草图绘制孔也需要用草图绘制定义元素。Pro/ENGINEER 的草图绘制截面可以在特征创建（例如：拉伸、旋转）等的过程中创建，也可以作为单个对象创建，并用于以后的构建操作。

本章要点

- 约束
- 图元
- 参数化尺寸
- 参考
- 截面
- 草图绘制
- 草图绘制环境
- 草图绘制模块
- 草图绘制器调色板

3.1　草图绘制工作界面

草图绘制是在 Pro/E 系统中非常具有特色的基础工具，是所有的基础特征的基石。在众多的工业设计软件中，Pro/E 的草图绘制功能不但极其强大，而且这种思想也非常符合工程人员的习惯。二维剖图相当于绘制工程图纸，完成后赋予剖面一个纵向尺寸，二维图纸就变成了三维立体零件，这一切非常符合逻辑。

3.1.1　进入草图绘制工作界面

进入 Pro/E 草图绘制模式有两种途径：

1. 通过【新建】对话框进入

01　单击工具栏中的【新建文件】按钮或单击主菜单中的【文件(O)】|【新建(N)】命令。

02　在弹出的【新建】对话框中选择【草图绘制】类型。

03　在【名称】栏中输入草图绘制图名称，如“s2d0001”（或接受系统默认的文件名），如图 3-1-1 所示。

04　单击【确定】按钮，系统进入草图绘制工作界面，如图 3-1-2 所示。

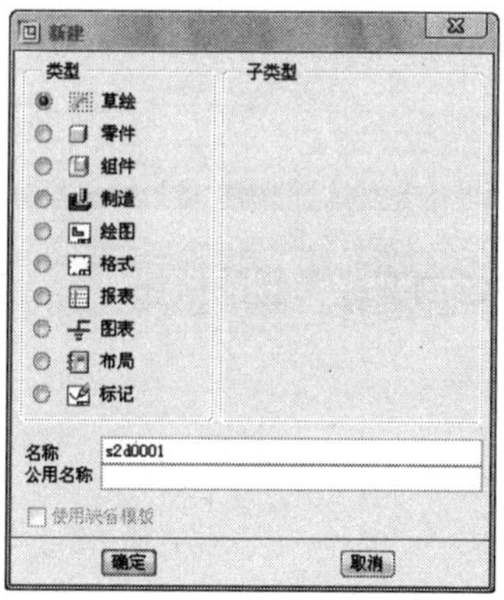

图 3-1-1　【新建】对话框

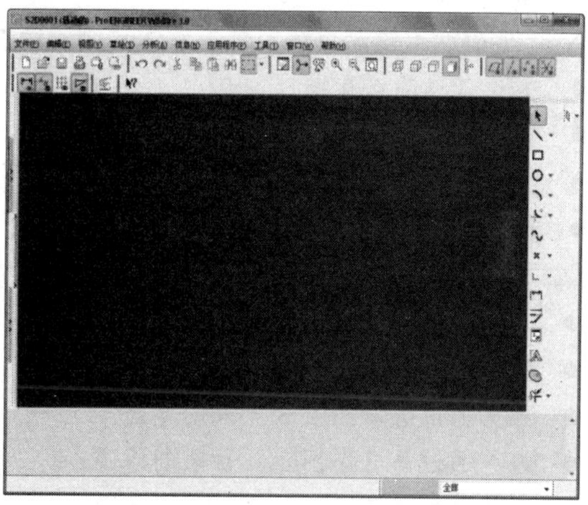

图 3-1-2　草图绘制工作界面

提示

它与 Pro/ENGINEER 系统最初的工作界面不同的是：在主菜单中新增【草图绘制】选项，取消【插入】选项；在工具栏中新增草图绘制工具栏；在工作区右侧新增【草图绘制命令】工具栏。

2. 通过建立基础特征进入

在建立基础特征的过程中，根据需要绘制二绘剖图，绘制时进入草图绘制模式。此时所完成的剖面是此特征的一部分，和特征紧密相连。但用户可以把此剖面保存为草图绘制文件供以后继续使用。

3.1.2 【草图绘制】工具栏

工具栏中新增的【草图绘制】工具栏如图 3-1-3 所示，它们主要用来控制草图绘制过程及在草图绘制图中是否显示尺寸、几何约束等。

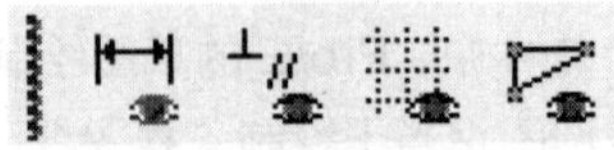

图 3-1-3 【草图绘制】工具栏

工具栏中的各按钮的功能分别如下：

- ：控制草图中是否显示尺寸。
- ：控制草图中是否显示几何约束。
- ：控制草图中是否显示网格。
- ：控制草图中是否显示草图绘制实体端点。

3.1.3 【草图绘制命令】工具栏

【草图绘制命令】工具栏位于屏幕右侧，该栏中将绘制草图的各种绘制命令、尺寸标注、尺寸修改、几何约束、图元镜像等命令以图标按钮的形式给出，与之对应的草图绘制命令也可在菜单【草图绘制】的下拉菜单中找到。

现将【草图绘制命令】工具栏中各命令按钮的功能说明如下：

：项目选择切换按钮，处于按下状态为选取对象模式，可用鼠标左键选择要编辑的图元，按住 Ctrl 键可一次选取多个项目。

：明确两点绘制直线，单击右边的倒三角按钮，弹出如下三种绘制直线的命令按钮：

- ：创建两点直线。
- ：创建与 2 个图元相切的直线。
- ：创建中心线（辅助线）。
- ：按两对角点来创建矩形。

：绘制圆，单击右边的倒三角按钮，弹出如下五种绘制圆或椭圆的按钮：

- ：通过选取圆心和圆上一点来创建圆。
- ：创建同心圆。
- ：通过选取圆上 3 点来创建圆。
- ：通过与 3 个图元相切来创建圆。
- ：创建椭圆。

：绘制圆弧，单击右边倒三角按钮，弹出五种绘制圆弧的按钮：

- ：由 3 个点创建一个圆弧或通过在某端点与图元相切来创建圆弧。
- ：创建同心弧。
- ：通过选取中心点和端点来创建圆弧。
- ：创建与 3 个图元相切的圆弧。
- ：创建一个圆锥弧。

：绘制圆角，单击倒三角按钮，弹出如下两种绘制圆角的命令按钮：

- ：创建与 2 个图元相切的圆角。
- ：创建与 2 个图元相切的椭圆圆角。
- ：绘制样条曲线。

：创建参照坐标系或参照点，单击倒三角按钮，弹出如下两种绘制参照命令按钮：

- ：创建参照坐标系。
- ：创建参照点。

：使用边界图元，单击右边的倒三角按钮，弹出如下两种使用边界图元的按钮：

- ：创建使用已有的几何边界作为草图绘制图元。
- ：选择已有的几何边界，并给定偏移量，作为草图绘制图元。

：人工标注尺寸。

：修改尺寸值、样条几何或文本图元。

：对图元施加几何约束，同时系统弹出【约束】对话框，给指定图元施加相应的几何约束，如图 3-1-4 所示。

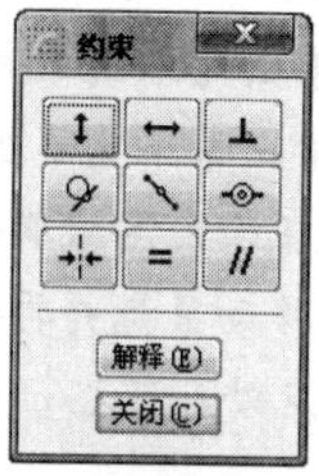

图 3-1-4　【约束】对话框

：创建文字作为草图绘制图。

：将调色板中的外部数据插入到当前绘图区域中。

> **小知识**
>
> 该功能是 Pro/ENGINEER Wildfire 3.0 新增的功能，可方便用户直接调用预先定制的几何图形。

：修剪图元，单击右侧的倒三角按钮，弹出如下三种修剪图元的命令按钮：

- ：动态修剪图元。
- ：交角修剪图元。
- ：在选取点的位置处分割图元。

：操作图元，单击右侧的倒三角按钮，弹出如下两种操作图元的按钮：

- ：对选定图元进行镜像。
- ：对选择图元进行缩放和旋转。

3.2　点、直线、矩形的绘制

点、直线、矩形的绘制是草图绘制中最基本的图元，需要认真去体会作图过程，掌握不同的绘制方法。

> **提示**
>
> 草图绘制环境中鼠标的使用：
>
> 鼠标左键在屏幕上选择点，用鼠标中键中止当前操作。
>
> 草图绘制时，可通过按鼠标右键来禁用当前约束（显示为红色），并可以按【Shift】键和鼠标右键来锁定约束。
>
> 按住【Ctrl】键单击，可选取多个项目。
>
> 单击鼠标右键显示带有最常用草图绘制命令的快捷菜单（当不处于橡皮筋模式时）。
>
> 按【Tab】键切换激活约束。

3.2.1 点的绘制

在进行辅助尺寸标注、辅助截面绘制、复杂模型中的轨迹定位时经常使用该命令。

绘制点的步骤如下：

01 用以下两种方法启动【绘制】点命令:

- 单击【草图绘制命令】工具栏中的【绘制点】按钮;
- 单击菜单【草图绘制(S)】|【点(P)】选项。

02 在绘图区域单击鼠标左键即可创建第一个草图绘制点。

03 移动鼠标并再次单击鼠标左键即可创建第二个草图绘制点，此时屏幕上除了显示两个草图绘制点外，还显示两个草图绘制点间的尺寸位置关系，如图 3-2-1 所示。

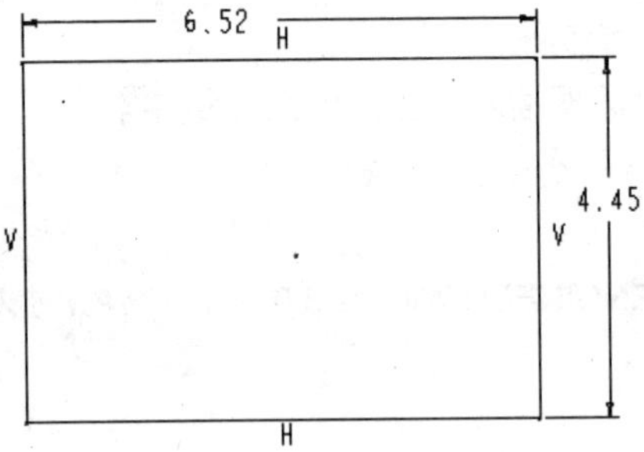

图 3-2-1 绘制两点

小知识

在草图绘制环境中可以单击按钮返回以前的状态，也可单击按钮重做操作，这两个按钮十分有用。

3.2.2 直线的绘制

在所有图形元素中，直线是最基本的图形元素，在【草图绘制命令】工具栏上有以下三种形式的直线创建方式：

- 绘制实体直线
- 绘制中心线
- 绘制与两实体相切的直线

绘制直线的步骤如下：

01 在【草图绘制命令】工具栏上单击一种绘制直线方式的图标按钮。

02 在草图绘制区域任意位置上单击鼠标左键，此位置即为绘制直线的起点。

03 随着鼠标的移动，一条高亮显示的直线也会随之变化。

04 拖动鼠标至直线的终点，单击鼠标左键，即可完成一条直线的绘制。

05 移动鼠标可继续绘制第二条直线。第一条直线的终点将为第二条直线的起点。

06 拖动鼠标至线段的终点，单击鼠标左键即可完成第二条直线的绘制。

07 重复步骤第 06 步可连续绘制多条直线，完成所有的直线绘制后，单击鼠标中键即可结束直线绘制命令，此时系统会自动标注各线段的尺寸，如图 3-2-2 所示。

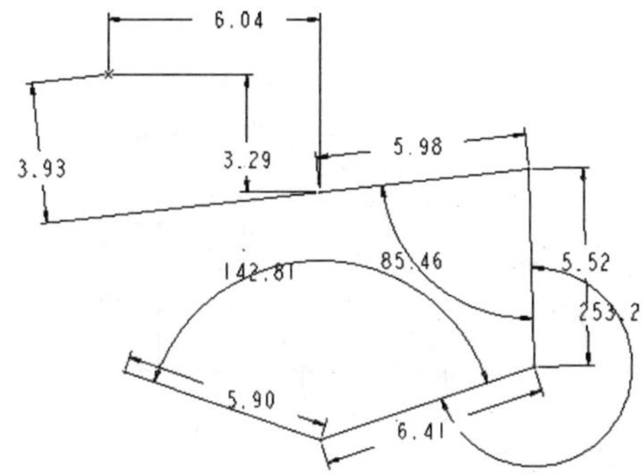

图 3-2-2　直线的绘制

经典实例

绘制如图 3-2-3 所示的图形。

【光盘：源文件\第 3 章\实例 3-2.SEC】

【实例分析】

本实例绘制的是两条直线，分别用两个画直线和切线的命令即可完成。

【实例效果】

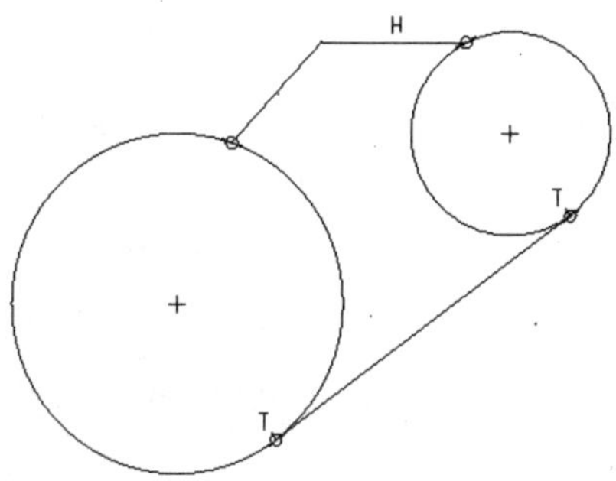

图 3-2-3　实例要求绘制的最后效果

【实例绘制】

【光盘：源文件\第 3 章\实例 3-1.SEC】

01　打开文件，如图 3-2-4 所示。

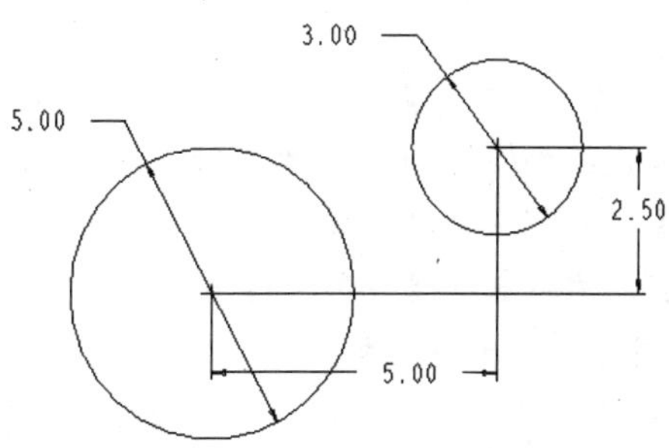

图 3-2-4　练习初始文件

02　单击按钮绘制实体直线，如图 3-2-5 所示。

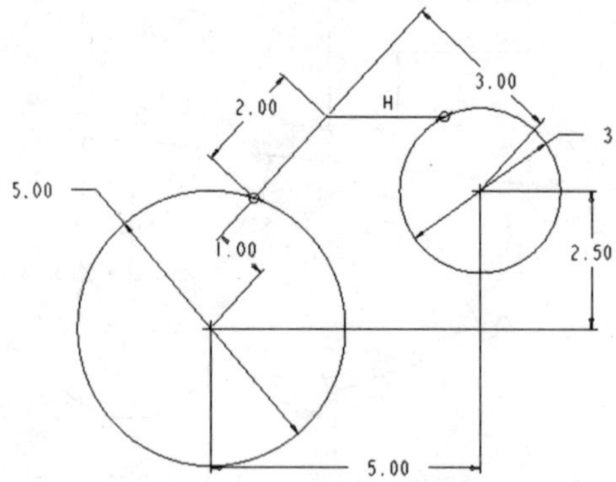

图 3-2-5　绘制实体直线

03　单击按钮绘制与两实体相切的直线。如图 3-2-6 所示。

04　保存文件。

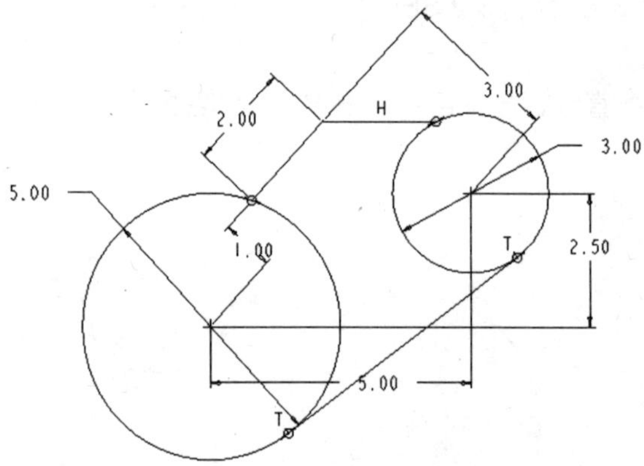

图 3-2-6　绘制切线

3.2.3　矩形的绘制

使用【绘制直线】命令，通过绘制四条直线并给予适当的尺寸标注和几何约束即可绘制矩形。此外，【草图绘制命令】工具栏中提供了更为方便的绘制矩形的按钮，使用该工具可快速创建矩形。

绘制矩形的步骤如下：

01　有以下三种方法启动【绘制矩形】命令：

- 选择主菜单中的【草图绘制(S)】｜【矩形(E)】命令。
- 在【草图绘制命令】工具栏中，单击按钮。
- 在绘图区域内单击鼠标右键选择【矩形(E)】命令。

02　在【草图绘制】工具栏中，单击按钮。

03　在绘图区域任意一点上，单击鼠标左键，作为矩形的一个角端点。

04　移动鼠标产生一个动态矩形，将矩形拖动到适当大小后单击鼠标左键，完成矩形的绘制，系统自动标注与矩形相关的尺寸和约束条件。

注意

几乎每一种绘图命令都可以用这前两种方式打开，但右键菜单中的五种命令要多一种方式打开。如图 3-2-7 所示。

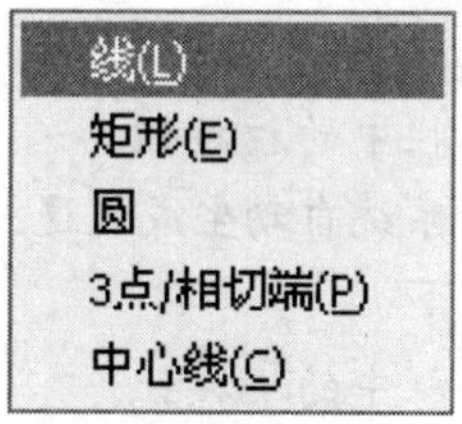

图 3-2-7 右键菜单

在本章的基础绘图中，将不再介绍用菜单单击打开绘制命令的方法。

经典实例

绘制如图 3-2-8 所示的矩形。

【光盘：源文件\第 3 章\实例 3-3.SEC】

【实例效果】

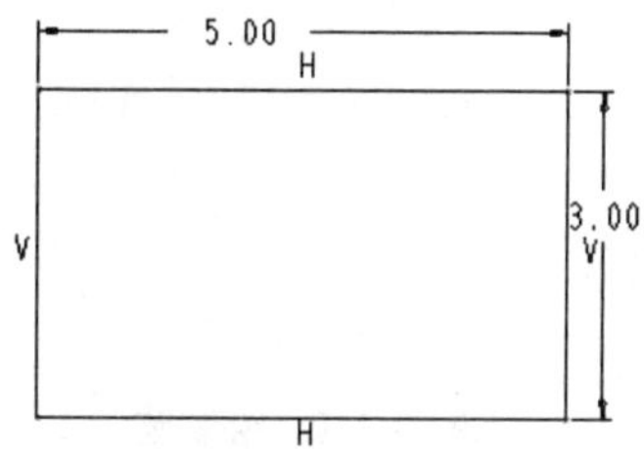

图 3-2-8 矩形的绘制

【实例绘制】

01 创建新草图绘制文件。

02 单击按钮，绘制矩形。

03 保存文件。

3.3 弧与圆的绘制

Pro/ENGINEER Wildfire 提供了多种绘制弧与圆的方式，下面逐一进行讲解。

3.3.1 圆的绘制

在【草图绘制命令】工具栏中，Pro/ENGINEER Wildfire 提供以下 4 种绘制圆的方式。

用中心点方式绘制圆的步骤如下：

01 单击【草图绘制命令】工具栏中的按钮。

02 单击绘图区中的一点确定圆的圆心，移动鼠标，然后单击左键确定圆的大小。

03 单击鼠标中键，结束圆的绘制。

用同心圆方式绘制圆的步骤如下：

01 单击【草图绘制命令】工具栏中的◎按钮。

02 在绘图区单击一个已存在的圆或圆弧边线，移动鼠标，然后单击左键定义圆的大小。

03 单击鼠标中键，结束圆的绘制。

用三点圆方式绘制圆的步骤如下：

01 单击【草图绘制命令】工具栏中的○按钮。

02 在绘图区依次单击三个点，系统自动生成过这三个点的圆。

用实体相切方式绘制圆的步骤如下：

01 单击【草图绘制命令】工具栏中的○按钮。

02 在绘图区中依次选择三个图素的边线，系统自动生成与该三边相切的圆。

经典实例

绘制如图 3-3-1 所示的圆。

【光盘：源文件\第 3 章\实例 3-4.SEC】

【实例效果】

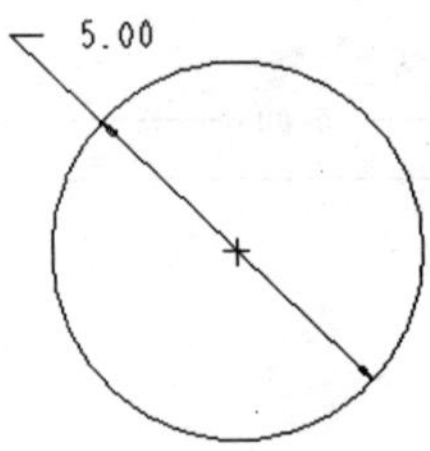

图 3-3-1 绘制圆

【实例绘制】

01 创建新的草图绘制文件。

02 单击○按钮绘制圆。

03 保存文件。

3.3.2 圆弧的绘制

在【草图绘制命令】工具栏中，Pro/ENGINEER Wildfire 提供以下 4 种绘制圆弧的方式。

用 3 点方式绘制圆弧的步骤如下：

01 单击【草图绘制命令】工具栏中的⌒按钮。

02 单击绘图区中任意一点作为弧的起点，然后单击另一个位置作为弧的终点，移动鼠标，在产生的动态弧上指定一点，以定义弧的大小和方向。

用同心弧方式绘制圆弧的步骤如下：

01 单击【草图绘制命令】工具栏中的按钮。

02 在绘图区单击一个已存在的圆或圆弧上任意一点，移动鼠标以确定圆弧的半径大小。

03 在绘图区指定圆弧的起点与终点即可完成圆弧的绘制。

用中心点方式绘制圆弧的步骤如下：

01　单击【草图绘制命令】工具栏中的按钮。

02　在绘图区单击一点作为圆弧的中心点，然后指定弧的起点与终点即可完成圆弧的绘制。

用三切点方式绘制圆弧的步骤如下：

01　单击【草图绘制命令】工具栏中的按钮。

02　在绘图区分别选中三个参考图元即可绘制与其相切的圆弧。

经典实例

绘制如图 3-3-2 所示的圆弧。

【光盘：源文件\第 3 章\实例 3-5.SEC】

【实例效果】

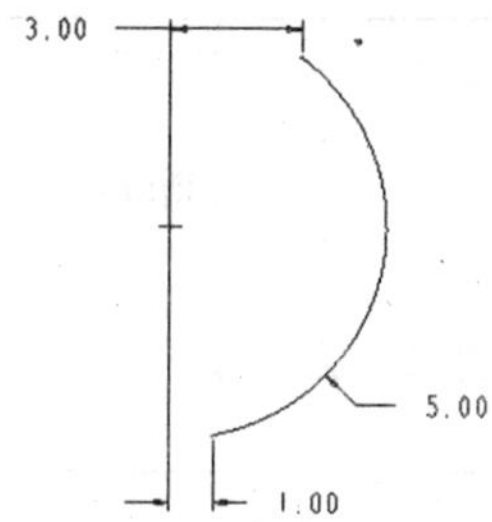

图 3-3-2　绘制圆弧

【实例绘制】

01　创建新的草图绘制文件。

02　单击按钮绘制圆。

03　保存文件。

3.4　绘制高级几何图元

高级几何图元包括圆锥曲线、坐标系、椭圆形圆角、椭圆、样条曲线、文字等。

3.4.1　圆锥曲线的绘制

单击【草图绘制命令】工具栏中的按钮可绘制圆锥曲线。通过控制曲线的斜率（rho），可以绘制出抛物线（rho=0.5）、双曲线（0.5<rho<0.95）、椭圆（rho=sqrt（2）–1）等图形。

绘制圆锥曲线的步骤如下：

01　单击【草图绘制命令】工具栏中的按钮。

02　依次单击鼠标左键，分别选择两点作为圆锥曲线的两个端点。

03　移动鼠标，以决定圆锥曲线的形状，单击鼠标左键，完成圆锥曲线的绘制。

经典实例

绘制如图 3-4-1 所示的圆锥曲线。

【光盘：源文件\第 3 章\实例 3-6.SEC】

【实例分析】

先画矩形，再画圆锥曲线。

【实例效果】

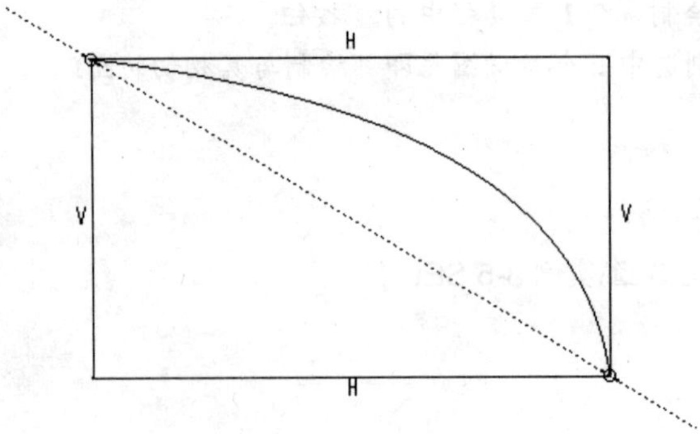

图 3-4-1 绘制圆锥曲线

【实例绘制】

01 单击□按钮绘制矩形，如图 3-4-2 所示。

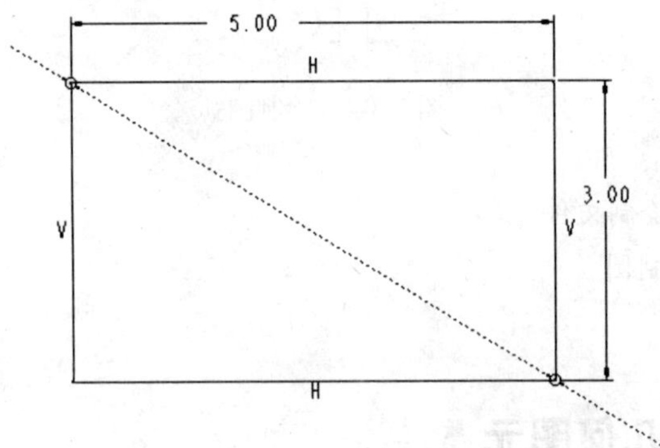

图 3-4-2 矩形的绘制

02 单击按钮绘制圆锥曲线，如图 3-4-3 所示。

03 保存文件。

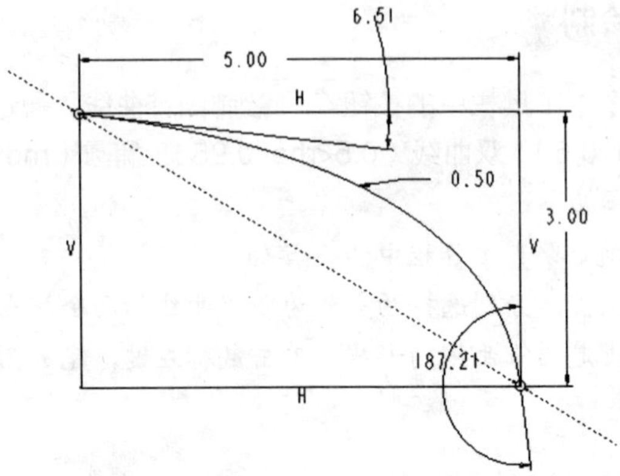

图 3-4-3 绘制圆锥曲线

3.4.2　绘制坐标系

单击【草图绘制命令】工具栏中的按钮，可绘制坐标系，以用于辅助尺寸的标注、样条曲线的绘制以及混合特征的创建等。

绘制坐标系的步骤如下：

01　单击【草图绘制命令】工具栏中的按钮。

02　在绘图区选择一点作为新建坐标系的原点，单击左键完成坐标系的建立。

3.4.3　绘制椭圆形圆角

单击【草图绘制命令】工具栏中的按钮，可绘制与两直线相切的椭圆形圆角，其方法与创建圆角相同。

3.4.4　绘制椭圆

单击【草图绘制命令】工具栏中的按钮，可完成椭圆的绘制。

绘制椭圆的步骤如下：

01　单击【草图绘制命令】工具栏中的按钮。

02　在绘图区域选择一点作为椭圆的中心点。

03　移动鼠标，将椭圆拖动至适当的大小后单击鼠标左键。

04　修改椭圆的 X、Y 轴尺寸大小，完成椭圆绘制。

经典实例

绘制如图 3-4-4 所示的椭圆。

【光盘：源文件\第 3 章\实例 3-7.SEC】

【实例效果】

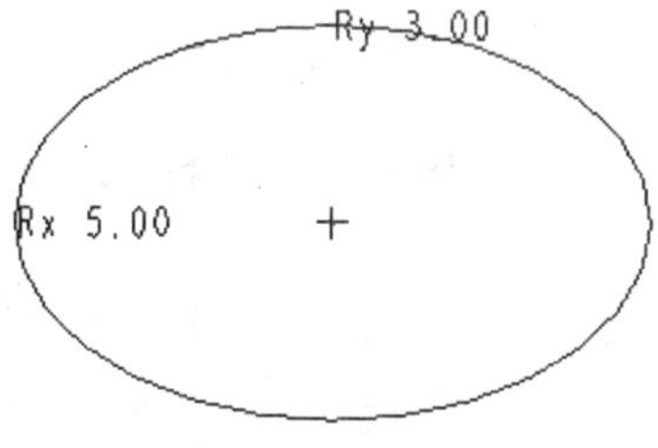

图 3-4-4　绘制椭圆

01　创建新的草图绘制文件。

02　单击按钮，绘制椭圆。

03　保存文件。

3.4.5　绘制样条曲线

单击【草图绘制命令】工具栏中的按钮，在绘图区单击数点，可绘制出过这些点的样条曲线，如图 3-4-5 所示为过 7 个点的一条样条曲线。曲线上的点称为插值点。

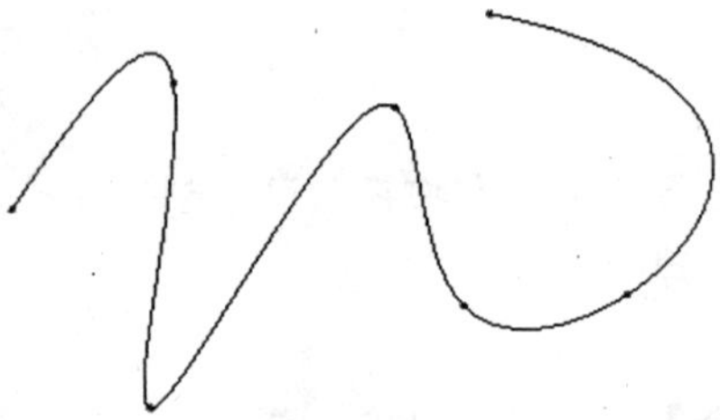

图 3-4-5　过 7 点的样条曲线

小知识

在 Pro/ENGINEER Wildfire 中允许用户对样条曲线进行修改。在样条曲线上选取一点并拖动光标可动态改变样条曲线的外形，若按住【Ctrl】+【Alt】键则沿样条曲线端点跟随光标延伸样条曲线。

选中样条曲线或点，单击鼠标右键，在弹出的快捷菜单中可选择【添加点】或【删除点】命令，可在样条曲线上添加或删除控制点。双击样条曲线，系统显示如图 3-4-6 所示的样条曲线修改面板。

图 3-4-6　样条曲线修改面板

如图 3-4-7、图 3-4-8、图 3-4-9 所示分别为【点】、【拟合】、【文件】按钮对应的面板。利用这些面板可对样条曲线作进一步的修改与控制。

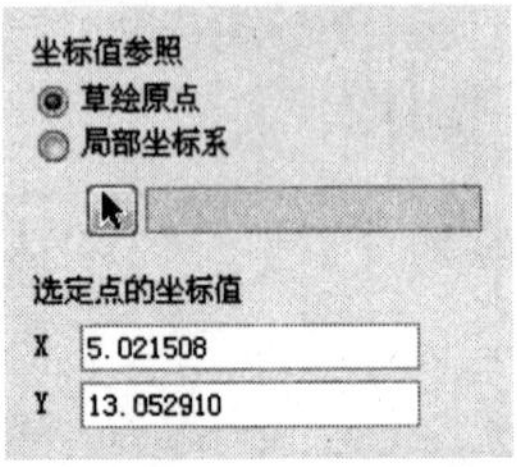

图 3-4-7　点控制面板

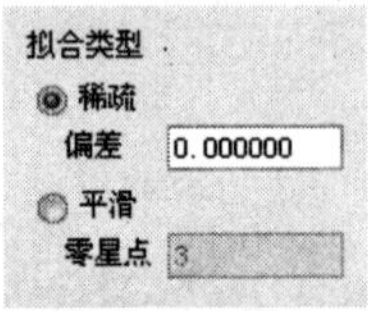

图 3-4-8　拟合控制面板

图 3-4-9　文件控制面板

现将各功能说明如下：

- 【点】：在该按钮对应的面板中设定样条曲线控制点的坐标值，可使用绝对坐标（选中草图绘制原点）或相对坐标（选中局部坐标系），如图 3-4-7 所示。
- 【拟合】：在该按钮对应的面板中设定样条曲线控制点的疏密及样条曲线的平滑，如图 3-4-8 所示。
- 【文件】：在该按钮对应的面板中，可以从文件读入样条曲线或将当前的样条曲线保存，如图 3-4-9 所示。

样条曲线修改面板按钮功能说明如下：

- ：在样条曲线上创建可控制的外多边形，通过调整外多边形的形状调整样条曲线的形状。
- ：用样条曲线的内插点修改样条曲线。
- ：用样条曲线的控制点修改样条曲线。

- ：显示样条曲线的曲率分析图。

绘制样条曲线的操作步骤如下：

01　单击【草图绘制命令】工具栏中的按钮。

02　用鼠标左键连续单击几个点，然后单击鼠标中键，系统自动绘制光滑的样条曲线。

03　双击样条曲线或点使其处于可修改状态，单击鼠标右键，在弹出的快捷菜单中单击【添加点】或【删除点】命令，在样条曲线上添加或删除控制点。

04　根据需要在样条曲线修改面板中进行相应设置可进一步控制样条曲线的外观。

经典实例

绘制如图 3-4-10 所示的样条曲线。

【光盘：源文件/第 3 章/3-8.SEC】

【实例效果】

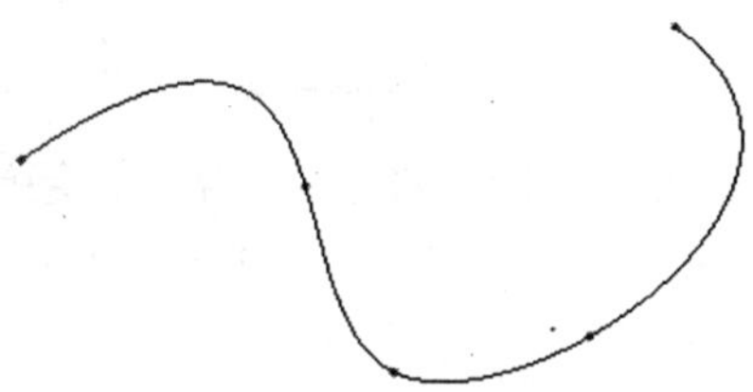

图 3-4-10　样条曲线的绘制

【实例绘制】

01　创建新的草图绘制文件。

02　使用【草图绘制命令】工具栏中的绘制【样条曲线】按钮，建立一条样条曲线，如图 3-4-11 所示。

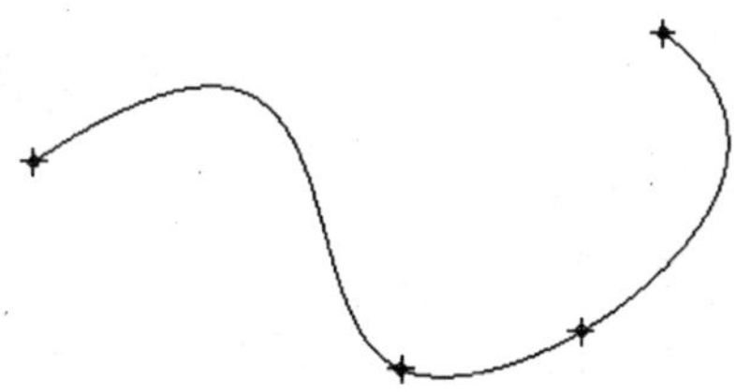

图 3-4-11　初绘样条曲线

03　双击曲线，出现修改控制面板。

04　单击鼠标右键添加控制点，如图 3-4-12 所示。

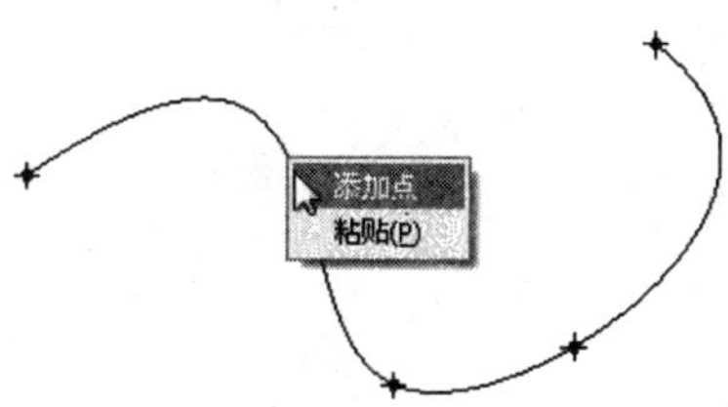

图 3-4-12　添加点

05　按下按钮，观察并调整曲线，使其更光滑，如图 3-4-13 所示。

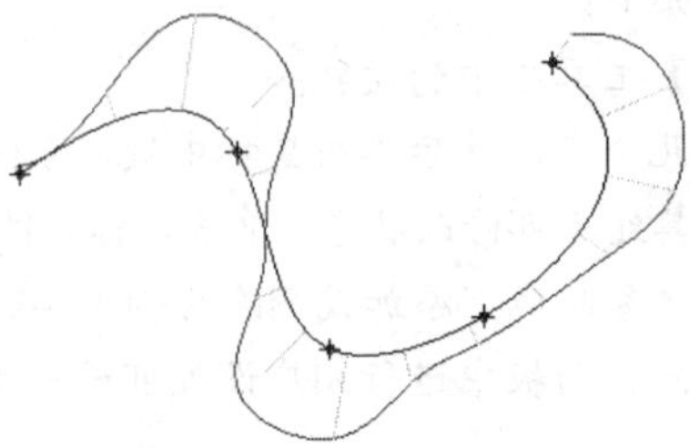

图 3-4-13　调曲线

06　按下按钮完成调整。

07　保存文件。

3.4.6　文字的绘制

在 Pro/E 中文字也可作为剖面的一部分，可对文字进行拉伸、旋转等操作。单击【草图绘制命令】工具栏中的按钮，可绘制文字图形。在绘制文字时，会弹出如图 3-4-14 所示的【文本】对话框，使用该对话框可设置文字内容、字体及文字的放置方式等。

该对话框中各项的意义说明如下：

文本行：在该栏中输入显示在绘图区中的文字。

文本符号...：单击该按钮打开如图 3-4-15 所示的【文本符号】对话框，在该对话框中选择相应的文本符号作为草图。

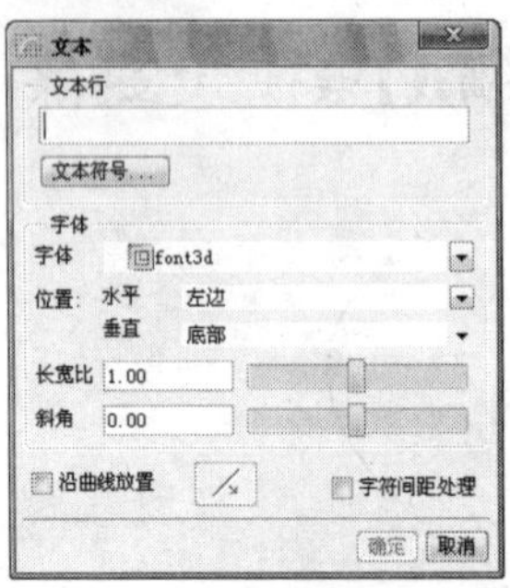

图 3-4-14　【文本】对话框

图 3-4-15　【文本符号】对话框

字体：对输入的文字字体进行设置。

- 【字体】：在该栏下拉列表中选择要使用的字体。
- 【位置】：设定文本字符串的定位点（也称为控制点）位置。通过在【水平】和【垂直】栏选择相应选项来定位文本字符串的控制点。
- 【长宽比】：设置文字的长宽比例。
- 【斜角】：设置文字的倾斜角度。

沿曲线放置：设置文字是否沿指定曲线放置。

- 使文字反向放置。

字符间距处理：控制某些字符对之间的空格，改善文本字符串的外观。字符间距处理属于特定字体的特征。通过在配置文件中设置 sketcher_default_font_kerning 选项，可以自动为创建的新文本字符串启用字符间距处理。

确定：完成本次文字图形设置。

取消：放弃本次文字图形设置。

绘制文字的操作步骤如下：

01　单击【草图绘制命令】工具栏中的按钮，以创建文字图形。

02　在绘图区绘制一段直线，线的长度代表文字的高度，线的角度代表文字的方向。完成定义后，出现【文本】对话框。

03　在对话框的【文本行】栏输入显示的文字；在【字体】栏选择字型，设置文本字符串的定位点；在【长宽比】栏设置文字的长宽比例；在【斜角】栏设置文字的倾斜角度，若选择【沿曲线放置】选项，可使文字沿着选定的曲线方向排列。

04　完成以上设置，单击【确定】按钮，完成 2D 文字图形的绘制。

小知识

在绘图区，可以拖动如图 3-4-16 所示的操纵手柄来调整文本的位置和角度。

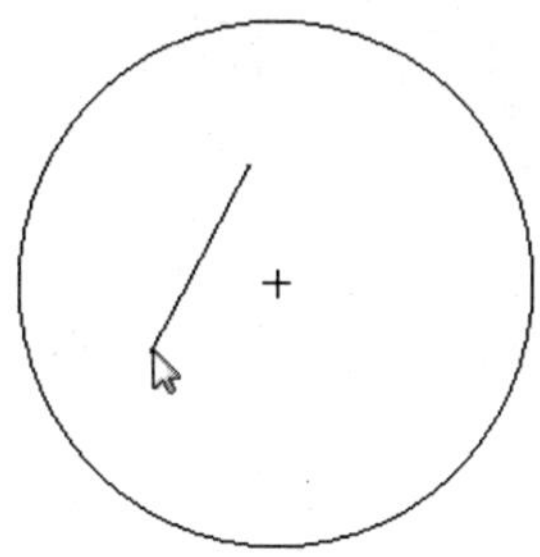

图 3-4-16　文字操纵手柄

经典实例

创建如图 3-4-17 所示的文字和图形。

【光盘：源文字/第 03 章/3-9.sec】

【实例效果】

图 3-4-17　文字的编辑

【实例绘制】

01　创建新的草图绘制文件。

新手学 Pro/ENGINEER Wildfire 3.0 模具实例制作完美手册

02　单击按钮绘制如图 3-4-18 所示的圆弧。

03　单击按钮在绘图区分别单击一点，确定文本的高度和方向。

04　在【文本】对话框中填入【Pro/E Wildfire 3.0】。关闭对话框，效果如图 3-4-19 所示。

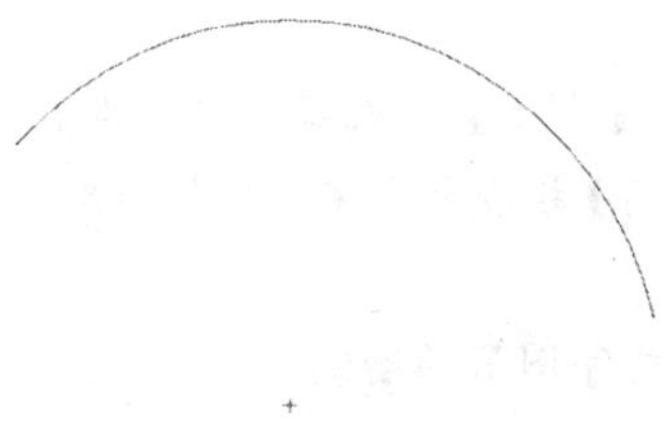

图 3-4-18　圆弧的绘制

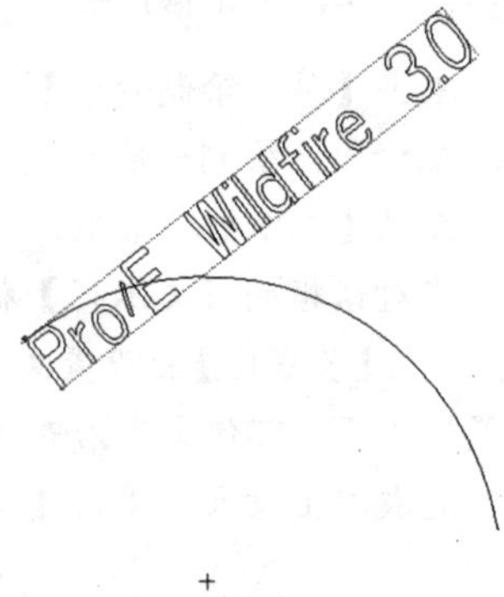

图 3-4-19　输入文字

05　双击文字，再次出现【文本】对话框，选中【沿曲线放置】，接着单击圆弧，字便沿着圆弧放置了，如图 3-4-20 所示。

图 3-4-20　沿曲线放置

06　在【文本】对话框中的【位置】|【垂直】选框里选择顶部，完成编辑。最终效果如图 3-4-17 所示。

07　保存文字。

3.5　草图标注尺寸

系统产生的尺寸有时并不符合设计要求，可使用【草图绘制命令】工具栏中的按钮重新标注尺寸。

注意

Pro/ENGINEER Wildfire 对草图的几何尺寸或尺寸约束有严格的要求，用户可通过尺寸标注或添加几何约束定义草图，使其成为完全定义状态。尺寸不足或尺寸过多，系统都会显示出错信息。

3.5.1　标注线性尺寸

线性尺寸是指线段的长度或线段间的距离，下面以实例的方式说明各种标注线性尺寸的方法。标注直线操作步骤如下：

01　单击工具栏中的标注按钮。

小知识

还有以下两种方法进入标注命令：

（1）选择下拉菜单中的【草图绘制(S)】|【尺寸(D)】中的一个命令。

（2）在图上单击鼠标右键，从弹出的快捷菜单中选择【尺寸(D)】命令。

02　在位置 1 处单击，选取标注目标；在位置 2 处单击鼠标中键，放置尺寸位置，如图 3-5-1 所示。

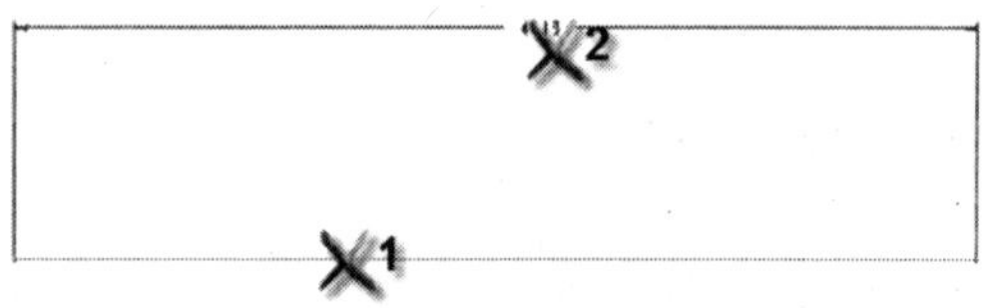

图 3-5-1　直线的标注

标注两平行线操作步骤：

01　单击工具栏中的标注按钮。

02　在位置 1 处单击，在位置 2 处单击，选取标注目标；在位置 3 处单击鼠标中键，放置尺寸位置，如图 3-5-2 所示。

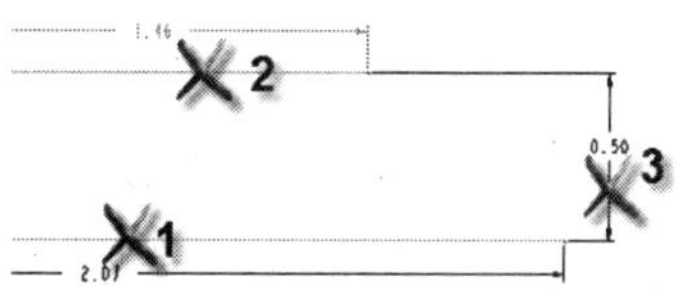

图 3-5-2　两平行线的标注

标注点和直线的操作步骤：

01　单击工具栏中的标注按钮。

02　在位置 1 处单击，在位置 2 处单击，选取标注目标；在位置 3 处单击鼠标中键，放置尺寸位置，如图 3-5-3 所示。

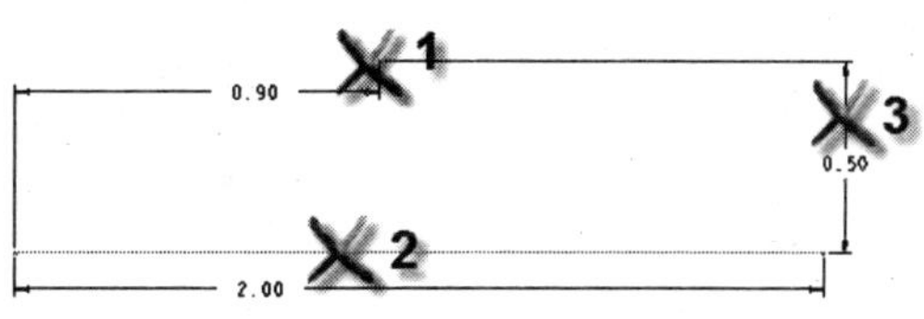

图 3-5-3　点和直线的标注

点和点的标注与点与直线的标注相似，就不再介绍。

经典实例

如图 3-5-4 所示，标注线性尺寸。

【光盘：源文件/第 3 章/3-10.SEC】

【实例效果】

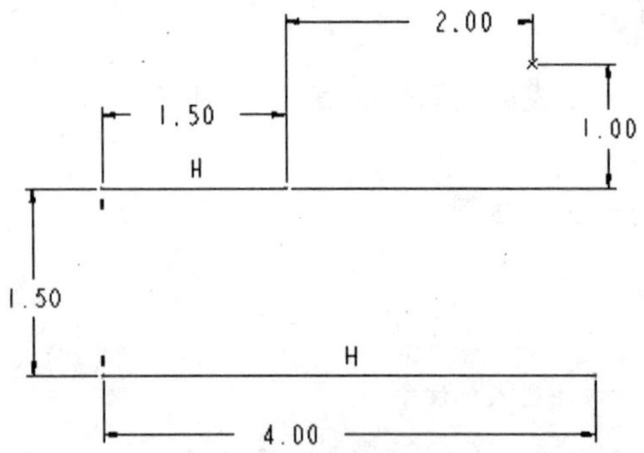

图 3-5-4 标注线性尺寸

【实例分析】

该实例中有直线的标注、平行线的标注和点到直线的标注，直接按操作流程即可完成标注。

【实例制作】

01 打开文件，如图 3-5-5 所示。

【光盘：源文件/第 3 章/3-11.SEC】

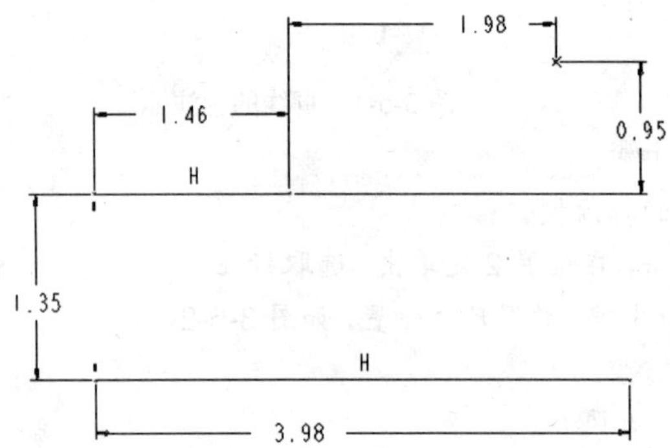

图 3-5-5 标注练习文件

02 标注直线长度。

03 标注两平行线间的距离。

04 标注点到直线的距离。

05 保存文件。

小知识

标注两圆心的方法：

两圆心的标注有水平、垂直、倾斜三种方法。尺寸放置位置不同，系统自动以相应的方式标注。

系统选择标注的原则如下：以圆心为对角点所围成的长方形区域为界，区域以内放置尺寸，以倾斜方式标注，区域以外的左侧或右侧放置尺寸并以垂直方式标注，区域以外的上方或下方放置尺寸，以水平方式标注。

3.5.2　标注直径

除了圆或圆弧要进行直径标注外，直径标注也常用于定义截面绕中心线旋转的直径尺寸。操作流程如下：

01　单击工具栏中的标注按钮。

02　单击位置 1，单击位置 2，用鼠标中键单击位置 3 放置尺寸，如图 3-5-6 所示。

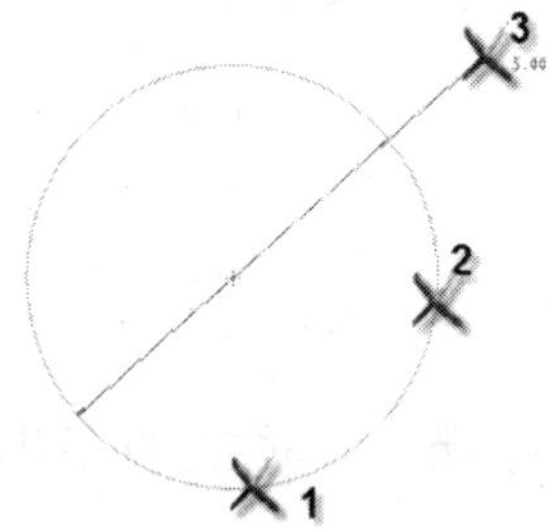

图 3-5-6　标注直径

下面以实例的方式说明另一种截面中心线旋转直径的标注方法。

经典实例

截面中心线旋转直径的标注。

【光盘：源文件/第 3 章/3-12.SEC】

【实例制作】

01　绘制如图 3-5-7 所示的图形。

02　标注圆或圆弧的直径，如图 3-5-8 所示。

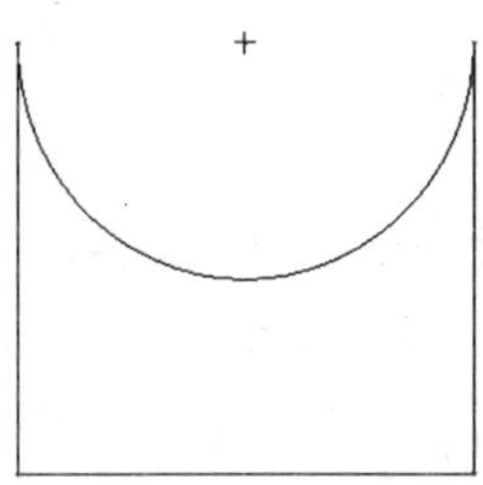

图 3-5-7　要标注的图形

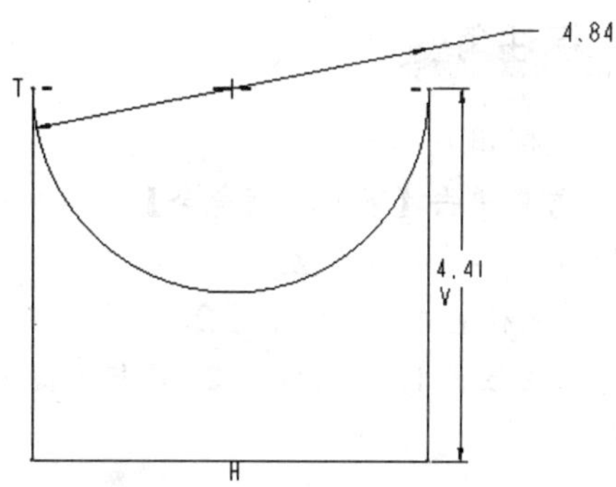

图 3-5-8　标注直径后的图形

03　单击工具栏的按钮。绘制中心线如图 3-5-9 所示。

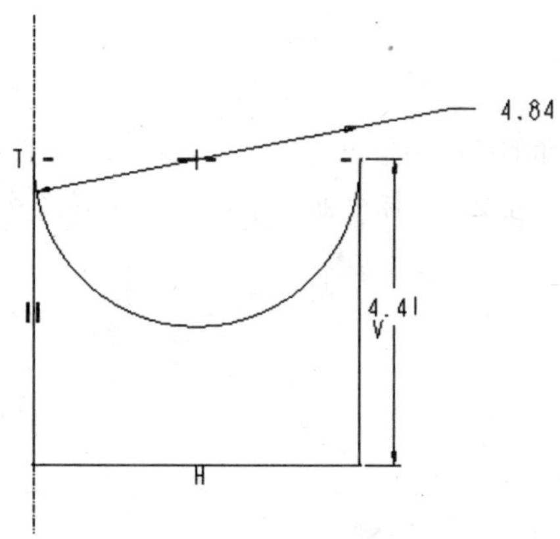

图 3-5-9　绘制中心线

04　标注截面绕中心线旋转的直径，如图 3-5-10 所示。

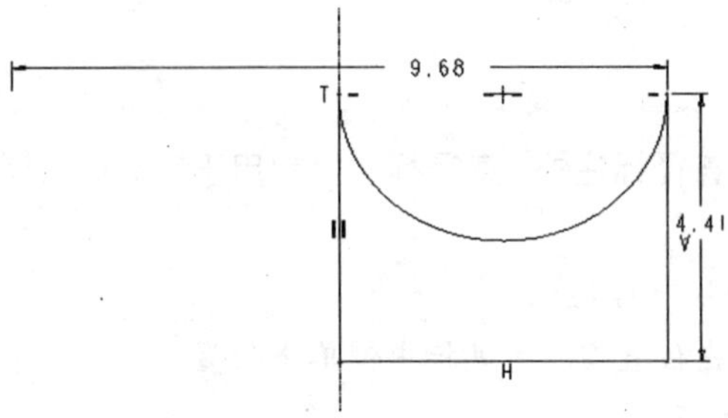

图 3-5-10　旋转直径的标注

05　保存文件。

3.5.3　标注半径或曲率半径

标注半径或曲线的曲率半径步骤非常简单：

01　首先单击【草图绘制命令】工具栏中的按钮。

02　单击要标注的圆弧或曲线。

03　再选择适当的位置以放置标注尺寸，然后单击鼠标中键，完成半径或曲线曲率半径的标注。

3.5.4　标注角度

操作流程如下：

01　首先单击【草图绘制命令】工具栏中的按钮。

02　分别单击以下位置：

- 单击位置 1，单击位置 2，鼠标中键单击位置 3 放置尺寸（锐角如图 3-5-11 所示）。
- 单击位置 1，单击位置 2，鼠标中键单击位置 3 放置尺寸（标注补角如图 3-5-12 所示）。

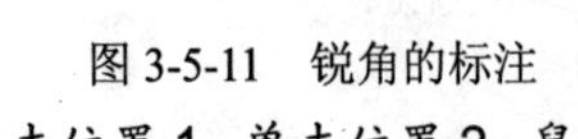

图 3-5-11　锐角的标注

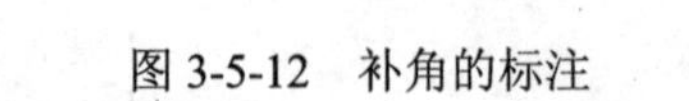

图 3-5-12　补角的标注

- 单击位置 1，单击位置 2，鼠标中键单击位置 3 放置尺寸（标注钝角如图 3-5-13 所示）。

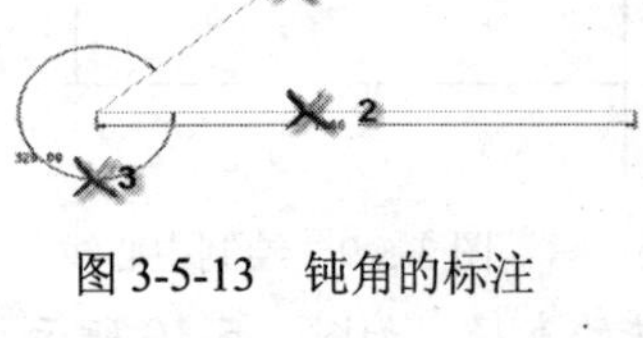

图 3-5-13　钝角的标注

3.5.5　创建坐标尺寸

可以以坐标格式创建线性尺寸，即“坐标尺寸”，它是用于描述几个点与公共基础参照之间的尺寸。

创建坐标尺寸的基础步骤如下：

01　指定基线。

02　相对于基线确定几何尺寸。

可以在线、圆弧和圆心及几何端点（线、弧、圆锥和样条）处创建基线尺寸，也可以选择要确定的尺寸的模型几何作为基线。

注意

如果基线保留在模型中，则基线的坐标尺寸也会保留在模型中。

坐标尺寸的创建方法如下：

01　创建基准线，如图 3-5-14 所示。

02　选择下拉菜单中的【草图绘制(S)】|【尺寸(D)】|【基线(B)】命令。

03　单击位置 1，选择要作为基线标注的几何。

04　用鼠标中键单击位置 2，选择放置基准文本。

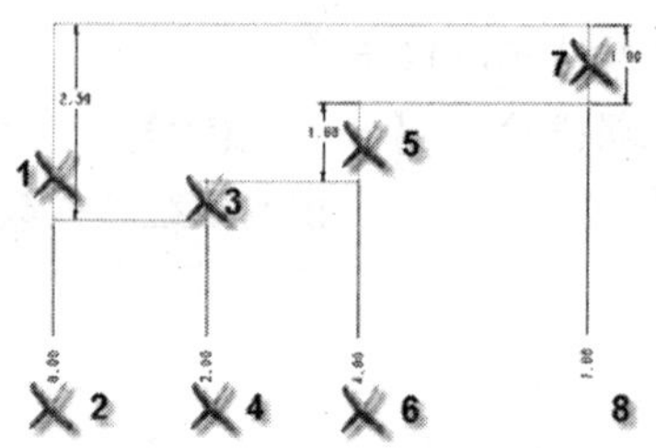

图 3-5-14　坐标尺寸的创建

提示

对于直线来说，按直线本身的方向用相同的方法对基线进行定向。对于弧和圆的中心及几何端点，从【尺寸定向】菜单中选择下列选项之一：

【竖直】：对基线进行竖直定向。

【水平】：对基线进行水平定向。

01　创建坐标尺寸，如图 3-5-14 所示。

02　单击【草图绘制命令】工具栏中的按钮。

03　单击选取参考基准文本 0.0（不是单击点）。

04　单击位置 3，选择要标注的几何图元。

05 鼠标中键单击位置4，选取放置尺寸文本。

06 若要增加坐标尺寸，则重复创建坐标尺寸。

3.6 修改标注

当标注有误时，我们需要对标注进行修改，以下将详细介绍如何修改标注尺寸。

3.6.1 移动尺寸

改变尺寸文本的位置，按下列步骤操作：

01 在工具栏上单击按钮。

02 单击要移动的尺寸文本。选中后，可看到尺寸变红。

03 移动鼠标将尺寸文本拖至所需位置。

3.6.2 将“弱”尺寸变为“强”尺寸

退出草图绘制环境之前，想要保留在截面中的“弱”尺寸加强是一个很好的习惯，那么如何将“弱”尺寸变成“强”尺寸呢？

操作步骤如下：

01 在绘图区单击要加强的“弱”尺寸（呈灰色）。

02 执行以下两种方式之一进行加强：

- 在弹出的快捷菜单中选择【强(S)】命令。
- 选择下拉菜单中的【编辑(E)】|【转换到(N)】|【加强(S)】命令。

此时可以看到，该尺寸由灰色变为深色，说明已经转换成功。

注意

在整个 Pro/E 软件中，每当修改一个“弱”尺寸值或在一个关系中使用它时，该尺寸就会自动变为“强”尺寸。

加强一个尺寸时，按四舍五入原则对其取整到系统设置的小数位数。

3.6.3 控制尺寸的显示

可以用下列方法之一打开或关闭尺寸的显示：

- 选择下拉菜单中的【草图绘制(S)】|【选项】命令，然后增加或删除在“尺寸”和“弱尺寸”选项前面的选中标记，从而打开或关闭显示。
- 要禁用默认尺寸显示，需要将配置文件 config.pro 中的变量 sketcher_disp_dimensionos 设置为 no。
- 单击工具栏中的【尺寸】按钮。

3.6.4　修改尺寸值

有两种方法可以修改标注的尺寸值。

方法一：

01　单击鼠标中键，退出当前 Pro/E 的命令。

02　把鼠标指针移到要修改的尺寸文本上，双击，这时出现【尺寸修正】框，如图 3-6-1 所示。

03　在【尺寸修正】框中输入新的尺寸值后，按回车键，完成修改。

方法二：

01　在工具栏上单击【选择】工具。

02　把鼠标指针移到要修改的尺寸文本上并单击，这时尺寸颜色变红（同时按下【Ctrl】键可选取多个尺寸目标）。

03　单击【尺寸修改】按钮，出现如图 3-6-2 所示的对话框，所选的每一个目标的尺寸值和尺寸参数将出现在这个对话框列表中。

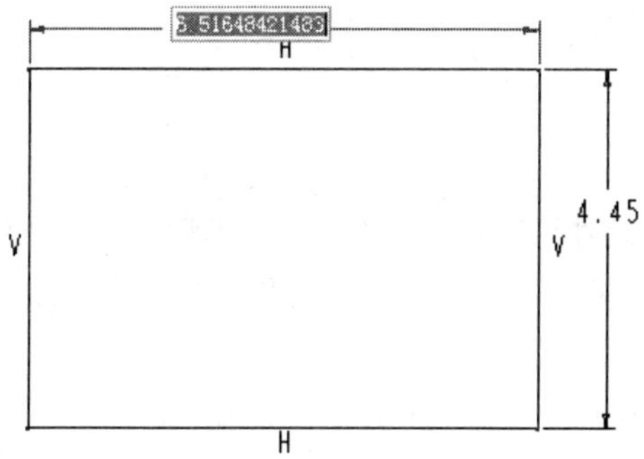

图 3-6-1　修正中的尺寸标注

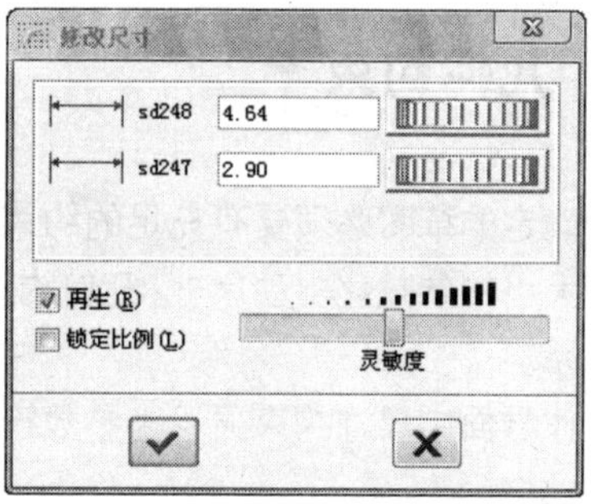

图 3-6-2　【修改尺寸】对话框

04　这一操作还有下列两种方法可供选择：

- 单击鼠标右键，在弹出的快捷菜单中，选择【修改(O)】命令。
- 选择下拉菜单中的【编辑(E)】|【修改(O)】命令。

05　在该【尺寸】对话框中的尺寸列表中，输入新的尺寸值。

注意

也可以单击并拖移要修改的尺寸旁边的放置轮盘。要增加尺寸值，向右拖移该旋转轮盘；要减少尺寸，向左拖移该旋转轮盘。在拖移该轮盘时，系统会自动更新图形。

06　修改完毕后，单击按钮。完成 Pro/E 尺寸值修改并关闭对话框。

3.6.5　输入负尺寸

在修改和输入线性尺寸时，可以输入一个负尺寸值，它会使几何改变方向。在环境中，负号总是出现在尺寸旁边。但在【零件】模式中，尺寸值总是以正值出现。

3.6.6 修改尺寸中的小数位数

可以使用【草图绘制器优先选项】对话框，来指定尺寸中的默认小数位数。

操作流程如下：

01 选择下拉菜单中的【草图绘制(S)】|【选项】命令。

02 单击【参数(P)】标签，该【参数】选项卡出现。

03 在【小数位数】微调框输入一个新值，或使用【参数(P)】微调框的上、下三角按钮来增加或减少小数位数。

04 单击✔按钮，Pro/E 接受该变化并关闭对话框。

注意

增加尺寸时，Pro/E 将数值四舍五入到指定的小数位数。

3.7 几何约束

一个确定的草图必须要有充足的约束，约束分尺寸约束和几何约束两种类型。尺寸约束是指控制草图大小的参数化驱动尺寸；几何约束是指控制草图中几何图元的定位方向及几何图元之间的相互关系。

在工作界面中尺寸约束显示为参数符号或数字，几何约束显示为字母符号，如图 3-7-1 所示。

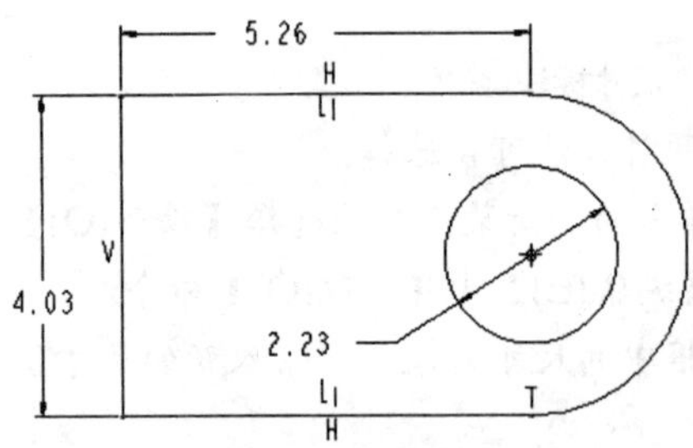

图 3-7-1 约束

3.7.1 约束的显示

约束在屏幕显示控制：

我们可以通过单击工具栏的按钮控制约束符号在屏幕中的显示/关闭。

约束符号颜色的含义：

- 【当前约束】：红色。
- 【弱约束】：灰色。
- 【强约束】：默认为白色，一般称之为深色。
- 【锁定约束】：放在一个圆中。

- 【禁用约束】：用一条直线穿过约束符号。

3.7.2 约束类型

单击工具栏中的【约束】按钮，弹出如图 3-7-2 所示的【约束】对话框，选择相应的几何约束按钮以进行相应的几何约束操作。

下面对几何约束功能按钮的意义说明如下：

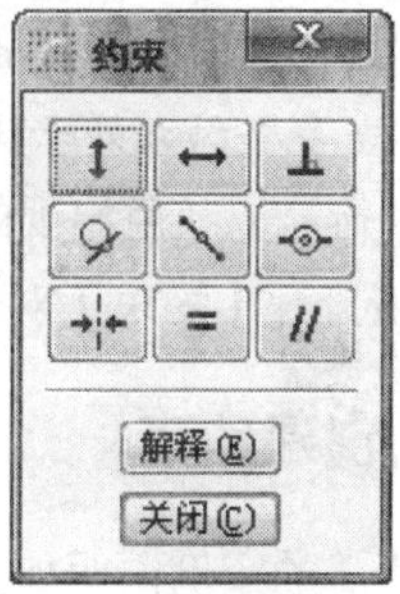

图 3-7-2 【约束】对话框

- ↕：使两直线或两点竖直。
- ↔：使直线或两点水平。
- ⊥：使两直线图元垂直。
- 使两图元（圆与圆、直线与圆）相切。
- 把一点放在线中间。
- 使两点重合，或使一个点落在直线或圆等图元上。
- →¦←：使两点或项点对称于中心线。
- =：创建相等长度、相等半径或相等曲率。
- //：使两直线平等。
- 解释(E)：在草图中选定约束，在信息栏中显示该图元的几何约束信息。
- 关闭(C)：关闭【约束】对话框。

在使用 Pro/ENGINEER Wildfire 软件时，由于使用菜单管理器功能，在设计窗口中经常以各种符号来标记相关约束条件。在【草图绘制】模式下常见符号及其意义如下：

- M：中点
- O：相同点
- H：水平图元
- V：竖直图元
- —O——：图元上的点
- T：相切图元
- ⊥：垂直
- //：平行
- 带一个下标索引号的 R：相等半径
- 带有一个下标的 L：具有相等长度的线段
- →←：对称
- --¦：图元水平或竖直排列
- ═：共线
- 用于适当对齐类型的符号：对齐
- —— o：使用“边与/偏距边”

提示

在草图绘制过程中移动鼠标，系统会提示相应的几何约束（以约束符显示），根据是否需要约束进行取舍。

3.7.3 约束的禁用、锁定

当鼠标指针出现在某些约束公差内时，系统对齐该约束并在图元旁边显示图形符号。用鼠标左键选取位置前，可以进行下列操作：

- 单击鼠标右键，禁用约束，要再次启用约束，再次单击鼠标右键即可。
- 按住【Shift】键的同时按下鼠标右键来锁定约束，重复刚才的动作即可解除锁定约束。
- 当多个约束处于活动状态时，可用【Tab】键改变活动约束。

约束符号以灰色出现的约束称为“弱”约束。系统可以删除这些约束，而不加警告。可以用按钮来打开【约束】对话框进行调整。

3.7.4 创建约束

以下面的实例说明如何创建约束。

经典实例

创建约束

【光盘：源文件/第 3 章/13.sec】

【实例制作】

01 绘制如图 3-7-3 所示的图形。

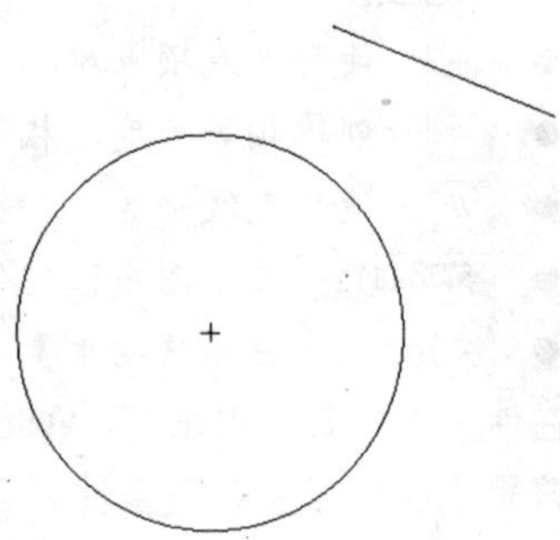

图 3-7-3 需添加约束的图形

02 单击按钮，或者选择下拉菜单中的【草图绘制(S)】|【约束(C)】命令，打开【约束】对话框。

03 从【约束】对话框中选择一个约束，例如单击对话框中的。

04 按照系统提示，分别选取图元。例如系统在信息区提示“选取两图元使它们相切”，分别选取直线和圆。

05 重复步骤 03 和 04 创建其他约束。

06 单击 关闭(C) 按钮，系统按创建的约束更新截面，并且显示约束符，如图 3-7-4 所示。

> 提示
>
> 如果不显示，可单击约束显示命令按钮。

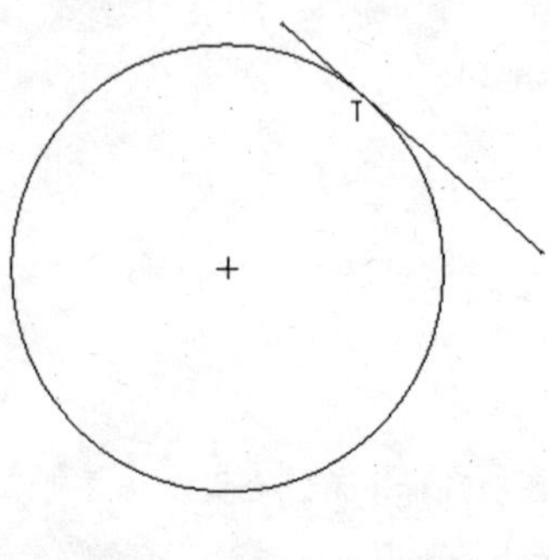

图 3-7-4 创建好的约束

3.7.5　解决约束冲突

前面讲过 Pro/E 系统对尺寸约束要求很严，尺寸过多或几何约束与尺寸约束有重复，都会导致过度约束，此时显示如图 3-7-5 所示的【解决草图绘制】对话框。根据对话框中的提示或根据设计要求对显示的尺寸或约束进行相应取舍即可。

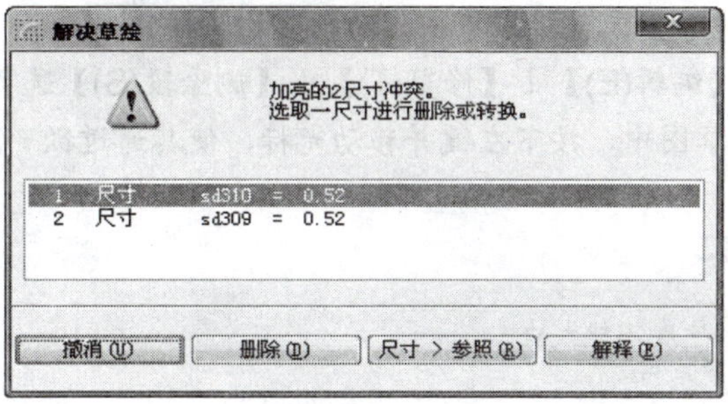

图 3-7-5　【解决草图绘制】对话框

下面对【解决草图绘制】对话框介绍如下：

- 上部信息区提示有几个约束发生冲突，并提示解决办法。
- 中部文本显示区列出所有相关约束。
- 撤销：取消本次操作，回到原来完全约束的状态。
- 删除：删除不需要的尺寸或约束条件。
- 尺寸>参照：将某个不需要的尺寸改变为参照尺寸，同时该尺寸数字前会有“ref”符号标记（注：参照尺寸不能被修改）。
- 解释：信息窗口显示选中尺寸或约束条件的功能。

3.7.6　锁定或解锁截面尺寸

在草图绘制截面中，单击一个尺寸，再选择下拉菜单中的【编辑(E)】|【切换锁定(L)】命令，可以将尺寸锁定。

注意

· 当某个尺寸锁定后，把鼠标放到该尺寸上，在说明中会有“(锁定)”字样。

编辑、修改草图绘制截面时（包括增加、减小截面尺寸），非锁定的尺寸有可能被自动删除或大小自动发生变化，但锁定尺寸即不会发生变化，也不能删除。这种功能在创建复杂的草图绘制截面时很有用，它作为一个操作技巧经常用到。

3.8　草图绘制编辑工具

使用 Pro/ENGINEER Wildfire 系统提供的【动态剪切】、【镜像】、【分割】等编辑工具，可快速制作出符合设计要求的草图。

3.8.1 动态剪切

单击【草图绘制命令】工具栏中的【动态剪切】按钮，可对绘图区中的任意图元作动态剪切。动态剪切的操作步骤如下：

01 两种方法打开【动态剪切】命令：

- 在【草图绘制命令】工具栏中单击【动态剪切】按钮。
- 单击菜单中的【编辑(E)】|【修剪(T)】|【删除段(S)】选项。

02 在绘图区域的草图中，按下左键并移动光标，使其通过欲删除的线段。

注意

移动鼠标的速度不能太快。

03 此时画面中会出现一条高亮显示的鼠标移动轨迹，只要是该轨迹通过的线段，都会高亮显示，此时放开鼠标左键，选中的线段即可被删除，如图 3-8-1 所示。

提示

动态剪切也可删除单一线段，具体操作是：单击按钮，然后直接单击要删除的线段。

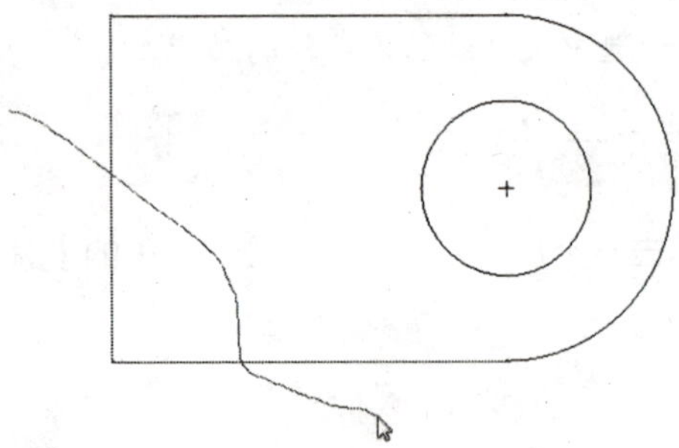

图 3-8-1 出现一条高亮显示的鼠标移动轨迹

经典实例

动态剪切。

【光盘：源文件/第 3 章/3-14.sec】

【实例分析】

先绘制圆和 6 条线，再用【动态剪切】命令修剪。

【实例制作】

01 画一条直线，再在它中间添加一点把它平分（当鼠标靠近中间时，会自动捕捉中点）。

02 绘制圆心在该中点、直径为线段长的一个圆。

03 添加两条过圆心的直线，如图 3-8-2 所示。

04　标注尺寸，使各直线的角度相等，如图 3-8-3 所示。

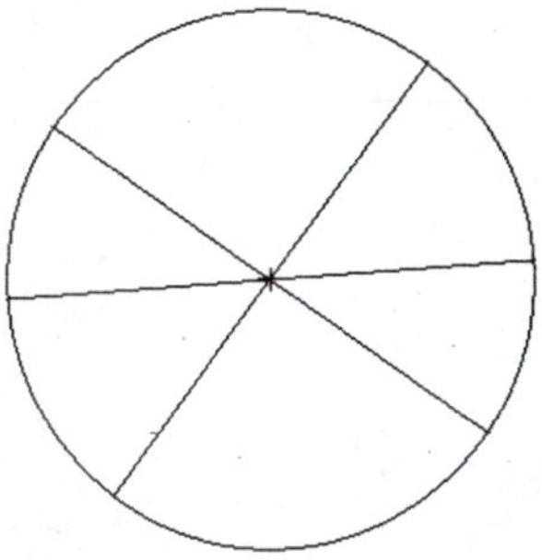

图 3-8-2　绘制圆与直线

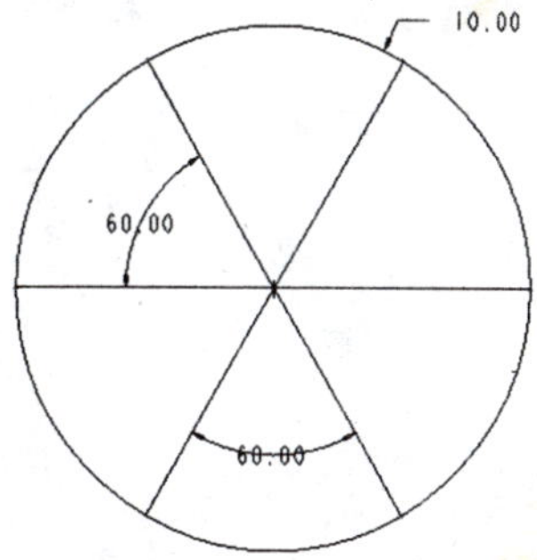

图 3-8-3　调整尺寸

05　单击按钮，修剪该图形，最后效果如图 3-8-4 所示。

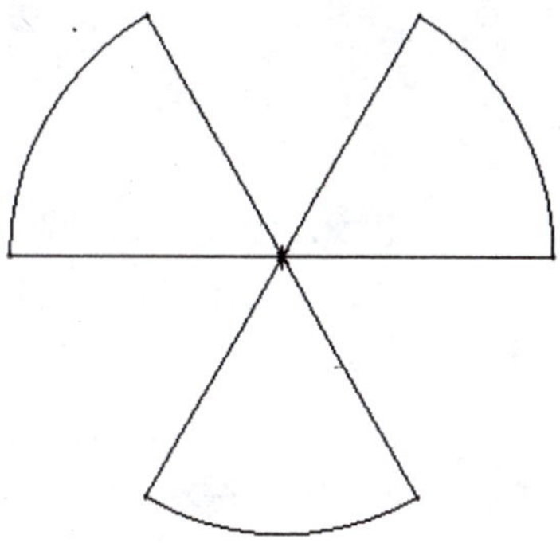

图 3-8-4　最后效果

3.8.2　拐角剪切

使用【草图绘制命令】工具栏中的按钮，可通过设置边界，修剪或延伸指定的线段。

拐角修建图元的操作步骤如下：

01　两种方法打开此命令：

- 单击【草图绘制命令】工具栏中的按钮。
- 单击菜单中的【编辑(E)】|【修剪(T)】|【拐角(C)】选项。

02　单击两条线段（不一定要相交），系统会将所选择的部分保留并形成夹角。

若两线相交，单击要保留的线段，则该线的另一部分线段被删除。

经典实例

拐角剪切。

【光盘：源文件/第 3 章/3-16.sec】

【实例制作】

01　打开练习文件【光盘：源文件/第 3 章/3-15.sec】，如图 3-8-5 所示。

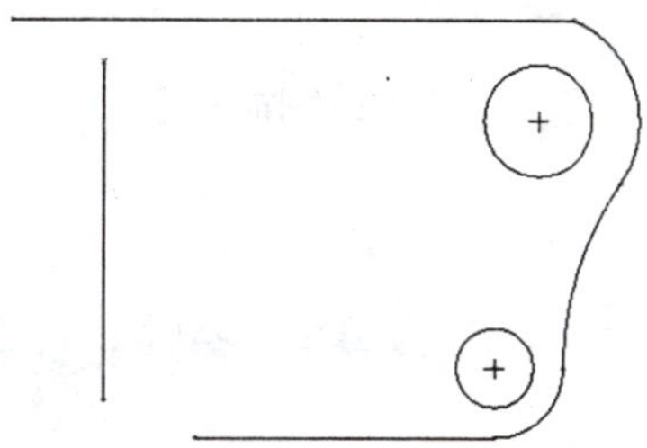

图 3-8-5　练习文件

02　单击【草图绘制命令】工具栏中的按钮，修剪直线，如图 3-8-6 所示。

03 继续修剪，最后结果如图 3-8-7 所示。

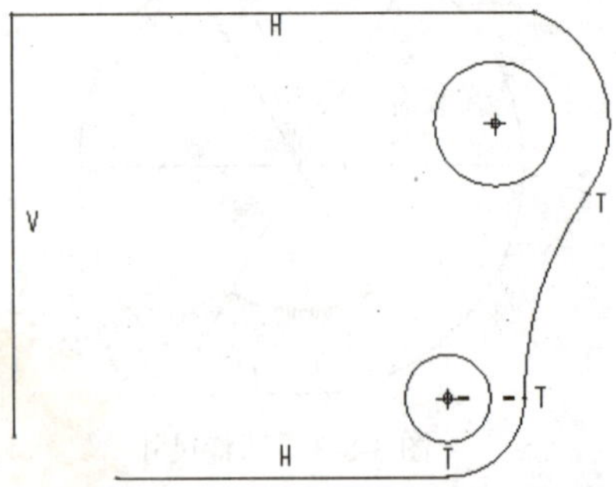

图 3-8-6 两直线自动交汇于一点

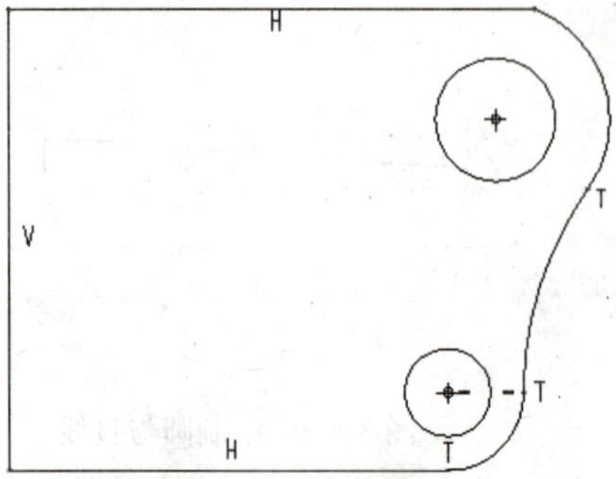

图 3-8-7 修剪结果

3.8.3 分割

单击【草图绘制命令】工具栏的按钮，可将选中的线段分割。用鼠标单击要分割的线段，系统即会在单击的位置将该线段一分为二，并自动标注两线段的长度。

分割图元的操作步骤如下：

01 有两种方式打开此命令：

- 单击【草图绘制命令】工具栏中的按钮。
- 单击菜单中的【编辑(E)】|【修剪(T)】|【分割(D)】命令。

02 在欲分割的线段上单击鼠标左键，系统会在单击的位置将线段一分为二。

3.8.4 复制

使用【编辑(E)】菜单中的【复制(C)】、【粘贴(P)】命令，可对选定的图元对象进行复制。

复制图元的操作步骤如下：

01 选择欲复制的图元。

02 单击【编辑(E)】菜单中的【复制(C)】命令，然后单击【编辑(E)】菜单中的【粘贴(P)】命令，系统显示【缩放旋转】对话框，设定复制对象的比例及旋转角度。

03 在绘制区域选择复制对象的放置位置，单击鼠标左键即完成对选定图元对象的复制。

3.8.5 镜像

单击【草图绘制命令】工具栏中的按钮，可对选定的图元对象进行镜像。

注意

在镜像之前应先绘制一条中心线作为镜像线。

镜像图元的操作步骤如下：

01 选取要镜像的图元使其处于高亮选中状态。

02 单击【草图绘制命令】工具栏中的按钮 。

03 单击镜像中心线即可完成图元的镜像。

3.8.6 缩放和旋转一个截面

在草图绘制环境中，选择下拉菜单中的【编辑(E)】|【缩放和旋转(A)】命令，可缩放或旋转整个截面。

其操作步骤如下：

01 选择下拉菜单中的【编辑(E)】|【选取(S)】|【全部(A)】命令，系统选取当前特征的整个草图绘制截面。

02 选择下拉菜单中的【编辑(E)】|【缩放和旋转(A)】命令，系统打开【缩放旋转】对话框，同时，【缩放】、【旋转】和【平移】手柄出现在截面图上，如图 3-8-8 所示。

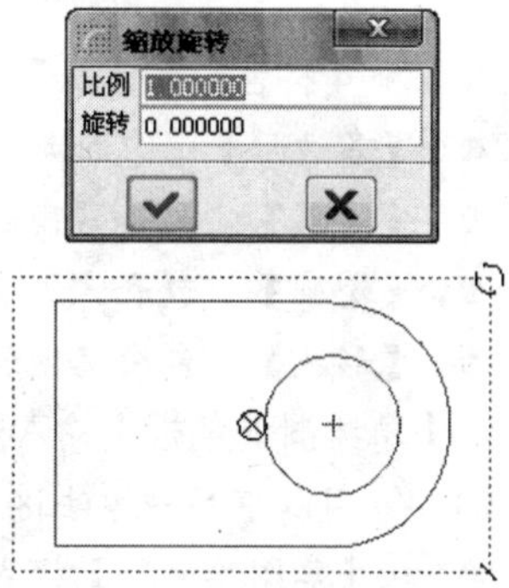

图 3-8-8 【缩放旋转】对话框

03 在【缩放旋转】对话框中，输入一个缩放值和一个旋转值，或者可以分别操纵手柄进行操作。

- 在图元周围出现红色编辑框并显示操作手柄，将鼠标移向移动手柄，单击鼠标左键，可移动选定的图元，再次单击鼠标左键，完成图元的移动。
- 将光标移向编辑框右上方的旋转手柄，单击鼠标左键移动光标，按顺时针或逆时针方向移动旋转图元，再次单击鼠标左键完成图元的旋转。
- 将光标移向编辑框右下方的缩放手柄，单击鼠标左键移动光标，将指定的图元缩小或放大，再次单击鼠标左键完成图元的缩放。

04 单击对话框中的按钮，结束编辑。

3.9 使用草图绘制器调色板

在 Pro/ENGINEER Wildfire 3.0 中新增【草绘器调色板】功能，它提供了一个预定义形状的定制库，用户可以方便地把预定的几何图形输入到当前草图绘制中，同时可以对插入的图形进行调整大小、平移和旋转等操作。

这些预定的几何图形位于调色板中，如图 3-9-1 所示。

【草绘器调色板】的主要操作：

- 可以使用在独立【草图绘制器】模式下创建的现有截面来表示用户定义的形状，也可以使用在【零件】或【组件】模式下创建的截面来表示用户定义的形状。
- 【草绘器调色板】中具有表示截面类别的选项卡。每个选项卡都具有唯一的名称，且至少包含某个类别的一种截面。
- 可将任意数量的选项卡添加到【草绘器调色板】

图 3-9-1 【草绘器调色板】对话框

中，并可将任意数量的形状放入每个经过定义的选项卡中。也可添加形状或从预定义的选项卡中移除形状。

提示

【草绘器调色板】中的形状是由位于草图绘制器形状目录下的截面文件定义的。使用配置选项【sketcher_palette_path】可指定草图绘制器形状目录的路径。

有如下 4 种含有预定义形状的预定义选项卡：

- 【多边形】：包含常规多边形。
- 【星形】：包含常规的星形形状。
- 【轮廓】：包含常见的轮廓。
- 【形状】：包含其他常见形状。

从【草绘器调色板】输入形状的操作步骤如下：

01 可用以下两种方法进入【草绘制调色板】。

- 在【草图绘制器】模式中，单击【草图绘制(S)】|【数据来自文件(F)】|【调色板】命令。
- 单击【草图绘制器】工具栏上的按钮，打开【草绘器调色板】对话框。

注意

如果未设置配置选项【sketcher_palette_path】，则当前工作目录将被设置为草图绘制器形状目录，且【草绘器调色板】中仅会出现一个用户定义的选项卡。该选项卡的标签与工作目录的名称相对应。工作目录中的截面文件（扩展名为.sec 的文件）会作为可用形状出现在【草绘器调色板】中，如图 3-9-1 所示。

如果更改了草图绘制器形状目录的内容，例如，添加或移除了选项卡子目录或形状，则只有重新载入【草绘器调色板】才会看到这些更改。要重新载入【草绘器调色板】，请关闭并重新打开【草绘器调色板】。

02 在【草绘器调色板】中选取所需的选项卡，出现与选定的选项卡中的形状相对应的缩略图和标签。

03 单击与所需形状相对应的缩略图或标签，与选定形状相对应的截面将出现在预览窗格中。

04 双击选中的缩略图或标签，将选定的形状输入到当前草图绘制区域。此时光标指针将变为包含一个加号（+），要求用户选择一个位置来放置选定的形状。在草图绘制窗口中单击并释放鼠标左键，将以默认的尺寸放置插入的图形；在草图绘制窗口中单击鼠标左键并拖动，可以使用定制大小放置，如图 3-9-2 所示。

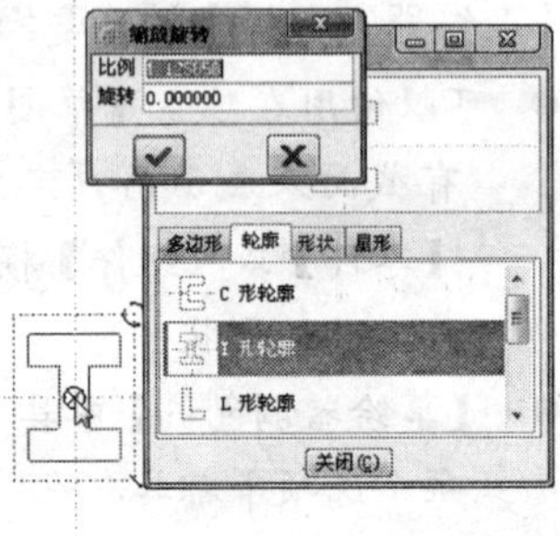

图 3-9-2 放置到工作区

05　根据设计需要，可以以默认的尺寸放置选定的形状，也可以缩放、旋转选定的形状。

注意

在默认状态放置选定的形状时，不会进行捕捉定位。要启用捕捉操作，可将【移动】控制滑块拖动到选定的形状上。

3.10　草图绘制综合实例

经典实例

创建如图 3-10-1 所示的文字和图形。

【光盘：源文字/第 03 章/3-17.sec】

【实例效果】

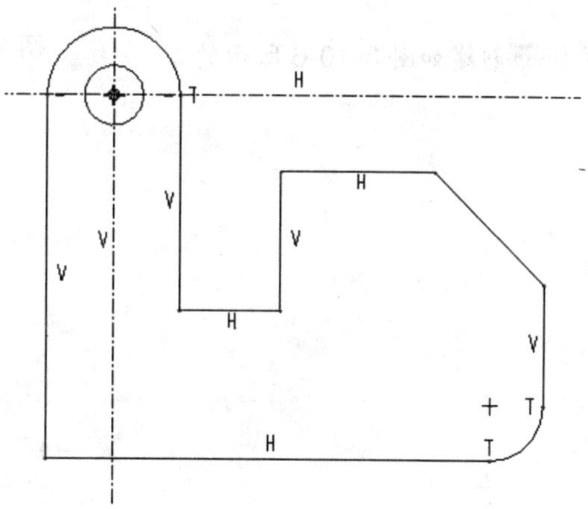

图 3-10-1　草图绘制剖面

【实例制作】

01　单击按钮，从如图 3-10-2 所示的起点开始，草图绘制图元。

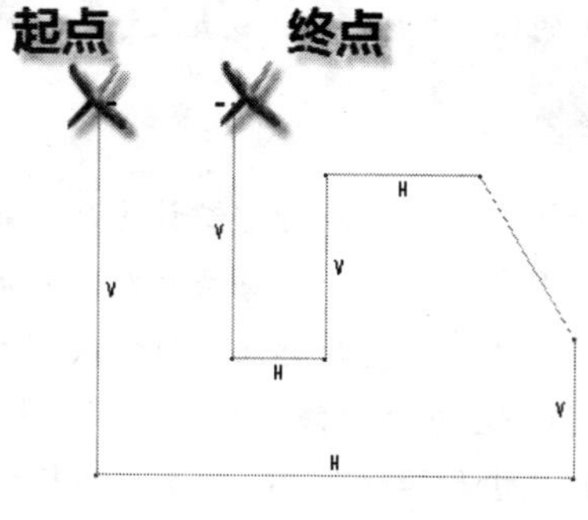

图 3-10-2　绘制直线图元

提示

鼠标左键用于选择直线终点，鼠标中键用于取消命令。

草图绘制图元时，只要草图绘制大体形状，不必担心所绘图元的尺寸。在以后的步骤中可以将其改为合适的值，图元的起点与终点应该大体为水平。此时系统会自动捕捉成水平。

02 使用工具栏的按钮绘制如图 3-10-3 所示的圆弧。

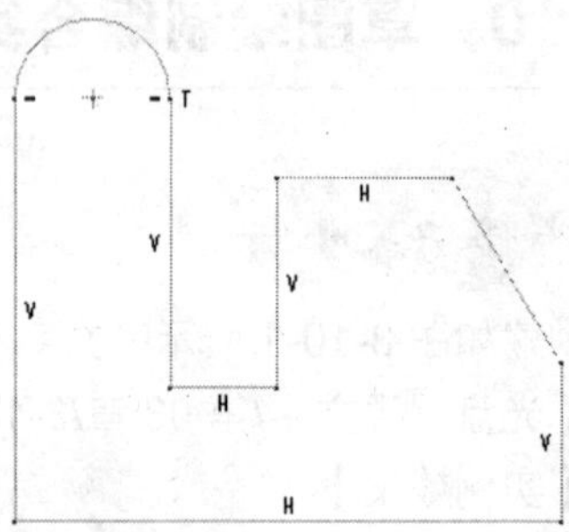

图 3-10-3 绘制圆弧

03 使用工具按钮以圆弧的圆心，使其与已有的圆弧同心，然后通过拖动圆的圆周定义圆按钮的大小，绘制如图 3-10-4 所示的圆。直径将在后面的步骤中修改。

04 使用工具按钮，依次单击要倒圆角的两个图元，圆角的半径将在后面的步骤定义，如图 3-10-5 所示。

05 通过标注尺寸按钮创建如图 3-10-6 所示的尺寸方案。

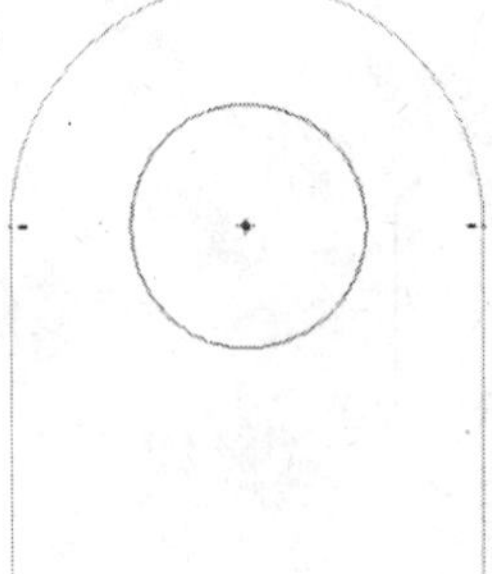

图 3-10-4 绘制圆

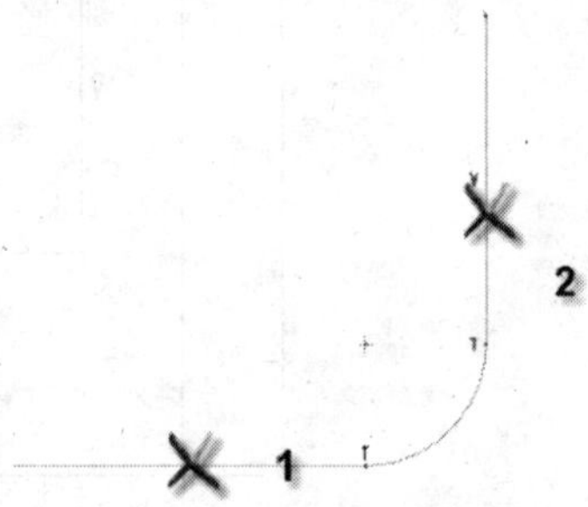

图 3-10-5 倒圆角

提示

为草图绘制定义标注方案时，忽略草图绘制中当前存在的弱尺寸很有帮助。弱尺寸及弱约束将被放置的强尺寸所覆盖。放置尺寸标注时，可以用以下尺寸标注技术。

- 用鼠标左键选择要标注的图元，使用鼠标中键放置尺寸标注。
- 标注平等线间的距离时，用鼠标左键选择每条直线，然后用鼠标中键放置尺寸标注。
- 半径标注通过选择一次图元建立，直径标注通过两次图元建立。

06 使用按钮来修改标注值。在选择【修改尺寸值、样条几何或文本图元】按钮后，可以选择所有的标注。建议从较小的尺寸开始修改，随后是大的尺寸。这样有助于避免不常见的再生问题。使用【撤销】选项来取消所有的修改错误。

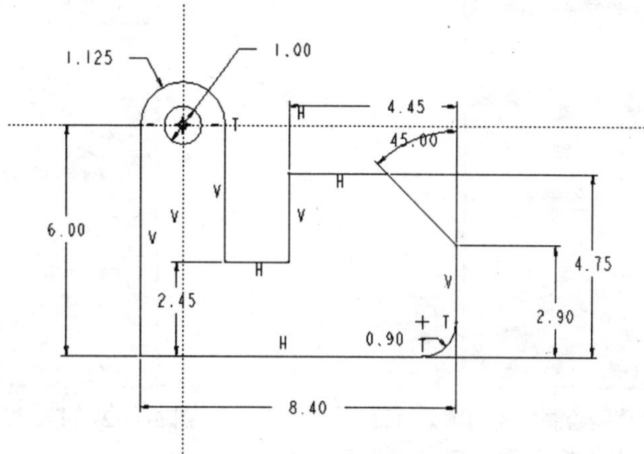

图 3-10-6　尺寸标注

07　选择【文件(O)】|【保存(S)】命令，对象将被存为截面文件(*.sec)。

08　单击，单击继续当前部分按钮，关闭当前草图绘制窗口。对象将保留在内存的进程中。

小知识

在绘制复杂草图时经常使用结构线作为辅助线，要建立结构线只需选中要成为结构线的图元对象，然后单击右键菜单中的【构建】命令即可。

本章总结

草图绘制是 Pro/ENGINEER 的一项基本的技巧。几何特征，例如拉伸或材料，需要用草图绘制来定义特征的截面；其他特征，如基准/扫描特征的扫描轨迹以及草图绘制也需要用草图绘制定义元素。

本章介绍了如何创建一个新的 Pro/ENGINEER 对象，如何建立草图绘制环境、标注草图绘制、建立尺寸关系与约束关系等多项内容，是以后学习的基础，希望大家好好掌握，多画一些草图绘制，要建立正确的约束关系。

有问必答

问：草图绘制时如何启用栅格捕捉的功能？

答：在【草图绘制】状态下，单击下拉菜单中的【草图绘制(S)】|【选项…】命令,在弹出的对话框中勾选【捕捉到栅格】，确认后即可启用栅格捕捉的功能。如图 3-11-1 所示。

单击参数选项卡后，将【栅格间距】的类型设置为【手动】，就能够为栅格设置所需的宽度，如图 3-11-2 所示。

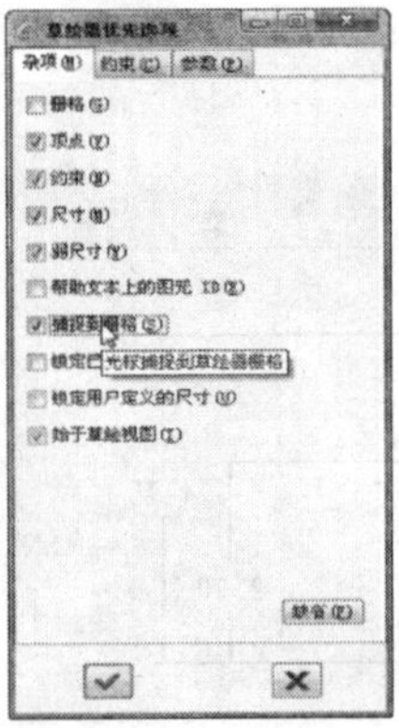

图 3-11-1 【草图绘制优先选项】对话框

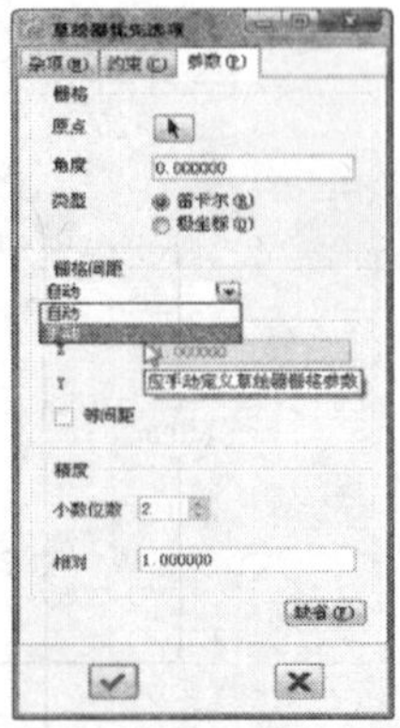

图 3-11-2 【参数】选项卡

另外，在【参数】选项卡中，还可以做到：

- 选择坐标系的类型。Pro/E 草图绘制支持笛卡尔坐标系和极坐标系，通过对话框上方的【栅格栏】进行选择。
- 设置草图绘制尺寸的显示精度。默认状态草图绘制的小数位数为 2，通过对话框正文的【精度】栏进行设置。可以设置为你想要的位数。

问：如何将弱尺寸变为强尺寸？

答：选中所需的弱尺寸后，有三种方法可以做到把弱尺寸变为强尺寸：

- 使用下拉式菜单中的【编辑(E)】|【转换到(N)】|【加强(S)】命令。
- 使用快捷键 Ctrl+T。
- 单击鼠标右键，从菜单中选取【强】。

问：在草图绘制时，希望某些重要的尺寸保持一定的大小而不发生改变，该怎样做？

答：选中所需的尺寸后，单击下拉菜单中的【编辑(E)】|【切换锁定(L)】或单击鼠标右键从弹出的菜单中选择【锁定(L)】即可。

锁定后的尺寸大小不一，不会因为修改其他尺寸而变化，也不会因为鼠标拖拉而发生变化。

需要注意的是，锁定状态只在当次草图绘制中起作用，退出后再对草图绘制进行编辑时，尺寸的锁定将被解除。

问：草图绘制时如何产生圆形参照？

答：草图绘制有时需要圆形参照，而【草图绘制】工具中并没有提供，这时可以使用线条工具绘制一个圆，在线条工具状态下，有三种方法启动命令：

- 单击下拉式菜单中的【编辑(E)】|【切换构造(G)】命令。
- 按下快捷键 Ctrl+G。
- 单击右键，选取【构建】命令。

可以使圆形线条变为参照。

此方法不适用于圆形线条，对于其他线条也一样适合。

问：变换为参照的直线和中心线有什么区别？

答：变换为参照的直线有具体的长度，能够标注尺寸，它的端点也可以被捕捉到；而中心线则没有长度限制，可以用作旋转特征的旋转轴使用。

Study

Chapter 04

基 准 特 征

学习导航

基准特征是零件建模的参照特征，其主要用途是辅助 3D 特征的创建，可作为特征截面绘制的参照面、模型定位的参照面和控制点、装配用参照面等。

此外基准特征（如坐标系）还可用于计算零件的质量属性，提供制造的操作路径等。

基准特征包括：基准平面、基准轴、基准点、基准曲线、坐标系等。

本章要点

- 基准平面
- 基准点
- 基准曲线
- 基准轴
- 基准坐标系

4.1 基准平面

基准平面是零件建模过程中使用最频繁的基准特征，它既可用作草绘特征的草绘平面和参照平面，也可用于放置特征的放置平面；另外，基准平面也可作为尺寸标注、基准、零件装配基准等。

基准平面理论上是一个无限大的面，但为便于观察可以设定其大小，该约束条件规定了此基准平面与现有的几何定位条件之间的关系。所选约束条件必须相对于模型清晰地定位基准平面。

4.1.1 基准平面的颜色和名称

在 Pro/E 系统默认下，基准平面有两个侧：褐色和灰色。当装配元件、定向视图和草绘参照时，应使用颜色。Pro/ENGINEER 根据朝向屏幕的侧而将基准平面显示为褐色或灰色。

创建基准平面时，系统按照连续顺序（DTM1、DTM2 等）指定基准平面名称。如果需要，可在创建过程中利用【基准平面】对话框中的【属性】选项卡为基准平面设置一个名称，如图 4-4-1 所示。

如果需要改变一个现有基准平面的名称，可以在模型树中该基准特征上单击鼠标右键，从弹出的选取【重命名】命令，输入新的名称，如图 4-1-2 所示。

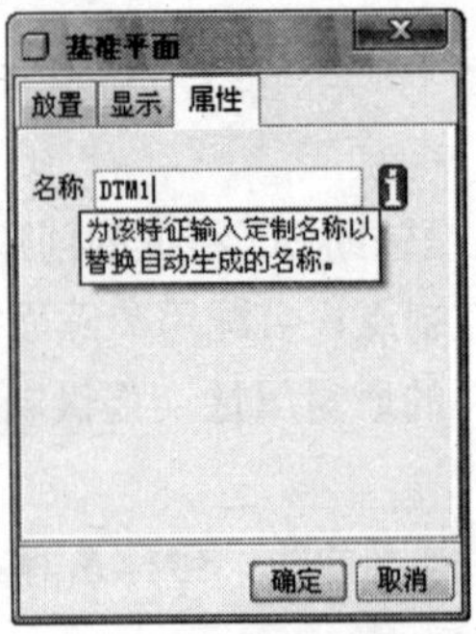

图 4-4-1 【基准平面】对话框

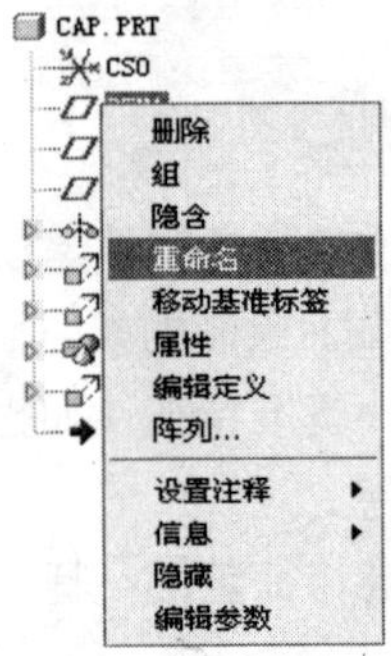

图 4-1-2 右键菜单

4.1.2 创建基准平面途径

创建基准平面的途径是：

01 在零件模式下执行下列操作之一：

- 单击【基准特征】工具栏中的按钮。
- 单击菜单中的【插入(I)】|【模型基准(D)】|【平面(L)】命令。

02 在图形窗口中为新的基准平面选择参照，在【基准平面】对话框的【参照】栏中选择合适的约束（如偏移、平行、法向、穿过等）。

03 重复上面步骤，直到必要的约束建立完毕。

04 单击【确定】按钮，完成基准平面的创建。

小知识

如果要选择多个对象，要按住【Ctrl】键。

此外，系统允许用户预先选定参照，然后单击按钮，即可创建符合条件的基准平面。可以建立基准平面的参照组合如下：

- 选择两个共面的边或轴（但不能共线）作为参照，单击按钮，产生通过参照的基准平面。
- 选择三个基准点或顶点作为参照，单击按钮，产生通过三点的基准平面。
- 选择一个基准平面以及两个基准点或两个顶点，单击按钮，产生过这两点并与参照平面垂直的基准平面。
- 选择一个基准平面以及一个基准点或一个顶点，单击按钮，产生过这两点并与参照平面垂直的基准平面。
- 选择一个基准点和一个基准轴或边（点与边不共线），单击按钮，【基准平面】对话框显示通过参照的约束，单击【确定】按钮即可建立基准平面。

4.1.3 创建基准平面的用户界面

单击【基准特征】工具栏中的按钮，打开【基准平面】对话框，在这个对话框中完成基准平面的约束设置等操作，对话框如图 4-1-3 所示。

该对话框包括【放置】、【显示】、【属性】三个选项卡。根据所选取的参照不同，该对话框各面板显示的内容也不相同。下面对该对话框中各选项进行简要介绍。

1.【放置】选项卡

选择当前存在的平面、曲面、边、点、坐标、轴、顶点等作为参照，在【偏距】栏中输入相应的约束数据，如图 4-1-4 所示的是一个选择已经存在的基准平面后出现的约束选项。

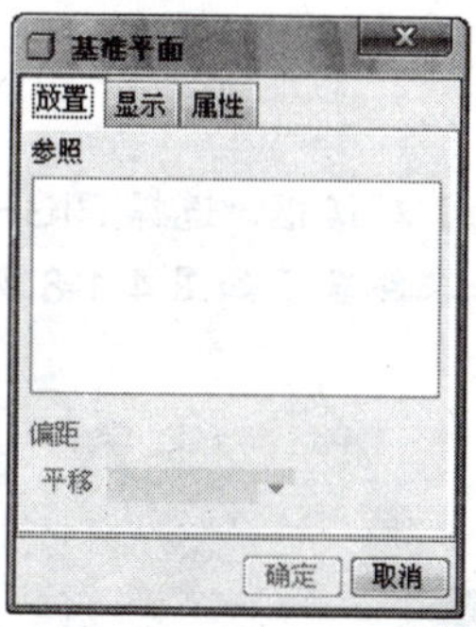

图 4-1-3 【基准平面】对话框

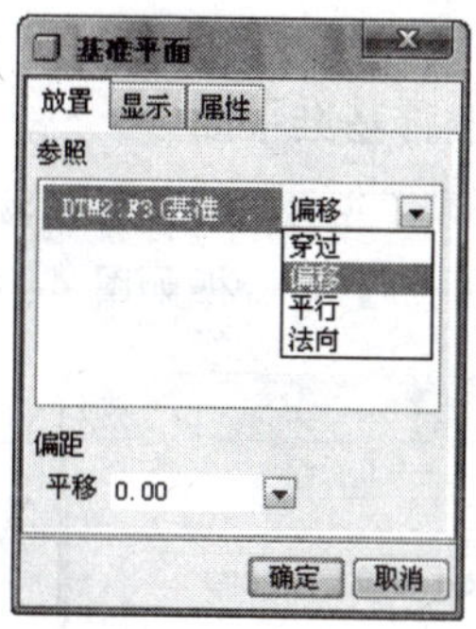

图 4-1-4 【放置】选项卡

在【参照】栏中根据选择的参照不同，可能显示如下 5 种类型的约束：

- 【穿过】：新的基准平面通过选择的参照。
- 【偏移】：新的基准平面偏离选择的参照。
- 【平行】：新的基准平面平行选择的参照。
- 【法向】：新的基准平面垂直选择的参照。
- 【相切】：新的基准平面与选择的参照相切。

2.【显示】选项卡

该面板包括反向按钮（垂直于基准面的相反方向）和调整轮廓选项（供用户调节基准面的外部轮廓尺寸），如图 4-1-5 所示。

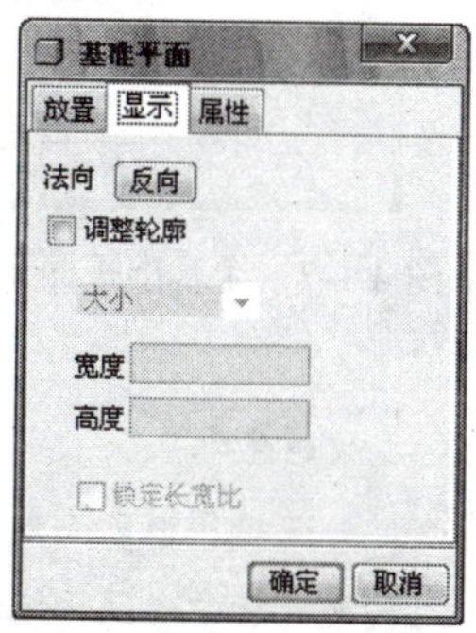

图 4-1-5 【显示】选项卡

3.【属性】选项卡

该面板显示当前基准特征的信息，也可对基准平面进行重命名。参见图 4-1-1。

4.1.4 经典实例

本小节通过一系列实际操作，介绍如何通过各种约束条件创建基准平面。

创建基准平面。

【光盘：源文件/第 4 章/4-2.prt】

【实例绘制】

首先打开练习文件【光盘：源文件/第 4 章/4-1.prt】，如图 4-1-6 所示。

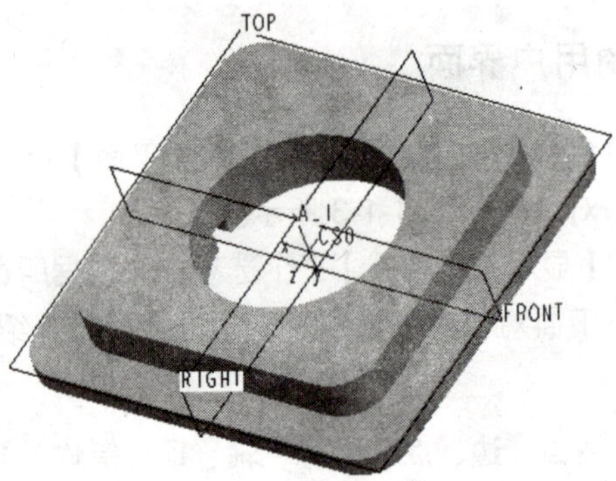

图 4-1-6 练习文件

1. 创建偏移基准平面

01 单击 （基准平面工具）按钮，打开【基准平面】对话框，选择 RIGHT 基准平面。选择后的【基准平面】对话框如图 4-1-7 所示。而选择后的零件显示如图 4-1-8 所示。

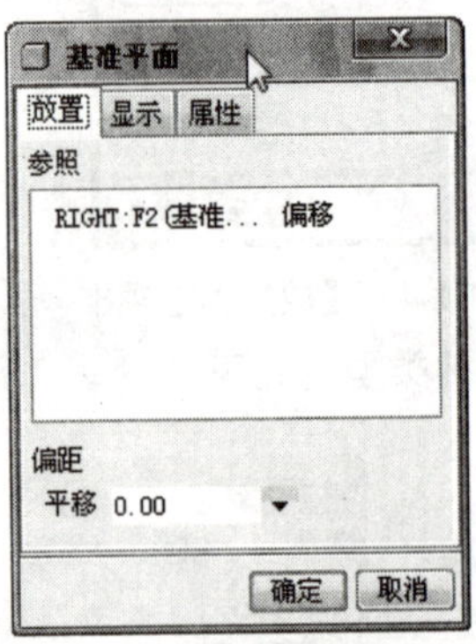

图 4-1-7 【基准平面】对话框

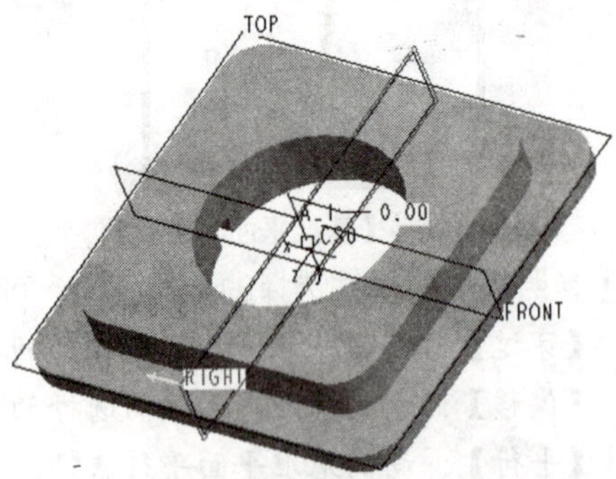

图 4-1-8 选择后零件的显示

提示

选择模型表面或基准平面时，只需在其附近移动光标，相应的面将高亮显示，同时光标旁也显示该面的名称，然后单击鼠标左键即可选中高亮显示的平面。

02 对于偏移的距离可以在【基准平面】对话框中【放置】选项卡的【平移】选项中输入数值，如图 4-1-9 所示。也可以在屏幕上选择方框标记进行鼠标拖动操作。如图 4-1-10 所示。

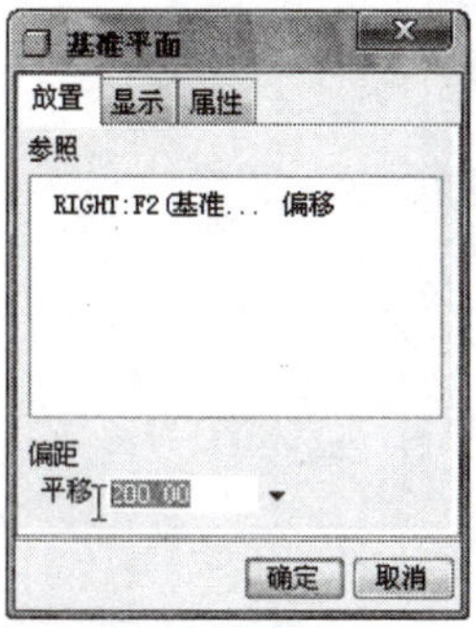

图 4-1-9 输入数值

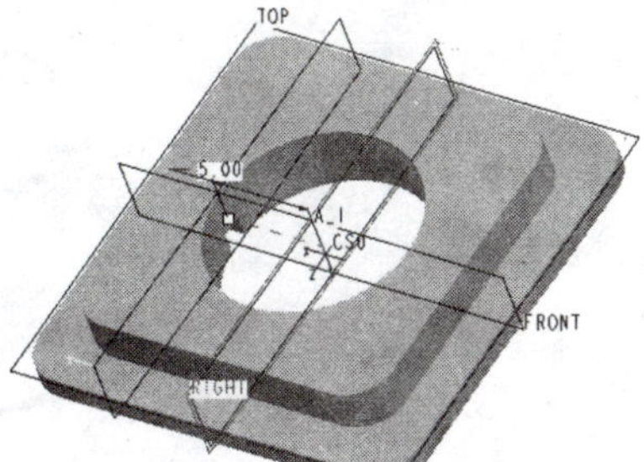

图 4-1-10 鼠标拖动操作

03 在选择拖拉的方式下，可以快速地左右移动，当与新基准面的黄色箭头同向时，数字是正值；当与箭头反向时，数字是负值。如图 4-1-11 所示。

04 在【基准平面】对话框中输入 15，单击对话框中的【确定】按钮，完成基准平面 DTM1 的编辑，如图 4-1-12 所示。

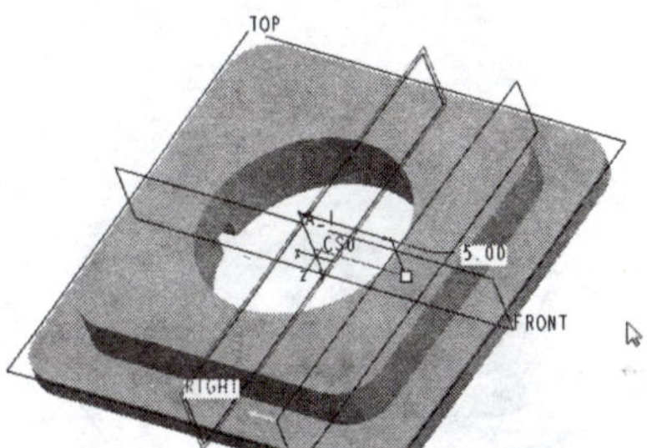

图 4-1-11 数值为负值

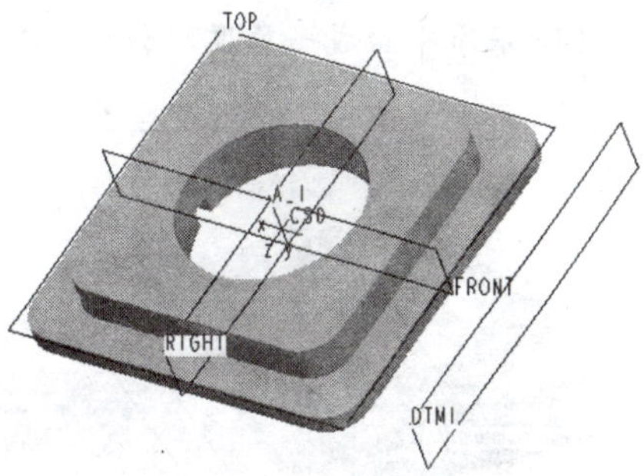

图 4-1-12 创建好的基准平面

2. 创建穿过某一基准轴与某个平面成一定角度的基准平面

01 首先选择 DTM1 基准平面，单击鼠标右键，在弹出的快捷菜单中选择【隐藏】命令，隐藏基准平面。

02 单击 （基准平面工具）按钮，打开【基准平面】对话框。先选择 A_1 基准轴，再按住【Ctrl】键，选择 FRONT 基准平面，选择后【基准平面】对话框如图 4-1-13 所示。零件的显示如图 4-1-14 所示。

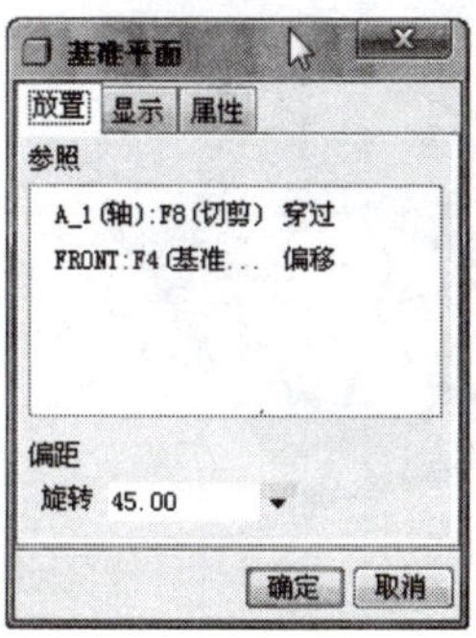

图 4-1-13 【基准平面】对话框

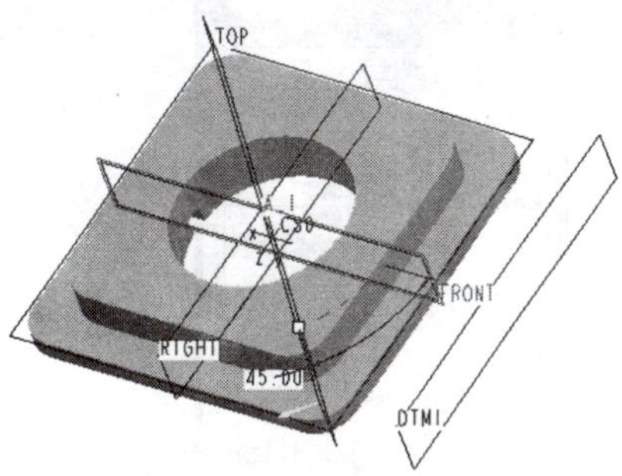

图 4-1-14 零件的显示

03　保持默认的角度数值 45，单击【基准平面】对话框中的【确定】按钮，创建 DTM2 基准平面，结果如图 4-1-15 所示。

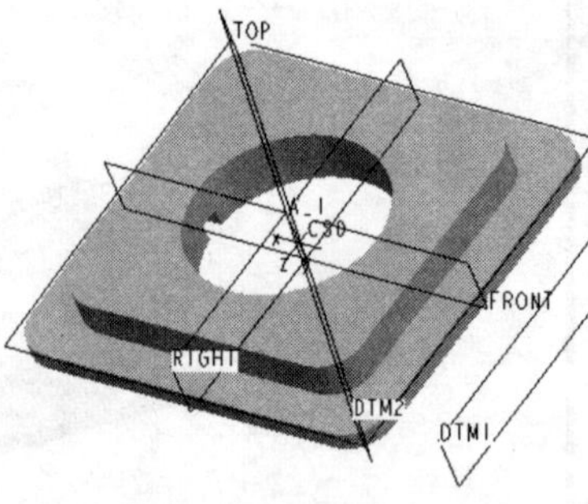

图 4-1-15　创建的基准平面

3. 创建穿过一边且和某一基准平面相平行的基准平面

01　单击按钮，重画当前零件。

02　单击（基准平面工具）按钮，打开【基准平面】对话框，先选择如图 4-1-16 所示的边。

01　再按住【Ctrl】键选择上一步建立的 DTM2 基准平面。此时出现的默认状态是穿过一边且与 DTM2 基准平面成一角度，如图 4-1-17 所示。

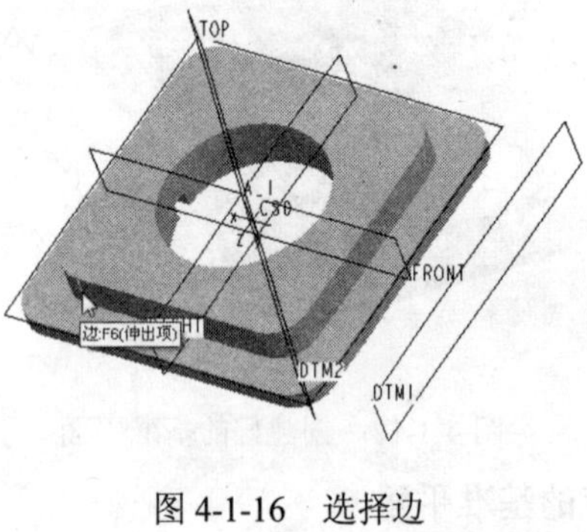

图 4-1-16　选择边

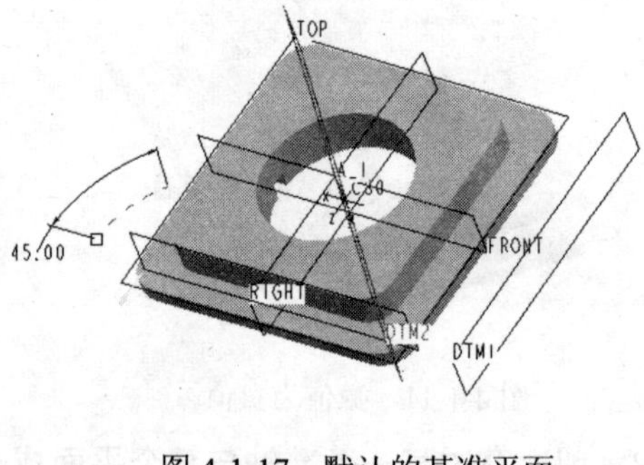

图 4-1-17　默认的基准平面

04　这种默认的约束条件并不符合要求，需要新定义约束条件。选择【基准平面】对话框【参照】收集器的【DTM2:F10（基准平面）】参照，此时参照约束出现下拉符号，单击下拉符号，选择【平行】选项，如图 4-1-18 所示。

05　单击【基准平面】对话框中的【确定】按钮，完成基准平面 DTM3，结果如图 4-1-19 所示。

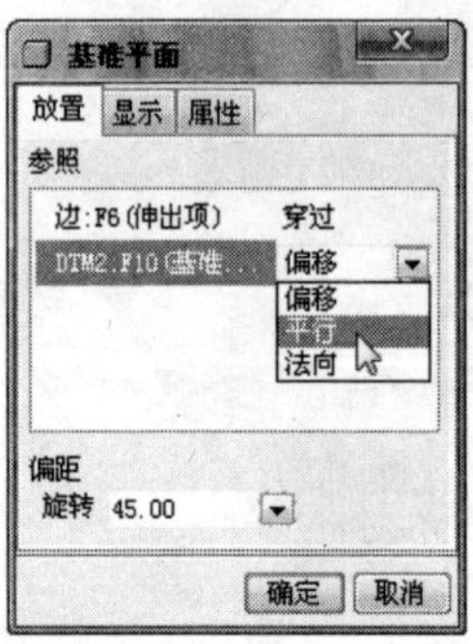

图 4-1-18　基准平面对话框

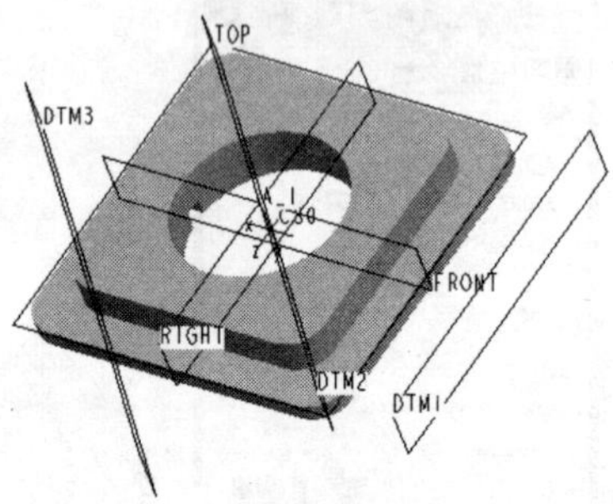

图 4-1-19　创建的基准平面

4. 创建穿过一边且和另一面相垂直的基准平面

01 选择上一步建立的 DTM3 基准平面，单击鼠标右键，在弹出的快捷菜单中选择【编辑定义】命令，对 DTM3 进行重新定义，如图 4-1-20 所示。

02 在【基准平面】对话框中选择【参照】收集器中的【DTM2:F10(基准平面)】参照，单击下拉符号，选择【法向】选项，如图 4-1-21 所示。

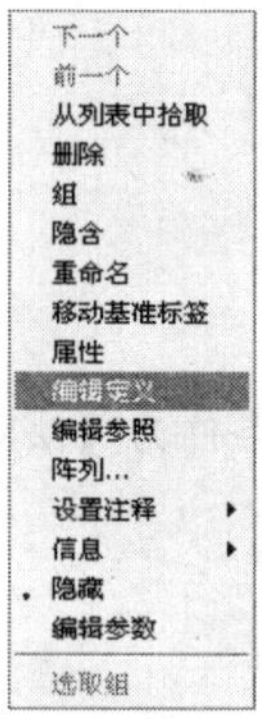

图 4-1-20 右键菜单

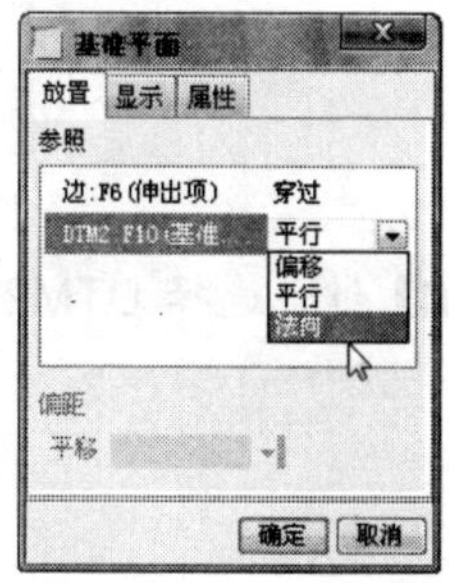

图 4-1-21 选择法向

03 单击【基准平面】对话框中的【确定】按钮，完成 DTM3 的重新定义，结果如图 4-1-22 所示。

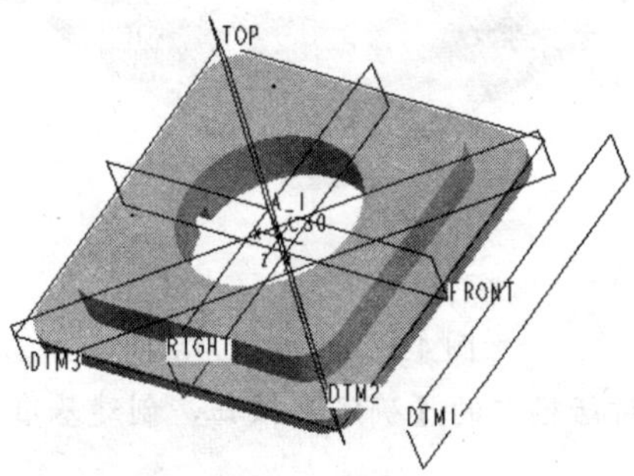

图 4-1-22 完成重新定义

5. 建立和圆弧曲面相切的基准平面

01 先选择 DTM1 基准平面（按住【Ctrl】键连续选择 DTM3），单击鼠标右键，在弹出的快捷菜单中选择【隐藏】命令，隐藏这两个基准平面。

02 单击（基准平面工具）按钮，打开【基准平面】对话框。选择如图 4-1-23 所示的曲面。

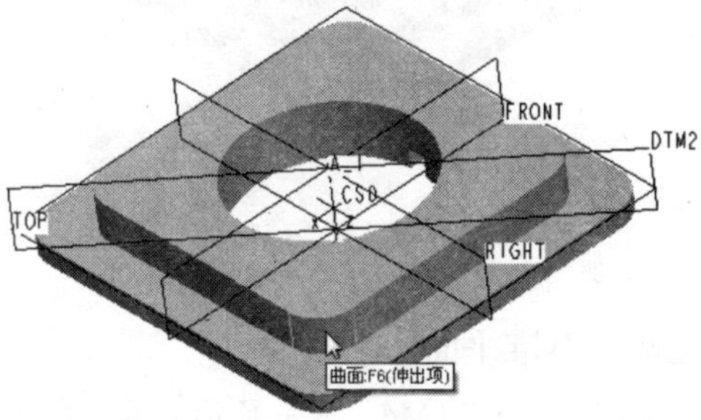

图 4-1-23 选择曲面

03　在【基准平面】对话框中，更改该曲面参照条件为【穿过】，如图 4-1-24 所示。

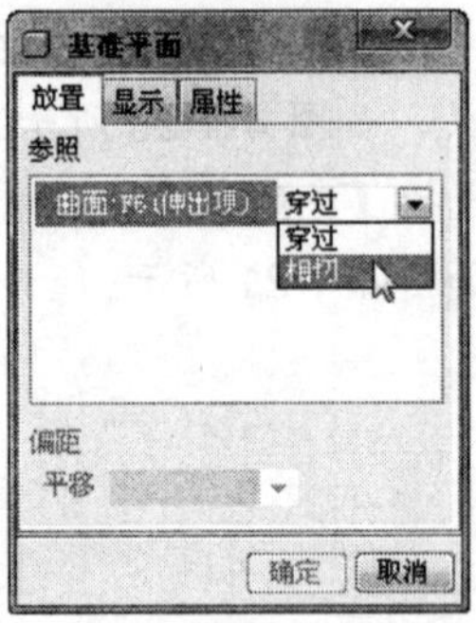

图 4-1-24　更改为相切

04　按住【Ctrl】键，选择 DTM2 基准平面，默认的约束条件为【法向】，此时的结果如图 4-1-25 所示。

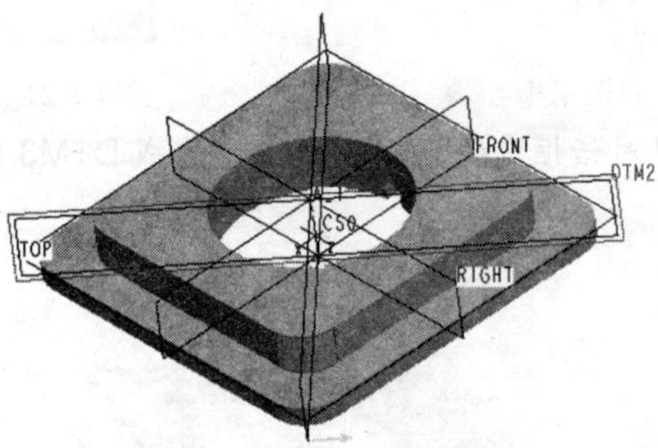

图 4-1-25　约束为法向

05　更改【基准平面】对话框中的【确定】按钮，创建基准平面 DTM4，结果如图 4-1-26 所示。

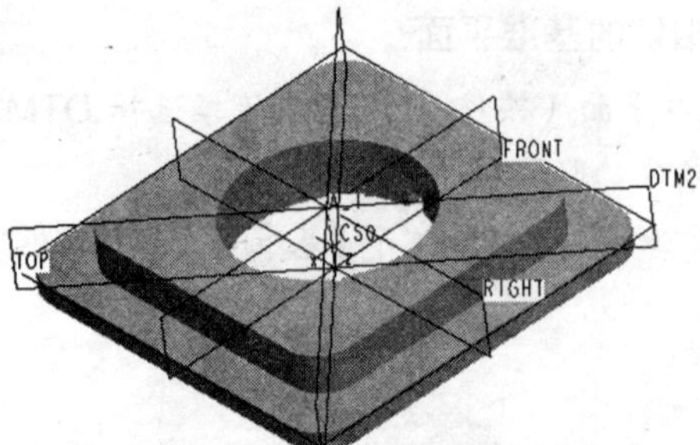

图 4-1-26　创建完成的 DTM4

6．穿过一轴和一条边建立基准平面

01　按【Ctrl】连续选择 DTM2 和 DTM4，单击鼠标右键，在弹出的快捷菜单中选择【隐藏】命令，隐藏此基准面。

02 单击（基准平面工具）按钮，打开【基准平面】对话框。先选择 A_1 轴。

03 按住【Ctrl】键选择如图 4-1-27 所示的边。

04 此时【基准平面】中的默认约束条件如图 4-1-28 所示。

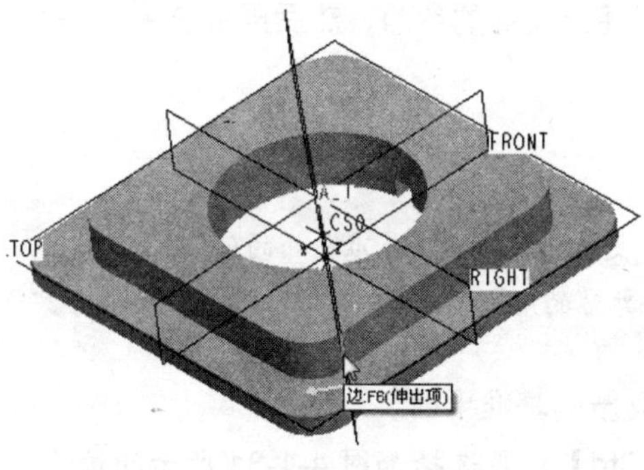

图 4-1-27 选择边

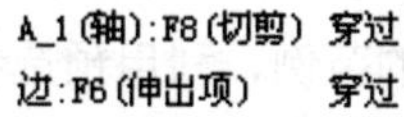

图 4-1-28 默认约束条件

小知识

此时的约束条件没有多余的选项，Pro/E 系统对不存在的约束可能将不显示，这一点很智能化。

05 单击【基准平面】对话框中的【显示】选项卡，在其面板中选择【调整轮廓】选项，选择下拉列表框内的【参照】选项，如图 4-1-29 所示。

06 再选择如图 4-1-27 所示的边（此步骤的作用是使建立的基准面轮廓大小不一和选择的边匹配）。

07 单击【基准平面几何】对话框中的【确定】按钮，建立基准平面 DTM5，如图 4-1-30 所示。

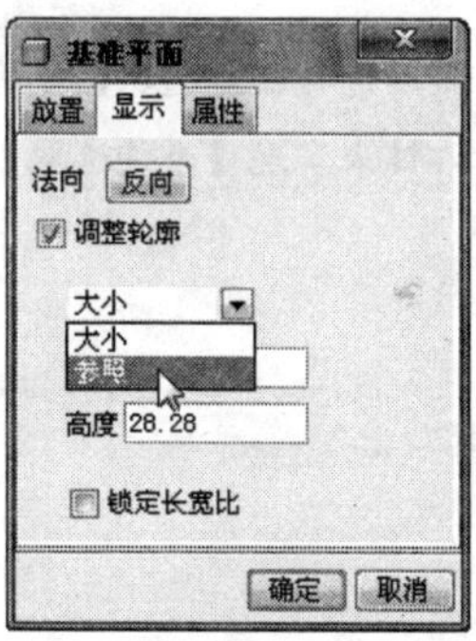

图 4-1-29 选择参照

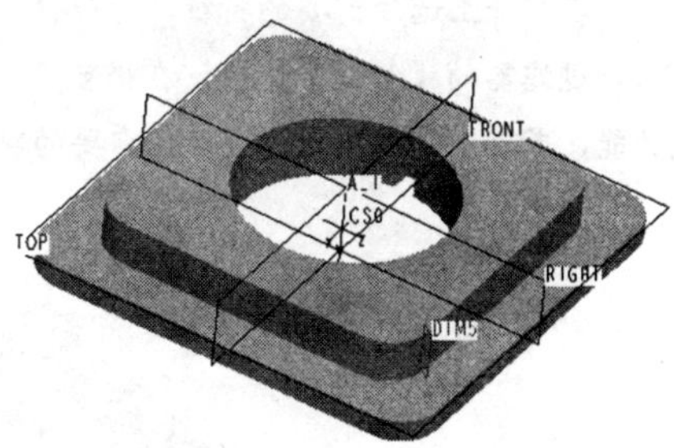

图 4-1-30 建立的 DTM5

小知识

通过前面的 6 个示例可以看出，除了利用偏距这个单一的约束创建新的基准平面外，其余的方法指定两个或两个以上的（穿过三个点）的约束，只有指定足够的约束条件，【基准平面】对话框中的【确定】按钮才能够使用。

4.1.5 预先参照建立基准平面

预选参照是 Pro/E 系统提供的一种快捷方法，和 4.1.4 小节的方法相比，在建立基准平面的约束上，其顺序是相反的。预先参照是先选择建立基准的参照，然后再单击（基准平面工具）按钮，完成后续操作。

小知识

对于不存在多余约束条件的情况，更能够直接完成基准平面的创建，而不必经过【基准平面】对话框。这种方法适合熟练的用户使用，能够更快捷地完成任务。

继续上面的范例，利用预选参照约束建立新的基准平面。

01 在零件上先选择 A_1 基准轴，按【Ctrl】键再选择如图 4-1-31 所示的边。

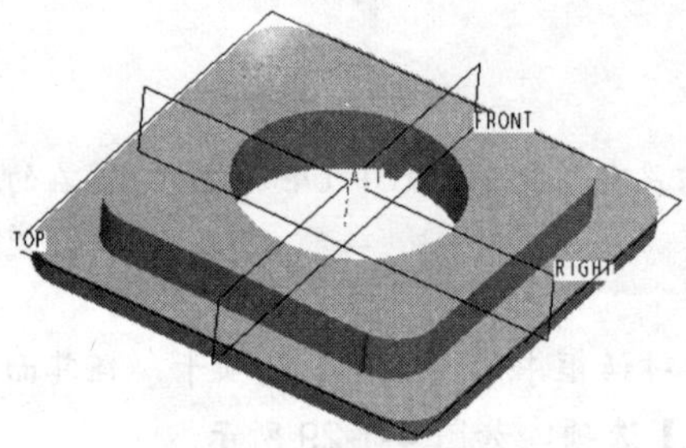

图 4-1-31 选择边

02 单击按钮，直接完成 DTM6 基准平面，如图 4-1-32 所示。

提示

在零件上选择需要的特征，可以使用过滤器的选项来帮助进行快速选取，如果保持过滤器的【智能】选项，在很多情况下需要单击鼠标右键来实现【查询选取】功能，或者直接单击，直到选择需要的特征为止。

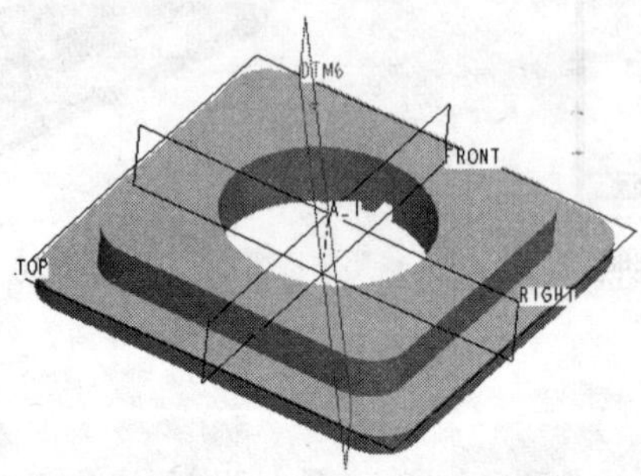

图 4-1-32 DTM6 基准平面

下面是预选参照建立基准平面的全部参照组合：

- 两个共面边或两个轴（必须是共面但不共线）：通过这些参照加以约束来创建基准平面。

- 三个基准点或顶点：通过每个基准点/顶点加以约束来创建基准平面。
- 一个基准平面以及两个基准点或顶点（点或顶点不能与平面的法线共线）：通过选定点创建垂直于平面的基准平面。
- 一个基准平面以及一个基准点或顶点（点或顶点不能在所选平面或曲面上）：通过绘制一些参照加以约束来创建基准平面。
- 一个基准点和一个轴或直边/曲线（点不能与轴或边共线）：通过基准点和轴/边加以约束来创建基准平面。
- 一个基准点一个轴或直边/曲线（点与该轴或边共线）：通过这两个参照创建基准平面，要完成约束它，可将【通过】该轴改为【垂直】于该轴。

4.1.6 在建立特征时创建的临时基准平面

在建立特征时经常需要建立临时基准平面作为“草绘”平面或参照平面，建立临时基准平面的方法和正常创建基准平面的方法是完全一样的，不同的是临时基准平面和所属特征被自动归于一个组特征内，且自动隐藏，不在图形窗口显示。其在模型树中的标识如图 4-1-33 所示。

图 4-1-33 临时基准平面

4.2 基 准 轴

同基准面一样，基准轴常用于创建特征的参照，它经常用于制作基准面、同心放置的参照、创建旋转阵列特征等。基准轴与中心轴的不同之处在于基准轴是独立的特征，它能被重定义、压缩或删除。对于利用拉伸特征建立的圆角形特征，系统会自动地在其中心产生中心轴。

注意

对于具有“圆弧界面”造型的特征，若要在其圆心位置自动产生基准轴，应在配置文件中进行如下设置：将参数【show_axes_for_extr_arcs】选项的值设置为“Yes”。

4.2.1 基准轴的名称

创建基准轴时，系统按照 A_#的形式指定基准轴的名称，此处#是已创建的基准轴的号码。如果需要，可在创建过程中利用【基准轴】对话框中的【属性】选项卡为基准轴设置一个初始名称。如图 4-2-1 所示。

如果需要改变一个现有基准轴的名称，可以在模型树中该基准特征上单击鼠标右键，从弹出的快捷菜单中选择【重命名】命令，输入新的名称。如图 4-2-2 所示。

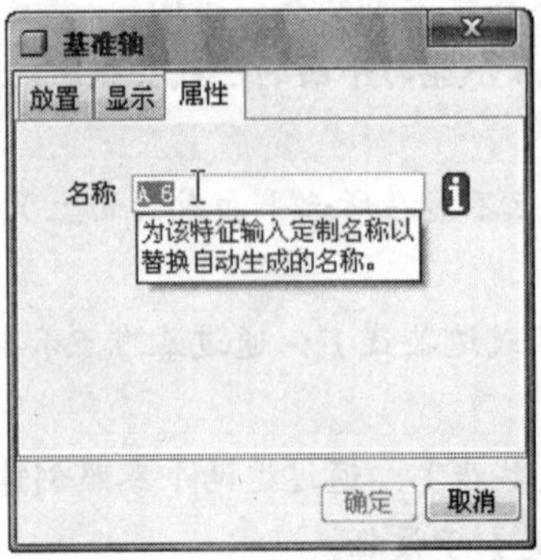

图 4-2-1　更改默认名称

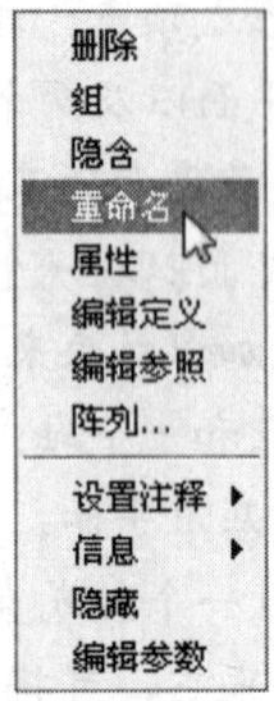

图 4-2-2　单击鼠标右键菜单

4.2.2 创建基准轴

创建基准轴的详细步骤如下：

01　打开【创建基准轴】命令的两种方式是在零件模式或组件模式下：

- 单击【特征】工具栏的 （基准轴工具）按钮。
- 在主菜单中选择【插入(I)】|【模型基准(D)】|【轴(X)】命令。

02　在图形窗口中为新基准轴选择至多两个【放置】参照。可选择已有的基准轴、平面、曲面、边、顶点、曲线、基准点，选择的参照显示在【基准轴】对话框的【参照】栏中。

03　在【参照】栏中选择适当的约束类型。

04　重复步骤 02 和 03，直到完成必要的约束。

05　单击【确定】按钮，完成基准轴的创建。

4.2.3 创建基准轴的用户界面

单击【基准】工具栏中的基准轴工具 ，显示如图 4-2-3 所示的【基准轴】对话框。

该对话框包括【放置】、【显示】和【属性】三个面板。在【放置】面板中有【参照】和【偏移参照】两个栏目。使用【显示】面板可调整基准轴轮廓的长度，从而使基准轴轮廓与指定尺寸或选定参照相拟合。【属性】面板显示基准轴的名称和信息，也可对基准轴进行重新命名。

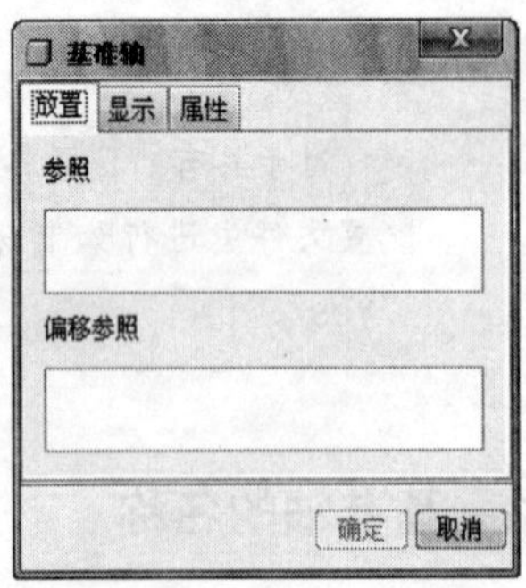

图 4-2-3　【基准轴】对话框

创建基准轴的参照类型如下：

参照：在该栏中显示基准轴的放置参照，供用户选择使用的参照有如下三种类型：

- 【穿过】：基准轴通过指定的参照。
- 【法向】：基准轴垂直指定的参照，该类型还需要在【偏移】参照栏中进一步定义或者添加辅助的点或顶点，以完全约束基准轴。
- 【相切】：基准轴相切于指定的参照，该类型还需要添加辅助点或顶点以全约束基准轴。

偏移参照：在【参照】栏选用【法向】类型时该栏被激活，以选择偏移参照。

4.2.4 经典实例

本小节将通过一系列实际操作的实例，介绍如何通过各种约束条件创建基准轴。创建基准平面。

【光盘：源文件/第 4 章/4-4.prt】

【实例绘制】

首先打开练习文件【光盘：源文件/第 4 章/4-3.prt】，如图 4-2-4 所示。

注意

其中有一条曲线和 PNT0、PNT1 两个基准点，另外需要注意的是，此文件已经有一个特征轴 A_2。

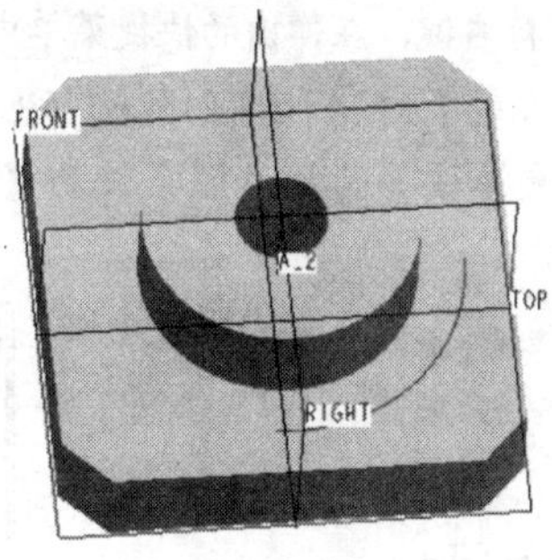

图 4-2-4 练习文件

1．创建基准轴 A_3

01 单击 （基准轴工具）按钮，打开【基准轴】对话框。选择如图 4-2-5 所示的平面。

02 注意此时【基准轴】对话框的【参照】收集器中所选曲面的参照类型为【法向】，选择【偏移参照】收集器，此时【偏移参照】收集器变为活动状态，如图 4-2-6 所示。

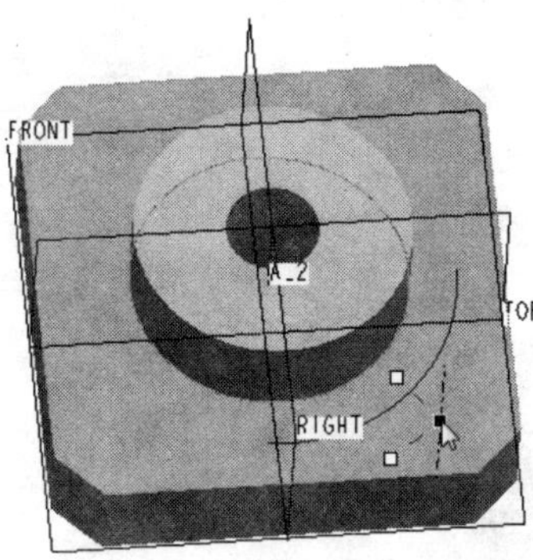

图 4-2-5 选择平面

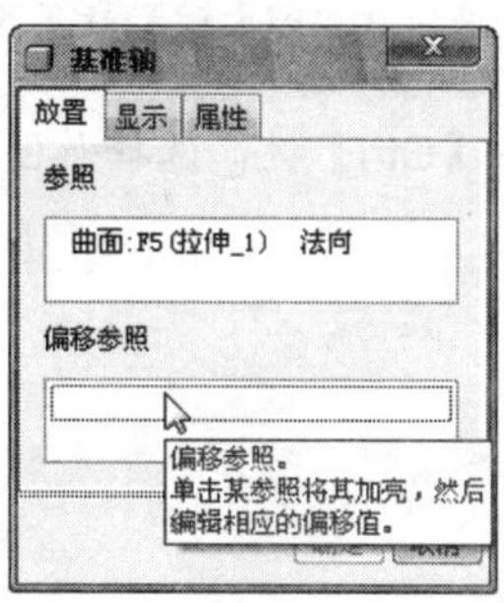

图 4-2-6 统称参照收集器

03 按住【Ctrl】键，分别选择 TOP 基准平面和 RIGHT 基准平面，选择完成后的零件和【基准轴】对话框，分别如图 4-2-7 和图 4-2-8 所示。

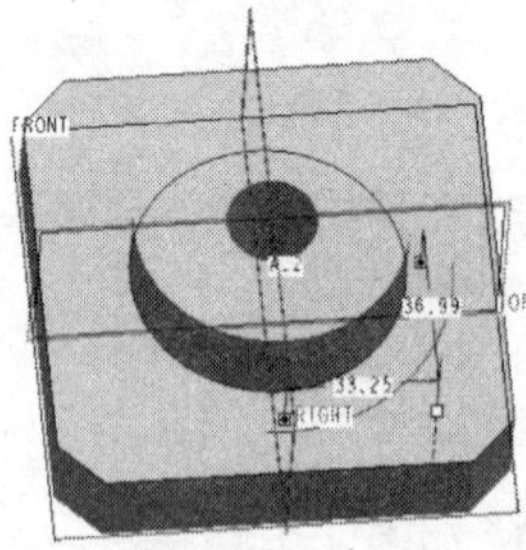

图 4-2-7　选中基准平面

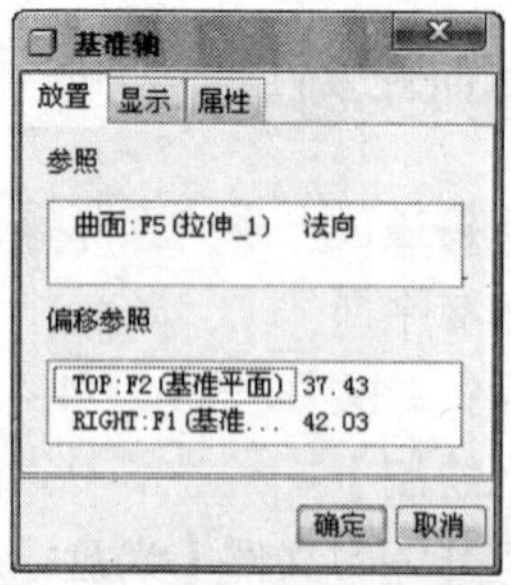

图 4-2-8　【基准轴】对话框

04　在【偏移参照】收集器中调整 TOP 和 RIGHT 基准平面的距离为 35。

05　单击【基准轴】对话框中的【确定】按钮，完成基准轴的建立，系统自动命名此基准轴为 A_6，结果如图 4-2-9 所示。

06　在模型树里选中 A_6，按下【F2】键更名为 A_3，创建完成。

2．创建基准轴 A_6

01　选择 A_3 基准轴，单击鼠标右键，在弹出的快捷菜单中选择【隐藏】命令，隐藏该基准轴。

02　单击 / 按钮，打开【基准轴】对话框，仍然选择如图 4-2-5 所示的平面。

03　改变【参照】收集器，选择该平面的参照条件为【穿过】。如图 4-2-10 所示。

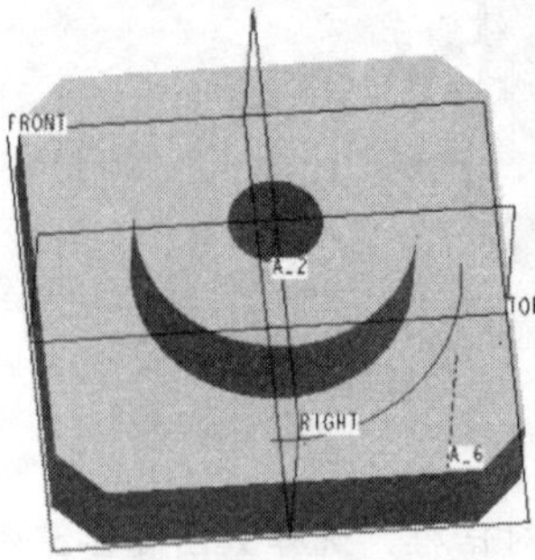

图 4-2-9　创建 A_6

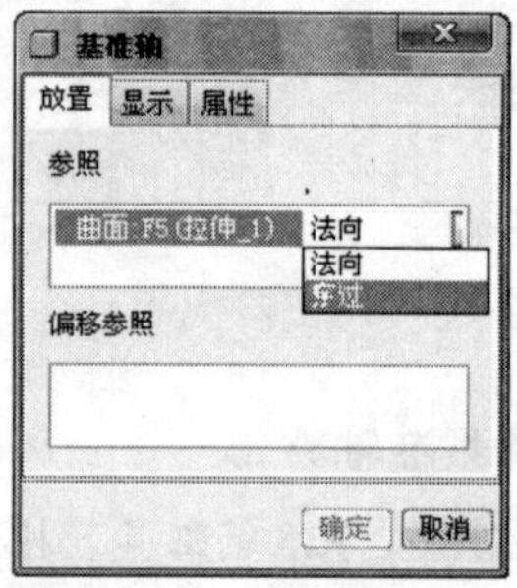

图 4-2-10　修改参照条件

注意

此时【偏移参照】收集器不能使用。

04　按住【Ctrl】键，选择如图 4-2-11 所示的零件平面。

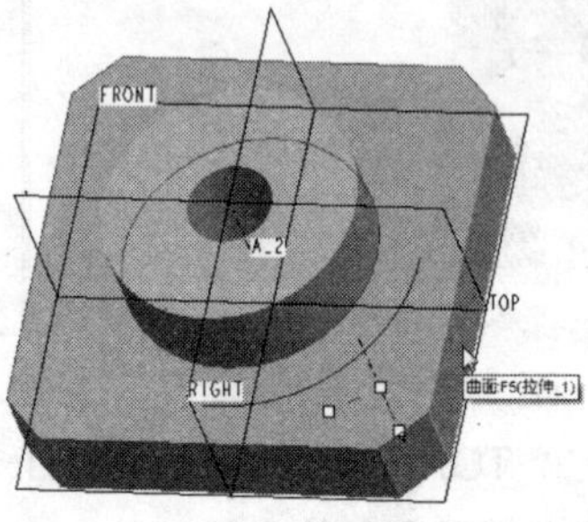

图 4-2-11　选中平面

05 单击【基准轴】对话框中的【确定】按钮，完成新的基准轴 A_6，如图 4-2-12 所示。

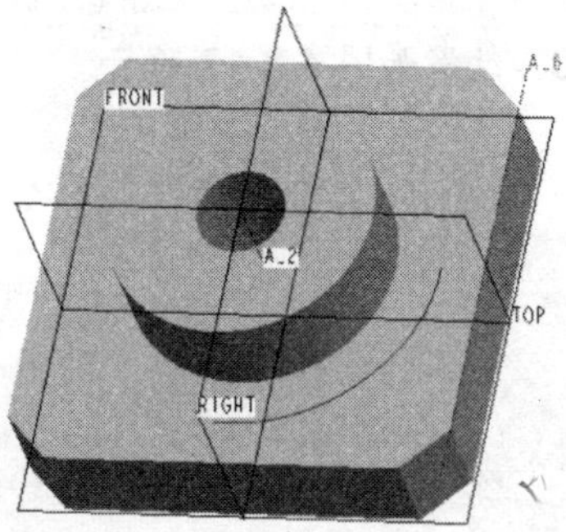

图 4-2-12 创建的基准轴

3. 创建基准轴 A_7

01 单击 （基准轴工具）按钮，打开【基准轴】对话框，选择 PNT1 基准点。

02 再按住【Ctrl】键选择如图 4-2-5 所示的零件平面。

03 此时的参照约束如图 4-2-13 所示。

04 单击【基准轴】对话框中的【确定】按钮，完成新的基准轴 A_7 的创建，结果如图 4-2-14 所示。

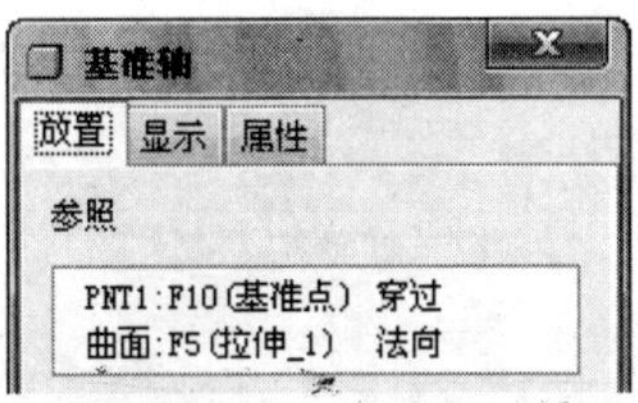

图 4-2-13 参照约束

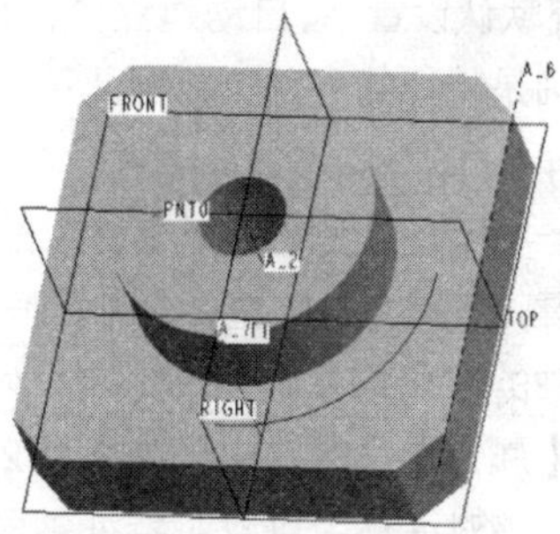

图 4-2-14 创建好的 A-7

4. 创建基准轴 A_8

01 按住【Ctrl】键，选择 A_6 和 A_7 基准轴，单击鼠标右键，在弹出的快捷菜单中选择【隐藏】命令，隐藏这两个基准轴，通过这些步骤使画面显得简洁，方便操作和观看。

02 单击 （基准轴工具）按钮，打开【基准轴】对话框，选择如图 4-2-15 所示的曲线。

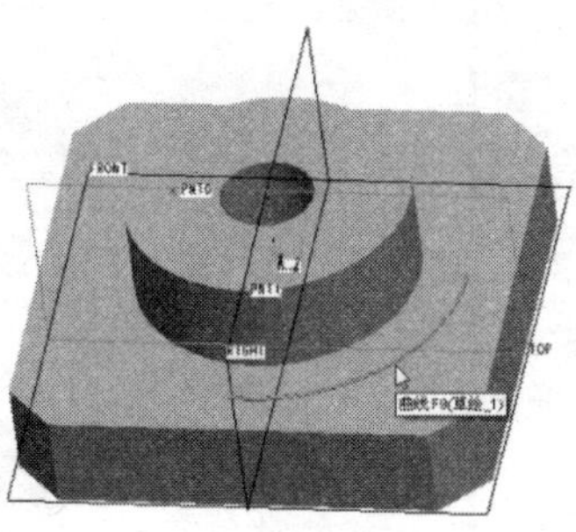

图 4-2-15 选择曲线

03　再按住【Ctrl】键选择如图 4-2-16 所示的曲线的终点。

04　此时基准轴为【穿过】一个点并【相切】一条曲线，单击【基准轴】对话框中的【确定】按钮，完成新的基准轴 A_8。结果如图 4-2-17 所示。

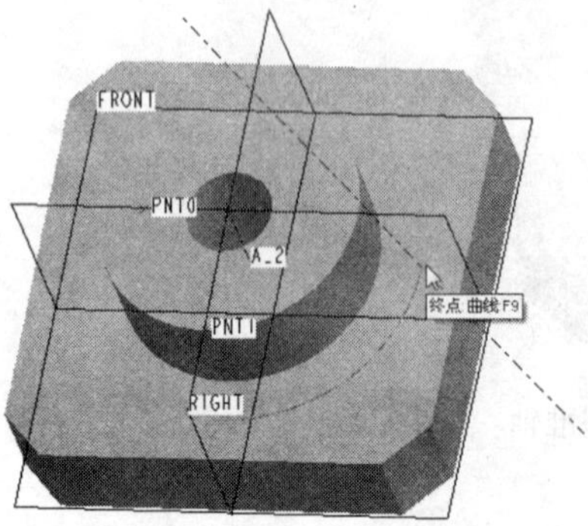

图 4-2-16　选择曲线终点

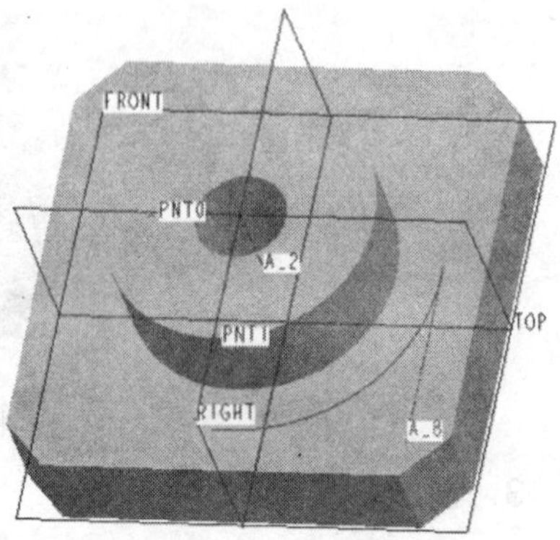

图 4-2-17　创建完成的 A_8

4.2.5　特征轴的编辑

在前面对特征轴做过介绍，其命名和显示方式和基准轴相同，在建立旋转、倒圆角等特征时，Pro/E 系统默认设置下，自动建立该特征的特征轴。本小节实例中的 A_2 即是系统自动创建所得。

特征轴是特征的一部分，因此不能像基准轴那样进行多种操作。

续上一小节的范例，选择零件上的 A_2 特征轴，单击鼠标右键，在弹出的快捷菜单中只有【属性】命令（可以和基准轴的快捷菜单做一个比较），如图 4-2-18 所示。

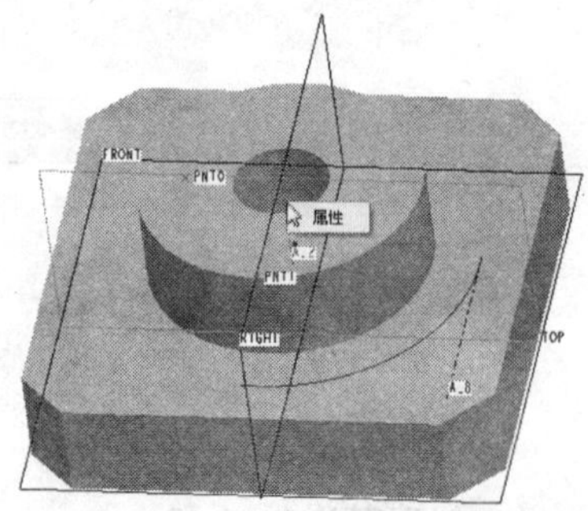

图 4-2-18　右键菜单

选择【属性】命令，出现如图 4-2-19 所示的【轴】对话框，在该对话框中可以对特征轴显示的名称和类型等进行编辑。这也是能对特征轴进行的唯一编辑。

在【轴】对话框中修改特征轴的名称为 ABC，修改完成后，单击【轴】对话框中的【确定】按钮，完成对特征轴的编辑，结果如图 4-2-20 所示。

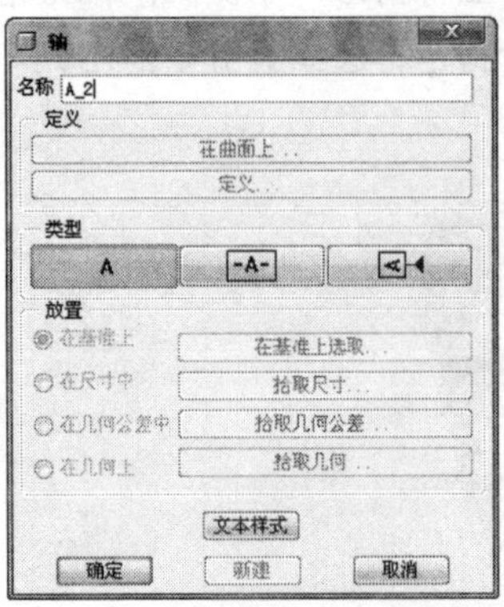

图 4-2-19　【轴】对话框

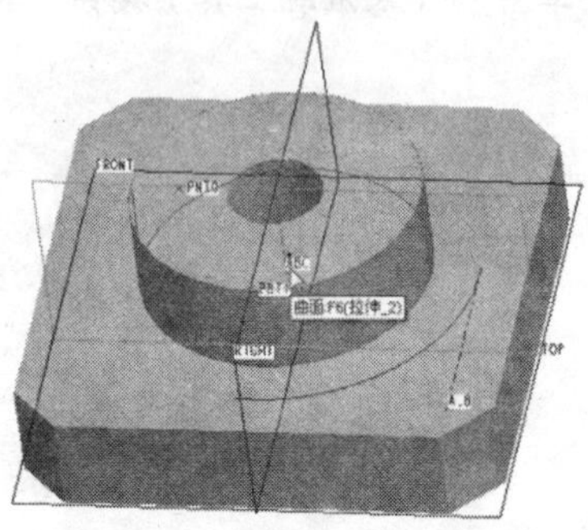

图 4-2-20　编辑完后的轴

4.2.6 预先参照建立基准轴

和通过预先参照建立基准平面一样，可以预先参照快速建立基准轴。接着上一个小节的范例，完成一个新的基准轴：

01 选择零件上的 PNT0 基准点，按住【Ctrl】键，再选择零件上的 PNT1 基准点。

02 单击 （基准轴工具）按钮，不用通过【基准轴】对话框，直接建立 A_9 基准轴，结果如图 4-2-21 所示。

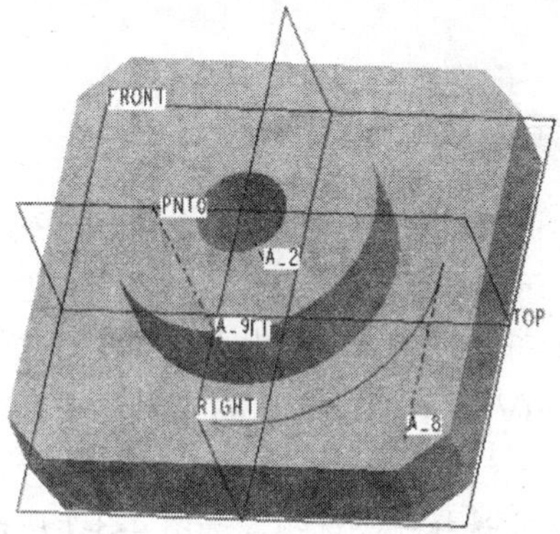

图 4-2-21 建立 A_9 基准轴

预选参照建立基准轴的全部参照组合如下：

- 一个直边或轴：通过选定边创建基准轴。
- 两个基准点或顶点：通过两个基准点或顶点加以约束建立基准轴。
- 两个非平行基准平面：如果两个平面彼此相交，则通过相交线创建基准轴；如果平面不相交，则会打开【基准轴】对话框。
- 曲线或边以及其中的一个端点，通过端点约束并相切于曲线来创建基准轴。
- 基准点和曲面：如果基准点在选定曲面上，则通过该点并垂直于该曲面创建基准轴，如果基准点不在该曲面上，则打开【基准轴】对话框。

4.3 基 准 点

在建立实体模型的过程中，可以使用基准点作为构造元素和作为计算和分析时的已知点。“基准”点特征可包含同一操作过程中创建的多个基准点，属于相同特征的基准点表现如下：

- 在模型树中，所有基准点都显示在一个特征节点下。
- 基准点特征中的所有基准点构成一个组。删除某个基准点将导致删除这个组。如果需要删除基准点特征中的个别点，则需要修改这个点的定义。

提示

Pro/E 支持四种类型的基准点，这些点依据创建方法和作用的不同而各不相同。

- 【一般点】 在图元上、图元相交处或自某一图元偏移处所创建的基准点。
- 【草绘】 在【草绘器】中创建的基准点。
- 【自坐标系偏移】 基准点与指定坐标系偏移一定距离。
- 【域点】 【行为建模】中用于分析的点。一个域点标示一个几何域。

小知识

前三种类型用在常规建模中，而最常用的又是【一般点】。本章介绍的重点正是基于创建【一般点】，其余的建立基准的方式将在后面结合实例进行介绍。

4.3.1 基准点的名称和显示方式

每个基准点均用标签 PNT#标示，其中#为基准点的连续号码，比如 PNT1、PNT2。在默认情况下，Pro/E 以十字叉形式显示基准点。

使用下面的方法，改变点的符号，使其显示为点、圆、三角形或正方形。

01 在主菜单中选择【视图(V)】|【显示设置(Y)】|【基准显示(D)】命令，打开【基准显示】对话框。

02 在【点符号】下拉列表中选择一个选项，如图 4-3-1 所示。

03 最后显示效果如图 4-3-2 所示。

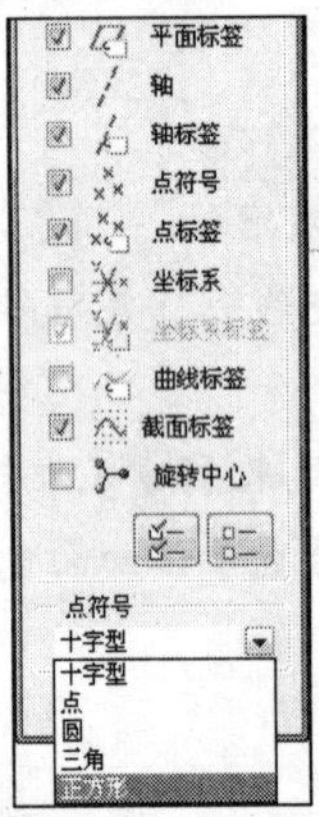

图 4-3-1 改变点显示方式

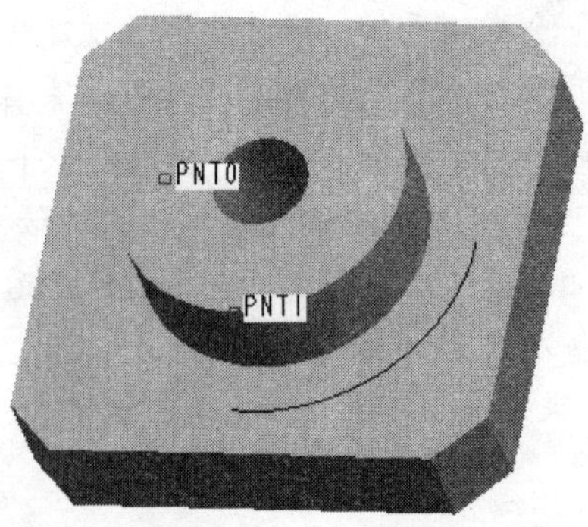

图 4-3-2 正方形式显示点

4.3.2 创建基准点

创建基准点的步骤如下：

01 单击工具栏上的按钮的向下箭头，展开【基准点】图标按钮。

弹出下拉菜单中各选项的含义分别如下：

- ：从实体或实体交点或从实体偏离创建的基准点。
- ：在草绘工作界面上创建基准点。
- ：通过选定的坐标系创建基准点。
- ：直接在实体或曲面上单击鼠标左键即可创建基准点，该基准点在行为建模中供分析使用。

提示

根据需要选取要创建的一个特定类型基准点的图标即可，也可以在主菜单中选择【插入(I)】|【模型基准(D)】|【点(P)】命令。

02 通过拖动基准点定位句柄，手动调节基准点位置，或者设定【放置面板】的相应参数定位基准点。

03 单击【新点】选项，添加更多的基准点，单击【确定】按钮，完成基准点的创建。

4.3.3 经典实例

要创建位于几何模型上或自其偏移的基准点，可使用一般类型的基准点。

下面是比较常用的创建一般类型基准点的方法：

- 在曲线、边或轴上创建基准点。
- 在图元相交处创建基准点。
- 在圆形或椭圆形的中心创建基准点。
- 在曲面上或自由曲面偏移创建基准点。

与创建基准平面和基准轴类似，建立一般类型基准点也有一个【基准点】对话框。如图 4-3-3 所示。

下面将通过一系列的实例详细介绍几种最常见的基准点的建立方法。

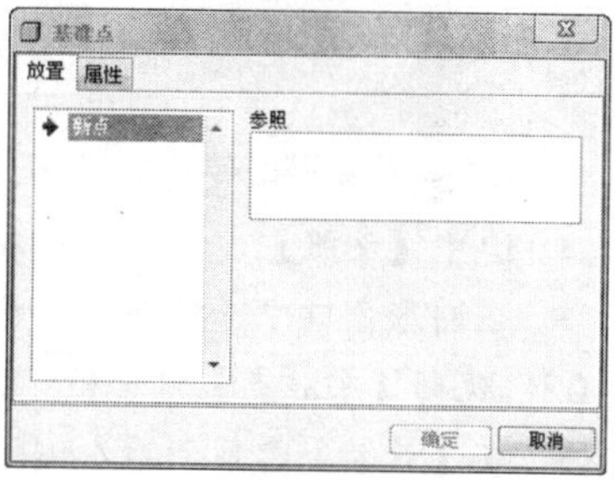

图 4-3-3 【基准点】对话框

经典实例

创建基准点。

【光盘：源文件/第 4 章/4-6.prt】

【实例绘制】

首先打开练习文件【光盘：源文件/第 4 章/4-5.prt】，如图 4-3-4 所示。

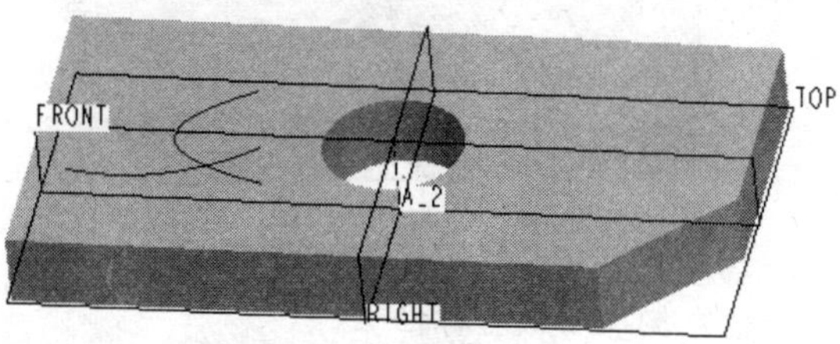

图 4-3-4 练习文件

提示

此练习文件关闭了基准轴、基准坐标系的显示。

1. 建立曲线上的基准点

01 单击 （基准点工具）按钮，打开【基准点】对话框。选择如图 4-3-5 所示的曲线，此时对话框内容如图 4-3-6 所示。

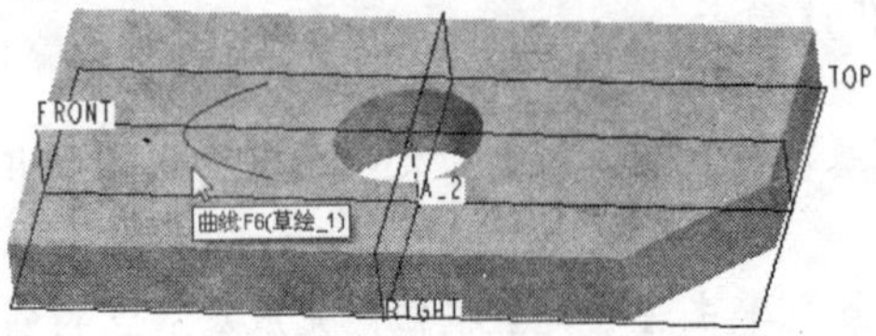

图 4-3-5　选择曲线

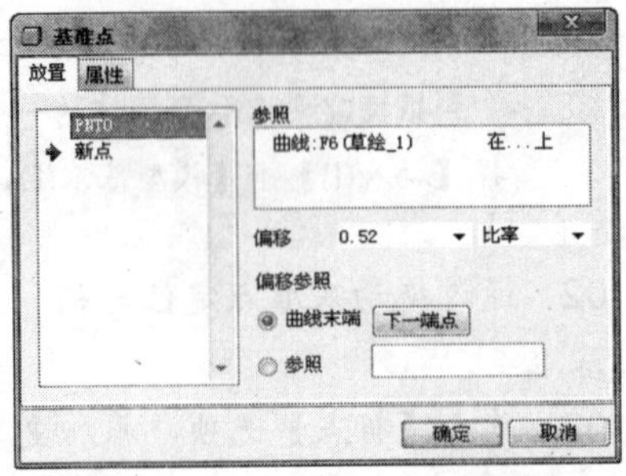

图 4-3-6　【基准点】对话框

小知识

要添加一个新的基准点，应首先单击【基准点】对话框左栏显示的【新点】，然后选择一个参照（要添加多个参照，须按下【Ctrl】键进行选择）。

要移走一个参照可使用如下方法之一：

- 选中【参照】，单击鼠标右键，在弹出的快捷菜单中单击【移除】选项。
- 在图形窗口中选择一个新参照替换原来的参照。

02　观察【基准点】对话框：

- 在【放置】选项卡的左侧出现了第一个基准点的名称。
- 右侧【参照】收集器显示此基准点的参照。
- 【偏移】选项显示此基准点的距离和类型，其中类型有【比率】和【实数】两种，系统默认的是【比率】。
- 【偏移参照】选项可以定义基准点距离的参照目标，参照的点呈现黑色。

03　保持偏移的类型为【比率】，修改偏移距离。可以在【基准点】对话框修改，也可以直接拖动并进行操作，修改偏移值为 0.5，如图 4-3-7 所示。

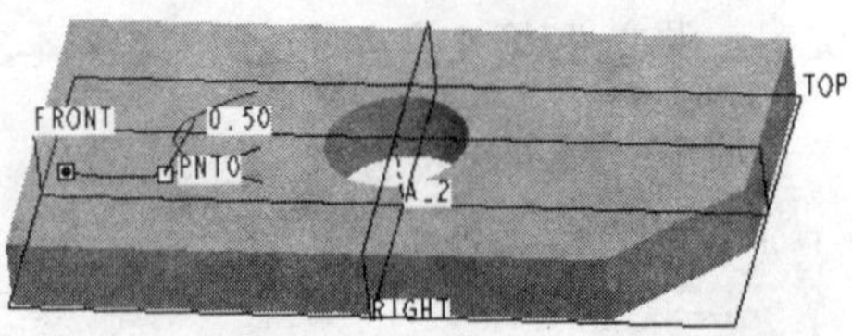

图 4-3-7　修改偏移值

04　在【基准点】对话框左侧基准点名称栏内，单击鼠标右键，在弹出的快捷菜单中选择【重复】命令，如图 4-3-8 所示。

05　创建新的基准点，如图 4-3-9 所示。

06　用同样的方法再建立一个基准点 PNT2，最后修改 PNT1 和 PNT2 的两个基准点的偏移值为 0.6 和 0.8。然后单击【基准点】对话框中的【确定】按钮，完成操作，结果如图

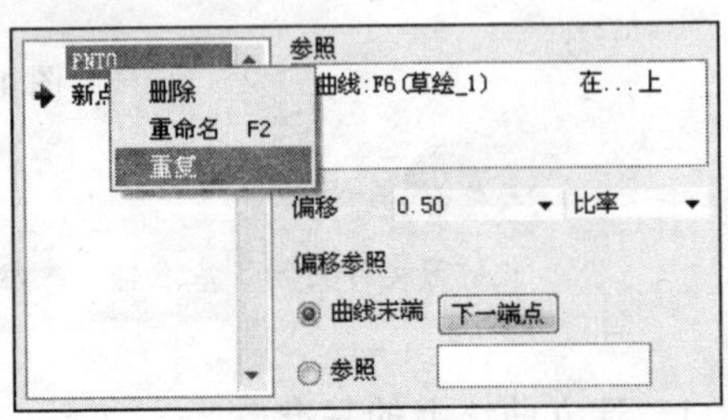

图 4-3-8　右键菜单

4-3-10 所示。

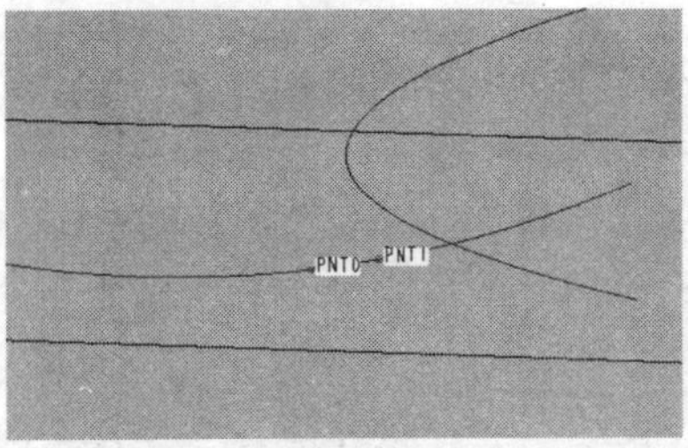

图 4-3-9 创建的新点 PNT1

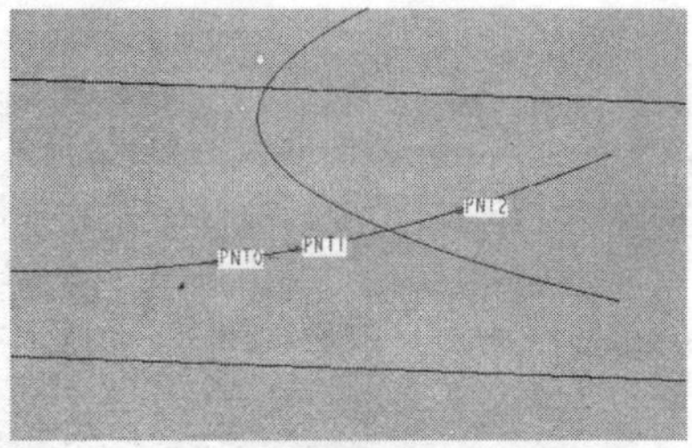

图 4-3-10 新建点 PNT2

小知识

前面介绍基准点的时候，知道一次操作建立的基准点都在一个特征节点下，因此此时虽然有三个节点，但在模型树上仍然只有一个特征标记，如图 4-3-11 所示。

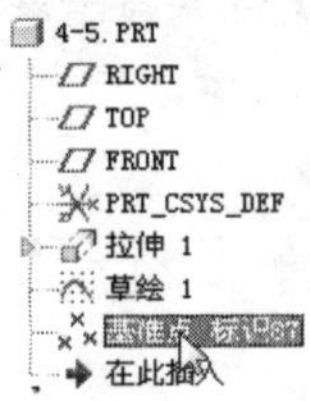

图 4-3-11 模型树的显示

2. 图元相交点处建立基准点

01 在零件上先选择如图 4-3-12 所示的两条曲线。

02 单击 (基准点工具) 按钮，直接建立新的基准点 PNT3，如图 4-3-13 所示。

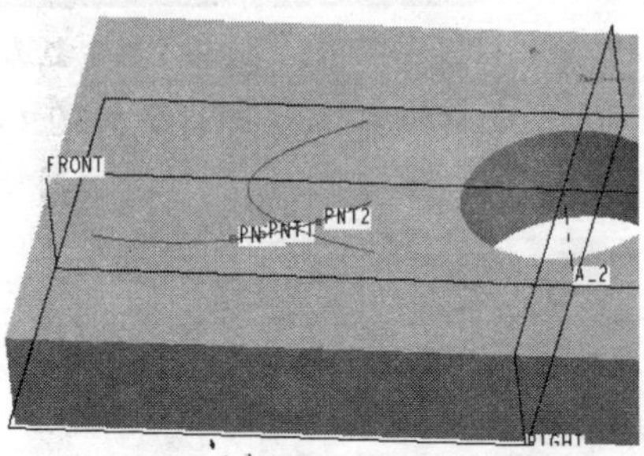

图 4-3-12 选择曲线

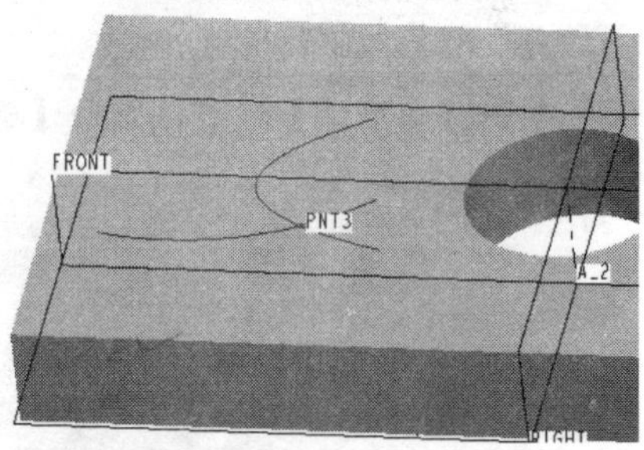

图 4-3-13 创建 PNT3

03 单击【基准点】对话框左侧基准点名称栏内的【新点】，或者在图形窗口中单击鼠标右键，在弹出的快捷菜单中选择【新点】命令，如图 4-3-14 所示。

04 选择建立新点后，【参照】收集器中变空，需要重新指定新的参照。先选择如图 4-3-15 所示的曲线。

05 按住【Ctrl】键，选择 FRONT 基准面，单击【基准点】对话框中的【确定】按钮，建立

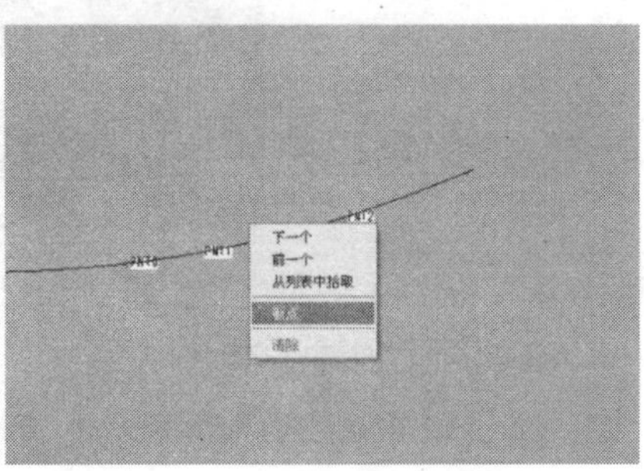

图 4-3-14 选择新点命令

新的基准点 PNT4，如图 4-3-16 所示。

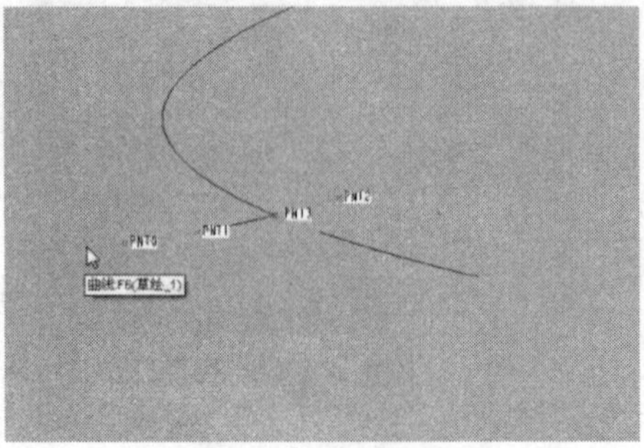

图 4-3-15　选择曲线

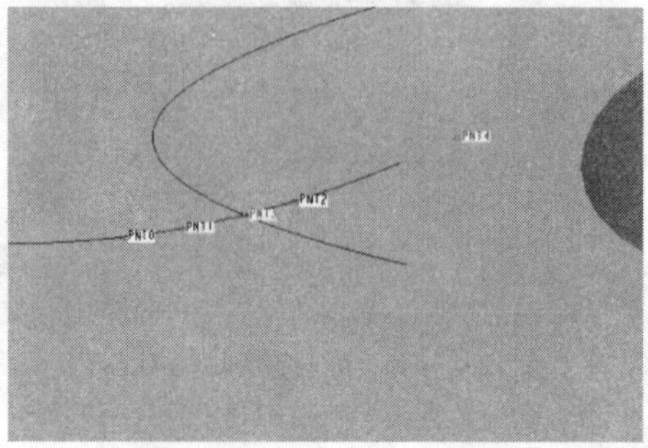

图 4-3-16　建立点 PNT4

3．圆形中心创建基准点

01　单击（基准点工具）按钮，打开【基准点】对话框。选择如图 4-3-17 所示的边。

02　此时【基准点】对话框的【参照】收集器中该边的默认参照状态为【在其上】，在下拉列表框中选择【居中】选项，如图 4-3-18 所示。

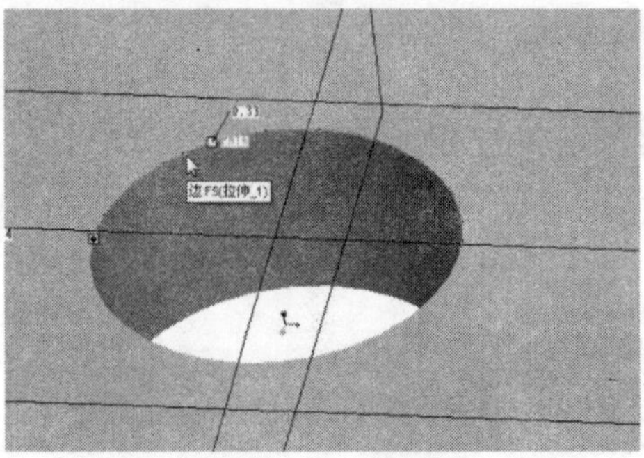

图 4-3-17　选择边

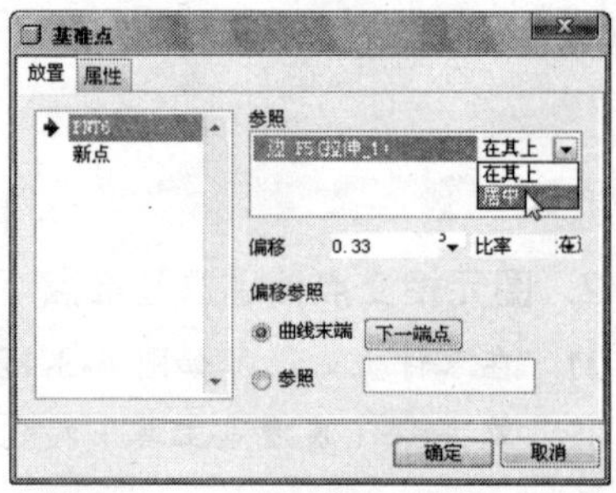

图 4-3-18　选择【居中】选项

03　单击【基准点】对话框中的【确定】按钮，完成新的基准点 PNT5 的建立，结果如图 4-3-19 所示。

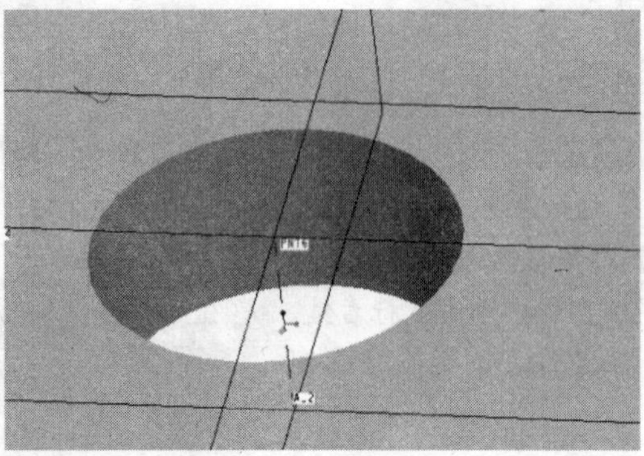

图 4-3-19　建立新的基准点 PNT5

4．在曲面上创建基准点

01　单击工具栏上的按钮，打开【基准点】对话框。选择零件的上端面，如图 4-3-20 所示。

第4章　基准特征

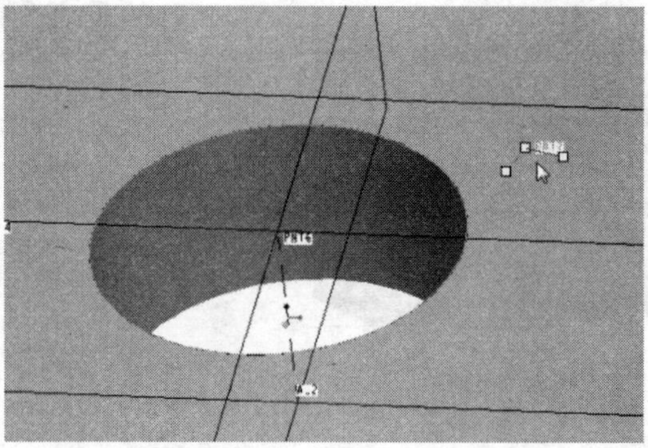

图 4-3-20　选择曲面

02　指定【偏移参照】来确定基准点的位置。

03　单击【基准点】对话框的【偏移参照】收集器，激活该收集器。在零件上先选择开关电源 FRONT 基准平面，按住【Ctrl】键，再选择 RIGHT 基准平面。修改最终数值为 25、35。如图 4-3-21 所示。

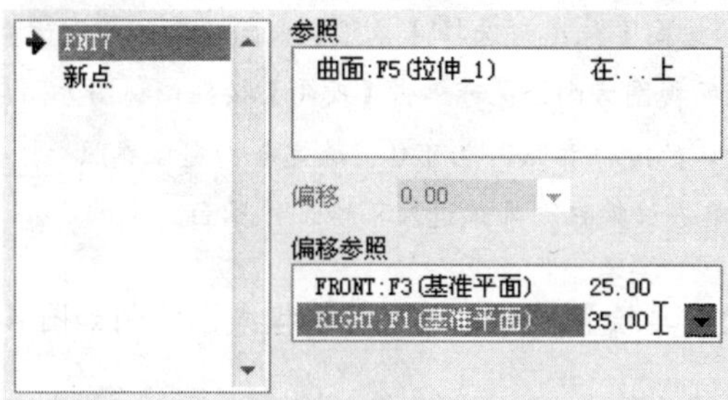

图 4-3-21　修改数值

04　单击对话框中的【确定】按钮，完成 PNT6 的建立，结果如图 4-3-22 所示。

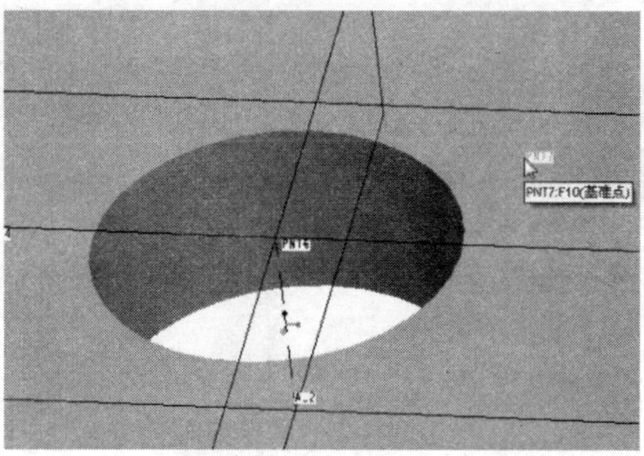

图 4-3-22　创建 PNT6

5. 创建草绘点

在草绘工作界面中创建的基准点称为草绘基准点。使用草绘方式一次可草绘多个基准点，这些基准点位于同一个草绘平面，属于同一个基准点特征。

01　单击（草绘基准点工具）按钮，打开【草绘基准点】对话框，选择零件前端面为草绘平面，其余接受默认设置。如图 4-3-23 所示。

02　此时【草绘的基准点】对话框如图 4-3-24 所示。

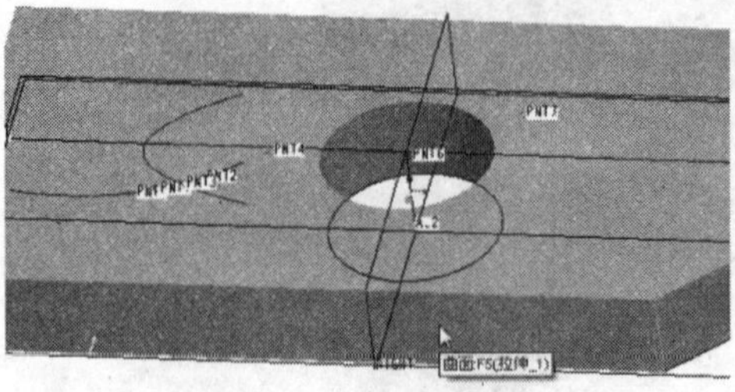

图 4-3-23　选择端面

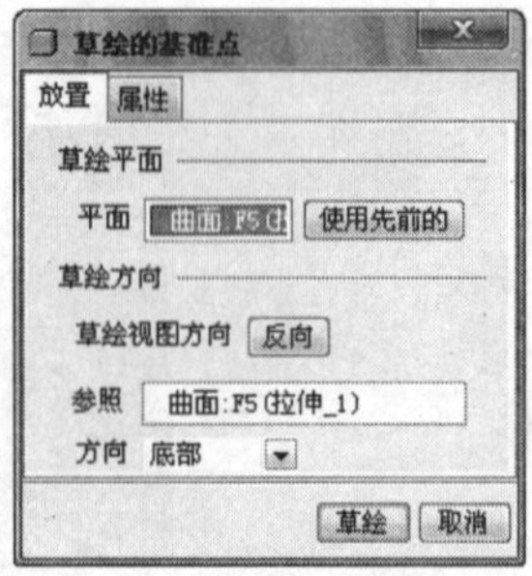

图 4-3-24　【草绘的基准点】对话框

提示

【草绘的基准点】对话框包括【放置】和【属性】两个面板。在【属性】面板显示特征信息，也可重命名特征。在【放置】面板中有如下选项：

- 【草绘平面】：选择一个平面或一个基准面或单击【使用先前的】按钮以确定草绘平面。
- 【草绘方向】：通过选择【参照】来定位草绘视图方向。既可接受系统默认的视图方向，也可单击【反向】按钮使视图方向反向；既可接受系统默认的定位参照，也可自行选定新的定位参照。

【草绘】：单击该按钮，系统进入草绘工作界面。

03　单击对话框中的【草绘】按钮，进入草绘模式，绘制如图 4-3-25 所示的剖面，该剖面为两个对称的点。

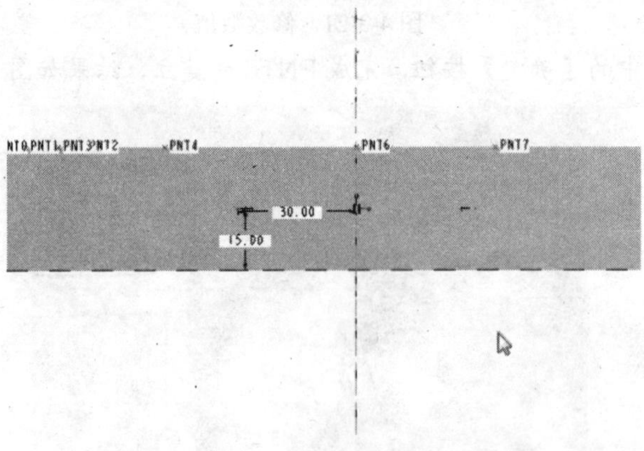

图 4-3-25　草绘剖面

04　完成剖面后，单击✓按钮，退出草绘模式，建立草绘基准点，效果如图 4-3-26 所示。

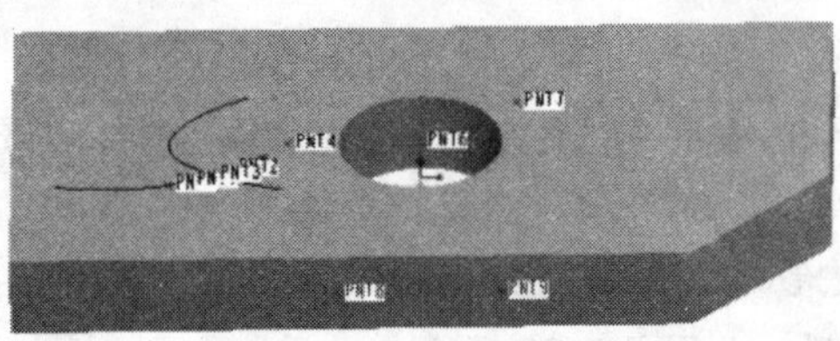

图 4-3-26　建立草绘基准点

小知识

以草绘方式建立基准点时，虽然一次可创建多个基准点，但它们同属于一个基准点特征，在模型树中只显示一个特征名称。

4.4 基准坐标系

坐标系是可以添加到零件和组件中的参照特征，它的作用包括：

- 计算零件质量属性。
- 装配元件。
- 为有限元分析（FFA）放置约束。
- 为臼齿轨迹提供制造操作参照。
- 用作定位其他特征的参照（坐标系、基准点、平面、输入的几何等）。
- 对于大多数普通的建模任务，可使用坐标系作为方向参照。

Pro/E 使用 3 种坐标系：笛卡儿坐标系、柱坐标系和球坐标系。在普通建模中，最常用的是笛卡儿坐标系。虽然存在多种坐标，但总是使用 X、Y、Z 来表示坐标，而 X、Y、Z 在不同坐标系中的含义不同。

4.4.1 基准坐标系的名称

Pro/E 将基准坐标系命名为 CS#，其中 # 是已创建的基准坐标系的号码。如果使用系统的模板创建零件，会自动创建一个系统坐标系，在实体零件中此坐标名称为 PRT_CSYS_DEF。

如果需要，可以在【坐标系】对话框中的【属性】选项卡为基准坐标系设置一个初始名称，如图 4-1-1 所示。

如果需要改变一个现有的基准轴的名称，可以在模型树的该基准特征上单击鼠标右键，从弹出的快捷菜单中选取【重命名】命令，输入新的名称，如图 4-4-2 所示。

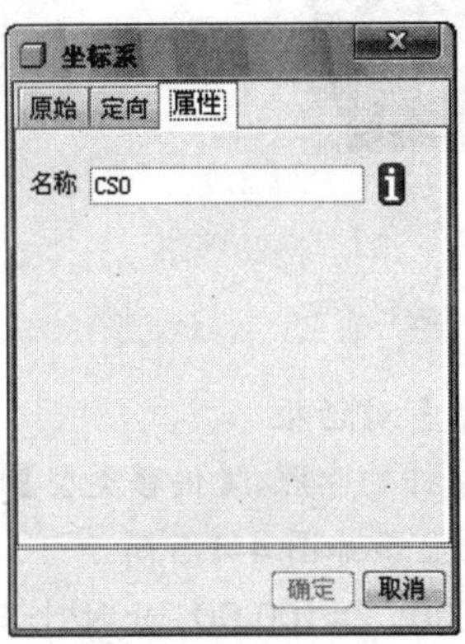

图 4-4-1 【坐标系】对话框

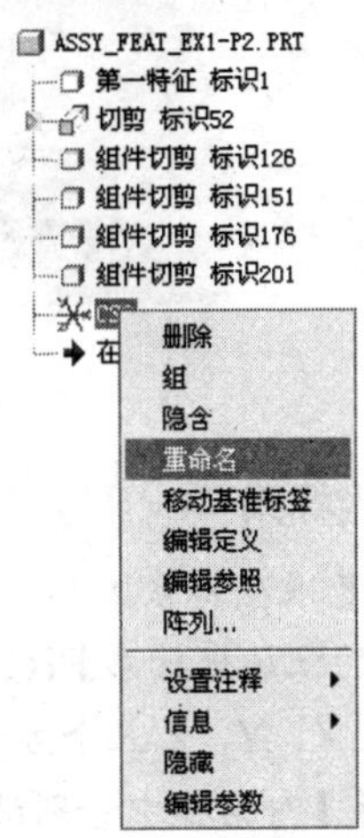

图 4-4-2 右键菜单

4.4.2 创建基准坐标系的途径

单击 （基准坐标系工具）按钮，或者在主菜单中选择【插入(I)】|【模型基准(D)】|【坐标系(C)】命令，可以打开【偏移坐标系基准点】对话框，然后建立基准坐标系。

4.4.3 创建基准坐标系的用户界面

单击 （基准坐标系工具）按钮，或者在主菜单中选择【插入(I)】|【模型基准(D)】|【坐标系(C)】命令，打开【坐标系】对话框，如图 4-4-3 所示。

【坐标系】对话框中包括【原始】、【定向】和【属性】三个面板。

- 【原始】面板中允许用户选择参照对象、偏移类型。
- 【定向】面板中可以设置坐标系轴的位置。
- 【属性】面板中可以对坐标系进行命名。

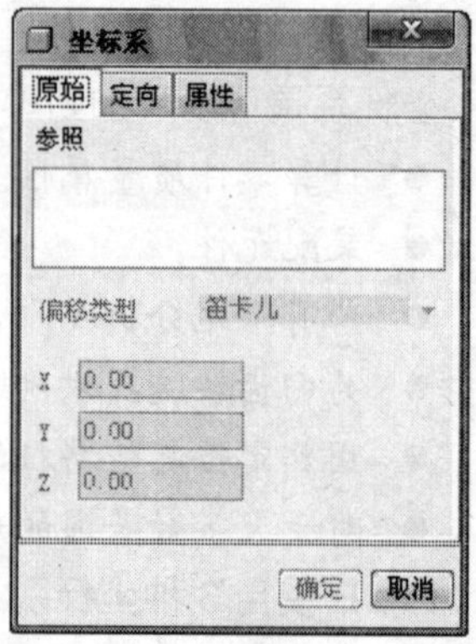

图 4-4-3 【坐标系】对话框

4.4.4 经典实例

本小节将通过一些典型实例详细介绍几种最常用的建立基准坐标系的方法。

建立基准坐标系。

【光盘：源文件/第 4 章/4-8.prt】

【实例绘制】

首先打开练习文件【光盘：源文件/第 4 章/4-7.prt】，如图 4-4-4 所示。

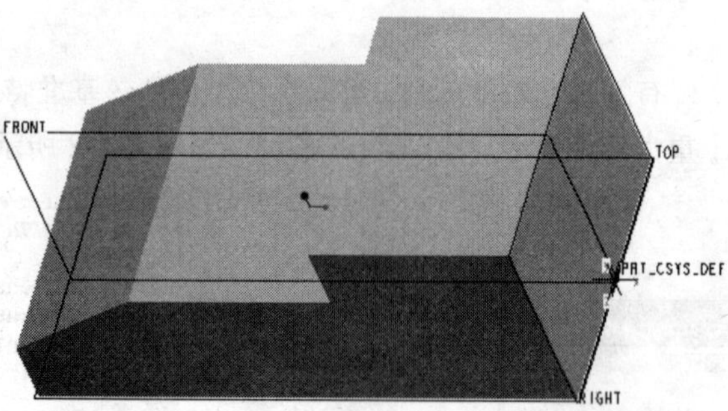

图 4-4-4 练习文件

1. 创建偏移坐标系

01 单击 （基准坐标系工具）按钮，打开【坐标系】对话框。

02 选择零件的默认坐标系 PRT_CSYS_DEF 作为零件的参照，【偏移类型】保持【笛卡儿坐标】，在没有输入 X、Y、Z 三个方向的偏移时，零件的显示如图 4-4-5 所示。

03 在【坐标系】对话框中分别设置 X=0.00、Y=150.00、Z=100.00，此时对话框如图 4-4-6 所示。

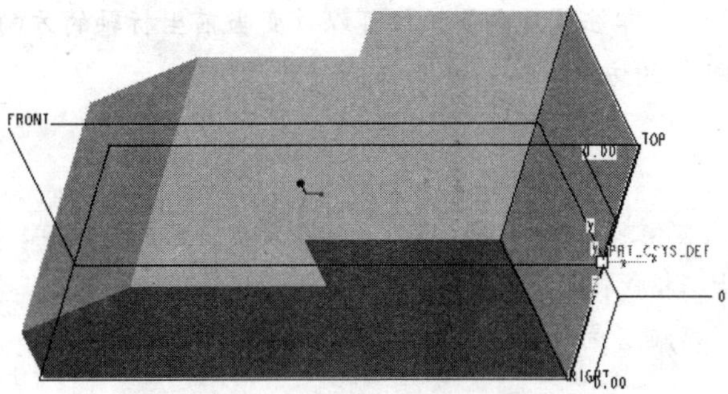

图 4-4-5 新建坐标系

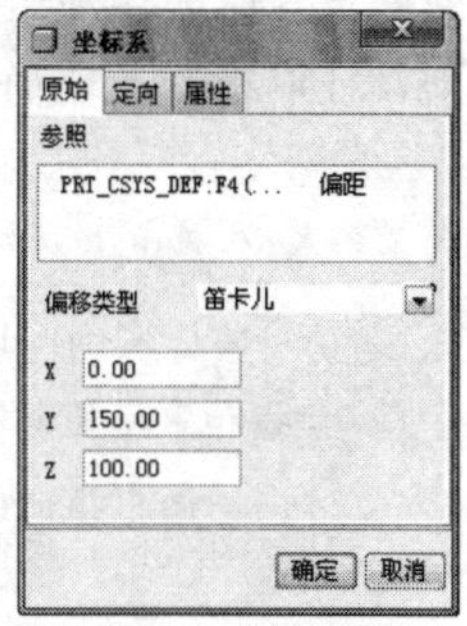

图 4-4-6 【坐标系】对话框

04 单击【坐标系】对话框中的【确定】按钮，建立新的坐标系 CSO，结果如图 4-4-7 所示。

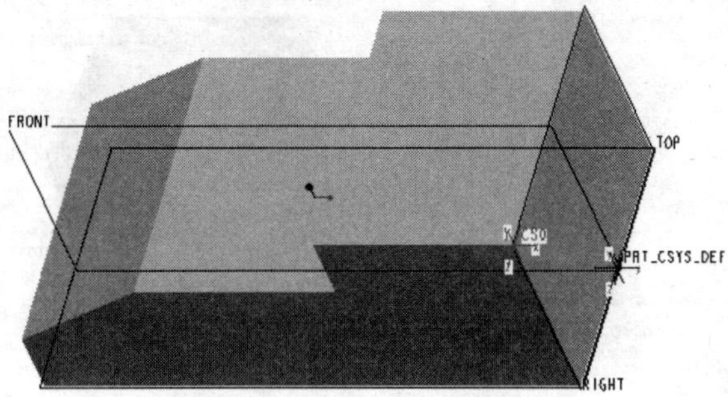

图 4-4-7 新建坐标系 CSO

小知识

参照现有坐标建立新的坐标系时，用户不需要指定新坐标系各轴的方向，新坐标系各坐标轴的方向和参照坐标系完全相同。

2．指定三个平面建立坐标系

01 单击（基准坐标系工具）按钮，打开【坐标系】对话框。

02 分别选择如图 4-4-8 所示的三个平面作为参照面。

03 利用这种方法建立基准坐标系，可以自由定义新坐标系的 3 个坐标轴的方向。单击【坐标系】对话框【定向】按钮，其面板内容如图 4-4-9 所示。

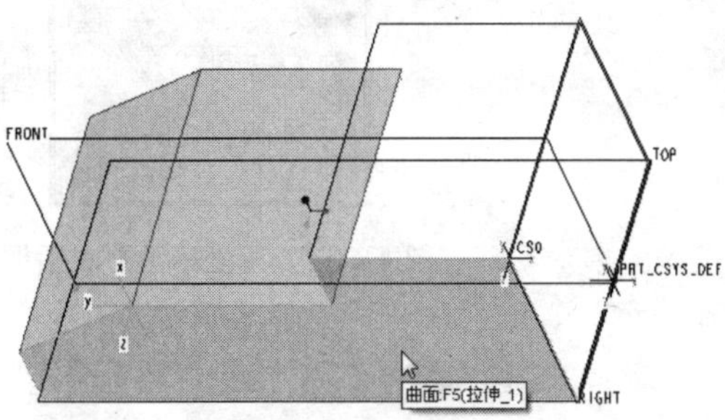

图 4-4-8 选择三个平面

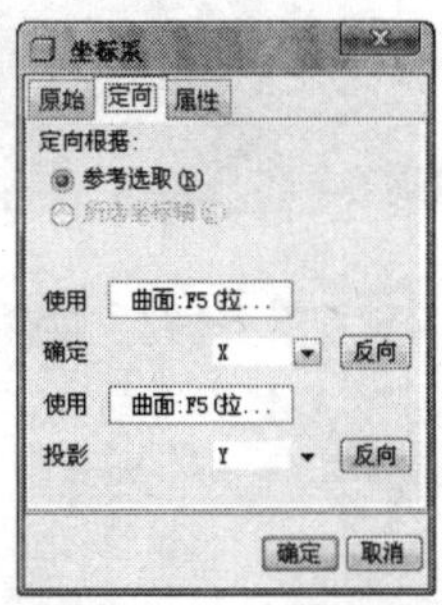

图 4-4-9 【坐标系】对话框

04 对话框中两个【使用】的参照分别是选择的第 1 个和第 2 个平面，在【确定（X)】的下拉列表中可以选择哪一个轴是坐标轴，单击【反向】按钮可以改变当前坐标轴的方向，根据右手定则，可以很容易地确定 3 个坐标轴的方向。

提示

右手定则：伸出右手的大拇指、食指和中指，其中大拇指和食指呈自然 90 度，食指和中指呈自然 90 度，大拇指代表 X 坐标轴的正方向，食指代表 Y 坐标轴的正方向，而中指则代表 Z 坐标轴的正方向。

05　保留【坐标系】对话框内的默认值，单击左键【坐标系】对话框中的【确定】按钮，建立 CS1 基准坐标系，结果如图 4-4-10 所示。

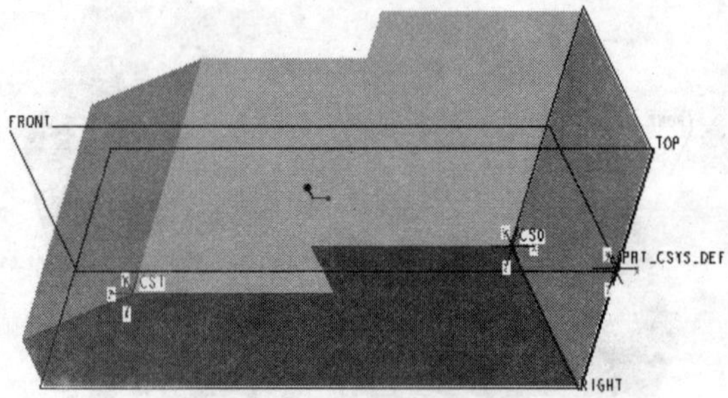

图 4-4-10　建立坐标系 CS1

3．指定两条边建立坐标系

01　单击（基准坐标系工具）按钮，打开【坐标系】对话框。

02　按住【Ctrl】键，分别选择零件上的两条边，如图 4-4-11 所示。

03　在【坐标系】对话框中，单击【定向】选项卡，在其面板中选择端面的参考边为“Y”，可以看到第 2 个参考边自动变为“Z”。单击第 1 个参考边的【反向】按钮，改变 Y 轴的方向，修改后的对话框如图 4-4-12 所示。

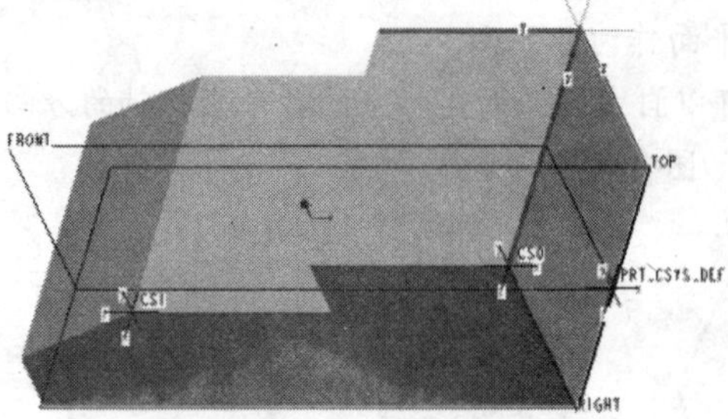

图 4-4-11　选择两条边

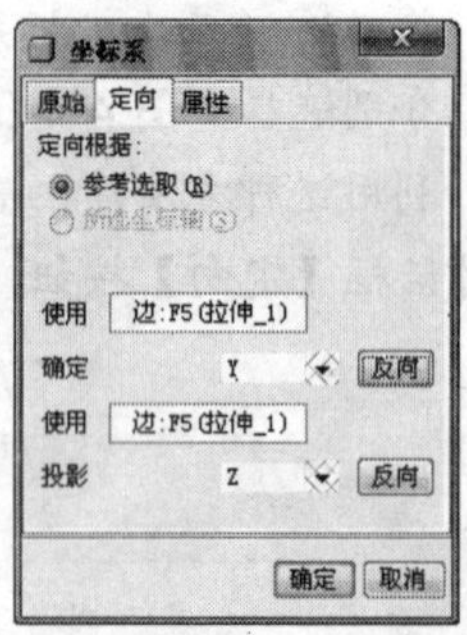

图 4-4-12　【坐标系】对话框

注意

此时在图形的窗口中可以看到所引起的改变会立刻引起预览的变化。

04　单击【坐标系】对话框中的【确定】按钮，建立新的坐标系 CS2，如图 4-4-13 所示。

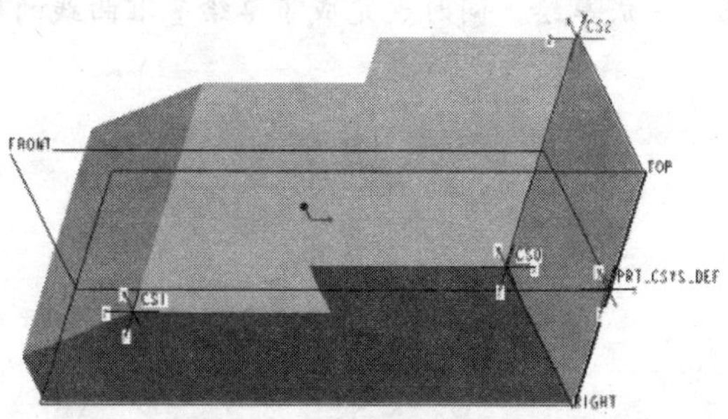

图 4-4-13 新建坐标系 CS2

4.5 基准曲线

基准曲线在建立特征的过程中具有举足轻重的作用，基准曲线不但是建立高级曲面的“脊梁”，而且对于建立扫描特征更是不可或缺的。

在 Pro/E Wildfire 版本中，很多建立曲线的方法重新进行了改进和归类。本节将详细介绍新版本中基准曲线的创建方法，由于曲线的建立涉及其他特征的应用，因此在本节中会接触到其他特征的应用，对于这类知识点可以在学习过程中先行了解，以后的相关章节还会专门介绍。

4.5.1 如何建立草绘基准曲线

草绘基准曲线是建立非空间曲线的重要方法，也是后续章节建立曲线的基础。本小节通过实际的操作步骤，完成草绘基准曲线的练习。

01 新建一个实体零件，文件名为 4-9，注意选择文件模板为公制模板。

02 单击按钮，或者在主菜单中选择【插入(I)】|【模型基准(D)】|【草绘曲线(S)】命令，打开【草绘】对话框，在该对话框中定义草绘平面和参考平面，如图 4-5-1 所示。

03 注意此时对话框中的【草绘平面】处于激活状态，在图形窗口选择 TOP 基准平面为草绘平面，其余接受系统默认设置。

04 单击该对话框的【草绘】按钮，进入草绘环境，绘制如图 4-5-2 所示的曲线形状。

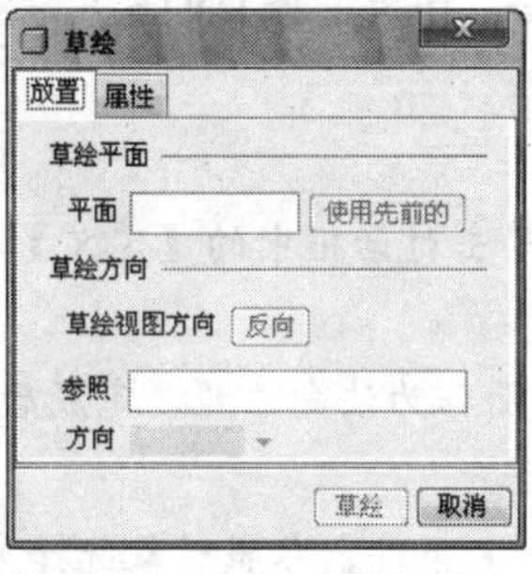

图 4-5-1 【草绘】对话框

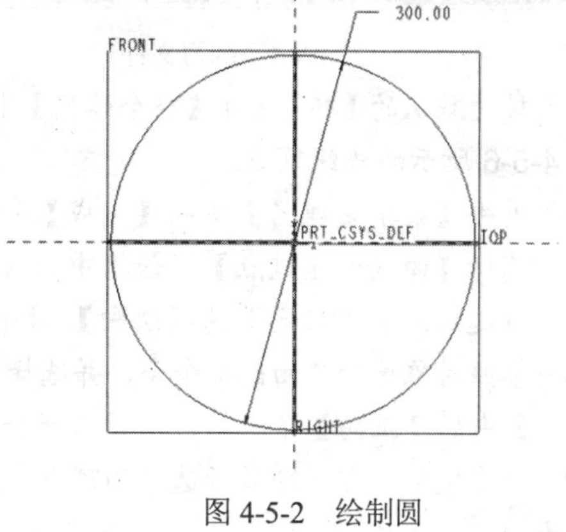

图 4-5-2 绘制圆

05 单击✓按钮，完成草绘，同时也完成了草绘基准曲线的建立，结果如图 4-5-3 所示。

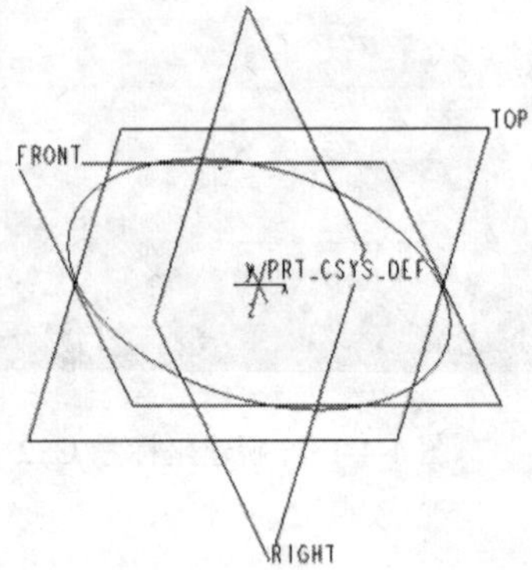

图 4-5-3 完成草绘

06 保存文件。

4.5.2 如何通过点建立基准曲线

经典实例

下面我们通过实例介绍通过点建立基准曲线的具体操作流程：

01 打开文件【光盘：源文件/第 4 章/4-6.prt】，如图 4-5-4 所示。

02 单击（插入基准曲线工具）按钮（或者在主菜单上选择【插入(I)】|【模型基准(D)】|【曲线(V)...】命令），出现 Pro/E 老用户非常熟悉的【菜单管理器】。

03 在【菜单管理器】中选择【经过点】|【完成】命令，如图 4-5-5 所示。

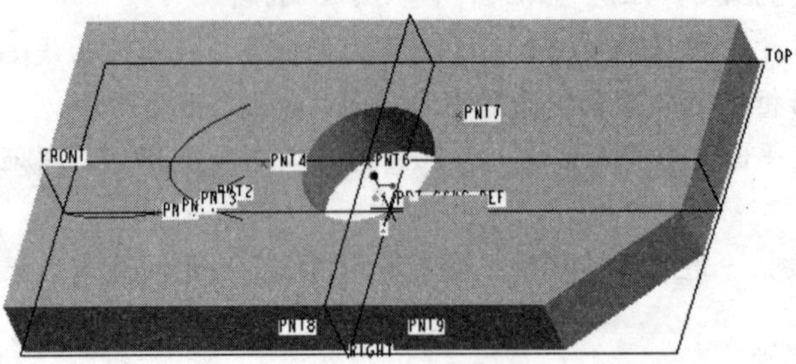

图 4-5-4 练习文件

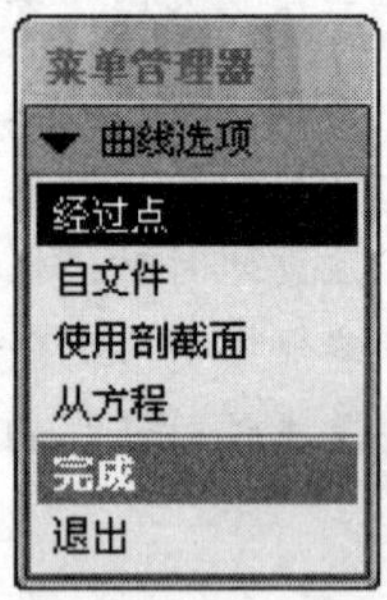

图 4-5-5 菜单管理器

04 接受默认的【样条】|【整个阵列】|【增加点】命令，依次选择 PNT6 基准点、PNT7 和如图 4-5-6 所示的边线顶点。

05 单击【菜单管理器】中的【完成】命令结束点的选择。

06 选择【曲线：通过点】对话框中的【相切】选项，单击对话框中的【定义】按钮。

07 对起始点 PNT6 定义为【法向】。如图 4-5-7 所示。

08 参照对象选择【曲面】命令，并选择 RIGHT 基准平面作为法向参照，完成后选择【菜单管理器】中的【正向】命令，接受箭头所指的方向。

09 接受定义终点（即最后选择的顶点）继续保持【相切】条件，参照对象选择如图 4-5-8 所示的边。

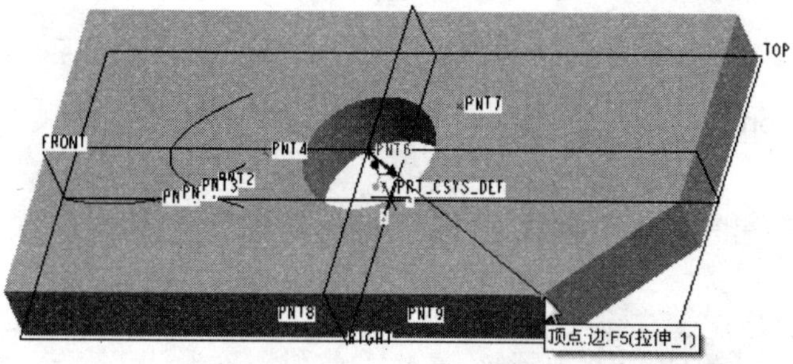

图 4-5-6 选择边线顶点

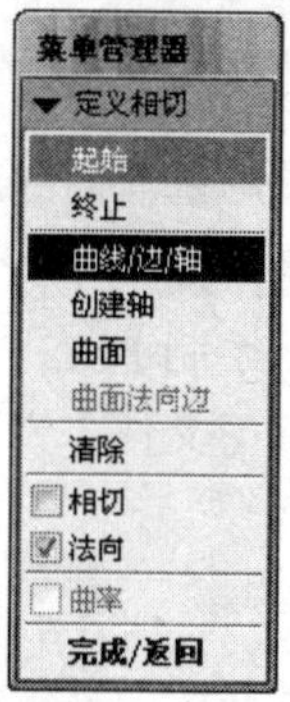

图 4-5-7 菜单管理器

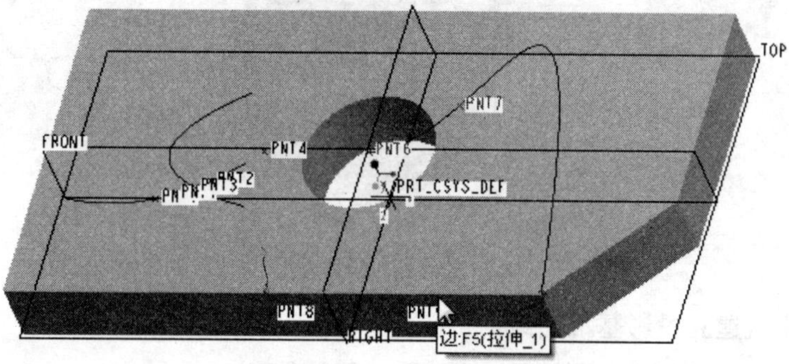

图 4-5-8 选择边

10 在【菜单管理器】中选择【正向】命令，接受箭头所指的方向。

11 在【菜单管理器】中选择【完成/返回】命令，结束曲线【相切】定义。

12 单击【曲线：通过点】对话框中的【确定】按钮，完成曲线的编辑。结果如图 4-5-9 所示。

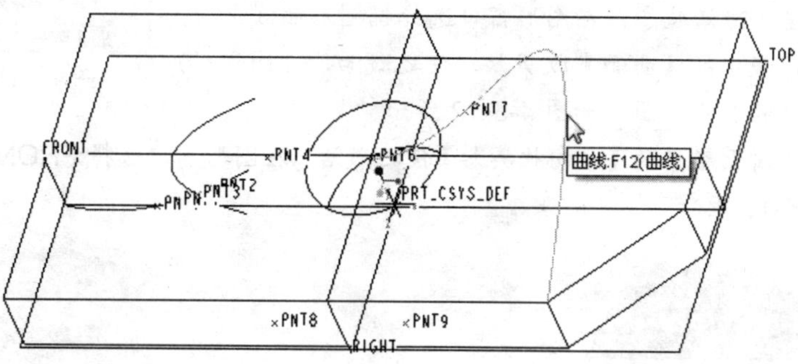

图 4-5-9 建立的基准曲线

4.5.3 如何建立投影基准曲线

可以使用【投影】工具在实体上和非实体曲面、面组或基准平面上创建投影基准曲线。投影基准曲线的形状和所投影的曲面形状完全相同，本小节通过实际操作的范例介绍如何创建投影基准曲线。

经典实例

建立投影基准曲线。

【光盘：源文件/第 4 章 4-12.prt】

【实例绘制】

打开练习文件【光盘：源文件/第 4 章 4-11.prt】，如图 4-5-10 所示。

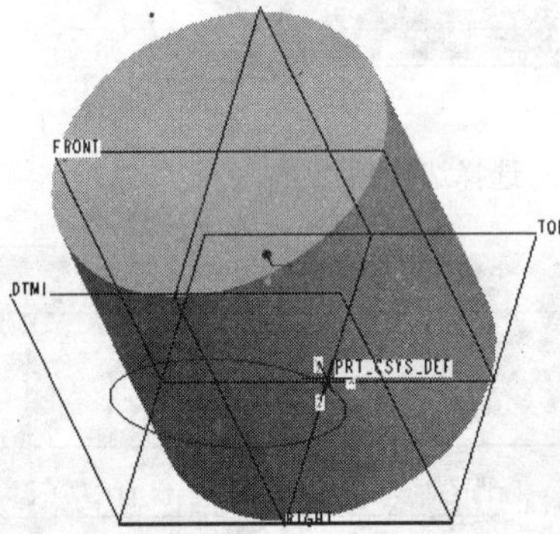

图 4-5-10　练习文件

1. 用投影链建立投影基准曲线

01　在主菜单上选择【编辑(E)】|【投影(J)】命令，打开投影工具操控面板，进入建立投影曲线的操作。

02　单击操控面板上的【参照】按钮，打开其上滑面板，并在该面板中进行投影曲线的全部定义，如图 4-5-11 所示。

03　这里使用已经建立的曲线作为投影参照，因此在【参照】上滑面板的最上端保留【投影链】选项。此时面板中的【链】收集器呈现激活状态，在图形窗口选择椭圆形曲线。

04　单击面板中的【曲面】收集器，使之激活，在图形窗口中选择零件的前圆柱面，如图 4-5-12 所示。

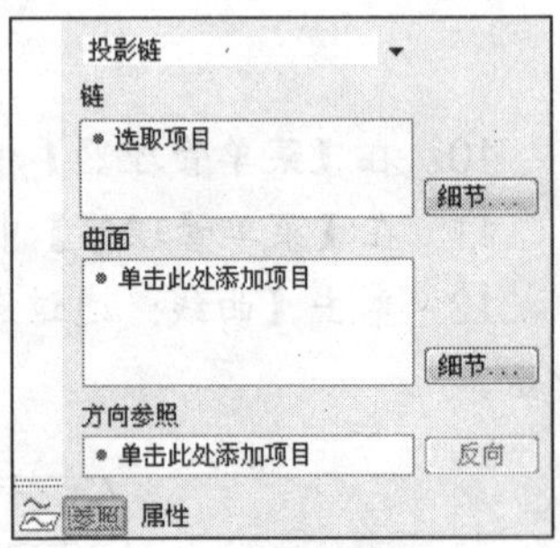

图 4-5-11　操控面板

05　单击上滑面板中的【方向收集器】使之激活，在图形窗口选择 FRONT 基准平面，零件另一面如图 4-5-13 所示。

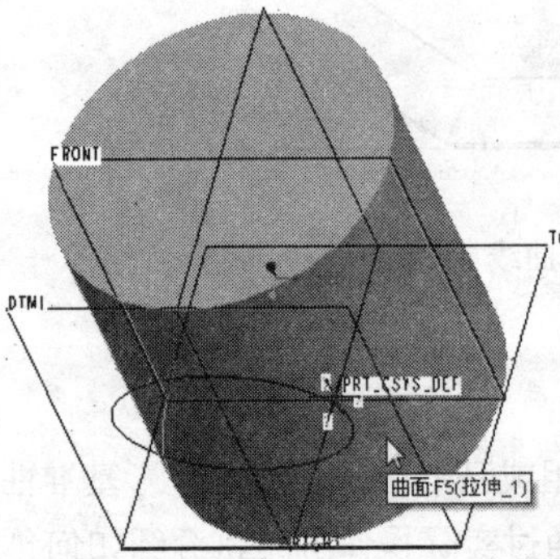

图 4-5-12　选择曲面

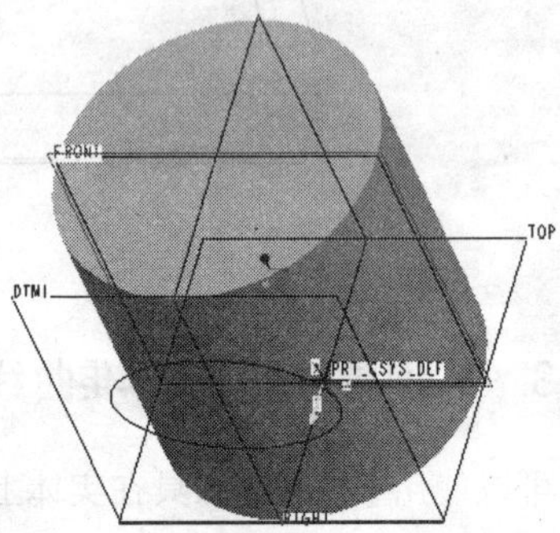

图 4-5-13　零件状态

> **提示**
>
> 如果需要更改方向，可以单击[按钮图标]按钮，或者直接单击零件上的箭头来实现。

06 定义完后的【参照上滑面板】如图 4-5-14 所示。

07 保留操控面板上【方向】选项栏的【沿方向】选项，意思是将沿指定方向投影该曲线。

08 单击操控面板上的✔按钮，完成投影曲线的建立。结果如图 4-5-15 所示。

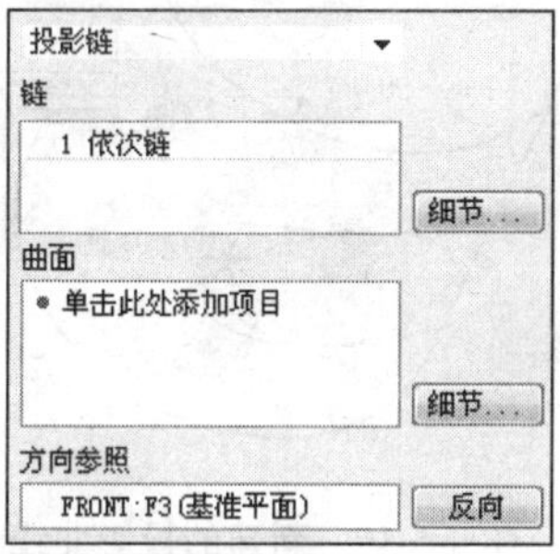

图 4-5-14 参照上滑面板

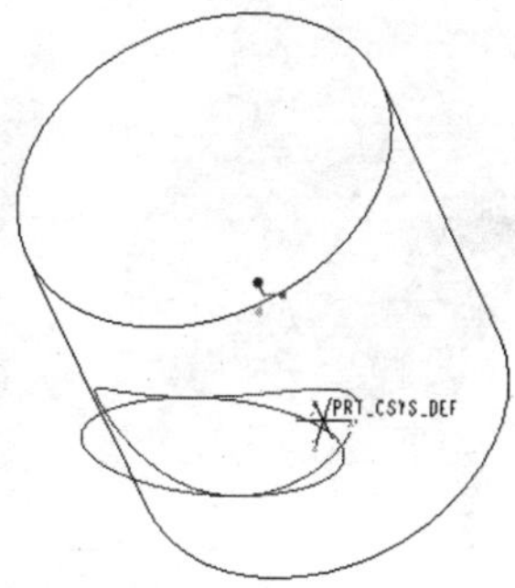

图 4-5-15 新建的投影基准曲线

2. 用投影草绘建立基准曲线

所谓投影草绘，即在建立投影曲线的过程中，建立需要投影的曲线，此草绘完成的曲线是投影曲线特征的总和，不是一个独立的特征。

01 在主菜单上选择【编辑(E)】|【投影(J)...】命令，进行建立投影曲线的操作。

02 选择操控面板上的【参照】选项卡，打开其上滑面板，在面板中最上端的下拉框中选择【投影草绘】，此时的参照上滑面板如图 4-5-16 所示。

03 单击上滑面板中【草绘】收集器旁边的【定义】按钮，打开【草绘】对话框。

04 在图形窗口选择 RIGHT 基准平面作为草绘平面，其余接受系统默认设置。

05 单击【草绘】按钮，绘制如图 4-5-17 所示的剖面。

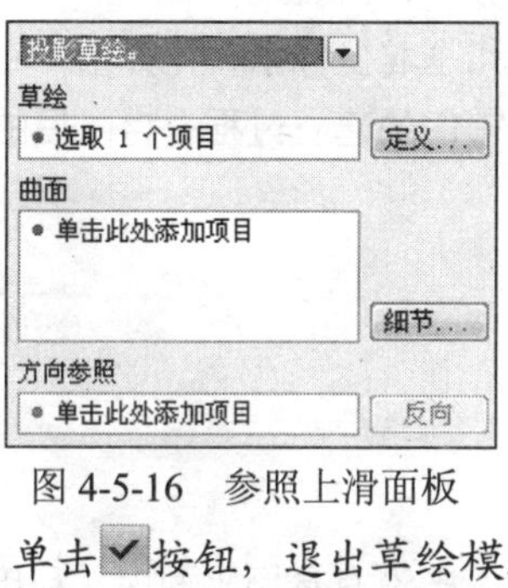

图 4-5-16 参照上滑面板

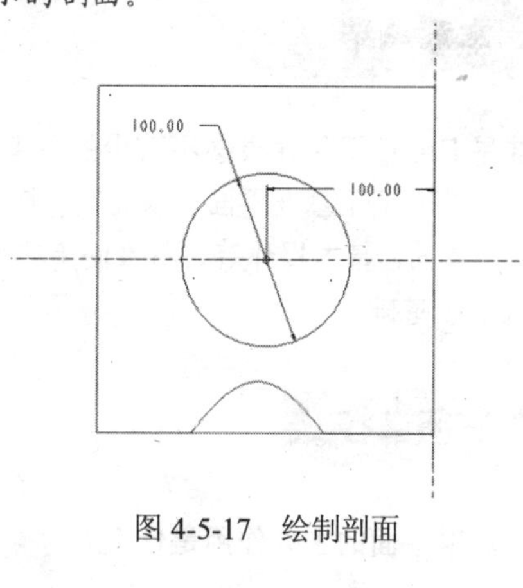

图 4-5-17 绘制剖面

06 单击✔按钮，退出草绘模式。

07 按【Ctrl+D】键，恢复零件的默认显示状态。

08 单击操控面板的【参照】按钮，打开其上滑面板，此时【曲面】收集器呈激活状态，在图形窗口选择如图 4-5-18 所示的曲面（按住【Ctrl】键选择两个半圆柱面）。

09 单击【参照】面板中的【方向参照】收集器，使之激活。在图形窗口选择 RIGHT 基准平面，接受箭头的方向。

10 单击操控面板上的✓按钮，完成投影曲线的建立，结果如图 4-5-19 所示。

11 保存文件。

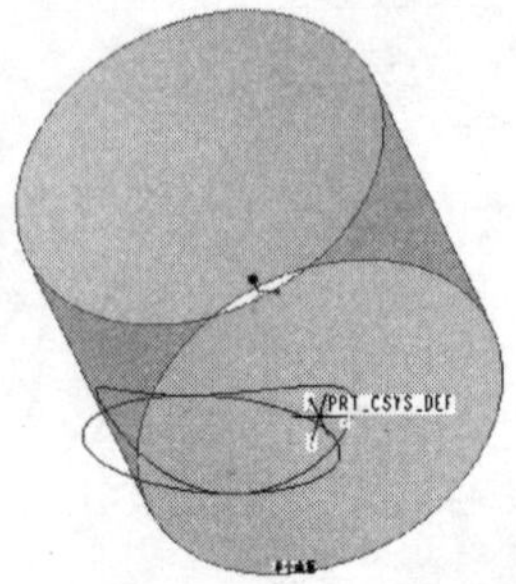

图 4-5-18 选择曲面

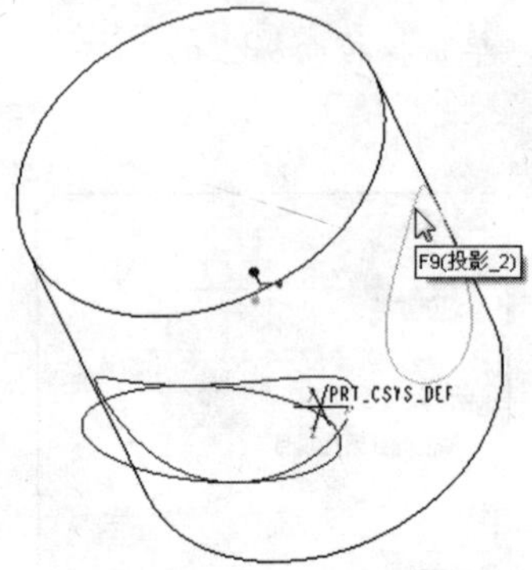

图 4-5-19 新建的投影曲线

小知识

在 Pro/E Wildfire 版本中，投影基准曲线特征在模型树中的标示，如图 4-5-20 所示。

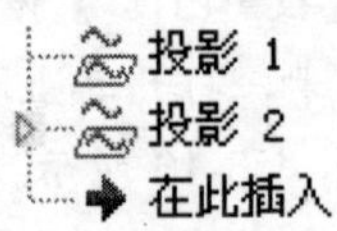

图 4-5-20 投影曲线标示

本章总结

基准是 Pro/E 零件建模必不可少的参考数据，其本身也是一种特征。

本章主要介绍了基准平面、基准轴、基准曲线、基准点和基准坐标系，并介绍了它们的名称更改、用户界面、基本操作等，着重使用典型的实例讲解了它们的建立过程，为以后的零件模块的学习打下了基础。

有问必答

问：基准平面的主要作用是什么？

答：基准平面最主要的作用是在零件建立特征的过程中，当没有参照平面时，利用基准平面作为草绘绘图平面或者放置特征。另外也可以根据一个基准平面进行尺寸标注。

问：用预选参照建立基准有什么好处？

答：预选参照是 Pro/E 系统提供的一种快捷的方法，预选参照是先选择参照，再单击命令按钮，完成后续操作。对于不存在多余约束条件的情况，更能够直接完成基准平面的创建，而不必经过基准对话框，这种方法适合熟练用户使用，能够更快捷地完成任务。

问：临时基准平面和基准平面有什么不一样？

答：临时基准平面和所属特征被自动归于一个组特征内，且自动隐藏，不在图形窗口显示。其创建方法和基准平面的方法完全一样。

问：Pro/E 有哪几种坐标系？最常用的是哪种？

答：Pro/E 使用 3 种坐标系：笛卡儿坐标系、柱坐标系和球坐标系，在普通建模中，最常用的是笛卡儿坐标系。

问：Pro/E 支持哪几种类型的基准点？

答：支持 4 种基准点：

- 一般点：在图元上、图元相交处或自某一图元偏移处所创建的基准点。
- 草绘：在【草绘器】中创建的基准点。
- 自坐标系偏移：基准点与指定坐标系偏移一定距离。
- 域点：【行为建模】中用于分析的点。一个域点标示一个几何域。

Study

Chapter 05

基本特征的建立

学习导航

本章开始真正进入 Pro/E 三维造型设计的世界，一步步引导读者进行零件设计。在 Pro/E 中，零件是由许多几何特征及其叠加构成的，而特征是每次创建的一个单独几何，包括基准、拉伸、孔、倒圆角、倒角、曲面特征、切口、阵列、扫描等。特征通过各种几何参数确定形状，修改参数能自动变更特征。建立的特征能进行镜像、复制等操作。

Pro/E 中最常用的特征包括基础特征、工程特征和构造特征。在基础特征的基础上，再根据需要建立工程特征、构造特征等。

基础特征包括拉伸特征、放置特征、混合特征；工程特征包括建立各种孔、壳、筋、拔模、倒圆角、倒角等；构造特征包括建立管道、修饰等。

本章将用具体的实例逐一说明基础特征的应用。

本章要点

- ◎ 拉伸
- ◎ 混合
- ◎ 剖面
- ◎ 旋转轴
- ◎ 旋转
- ◎ 扫描
- ◎ 轨迹曲线

5.1　拉伸特征

拉伸是定义三维几何的一种方法，通过将二维草绘截面延伸到垂直于草绘平面的指定距离处来实现。

在创建拉伸特征的时候，需要指定特征参数包括剖面所在的草绘截面、剖面形状、拉伸方向、拉伸长度。

5.1.1　拉伸工具的介绍

可以通过以下两种方法之一启动【拉伸工具】:

- 单击软件右侧工具栏内的按钮。
- 在主菜单中选择【插入（I）】|【拉伸（E）】命令。

小知识

在新版本的 Pro/E 中，拉伸工具与以前相比有了很大的变化。新的拉伸工具长度改变了在【菜单管理器】的众多菜单中寻找命令的“麻烦”，使操作变得更简捷。

重新设计的拉伸工具在同一个操控面板中集合了老版本中拉伸实体、拉伸曲面、拉伸薄板实体、拉伸切剪等众多优点，使得利用同一个工具可以完成以前很多的功能。

启动【拉伸工具】后，会在软件下方出现进行相关操作的操控面板，如图 5-1-1 所示。

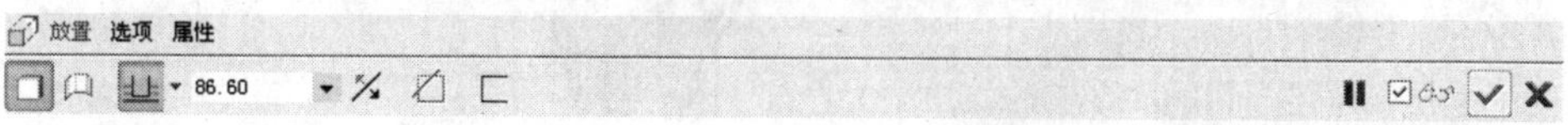

图 5-1-1　拉伸操控面板

操控面板分为上下两排:

上一排有 3 个按钮，单击按钮会弹出相应的上滑面板。在面板中可以定义相应的特征。下面一排用于快速定义特征参数。

操控面板各图标按钮及其含义:

操作按钮:

- ：切换拉伸特征的方向。
- ：暂停，使用后可以访问其他工具。
- ：特征预览。
- ：取消特征建立。
- ：完成特征建立。

特征性质按钮:

- ：拉伸建立的特征为实体。
- ：拉伸建立的特征为曲面。
- ：拉伸特征为去除材料。
- ：拉伸特征为拉伸薄板。

深度控制按钮：

- 【盲孔】：在草绘平面的一侧，按照指定的拉伸深度移动剖面，扫描出体积。
- 【对称】：在草绘平面两侧同时以指定深度的一半移动剖面，扫描出体积。
- 【到下一个】：拉伸剖面直到和下一个曲面相交。
- 【穿透】：拉伸剖面与所有剖面相交。
- 【穿至】：拉伸剖面直到指定的曲面。
- 【到选定的】：在草绘平面的一侧，按照指定的点、曲线、平面或者曲面移动剖面，扫描出体积。

5.1.2 模拟开关的制作

经典实例

模拟开关的制作，如图 5-1-2 所示。

【光盘：源文件/第 5 章/5-1.prt】

【实例效果】

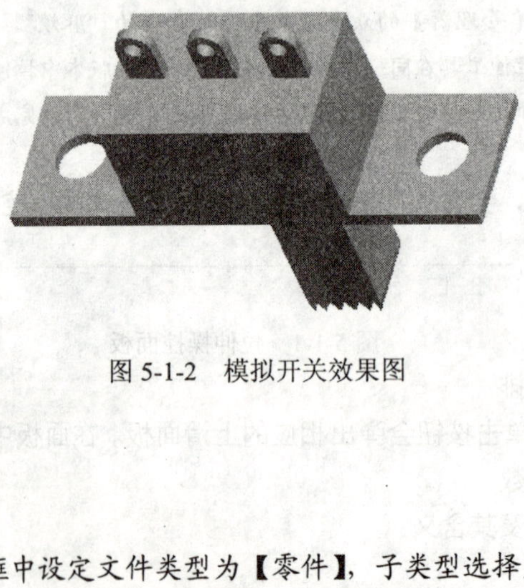

图 5-1-2 模拟开关效果图

【实例操作】

1. 建立新文件

01 单击按钮。

02 在【新建】对话框中设定文件类型为【零件】，子类型选择为【实体】。

03 文件名称为“5-1”，单击【确定】按钮。

04 在【新文件选项】对话框中选择【mmns_part_solid】的公制实体零件模板，如图 5-1-3 所示。

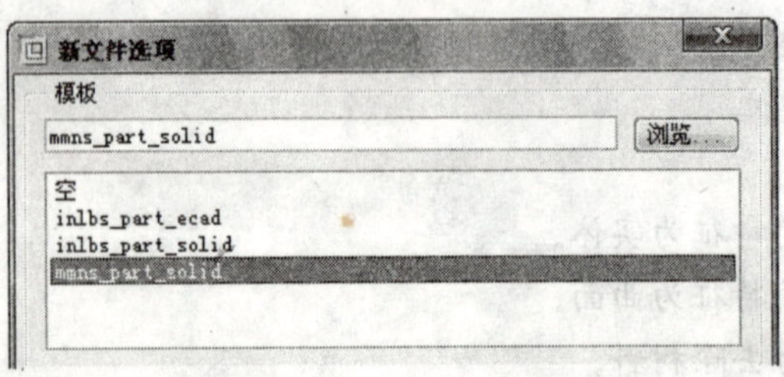

图 5-1-3 选择公制模板

注意

在【新建】对话框中要清除【使用缺省模板】复选框（默认模板为英制模板）。

05 单击【确定】按钮，进入零件建立模式。

2. 创建第 1 拉伸特征

01 单击（拉伸工具）按钮，打开拉伸工具操控面板。

02 单击【放置】选项卡，打开上滑面板。

03 单击【定义】按钮，打开【草绘】对话框。

04 选择 TOP 基准平面为【草绘】平面，其余接受系统默认的设置。

05 单击对话框的【草绘】按钮，进入【草绘】模式。

06 绘制如图 5-1-4 所示的剖面。

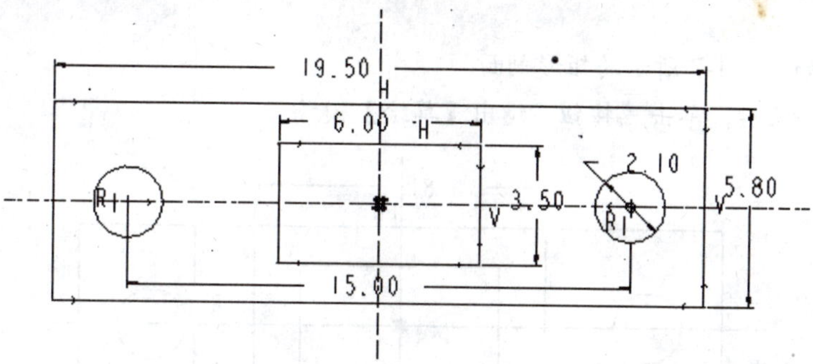

图 5-1-4 绘制剖面

提示

在草绘中要习惯绘制中心线，这样可以帮助剖面进行对称定位，图 5-1-4 是只画两矩形的 1/4 然后两次镜像而成。

07 完成剖面后，单击按钮，退出【草绘】模式。

08 单击操控面板的【选项】按钮，打开选项上滑面板，将【第 1 侧】下拉列表框设置为【对称】，数值为 0.5。

09 单击操控面板右侧的按钮，建立第 1 个拉伸特征，如图 5-1-5 所示。

图 5-1-5 完成拉伸特征

3. 创建第 2 拉伸特征

01 单击（拉伸工具）按钮，打开拉伸工具操控面板。

02 单击【放置】选项卡，打开上滑面板。

03 单击【定义】按钮，打开【草绘】对话框。

04 选择零件上端面为【草绘】平面，如图 5-1-6 所示。

图 5-1-6 选择零件上端面

05 接受默认的参照，单击【草绘】按钮进入【草绘】模式。

06 选择主菜单中的【草绘（S）】|【参照（R）】命令，选择上端面的两长侧面。

注意

此步主要是为了增加参照，可以帮助几何快速定位，方便矩形剖面的绘制。

07 绘制如图 5-1-7 所示的矩形剖面。

08 完成剖面后，单击☑按钮，退出【草绘】模式。

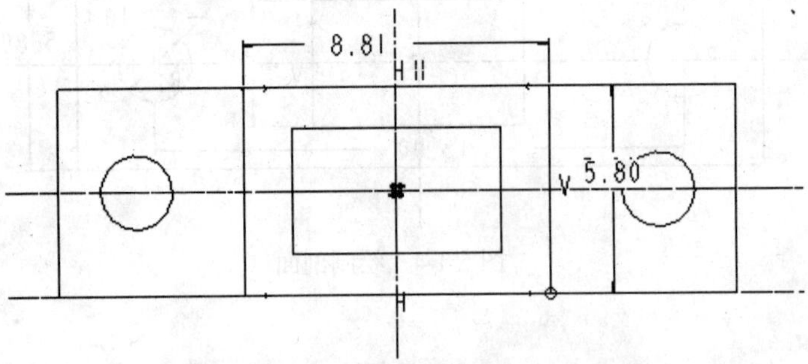

图 5-1-7 绘制矩形剖面

09 保持深度的默认【盲孔】选项，输入深度值为 5。

提示

也可以恢复零件的三维显示状态，在零件上直接选择操控柄进行拖放式操作，如图 5-1-8 所示。

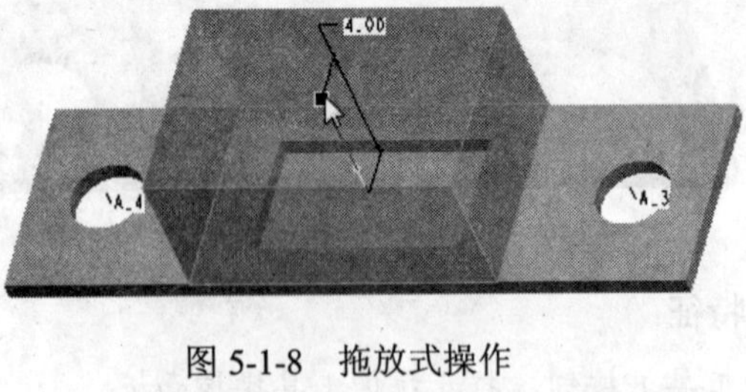

图 5-1-8 拖放式操作

这种操作方式可以非常直观地以特征的变化，实现所见即所得的操作效果，建议熟练后使用这种模式。

另外，单击零件上的箭头，可以直接改变特征的方向。如图 5-1-9 所示。

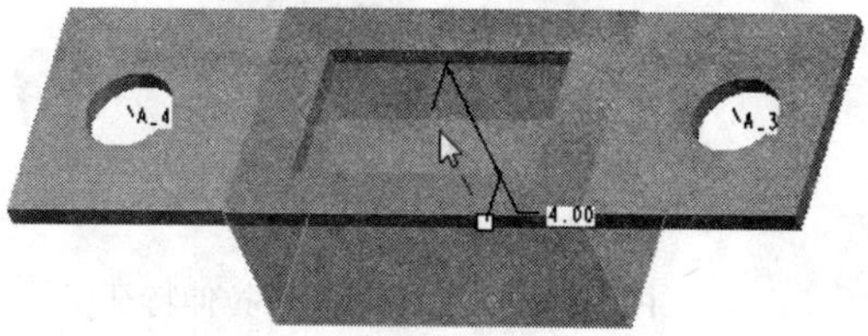

图 5-1-9 用箭头直接控制方向

10 单击操控面板右侧的☑按钮，建立第 2 个拉伸特征，如图 5-1-10 所示。

图 5-1-10 完成第 2 拉伸特征

4. 创建第 3 个拉伸特征

01 单击 （拉伸工具）按钮，打开拉伸工具操控面板。
02 单击【放置】选项卡，打开上滑面板。
03 单击【定义】按钮，打开【草绘】对话框。
04 选择 FRONT 基准平面为【草绘】平面，其余接受系统默认的设置。
05 单击【草绘】按钮，进入【草绘】模式。
06 用前面的方法增加零件顶层的平面为绘图参照，绘制如图 5-1-11 所示的剖面。

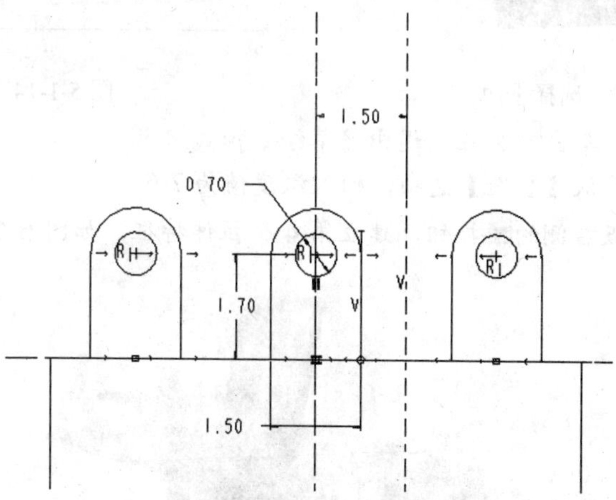

图 5-1-11 绘制剖面

07 完成剖面后，单击☑按钮，退出【草绘】模式。
08 选择 ，输入深度值为 0.5。
09 单击操控面板右侧的☑按钮，建立第 3 个拉伸特征，如图 5-1-12 所示。

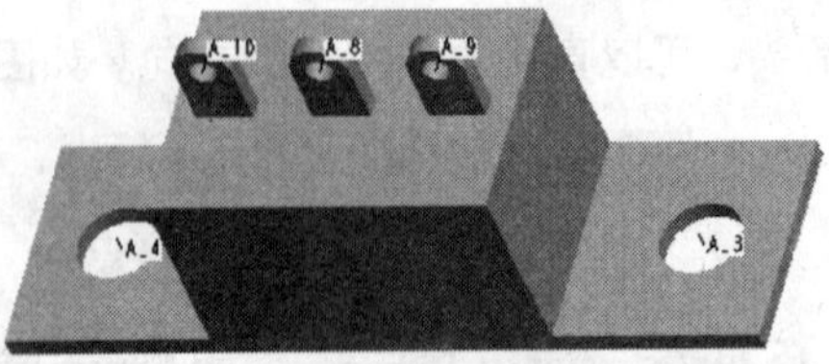

图 5-1-12　完成第 3 个拉伸特征

5．创建第 4 个拉伸特征

01　单击（拉伸工具）按钮，打开拉伸工具操控面板。

02　单击【放置】选项卡，打开上滑面板。

03　单击【定义】按钮，打开【草绘】对话框。

04　旋转到合适的角度，选择如图 5-1-13 所示的平面为【草绘】平面。其余接受系统默认的设置。

05　单击【草绘】按钮，进入【草绘】模式。

06　用前面的方法增加小方孔的右侧曲面绘图参照，绘制如图 5-1-14 所示的剖面。

图 5-1-13　选择平面

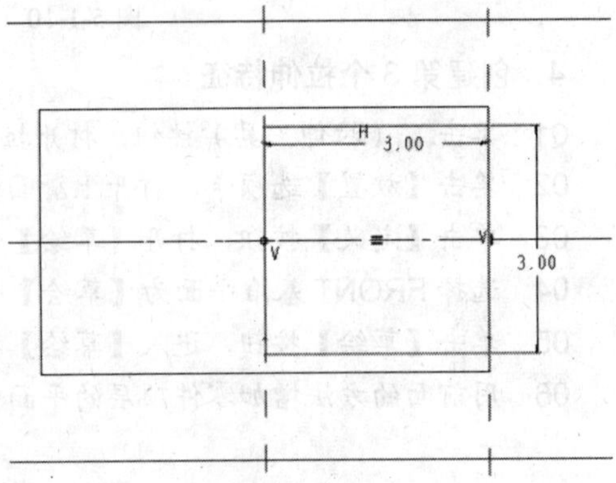

图 5-1-14　绘制剖面

07　完成剖面后，单击按钮，退出【草绘】模式。

08　保持深度的默认【盲孔】选项，输入深度值为 7.5。

09　单击操控面板右侧的按钮，建立第 4 个拉伸特征，如图 5-1-15 所示。

图 5-1-15　完成第 4 个拉伸特征

6. 创建第 5 个拉伸特征

01　单击（拉伸工具）按钮，打开拉伸工具操控面板。

02　单击【放置】选项卡，打开上滑面板。

03　单击【定义】按钮，打开【草绘】对话框。

04　旋转到合适的角度，选择如图 5-1-16 所示的平面为【草绘】平面。其余接受系统默认的设置。

图 5-1-16　选择平面

05　单击【草绘】按钮，进入【草绘】模式。

06　用前面的方法增加右侧曲面绘图参照，绘制如图 5-1-17 所示的剖面。

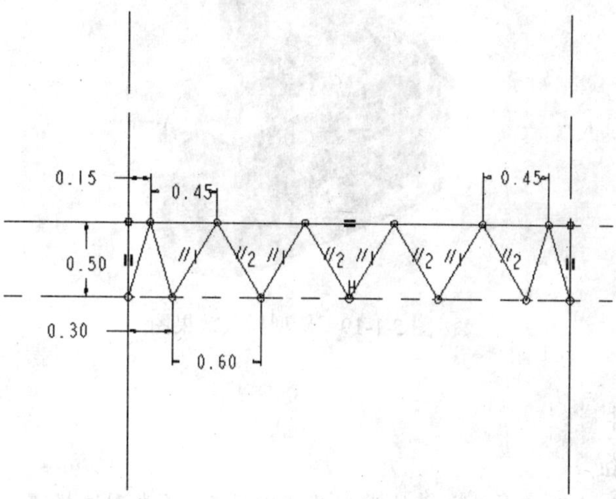

图 5-1-17　绘制剖面

07　完成剖面后，单击按钮，退出【草绘】模式。

08　在操控面板深度控制按钮中选择按钮。

09　在图形窗口单击箭头改变切剪材料的方向（或者单击操控面板上按钮旁边的按钮）。

10　单击操控面板上的按钮，进行减除材料操作。观察方向，如果不对，则单击操控面板最右侧的按钮。

11　单击操控面板右侧的按钮，建立第 5 个拉伸特征，如图 5-1-18 所示。

12　保存文件。

图 5-1-18　完成第 5 个拉伸特征

5.1.3　电器插头的制作

经典实例

电器插头的制作，如图 5-1-19 所示。

【光盘：源文件/第 5 章/5-2.prt】

【实例效果】

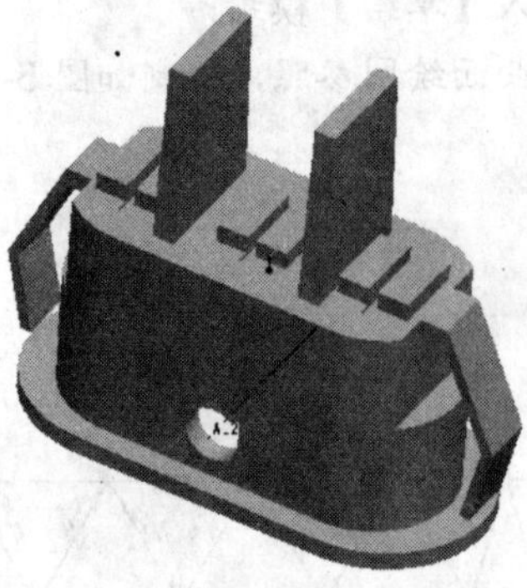

图 5-1-19　新型插头效果图

【实例操作】

1. 建立新文件

01　单击按钮。

02　在【新建】对话框中设定文件类型为【零件】，子类型选择【实体】。

03　文件名称为“5-2”。

注意

在【新建】对话框中要清除【使用缺省模板】复选框（默认模板为英制模板）。

04　单击【确定】按钮。

05　在【新文件选项】对话框中选择【mmns_part_solid】的公制实体零件模板。

06　单击【确定】按钮，进入零件建立模式。

2．创建第 1 拉伸特征

01　单击（拉伸工具）按钮，打开【拉伸工具】操控面板。

02　单击【放置】选项卡，打开上滑面板。

03　单击【定义】按钮，打开【草绘】对话框。

04　选择 TOP 基准平面为【草绘】平面，其余接受系统默认的设置。

05　单击对话框的【草绘】按钮，进入【草绘】模式。

06　绘制如图 5-1-20 所示的剖面。

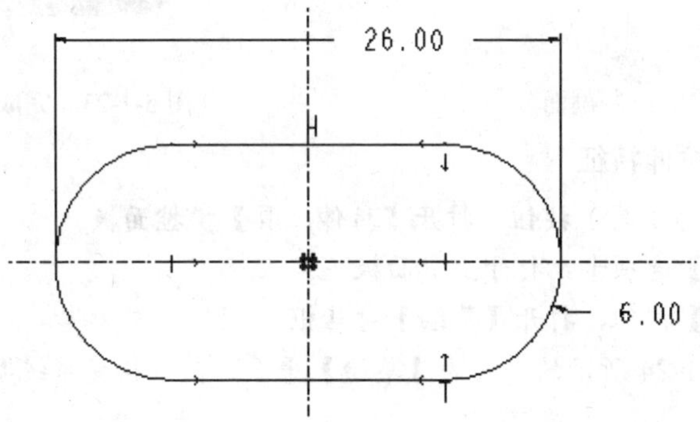

图 5-1-20　绘制剖面

07　完成剖面后，单击按钮，退出【草绘】模式。

08　保持操控面板上深度的【盲孔】选项，输入深度数值 1。

09　单击操控面板右侧的按钮，建立第 1 个拉伸特征，如图 5-1-21 所示。

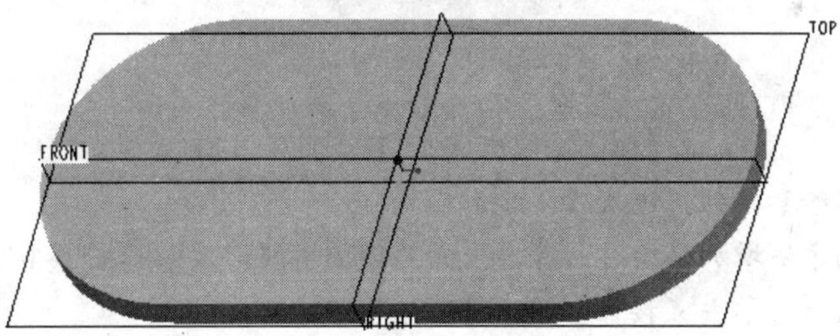

图 5-1-21　完成拉伸特征

3．创建第 2 拉伸特征

01　单击（拉伸工具）按钮，打开【拉伸工具】操控面板。

02　单击【放置】选项卡，打开上滑面板。

03　单击【定义】按钮，打开【草绘】对话框。

04　旋转零件至合适角度，选择第 1 个拉伸特征的底面为【草绘】平面。

05　接受默认的参照，单击【草绘】按钮进入【草绘】模式。

06　绘制如图 5-1-22 所示的剖面。

07　完成剖面后，单击按钮，退出【草绘】模式。

08　保持深度的默认【盲孔】选项，输入深度值为 11.8。

09　单击操控面板右侧的按钮，建立第 2 个拉伸特征，如图 5-1-23 所示。

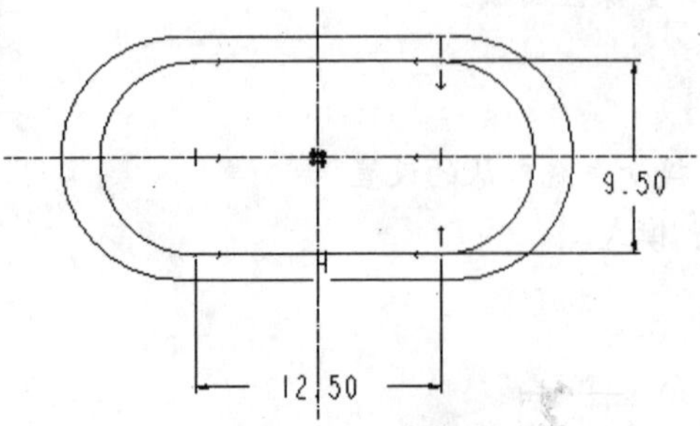

图 5-1-22 绘制剖面

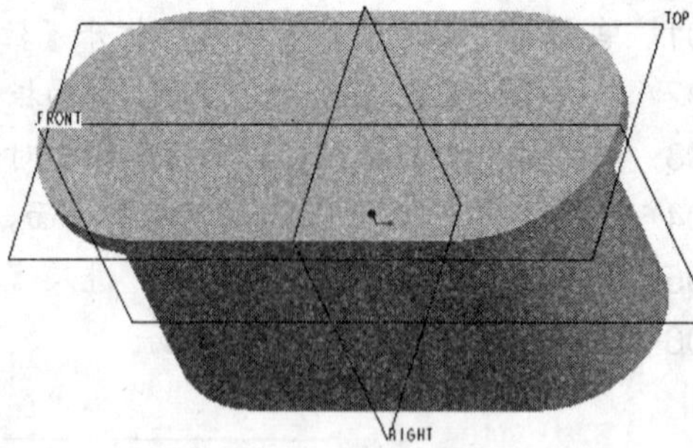

图 5-1-23 完成第 2 拉伸特征

4. 创建第 3 个拉伸特征

01 单击（拉伸工具）按钮，打开【拉伸工具】操控面板。

02 单击【放置】选项卡，打开上滑面板。

03 单击【定义】按钮，打开【草绘】对话框。

04 选择如图 5-1-24 所示的平面为【草绘】平面，其余接受系统默认的设置。

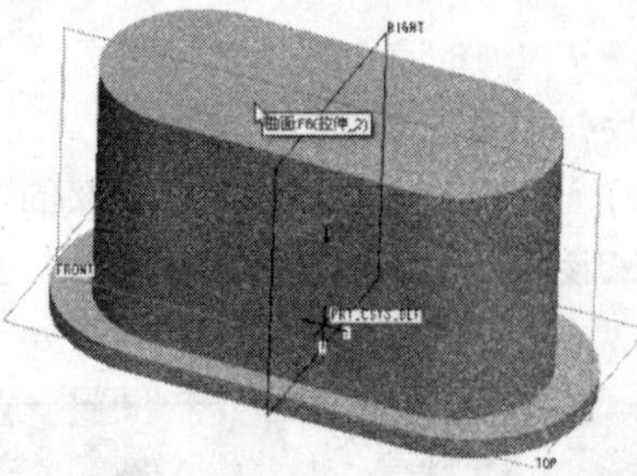

图 5-1-24 选择平面

05 单击【草绘】按钮，进入【草绘】模式。

06 用前面的方法增加草绘时的基准平面为绘图参照，绘制如图 5-1-25 所示的剖面。

07 完成剖面后，单击按钮，退出【草绘】模式。

08 保留操控面板上深度的【盲孔】选项，输入深度值为 5.5。

09 单击操控面板上的按钮，变为减材料特征。如果方向不对，单击按钮来调整方向。

10 单击操控面板右侧的按钮，建立第 3 个拉伸特征，如图 5-1-26 所示。

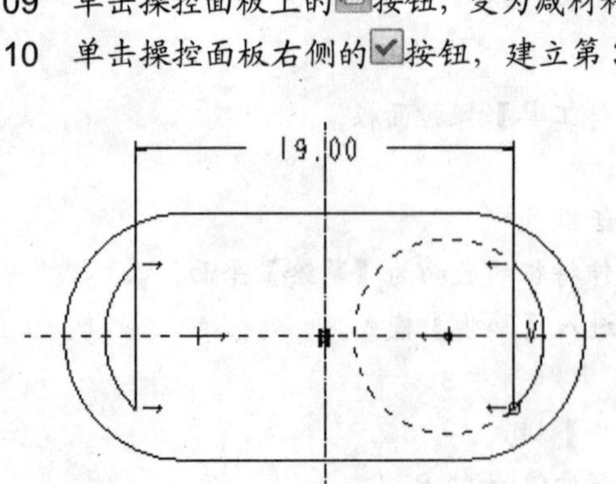

图 5-1-25 绘制剖面

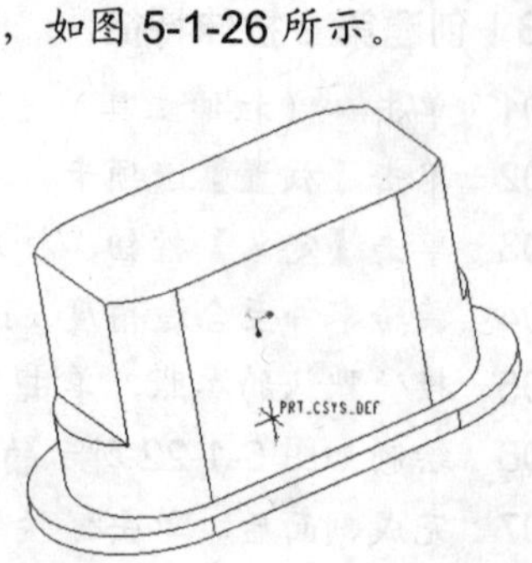

图 5-1-26 完成第 3 个拉伸特征

5. 创建第 4 个拉伸特征

01　单击（拉伸工具）按钮，打开【拉伸工具】操控面板。

02　单击【放置】选项卡，打开上滑面板。

03　单击【定义】按钮，打开【草绘】对话框。

04　旋转到合适的角度，选择如图 5-1-27 所示的平面为【草绘】平面。其余接受系统默认的设置。

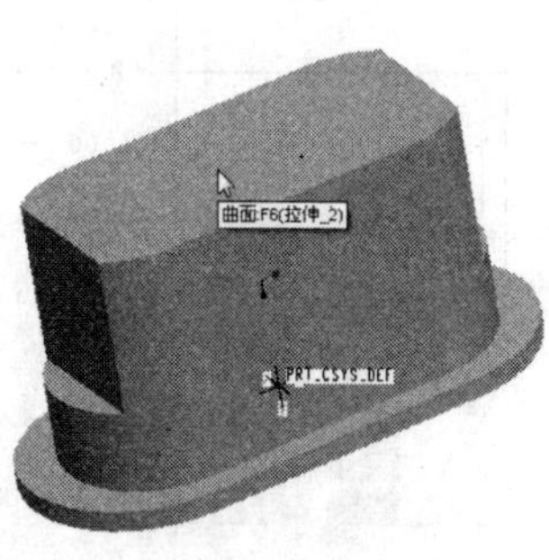

图 5-1-27　选择平面

01　单击【草绘】按钮，进入【草绘】模式。

02　绘制如图 5-1-28 所示的剖面。

07　完成剖面后，单击按钮，退出【草绘】模式。

08　保持深度的默认【盲孔】选项，输入深度值为 1。

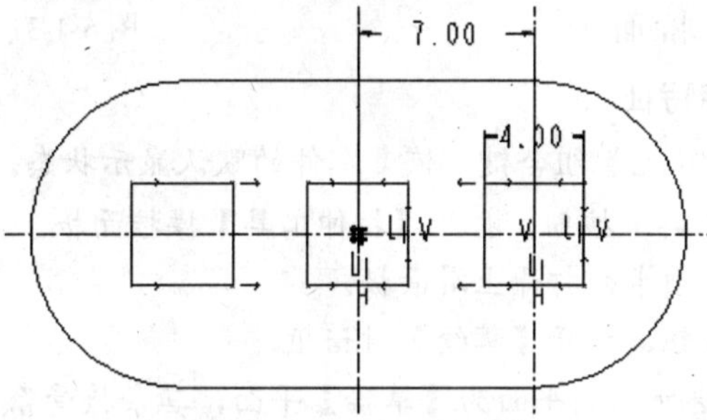

图 5-1-28　绘制剖面

09　单击操控面板右侧的按钮，建立第 4 个拉伸特征，如图 5-1-29 所示。

图 5-1-29　完成第 4 个拉伸特征

6. 创建第 5 个拉伸特征

01　按键盘上的【Ctrl+D】组合键，恢复零件的默认显示状态。

02　单击（拉伸工具）按钮，打开【拉伸工具】操控面板。

03　单击【放置】选项卡，打开上滑面板。

04　单击【定义】按钮，打开【草绘】对话框。

05　选择 FRONT 基准平面为【草绘】平面，其余接受系统默认的设置。

06　单击【草绘】按钮，进入【草绘】模式。

07　选择主菜单中的【草绘（S）】|【参照（R）】命令增加参照，绘制如图 5-1-30 所示的剖面。

08　完成剖面后，单击按钮，退出【草绘】模式。

09　在操控面板深度控制按钮中选择按钮，输入深度值为 3。

10　单击操控面板右侧的✓按钮，建立第 5 个拉伸特征，如图 5-1-31 所示。

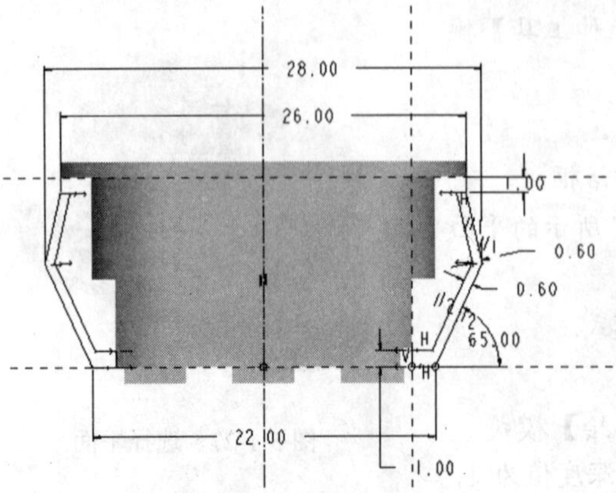

图 5-1-30　绘制剖面

图 5-1-31　完成第 5 个拉伸特征

7. 创建第 6 个拉伸特征

01　按键盘上的【Ctrl+D】组合键，恢复零件的默认显示状态。

02　单击（拉伸工具）按钮，打开【拉伸工具】操控面板。

03　单击【放置】选项卡，打开上滑面板。

04　单击【定义】按钮，打开【草绘】对话框。

05　选择如图 5-1-32 所示的平面为【草绘】平面，其余接受系统默认的设置。

06　单击【草绘】按钮，进入【草绘】模式。

07　单击按钮，在出现的【类型】对话框中选择【链】选项，如图 5-1-33 所示。

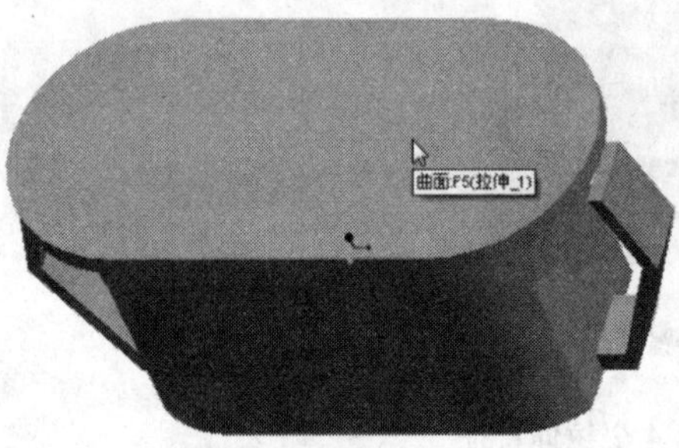

图 5-1-32　选择平面

图 5-1-33　【类型】对话框

08　选择如图 5-1-34 所示的边。

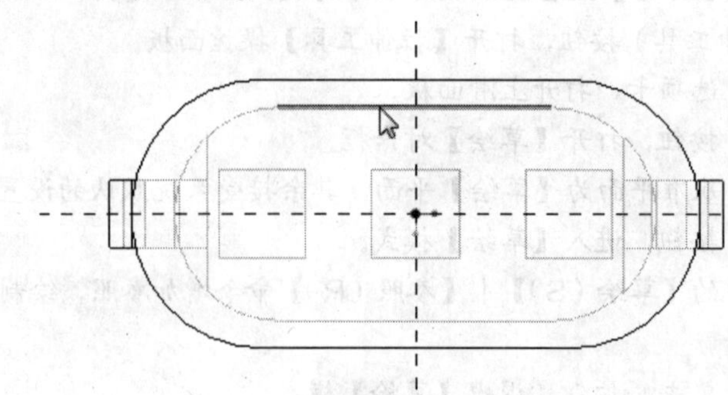

图 5-1-34　选择边

09 再选择如图 5-1-35 所示的边。

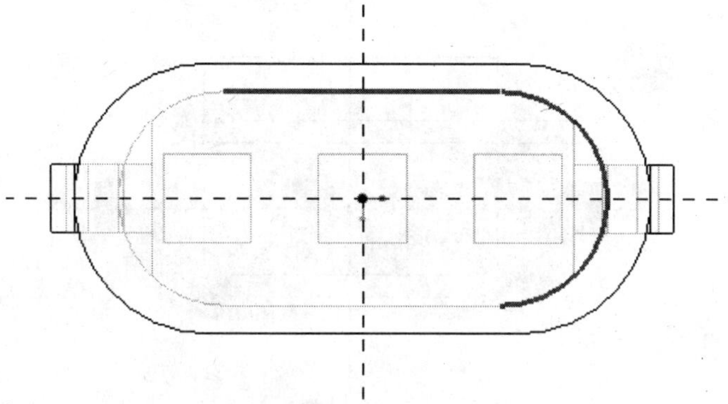

图 5-1-35 选择边

10 在【菜单管理器】中选择【下一个】命令，如图 5-1-36 所示。

11 系统此时会自动选择一个封闭的圆环，如图 5-1-37 所示。

图 5-1-36 菜单管理器

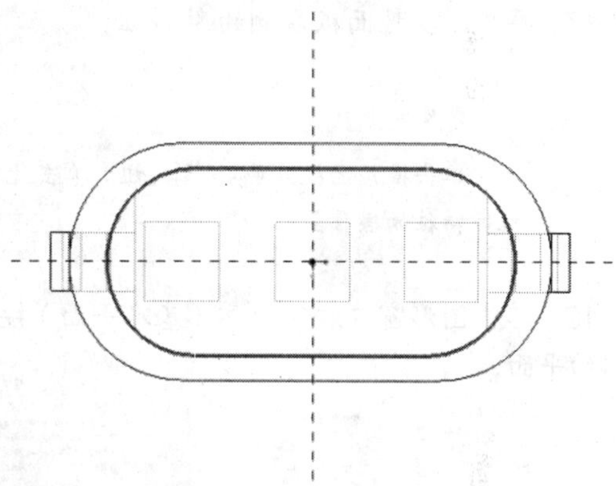

图 5-1-37 自动选择封闭圆环

12 在【菜单管理器】中选择【接受】命令，接受此封闭环。

13 在信息提示栏中输入数值–1.2，以使偏距边的方向和箭头方向相反，如图 5-1-38 所示。

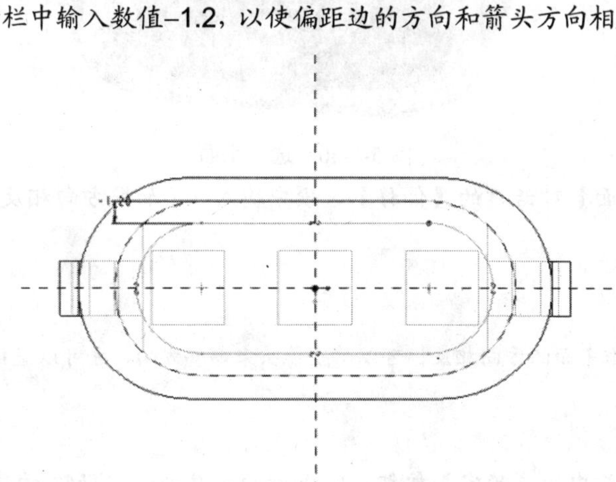

图 5-1-38 输入偏距

14 继续绘制其他图元，最后完成如图 5-1-39 所示的剖面。

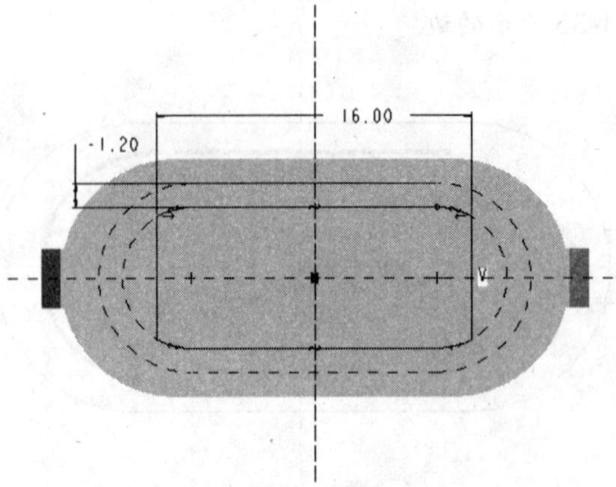

图 5-1-39 绘制剖面

15 完成剖面后，单击✓按钮，退出【草绘】模式。

16 在操控面板上单击⊥（到选定深度）按钮。

17 再单击操控面板右侧的⏸按钮。

提示

单击操控面板右侧的⏸按钮，单击此按钮后该按钮变成▶状态，可以暂时终止拉伸特征的操作。

18 单击图形窗口右侧的▱（基准平面）按钮，打开【基准平面】对话框，选择如图 5-1-40 所示的平面。

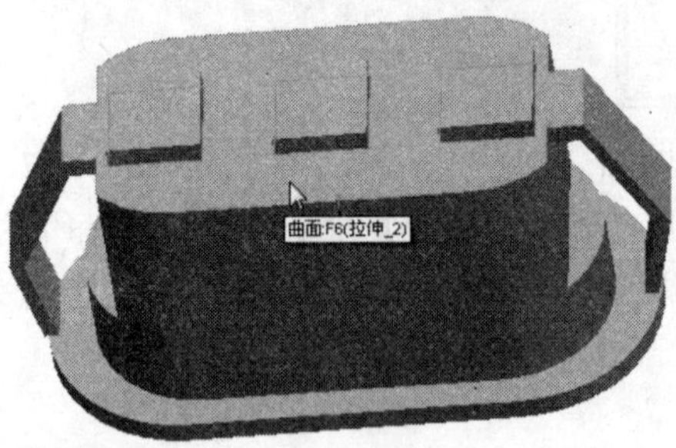

图 5-1-40 选择平面

19 在【基准平面】对话框的【偏移】选项中输入 1（如果方向相反，输入–1）。

注意

如果基准平面的方向相反，可以单击箭头来调整方向，也可以直接输入负值来调整。

20 单击该对话框中的【确定】按钮，完成新的基准平面 DTM1 的建立。

21 单击操控面板上的▶按钮，恢复拉伸特征的操作。此时的平面自动指定到刚才建立的 DTM1。如图 5-1-41 所示。

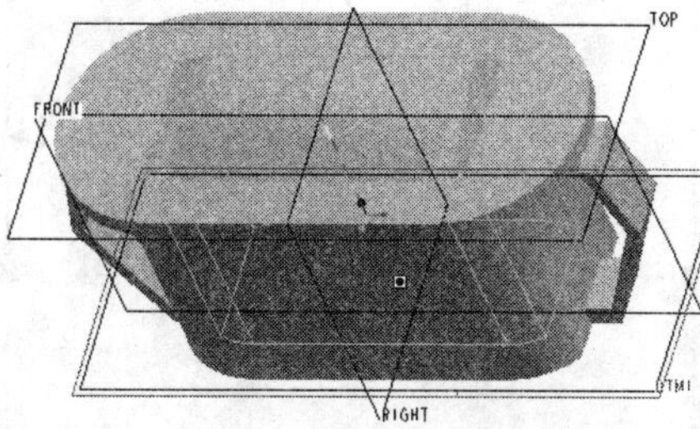

图 5-1-41　自动指定到新建的基准平面

提示

如果没有自动指定到平面，或者指定的不正确，单击按钮，重新选择正确的平面即可。

22　单击操控面板上的按钮，变为减材料特征。如果方向不对，单击按钮来调整方向。

23　单击操控面板右侧的按钮，完成切剪特征，如图 5-1-42 所示。

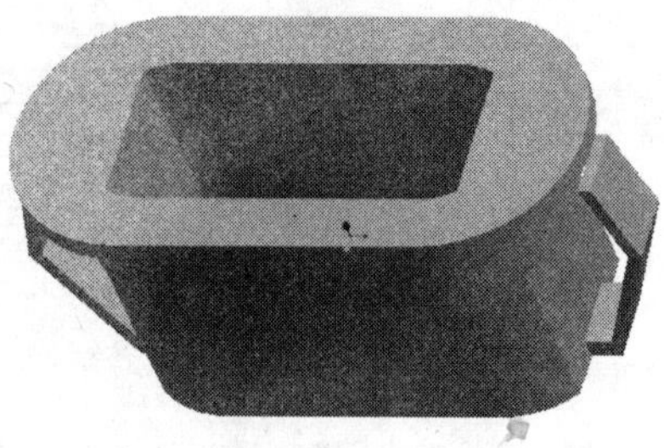

图 5-1-42　完成切剪特征

8．创建第 7 个拉伸特征

01　单击（拉伸工具）按钮，打开【拉伸工具】操控面板。

02　单击操控面板上的按钮，进行去除材料操作。

03　单击【放置】选项卡，打开上滑面板。

04　单击【定义】按钮，打开【草绘】对话框。

05　单击【使用先前的】按钮，选择后接受系统默认的设置。

06　单击对话框的【草绘】按钮，进入【草绘】模式。

07　增加如图 5-1-43 所示的曲面为绘图参照。

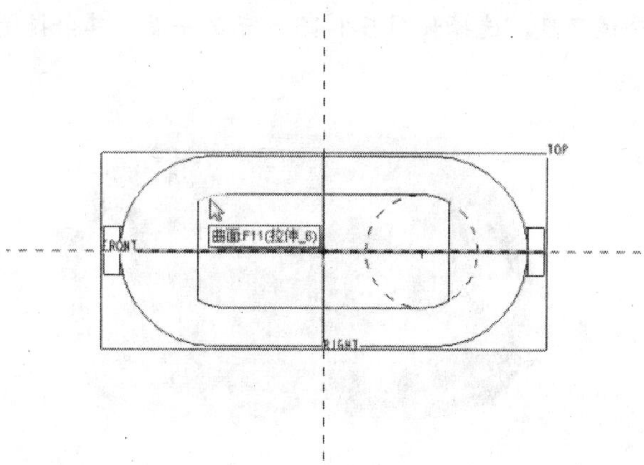

图 5-1-43　增加参照

08　绘制如图 5-1-44 所示的剖面。

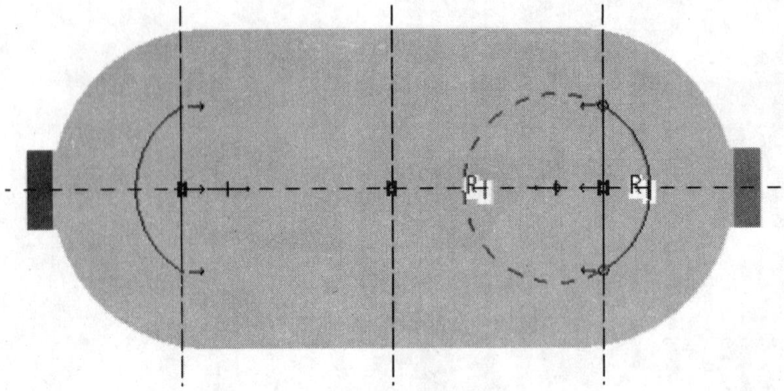

图 5-1-44 绘制剖面

09 完成剖面后，单击☑按钮，退出【草绘】模式。

10 保留操控面板上深度的【盲孔】选项，输入深度数值为 6.4。

11 单击操控面板右侧的☑按钮，建立第 7 个拉伸特征，如图 5-1-45 所示。

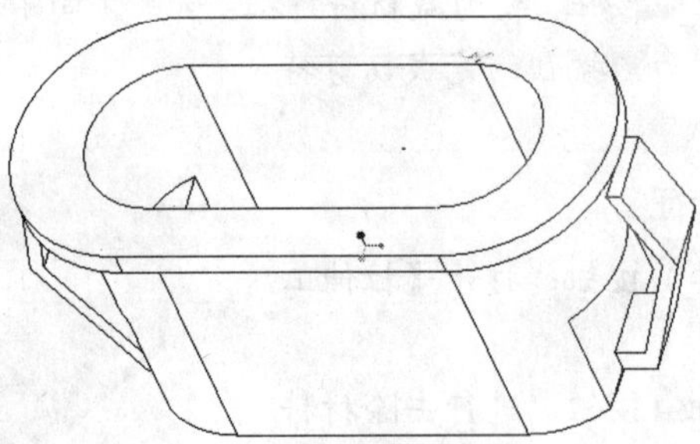

图 5-1-45 完成拉伸特征

9. 创建第 8 个拉伸特征

01 单击（拉伸工具）按钮，打开【拉伸工具】操控面板。

02 单击【放置】选项卡，打开上滑面板。

03 单击【定义】按钮，打开【草绘】对话框。

04 旋转零件至合适角度，选择如图 5-1-46 所示的平面。其余接受系统默认设置。

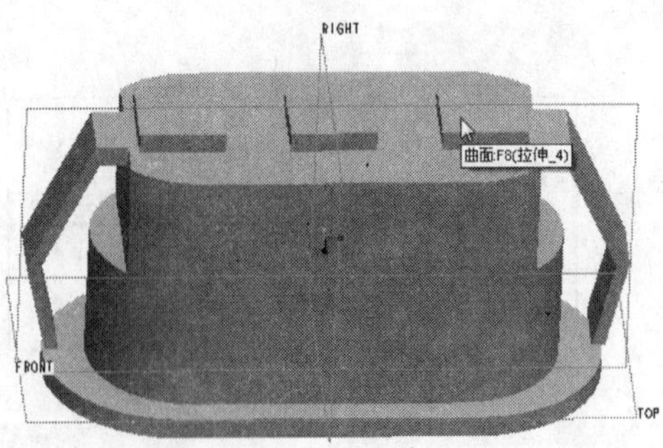

图 5-1-46 选择平面

05 单击【草绘】按钮，进入【草绘】模式。

06 绘制如图 5-1-47 所示的剖面。

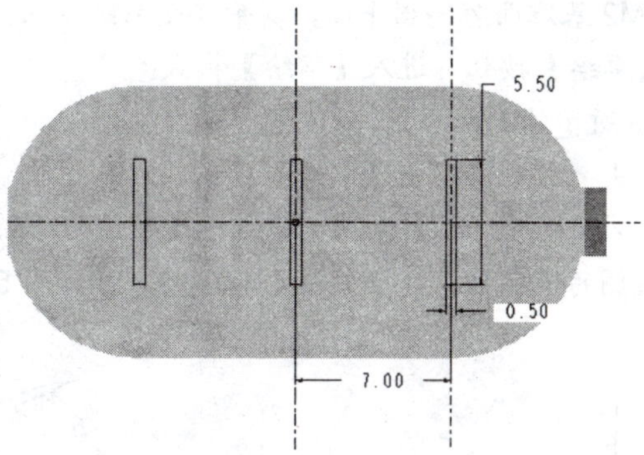

图 5-1-47　绘制剖面

07　完成剖面后，单击按钮，退出【草绘】模式。

08　保留操控面板上深度的【盲孔】选项，输入深度值为 1.2。

09　单击操控面板上的按钮，变为减材料特征。如果方向不对，单击按钮来调整方向。

10　单击操控面板右侧的按钮，完成切剪特征，如图 5-1-48 所示。

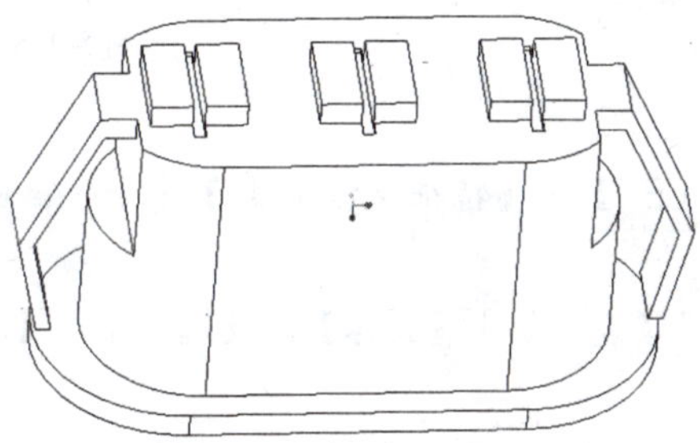

图 5-1-48　完成切剪特征

10．创建第 9 个拉伸特征

01　单击（拉伸工具）按钮，打开【拉伸工具】操控面板。

02　单击【放置】选项卡，打开上滑面板。

03　单击【定义】按钮，打开【草绘】对话框。

04　单击图形窗口右侧的按钮，打开【基准平面】对话框。

05　选择 RIGHT 基准平面，在【基准平面】对话框的【偏移】选项中输入 3.6。

06　单击【确定】按钮，建立新的基准平面 DTM2，如图 5-1-49 所示。

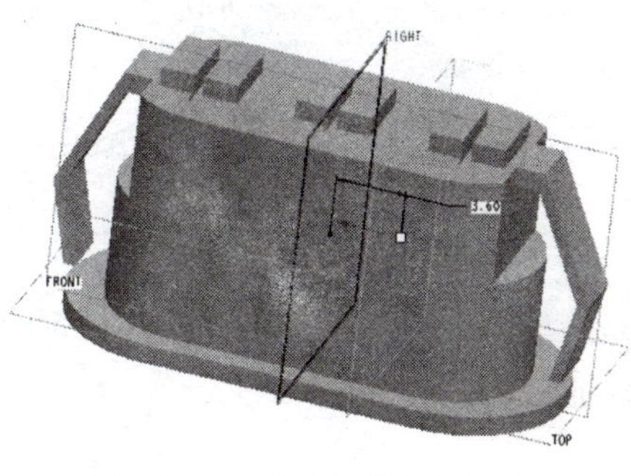

图 5-1-49　建立基准平面 DTM2

07　系统自动以 DTM2 基准面为绘图平面，其余接受系统默认设置。

08　单击对话框的【草绘】按钮，进入【草绘】模式。

09　绘制如图 5-1-50 所示的剖面。

10　完成剖面后，单击按钮，退出【草绘】模式。

11　保留操控面板上深度的【盲孔】选项，输入深度数值为 1.2。

12　单击操控面板右侧的按钮，建立第 9 个拉伸特征，如图 5-1-51 所示。

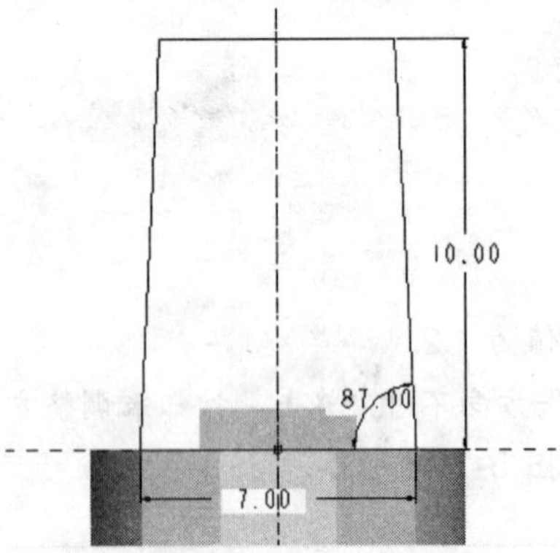

图 5-1-50　绘制剖面

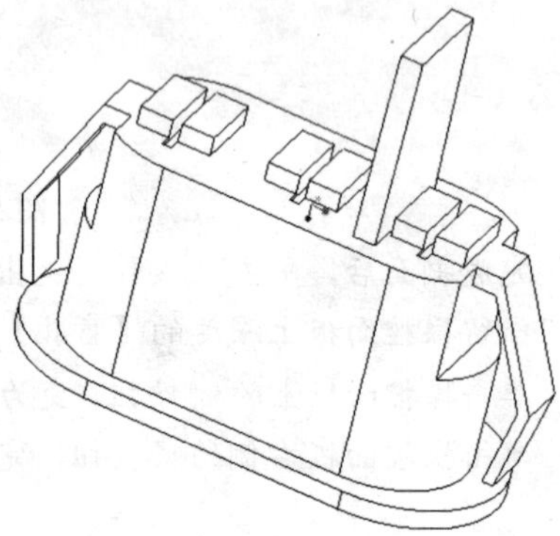

图 5-1-51　完成拉伸特征

11. 镜像复制特征

在主菜单上选择【编辑（E）】|【特征操作（O）】命令，出现老用户十分熟悉的【菜单管理器】。

在【菜单管理器】中选择【复制】|【镜像】|【选取】|【从属】|【完成】命令。如图 5-1-52 所示。

03　选择上述创建的第 9 个拉伸特征，选择【完成】命令。

04　在视图窗口选择 RIGHT 基准平面为镜像参考平面，完成特征的镜像操作。如图 5-1-53 所示。

图 5-1-52　菜单管理器

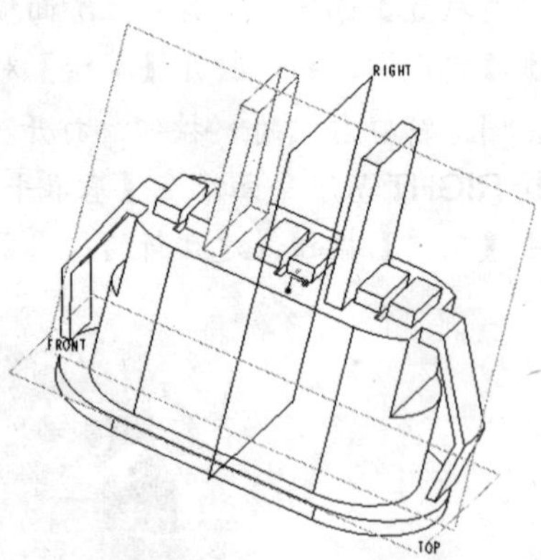

图 5-1-53　镜像特征

12. 创建第 10 个拉伸特征

01　恢复默认显示状态。

02 单击 (拉伸工具)按钮，打开【拉伸工具】操控面板。

03 单击操控面板上的 按钮，进行去除材料操作。

04 单击【放置】选项卡，打开上滑面板。

05 单击【定义】按钮，打开【草绘】对话框。

06 选择 FRONT 基准平面为绘图平面，其余接受系统默认设置。

07 单击对话框的【草绘】按钮，进入【草绘】模式。

08 绘制如图 5-1-54 所示的剖面。

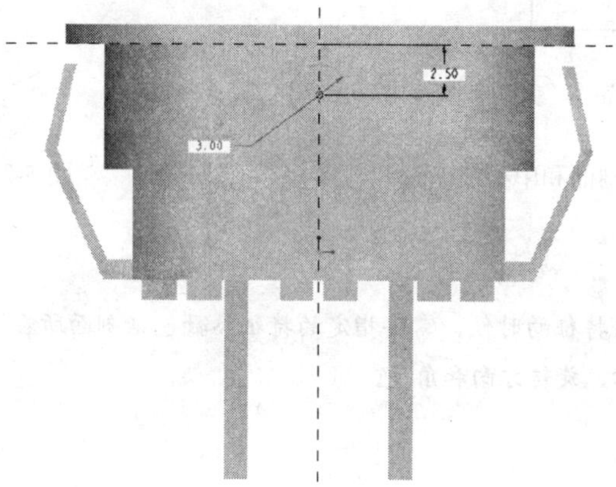

图 5-1-54 绘制剖面

09 完成剖面后，单击 按钮，退出【草绘】模式。

10 单击操控面板上的【选项】按钮，打开其上滑面板，分别在【第 1 侧】和【第 2 侧】下拉列表框中选择【到下一个】选项。

11 单击操控面板右侧的 按钮，建立第 10 个拉伸特征，如图 5-1-55 所示。

12 保存文件。

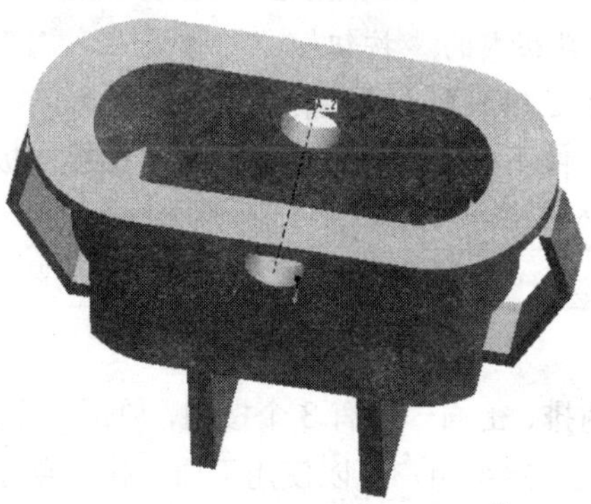

图 5-1-45 完成拉伸特征

5.2 旋转特征

旋转特征就是使一个剖面沿着旋转轴旋转，如图 5-2-1 所示。剖面所扫过的体积就构成了旋转特征，如图 5-2-2 所示。

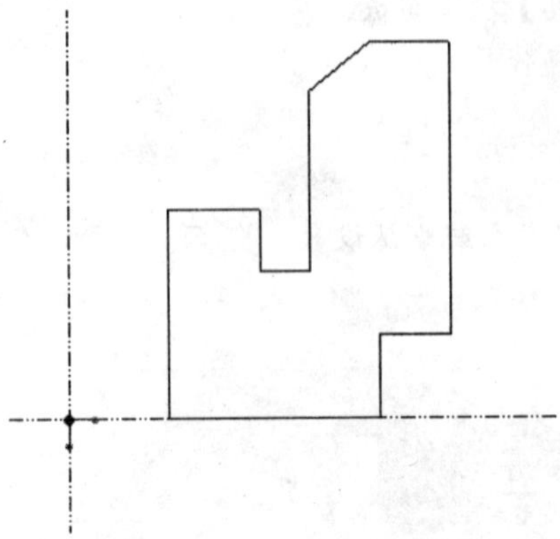

图 5-2-1　绘制剖面和中心线

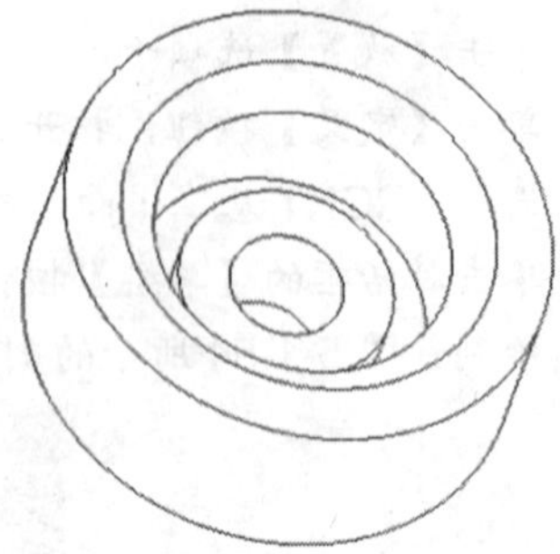

图 5-2-2　旋转特征

提示

在创建旋转特征的时候，需要指定的特征参数包括剖面所在的草绘平面、剖面形状、旋转中心、旋转方向和角度。

5.2.1 旋转工具的介绍

在 Pro/E Wildfire 版本中，旋转工具的使用与以前的版本相比同样有了很大的变化。新的旋转工具长度改变了在【菜单管理器】中寻找命令的麻烦，使操作变得简单快捷。

重新设计的旋转工具在同一个操控面板中集合了老版本中旋转实体、旋转曲面、旋转薄板实体、旋转剪切等众多功能，使得利用同一个工具可以完成很多原来的功能。

在 Pro/E Wildfire 中有两种启动旋转工具方法：

- 单击软件右侧特征工具栏内的按钮。
- 在主菜单中选择【插入（I）】|【旋转（R）】命令。

使用旋转工具后，会在软件下方出现进行相关操作的操控面板，如图 5-2-3 所示。

图 5-2-3　操控面板

操控面板同样分为上下两排，上面一排有 3 个按钮，单击按钮会弹出相应的上滑面板，在面板中可以定义相应的特征参数。熟练用户可以使用下面一排，用于快速定义特征参数。

操控面板中各图标按钮的含义如下：

操作按钮：

- ：暂停，使用后可以访问其他工具。
- ：切换旋转角度的方向。
- ：特征预览。
- ：完成建立特征。
- ：取消特征建立。

特征性质按钮：

- ：旋转建立特征为实体。
- ：旋转建立的特征为曲面。
- ：旋转特征为材料。
- ：建立的特征为旋转薄板。

角度控制按钮：

- 【变量】：在草绘平面的一侧按照指定的角度值旋转。
- 【对称】：在草绘平面的两侧将特征旋转相等的角度。
- 【到选定的】：剖面旋转到指定的点、平面或曲面。

5.2.2　旋转特征的创建

下面以一个简单旋转零件为例，介绍旋转特征创建的详细过程：

01　单击按钮，取消英制，用公制模板新建并命名一个新的零件三维模型。

02　创建零件旋转特征。

选择旋转特征的命令：

- 单击软件右侧特征工具栏内的按钮。
- 在主菜单中选择【插入（I）】|【旋转（R）】命令。

完成上步骤后，系统自动弹出如图 5-2-3 所示的操控面板。该操控面板反映了旋转特征创建的过程及状态。

选取旋转特征类型：单击按钮（一般默认即为此类型）。

定义旋转草绘截面旋转属性。

- 在绘图区单击鼠标右键，从弹出的快捷菜单中选择【定义内部草绘】命令。
- 设置草绘平面：选取 RIGHT 基准面作为草绘平面。
- 设置草绘视图方向：采用模型中默认的方向为草绘视图方向。
- 指定草绘平面的参照：选取 TOP 基准面作为草绘平面的参照。
- 指定草绘平面参照的方位：选取【左】作为草绘平面的参照的方位。
- 完成草绘截面旋转属性：单击【草绘】对话框中的【草绘】按钮。至此系统进入截面环境中。

定义特征草绘截面参照：

- 单击主菜单中的【草绘（S）】|【参照（R）】命令，系统弹出如图 5-2-4 所示的截面【参照】对话框。
- 单击该框中的【关闭（C）】按钮，接受系统默认的 TOP 基准平面和 FRONT 基准平面参照。

图 5-2-4　【参照】对话框

03　创建特征的截面图：绘制如图 5-2-5 所示的旋转截面（不必绘制如图中的截面尺寸）。

草绘旋转特征的规则：

- 旋转截面必须有一条中心线，围绕中心线旋转的几何只能绘制在该中心线的一侧。
- 若草绘中使用的中心线多于 1 条，Pro/E 将自动选取草绘的第 1 条中心线作为旋转轴，除非用户另外选取。

- 实体特征的截面必须是封闭的，而曲面特征的曲面则可以不封闭。

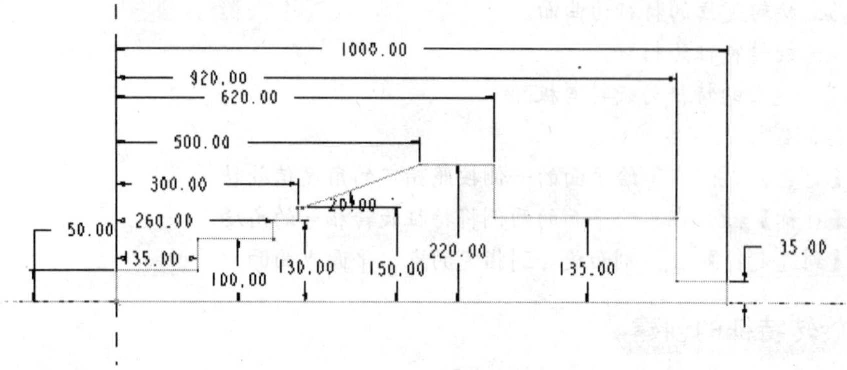

图 5-2-5　绘制截面

04　单击对话框中的☑按钮，完成截面绘制。

05　定义旋转类型并输入角度：在操控面板中，选取旋转角度类型 (即草绘平面以指定角度值旋转)，再在角度文本框中输入角度 360，并按回车键。

06　单击操控面板上的☑按钮，至此如图 5-2-6 所示的旋转特征已创建完成。

07　保存文件。

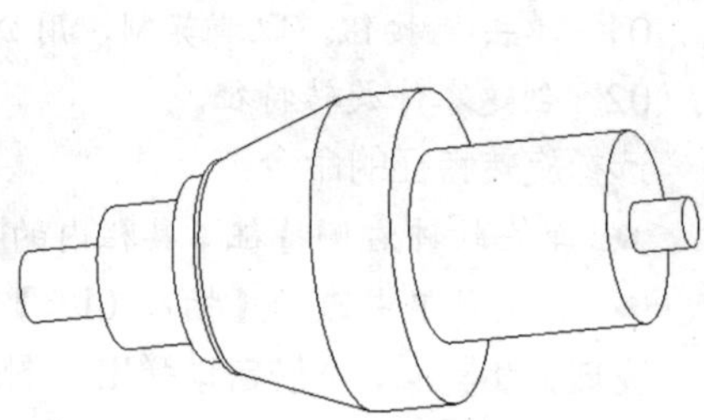

图 5-2-6　完成旋转特征

5.2.3　望远镜的制作

经典实例

绘制简单望远镜，如图 5-2-7 所示。

【光盘：源文件/第 5 章/5-3.prt】

【实例效果】

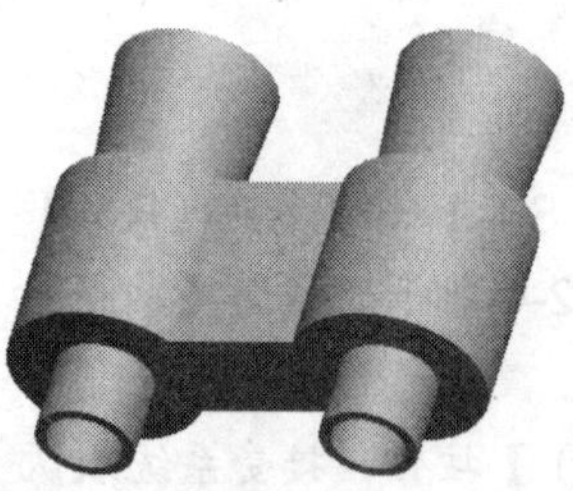

图 5-2-7　简单望远镜

【实例操作】

1．新建文件

01　单击按钮，在【新建】对话框中设定文件类型为【零件】，子类型为【实体】，文件名修改为 5-3，清除【使用缺省模板】复选框。

02 单击【确定】按钮，在【新建文件】对话框中选择【mmns_part_solid】的公制实体零件模板。

03 单击【确定】按钮，进入零件建立模式。

2. 创建旋转特征

01 单击 (旋转工具) 按钮，打开【旋转工具】操控面板。

02 在绘图窗口单击鼠标右键，选择【定义内部草绘】命令，打开【草绘】对话框。

03 选择 TOP 视图为【草绘】平面，其余接受系统默认设置。

04 单击【草绘】按钮，进入【草绘】模式。绘制如图 5-2-8 所示的剖面。

05 完成剖面后，单击按钮，退出【草绘】模式。

06 保留操控面板上的 (变量) 选项，在旁边的角度数值中保持 360°。

07 单击按钮，完成第 1 个旋转特征，如图 5-2-9 所示。

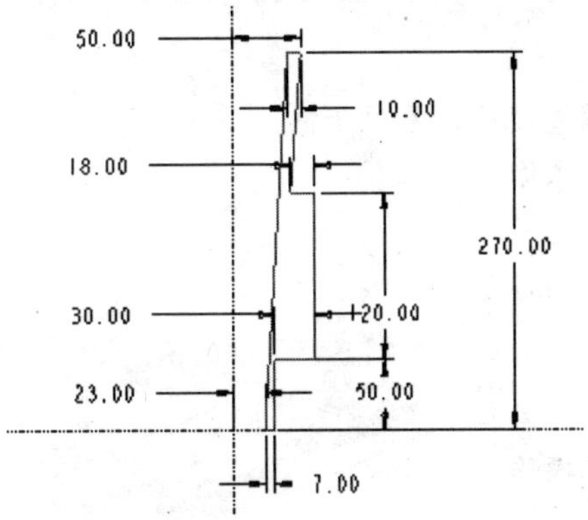

图 5-2-8 绘制剖面

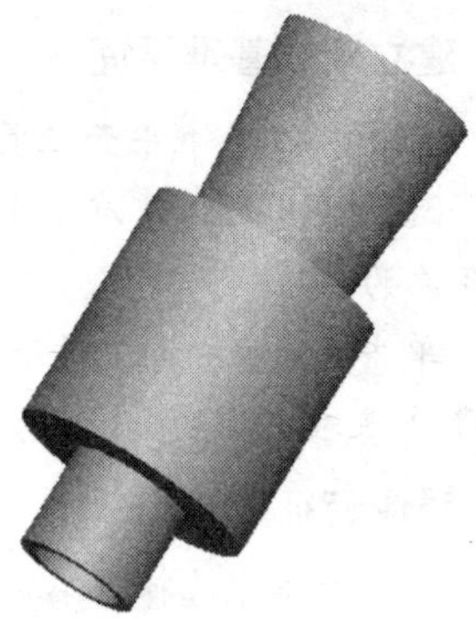

图 5-2-9 完成旋转特征

3. 创建旋转特征

01 单击 (旋转工具) 按钮，打开【旋转工具】操控面板。

02 在绘图窗口单击鼠标右键，选择【定义内部草绘】命令，打开【草绘】对话框。

03 选择 TOP 视图为【草绘】平面，选择方向为【右】，其余接受系统默认设置。进入【草绘】模式。

04 增加如图 5-2-10 所示的参照。

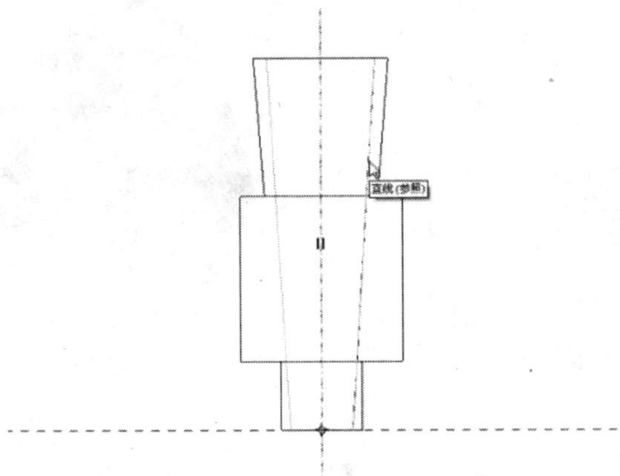

图 5-2-10 增加参照

05　绘制如图 5-2-11 所示的剖面。

06　单击按钮，完成第 2 个旋转特征，如图 5-2-12 所示。

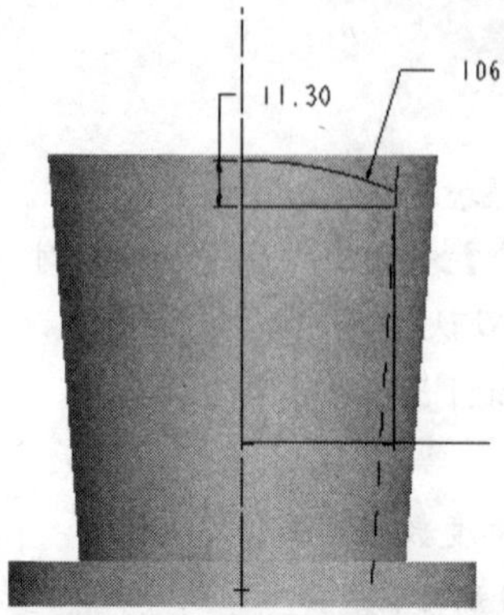

图 5-2-11　绘制剖面

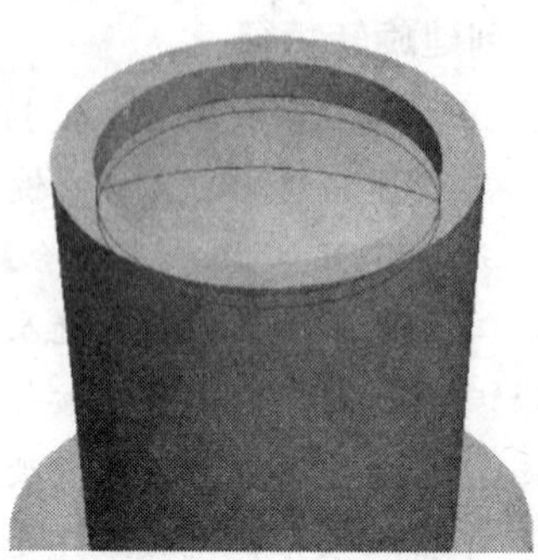

图 5-2-12　完成旋转特征

4．建立新的基准平面

01　单击（基准平面工具）按钮，打开【基准平面】对话框。

02　选择 RIGHT 基准平面，在【偏移】选项输入偏移距离为 90。

03　单击【基准平面】对话框中的【确定】按钮，建立 DTM1 基准平面。如图 5-2-13 所示。

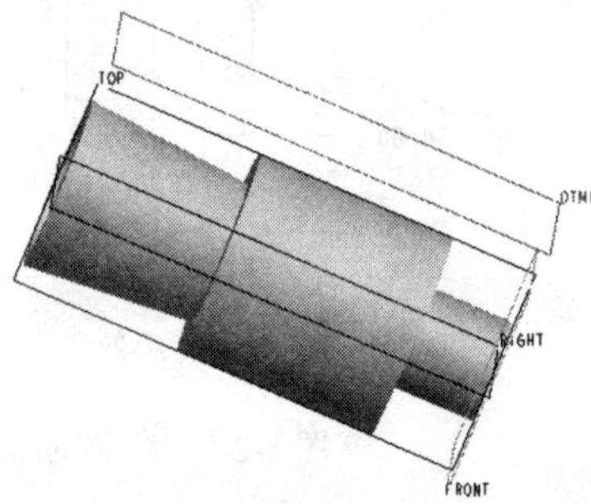

图 5-2-13　创建 DTM1

5．镜像特征

01　在主菜单中选择【编辑（E）】|【特征操作（O）】命令。

02　在【菜单管理器】中选择【复制】|【镜像】|【选取】|【从属】|【完成】命令，如图 5-2-14 所示。

03　按住【Ctrl】键，选择上面步骤建立的两个旋转特征，选择【完成】命令。

04　选择 DTM1 基准平面为镜像参照平面，结果如图 5-2-15 所示。

图 5-2-14　选择命令

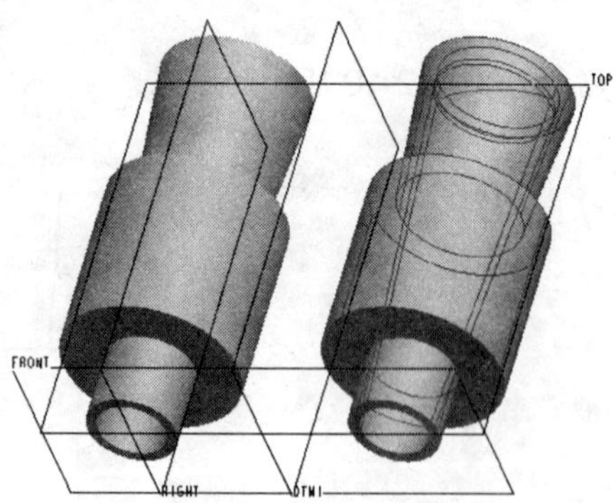

图 5-2-15　镜像特征

6．创建拉伸特征

01　单击（拉伸工具）按钮，打开【拉伸工具】操控面板。

02　在视图上单击鼠标右键，选择【定义内部草绘】命令，打开【草绘】对话框。

03　选择 DTM1 为草绘平面，其余接受系统默认的设置。

04　单击【草绘】按钮，进入【草绘】模式，绘制如图 5-2-16 所示的剖面。

05　单击✔按钮，退出【草绘】模式。

06　选择操控面板的【选项】按钮，打开其上滑面板。

07　在【第 1 侧】和【第 2 侧】下拉列表框上选择【到下一个】选项。

08　单击✔按钮，完成拉伸特征，如图 5-2-17 所示。

09　保存文件。

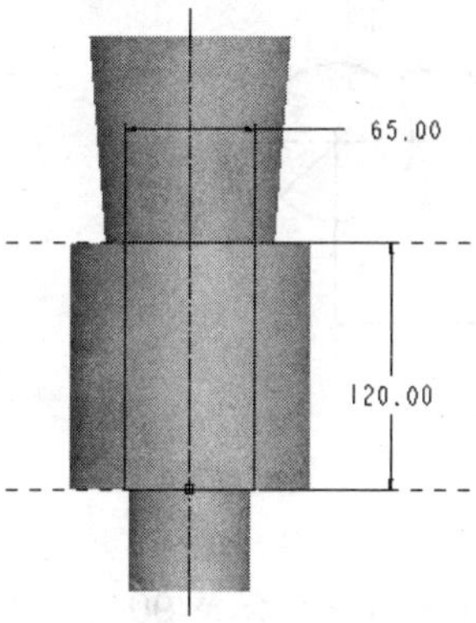

图 5-2-16　绘制剖面

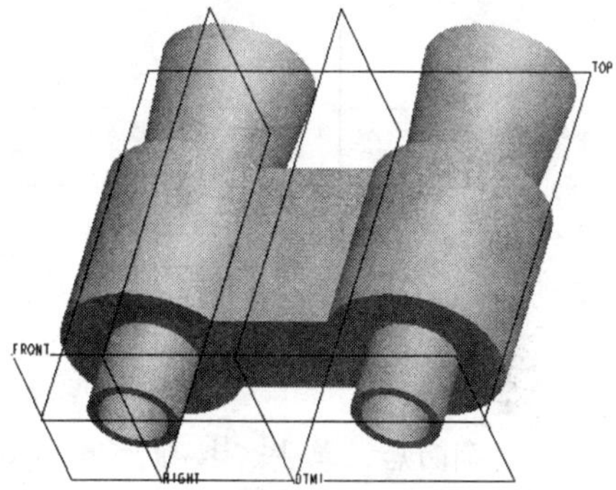

图 5-2-17　完成拉伸特征

5.2.4　转盘装饰品的制作

经典实例

绘制转盘装饰品，如图 5-2-18 所示。

【光盘：源文件/第 5 章/5-4.prt】

【实例效果】

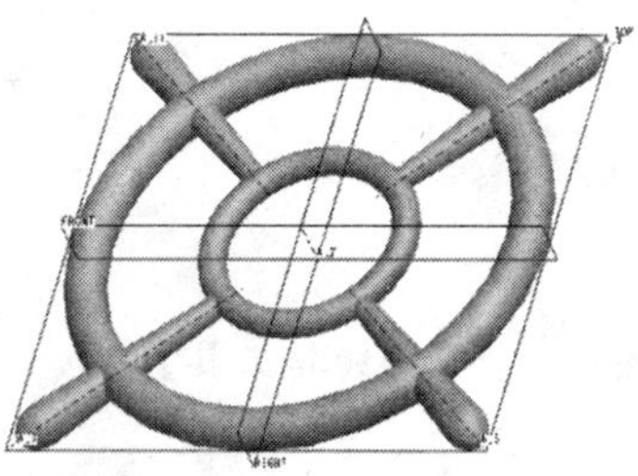

图 5-2-18　转盘装饰品

【实例操作】

1．新建文件

01　单击□按钮，在【新建】对话框中设定文件类型为【零件】，子类型为【实体】，文件名修改为 5-4，清除【使用缺省模板】复选框。

02　单击【确定】按钮，在【新建文件】对话框中选择【mmns_part_solid】的公制实体零件模板。

03 单击【确定】按钮，进入零件建立模式。

2. 创建旋转特征

01 单击（旋转工具）按钮，打开【旋转工具】操控面板。

02 在绘图窗口单击鼠标右键，选择【定义内部草绘】命令，打开【草绘】对话框。

03 选择FRONT视图为【草绘】平面，其余接受系统默认设置。进入【草绘】模式，绘制如图5-2-19所示的剖面。

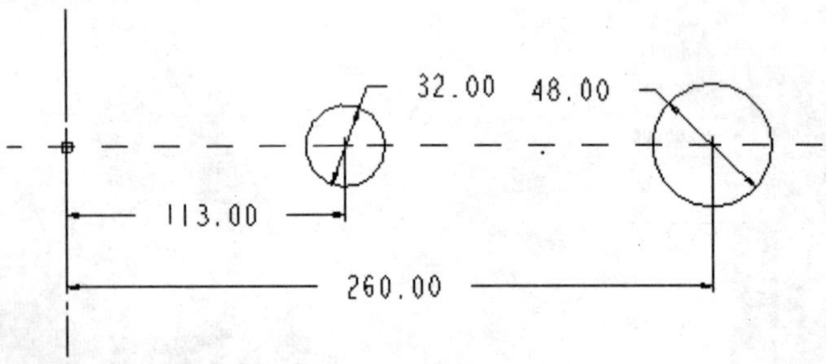

图5-2-19 绘制剖面

04 完成剖面后，单击按钮，退出【草绘】模式。

05 保留操控面板上的（变量）选项，在旁边的【角度】数值中保持90°。这意味着建立的旋转特征绕中心90°旋转，结果如图5-2-20所示。

06 单击按钮，完成第1个旋转特征，如图5-2-21所示。

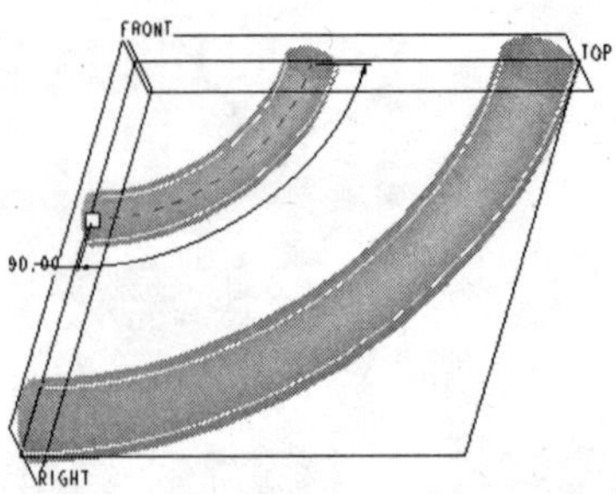

图5-2-20 90°的旋转特征

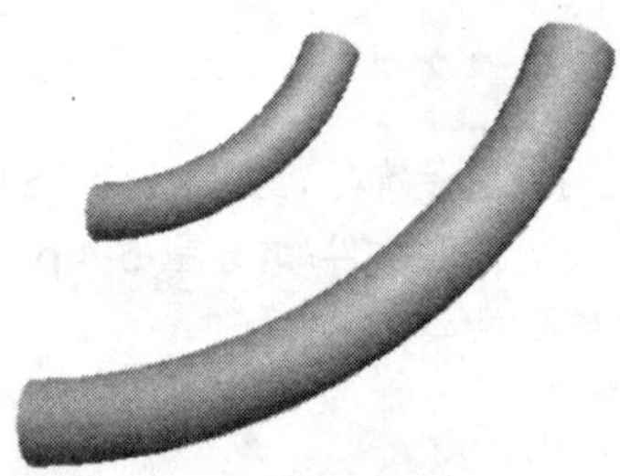

图5-2-21 完成旋转特征

3. 创建旋转特征

01 单击（旋转工具）按钮，打开【旋转工具】操控面板。

02 在绘图窗口单击鼠标右键，选择【定义内部草绘】命令，打开【草绘】对话框。

03 单击（基准平面工具）按钮，打开【基准平面】对话框。

04 按住【Ctrl】键，选择A-2基准轴和RIGHT基准平面，保持旋转角度为45°。如图5-2-22所示。

05 单击【基准平面】对话框中的【确定】按钮，

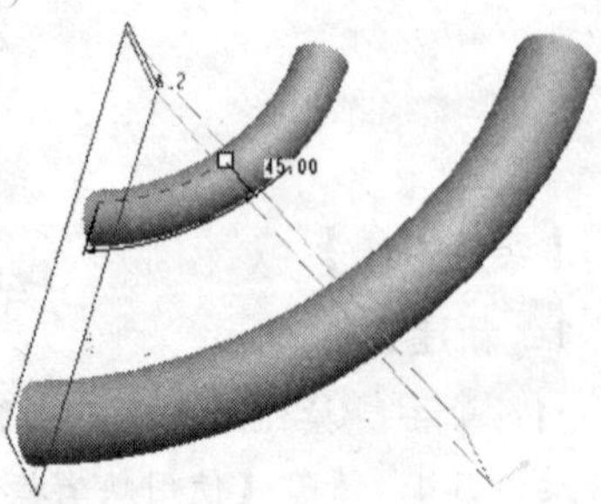

图5-2-22 创建临时基准平面

建立 DTM1 基准平面，系统自动以此平面为绘图平面。

06　选择 TOP 基准面为参照平面，接受【草绘】对话框中其余默认的设置。

07　单击该对话框中的【草绘】按钮，进入【草绘】模式。

08　绘制如图 5-2-23 所示的剖面。

注意

旋转特征草绘剖面必须有 1 根旋转中心轴，草绘剖面必须在旋转轴的一侧，实体旋转特征的草绘剖面必须完全闭合。

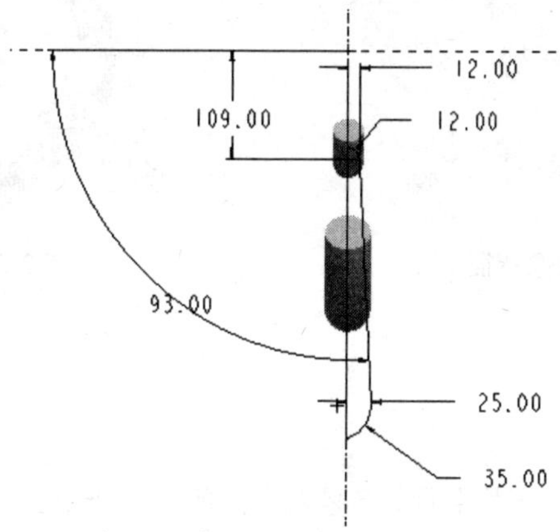

图 5-2-23　绘制剖面

09　保持操控面板的默认设置。

10　单击☑按钮，完成第 2 个旋转特征，如图 5-2-24 所示。

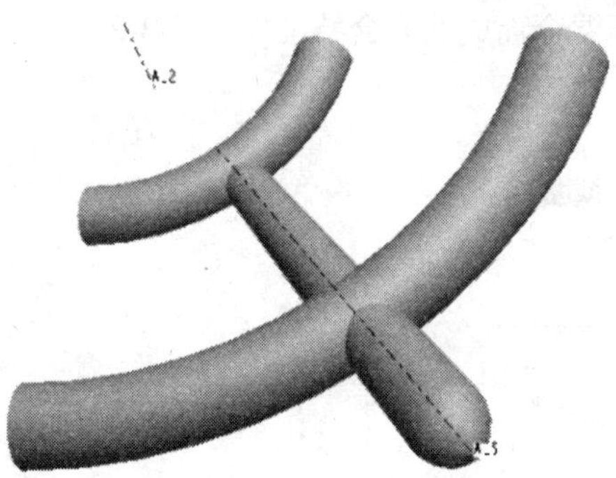

图 5-2-24　完成旋转特征

4．镜像特征

01　在主菜单中选择【编辑（E)】|【特征操作（O)】命令。

02　在【菜单管理器】中选择【复制】|【镜像】|【选取】|【从属】|【完成】命令。

03　按住【Ctrl】键，选择上面步骤建立的两个旋转特征，选择【完成】命令。

04　选择 RIGHT 基准平面为镜像参照平面，结果如图 5-2-25 所示。

5. 镜像特征

01 在主菜单中选择【编辑（E）】|【特征操作（O）】命令。

02 在【菜单管理器】中选择【复制】|【镜像】|【选取】|【从属】|【完成】命令。

03 按住【Ctrl】键，选择上面步骤建立的两个旋转特征和镜像组，选择【完成】命令。

04 选择TOP基准平面为镜像参照平面，结果如图5-2-26所示。

05 保存文件。

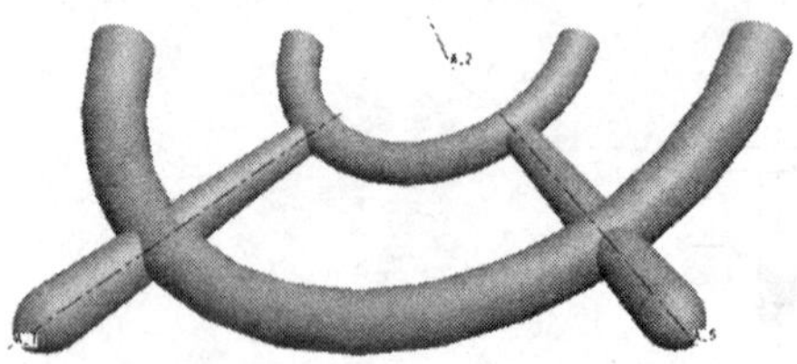

图 5-2-25 镜像特征

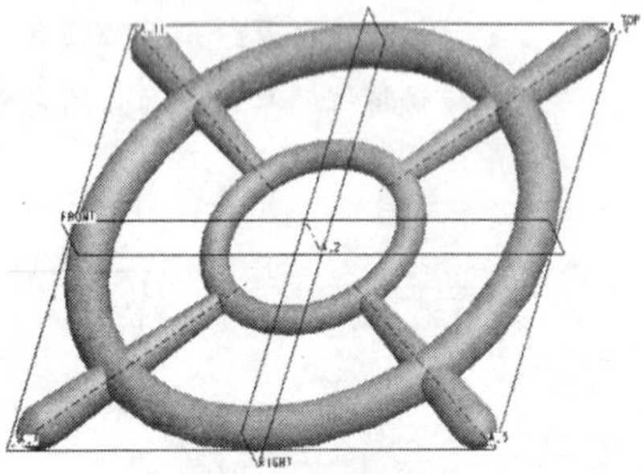

图 5-2-26 完成镜像操作

5.3 混合特征

混合特征是将各个剖面作为控制面，各控制面之间连接所封闭的空间即构成混合特征。相对拉伸和旋转特征，在 Pro/E Wildfire 中变化不大，各创建的选项仍然独立在不同的命令菜单中，在选择上仍然使用老版本上的【菜单管理器】形式。

将一组在其边处用过渡曲面连接形成一个连续的特征，就是混合特征。混合特征至少有两个截面，如图5-3-1是三个截面。

由图5-3-1中三个截面混合而成的混合特征如图5-3-2所示。

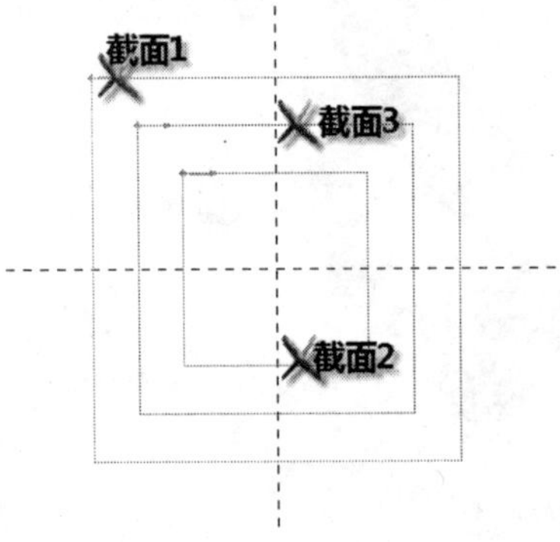

图 5-3-1 截面

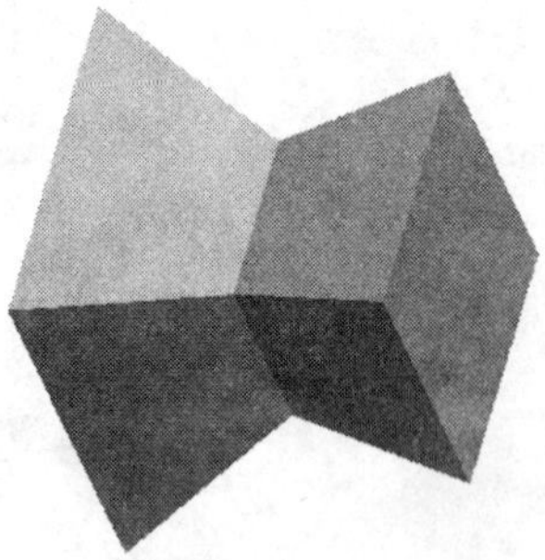

图 5-3-2 混合特征

5.3.1 混合工具的介绍

在主菜单中选择【插入（I）】|【混合（B）】|【伸出项（P）】命令，出现【混合选项】命令菜单，在这里可以控制混合特征的不同选项，如图5-3-3所示。

下面介绍各选项菜单命令的含义：

第一部分用于确定混合类型：

- 【平行】：各个截面位于互相平等的绘图平面上。
- 【旋转的】：各个截面围绕绘图平面的 Y 轴旋转，需要指定局部坐标系，而且旋转角度不能超过 120 度。
- 【一般】：剖面可以绕 X、Y、Z 轴旋转，需要指定局部坐标系。

第二部分用于定义混合特征截面的类型：

- 【规则截面】：在草绘平面上绘制截面或从现有零件图上选项。
- 【投影截面】：首先在草绘平面上绘制截面或从现有零件图上选项，然后投影到某个曲面，得到截面图（该命令只用于平行混合）。

第三部分用于定义截面的来源：

- 【选取截面】：选择截面图元（该命令对于平等混合无效）。
- 草绘截面：草绘截面图元。

单击【完成】按钮后，弹出如图 5-3-4 所示的【属性】菜单。

图 5-3-3　【混合选项】命令菜单

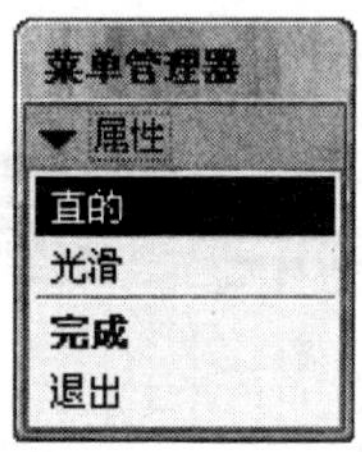

图 5-3-4　【属性】菜单

- 【直的】：用直线段连接不同截面的顶点，截面的边用平面连接。
- 【光滑】：用光滑曲线连接不同截面的顶点，截面的边用曲面光滑连接。

5.3.2 创建混合特征

下面以如图 5-3-5 所示的混合特征为例，说明创建混合特征的一般过程。

在主菜单中选择【插入（I）】|【混合（B）】|【伸出项（P）】命令。

定义混合类型：

选择混合菜单中的【平行】|【规则截面】|【草绘截面】|【完成】命令。

定义混合属性：

选择属性菜单中的【直的】|【完成】命令。

图 5-3-5　平行混合特征

1. 创建第 1 个截面

01　定义混合截面的草绘平面及其垂直参考面：选择

【平面】命令，选取 TOP 基准面作为草绘面，选择【正向】|【右】命令，选择 RIGHT 基准面作为参考面。如图 5-3-6 所示。

02 定义草绘截面的参考：进入草绘环境后，接受系统给出的默认参照 FRONT 和 RIGHT。

03 绘制并标注草绘截面，如图 5-3-7 所示。

图 5-3-6 设置草绘平面

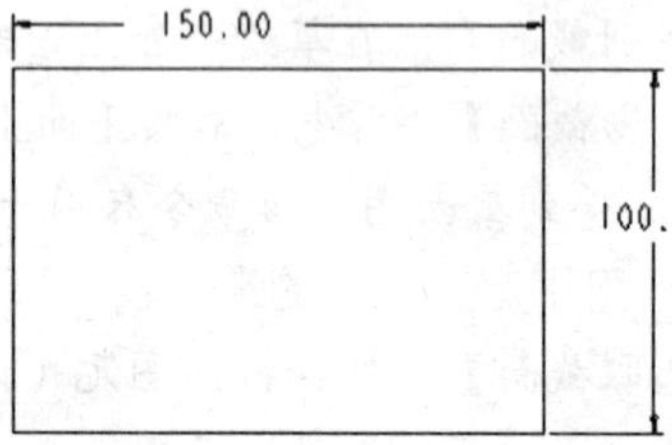

图 5-3-7 绘制截面

提示

先绘制两条中心线，再绘制长方形，进行对称约束，修改、调整尺寸。

2. 创建混合特征的第 2 个截面

01 在绘图区单击鼠标右键，从弹出的快捷菜单中选择【切换剖面（T)】命令。

小知识

也可以选择主菜单中的【草绘（S)】|【特征工具（U)】|【切换剖面（T)】命令。

02 绘制并标注草绘截面，如图 5-3-8 所示。

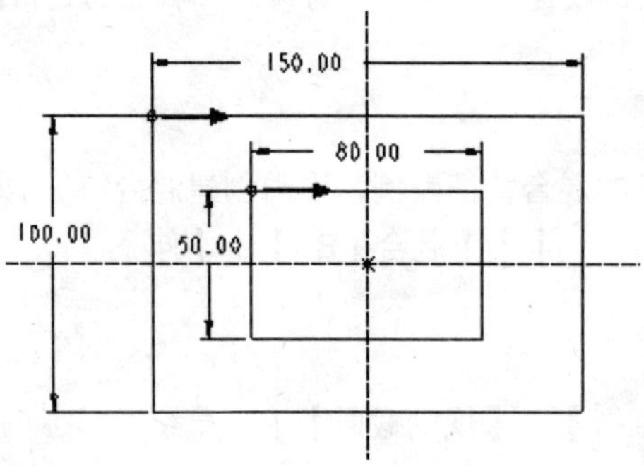

图 5-3-8 绘制草绘截面

注意

由于第 2 个截面实际上与第 1 个截面是独立的，所以在进行对称约束时，必须重新绘制中心线。

3. 改变第2个截面的起点和起点方向

选择如图 5-3-9 所示的点，再单击鼠标右键，从弹出的菜单中选择【起始点（S）】命令（或者下拉菜单中的【草绘（S）】|【特征工具（U）】|【起始点（S）】命令）。

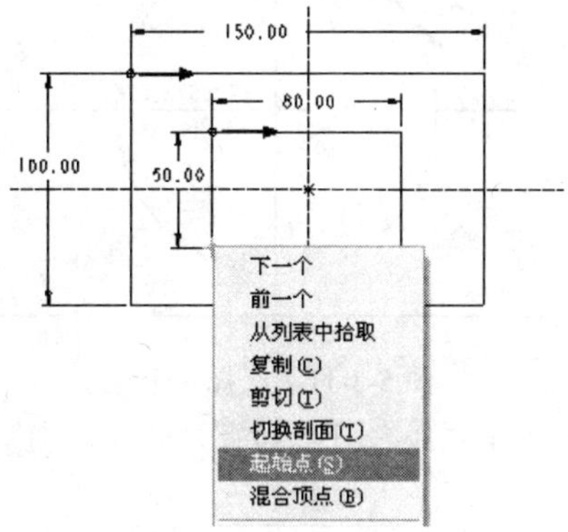

图 5-3-9 改变起始点

注意

如果起始点不靠近或方向不同，生成的混合特征将会扭曲。

如果想改变箭头的方向，再单击鼠标右键，从弹出的快捷菜单中选择【起始点（S）】命令。

4. 创建第3个截面

01 单击鼠标右键，从弹出的快捷菜单中选择【切换剖面（T）】命令。

02 绘制并标注草绘截面，如图 5-3-10 所示。

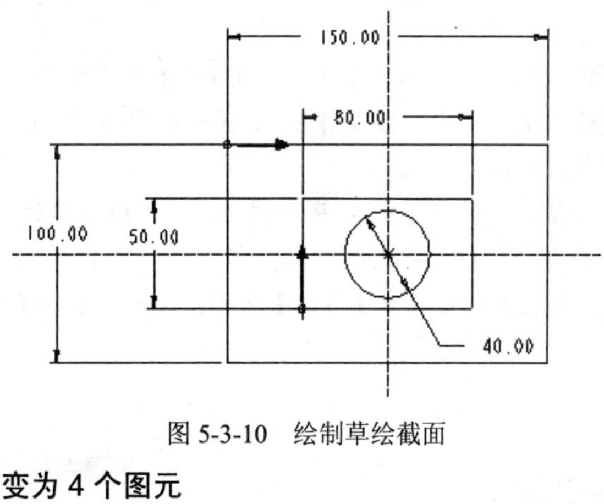

图 5-3-10 绘制草绘截面

5. 将第3个截面变为4个图元

01 单击按钮（或者下拉菜单中的【编辑（E）】|【修剪（T）】|【分割（D）】命令）。

小知识

在创建混合特征的多个截面时，Pro/E 要求各个截面的图元数（或顶点数）相同（当第一个截面或者最后一个截面为一个单独的点时，不受此限制）。

02 分别在如图 5-3-11 所示的 4 个位置选择 4 个点。

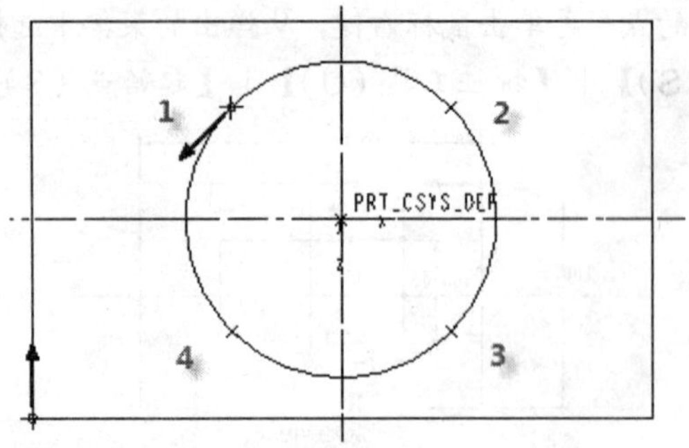

图 5-3-11 选择 4 个点

03 绘制两条中心线，对 4 个点进行对称约束，修改、调整第 1 个点的尺寸。调整后如图 5-3-12 所示。

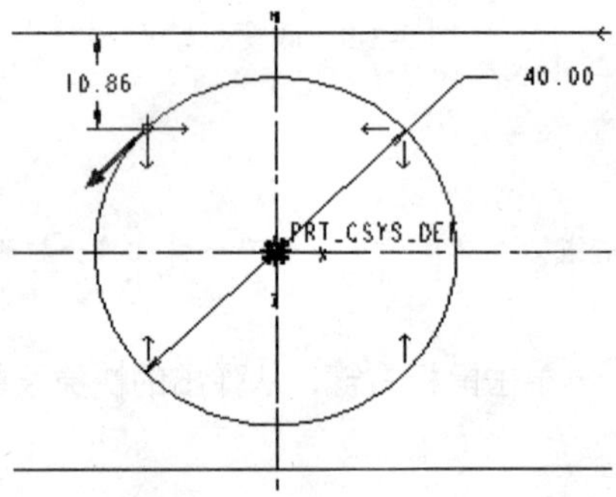

图 5-3-12 调整后的截面

完成所有截面后，单击草绘工具栏中的✓按钮，退出草绘截面。

输入截面间的距离：

01 在系统提示【输入截面 2 的深度】下输入 80，并单击✓按钮。

02 在系统提示【输入截面 1 的深度】下输入 50，并单击✓按钮。

预览并修改创建的混合特征：

01 单击【混合特征信息】对话框中的预览按钮，预览所创建的特征，如图 5-3-13 所示。

02 可以看到此时的混合特征是扭曲的，我们需要修改第 2 截面的起始点。

03 选中【混合特征信息】对话框中【截面】选项，单击下方的【定义】按钮，如图 5-3-14 所示。

图 5-3-13 扭曲的混合特征

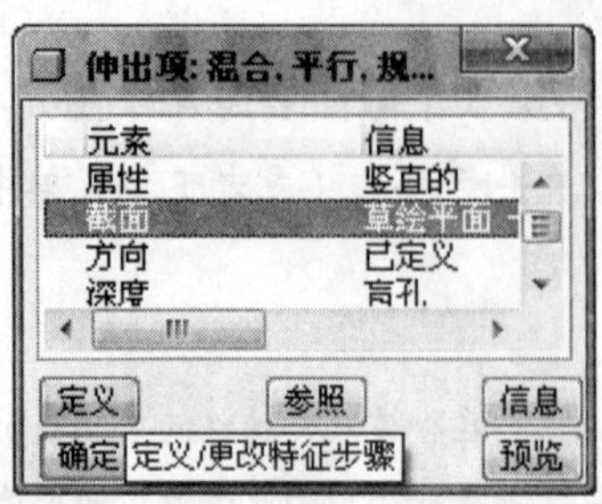

图 5-3-14 【混合特征信息】对话框

04　单击鼠标右键，选择【切换剖面（T）】到第 2 个截面。

05　在如图 5-3-15 所示的左上交点处单击鼠标右键，选择【起始点（S）】命令。

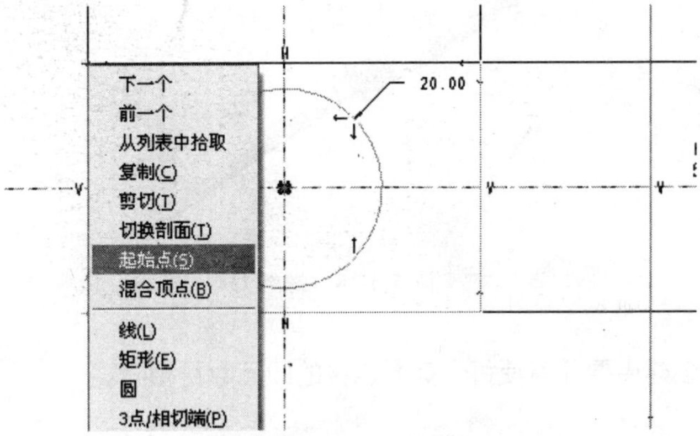

图 5-3-15　更改起始点

06　观察此时的方向，发现第 3 个截面圆的方向不一致。

07　单击鼠标右键选择【切换剖面（T）】到第 3 个截面。

08　在如图 5-3-16 所示的圆左上点处单击鼠标右键，选择【起始点（S）】命令。

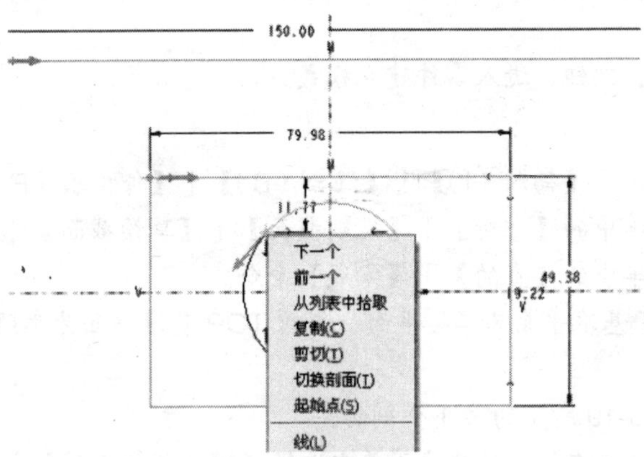

图 5-3-16　更改起始点方向

09　完成后，单击草绘工具栏中的✔按钮，退出草绘截面。

10　单击【混合特征信息】对话框中的预览按钮，预览所创建的特征，如图 5-3-17 所示。

完成混合特征的创建，单击【混合特征信息】对话框下的【确定】按钮。至此完成混合特征的创建。保存文件。

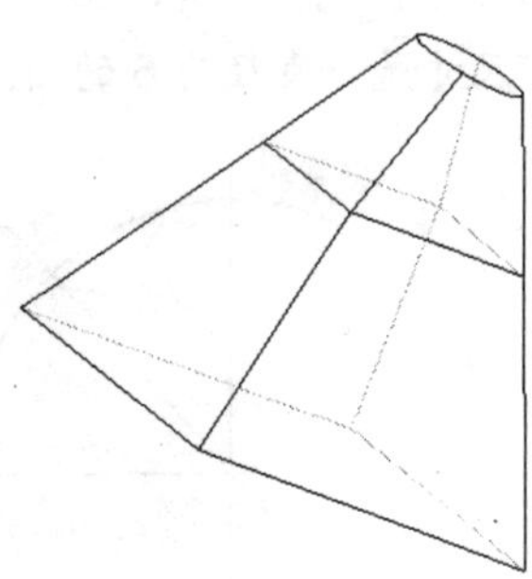

图 5-3-17　修改后的混合特征

5.3.3　螺丝刀的制作

经典实例

螺丝刀的制作，如图 5-3-18 所示。

【光盘：源文件/第 5 章/5-5.prt】

【实例效果】

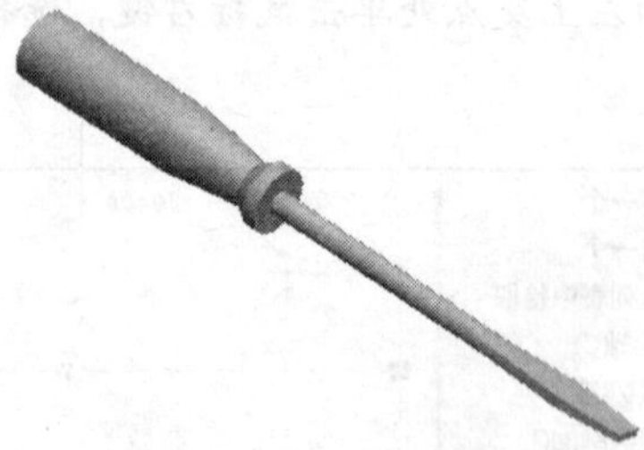

图 5-3-18　螺丝刀

【实例分析】

在混合特征的创建中要注意使每个截面包含的图元数目相同。

【实例制作】

1．新建文件

01　单击按钮，在【新建】对话框中设定文件类型为【零件】，子类型为【实体】，文件名修改为 5-5，清除【使用缺省模板】复选框。

02　单击【确定】按钮，在【新建文件】对话框中选择【mmns_part_solid】的公制实体零件模板。

03　单击【确定】按钮，进入零件建立模式。

2．创建混合特征

01　在主菜单中选择【插入（I）】|【混合（B）】|【伸出项（P）】命令。

02　选择混合菜单中的【平行】|【规则截面】|【草绘截面】|【完成】命令。

03　选择属性菜单中的【直的】|【完成】命令。

04　选择 RIGHT 基准平面为草绘平面，选择 TOP 基准平面为参照平面，选择【正向】|【缺省】命令。

05　绘制如图 5-3-19 所示的第 1 个剖面。

06　单击鼠标右键，在弹出的快捷菜单中选择【切换剖面（T）】命令，绘制第 2 个剖面，其几何尺寸与第 1 个剖面相同。

07　单击鼠标右键，在弹出的快捷菜单中选择【切换剖面（T）】命令，绘制第 3 个剖面，其几何尺寸是一直径为 6 的圆。如图 5-3-20 所示。

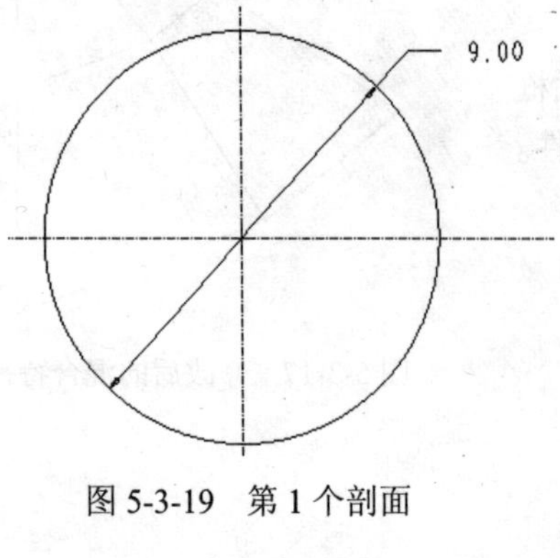

图 5-3-19　第 1 个剖面

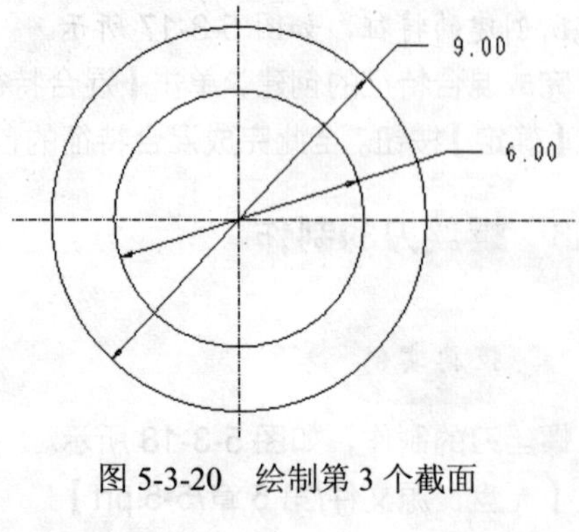

图 5-3-20　绘制第 3 个截面

08 单击鼠标右键，在弹出的快捷菜单中选择【切换剖面（T）】命令，绘制第 4 个剖面，其几何尺寸是一直径为 8.5 的圆。

09 单击鼠标右键，在弹出的快捷菜单中选择【切换剖面（T）】命令，绘制第 5 个剖面，其几何尺寸与第 4 个剖面相同。剖面如图 5-3-21 所示。

10 完成剖面后，单击✔按钮，退出草绘模式。

11 在信息栏依次输入值为 23、11、2、2。

12 单击【伸出项：混合、平等、规则截面】对话框中的【确定】按钮，创建第 1 个混合特征，结果如图 5-3-22 所示。

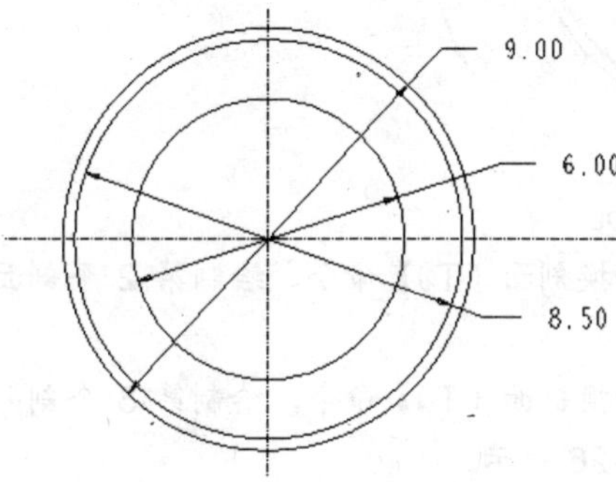

图 5-3-21 完成剖面

图 5-3-22 创建第 1 个混合特征

3. 创建第 2 个混合特征

01 在主菜单中选择【插入（I）】|【混合（B）】|【伸出项（P）】命令。

02 选择混合菜单中的【平行】|【规则截面】|【草绘截面】|【完成】命令。

03 选择属性菜单中的【直的】|【完成】命令。

04 选择如图 5-3-23 所示的平面为草绘平面。

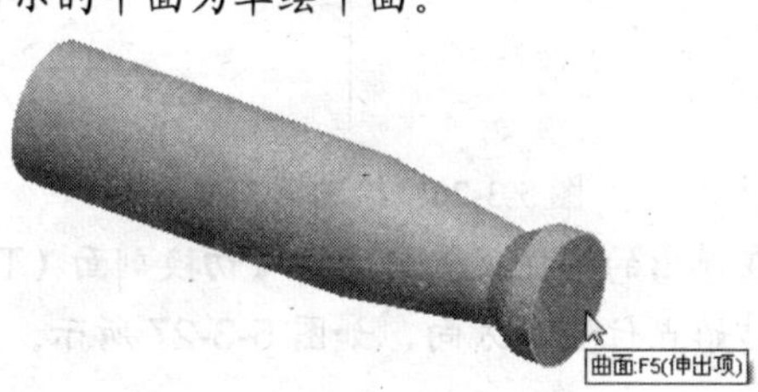

图 5-3-23 选择平面

05 选择 TOP 基准平面为参照平面，选择【正向】|【缺省】命令。

06 绘制如图 5-3-24 所示的圆和辅助构造线。

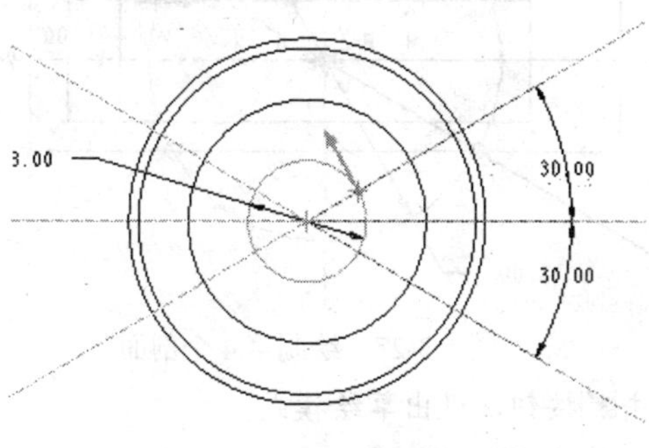

图 5-3-24 绘制剖面

07　利用工具在圆和两条构造线的交点处分割圆为 4 份，按照逆时针方向分割。如图 5-3-25 所示。

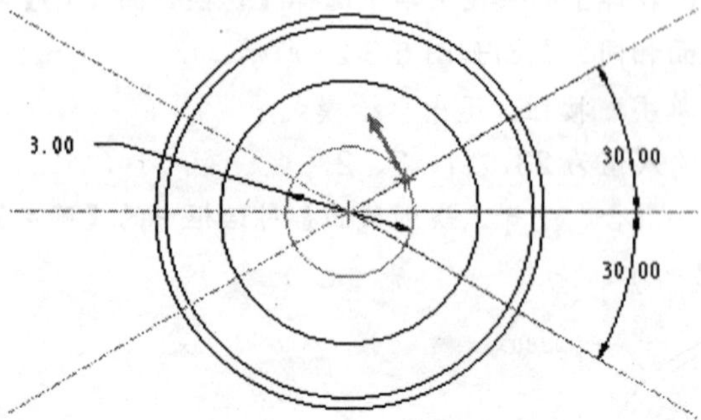

图 5-3-25　分割图元

08　单击鼠标右键，在弹出的快捷菜单中选择【切换剖面（T）】命令，绘制第 2 个剖面，其几何尺寸和分割与第 1 个剖面相同。

09　单击鼠标右键，在弹出的快捷菜单中选择【切换剖面（T）】命令，绘制第 3 个剖面，该剖面是矩形，并改变其起始点位置和方向，如图 5-3-26 所示。

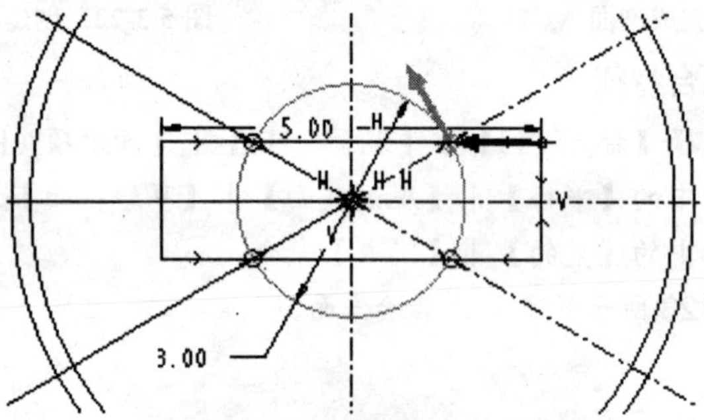

图 5-3-26　绘制第 3 个剖面

10　单击鼠标右键，在弹出的快捷菜单中选择【切换剖面（T）】命令，绘制第 4 个剖面，该剖面是矩形，并改变其起始点位置和方向，如图 5-3-27 所示。

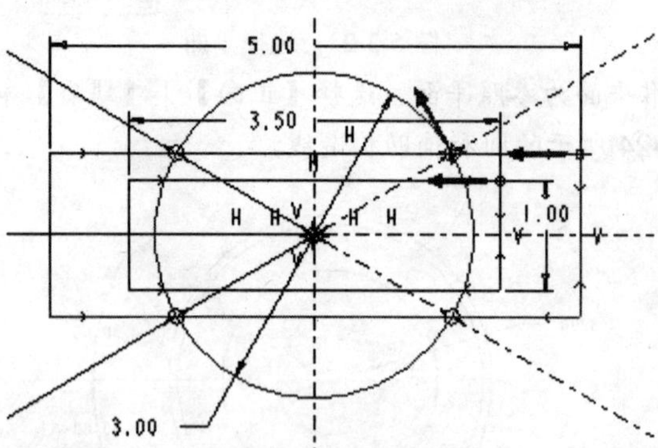

图 5-3-27　绘制第 4 个剖面

11　完成剖面后，单击按钮，退出草绘模式。

12　在信息栏依次输入值为 30、17、9。

13 单击【伸出项：混合、平等、规则截面】对话框中的【确定】按钮，建立第 2 个混合特征，结果如图 5-3-28 所示。保存文件。

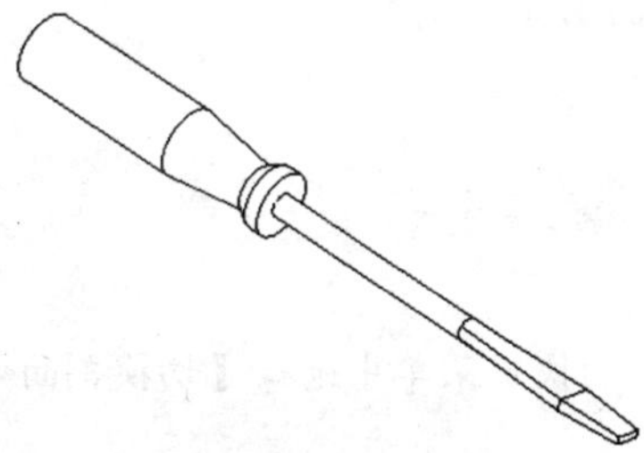

图 5-3-28 完成混合特征

5.3.4 石膏几何体的制作

经典实例

石膏几何体的制作，如图 5-3-29 所示。

【光盘：源文件/第 5 章/5-6.prt】

【实例分析】

在混合特征的创建中要注意使每个截面包含的图元数目相同。

【实例效果】

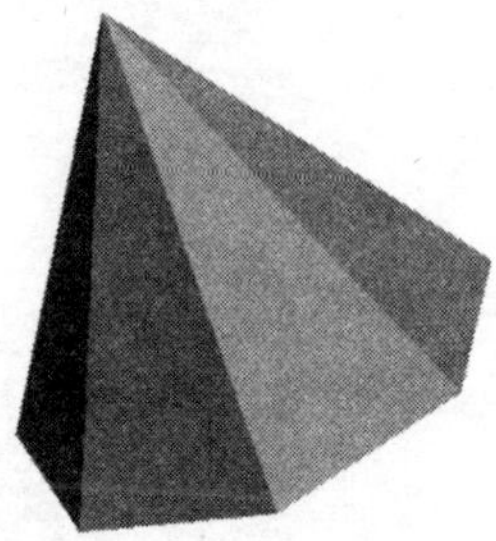

图 5-3-29 石膏几何体

【实例制作】

1. 新建文件

01 单击按钮，在【新建】对话框中设定文件类型为【零件】，子类型为【实体】，文件名修改为 5-6，清除【使用缺省模板】复选框。

02 单击【确定】按钮，在【新建文件】对话框中选择【mmns_part_solid】的公制实体零件模板。

03 单击【确定】按钮，进入零件建立模式。

2. 创建混合特征

01 在主菜单中选择【插入（I)】|【混合（B)】|【伸出项（P)】命令。

02 选择混合菜单中的【平行】|【规则截面】|【草绘截面】|【完成】命令。

03 选择属性菜单中的【直的】|【完成】命令。

04 选择FRONT基准平面为草绘平面，选择RIGHT基准平面为参照平面，选择【正向】|【缺省】命令。

05 绘制如图5-3-30所示的第1个剖面。

提示

应用（草绘器调色板）按钮可以快速插入正五边形。

06 单击鼠标右键，在弹出的快捷菜单中选择【切换剖面（T）】命令，在中心绘制1个点作为第2个剖面。

07 完成剖面后，单击按钮，退出草绘模式。

08 在信息栏依次输入值200，单击按钮。

09 单击【伸出项：混合、平等、规则截面】对话框中的【确定】按钮，完成混合特征创建，结果如图5-3-31所示。

10 保存文件。

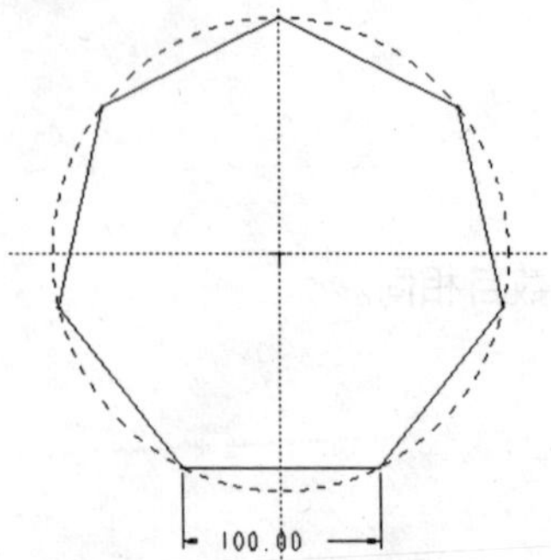

图 5-3-30 第1个剖面

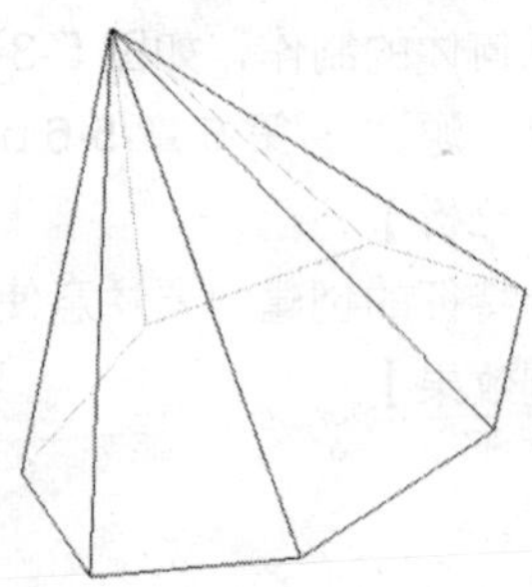

图 5-3-31 完成混合特征

5.4 扫描特征

扫描特征是通过草绘或选取轨迹，然后沿该轨迹草绘截面来创建的，如图5-4-1所示。

和混合特征相同，在Pro/E Wildfire版本中扫描特征的变化不大，各个创建的选项仍然独立位于不同命令菜单中，在选择上仍然使用了老版本的【菜单管理器】形式，扫描特征如图5-4-2所示。

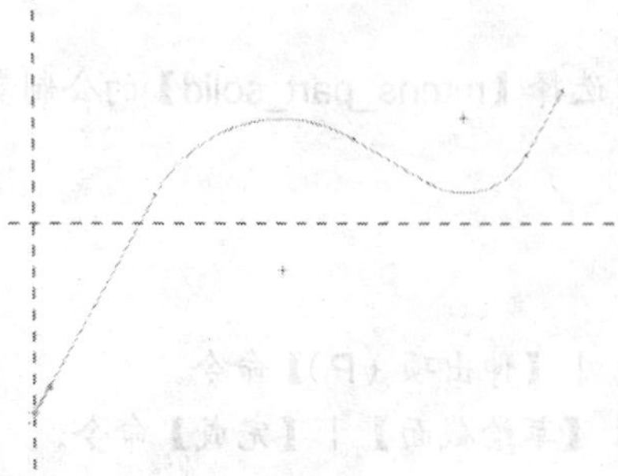

图 5-4-1 扫描轨迹

图 5-4-2 扫描特征

5.4.1 扫描工具的介绍

启动扫描特性工具的方法如下：

选择下拉菜单中的【插入（I）】|【扫描（S）】|【伸出项（P）】命令，如图 5-4-3 所示。

上述菜单中各选项的功能如下：

- 【伸出项】：插入扫描伸出项。
- 【薄板伸出项】：插入薄壁伸出项。
- 【切口】：插入扫描切口。
- 【薄板切口】：插入薄板扫描切口。
- 【曲面】：插入扫描曲面。
- 【曲面修剪】：插入扫描曲面修剪。
- 【薄曲面修剪】：插入薄壁扫描曲面修剪。

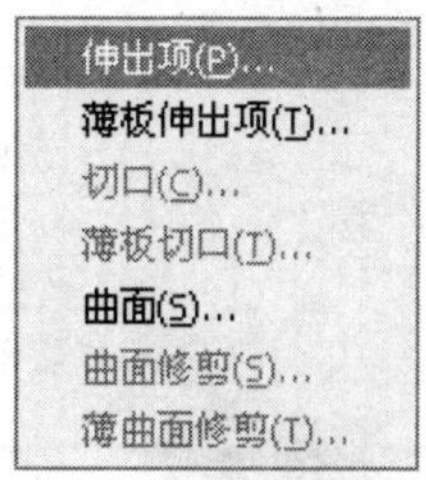

图 5-4-3 扫描子菜单

完成上步操作后，系统自动弹出如图 5-4-4 所示的【伸出项：扫描】对话框，同时还弹出如图 5-4-5 所示的【扫描轨迹】菜单。

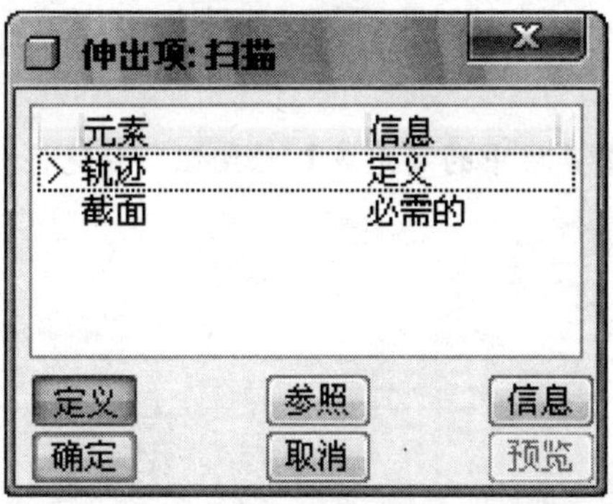

图 5-4-4 【伸出项：扫描】对话框

图 5-4-5 【扫描轨迹】菜单

- 【草绘轨迹】：在草绘环境中扫描轨迹。
- 【选择轨迹】：选取现有曲线或边，作为扫描轨迹。

5.4.2 创建扫描特征

下面以如图 5-4-2 所示的扫描特征为例，说明创建扫描特征的一般过程。

选取扫描特征的命令，选择下拉菜单中的【插入（I）】|【扫描（S）】|【伸出项（P）】命令。

1. 定义扫描轨迹

01 选择【扫描轨迹】菜单中的【草绘轨迹】命令。

02 选择【平面】命令，选取 TOP 基准面作为草绘面。

03 选择【正向】|【右】命令，选取 RIGHT 基准面作为参考面，系统进入草绘环境。

04 定义草绘扫描轨迹的参考：接受系统给出的默认参照 FRONT 和 RIGHT。

05 绘制并标注扫描轨迹，如图 5-4-6 所示。

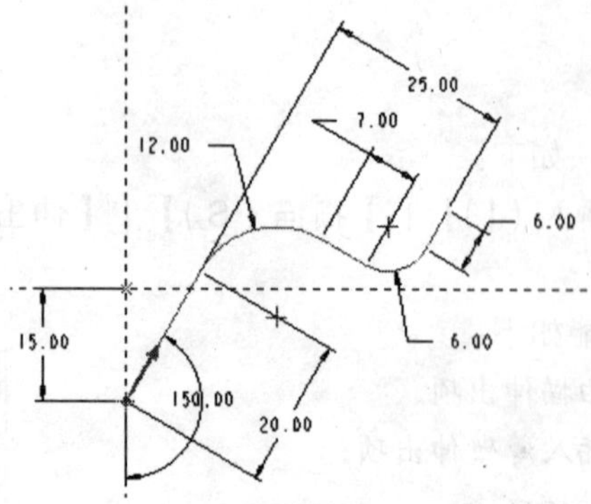

图 5-4-6　绘制扫描轨迹

注意

创建扫描轨迹时应该注意以下几点，否则扫描可以失败。

- 轨迹不能自身相交。
- 相对扫描截面，扫描轨迹中的弧或样条半径不能相对于创建的截面太小。
- 在绕三维轨迹扫描时，将截面对齐或标注到固定图元，截面会定向改变。

06　完成轨迹的绘制和标注后，单击草绘工具栏中的【完成】按钮，系统将自动退出草绘环境。

2．创建扫描特征的截面

这时可以明白系统是如何生成草绘平面的。

提示

现在系统已经进入扫描截面的草绘环境。一般情况下，草绘区显示草绘平面与屏幕平行（Pro/E 系统自动为我们生成了一个草绘平面，而不需要我们自己定义，与拉伸特征和旋转特征不同）。可以按住鼠标中键并移动鼠标，可把图形区调成如图 5-4-7 所示的方位显示。

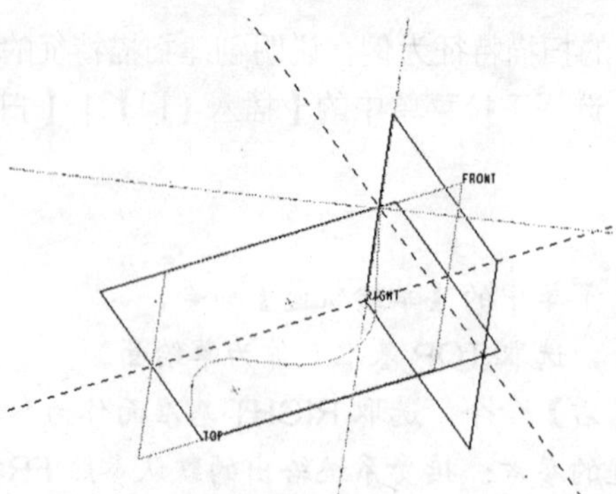

图 5-4-7　调整显示方位

如果想返回到草绘平面与屏幕平行的状态，请单击工具栏的按钮。

01　定义截面的参照：此时系统自动以 L1 和 L2 为参照，使截面完全放置，所以可直接单击该对话框的【关闭（C）】按钮。

提示

L1 和 L2 虽然不在对话框中的【参照】列表区显示，但它们实际上是截面的参照。

02　绘制并标注扫描截面的草图。如图 5-4-8 所示。

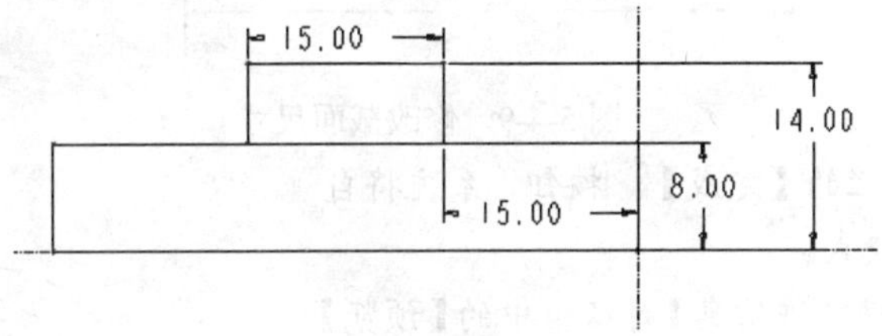

图 5-4-8　绘制扫描截面

提示

在草绘平面与屏幕平行和不平行这两种视角状态下，都可以创建截面草图，它们各有利弊，平行的状态符合用户创建的习惯，但不平行的状态可以清楚地看到草图与轨迹间的相对位置。

建议读者在创建时交替使用这两种视角显示状态。在非平行状态下，进行草图的定位；在平行的状态下进行草图开关的绘制和大部分标注。

但在进行三维草绘时，草图的定位、开关的绘制和相当一部分标注需要在非平行状态下进行。

03　完成截面的绘制和标注后，单击草绘工具栏的【完成】按钮，系统将自动退出草绘模式。

3．预览并完成创建扫描特征

01　单击【扫描特征信息】对话框下的【预览】按钮，这时信息区出现提示【不能构建特征几何图形】。特征失败的原因可从所定义轨迹和截面两个方面来查找，下面介绍如何操作。

02　检查是不是图 5-4-6 中的 R=6 太小，改成 9 试试。

- 在【扫描特征信息】对话框中，双击【轨迹】这一条目。
- 选择【修改】|【完成】命令，在弹出的菜单中选择【草绘】命令，系统进入草绘环境。
- 在草绘环境中，将 R=6 改为 R=9，完成修改后，单击工具栏中的按钮。
- 再单击【扫描特征信息】对话框中的【预览】按钮，仍然出现错误信息，说明不是圆角半径太小的原因。

03　查找特征截面方面的原因，检查是不是截面距轨迹点太远，或者截面尺寸太大（相对于轨迹尺寸）。操作步骤如下：

- 在【扫描特征信息】对话框中，双击【截面】这一条目。

- 在弹出的菜单中选择【草绘】命令，系统进入草绘环境。
- 在草绘环境中，按照如图 5-4-9 所示修改截面尺寸。

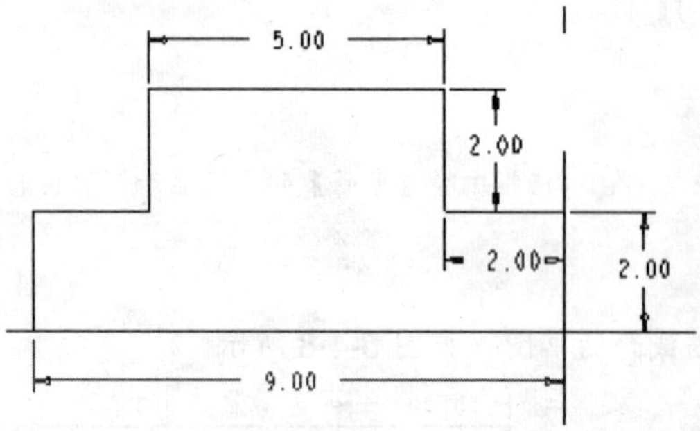

图 5-4-9　修改截面尺寸

- 单击草绘工具栏的【完成】按钮，系统将自动退出草绘模式。
- 再次单击【扫描特征信息】对话框中的【预览】按钮，扫描特征成功。

4．完成扫描特征的创建

单击【扫描特征信息】对话框中的【确定】按钮，完成扫描特征的创建，如图 5-4-10 所示。保存文件。

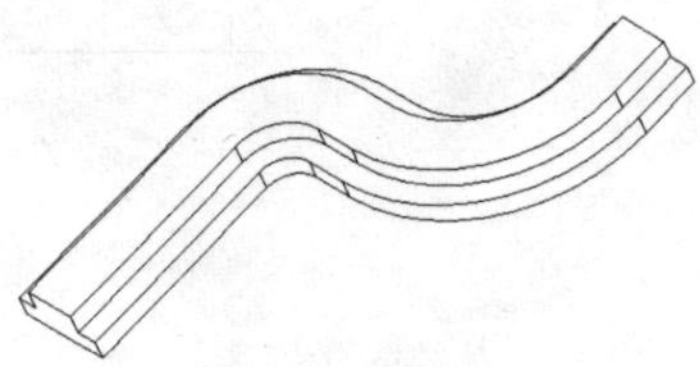

图 5-4-10　完成扫描特征

5.4.3　五角星钮扣的制作

在本节将介绍如何制作一个有五角星图案的钮扣。

经典实例

五角星钮扣的制作，如图 5-4-11 所示。

【光盘：源文件/第 5 章/5-7.prt】

【实例效果】

图 5-4-11　五角星钮扣的制作

【实例制作】

1．新建文件

01　单击按钮，在【新建】对话框中设定文件类型为【零件】，子类型为【实体】，文件名修改为 5-7，清除【使用缺省模板】复选框。

02 单击【确定】按钮，在【新建文件】对话框中选择【mmns_part_solid】的公制实体零件模板。

03 单击【确定】按钮，进入零件建立模式。

2. 创建旋转特征

01 单击（旋转工具）按钮，打开旋转工具操控面板。

02 在绘图窗口单击鼠标右键，选择【定义内部草绘】命令，打开【草绘】对话框。

03 选择 FRONT 视图为【草绘】平面，其余接受系统默认设置。进入【草绘】模式。

04 绘制如图 5-4-12 所示的剖面。

05 完成剖面后，单击按钮，退出【草绘】模式。

06 保留操控面板上的（变量）选项，在旁边的【角度】数值中保持 360。

07 单击按钮，完成旋转特征，如图 5-4-13 所示。

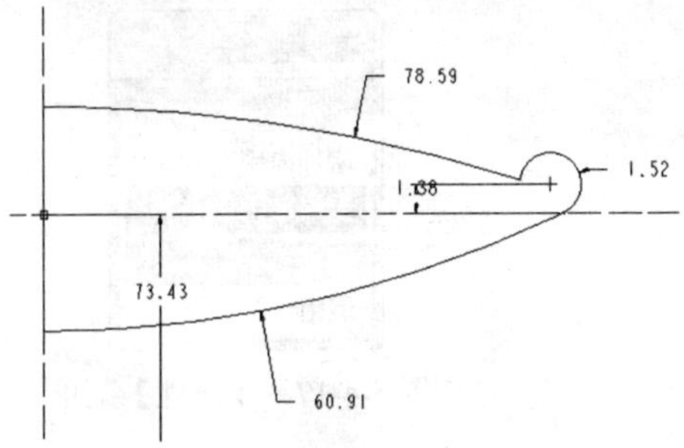

图 5-4-12 绘制剖面

图 5-4-13 完成旋转特征

3. 建立新的基准平面

01 单击（基准平面工具）按钮，打开【基准平面】对话框。

02 选择 TOP 基准平面，在【偏移】选项输入偏移距离为 1.5。

03 单击【基准平面】对话框中的【确定】按钮，建立 DTM1 基准平面。如图 5-4-14 所示。

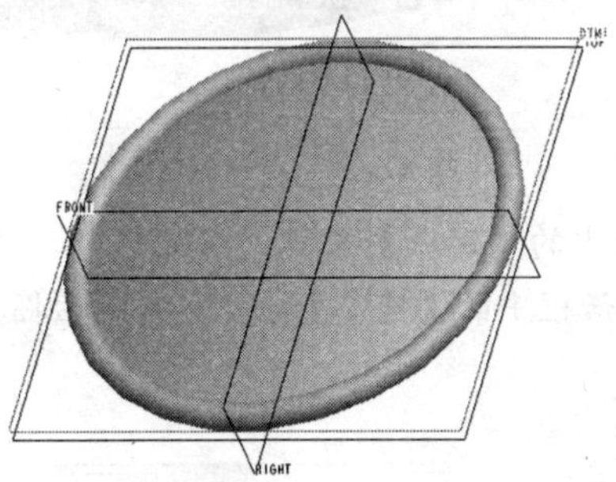

图 5-4-14 创建 DTM1 基准平面

4. 创建扫描特征

01 选择下拉菜单中的【插入（I)】|【扫描（S)】|【伸出项（P)】命令。

02 选择【扫描轨迹】菜单中的【草绘轨迹】命令。

03 选择【平面】命令，选取 DTM1 平面作为草绘面。

04 选择【正向】|【右】命令，选取 RIGHT 基准面作为参考面，系统进入草绘环境。

05 定义草绘扫描轨迹的参考：接受系统给出的默认参照 FRONT 和 RIGHT。

06　绘制并标注扫描轨迹：单击工具栏上的按钮，打开【草绘调色器】面板，在其中找到五角星，双击并放到绘图区。

07　在系统自动打开的【缩放旋转】对话框的【比例】栏中输入 2，如图 5-4-15 所示。

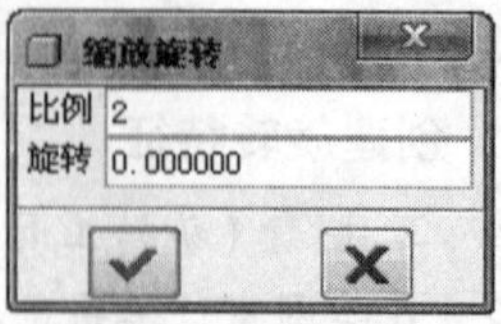

图 5-4-15　【缩放旋转】对话框

08　添加约束，使添加的五角星位于中心，如图 5-4-16 所示。

09　单击草绘工具栏中的完成按钮，系统将自动退出草绘环境。

10　在弹出的【属性】菜单中选择【完成】，进入截面的绘制，如图 5-4-17 所示。

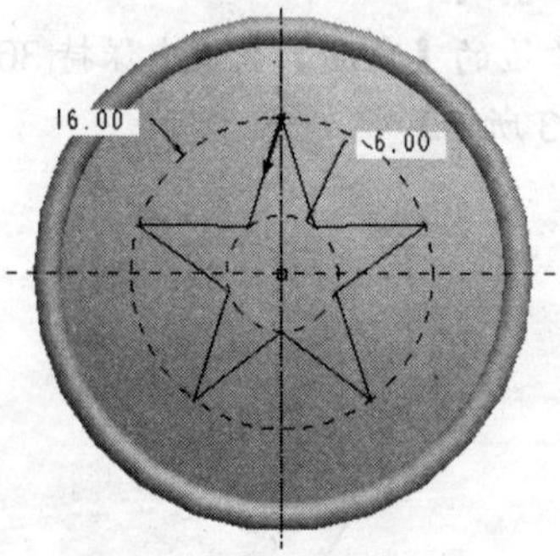

图 5-4-16　绘制五角星

图 5-4-17　【属性】菜单

11　绘制如图 5-4-18 所示的截面。

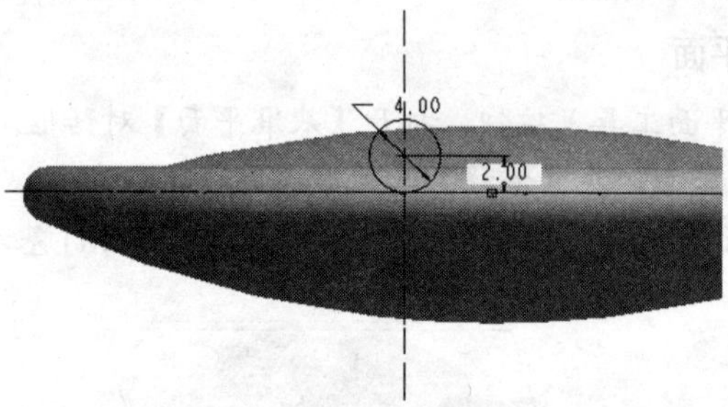

图 5-4-18　绘制截面

12　单击【草绘】工具栏中的【完成】按钮，系统将自动退出草绘环境。

13　单击【特征信息】对话框中的【确定】按钮，完成扫描特征的创建，如图 5-4-19 所示。

14　保存文件。

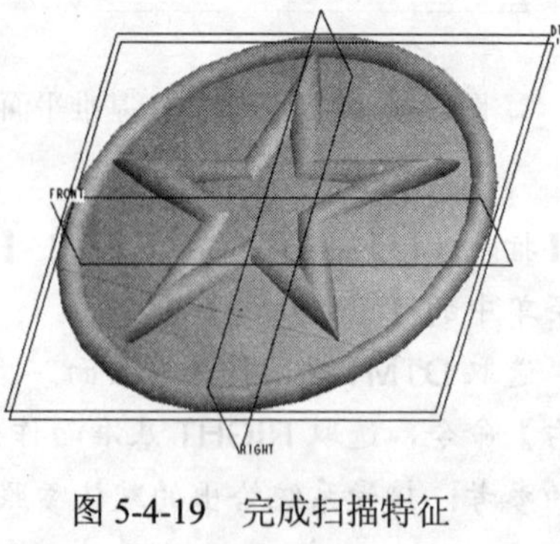

图 5-4-19　完成扫描特征

5.4.4　扫描特征应用实例 2：3D 坡道

在扫描特征的草绘剖面中，利用样条曲线可以手动调整样条曲线节点建立 3D 空间曲线，进而利用该曲线作为轨迹完成特征。本小节将以实例介绍这种应用。

经典实例

3D 坡道的制作，如图 5-4-20 所示。

【光盘：源文件/第 5 章/5-8.prt】

【实例效果】

图 5-4-20　3D 坡道的制作

【实例制作】

1．新建文件

01　单击按钮，在【新建】对话框中设定文件类型为【零件】，子类型为【实体】，文件名修改为 5-8，清除【使用缺省模板】复选框。

02　单击【确定】按钮，在【新建文件】对话框中选择【mmns_part_solid】的公制实体零件模板。

03　单击【确定】按钮，进入零件建立模式。

2．创建扫描特征

01　选择下拉菜单【插入(I)】|【扫描(S)】|【伸出项（P)】命令。

02　选择【扫描轨迹】中的菜单中的【草绘轨迹】命令。

03　选择【平面】命令，选取 TOP 基准平面平面作为草绘面。

04　选择【正向】|【缺省】命令，系统进入草绘环境。

05　绘制一个含 5 个节点的样条曲线，大致形状如图 5-4-21 所示。

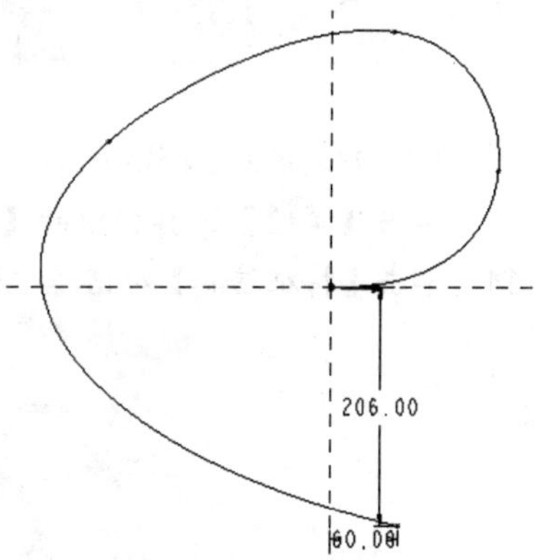

图 5-4-21　绘制大致形状

06　选择样条曲线，单击按钮，出现修改样条线的操控面板。

07　单击【点】按钮，打开【点】上滑面板，如图 5-4-22 所示。

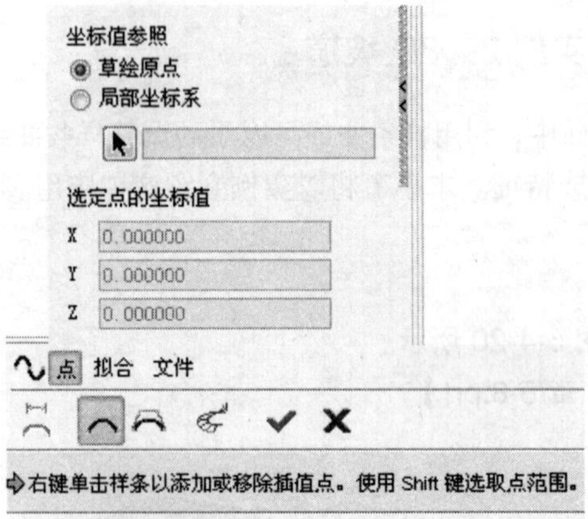

图 5-4-22 样条线操控面板

08 从起点开始按逆时针方向旋转，依次在图形窗口选择每个节点，修改 X、Y、Z 的坐标值分别如下：（0，0，0），（150，100，–10），（55，220，–25），（–200，125，–40），（60，–25，–55）。

09 单击操控面板的☑，完成样条线的修改，结果如图 5-4-23 所示。

10 单击【草绘】工具栏中的【完成】按钮，系统将自动退出草绘环境。

11 继续绘制如图 5-4-24 所示的剖面。

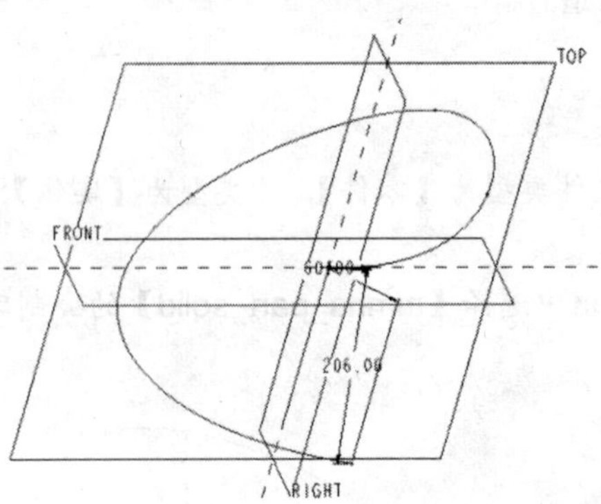

图 5-4-23 完成样条线的修改

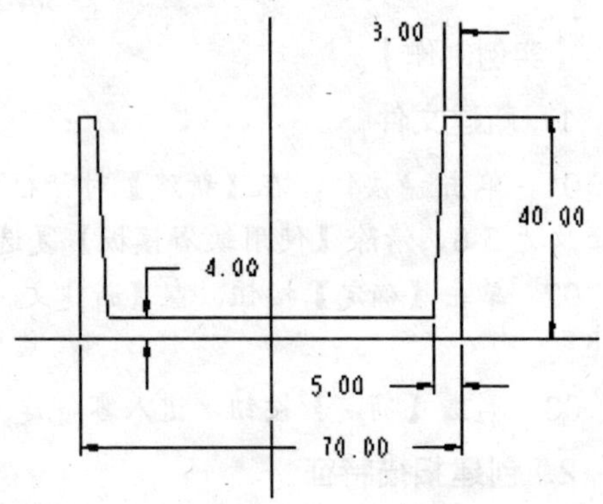

图 5-4-24 绘制剖面

13 单击【草绘】工具栏中的【完成】按钮，系统将自动退出草绘环境。

14 单击【特征信息】对话框中的【确定】按钮，完成扫描特征的创建，如图 5-4-25 所示。

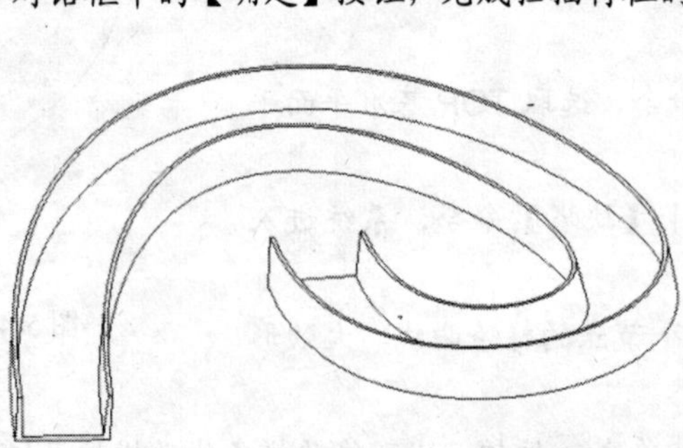

图 5-4-25 完成扫描特征

本章总结

本章学习了基本特征，包括拉伸特征、旋转特征、混合特征和扫描特征，这些是学习工程特征和构造特征等特征的基础。需要认真体会，也需要多练习，多找实例做，才能发现问题，解决问题。

有问必答

问：拉伸的草绘可以不封闭吗？

答：通常情况下，拉伸特征的草绘都需要封闭，但某些时候利用了其他特征的边界就可以不封闭，在完成草绘后，系统会提示在草绘线条的哪一侧加材料。

另外，对于旋转特征及剪切特征同样可以用不封闭的草绘截面。

问：旋转特征的草绘需要注意什么？

答：在绘制旋转特征的草绘时，有如下几点需要注意：

- 必须要有中心线作为旋转轴。
- 草绘线条只能位于中心线的一侧。
- 草绘中有多条中心线时，旋转特征默认使用第一条中心线作为旋转轴，如果使用其他中心线，可以使用鼠标右键单击该中心线，在弹出的快捷菜单中选取【旋转轴】。

问：建立扫描特征失败时系统提示【不能构建几何特征】，是什么原因？

答：这种失败的最主要原因是扫描轨迹的半径较小，而截面又过大，造成了几何的重叠。

问：怎样改变起始点？怎么样切换起始点方向？

答：使用鼠标选取所需要的点之后，单击下拉式菜单中的【草绘（S）】|【特征工具（T）】|【起始点（S）】命令，即可改变该点，或再按下鼠标右键，从弹出的菜单中直接选取【起始点（S）】命令。

问：如何创建从正方形到三角形的混合？

答：正方形和三角形的图元数不等，除了使用前面介绍的分割图元法，还可以借助特征工具【混合顶点】命令，当截面图元数不足时，【混合顶点】可以构成两个点到一个点的混合，从而代替了新的图元。

建立混合顶点：直接选择点单击鼠标右键，在弹出的菜单中选择【混合顶点】命令即可。需要注意的是，如果混合有多个截面，那么混合顶点只能应用于第一个和最后一个截面之中。

Study

Chapter 06

放置特征的建立

学习导航

Pro/E 提供了很多不依赖于草绘环境的特征构建工具，例如孔、圆角和倒角等，本章将介绍这几个工具以及其他一些常用特征构建工具的基础知识。学完本章后，你可以做到：构建直的线性孔、构建直的同轴孔、构建标准孔、在零件上创建圆角、在零件上创建倒角、使用拔模选项创建扭曲特征、创建零件抽壳特征、创建修饰螺纹、创建线性阵列。

本章要点

- 孔特征
- 草绘孔
- 标准孔
- 修饰特征
- 拔模面
- 圆角特征
- 倒角特征
- 修饰螺纹

6.1 孔　特　征

利用【孔】工具可向模型中添加简单孔、定制孔和工业标准孔。通过定义放置参照、设置次（偏移）参照及定义孔的具体特性来添加孔。操作时，Pro/ENGINEER 会显示孔的预览几何。

可创建以下孔类型：

直的：由带矩形剖面的旋转切口组成。可创建以下【直】孔类型：

- 【简单】：使用 Pro/ENGINEER 预定义的（直）几何。缺省情况下，Pro/ENGINEER 创建单侧【简单】孔。但是，可以使用【形状】上滑面板来创建双侧简单直孔。双侧【简单】孔通常用于组件中，允许同时格式化孔的两侧。
- 【草绘】：使用【草绘器】中创建的草绘轮廓。

标准：由基于工业标准紧固件表的拉伸切口组成。Pro/ENGINEER 提供选取的紧固件的工业标准孔图表以及螺纹或间隙直径也可创建自己的孔图表。注意，对于【标准】孔，会自动创建螺纹注释。

注意

孔总是从放置参照位置开始延伸到指定的深度。可直接在图形窗口和操控板中操控并定义孔。

在建立【孔】特征时，需要指定的参数包括参考平面、孔轴线位置、孔径、深度设置。

6.1.1 孔工具的介绍

在 Pro/E Wildfire 3.0 中，所有与孔有关的菜单选项都集成在【孔】工具操控面板中。

通过两种方法打开【孔】工具操控面板：

- 单击窗口右侧的【特征】工具栏的按钮。
- 在主菜单上单击【插入（I）】|【孔（H）】命令。

打开【孔】工具操控面板，如图 6-1-1 所示。

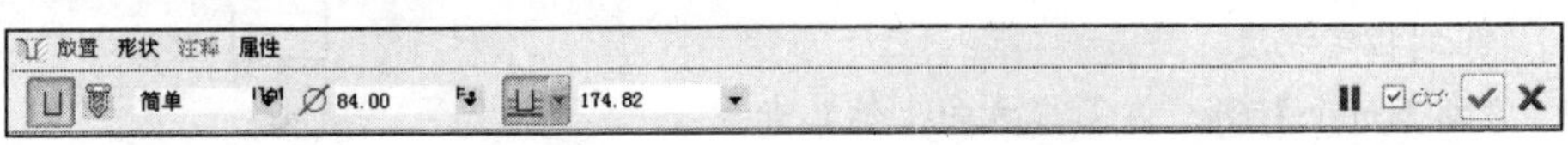

图 6-1-1　【孔】工具操控面板

【孔】工具操控面板也包含上下排。第一排包含放置、形状、注释、属性 4 个按钮，单击后会弹出相应的上滑面板，可以定义相应的参数。下面一排用于快速定义特征参数。

【放置】上滑面板：

单击【放置】按钮，系统弹出【放置】上滑面板，如图 6-1-2 所示。

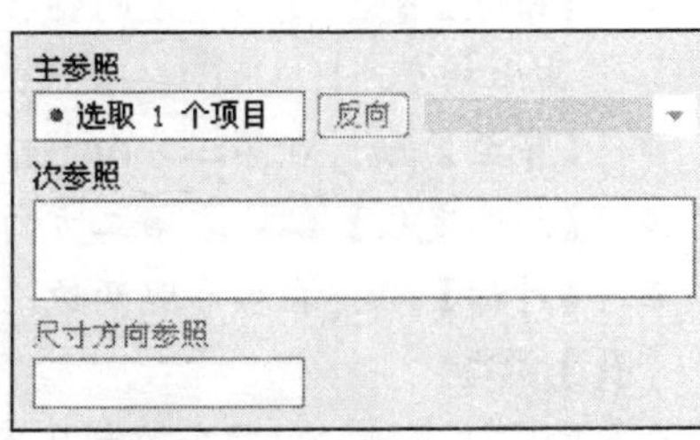

图 6-1-2　【放置】上滑面板

【放置】上滑面板包含【直】孔和【标准】孔放置信息，允许对其进行校验和修改。此上滑面板包含以下选项：

- 【主参照收集器】：包含已选取的用来放置孔的主放置参照。可在此收集器中进行单击以将其激活，或使用快捷菜单中的【放置参照收集器】。
- 【反向】：反转孔的放置方向。也可使用快捷菜单中的【反向】。

注意

【反向】只适用于使用【可变】、【到下一个】或【穿透】深度选项的【简单】和【标准】孔。

【放置】类型框：

- 【线性】：使用两个线性尺寸在曲面上放置孔。如果选取平面、圆柱体或圆锥实体曲面，或是基准平面作为主放置参照，可使用此类型。也可使用快捷菜单中的【线性】。曲面或基准平面作为主放置参照，Pro/ENGINEER 缺省选取此放置类型。只有基准轴或现有孔的轴垂直于新创建的孔的主放置参照时，才可通过参照该轴创建线性孔。
- 【径向】：用一个线性尺寸和一个角度尺寸放置孔。如果选取平面、圆柱体或圆锥实体曲面，或是基准平面作为主放置参照，可使用此类型。也可使用快捷菜单中的【径向】。
- 【直径】：通过绕直径参照旋转孔来放置孔。此放置类型除了使用线性和角度尺寸之外还将使用轴。如果选取平面实体曲面或基准平面作为主放置参照，可使用此类型。也可使用快捷菜单中的【直径】（Diameter）。
- 【同轴】：将孔放置在轴与曲面的交点处。此放置类型使用线性和轴参照。如果选取曲面、基准平面或轴作为主放置参照，可使用此类型。也可使用快捷菜单中的【同轴】。

【形状】上滑面板：

单击【形状】按钮，系统弹出【形状】上滑面板，如图 6-1-3 所示。

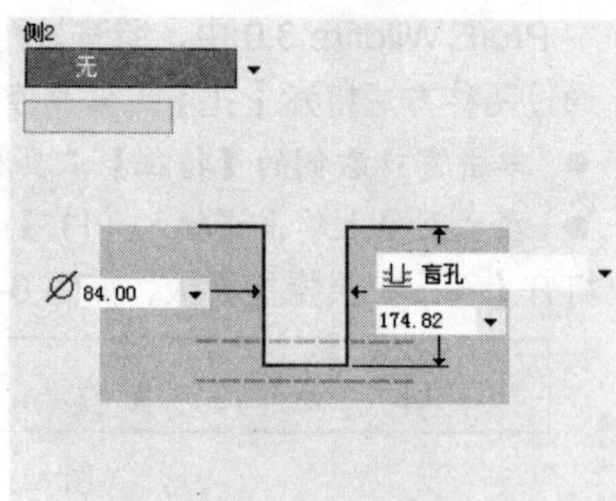

图 6-1-3　形状上滑面板

在【形状】上滑面板中，可以定义孔的直径以及深度，定义深度共有 6 个选项。其含义如下：

- 【盲孔】：在第二方向上从放置参照钻孔到指定深度。
- 【到下一个】：在第二方向上钻孔直至下一曲面。
- 【穿透】：在第二方向钻孔直到与所有曲面相交。
- 【穿至】：在第二方向上钻孔，直钻到与选定曲面相交。
- 【到选定项】：在第二方向上钻孔至选定点、曲线、平面或曲面。
- 【对称】：在主参照两边，各按指定深度数值的一半钻孔。

【孔】类型：

在孔操控面下排，有两个控制孔类型的按钮，可以控制创建不同类型的孔。

- 【创建直孔】：选择此选项后，可以在右边的下拉列表中选择【简单】或者【草绘】。
- 如果选择【简单】，则可以建立剖面单一的直孔。
- 如果选择【草绘】，则可以绘制孔的剖面，用这种方法可以建立形状非常复杂的孔。
- 【创建标准孔】：选择此选项后，在操控面板会出现新的输入选框和按钮。用户可以选择的标准有 ISO、UNC、UNF。

6.1.2　直孔特征创建

下面以活塞为例，说明添加直孔的一般步骤：

经典实例

打开文件【光盘：源文件/第 6 章/6-1.prt】，如图 6-1-4 所示。

添加直孔特征：

01　选取【孔特征】的命令：

- 选择也拉菜单中的【插入（I）】|【孔（H）】命令。
- 直接单击命令按钮。

02　选取孔类型。完成上步后，系统自动弹出孔特征操控面板。由于直孔为系统默认，这一步可以省略。

03　定义孔的放置。定义孔的放置的主参照。选择如图 6-1-5 所示的端面为主参照，这时系统以当前默认值自动生成孔的轮廓。

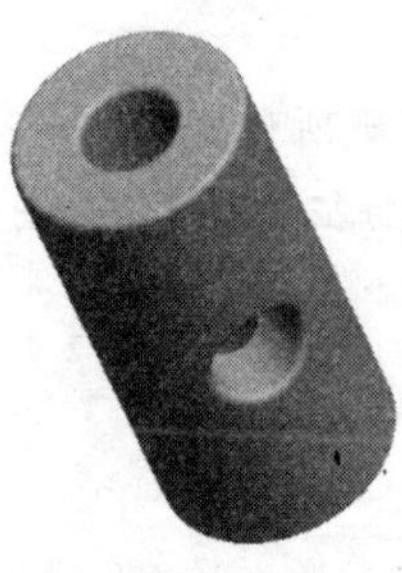

图 6-1-4　活塞模型

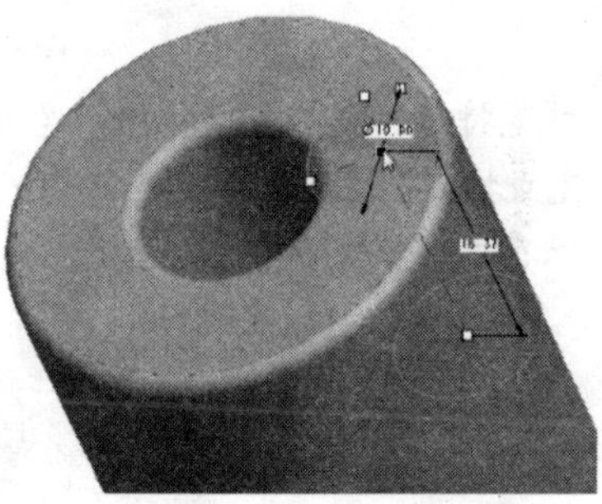

图 6-1-5　放置主参照

注意

孔的主参照可以是基准平面或零件模型上的平面或曲面（如柱面、锥面等）。通常将孔垂直于放置面放置。为了直接在曲面上创建孔，该孔必须是径向而且面必须是凸起状。

04　定义孔放置的方向。单击操控面板中的【放置】按钮，系统自动弹出如图 6-1-6 所示的界面。单击该界面的【反向】按钮，可确定孔的放置方向（即孔放置在主参照的哪一边），本例采用系统默认的方向，即孔在实体这一侧。

05　定义孔放置的类型：单击【反向】按钮后面的下拉列表框，选择【线性】。

06　定义参照 1 及定位尺寸。单击如图 6-1-6 中的【次参照】下的【单击此处添加...】，然后选择 RIGHT 基准面为第 1 线性参照。将距离设置为【对齐】，如图 6-1-7 所示。

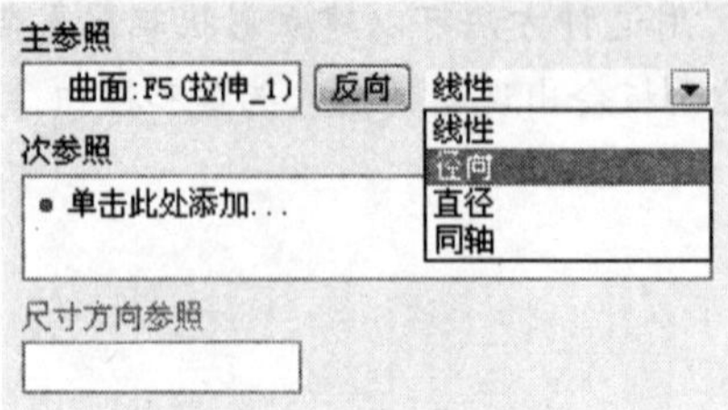

图 6-1-6　定义孔放置方向及类型

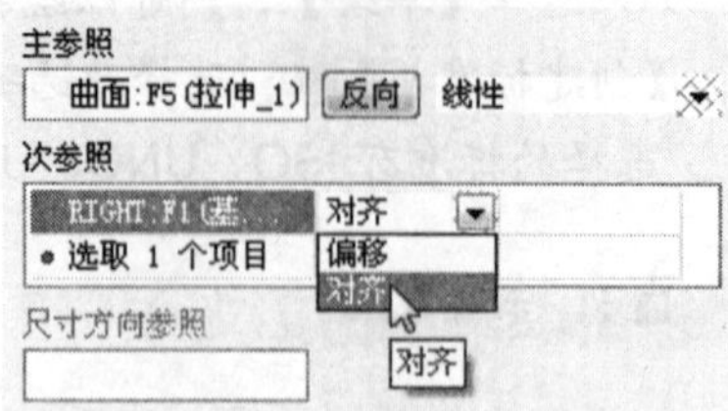

图 6-1-7　设置次参照

07　定义线性参照 2 及定位尺寸。按住【Ctrl】键，可选取第 2 个参照 FRONT 基准平面，如图 6-1-8 所示，在【距离】文本框中输入到第 2 线性参照的距离 8，再按回车键。

08　定义孔的直径尺寸。在操控面板的【直径】文本框中输入直径值 4。

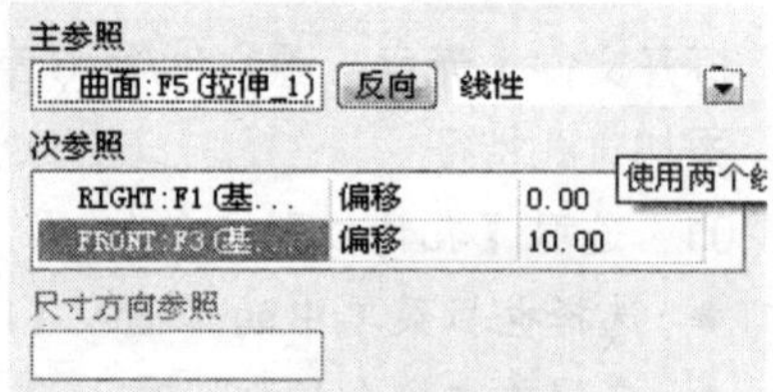

图 6-1-8　设置线性参照 2

09　定义孔的深度类型及尺寸。如图 6-1-9 所示，选择深度类型 (即“穿透”)。

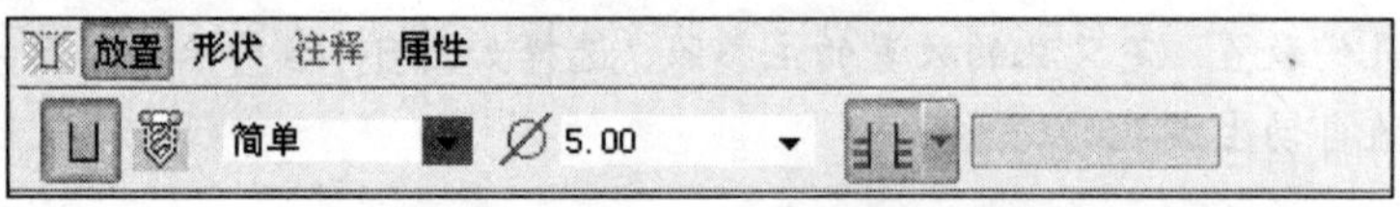

图 6-1-9　定义深度类型

10　预览特征。在操控面板中，单击【预览】按钮，可浏览所创建的孔特征。

11　完成特征。在操作面板中，单击【完成】按钮，则完成特征的创建。如图 6-1-10 所示。

12　保存文件。

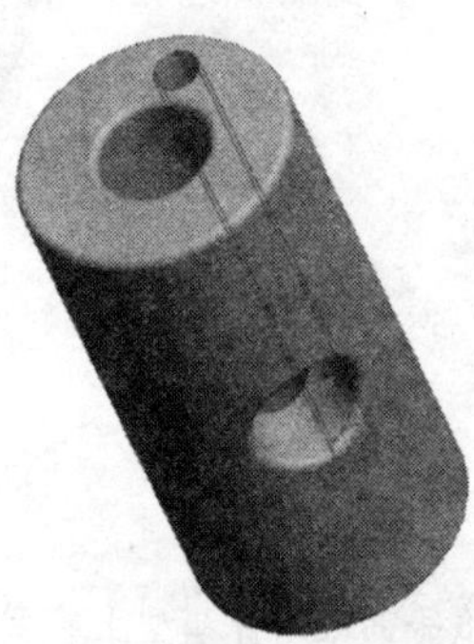

图 6-1-10　完成直孔创建

6.1.3　草绘孔创建

创建【草绘孔】的基本步骤如下：

01　选择下拉菜单中的【插入 (I)】|【孔 (H)】命令或直接单击命令按钮。

02　如图 6-1-11 所示，在【孔类型】下拉列表框中选择【草绘】选项。此时操控面板的形状如图 6-1-12 所示。

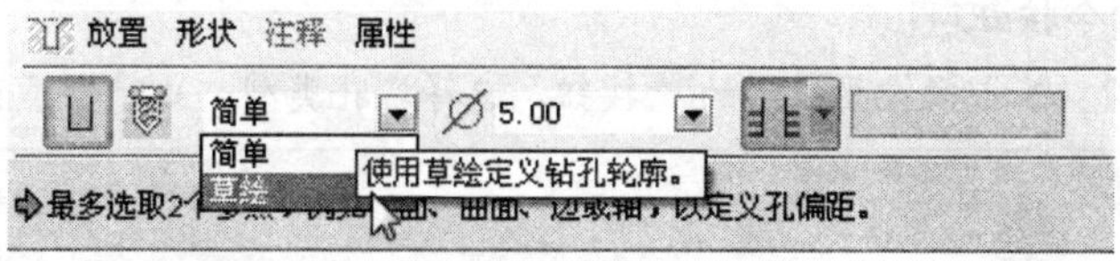

图 6-1-11　选择草绘类型

03　单击按钮，系统自动进入草绘环境，首先绘制一条中心线，然后绘制孔的剖面并对其进行标注，如图 6-1-13 所示。

图 6-1-12　草绘孔操控面板

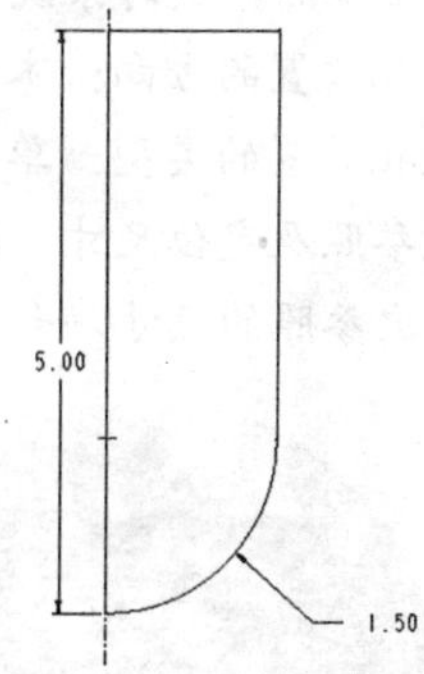

图 6-1-13　绘制草绘孔剖面

04　单击【草绘】工具栏上的按钮，退出草绘系统。

05　在【放置】界面中，选择放置主参照及放置类型。放置类型的介绍可参照上一节。

06　单击操控面板上的按钮，完成草绘孔的创建。

提示

草绘孔必须有一条竖直中心线，并且至少有一个垂直于这个旋转轴的图元。

系统将把此图元与旋转平面及从零件里切除的草绘特征的剩余部分对齐，将其作为草绘轮廓进行旋转。

当 2 个垂直的图元存在于草绘中时，【顶端】图元（从默认的草绘方向看草绘时）和旋转平面对齐。

6.1.4　创建螺孔（标准孔）

下面以如图 6-1-14 所示的零件为例，说明创建螺孔的一般步骤。

经典实例

打开文件【光盘:源文件/第 6 章/6-2.prt】，如图 6-1-14 所示。

图 6-1-14　练习零件

1．添加直孔特征

01　选取孔特征的命令：

- 选择下拉菜单中的【插入（I）】|【孔（H）】命令。

● 直接单击命令按钮。

02 选取孔类型。单击操控面板上的按钮，选择螺孔类型，此时操控面板如图 6-1-15 所示。

图 6-1-15 螺孔操控面板

03 定义孔的放置。单击【放置】打开其上滑面板。定义孔的放置的主参照。选择如图 6-1-16 所示的端面为主参照，这时系统以当前默认值自动生成孔的轮廓。

04 定义孔放置的方向：本例采用系统默认方向。

05 定义孔放置的类型：单击【反向】按钮后面的下拉列表框，选择【径向】。

06 定义参照及定位尺寸。按住【Ctrl】键，分别选择基准平面 DTM1 和基准轴 A_9 作为次参照。改变次参照的尺寸，如图 6-1-17 所示。

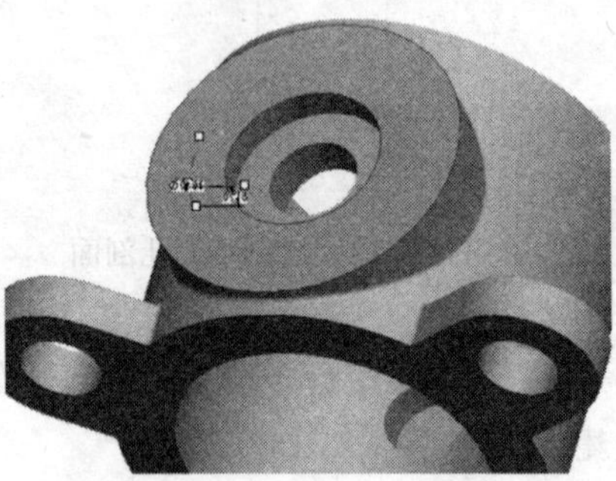

图 6-1-16 选择主参照

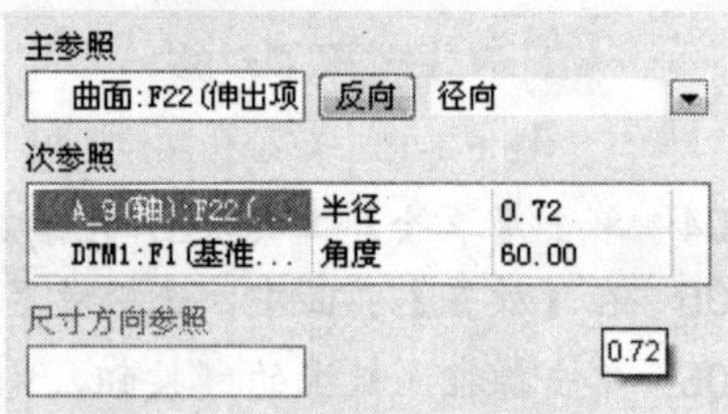

图 6-1-17 定义参照

07 选择孔的标注，选择 ISO 标准。

08 定义螺孔大小，选择 M3x.5。

09 定义螺孔的深度类型。在操控面板上选择（到指定深度），在其后文本框中输入 0.45，如图 6-1-18 所示。此时的螺孔如图 6-1-19 所示。

图 6-1-18 定义螺孔

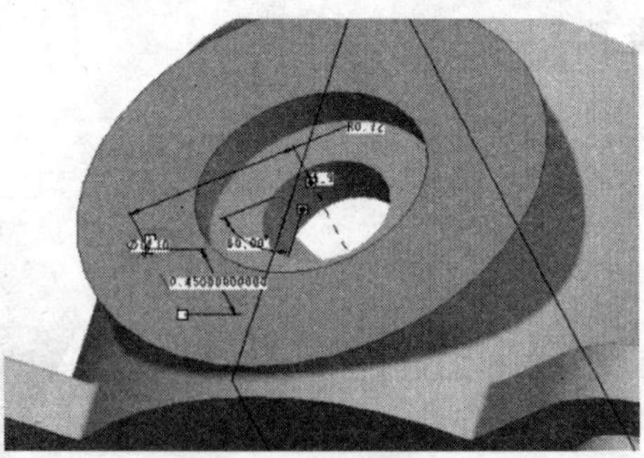

图 6-1-19 螺孔

10 选择螺孔的结构类型及尺寸。在操控面板上单击按钮，再单击操控面板的【形状】按钮，系统弹出如图 6-1-20 所示的上滑面板。

11 预览特征，单击按钮，可浏览所创建的孔特征。

第6章 放置特征的建立

12　完成特征，在操控面板上，单击【完成】按钮，完成特征的创建。结果如图 6-1-21 所示。

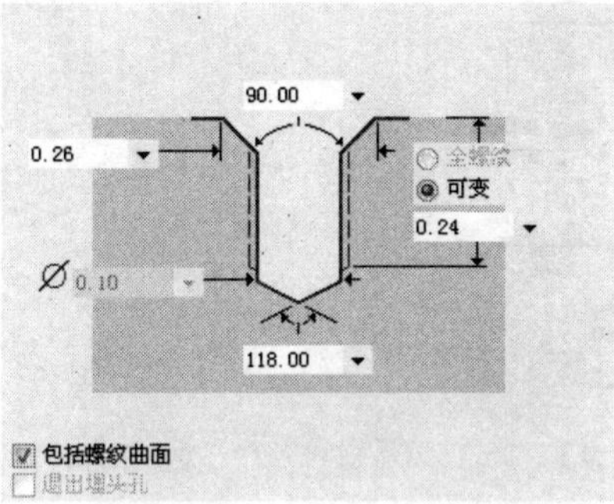

图 6-1-20　形状上滑面板

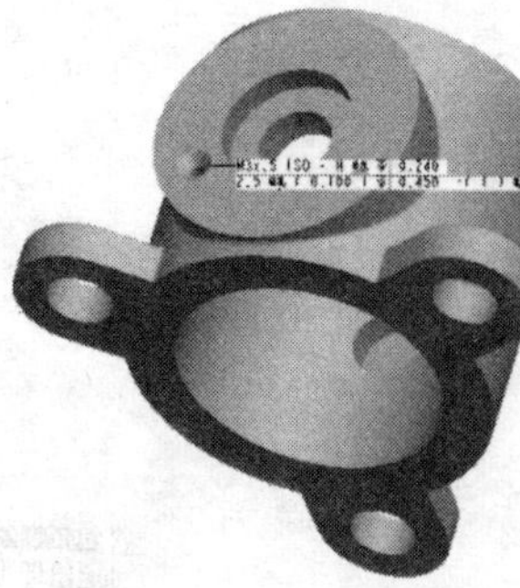

图 6-1-21　完成创建孔特征

2．保存文件

螺孔有 4 种结构形式。单击操控面板的选择（穿透）按钮，因为在默认的（到指定深度）状态下不可用。

（1）一般孔形式

在操控面板上，单击按钮，再单击【形状】，系统出现如图 6-1-22 所示的界面。

如果选中【全螺纹】，则螺孔形式如图 6-1-23 所示。

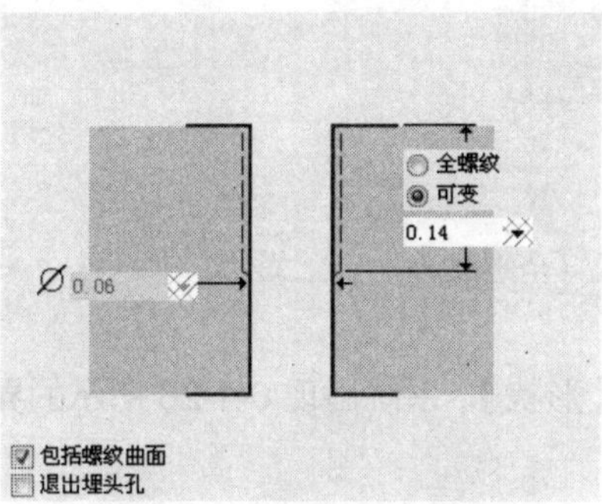

图 6-1-22　深度可变螺孔

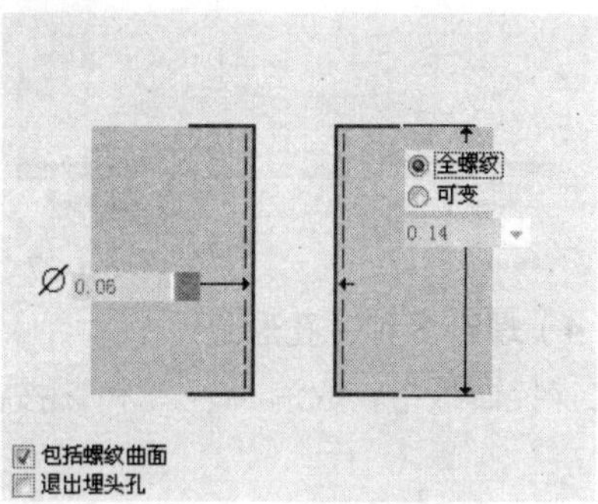

图 6-1-23　全螺纹螺孔

（2）埋头螺钉螺孔

在操控面板上，单击和按钮，再单击【形状】，系统出现如图 6-1-24 所示的界面。

如果选中【退出埋头孔】，则螺孔形式如图 6-1-25 所示。

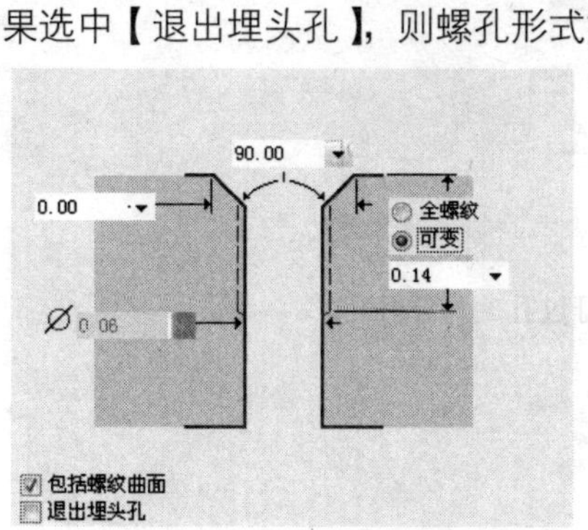

图 6-1-24　埋头螺钉螺孔

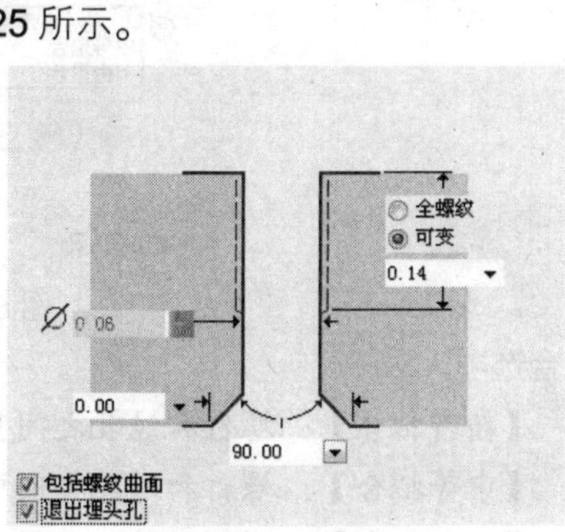

图 6-1-25　全螺纹螺孔

（3）沉头螺钉螺孔形式

在操控板中，单击和按钮，再单击【形状】，系统出现 6-1-26 所示的界面。

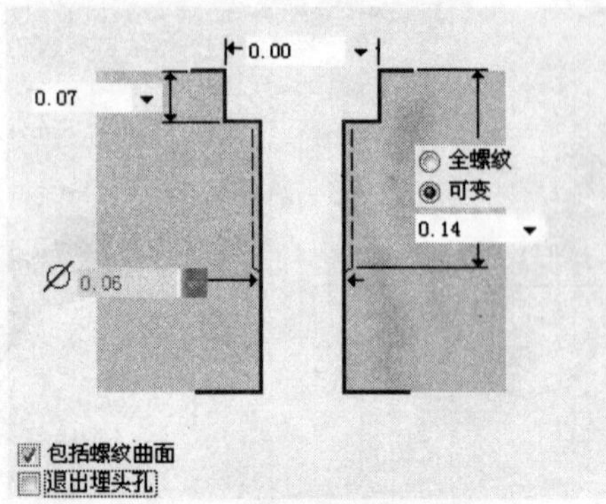

图 6-1-26　沉头螺钉螺孔（可变）

如果选中【全螺纹】，则螺孔形式如图 6-1-27 所示。

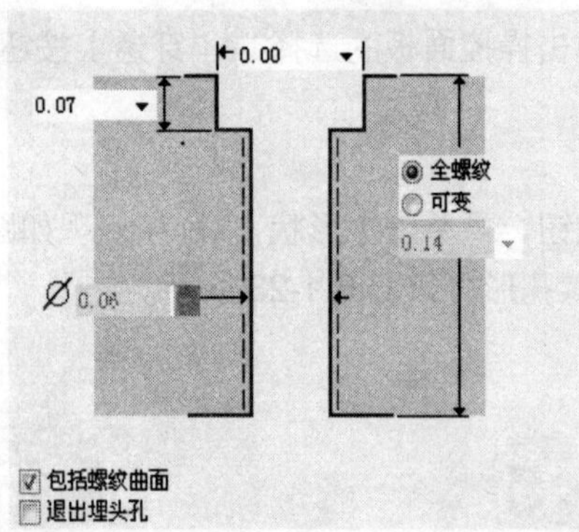

图 6-1-27　沉头螺钉螺孔（全螺纹）

（4）螺钉 3 种过孔形式

在操控面板中，取消、和按钮，再单击【形状】，系统出现 6-1-28 所示的界面。

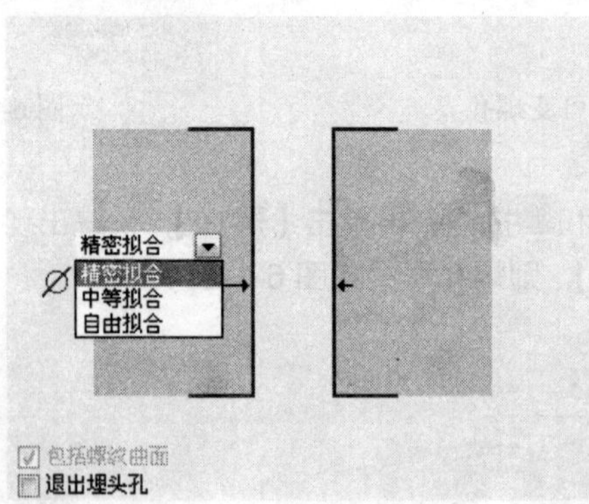

图 6-1-28　螺钉过孔

配合选项：

- 【精密拟合】：螺钉和过孔之间紧密配合。
- 【中等拟合】：螺钉和过孔之间中度配合。
- 【自由拟合】：螺钉和过孔之间自由配合。

在操控面板中单击按钮，再单击【形状】，则螺孔的形式如图 6-1-29 所示。

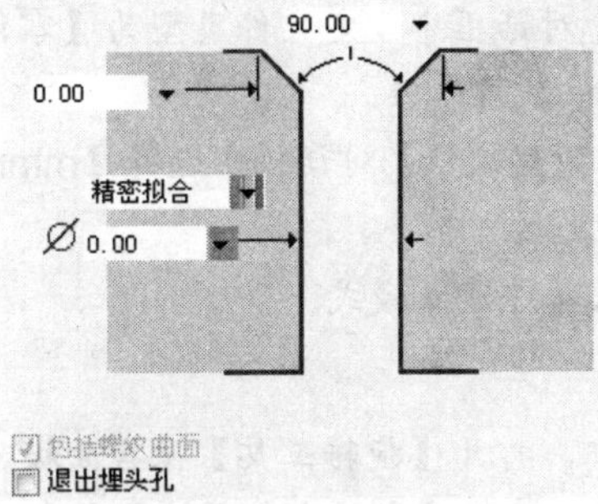

图 6-1-29　埋头螺钉过孔

在操控面板中单击按钮，再单击【形状】，则螺孔的形式如图 6-1-30 所示。

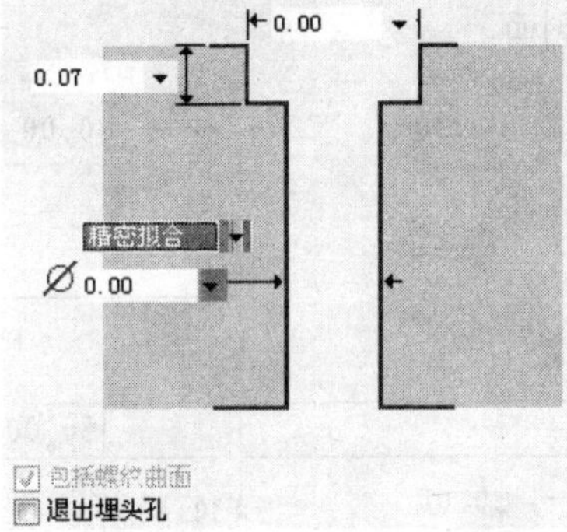

图 6-1-30　沉头螺钉过孔

6.1.5　轮毂的制作

经典实例

轮毂的制作。

【光盘：源文件/第 6 章/6-3.prt】

【实例效果】

轮毂的最终效果如图 6-1-31 所示。

图 6-1-31　轮毂的制作

【实例制作】

1. 新建文件

01 单击按钮，在【新建】对话框中设定文件类型为【零件】，子类型为【实体】，文件名修改为6-3，清除【使用缺省模板】复选框。

02 单击【确定】按钮，在【新建文件】对话框中选择【mmns_part_solid】的公制实体零件模板。

03 单击【确定】按钮，进入零件建立模式。

2. 创建旋转特征

01 单击（旋转工具）按钮，打开【旋转工具】操控面板。

02 在绘图窗口单击鼠标右键，选择【定义内部草绘】命令，打开【草绘】对话框。

03 选择FRONT视图为【草绘】平面，其余接受系统默认设置。

04 单击【草绘】按钮，进入【草绘】模式。

05 绘制如图6-1-32所示的剖面。

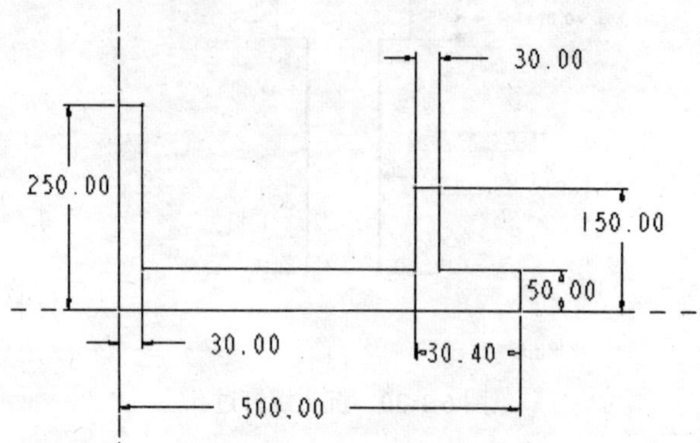

图6-1-32 绘制剖面

06 完成剖面后，单击按钮，退出【草绘】模式。

07 保留操控面板上的（变量）选项，在旁边的【角度】数值中保持360。

08 单击按钮，完成旋转特征，如图6-1-33所示。

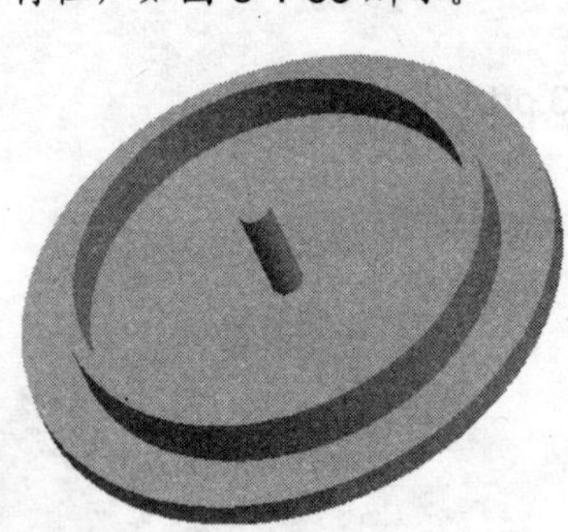

图6-1-33 完成旋转特征

3. 创建第1个孔特征

01 选取孔特征的命令：

- 选择下拉菜单中的【插入（I）】|【孔（H）】命令。

● 直接单击命令按钮。

02　定义孔的放置。单击操控面板【放置】按钮，弹出上滑面板，定义孔的放置的主参照。选择如图 6-1-34 所示的端面为主参照，这时系统以当前默认值自动生成孔的轮廓。

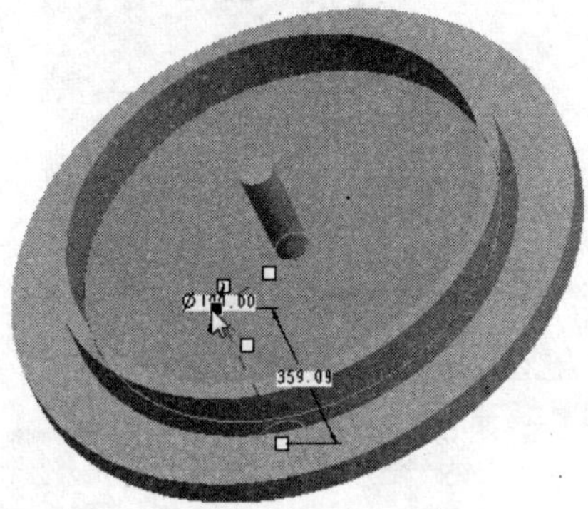

图 6-1-34　选择主参照

03　定位孔类型，定位类型选择【径向】。

04　放置次参照，单击【放置】上滑面板中的【次参照】收集器，激活该收集器，在图形窗口中选择 A_2 基准轴。再按住【Ctrl】键，选择 RIGHT 基准平面为次参照，输入半径值为 170，角度值为 0，如图 6-1-35 所示。

05　定义孔尺寸和类型，在操控面板上输入孔的直径为 100。选择（穿透）按钮作为深度选项。

06　完成创建。单击操控面板上的按钮，完成孔特征的创建。如图 6-1-36 所示。

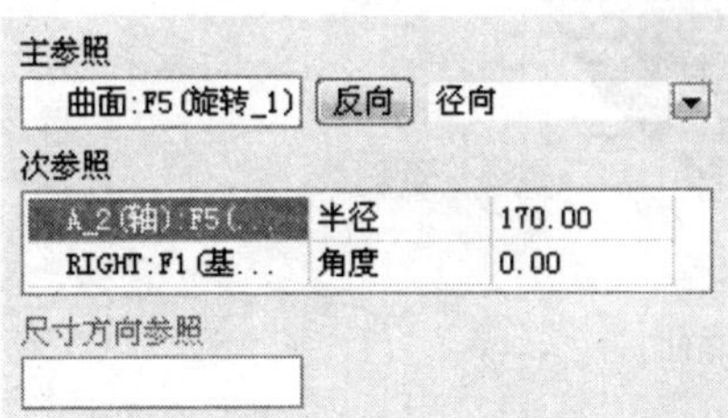

图 6-1-35　定义次参照

图 6-1-36　完成第 1 个孔特征

4．创建第 2 个孔特征

用创建第 1 个孔特征的方法创建第 2 个孔特征。其【放置】上滑面板参数设置如图 6-1-37 所示。

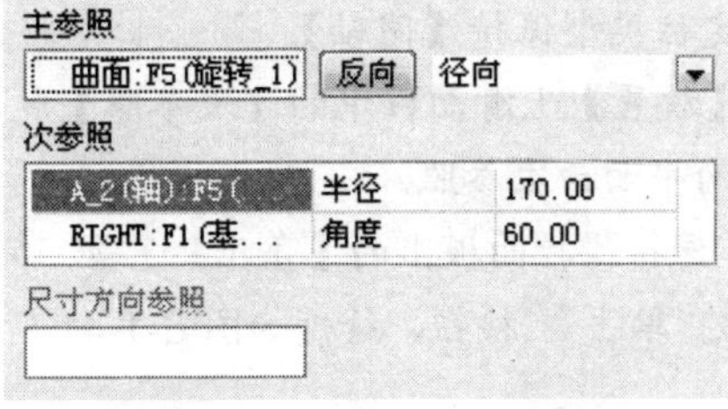

图 6-1-37　【放置】上滑面板

完成创建，结果如图 6-1-38 所示。

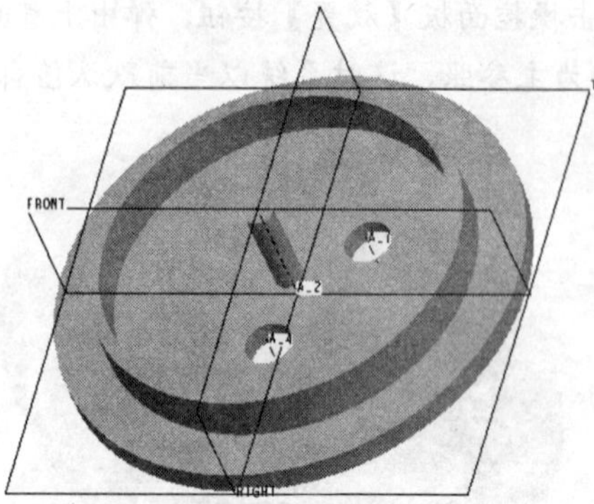

图 6-1-38　创建第 2 个孔特征

5．镜像孔特征

01　在主菜单中选择【编辑】|【特征操作】命令。

02　在【菜单管理器】中选择【复制】|【镜像】|【选取】|【从属】|【完成】命令。

03　在视图中选择步骤 04 建立的孔特征。

04　选择【完成】命令。

05　选择 RIGHT 基准平面作为镜像参照平面。结果如图 6-1-39 所示。

图 6-1-39　镜像特征

6．创建第 3 个孔特征

01　选取孔特征的命令：

- 选择下拉菜单中的【插入（I）】|【孔（H）】命令。
- 直接单击命令按钮。

02　定义孔的放置。单击操控面板【放置】按钮，弹出上滑面板，定义孔的放置的主参照。选择 A_2 基准轴为主参照，定位类型保持【同轴】。

03　放置次参照，单击【放置】上滑面板中的【次参照】收集器，激活该收集器，在图形窗口中选择如图 6-1-40 所示的平面为次参照。

04　定义孔尺寸和类型，保持操控面板上的【直孔】选项。在右边的下拉列表框中选择【草绘】选项，出现新的图标按钮。单击按钮，绘制如图 6-1-41 所示的剖面。单击草绘工具栏的按钮，退出草绘模式。

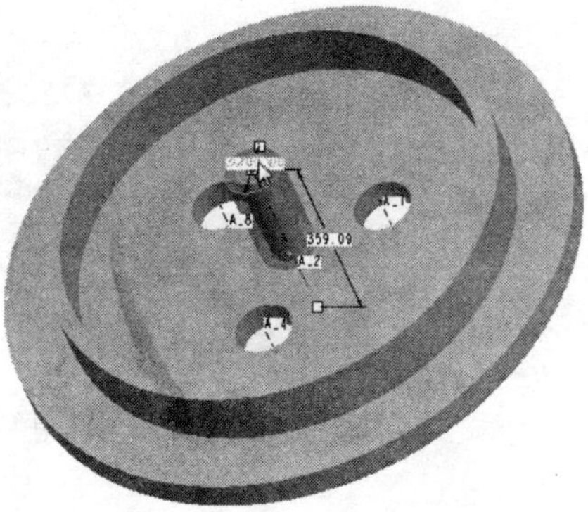

图 6-1-40　选择次参照

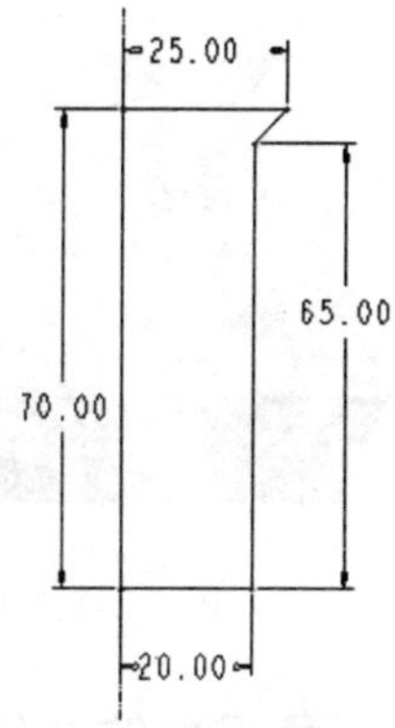

图 6-1-41　绘制剖面

05　完成草绘孔的创建。单击操控面板上的☑按钮，完成孔特征的创建。如图 6-1-42 所示。

06　保存文件。

图 6-1-36　完成第 3 个孔特征

6.2　倒角特征

打开【插入（I）】菜单，出现如图 6-2-1 所示的下拉菜单。

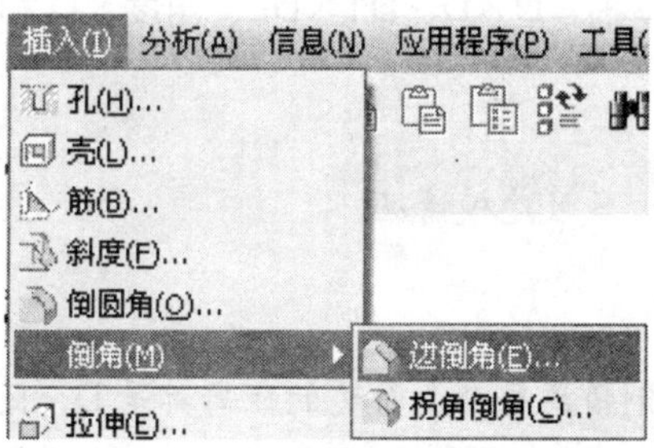

图 6-2-1　【倒角】菜单项

Pro/E 的倒角分为以下两种：

- 【边倒角（F）】：边倒角是从选定边中裁掉一块平直剖面的材料，以在共有该定边的 2 个原始曲面之间创建斜角曲面，如图 6-2-2 所示。
- 【拐角倒角（C）】：拐角倒角是从零件的拐角处去除材料，如图 6-2-3 所示。

图 6-2-2　边倒角

图 6-2-3　拐角倒角

6.2.1　倒角工具的介绍

在 Pro/E Wildfire 版本中，所有与倒角相关的菜单选项都集成在新的菜单工具操控面板中。我们可以通过下面两种方法打开其操控面板：

- 单击【特征】工具栏内的（倒角工具）按钮。
- 在主菜单中选择【插入（I）】|【倒角（M）】|【边倒角（E）】命令。

完成上述操作后，系统弹出操控面板，如图 6-2-4 所示。

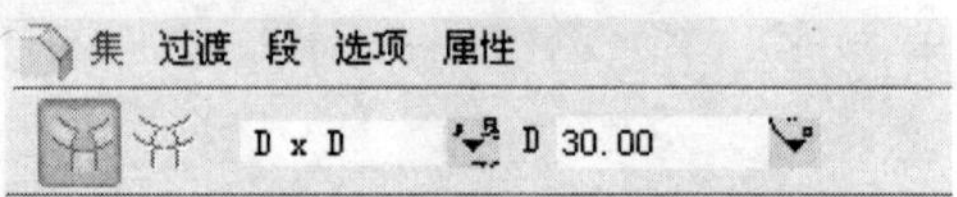

图 6-2-4　倒角操控面板

操控面板分为上下两排。第一排包含集、过度、模糊、选项和属性 5 个按钮，选择后会弹出相应的上滑面板，可以定义相应的参数。

倒角集是一种结构化单位，包含一个或多个倒角段(倒角几何)。在指定倒角放置参照后，Pro/E 将使用默认属性、距离值以及最适宜于被参照几何的默认过渡来创建和修改倒角段和过渡。

下排最左边同倒圆角工具操控面板相同，是【设置模式】和【过渡模式】的两个图标按钮。接着是倒角的标注方式下拉列表框，在这里可以选择全角特征的标注方式，选择其中一种操控面板，以后的内容会出现相应的变化。

倒角的标注方式有以下四种：D×D、D1×D2、角度×D 和 45×D。

> 提示
>
> 默认设置适宜大多数建模情况。

其含义如下：

- 【D×D】：创建的倒角离每个曲面边的距离都是 D，随后要输入 D 的值。
- 【D1×D2】：创建的倒角沿第 1 个曲面距选定边的距离为 D1，沿第 2 个曲面距选定边的距离为 D2，随后要输入 D1 和 D2 的值。
- 【角度×D】：创建的倒角沿某一邻接曲面距选定边的距离为 D，并且与该边成一定夹角。只能在 2 个平面之间使用该命令，随后要输入角度和 D 的值。
- 【45×D】：创建的倒角和 2 个曲面都成 45 度，并且离每个曲面边的距离都为 D，随后要输入 D 的值。尺寸标注方案为 45°×D，将来可以通过修改 D 来修改倒角。只有在两个垂直的交线所形成的边上才能创建 45 × D 倒角。

6.2.2　简单倒角特征的创建

现在以一个具体零件为例，说明在一个模型上添加倒角特征的详细过程。

经典实例

打开已有的零件模型。

打开文件【光盘：源文件/第 6 章/6-4.prt】，如图 6-2-5 所示。

图 6-2-5　练习零件

添加倒角（边倒角）：

01　选取倒角命令：单击【特征】工具栏内的（倒角工具）按钮，或在主菜单中选择【插入（I）】|【倒角（M）】|【边倒角（E）】命令。完成后，系统自动弹出倒角操控面板。

02　选取要倒角的边线。选取如图 6-2-6 所示的要倒角的边线。

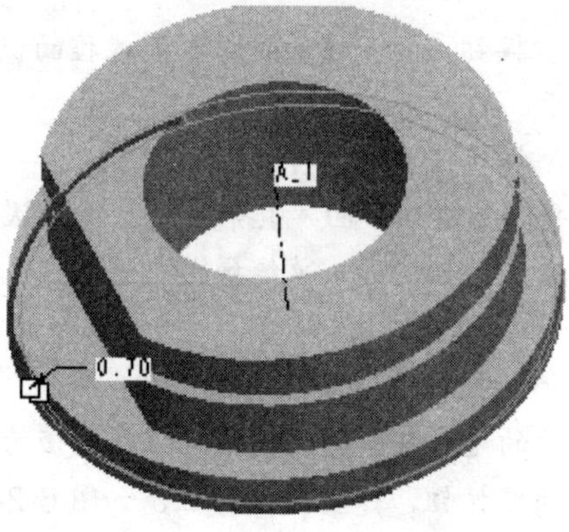

图 6-2-6　选取要倒角的边线

03　选取边倒角方案：选取【45 × D】方案。

04　设置倒角尺寸：在操控面板上尺寸文本框中输入 1，并按回车键。

提示

在一般零件的倒角设计中，通过移动如图 6-2-6 所示的 2 个小方框来动态设置倒角尺寸是一种比较好的设计操作习惯。

新手学 Pro/ENGINEER Wildfire 3.0 模具实例制作完美手册

05 预览特征：在操控面板中，单击【预览】按钮，可浏览所构建的倒角特征。

06 完成特征：在操控面板中，单击【完成】按钮，则完成特征的创建。最后结果如图 6-2-7 所示。

07 保存文件。

图 6-2-7 完成特征的创建

6.2.3 建立拐角倒角

拐角倒角工具没有集成到倒角工具中，下面通过一个简单的实例介绍如何应用此项功能。

经典实例

轮毂的制作。

【光盘：源文件/第 6 章/6-5.prt】

【实例制作】

1．新建文件

01 单击按钮，在【新建】对话框中设定文件类型为【零件】，子类型为【实体】，文件名修改为 6-5，清除【使用缺省模板】复选框。

02 单击【确定】按钮，在【新建文件】对话框中选择【mmns_part_solid】的公制实体零件模板。

03 单击【确定】按钮，进入零件建立模式。

2．创建拉伸特征

01 单击（拉伸工具）按钮，打开【拉伸工具】操控面板。

02 单击【放置】选项卡，打开上滑面板。

03 单击【定义】按钮，打开【草绘】对话框。

04 选择 FRONT 基准平面为草绘平面。其余接受系统默认的设置。

05 单击对话框的【草绘】按钮，进入草绘模式。

06 绘制如图 2-6-8 所示的剖面。

07 完成剖面后，单击按钮，退出草绘模式。

08 保持操控面板上深度的【盲孔】选项，输入深度数值为 150。

09 单击操控面板右侧的按钮，建立拉伸特征，如图 6-2-9 所示。

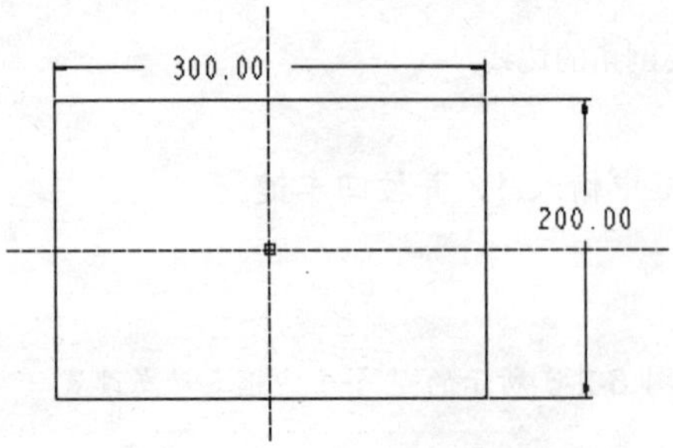

图 6-2-8 绘制剖面

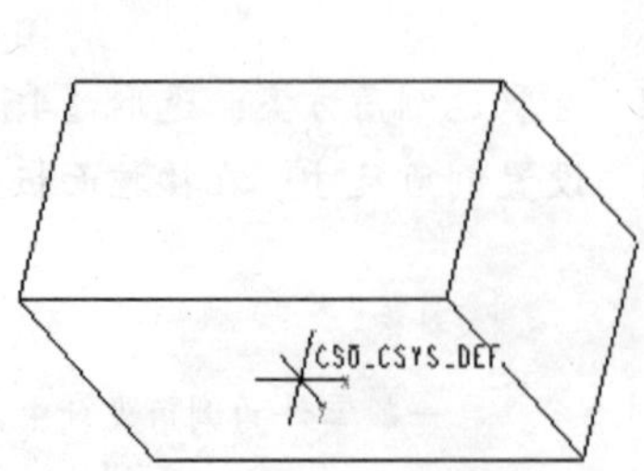

图 6-2-9 完成拉伸特征

3. 建立拐角倒角特征

01　在主菜单中单击【插入（I）】|【倒角（M）】|【拐角倒角（C）...】命令。完成后，系统自动弹出倒角操控面板。

02　选取如图 6-2-10 所示的直线作为参照对象。

03　在【菜单管理器】中选择【输入】命令，在信息栏中输入距离值为 60。

04　确认后，继续在【菜单管理器】中选择【输入】命令，在信息栏中输入距离值为 40。

05　确认后，继续在【菜单管理器】中选择【输入】命令，在信息栏中输入距离值为 50。

06　单击【倒角：拐角】对话框中【确定】按钮，完成倒角拐角操作，如图 6-2-11 所示。

07　保存文件。

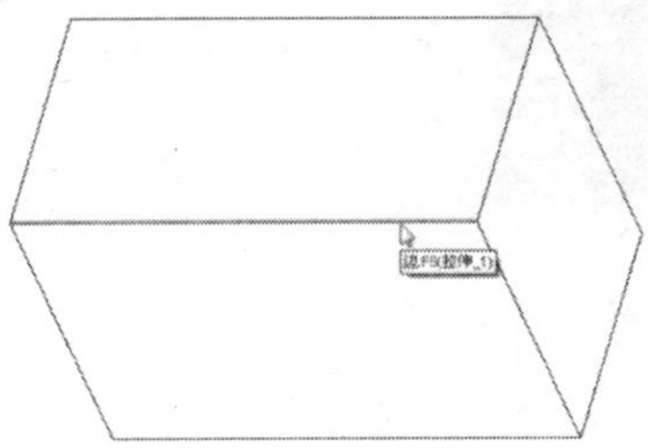

图 6-2-10　选取参照对象

图 6-2-11　完成倒角拐角特征

6.2.4　倒角过渡模式的操作

倒角工具也有【设置模式】，用这个工具可以自由地定义全角相接处的形状，同时 Pro/E Wildfire 版本中倒角也可以进行类似全角工具一样的【延伸】和【剪切】命令来定义全角的形状。

本小节将通过实际操作来介绍这些功能的应用。

经典实例

倒角过渡模式的操作。

打开文件【光盘：源文件/第 6 章/6-7.prt】，如图 6-2-12 所示。

【实例效果】

图 6-2-12　倒角过渡模式

【实例制作】

打开文件【光盘：源文件/第 6 章/6-6.prt】，如图 6-2-13 所示。

1．添加倒角特征

01　单击特征工具栏内的(倒角工具)按钮，或在主菜单中单击【插入(I)】|【倒角(M)】|【边倒角（E)】命令。完成后，系统自动弹出倒角操控面板。

02　按住【Ctrl】键选取如图 6-2-14 所示的三条边。

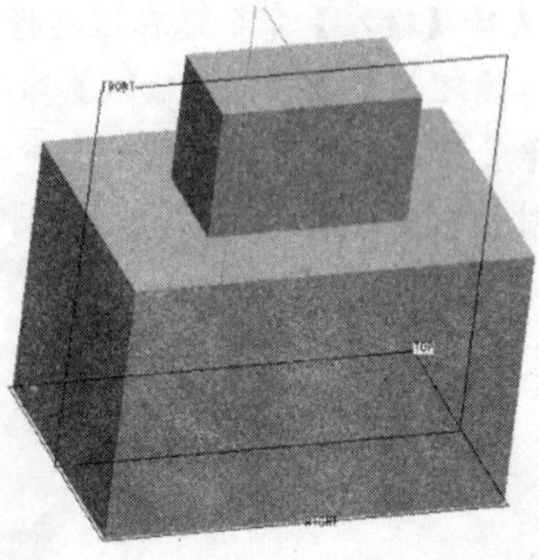

图 6-2-13　打开文件

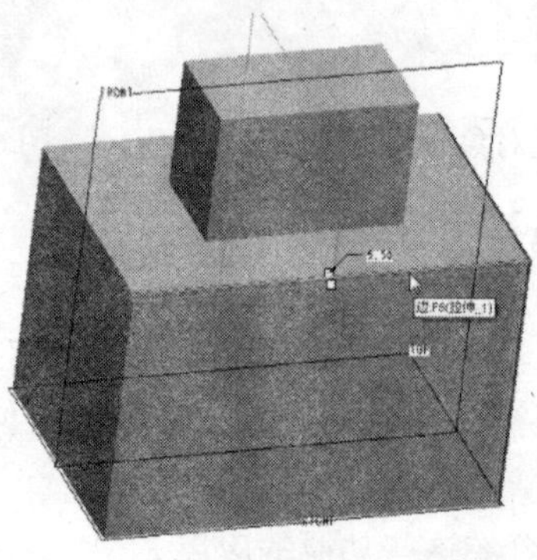

图 6-2-14　选择边

03　在操控面板上保持标注方式为【D×D】，输入 D 的值为 20。

04　单击操控面板上的按钮，切换到过渡模式。

05　选择如图 6-2-15 所示的交角曲面。

图 6-2-15　选择交角曲面

06　此时交角曲面的过渡形式默认为【相交】。在操控面板【过渡模式】下拉列表框中选择【拐角平面几何】，如图 6-2-16 所示。

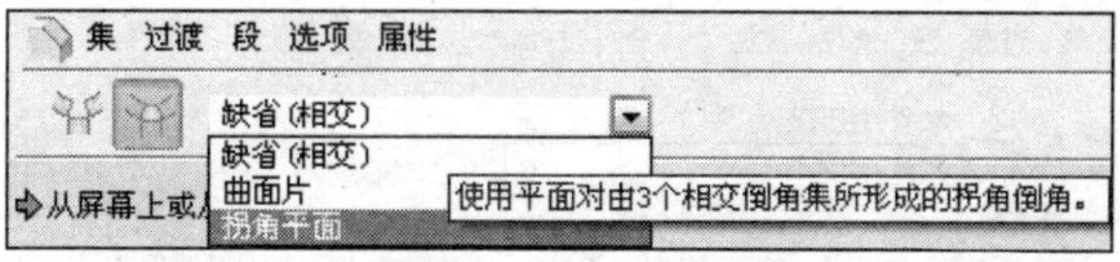

图 6-2-16　改变过渡模式

07　在操控面板中，单击【完成】✓按钮，则完成特征的创建，如图 6-2-17 所示。

08　如果不做修改，保持相交模式，如图 6-2-18 所示。

图 6-2-17　拐角平面模式

图 6-2-18　相交模式

2. 添加第 2 个倒角特征

01　单击【特征】工具栏内的（倒角工具）按钮，或在主菜单中单击【插入（I)】|【倒角（M)】|【边倒角（E)】命令。完成后，系统自动弹出倒角操控面板。

02　选取如图 6-2-19 所示的边。

03　在操控面板上保持标注方式为【D × D】，输入 D 的值为 15。

04　按住【Ctrl】键选取如图 6-2-20 所示的四条边。

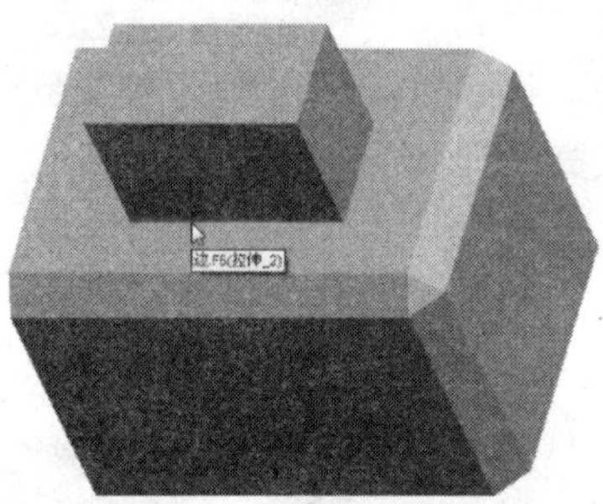

图 6-2-19　选择边

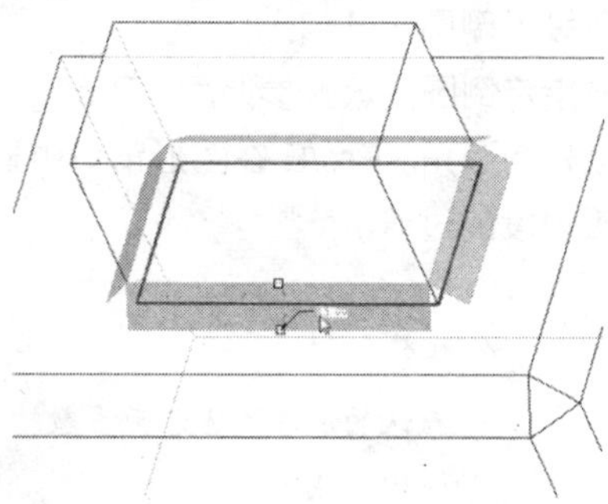

图 6-2-20　选择边

05　单击操控面板上的按钮，切换到过渡模式。

06　选择如图 6-2-21 所示的交角曲面。

07　此时交角曲面的过渡形式默认为【相交】。在操控面板【过渡模式】下拉列表框中选择【混合】，如图 6-2-22 所示。

08　继续改变其他交角曲面的过渡模式。

09　在操控面板中，单击【完成】✓按钮，则完成特征的创建，如图 6-2-23 所示。

10　保存文件。

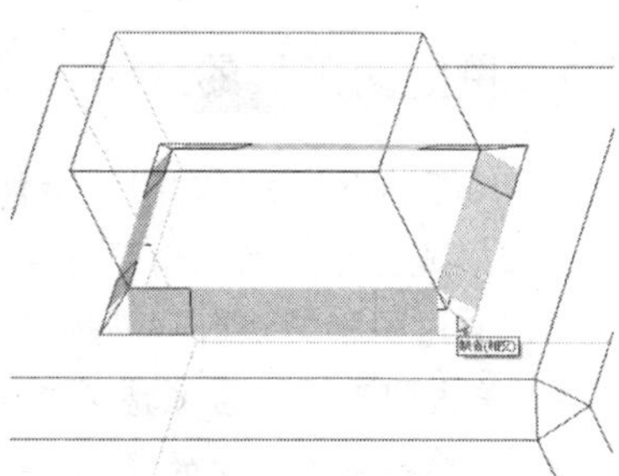

图 6-2-21　选择交角曲面

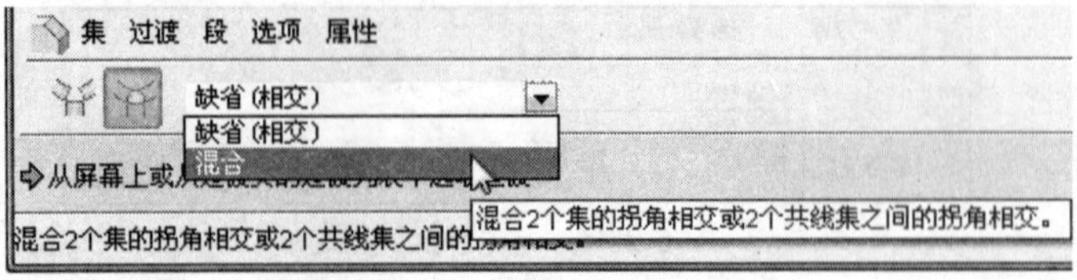

图 6-2-22 改变过渡模式

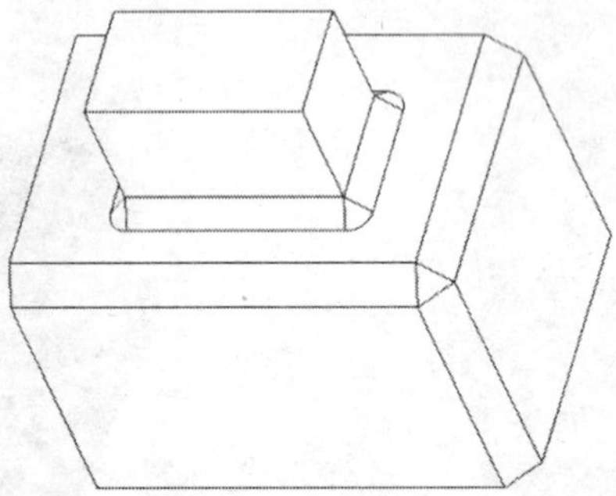

图 6-2-23 完成倒角特征

6.3 圆角特征

在 Pro/E 中可创建和修改倒圆角。倒圆角是一种边处理特征，通过向一条或多条边、边链或在曲面之间添加半径形成。曲面可以是实体模型曲面或常规的 Pro/E 零厚度面组和曲面。

要创建倒圆角，需要定义一个或多个倒圆角集。倒圆角集是一种结构单位，包含一个或多个倒圆角段（倒圆角几何）。

在指定倒圆角放置参照后，Pro/E 将使用默认属性、半径值以及最适宜于被参照几何的默认过渡创建倒圆角。Pro/E 在图形窗口中显示倒圆角的预览几何，允许用户在创建特征前创建和修改倒圆角段的过渡。

提示

默认的设置适宜于大多数情况。但是，用户可以定义倒圆角集或过渡以获得满意的倒圆角几何。

6.3.1 倒圆角工具的介绍

在 Pro/E Wildfire 版本中，所有倒圆角相关的菜单选项（包括了以前版本的一般圆角和高级圆角）都集成在新的倒圆角工具操控面板中。

可以通过两种方法打开倒圆角命令：

- 单击图形窗口右侧特征工具栏内的【倒圆角工具】按钮。
- 或单击主菜单中的【插入（I）】|【倒圆角（O）】命令。

打开【倒圆角】操控面板，如图 6-3-1 所示。

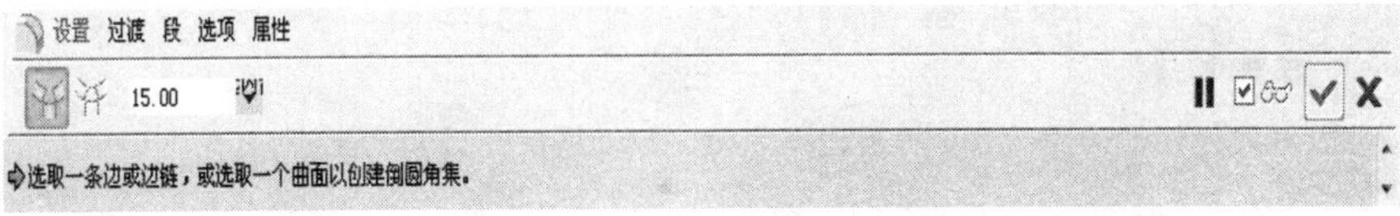

图 6-3-1　【倒圆角】操控面板

操控面板分为上下两排。

第一排包含设置、过渡、模糊、选项和属性 5 个按钮，选择后会弹出其上滑面板，可以定义相应的参数。

在操控面板下面有一排按钮。

- ：表示工作在设置模式下，相当于以前版本一般倒圆角功能。
- ：表示工作在过渡模式下，相当于以前版本的高级倒圆角功能。

6.3.2　创建简单圆角

下面以简单的零件模型为例，说明创建一般简单圆角的过程。

经典实例

打开文件【光盘：源文件/第 6 章/6-8.prt】，如图 6-3-2 所示。

图 6-3-2　练习文件

1．选取特征的命令

01　单击图形窗口右侧【特征】工具栏内的【倒圆角工具】按钮。

02　或单击主菜单中的【插入（I）】|【倒圆角（O）】命令。

03　系统自动弹出操控面板。

2．选取圆角的放置参照

01　在模型上选择如图 6-3-3 所示的边线。

02　此时模型的显示状态如图 6-3-4 所示。

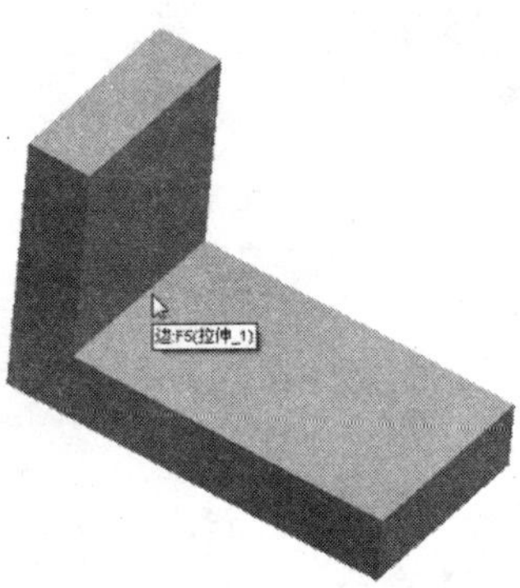

图 6-3-3　选择边线

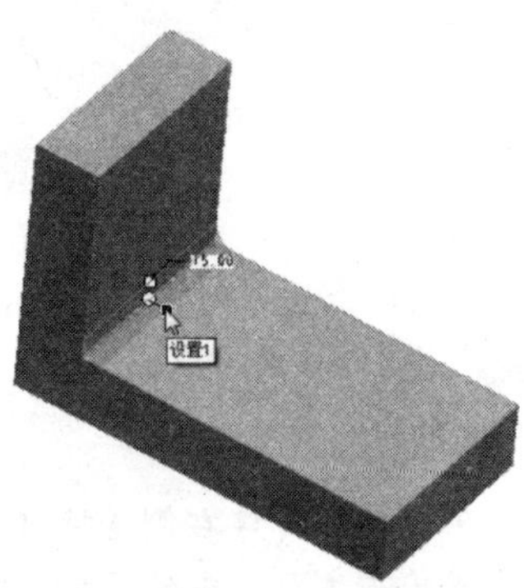

图 6-3-4　边线显示状态

提示

用鼠标拖动如图 6-3-4 所示的小方框，可动态改变圆角的大小。

03 给出圆角的半径值，在操控面板上圆角半径文本框中输入 30，并按回车键。

04 完成创建，单击操控面板上的☑按钮，完成创建，如图 6-3-5 所示。

05 保存文件。

图 6-3-5 完成创建

6.3.3 创建完全圆角

下面以简单的零件模型为例，说明创建一般简单圆角的过程。

经典实例

打开文件【光盘：源文件/第 6 章/6-9.prt】，如图 6-3-6 所示。

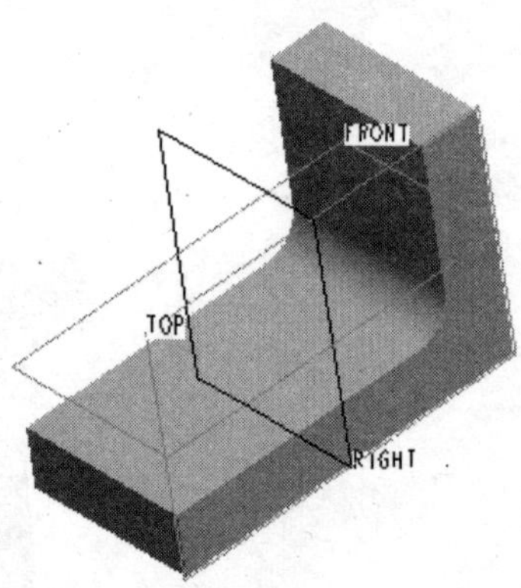

图 6-3-6 练习文件

1. 选取特征的命令

01 单击图形窗口右侧【特征】工具栏内的【倒圆角工具】按钮。

02 或单击主菜单中的【插入（I）】|【倒圆角（O）】命令。

03 系统自动弹出操控面板。

2. 选取圆角的放置参照

01 按住【Ctrl】键，在模型上选择如图 6-3-7 所示的两条边线。

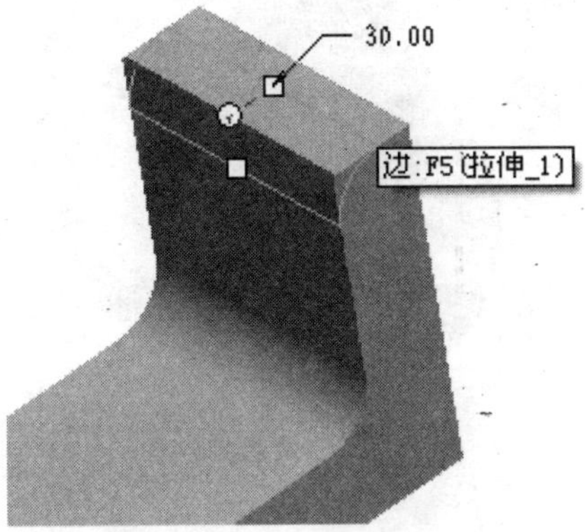

图 6-3-7 选择边线

02 单击操控面板的【放置】按钮。

03 此时系统弹出如图 6-3-8 所示的上滑面板。

04 在该界面上单击【完全倒圆角】按钮。

05 预览特征，单击【预览】按钮，可浏览所创建的特征。

06 完成创建，单击操控面板上的按钮，完成创建，如图 6-3-9 所示。

07 保存文件。

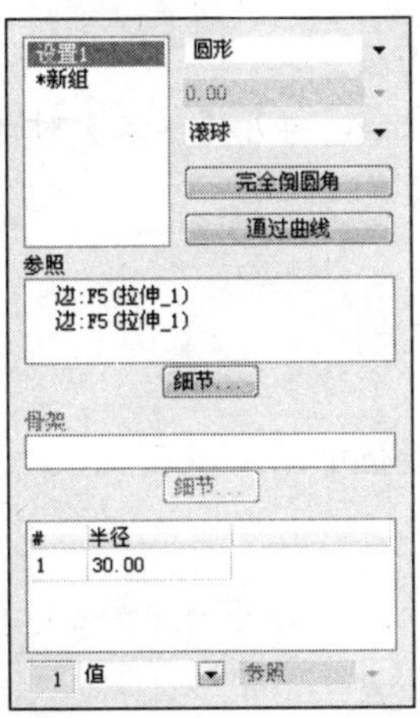

图 6-3-8 放置上滑面板

图 6-3-9 完成创建

6.3.4 利用倒角工具造型

在这个实例中，可以体会到如何应用倒圆角工具的使用方法，并完成一个普通的造型设计。

经典实例

利用倒角工具造型。

打开文件【光盘：源文件/第 6 章/6-9.prt】，如图 6-3-10 所示。

【实例效果】

图 6-3-10　轮毂的制作

【实例制作】

1. 新建文件

01　单击按钮，在【新建】对话框中设定文件类型为【零件】，子类型为【实体】，文件名修改为 6-9，清除【使用缺省模板】复选框。

02　单击【确定】按钮，在【新建文件】对话框中选择【mmns_part_solid】的公制实体零件模板。

03　单击【确定】按钮，进入零件建立模式。

2. 创建旋转特征

01　单击（旋转工具）按钮，打开【旋转工具】操控面板。

02　在绘图窗口单击鼠标右键，选择【定义内部草绘】命令，打开【草绘】对话框。

03　选择 FRONT 视图为草绘平面，其余接受系统默认设置。

04　单击【草绘】按钮，进入草绘模式。

05　绘制如图 6-3-11 所示的剖面。

06　完成剖面后，单击按钮，退出草绘模式。

07　保留操控面板上的（变量）选项，在旁边的角度数值中保持 360。

08　单击按钮，完成旋转特征，如图 6-3-12 所示。

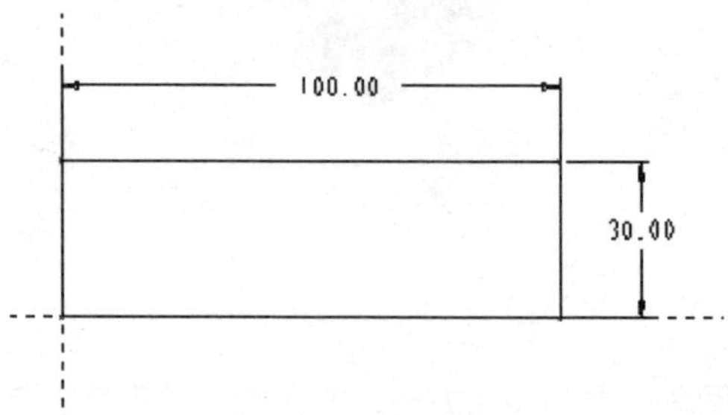

图 6-3-11　绘制剖面

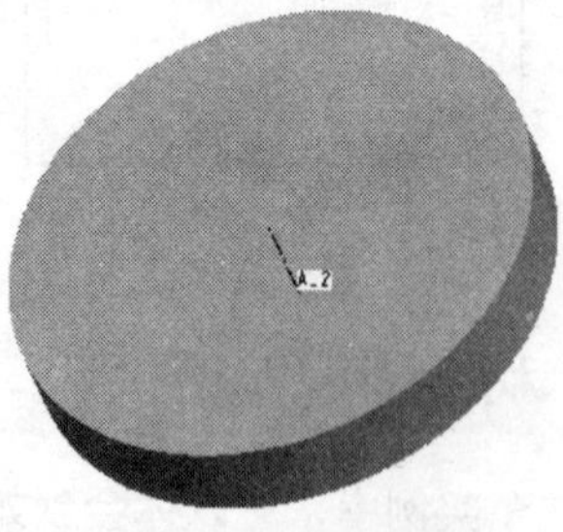

图 6-3-12　完成旋转特征

3. 创建第 1 个拉伸特征

01　单击（拉伸工具）按钮，打开【拉伸工具】操控面板。

02　单击【放置】选项卡，打开上滑面板。

第 6 章　放置特征的建立

03　单击【定义】按钮，打开【草绘】对话框。

04　选择如图6-3-13所示的平面为草绘平面，其余接受系统默认的设置。

05　单击【草绘】按钮，进入草绘模式。

06　用前面的方法增加草绘时的基准平面为绘图参照，绘制如图6-3-14所示的剖面。

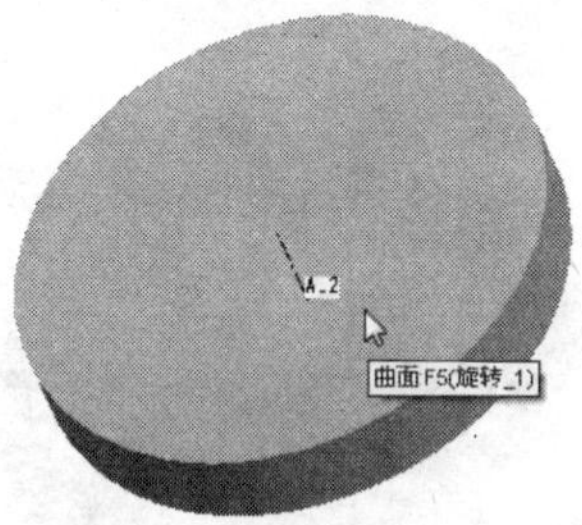

图6-3-13　选择平面

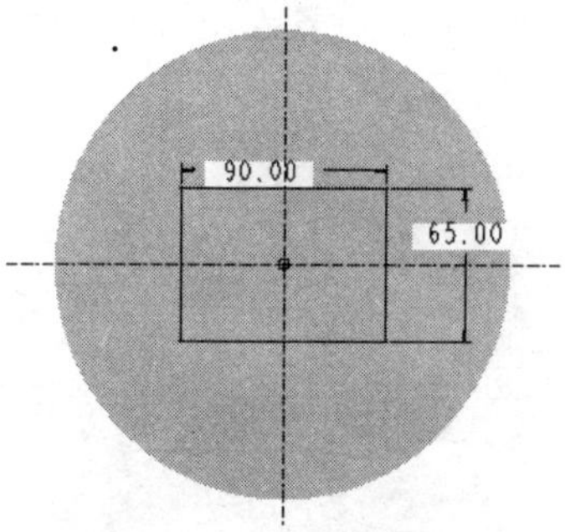

图6-3-14　绘制剖面

07　完成剖面后，单击☑按钮，退出草绘模式。

08　保留操控面板上深度的【盲孔】选项，输入深度值为100。

09　单击操控面板右侧的☑按钮，建立第1个拉伸特征，如图6-3-15所示。

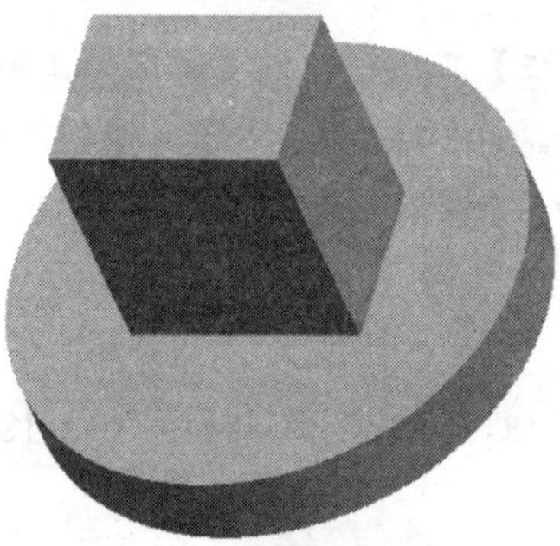

图6-3-15　完成第1个拉伸特征

4．创建第2个拉伸特征

01　单击（拉伸工具）按钮，打开【拉伸工具】操控面板。

02　单击【放置】选项卡，打开上滑面板。

03　单击【定义】按钮，打开【草绘】对话框。

03　选择如图6-3-16所示的平面为草绘平面，其余接受系统默认的设置。

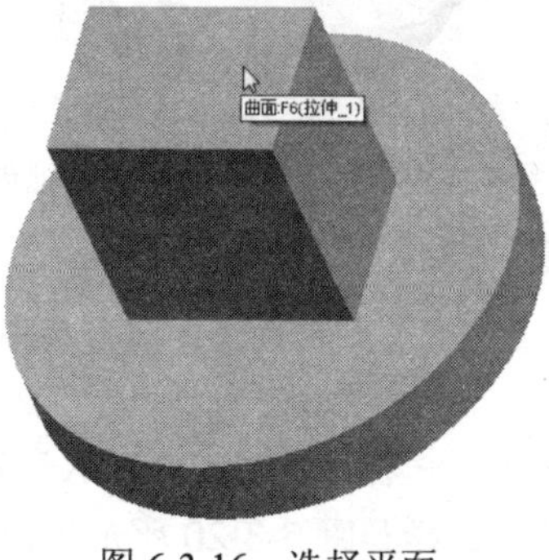

图6-3-16　选择平面

05 单击【草绘】按钮，进入草绘模式。

06 用前面的方法增加草绘时的基准平面为绘图参照，绘制如图 6-3-17 所示的剖面。

07 完成剖面后，单击✓按钮，退出草绘模式。

08 保留操控面板上深度的【盲孔】选项，输入深度值为 40。

09 单击操控面板右侧的✓按钮，建立第 2 个拉伸特征，如图 6-3-18 所示。

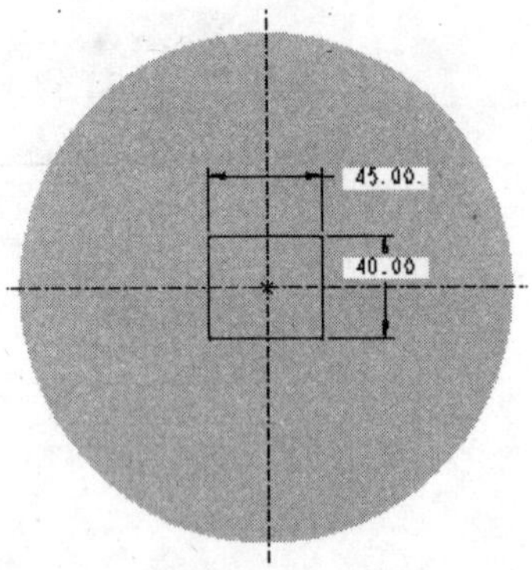

图 6-3-17 绘制剖面

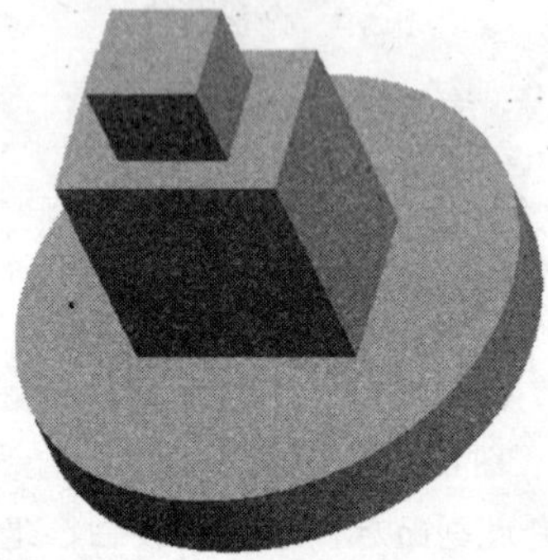

图 6-3-18 完成第 2 个拉伸特征

5. 创建第 1 个倒圆角特征

01 单击图形窗口右侧【特征】工具栏内的【倒圆角工具】按钮，或单击主菜单中的【插入（I）】|【倒圆角（O）】命令。此时系统自动弹出操控面板。

02 按 Ctrl 键依次选择大四方形的 4 条边线。

03 保持【设置】参照面板的默认设置。

04 输入半径值为 30。

05 单击操控面板上的✓按钮，完成创建，如图 6-3-19 所示。

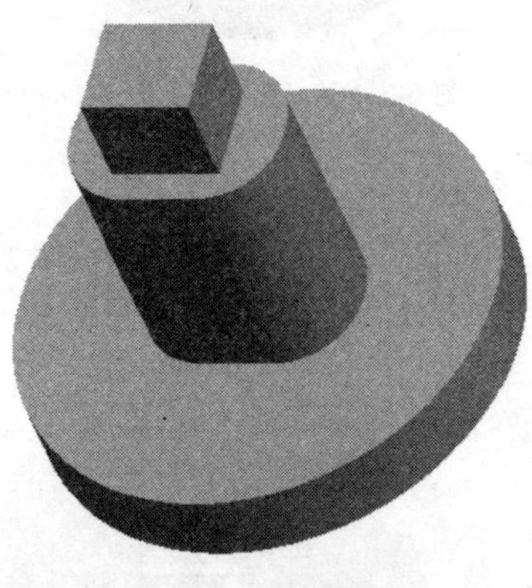

图 6-3-19 完成第一个圆角特征创建

6. 创建第 2 个倒圆角特征

01 单击图形窗口右侧【特征】工具栏内的【倒圆角工具】按钮，或单击主菜单中的【插入（I）】|【倒圆角（O）】命令。

02 打开【倒圆角】操控面板，保持操控面板的默认设置。

03 按住【Shift】键选择边。选择如图 6-3-20 所示边。

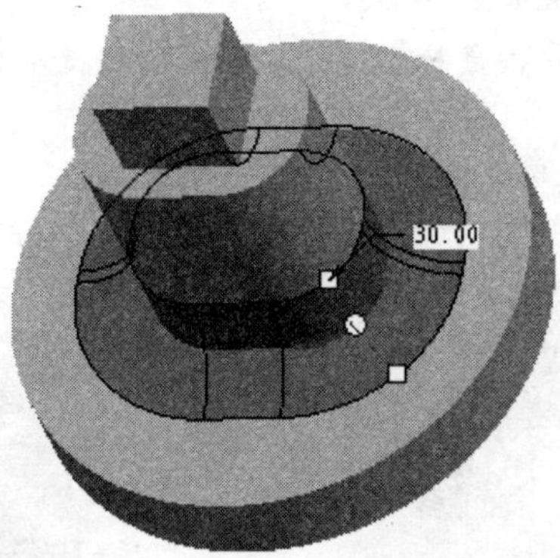

图 6-3-20　选择边

04　单击操控面板【设置】按钮，弹出【设置】上滑面板。

05　单击上滑面板上的【通过曲线】按钮，按住【Shift】键，选择如图 6-3-21 所示的边线。

06　此时操控面板的设置如图 6-3-22 所示。

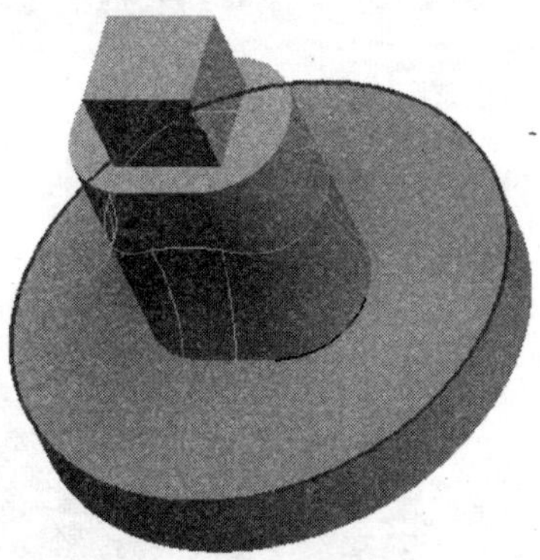

图 6-3-21　选择边线

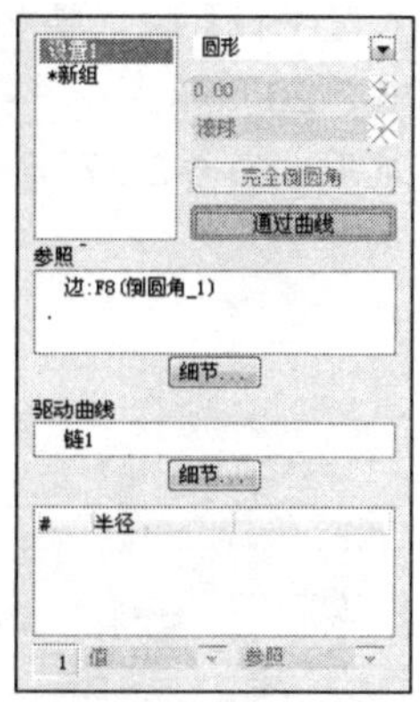

图 6-3-22　设置上滑面板

07　在图形窗口空处单击鼠标右键，在弹出的快捷菜单中选择【添加组】命令，增加一个倒圆角设置。

08　选择如图 6-3-23 所示的边。

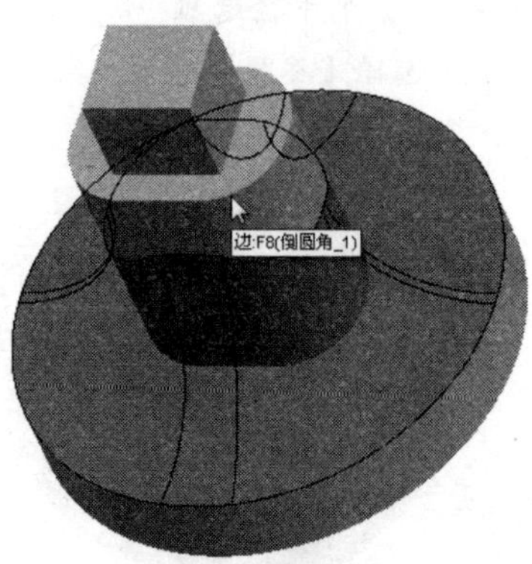

图 6-3-23　选择边

09 此时图形窗口预览结果如图 6-3-24 所示。

10 在【半径】收集器中单击鼠标右键，在弹出的快捷菜单中选择【添加半径】命令，结果如图 6-3-25 所示。

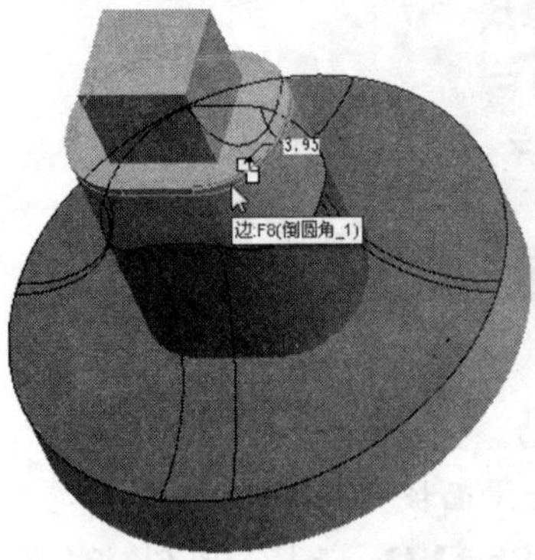

图 6-3-24 倒圆角预览

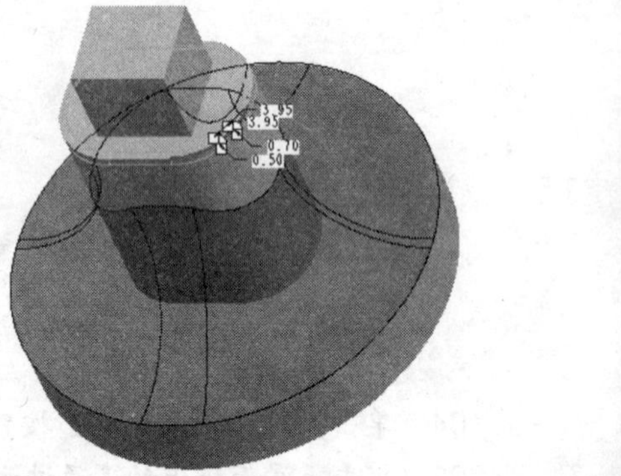

图 6-3-25 添加半径

11 在【半径】收集器中选择第 1 个半径选项，在【位置】下拉列表框中选择【参照】选项，如图 6-3-26 所示。

12 选取如图 6-3-27 所示的顶点。

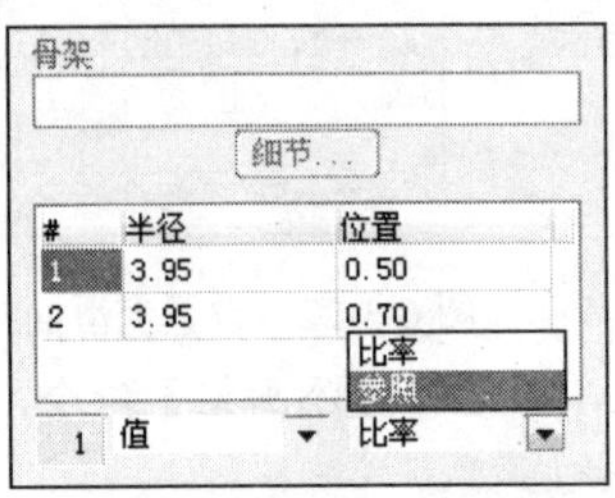

图 6-3-26 选择参照命令

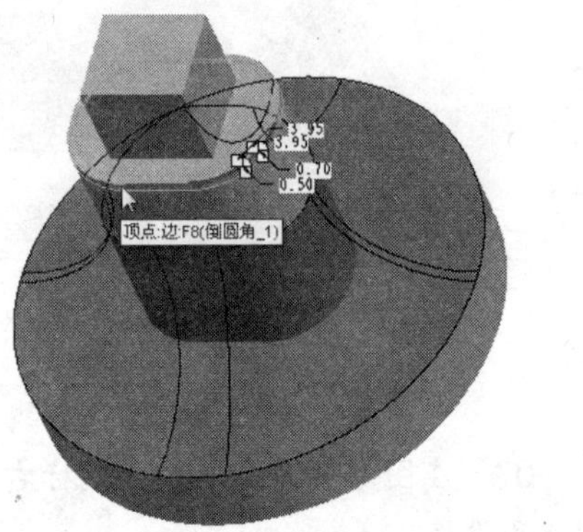

图 6-3-27 选择参照

13 在【半径】收集器中选择第 2 个半径选项。

14 仍然在【位置】下拉列表中选择【参照】选项，在图形窗口选择如图 6-3-28 所示的顶点。

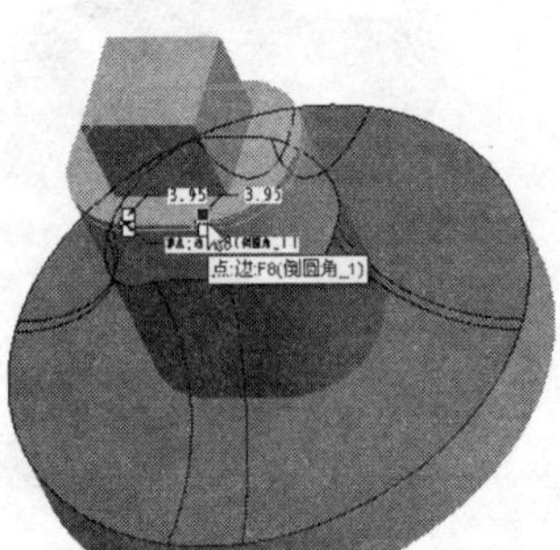

图 6-3-28 选择参照

15　完成后预览窗口如图 6-3-29 所示。

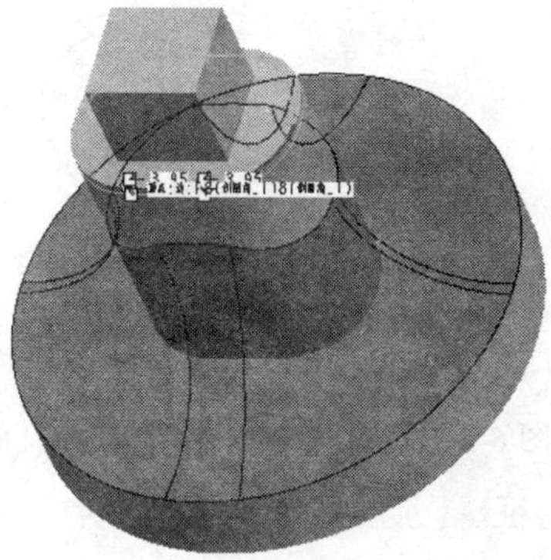

图 6-3-29　预览窗口

16　用上面的添加半径的步骤，在【半径】收集器中添加半径，并把新的半径参照到上面按逆时针方向连续的顶点，一共建立 8 个半径。如图 6-3-30 所示。

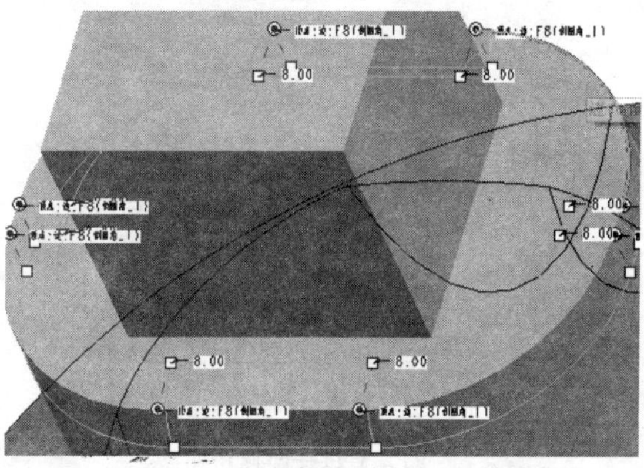

图 6-3-30　添加半径

17　在【半径】收集器中分别输入半径值 8、8、3.5、3.5、8、8、3.5、3.5。此时上滑面板如图 6-3-31 所示。

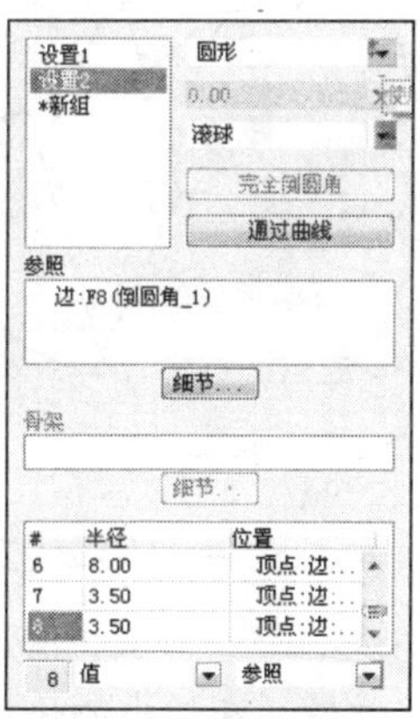

图 6-3-31　上滑面板设置

18　单击操控面板上的✓按钮，完成新的倒圆角特征的创建，如图 6-3-32 所示。

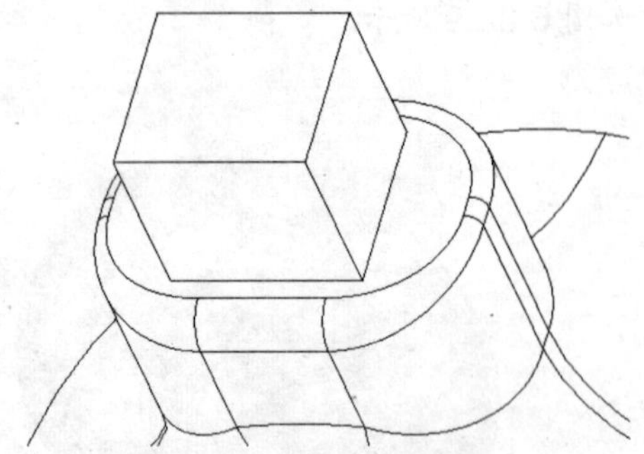

图 6-3-32　完成第 3 个倒圆角特征的创建

7. 创建第 4 个倒圆角特征

01　单击图形窗口右侧【特征】工具栏内的【倒圆角工具】按钮，或单击主菜单中的【插入（I）】|【倒圆角（O）】命令。

02　保持操控面板默认设置。

03　按住【Ctrl】键，在模型上选择如图 6-3-33 所示的两条边线。

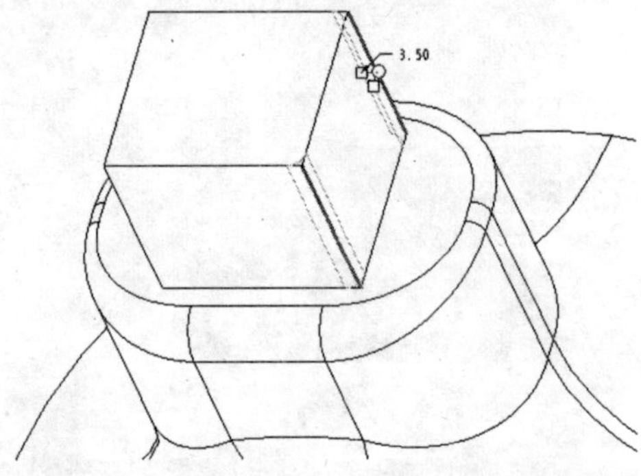

图 6-3-33　选择边线

04　单击操控面板的【放置】按钮。

05　在上滑面板中选择【完全倒圆角】命令，建立一个完全倒圆角特征，如图 6-3-34 所示。

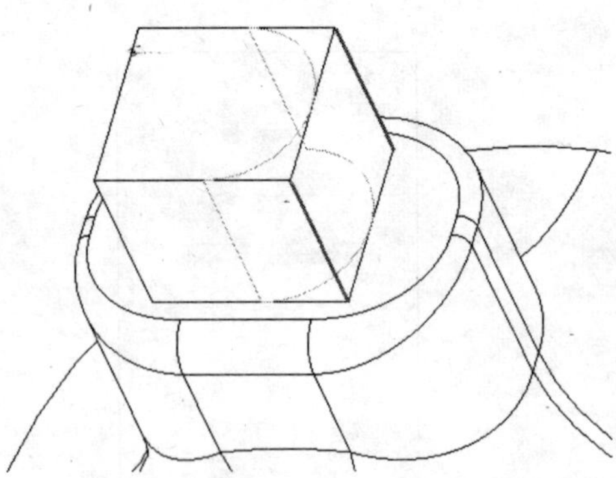

图 6-3-34　创建一个完全倒圆角特征

06　在图形窗口空白处单击鼠标右键，在弹出的快捷菜单中选择【添加组】命令，增加一个倒圆角组。

07　按住【Ctrl】键选择如图 6-3-35 所示的两个曲面。

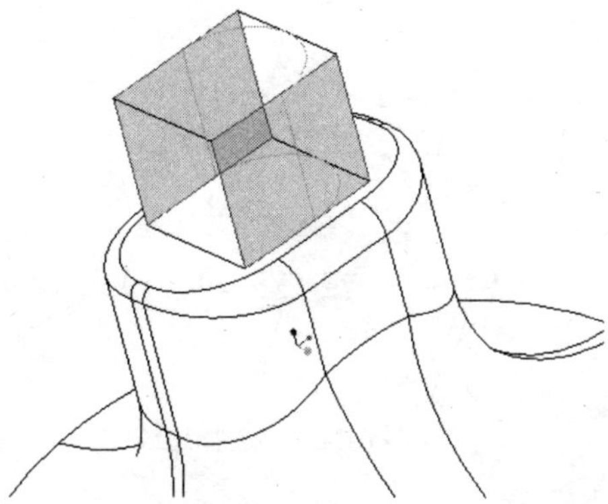

图 6-3-35　选择曲面

08　激活【设置】上滑面板中【驱动曲面】收集器，在图形窗口选择如图 6-3-36 所示的曲面作为驱动曲面。

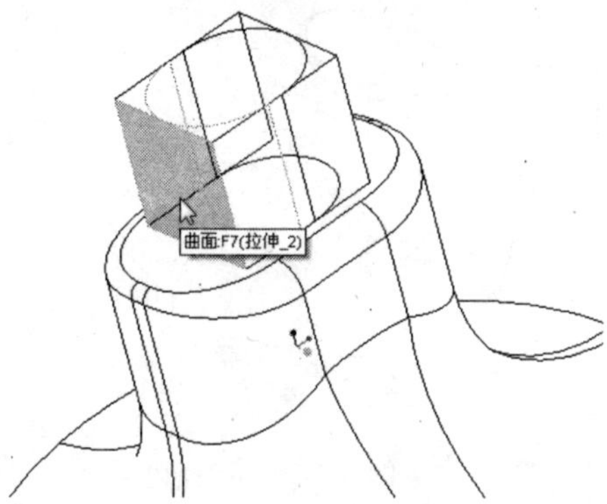

图 6-3-36　选择驱动曲面

09　单击操控面板上的✔按钮，完成新的倒圆角特征的创建，如图 6-3-37 所示。

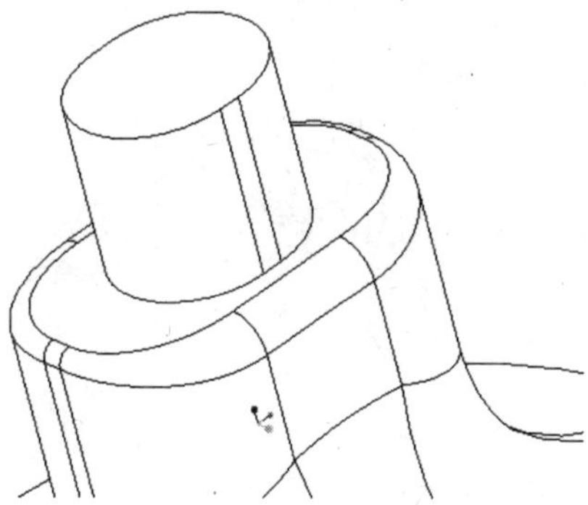

图 6-3-37　完成第 4 个圆角特征的创建

8．创建第 5 个圆角特征

01　单击图形窗口右侧【特征】工具栏内的【倒圆角工具】按钮，或单击主菜单中的【插入（I）】|【倒圆角（O）】命令。

02　保持操控面板的默认设置。

03　在模型上选择如图 6-3-38 所示的边线。

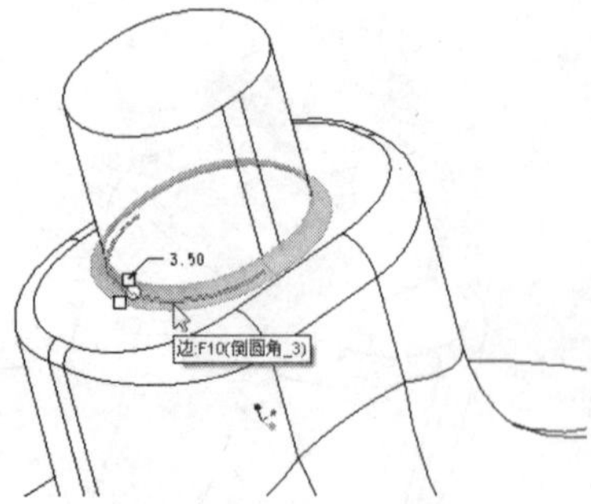

图 6-3-38　选择边线

04　输入半径值 3。

05　在图形窗口空白处单击鼠标右键，在弹出的快捷菜单中选择【添加组】命令。

06　按住【Ctrl】键，选择如图 6-3-39 所示的边。

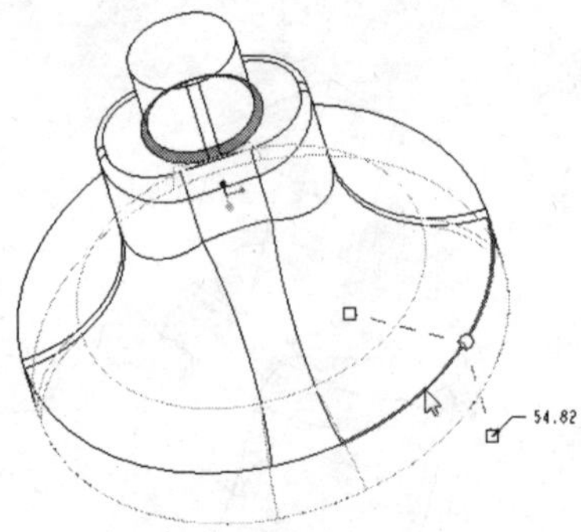

图 6-3-39　选择边

07　输入半径值为 15。

08　单击操控面板上的✓按钮，完成创建，如图 6-3-40 所示。

09　保存文件。

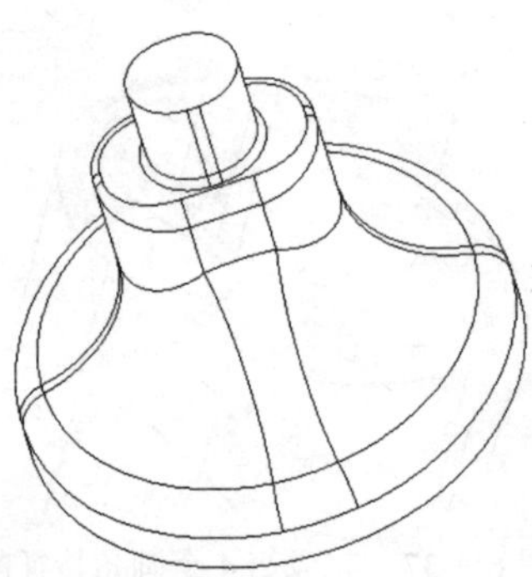

图 6-3-40　完成第 5 个倒角特征的创建

6.3.5　倒圆角的基于规则选取的应用

本小节将通过实际操作来介绍如何应用修剪和延伸功能，应用好这些功能，能更好地控制好倒圆角的几何形状。

经典实例

倒角修剪和延伸的应用。

【光盘：源文件/第 6 章/6-11.prt】

【实例制作】

打开文件【光盘：源文件/第 6 章/6-10.prt】，如图 6-3-41 所示。

图 6-3-41　练习文件

1．添加倒角特征

01　单击【特征】工具栏内的（倒角工具）按钮，或在主菜单中单击【插入（I）】|【倒角（M）】|【边倒角（E）】命令。完成后，系统自动弹出倒角操控面板。

02　选择如图 6-3-42 所示的边。

图 6-3-42　选择边

03　此时倒角特征的预览结果如图 6-3-43 所示。

04　输入半径值为 10。

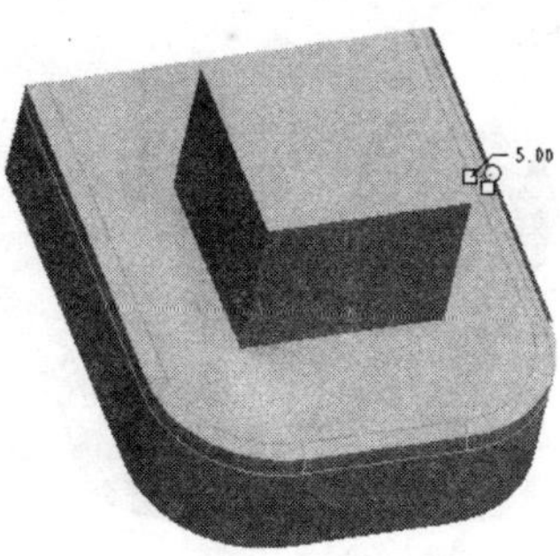

图 6-3-43　倒角预览

小知识

建立新的倒角特征会穿过相切点自动延伸圆角几何，并将终止非相切点。

如果不想将倒角特征自动穿过切点，而只建立在选择的参照上，这时需要利用【基于规则选取】功能来实现。

05 在【设置】面板上单击【细节】按钮，弹出如图 6-3-44 所示的【链】对话框。

06 勾选【基于规则】选项，在【规则】栏中勾选【部分环】，如图 6-3-45 所示。

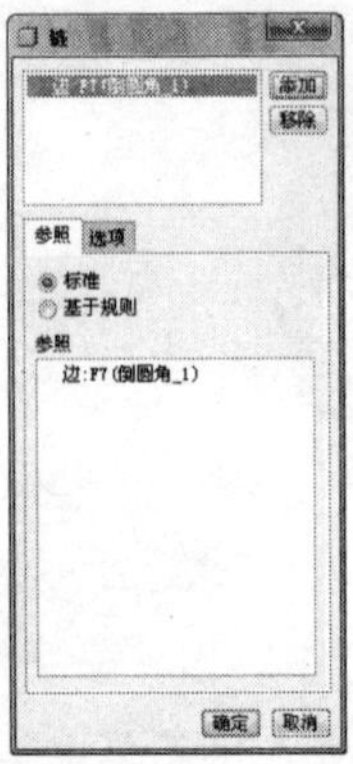

图 6-3-44 【链】对话框

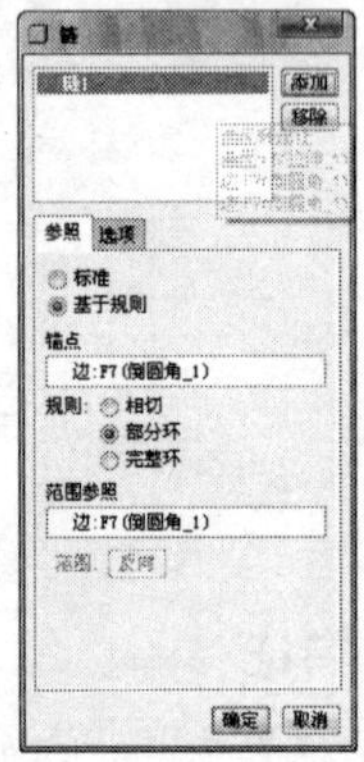

图 6-3-45

07 单击【确定】按钮，此时预览窗口如图 6-3-46 所示。

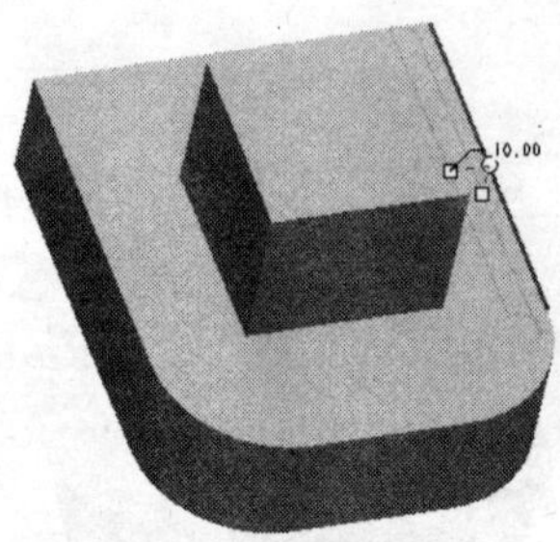

图 6-3-46 预览特征

2. 添加设置

01 在图形窗口空白处单击鼠标右键，在弹出的快捷菜单中选择【添加组】命令，增加一个倒圆角组。

02 选择如图 6-3-47 所示的边。

图 6-3-47 选择边

03　单击【放置】上滑面板的【细节】按钮，弹出【链】对话框。

04　在【链】对话框中勾选【基于规则】选项。

05　在【规则】栏中勾选【完整环】选项，此时【链】对话框如图 6-3-48 所示。

06　单击【确定】按钮，此时预览窗口如图 6-3-49 所示。

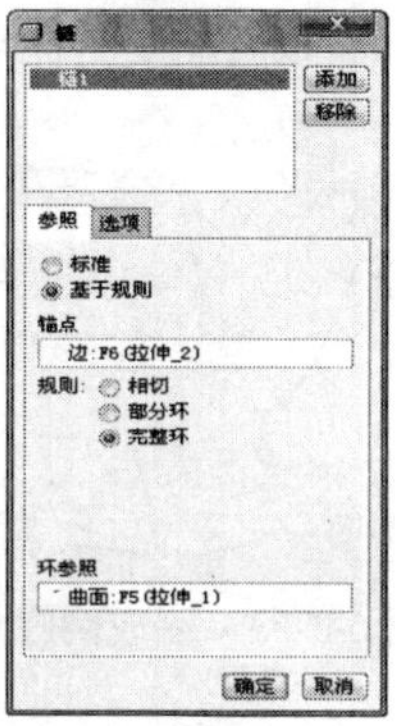

图　6-3-48

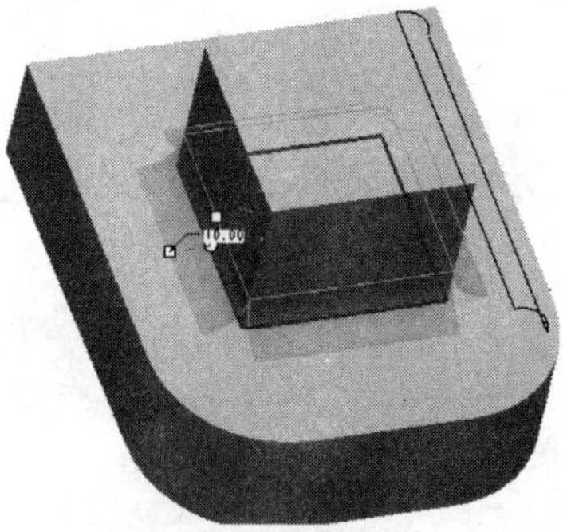

图 6-3-49　预览窗口

提示

这样创建倒圆角特征无法完成圆滑的过渡，如果此时完成倒圆角特征，结果如图 6-3-50 所示。

图 6-3-50　非光滑过渡圆角

07　单击操控面板上的按钮，切换到过渡模式。选择其中一个圆角过渡段。

08　单击鼠标右键，在弹出的快捷菜单中选择【混合】命令，如图 6-3-51 所示。

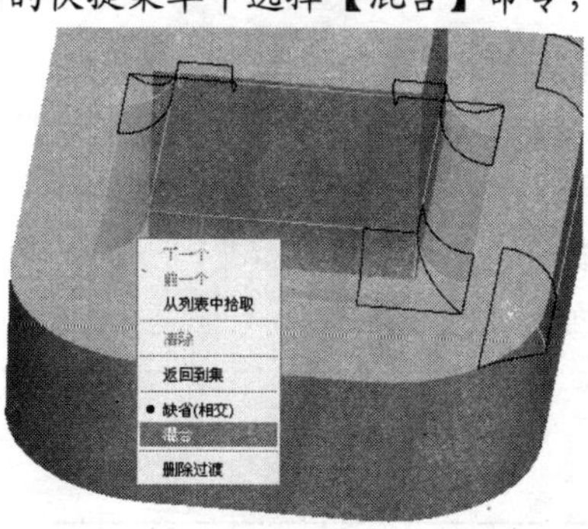

图 6-3-51　改变圆角过渡方式

新手学 Pro/ENGINEER Wildfire 3.0 模具实例制作完美手册

09 依次改变其他 3 个圆角过渡段，结果如图 6-3-52 所示。

10 单击操控面板上的✔按钮，完成特征的创建，如图 6-3-53 所示。

11 保存文件。

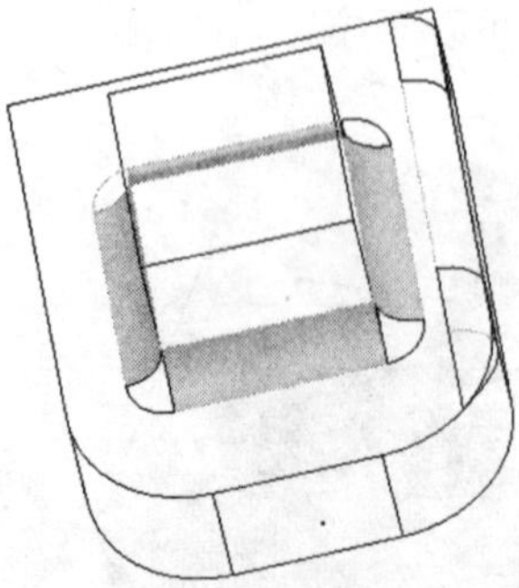

图 6-3-52 预览结果

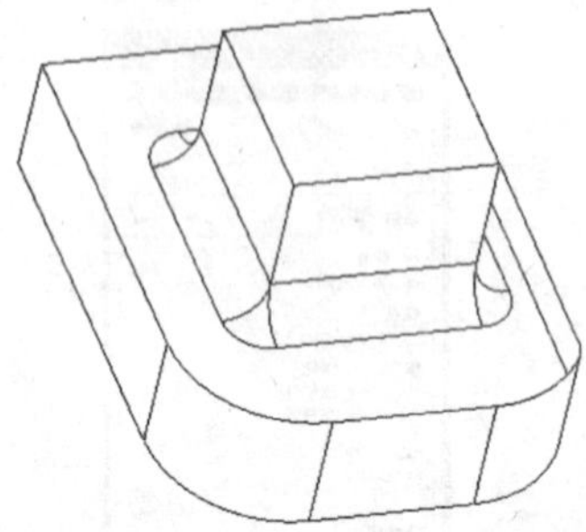

图 6-3-53 完成倒圆角特征

6.4 壳 特 征

【壳特征】如图 6-4-1 和图 6-4-2 所示。它是将实体的一个或几个表面去除，然后掏空实体内部，留下一定的壁厚的壳。创建【壳特征】时需要指定移除平面、壳厚度、厚度方向等参数。

图 6-4-1 抽壳前

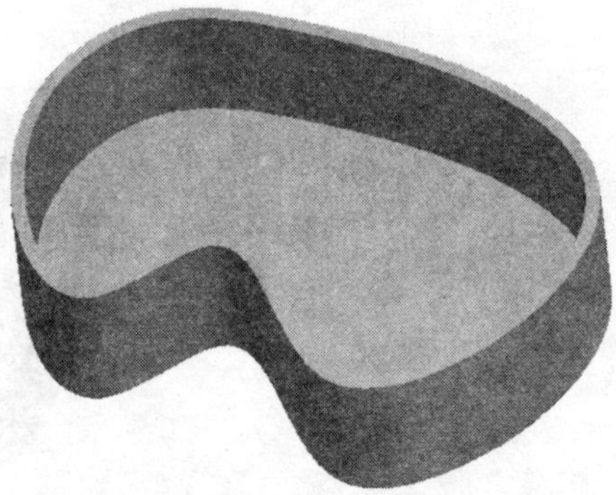

图 6-4-2 抽壳后

6.4.1 壳工具的介绍

在 Pro/E Wildfire 中，所有与壳相关的菜单选项都集成在新的壳工具操控面板中。

可以通过以下两种方法之一打开【壳工具】操控面板：

- 单击图形窗口右侧【特征】工具栏内的回按钮。
- 在主菜单中选择【插入（I）】|【壳（L）...】命令。

打开的【壳工具】操控面板如图 6-4-3 所示。

图 6-4-3 【壳工具】操控面板

【壳工具】操控面板同样分为上下两排。

上面一排包含参照、选项、属性三个按钮，选择后会弹出相应的上滑面板，可以定义相应的参数。下面一排用于快速定义特征参数。

单击【参照】按钮，弹出【参照】上滑面板,如图 6-4-4 所示。在该面板中定义壳特征指定【移除的曲面】，并可以单独指定某个曲面的厚度。

单击【选项】按钮，打开【选项】上滑面板，可以在该面板中更改选取的曲面，以及定义曲面延伸，如图 6-4-5 所示。

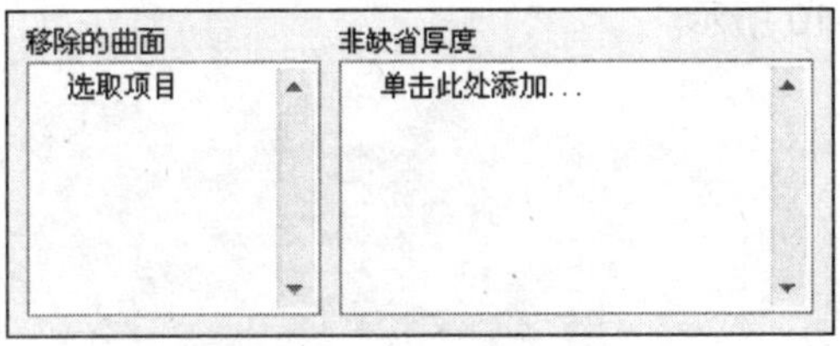

图 6-4-4　参照上滑面板

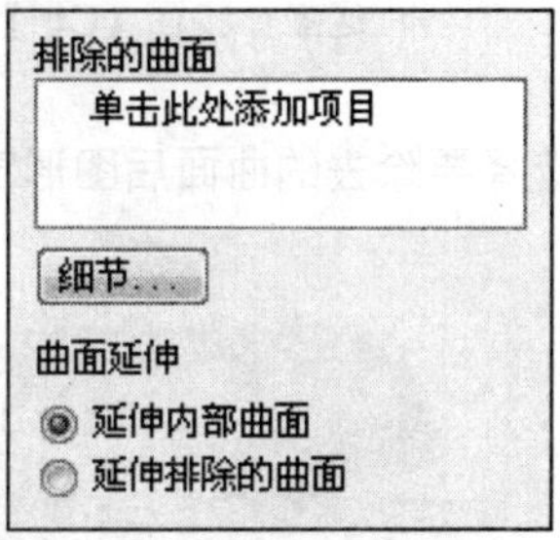

图 6-4-5　选项上滑面板

单击【属性】按钮，打开【属性】上滑面板，可以在该面板中查询壳特征的信息，根据需要更改壳特征的名称，如图 6-4-6 所示。

单击【属性】上滑面板中的 i 按钮，可以在浏览器中打开【特征信息】。如图 6-4-7 所示。

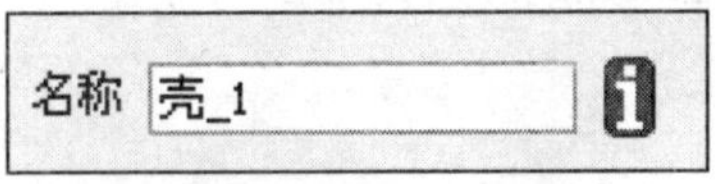

图 6-4-6　属性上滑面板

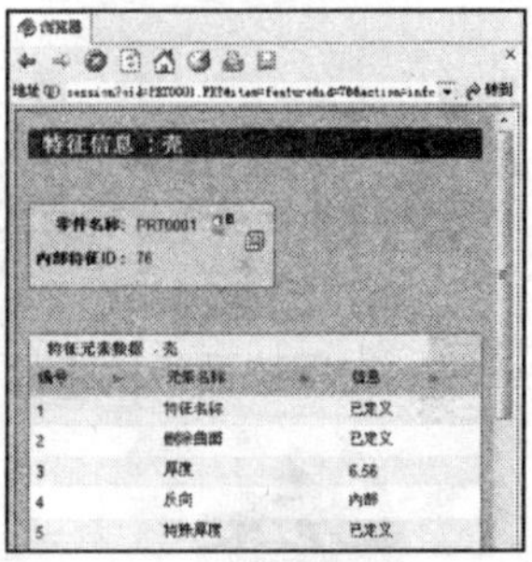

图 6-4-7　特征信息

6.4.2　壳特征创建

下面以长方体为例，说明壳特征创建的一般步骤。

经典实例

先创建如图 6-4-8 所示的长方体，长、宽、高分别为 100、70、50。

图 6-4-8　长方体

执行命令，通过以下两种方法之一打开【壳工具】操控面板：

- 单击图形窗口右侧【特征】工具栏内的回按钮。
- 或在主菜单中选择【插入（I）】|【壳（L）...】命令。

选取抽壳时要去除的实体表面，这时系统出现【壳工具】操控面板。系统在信息区提示【选取要从零件删除的曲面】，如图 6-4-9 所示选择要去除的曲面。

提示

这里可按住【Ctrl】键，再选取其他曲面来添加实体上要去除的表面。

选择要除去的曲面后图形窗口如图 6-4-10 所示。

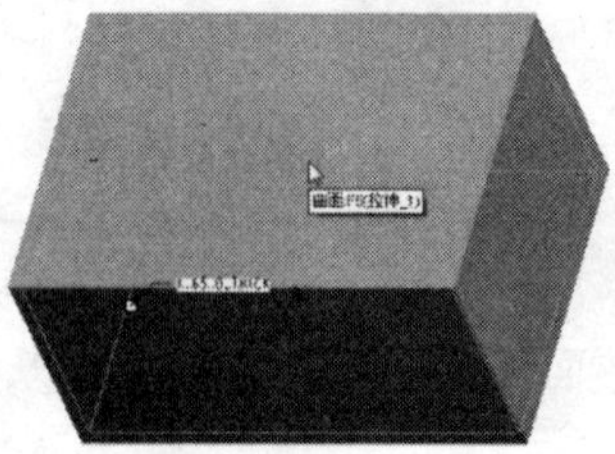

图 6-4-9 选择曲面

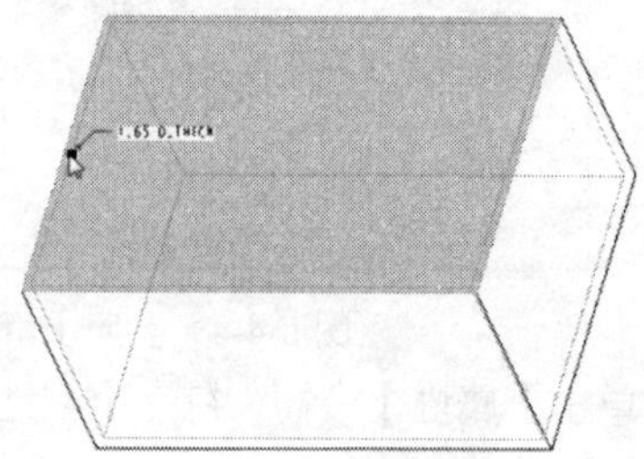

图 6-4-10 预览特征

小知识

选择并拖动如图 6-4-10 所示的方形小手柄可以在图形窗口交互地控制壁厚。

定义壁厚：在操控面板的【厚度】文本框里，输入壳的厚度为 5。

注意

这里如果将厚度输入为正值，壳的厚度留在零件“内”；如果输入负值，壳的厚度将增加到零件“外”。也可单击按钮来改变方向。

完成创建：单击操控面板上的按钮，完成壳特征，如图 6-4-11 所示。

图 6-4-11 完成壳特征的创建

注意

默认情况下，壳特征的壁厚是均匀的。

有一种特例，如果将要去除的表面与相邻曲面相切，就不能选择它。如果有圆角的表面就不能选择被去除，这种情况下的解决办法是先抽壳后圆角。

如果将要删除的曲面的某个顶点是 3 个曲面的相交点，就不能选择它。

如果零件有 3 个以上的曲面形成的拐角，抽壳特征可能无法实现；这种情况下，Pro/E 会加亮故障区。遇到这种情况，可以选取全部修饰曲面作为将要删除的曲面。

6.4.3　酒瓶的制作

本小节将以酒瓶为例介绍壳特征的应用。

经典实例

酒瓶的制作过程。

【光盘：源文件/第 6 章/6-12.prt】

【实例效果】

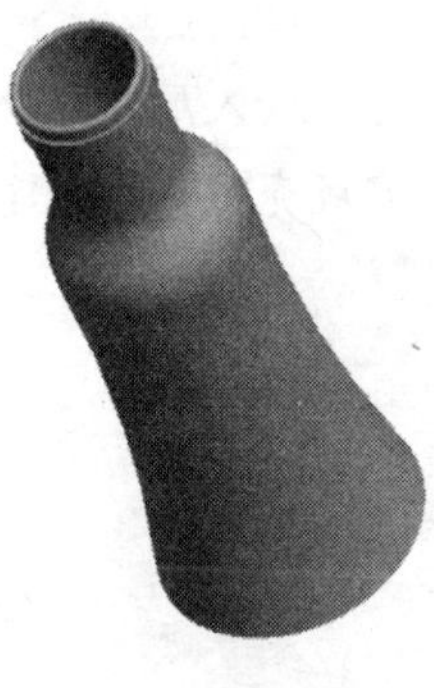

图 6-4-12　酒瓶的制作

【实例制作】

1．新建文件

01　单击按钮，在【新建】对话框中设定文件类型为【零件】，子类型为【实体】，文件名修改为 6-12，清除【使用缺省模板】复选框。

02　单击【确定】按钮，在【新建文件】对话框中选择【mmns_part_solid】的公制实体零件模板。

03　单击【确定】按钮，进入零件建立模式。

2．创建旋转特征

01　单击（旋转工具）按钮，打开【旋转工具】操控面板。

02　在绘图窗口单击鼠标右键，选择【定义内部草绘】命令，打开【草绘】对话框。

03　选择RIGHT视图为草绘平面，草绘参照接受系统给出的默认参照TOP和FRONT，草绘的参考方位是【左】。

04　单击【草绘】按钮，进入草绘模式。绘制如图6-4-13所示的剖面。

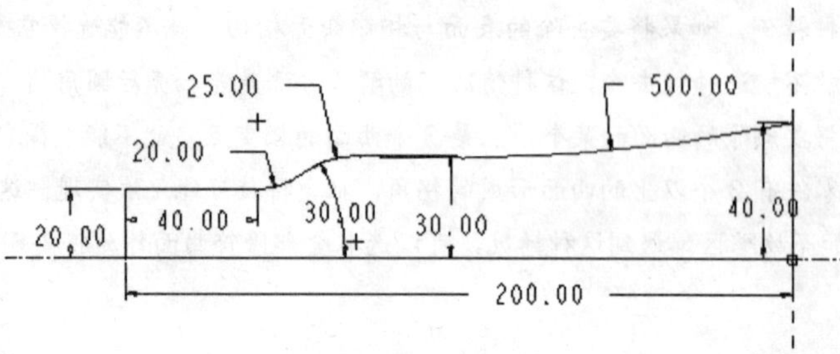

6-4-13　绘制剖面

05　完成剖面后，单击☑按钮，退出草绘模式。

06　保留操控面板上的⊔（变量）选项，在旁边的角度数值中保持360。

07　单击☑按钮，完成旋转特征，如图6-4-14所示。

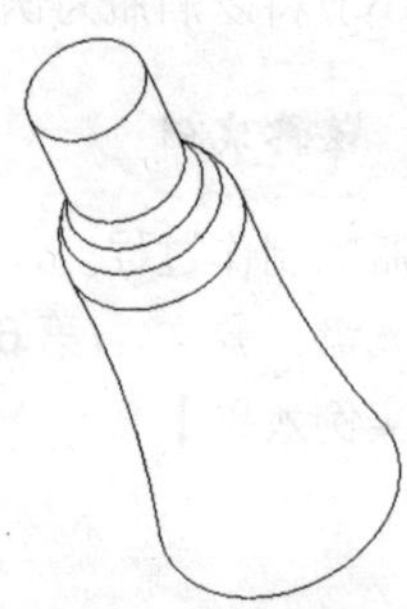

图6-4-14　完成旋转特征

3．创建壳特征

01　单击图形窗口右侧【特征】工具栏内的回按钮，或在主菜单中选择【插入（I）】|【壳（L）】命令。

02　选择如图6-4-15所示的要去除的曲面。

03　在操控面板的【厚度】文本框中输入厚度为2.5。

04　单击操控面板上的☑按钮，完成壳特征的创建，如图6-4-16所示。

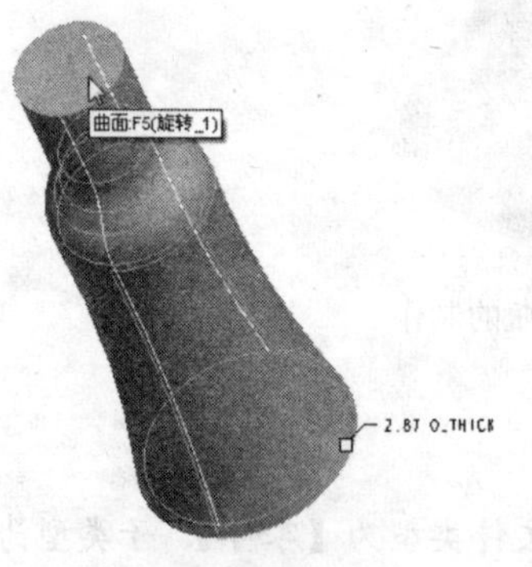

图6-4-15　选择曲面

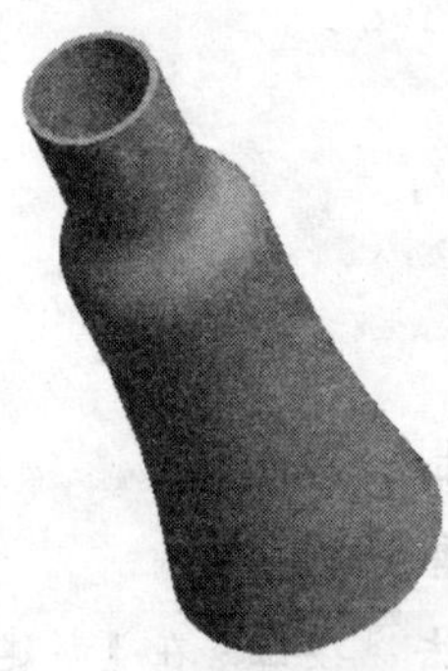

图6-4-16　完成壳特征的创建

4．创建完全倒圆角

01　单击图形窗口右侧【特征】工具栏内的【倒圆角工具】按钮，或单击主菜单中的【插入（I）】|【倒圆角（O）】命令。

02　按住【Ctrl】键，在模型上选择如图6-4-17所示的两条边线。

03　单击操控面板的【放置】按钮。

04　此时系统弹出如图6-4-18所示的上滑面板。

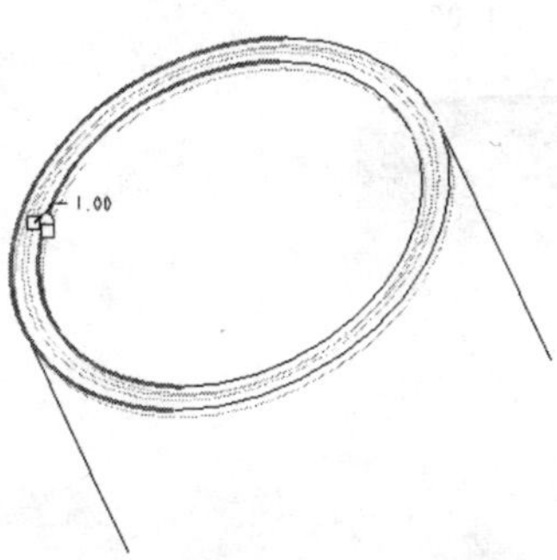

图 6-4-17　选择边线

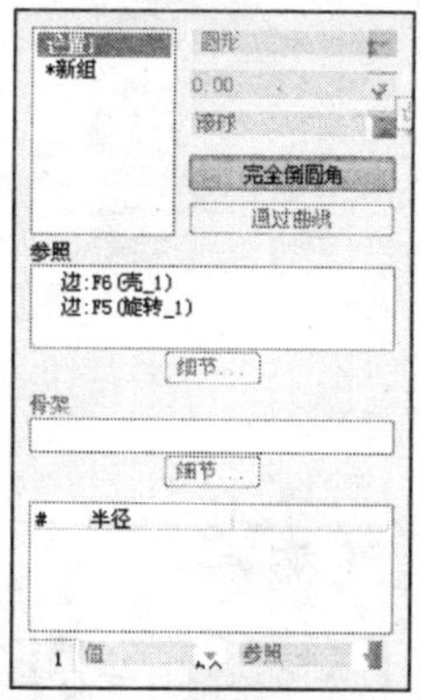

图 6-4-18　放置上滑面板

05　在该界面上单击【完成倒圆角】按钮。

06　单击【预览】按钮，可浏览所创建的特征。

07　单击操控面板上的按钮，完成完全圆角的创建，如图 6-4-19 所示。

图 6-4-19　完成完全圆角的创建

5. 创建旋转特征

01　单击（旋转工具）按钮，打开【旋转工具】操控面板。

02　在绘图窗口单击鼠标右键，选择【定义内部草绘】命令，打开【草绘】对话框。

03　选择【草绘】对话框中的【使用先前的】按钮，进入草绘模式。

04　选择主菜单中的【草绘（S）】|【参照（R）】命令，弹出【参照】对话框。

05　增加如图 6-4-20 所示的两条边线为参照。

06　此时【参照】对话框如图 6-4-21 所示。

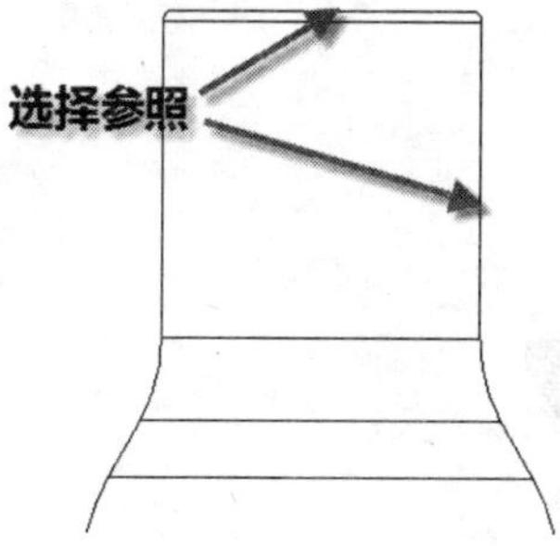

图 6-4-20　选择参照边

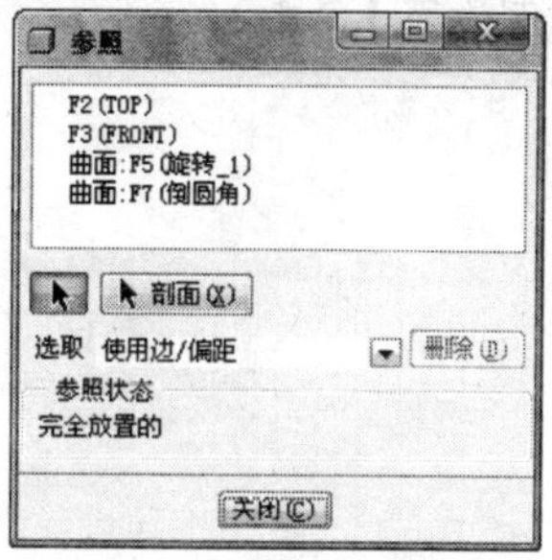

图 6-4-21　【参照】对话框

07　绘制如图 6-4-22 所示的剖面。

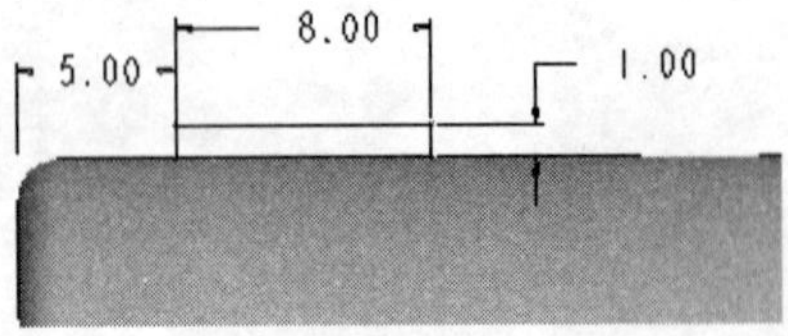

6-4-22　绘制剖面

注意

一定要绘制与前面重合的中心线。

08　完成剖面后，单击☑按钮，退出草绘模式。

09　保留操控面板上的⊔（变量）选项，在旁边的角度数值中保持 360。

10　单击☑按钮，完成旋转特征，如图 6-4-23 所示。

11　保存文件。

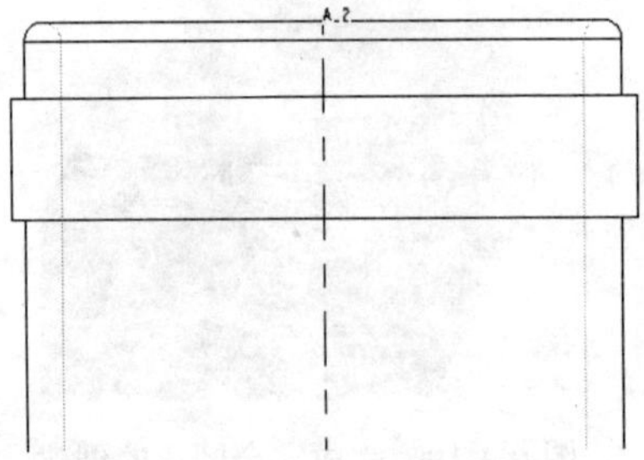

图 6-4-23　完成旋转特征

6.4.4　茶杯的制作

本小节以制作茶杯为例，介绍非缺省厚度抽壳特征的创建过程。

经典实例

非缺省厚度抽壳特征的创建。

打开文件【光盘：源文件/第 6 章/6-13.prt】，如图 6-4-24 所示。

【实例效果】

图 6-4-24　茶杯

【实例制作】

1. 新建文件

01　单击按钮，在【新建】对话框中设定文件类型为【零件】，子类型为【实体】，文件名修改为 6-13，清除【使用缺省模板】复选框。

02　单击【确定】按钮，在【新建文件】对话框中选择【mmns_part_solid】的公制实体零件模板。

03　单击【确定】按钮，进入零件建立模式。

2. 创建混合特征

01　主菜单中选择【插入（I）】|【混合（B）】|【伸出项（P）】命令。

02　选择【混合】菜单中的【平行】|【规则截面】|【草绘截面】|【完成】命令。

03　选择【属性】菜单中的【直的】|【完成】命令。

04　选择 FRONT 基准平面为草绘平面，选择【正向】|【缺省】命令。

05　绘制如图 6-4-25 所示的第 1 个剖面。

06　单击鼠标右键，在弹出的快捷菜单中选择【切换剖面（T）】命令，绘制第 2 个剖面，如图 6-4-26 所示。

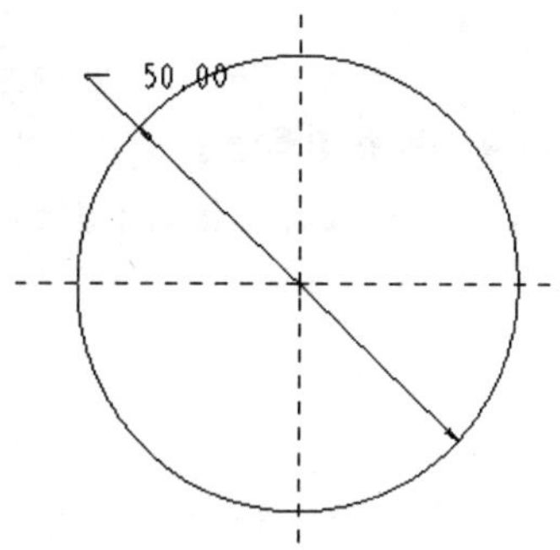

图 6-4-25　第 1 个剖面

07　完成剖面后，单击按钮，退出草绘模式。

08　在信息栏输入值 65。

09　单击【伸出项：混合、平等、规则截面】对话框的【确定】按钮，建立混合特征，结果如图 6-4-27 所示。

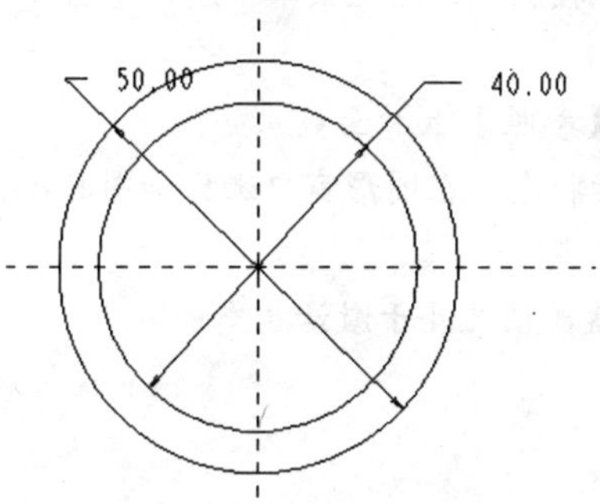

图 6-4-26　绘制第 2 个剖面

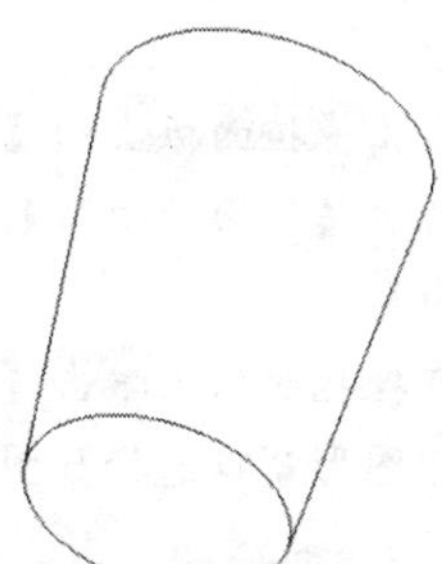

图 6-4-27　创建混合特征

3. 创建扫描特征

01　选择下拉菜单中的【插入（I）】|【扫描（S）】|【伸出项（P）】命令。

02　选择【扫描轨迹】菜单中的【草绘轨迹】命令。

03　选择【平面】命令，选取 FRONT 基准平面作为草绘面。

04　选择【正向】|【缺省】命令，系统进入草绘环境。

05　绘制如图 6-4-28 所示的多义线作为扫描轨迹并调节点使形状大致相似。

06　单击【草绘】工具栏中的完成按钮，系统将自动退出草绘环境。

07 在弹出的【属性】菜单中选择【自由端点】|【完成】命令，进入截面的绘制。

08 绘制如图 6-4-29 所示的截面。

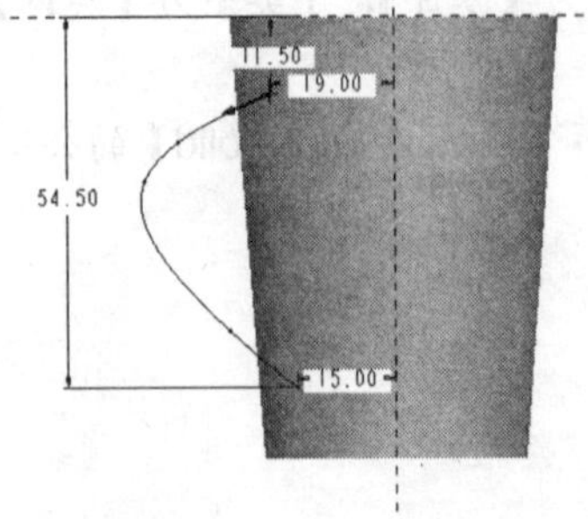

图 6-4-28 绘制轨迹

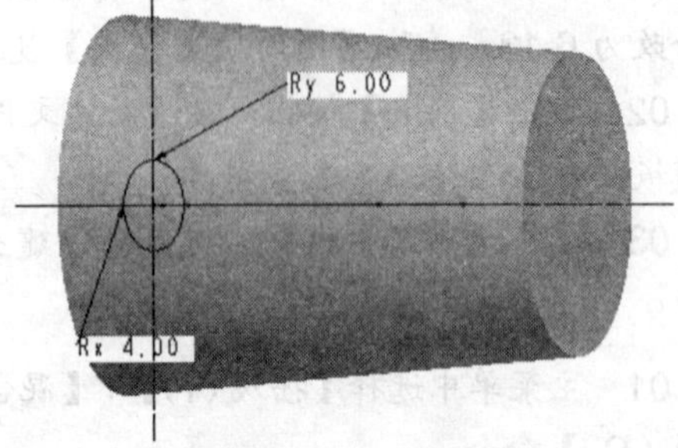

图 6-4-29 绘制截面

09 单击【草绘】工具栏中的完成按钮，系统将自动退出草绘环境。

10 单击【特征信息】对话框中【确定】按钮，完成扫描特征的创建，如图 6-4-30 所示。

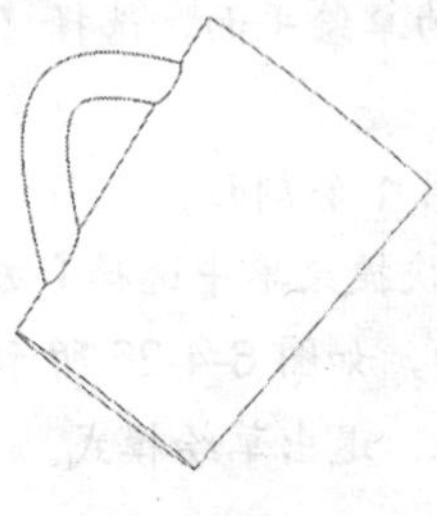

图 6-4-30 完成扫描特征

4．创建壳特征

01 单击图形窗口右侧【特征】工具栏内的按钮，或在主菜单中选择【插入(I)】|【壳(L)】命令。

02 单击操控面板上的【参照】按钮，打开【参照】上滑面板。

03 此时【移除的曲面】参照收集器处于激活状态，在图形窗口选择如图 6-4-31 所示的曲面为移除曲面。

04 在操控面板上单击【非缺省厚度】收集器，使之处于激活状态。

05 在图形窗口选择如图 6-4-32 所示的曲面。

图 6-4-31 选择曲面

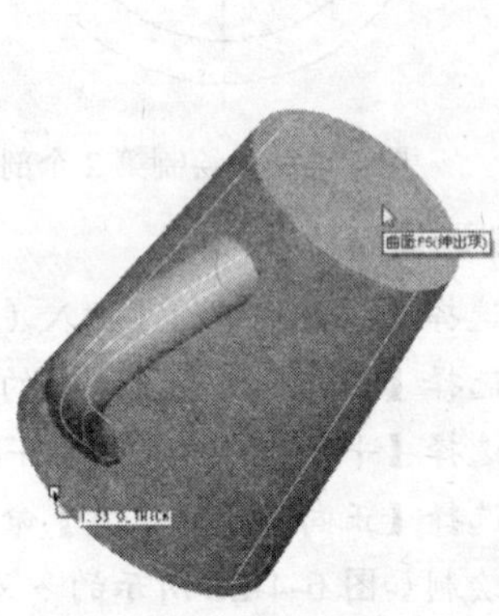

图 6-4-32 选择曲面

06　在【非缺省厚度收集器】中输入厚度数值为 5，在操控面板中输入厚度数值为 2.5。此时操控面板如图 6-4-33 所示。

07　单击操控面板上的按钮，完成壳特征的创建，如图 6-4-34 所示。

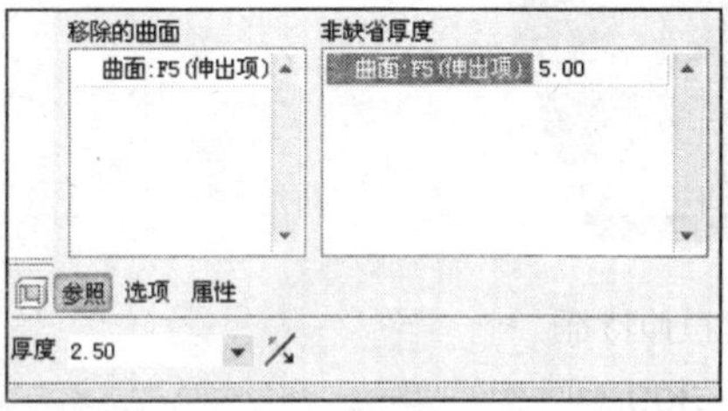

图 6-4-33　操控面板的设置

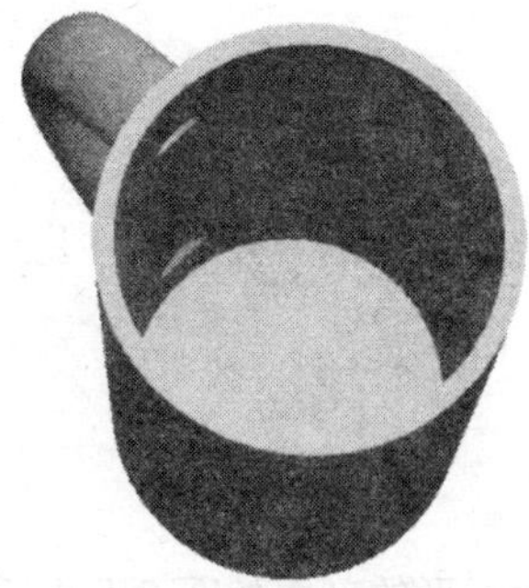

图 6-4-34　完成壳特征的创建

6.5　筋　特　征

筋特征是设计中连接到实体曲面的薄翼或腹板伸出项。筋通常用来加固设计中的零件，也常用来防止出现不需要的折弯。利用筋工具可以快速开发简单或复杂的筋特征。建立筋特征需要指定的参照包括剖面所在的草绘平面、剖面形状、厚度、厚度方向，典型筋特征如图 6-5-1 所示。

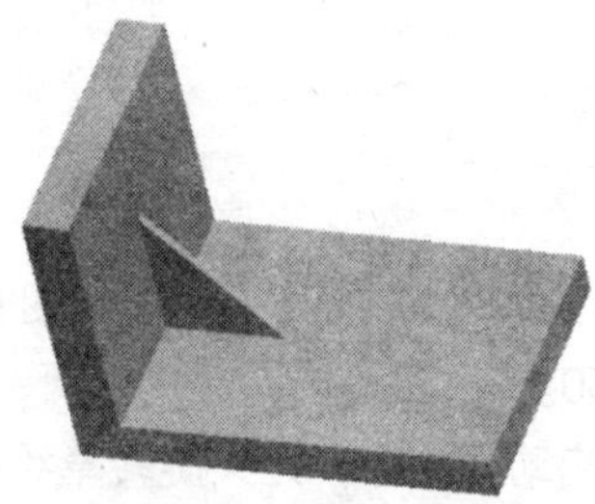

图 6-5-1　典型的筋特征

6.5.1　筋工具的介绍

在 Pro/E Wildfire 版本中，所有与筋相关的特征都集成在新的【筋工具】操控面板中。

打开【筋特征】命令的方法有以下两种：

- 单击图形窗口右侧【特征】工具栏内的按钮。
- 在主菜单中选择【插入（I）】|【筋（B）】命令。

完成上述操作后，系统弹出如图 6-5-2 所示的操控面板。

图 6-5-2　【筋工具】操控面板

筋工具同样分为上下两排：上一排包含参照、属性两个按钮，选择后会弹出相应的上滑面板，可以定义相应的参照。下面一排用于快速定义特征参数。

6.5.2　筋特征创建

下面以一个简单的筋特征为例，说明创建筋特征的一般步骤。

经典实例

创建如图 6-5-3 所示的角形拉伸特征。

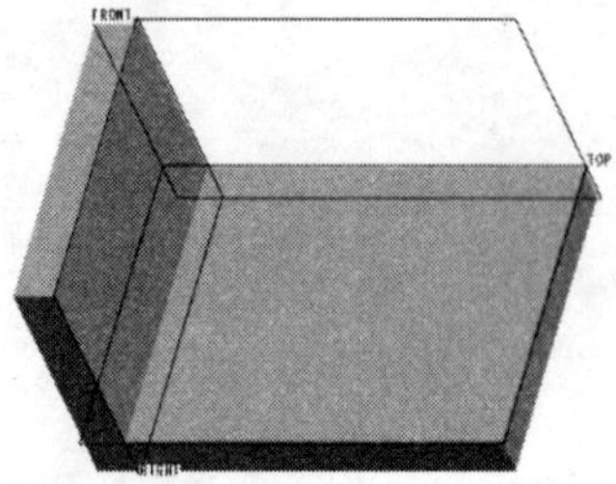

图 6-5-3 创建拉伸特征

上述图形的剖面如图 6-5-4 所示，拉伸厚度为 300。

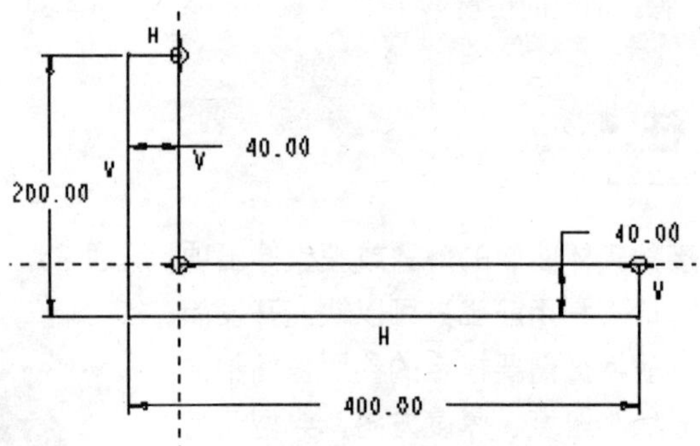

图 6-5-4 拉伸剖面

创建基准平面 DTM1，如图 6-5-5 所示，偏移值为 150。

启动筋命令，定义旋转草绘截面旋转属性。

01 在绘图区中单击鼠标右键，从弹出的快捷菜单中选择【定义内部草绘】命令。

02 设置草绘平面：选择 DTM1 基准面为草绘平面。

03 设置草绘视图方向：采用模型中默认的黄色箭头的方向为草绘参照平面。

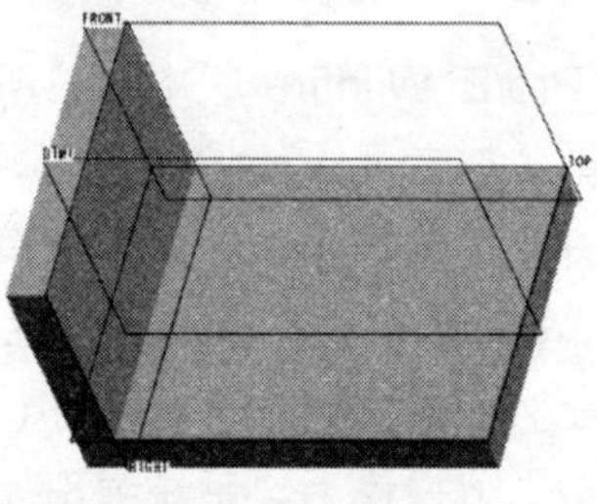

图 6-5-5 创建基准平面

小知识

如果模型的表面选取较困难，可用【列表选取】的方法，该方法介绍如下：

- 将鼠标指针移至目标附近，单击鼠标右键。
- 在系统弹出的如图 6-5-6 所示的快捷菜单中选择【从列表中拾取】命令。
- 在系统弹出的如图 6-5-7 所示的列表窗口中，依次单击各项目，当单击到某个项目时，模型中相对应的元素会变亮，找到所需的目标后，单击窗口下部的【确定（O）】按钮。

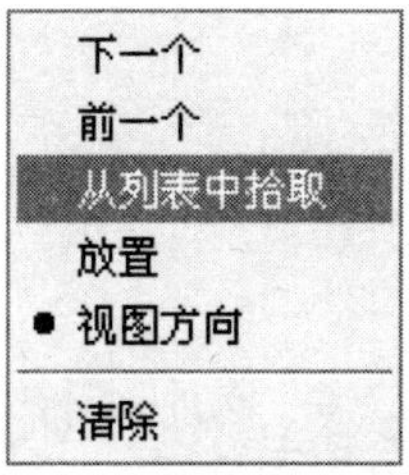

图 6-5-6　右键快捷菜单

图 6-5-7　【从列表中拾取】对话框

04　指定草绘平面参照的方位：选择【左】作为草绘平面的参照方位。

05　完成草绘截面放置属性：单击【草绘截面定义】对话框中的【草绘】按钮。至此系统进入截面草绘环境。

06　定义特征草绘截面的参照。如果参照不够，可单击主菜单【草绘（S）】|【参照（R）】命令，在弹出的【参照】对话框中新增参照，如图 6-5-8 所示。也可以在【参照】对话框中删除不需要的参照。

07　创建截面图。绘制如图 6-5-9 所示的特征截面（仅为一根直线）。完成特征后，单击工具栏上的按钮。

图 6-5-8　【参照】对话框

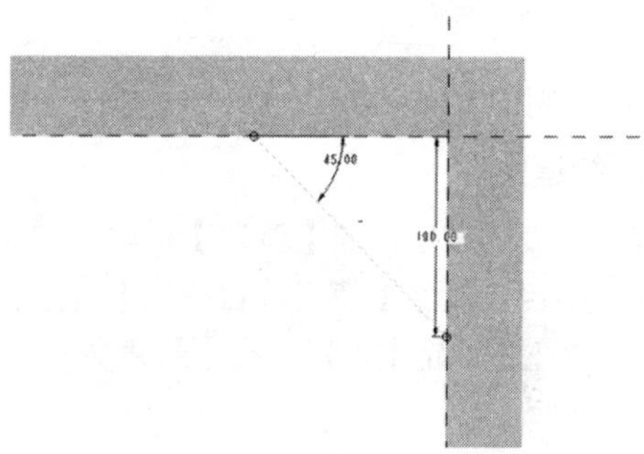

图 6-5-9　绘制截面

08　选择材料的方向。在操控面板中，单击方向切换按钮，直到箭头的方向如图 6-5-10。

09　调整筋的厚度。在操控面板上输入筋的厚度 10。

10　单击操控面板上的按钮，完成筋特征的创建，如图 6-5-11 所示。

11　保存文件。

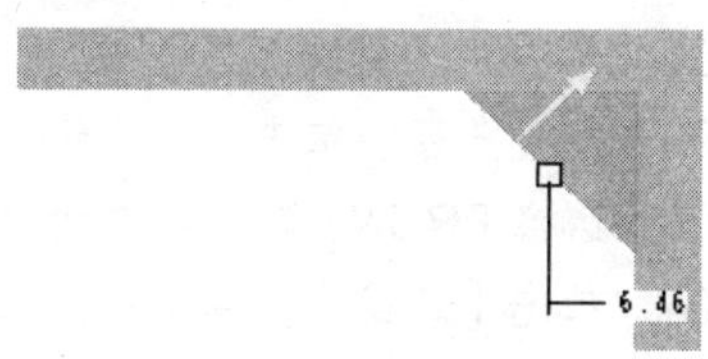

图 6-5-10　切换方向

图 6-5-11　完成筋特征的创建

6.5.3 法兰盘的制作

本小节将以法兰盘为例介绍筋特征的应用。

经典实例

法兰盘的制作过程。

打开文件【光盘：源文件/第 6 章/6-14.prt】，如图 6-5-12 所示。

【实例效果】

图 6-5-12 法兰盘

【实例制作】

1．新建文件

01 单击按钮，在【新建】对话框中设定文件类型为【零件】，子类型为【实体】，文件名修改为 6-14，清除【使用缺省模板】复选框。

02 单击【确定】按钮，在【新建文件】对话框中选择【mmns_part_solid】的公制实体零件模板。

03 单击【确定】按钮，进入零件建立模式。

2．创建旋转特征

01 单击（旋转工具）按钮，打开【旋转工具】操控面板。

02 在绘图窗口单击鼠标右键，选择【定义内部草绘】命令，打开【草绘】对话框。

03 选择 FRONT 基准平面为草绘平面，其余接受系统默认设置。

04 单击【草绘】按钮，进入草绘模式，绘制如图 6-5-13 所示的剖面。

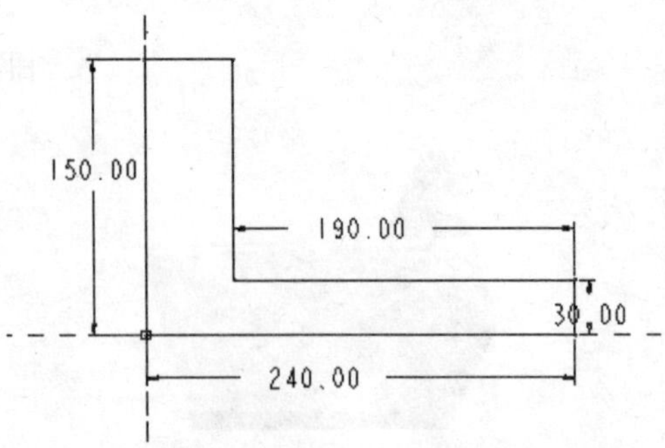

图 6-5-13 绘制剖面

05 完成剖面后，单击✓按钮，退出草绘模式。

06 保留操控面板上的⊔（变量）选项，在旁边的角度数值中保持 360。

07 单击✓按钮，完成旋转特征，如图 6-5-14 所示。

3．创建第 1 个孔特征

01 选择下拉菜单中的【插入（I）】|【孔（H）】命令，或直接单击命令按钮。

02 单击操控面板【放置】按钮，弹出上滑面板。

03 选择如图 6-5-15 所示的端面为主参照。

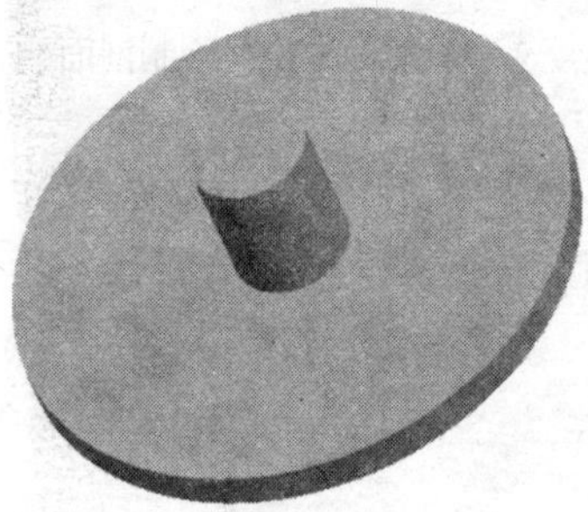

图 6-5-14 完成旋转特征

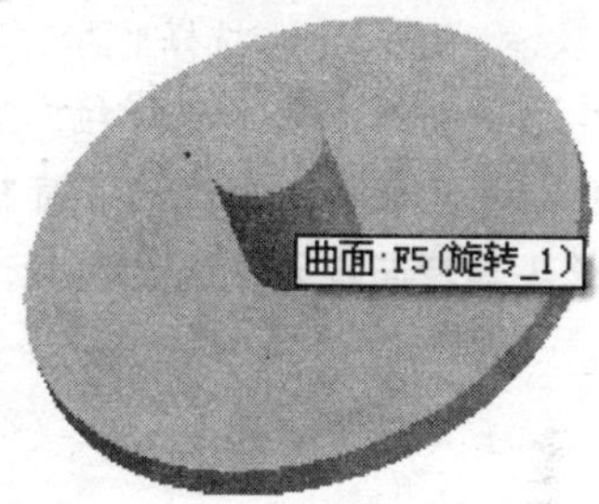

图 6-5-15 选择主参照

04 定位类型选择【同轴】选项。

05 在图形窗口空白处单击鼠标右键，在弹出的快捷菜单中选择【第二参照收集器】命令，激活该收集。

06 选择 A_2 轴作为次参照。

07 设置孔的直径为 40，在深度选项选择⊔（到指定深度）按钮，在图形窗口选择如图 6-5-16 所示的平面作为深度参考平面。

08 单击操控面板上的✓按钮，完成孔特征的创建。如图 6-5-17 所示。

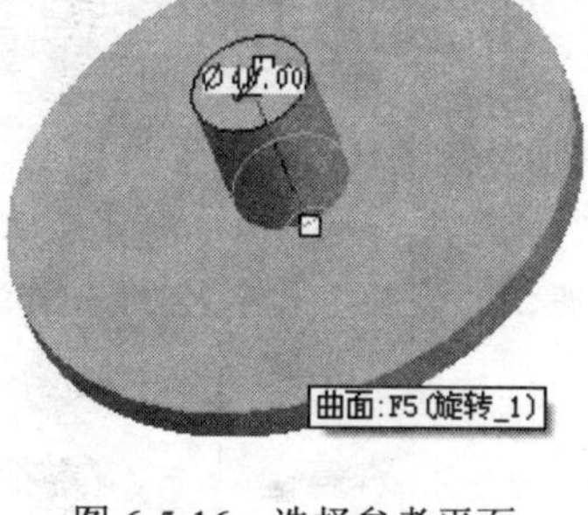

图 6-5-16 选择参考平面

图 6-5-17 完成孔特征

4．创建第 1 个拉伸特征

01 单击（拉伸工具）按钮，打开【拉伸工具】操控面板。

02 单击【放置】选项卡，打开上滑面板。

03 单击【定义】按钮，打开【草绘】对话框。

04 选择如图 6-5-18 所示的平面为草绘平面，其余接受系统默认的设置。

05 单击【草绘】按钮，进入草绘模式。

06 用前面的方法增加绘图参照，绘制如图 6-5-19 所示的剖面。

新手学 Pro/ENGINEER Wildfire 3.0 模具实例制作完美手册

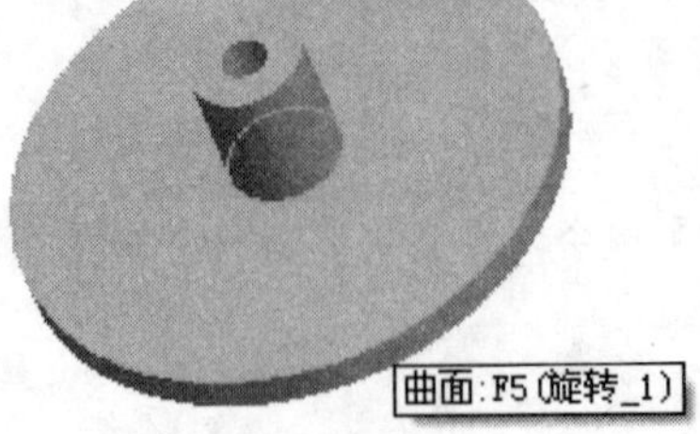

图 6-5-18　选择平面

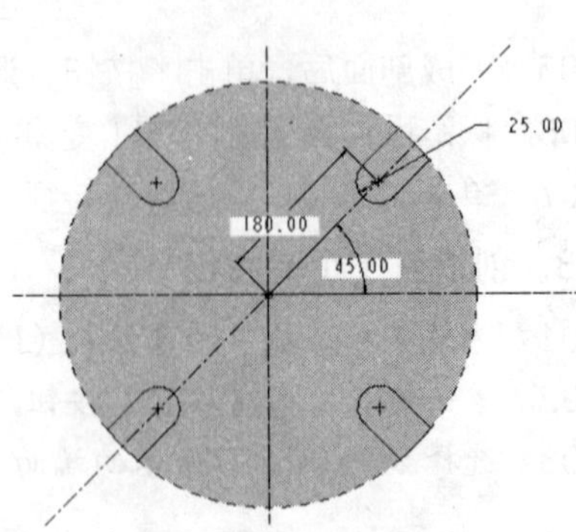

图 6-5-19　绘制剖面

07　完成剖面后，单击✓按钮，退出草绘模式。

08　保留操控面板上深度的【盲孔】选项，输入深度值为 20。

09　单击操控面板右侧的✓按钮，建立第 1 个拉伸特征，如图 6-5-20 所示。

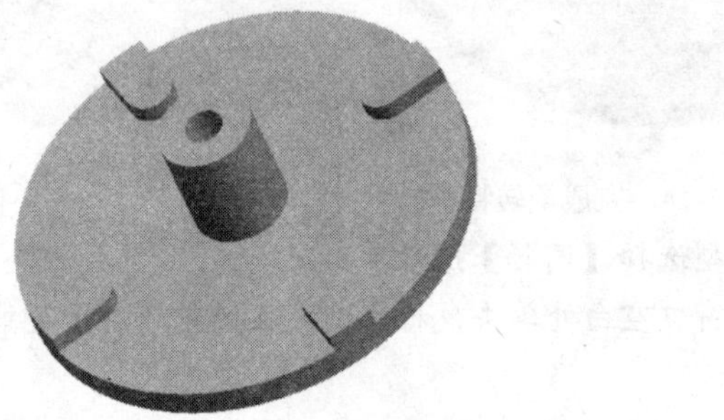

图 6-5-20　完成第 1 个拉伸特征

5．创建第 2 个拉伸特征

01　单击（拉伸工具）按钮，打开【拉伸工具】操控面板。

02　单击操控面板上的按钮，进行去除材料操作。

03　单击【放置】选项卡，打开上滑面板。

04　单击【定义】按钮，打开【草绘】对话框。

05　选择如图 6-5-21 所示的平面为草绘平面，其余接受系统默认的设置。

06　单击【草绘】按钮，进入草绘模式。

07　用前面的方法增加草绘时的基准平面为绘图参照，绘制如图 6-5-22 所示的剖面。

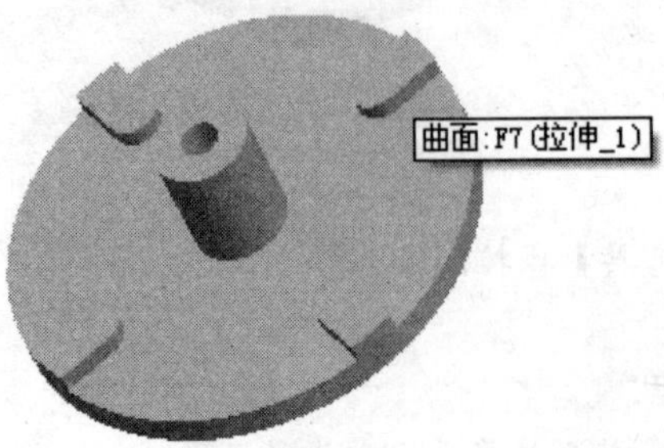

图 6-5-21　选择平面

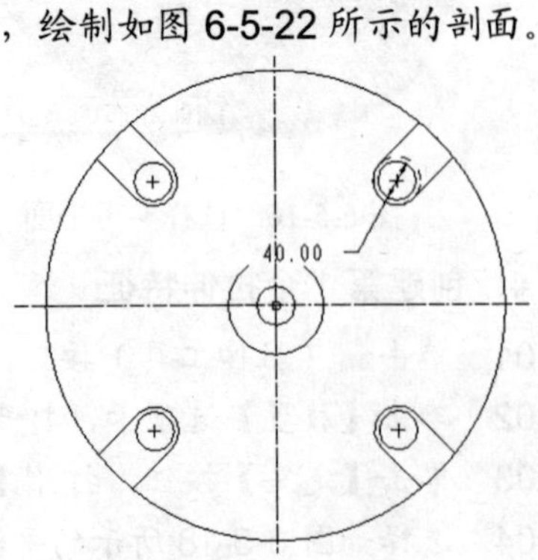

图 6-5-22　绘制剖面

08　完成剖面后，单击✓按钮，退出草绘模式。

09　保留操控面板上深度的【盲孔】选项，输入深度值为 10。

10　单击操控面板右侧的按钮，建立第 2 个拉伸特征，如图 6-5-23 所示。

图 6-5-23　完成第 2 个拉伸特征

6．创建第 3 个拉伸特征

01　单击（拉伸工具）按钮，打开【拉伸工具】操控面板。

02　单击操控面板上的按钮，进行去除材料操作。

03　单击【放置】选项卡，打开上滑面板。

04　单击【定义】按钮，打开【草绘】对话框。

05　单击【草绘】对话框中的【使用先前的】按钮。

06　单击【草绘】按钮，进入草绘模式。

07　用前面的方法增加草绘时的基准平面为绘图参照，绘制如图 6-5-24 所示的剖面。

08　完成剖面后，单击按钮，退出草绘模式。

09　在操控面板上选择（穿透）按钮作为【深度】选项。

10　单击调整到正确的方向。

11　单击操控面板右侧的按钮，建立第 3 个拉伸特征，如图 6-5-25 所示。

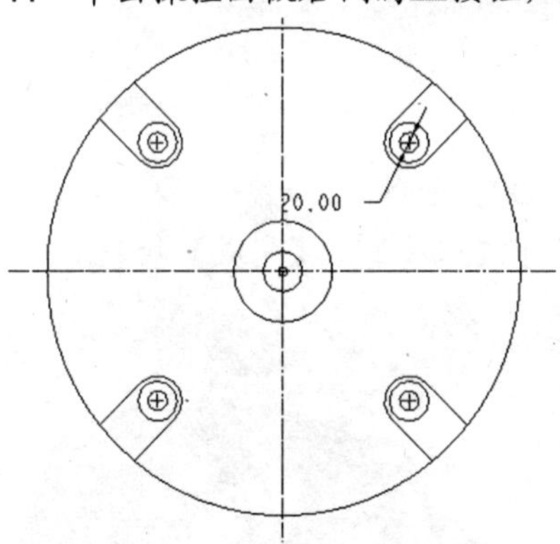

图 6-5-24　绘制剖面

图 6-5-25　完成第 3 个拉伸特征

7．创建筋特征

01　单击（筋工具）按钮，打开【筋工具】操控面板。

02　在绘图窗口空白处单击鼠标右键，在弹出的快捷菜单中选择【定义内部草绘】命令。

03　打开【草绘】对话框，选择 FRONT 基准平面为草绘平面。其余接受系统默认设置。

04　单击【草绘】按钮，进入草绘模式。

05　增加圆柱侧面为参照，绘制如图 6-5-26 所示的剖面。

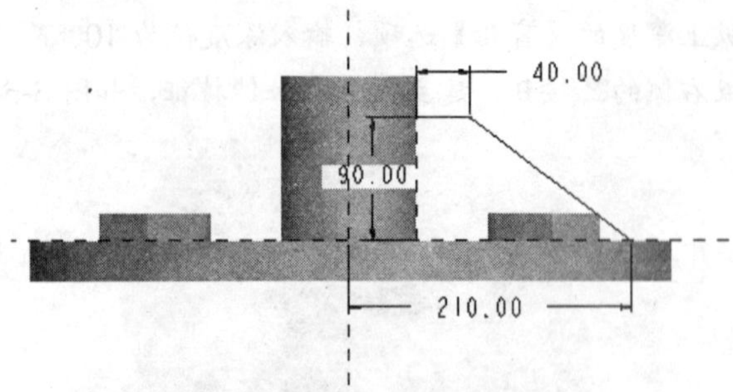

图 6-5-26　绘制剖面

06　完成剖面后，单击✔按钮，退出草绘模式。

07　保持系统默认的朝两侧成长。设置筋的厚度值为 10。

08　单击操控面板右侧的✔按钮，建立筋特征，如图 6-5-27 所示。

图 6-5-27　完成筋特征

注意

对于圆柱面相接的筋特征，其草绘一侧必须和圆柱曲面对齐。

8. 旋转复制特征

01　在主菜单中选择【编辑（E）】|【特征操作（O)】命令。

02　在【菜单管理器】中选择【复制】|【移动】|【从属】|【完成】命令。

03　选择上面步骤建立筋特征，选择【完成】命令。

04　继续选择【旋转】|【曲线/边/轴】命令，选择 A_2 基准轴。

05　在【菜单管理器】中选择【正向】命令。

06　在信息栏中输入 90。

07　输入完成后，在【菜单管理器】中选择【完成】命令。

08　在出现的【组可变尺寸】菜单中不需要做改动，直接选择【完成】命令。

09　单击【组元素】对话框的【确定】按钮，完成筋特征的复制，如图 6-5-28 所示。

图 6-5-28　旋转复制特征

9．镜像特征

01 在主菜单中选择【编辑（E）】|【特征操作（O）】命令。

02 在【菜单管理器】中选择【复制】|【镜像】|【选取】|【从属】|【完成】命令。

03 在图形窗口选择第 1 个筋特征，选择【完成】命令。

04 选择 RIGHT 基准平面为镜像参照平面，结果如图 6-5-29 所示。

10．镜像特征

01 在主菜单中选择【编辑（E）】|【特征操作（O）】命令。

02 在【菜单管理器】中选择【复制】|【镜像】|【选取】|【从属】|【完成】命令。

03 在图形窗口选择步骤 08 通过旋转复制建立的筋特征，选择【完成】命令。

04 选择 FRONT 基准平面为镜像参照平面，结果如图 6-5-30 所示。

05 保存文件。

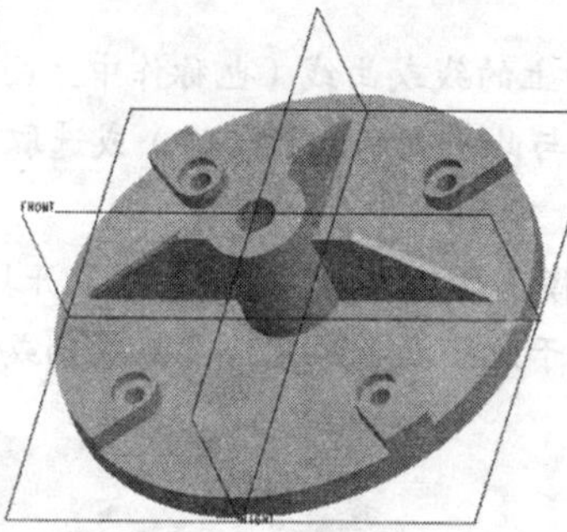

图 6-5-29 镜像特征

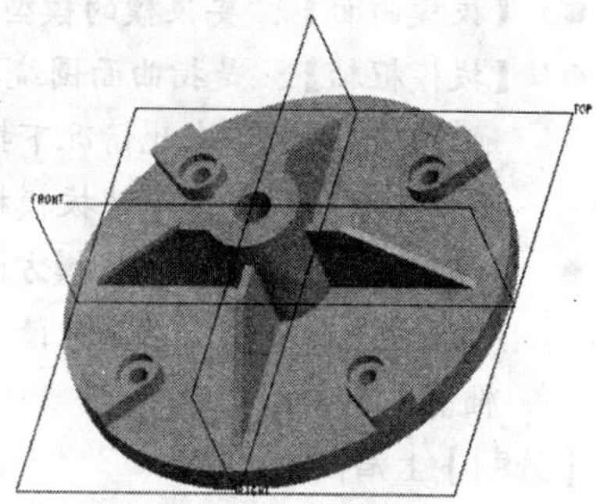

图 6-5-30 镜像特征

6.6 拔模特征

拔模是模具设置中必需的，Pro/E Wildfire 提供一个专门用于拔模的工具，利用该工具可以将–30° 到 30° 间的拔模角度添加到单独的曲面或一系列曲面中。仅当曲面是由圆柱面或平面形成时才能进行拔模操作。

曲面边界周围有圆角时不能拔模。不过可以首先进行拔模，再进行圆角过渡。

6.6.1 拔模工具的介绍

注塑件和铸件往往需要一个拔模斜面，才能顺利脱模。Pro/E Wildfire 的拔模命令就是用来创建模型的拔模斜面的。

下面先介绍有关拔模的几个术语：

- 枢轴平面：拔模曲面可绕着枢轴平面与拔模曲面的交线旋转而形成拔模斜面。
- 拔模角的参照：用于确定拔模角大小的平面、轴、模型的边或两点。
- 旋转方向：拔模曲面绕枢轴平面或枢轴曲面旋转的方向。

通过下列方法可以启动【拔模】命令：

- 在主菜单中选择【插入（I）】|【斜度（F）】命令。
- 在图形窗口右侧工具栏上单击按钮。

完成上述操作后，系统会自动打开【拔模工具】操控面板，在 Pro/E Wildfire 版本中，关于拔模的全部操作集中在此操控面板中，操控面板如图 6-6-1 所示。

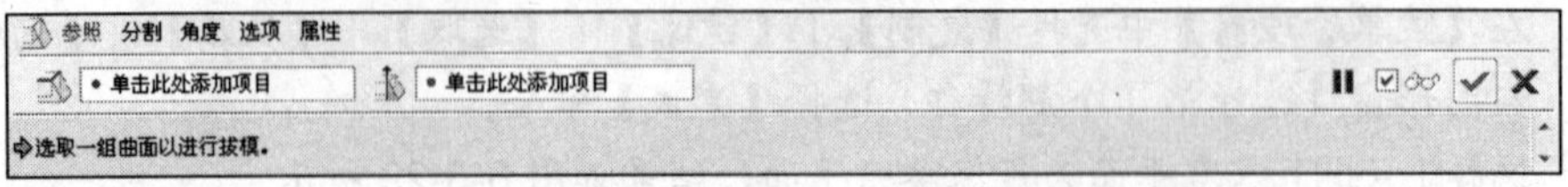

图 6-6-1 【拔模工具】操控面板

操控面板分为上下两排，上面一排有【参照】、【分割】、【角度】、【选项】、【属性】5 个按钮，下面一排可以进行快速操作。

【参照】上滑面板：

单击【参照】按钮，打开对应【参照】上滑面板，如图 6-6-2 所示。

在【参照】上滑面板中有各种收集器，其术语的含义如下：

- 【拔模曲面】：要拔模的模型的曲面。
- 【拔模枢轴】：是指曲面围绕其旋转的拔模曲面上的线或曲线（也称作中立曲线）。可通过选取平面（在此情况下拔模曲面围绕它们与此平面的交线旋转）或选取拔模曲面上的单个曲线链来定义拔模枢轴。
- 【拖动方向】（也称作拔模方向）：用于测量拔模角度的方向。通常为模具开模的方向。可通过选取平面（在这种情况下拖动方向垂直于此平面）、直边、基准轴或坐标系的轴来定义它。

【分割】上滑面板：

单击【分割】按钮，打开对应的【分割】上滑面板，如图 6-6-3 所示。

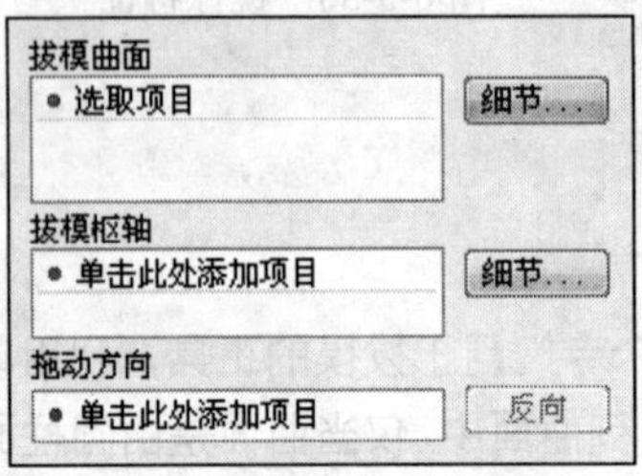

图 6-6-2 【参照上滑】面板

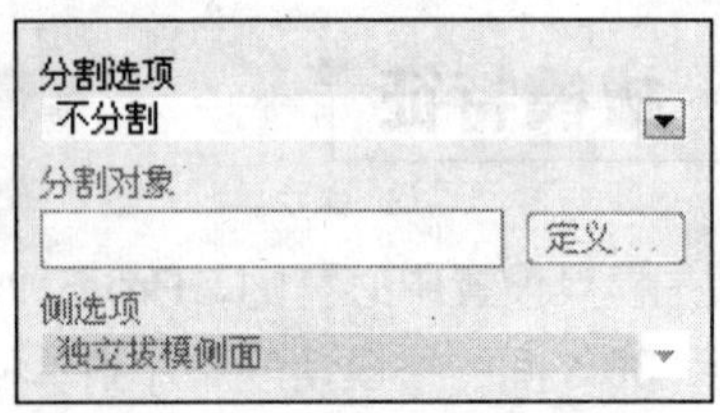

图 6-6-3 【分割】上滑面板

- 【分割选项】：可对其应用不同拔模角的拔模曲面区域。

【角度】上滑面板：

单击【角度】按钮，打开相应的【角度】上滑面板，如图 6-6-4 所示。

在此面板中定义拔模角度，关于拔模角度的含义如下：

- 【拔模角度】：拔模方向与生成的拔模曲面之间的角度。如果拔模曲面被分割，则可为拔模曲面的每侧定义两个独立的角度。拔模角度必须在–30° ~+30° 范围内。

【选项】上滑面板：

单击【选项】按钮，打开相应的【选项】上滑面板，如图 6-6-5 所示。

关于【排除环】的术语解释如下：

- 【排除环】：从拔模曲面中排除的轮廓。

系统默认使用【拔模相切曲面】选项定义拔模特征，如果生成的拔模曲面和模型相交，可使用【相交】拔模选项。系统会调整拔模几何，以与现有的边相交。

【属性】上滑面板与其他特征的功能相似，这里不多做介绍。

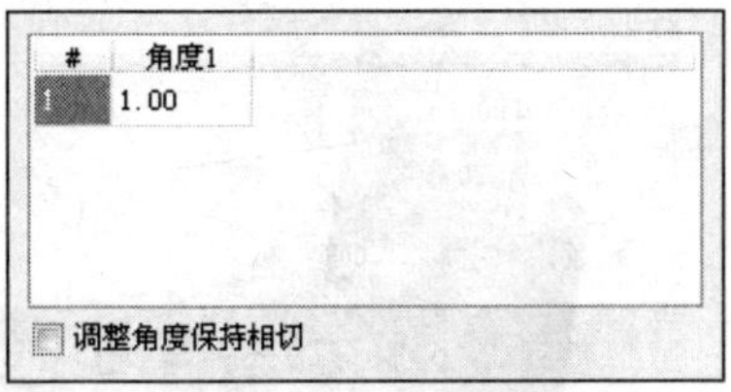

图 6-6-4　【角度】上滑面板

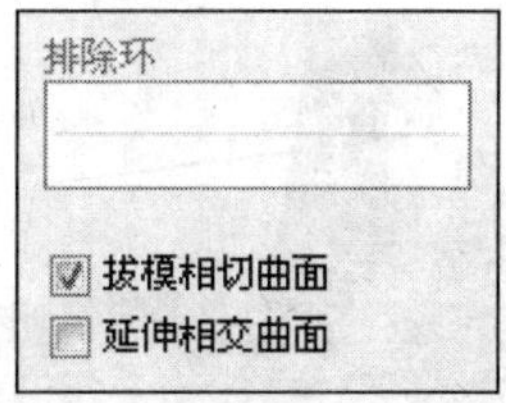

图 6-6-5　选项上滑面板

6.6.2　创建枢轴平面、不分离拔模特征

下面以一个简单的的拉伸特征为例，说明创建枢轴平面、不分离拔模特征的一般步骤。

创建如图 6-6-6 所示的角形拉伸特征。

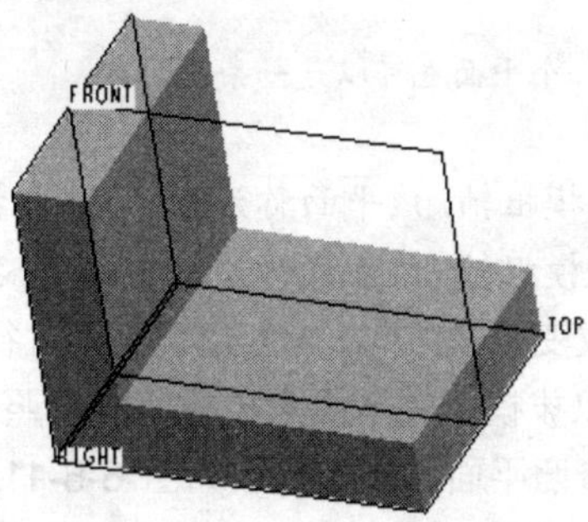

图 6-6-6　创建拉伸特征

角形拉伸特征的剖面如图 6-5-4 所示。深度选项为 ⬚（对称），拉伸厚度为 150。

选择要拔模的曲面，在模型中，单击选取如图 6-6-8 所示的模型表面为要拔模的表面。选中后这个曲面自动添加到【参照】上滑面板的【拔模曲面】收集器中。

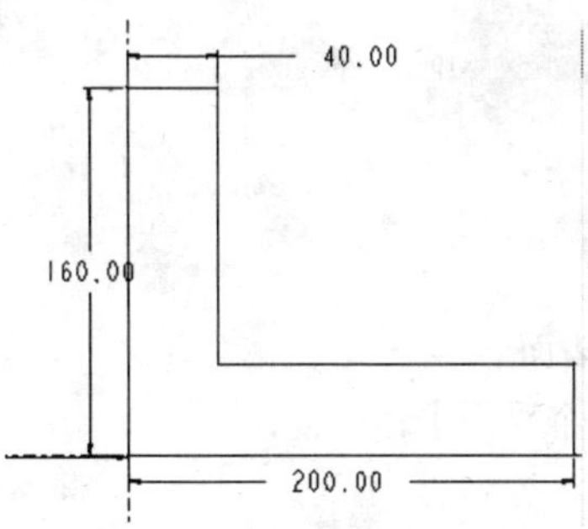

图 6-6-7　拉伸剖面

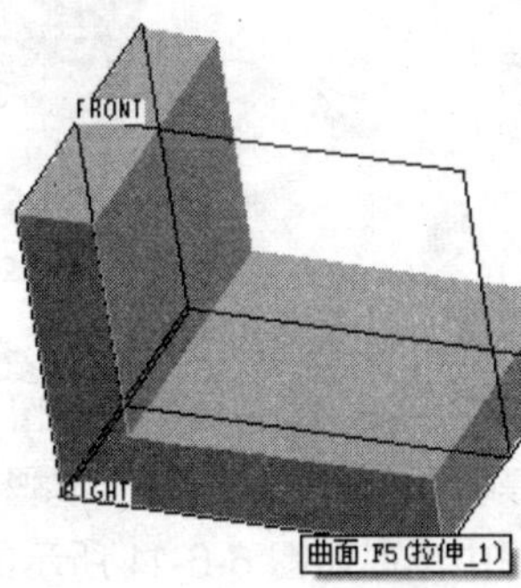

图 6-6-8　选择平面

选取拔模枢轴平面

01　我们用以下方法激活【拔模枢轴】收集器。

- 在绘图窗口空白处单击鼠标右键，在弹出的快捷菜单中选择【拔模枢轴】命令。
- 单击【参照】按钮，在弹出的上滑面板中选择【拔模枢轴】参照收集器中的【单击此处添加项目】命令。

02　激活后，在模型中选取如图 6-6-9 所示的平面为拔模枢轴平面。完成上述操作后，模型显示如图 6-6-10 所示。

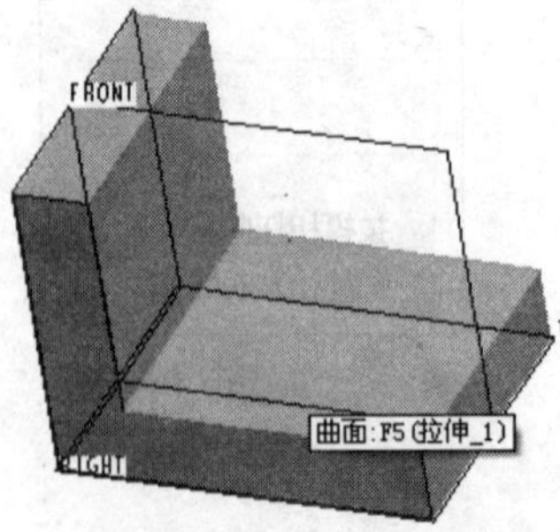

图 6-6-9 选择拔模枢轴平面

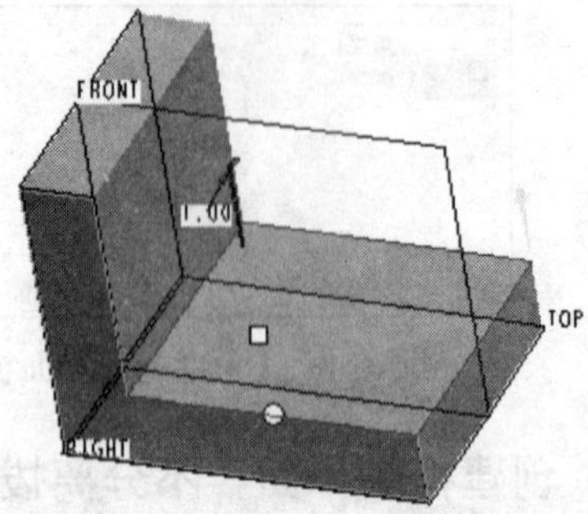

图 6-6-10 选择拔模枢轴平面后

小知识

拔模枢轴既可以为一个平面也可以是一条曲面。

- 当选取一个平面作为拔模枢轴，该平面称为枢轴平面，拔模以枢轴平面的方式进行拔模。
- 当选取一条曲线作为拔模枢轴，该曲线称为枢轴曲线，拔模以枢轴曲线的方式进行拔模。

选取拔模角的参照平面及改变拔模方向，一般情况下不进行此步操作，因为用户在选取拔模枢轴平面后，系统通常默认地以拔模枢轴平面为拔模角的参照平面。

如果要重新选取拔模角的参照平面，例如选取如图 6-6-11 所示的模型表面为拔模角的参照平面。可进行如下的操作：

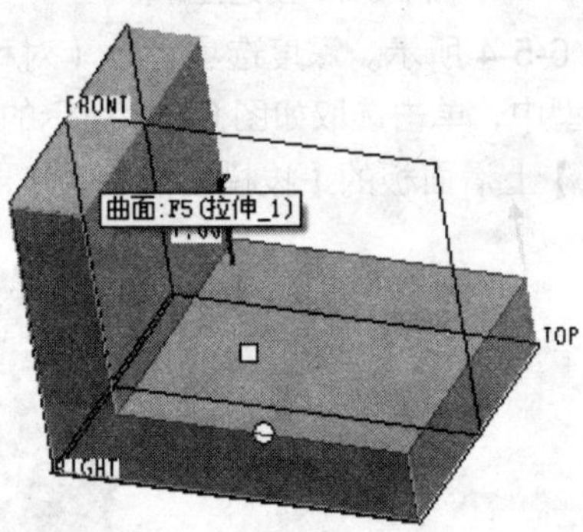

图 6-6-11 选择模型表面

01 在操控面板中，单击 1个平面 中【1 个平面】命令。

02 在图中选取如图 6-6-11 所示的表面。

03 如果要改变拔模方向，单击后面的切换方向按钮。此时模型显示如图 6-6-12 所示。

修改拔模角度及方向：

01 在操控面板中，可以键入新的拔模角度值和改变拔模角的方向。

02 拖动如图 6-6-12 所示的小方块，可动态改变拔模角度值。

03 预览特征，单击操控面板上的按钮，可预览创建的拔模特征。

04 完成创建，单击操控面板上的按钮，可完成特征的创建。如图 6-6-13 所示。

05 保存文件。

第6章 放置特征的建立

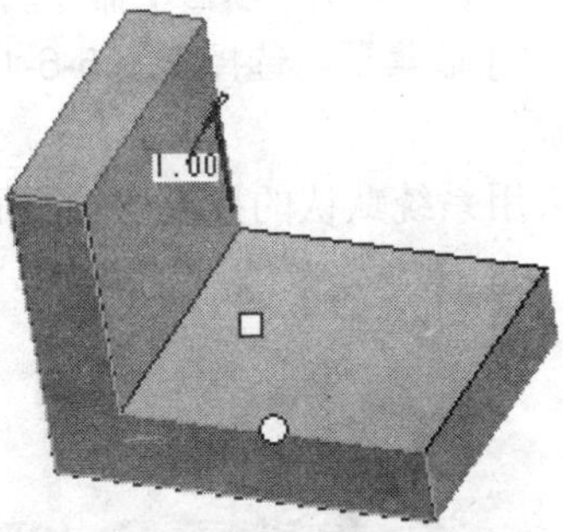

图 6-6-12　模型的显示

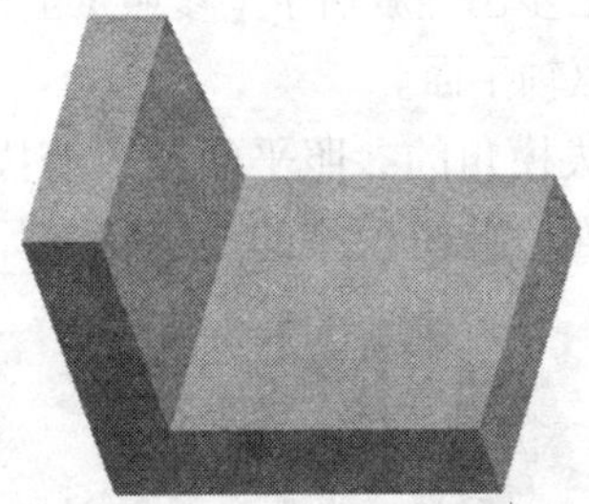

图 6-6-13　完成特征创建

6.6.3　创建枢轴平面、分离拔模

拔模前的模型如图 6-6-14 所示，拔模后的模型如图 6-6-15 所示。

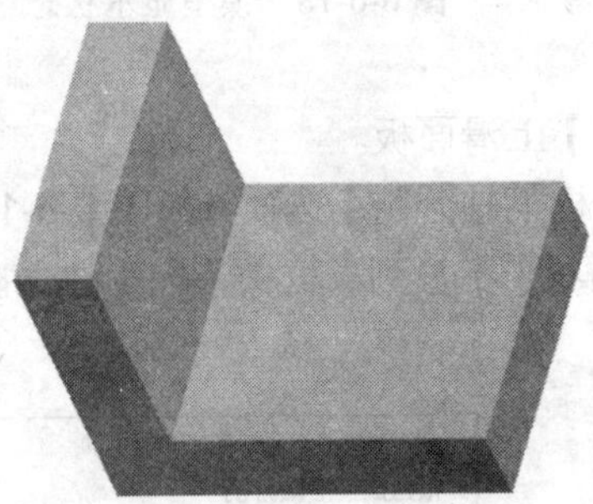

图 6-6-14　拔模前的模型

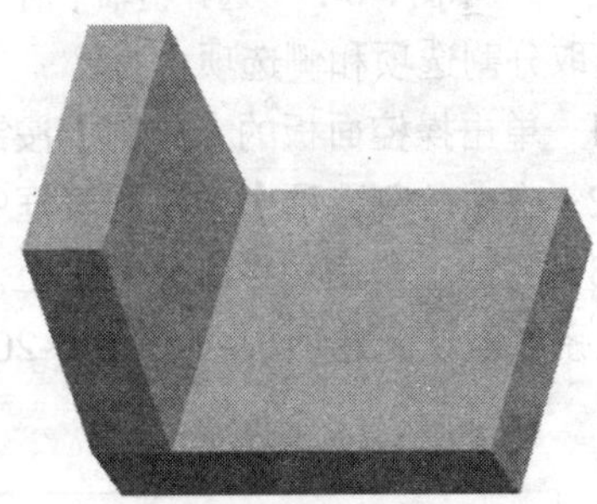

图 6-6-15　拔模后的模型

由上两图对比可以看出，拔模面被枢轴平面分成两个拔模侧面，这两个拔模侧面可以有独立的拔模角度和方向。下面以此模型为例，介绍如何创建枢轴平面、分离拔模特征。

打开【光盘：源文件/第 6 章/6-15.prt】模型。

执行【拔模特征】命令：

- 在主菜单中选择【插入（I）】|【斜度（F）】命令。
- 在图形窗口右侧工具栏上单击按钮。

选择要拔模的曲面，单击选取如图 6-6-16 所示的模型表面为要拔模的曲面。

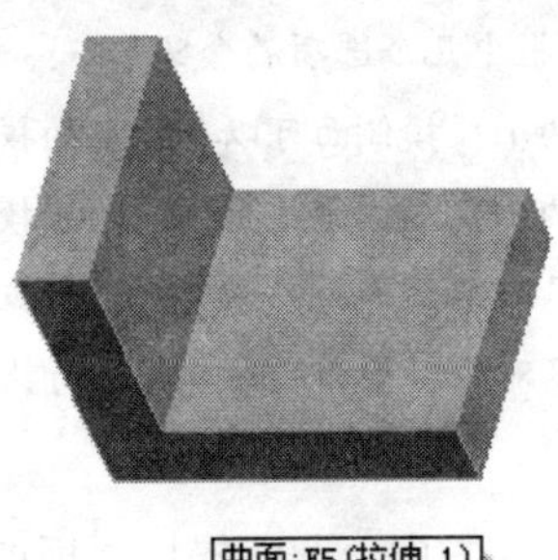

图 6-6-16　选取要拔模的曲面

选取拔模枢轴平面：

01　在操控面板中，单击 • 选取 1 个项目 中【选取 1 个项目】命令。

02　上步已经激活了【参照】上滑面板的【拔模枢轴】收集器。选择如图 6-6-17 所示的平面为拔模枢轴平面。

选取拔模角的参照平面及改变拔模方向。本实例采用系统默认的拔模枢轴平面为拔模角的参照平面。此时模型的显示状态如图 6-6-18 所示。

图 6-6-17　选择枢轴平面

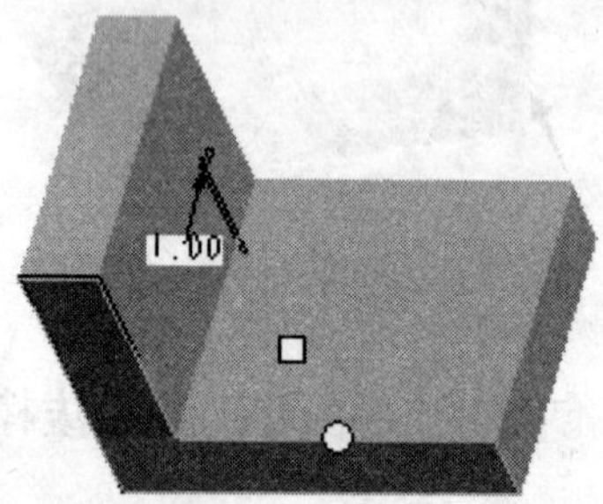

图 6-6-18　模型显示状态

选取分割选项和侧选项：

01　单击操控面板的【分割】按钮，打开【分割】上滑面板。

02　在【分割选项】下拉列表框中选取【根据拔模枢轴分割】选项，如图 6-6-19 所示。

03　完成上步后，在【分割】上滑面板的【侧选项】下拉列表框中选取【独立拔模侧面】选项（系统默认此选项），如图 6-6-20 所示。

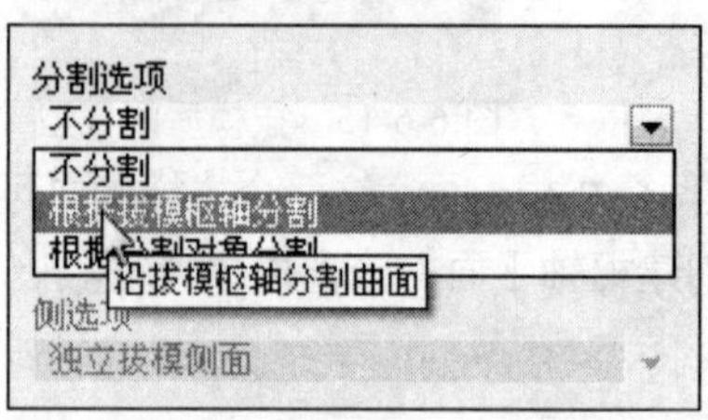

图 6-6-19　选取根据拔模枢轴分割选项

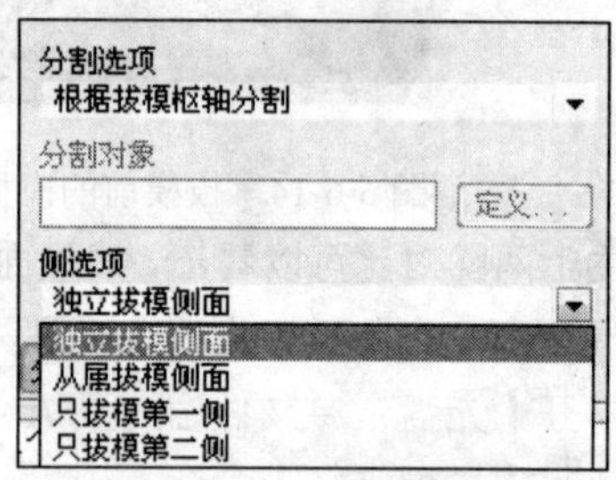

图 6-6-20　选取独立拔模侧面选项

小知识

【侧选项】下拉列表框中几个选项的含义如下：

【独立拔模侧面】：两个拔模侧面可以有独立的拔模角度和方向。

【从属拔模侧面】：两个拔模侧面具有共同的拔模角度和方向。

【只拔模第一侧】：只对枢轴平面的第一侧进行拔模。

【只拔模第二侧】：只对枢轴平面的第二侧进行拔模。

修改两个拔模侧面的拔模角度和方向。此时操控面板如图 6-6-21 所示。可在相应的区域修改两个拔模侧面的拔模角度及方向。

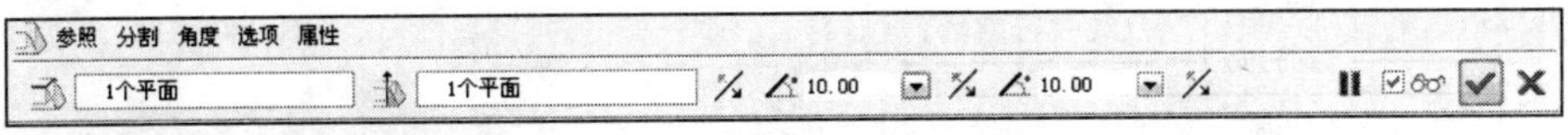

图 6-6-21　【拔模工具】操控面板

预览特征：单击操控面板上的按钮，可预览创建的拔模特征。

完成创建：单击操控面板上的按钮，可完成特征的创建，保存文件。

6.6.4 塑料盆造型的制作

本小节将以塑料盆造型为例介绍拔模特征的应用。

经典实例

塑料盆造型的制作。

打开文件【光盘：源文件/第 6 章/6-16.prt】，如图 6-6-22 所示。

【实例效果】

图 6-6-22　塑料盆造型

【实例制作】

1．新建文件

01　单击按钮，在【新建】对话框中设定文件类型为【零件】，子类型为【实体】，文件名修改为 6-16，清除【使用缺省模板】复选框。

02　单击【确定】按钮，在【新建文件】对话框中选择【mmns_part_solid】的公制实体零件模板。

03　单击【确定】按钮，进入零件建立模式。

2．创建第 1 个拉伸特征

01　单击（拉伸工具）按钮，打开【拉伸工具】操控面板。

02　单击【放置】选项卡，打开上滑面板。

03　单击【定义】按钮，打开【草绘】对话框。

04　选择 TOP 基准平面为草绘平面，其余接受系统默认的设置。

05　单击【草绘】按钮，进入草绘模式。

06　绘制如图 6-6-23 所示的剖面。

07　完成剖面后，单击按钮，退出草绘模式。

08　保留操控面板上深度的【盲孔】选项，输入深度值为 150。

09　单击操控面板右侧的按钮，建立第 1 个拉伸特征，如图 6-6-24 所示。

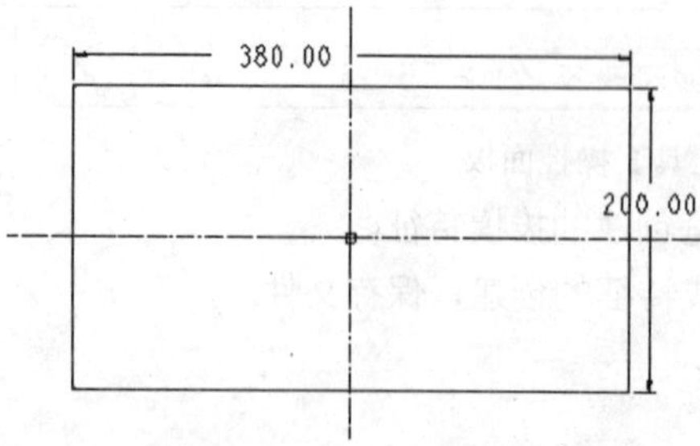

图 6-6-23　绘制剖面

图 6-6-24　完成第 1 个拉伸特征

3. 创建第 2 个拉伸特征

01　单击（拉伸工具）按钮，打开【拉伸工具】操控面板。

02　单击【放置】选项卡，打开上滑面板。

03　单击【定义】按钮，打开【草绘】对话框。

04　选择上一特征的顶面为草绘平面，其余接受系统默认的设置。

05　单击【草绘】按钮，进入草绘模式。

06　绘制如图 6-6-25 所示的剖面。

07　完成剖面后，单击按钮，退出草绘模式。

08　保留操控面板上深度的【盲孔】选项，输入深度值为 30。

09　单击操控面板右侧的按钮，建立第 2 个拉伸特征，如图 6-6-26 所示。

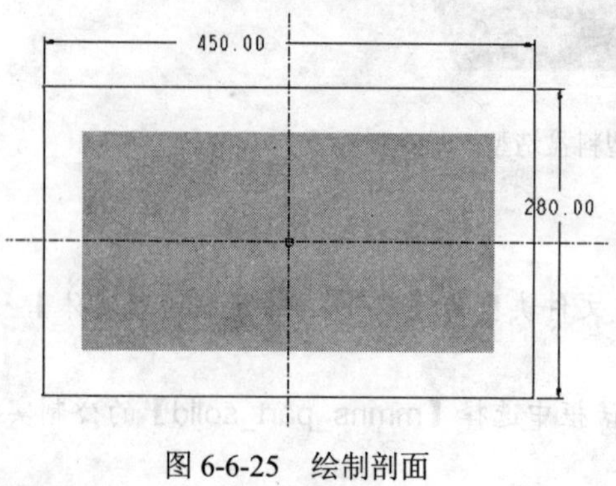

图 6-6-25　绘制剖面

图 6-6-26　完成第 2 个拉伸特征

4. 创建第 3 个拉伸特征

01　单击（拉伸工具）按钮，打开【拉伸工具】操控面板。

02　单击操控面板上的，进行去除材料操作。

03　单击【放置】选项卡，打开上滑面板。

04　单击【定义】按钮，打开【草绘】对话框。

05　选择上一拉伸特征的顶面为草绘平面，其余接受系统默认的设置。

06　单击【草绘】按钮，进入草绘模式。

07　绘制如图 6-6-27 所示的剖面。

提示

通过【偏移建立图元工具】按钮来偏移链，能很快得到草绘剖面。

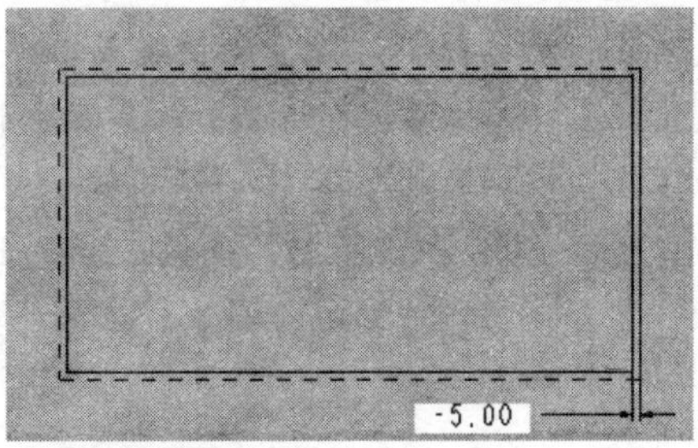

图 6-6-27 绘制剖面

08 完成剖面后，单击✓按钮，退出草绘模式。

09 在操控面板上选择⊥（到指定深度）按钮，再单击操控面板右侧的Ⅱ按钮，以暂时终止拉伸特征的操作。

10 单击图形窗口右侧的▱按钮，打开【基准平面】对话框。

11 选择步骤 02 建立特征的底面，在对话框【偏移】选项中输入-5。

12 单击该对话框的【确定】按钮，完成新基准面 DTM1 的建立。如图 6-6-28 所示。

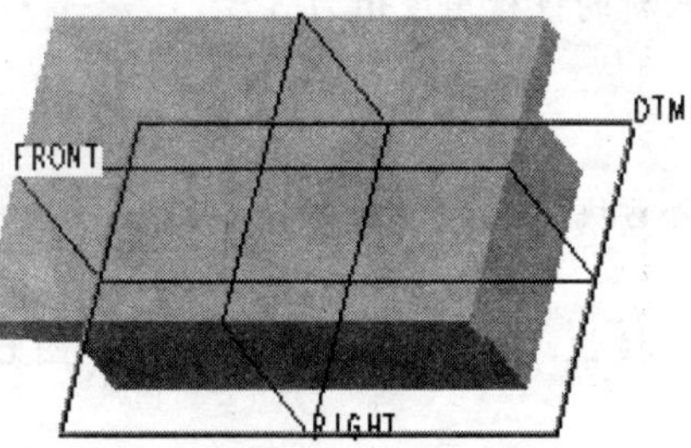

图 6-6-28 建立新的基准平面

13 单击操控面板上的▶按钮，恢复拉伸特征的创建。

14 单击⊥按钮右侧的【选项 1 个项目】按钮，然后选择刚建立的 DTM1 基准平面。

15 单击操控面板右侧的✓按钮，建立第 3 个拉伸特征，如图 6-6-29 所示。

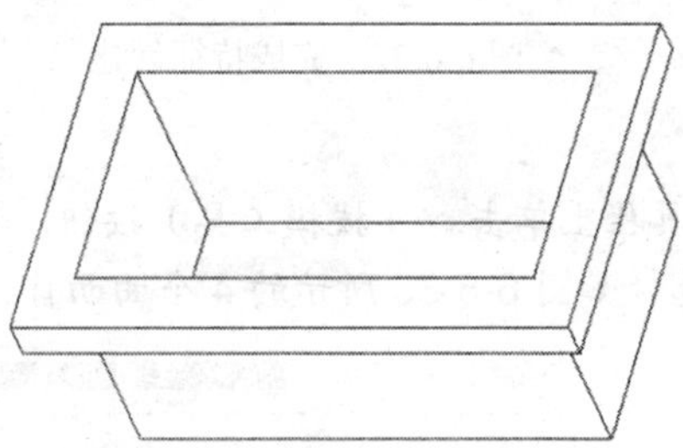

图 6-6-29 完成第 3 个拉伸特征

5. 创建拔模特征

01 在图形窗口右侧工具栏上单击（拔模工具）按钮或在主菜单中选择【插入(I)】|【斜度（F)】命令，打开【拔模】操控面板。

02 单击操控面板上的【参照】按钮，打开【参照】上滑面板，默认情况下【拔模曲面】收集器处于激活状态。

03　在模型中，按住【Ctrl】键选取如图 6-6-30 所示的 4 个模型表面为要拔模的表面。

04　在绘图窗口空白处单击鼠标右键，在弹出的快捷菜单中选择【拔模枢轴】命令或单击【参照】按钮，在弹出的上滑面板中选择【拔模枢轴】收集器中的【单击此处添加项目】命令，可激活【参照】上滑面板的【拔模枢轴】收集器。

05　激活后，在图形窗口选择 TOP 基准平面，使该基准平面作为参照平面。

06　观察图形窗口的零件变化，单击【拖动方向】收集器旁边的按钮来调整方向，使它与如图 6-6-31 所示的方向一致。

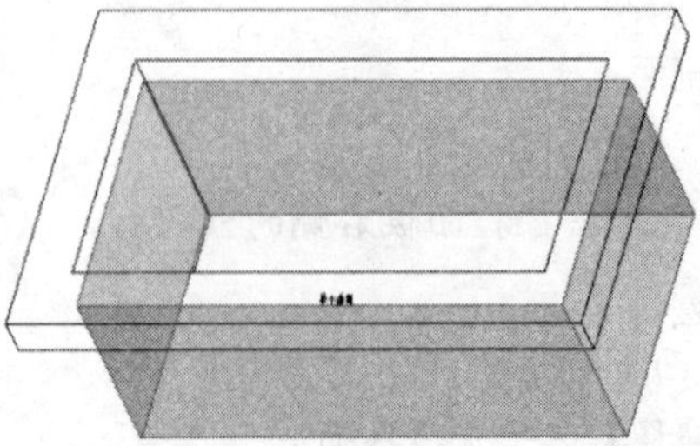

图 6-6-30　选择平面

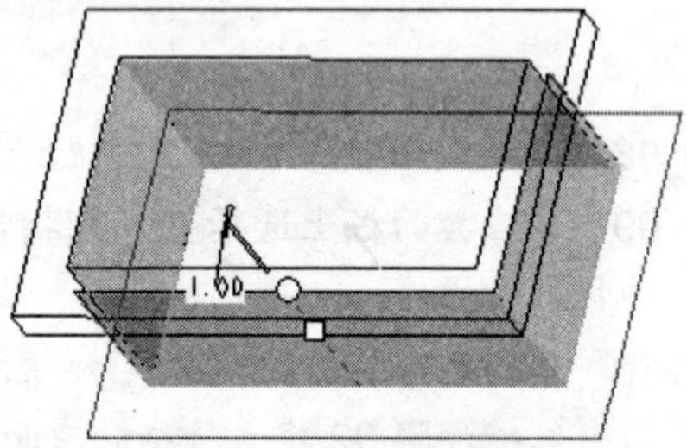

图 6-6-31　调整拔模方向

07　在操控面板中，键入新的拔模角度值为 3 度。

小知识

拖动绘图窗口的小方块，可动态改变拔模角度值。

08　单击操控面板上的按钮，可完成特征的创建。如图 6-6-32 所示。

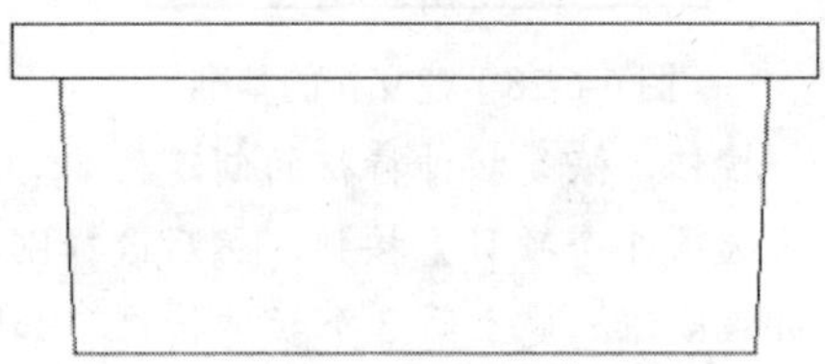

图 6-6-32　完成特征创建

6. 创建拔模特征

01　在图形窗口右侧工具栏上单击（拔模工具）按钮，打开【拔模工具】操控面板。

02　按住【Ctrl】键，选择如图 6-6-33 所示的 4 个曲面作为拔模曲面。

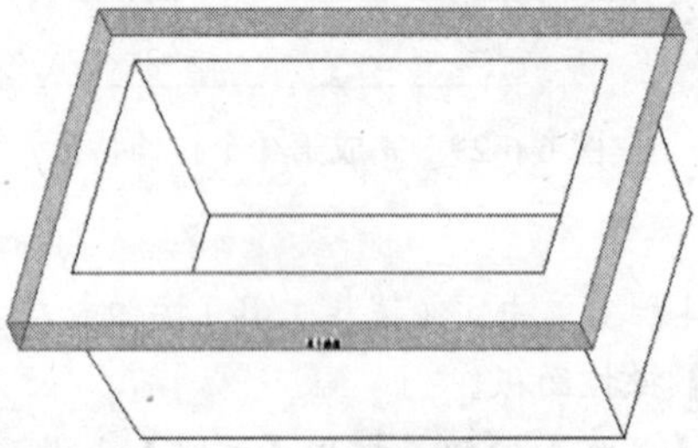

图 6-6-33　选择拔模曲面

03 在图形窗口空白处单击鼠标右键，在弹出的快捷方式中选择【拔模枢轴】命令。

04 选择 TOP 基准平面。

05 在操控面板上输入拔模角度为 3°。

06 单击操控面板上的✓按钮，可完成特征的创建。如图 6-6-34 所示。

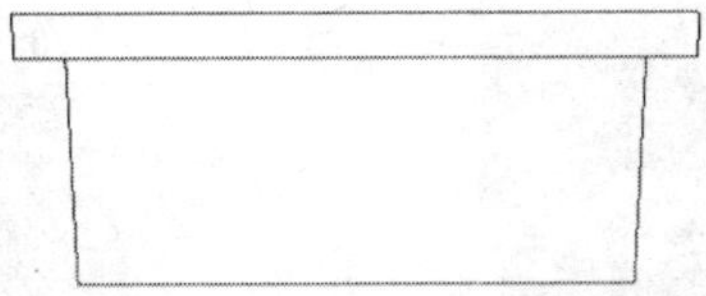

图 6-6-34 完成特征创建

7. 创建圆角特征

01 单击图形窗口右侧【特征】工具栏内的【倒圆角工具】按钮，或单击主菜单中的【插入（I）】|【倒圆角（O）】命令。

02 保持操控面板的默认设置。

03 按住【Ctrl】键，在模型上选择如图 6-6-35 所示的 4 条边线。

04 输入半径值为 30。

05 在图形窗口空白处单击鼠标右键，在弹出的快捷菜单中选择【添加组】命令。

06 按住【Ctrl】键，选择如图 6-6-36 所示的 8 条边。

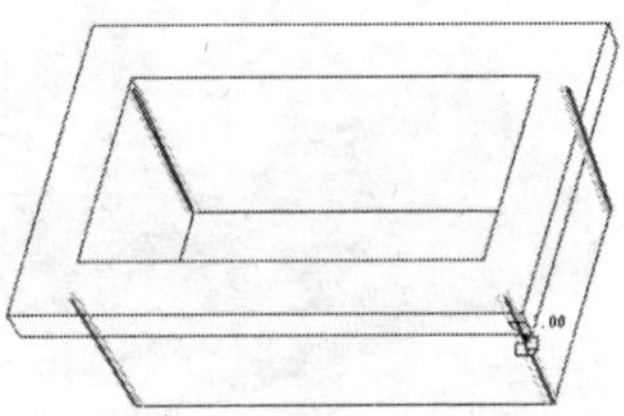

图 6-6-35 选择边线

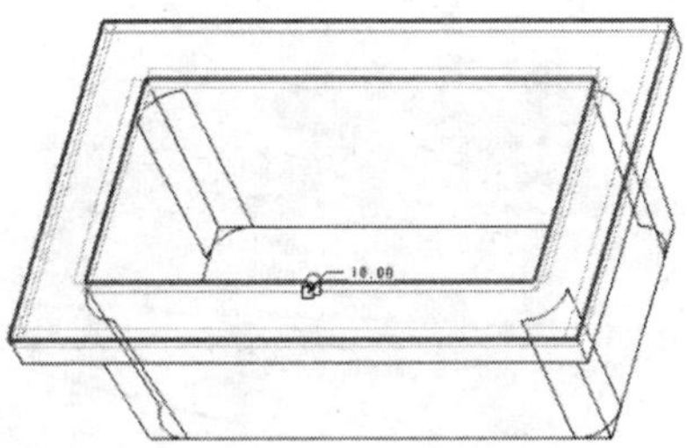

图 6-6-36 选择边

07 输入半径值为 8。

08 继续在图形窗口空白处单击鼠标右键，在弹出的快捷菜单中选择【添加组】命令。

09 按住【Ctrl】键，选择如图 6-6-37 所示的 4 条边。

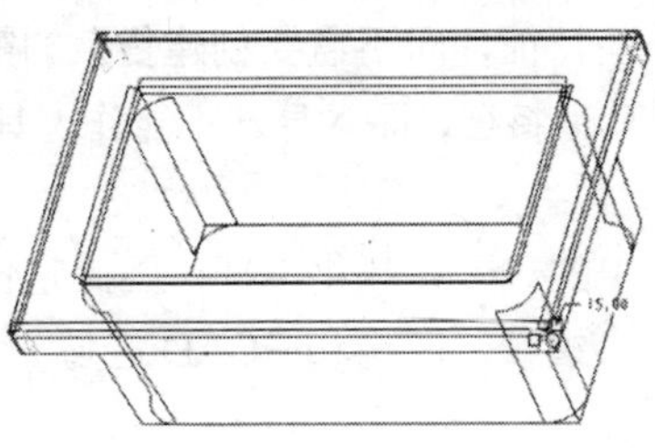

图 6-6-37 选择边

10 输入半径值为 30。

11 继续在图形窗口空白处单击鼠标右键，在弹出的快捷菜单中选择【添加组】命令。

12 按住【Ctrl】键，选择如图 6-6-38 所示的 4 条边。

13 输入半径值为 15。其余保持默认设置

14 单击操控面板上的✓按钮，完成创建，如图 6-6-39 所示。

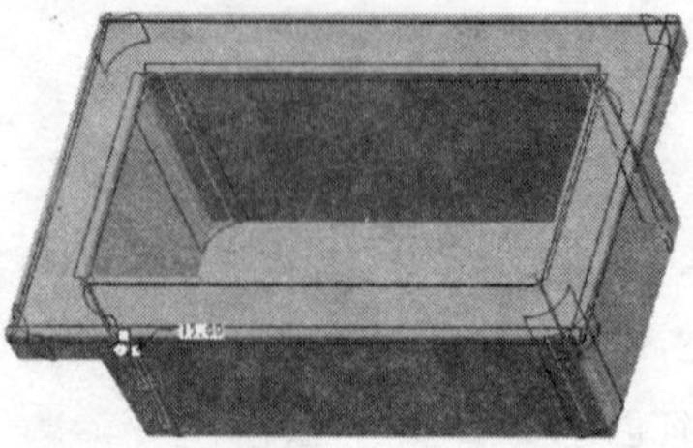

图 6-6-38 选择边

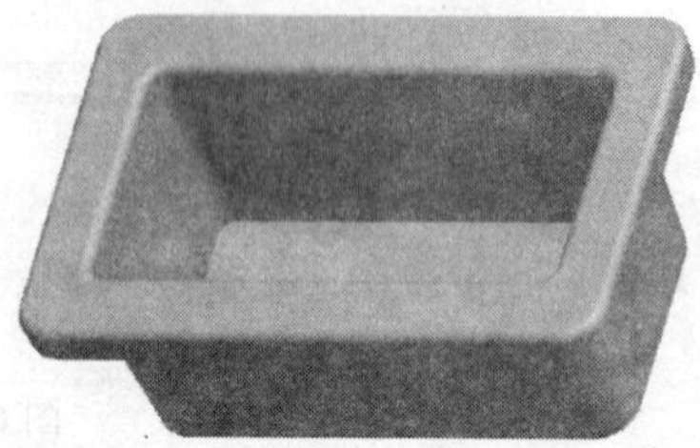

图 6-6-39 完成倒圆角特征的创建

8. 创建壳特征

01 单击▣（壳工具）按钮，打开【壳工具】操控面板。

02 选择如图 6-6-40 所示的曲面作为删除曲面。

03 输入厚度值为 5。

04 单击【厚度】数值右边的⇗按钮来改变厚度的方向。

05 单击操控面板上的✓按钮，完成创建，如图 6-6-41 所示。

06 保存文件。

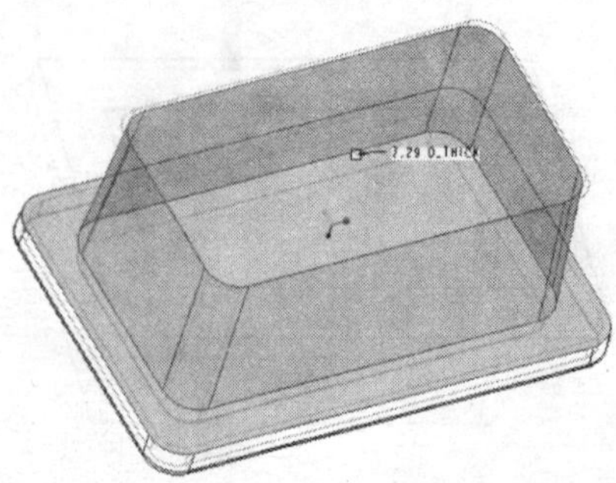

图 6-6-40 选择面

图 6-6-41 完成倒圆角特征的创建

6.7 修饰特征

修饰特征可以展示零件的一些特征，而不需要创建复杂的需要再生的几何特征。

修饰特征在绘制中可以参照其他特征，而本身却不能作为其他特征（尺寸、使用边等）的参照，它也没有质量属性。

修饰特征也被认为是 Pro/E 中的一个参数化特征，因此它们也可以重定义和修改。

有 4 种修饰特征可用：草绘、螺纹、凹槽和 ECAD 区域。

6.7.1 修饰特征工具的介绍

创建修饰特征的方法为：

01　在主菜单中选择【插入（I）】|【修饰（E）】命令。

02　然后选择【螺纹（U）】、【草绘（S）】、【凹槽（G）】、【ECAD 区域（E）】中一个命令进行操作，如图 6-7-1 所示。

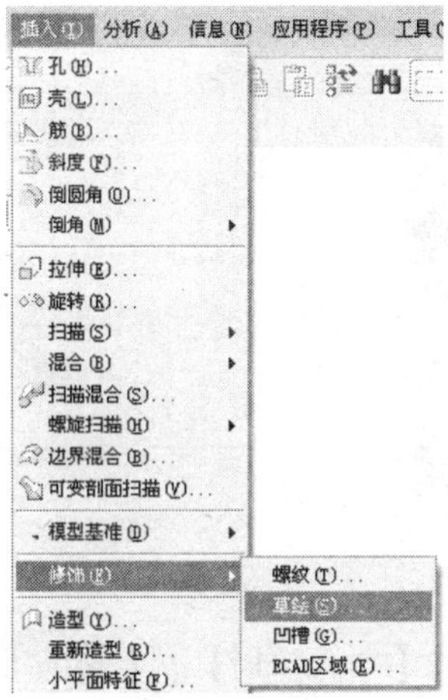

图 6-7-1　修饰菜单

修饰特征各个命令选项含义如下：

- 【草绘修饰特征】：草绘修饰特征对零件上的企业名称和标志来说很有用。这种修饰特征可以用一般的草绘环境方法在零件的表面上草绘出来。它有规则截面和投影截面、有无剖面线的区别。
- 【修饰凹槽】：修饰凹槽是投影到零件表面上的草绘截面。截面可以用一般的草绘工具绘制，投影的修饰特征是没有定义深度的。
- 【ECAD 区域】：针对电路板组件设计。
- 【修饰螺纹】：理想的螺纹可以在 Pro/E 里创建为螺旋剪切。尽管如此，一般只要符号性地显示一个螺纹就可以了。【修饰螺纹】选项可以创建与简化的螺纹表示方法一致的符号。

定义修饰螺纹的参数与真实螺纹相关的参数类似。例如，内螺纹和外螺纹可以定义主直径和小径。

下面是修饰螺纹的可定义参数：

- 【主直径】：这个参数允许定义螺纹的主直径。对于外螺纹，缺省的数值比螺纹外表面直径小 10%，而对于内螺纹，缺省的数值则是大 10%。
- 【每英寸的螺纹】：这个参数定义了螺纹每英寸的螺纹数。
- 【螺纹形式】：这个参数允许选择螺纹的类型，如属于 UN（Unified National）。
- 【螺纹等级】：用这个参数来定义螺纹的等级，如精加工、超精加工及粗加工。
- 【螺纹放置】：用这个参数定义螺纹是外螺纹还是内螺纹。
- 【螺纹为公制】：这个参数可以设置螺纹是公制的（对）还是非公制的（错）。

6.7.2　创建螺纹修饰特征的一般步骤

修饰螺纹是表示螺纹直径的修饰特征。与其他修饰特征不同，不能修饰螺纹的线型，并且螺纹也不会受到【环境】菜单中隐藏线显示设置的影响。螺纹以默认极限公差设置来创建。

螺纹创建的一般步骤是：

创建如图 6-7-2 所示的旋转特征。剖面如图 6-7-3 所示。以 FRONT 为基准面，其余接受系统默认设置。

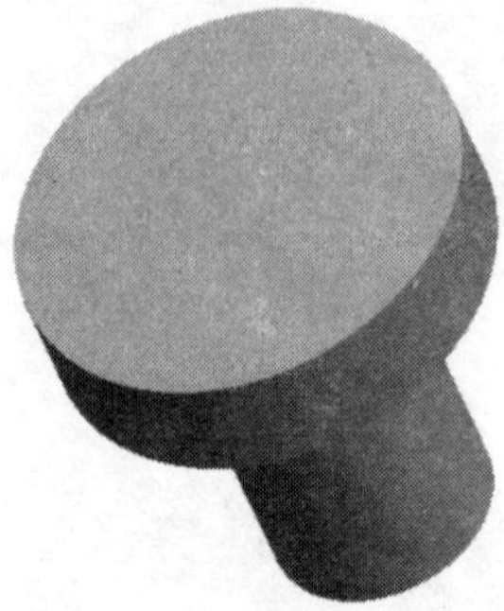

图 6-7-2　创建旋转特征

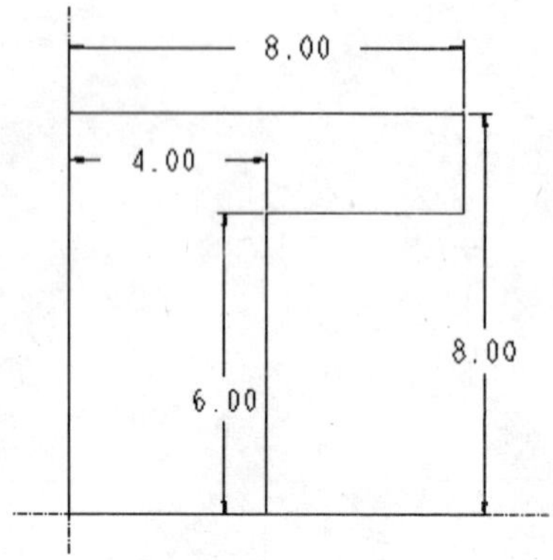

图 6-7-3　旋转剖面

执行命令，选择下拉菜单中的【插入（I）】|【修饰（E）】|【螺纹（T）】命令。

选择要进行螺纹修饰的曲面，完成上步后，系统弹出如图 6-7-4 所示的【修饰：螺纹】对话框和【选取】菜单。

用鼠标选取如图 6-7-5 所示要进行螺纹修饰的曲面（按住【Ctrl】键选取）。

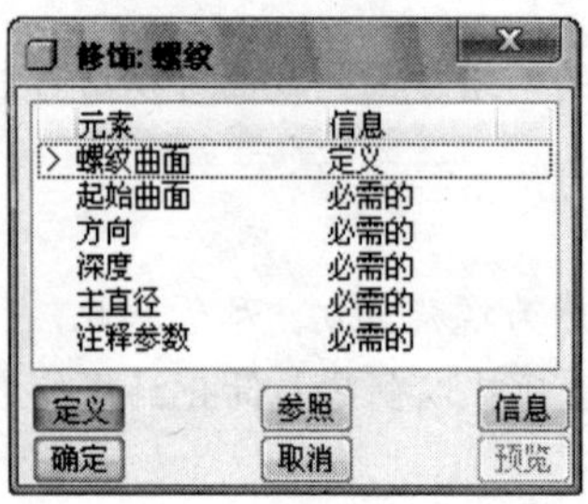

图 6-7-4　【修饰：螺纹】对话框

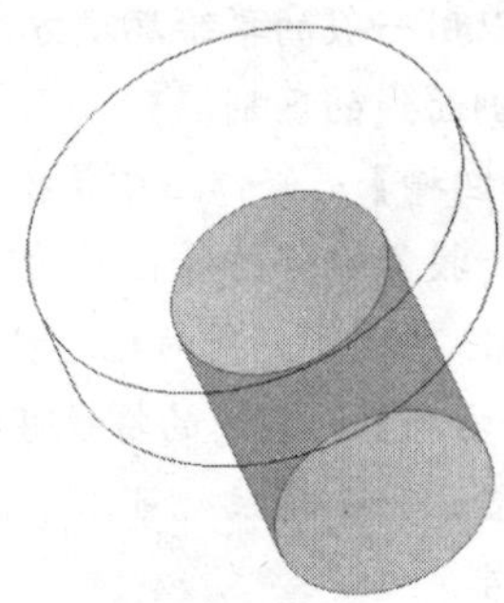

图 6-7-5　选择螺纹修饰曲面

选择螺纹起始面，用鼠标选取如图 6-7-6 所示的端面为螺纹起始曲面。

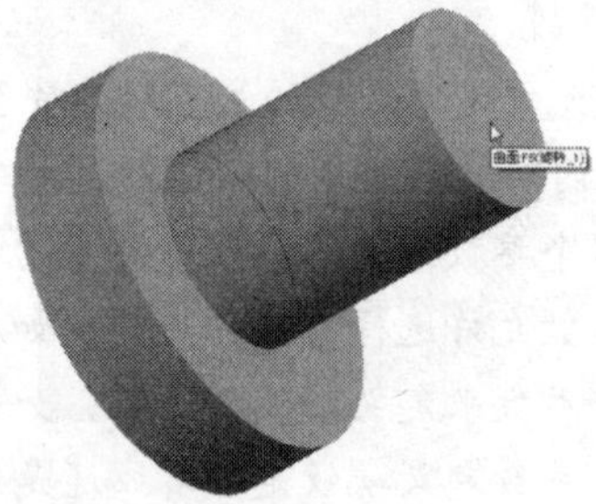

图 6-7-6　选择螺纹起始曲面

小知识

对于螺纹的起始曲面，可选取面组曲面、常规 Pro/E 曲面、平面（如属于拉伸、旋转特征、倒角、圆或扫描特征的曲面）。

定义螺纹的长度方向和长度以及螺纹直径。完成上步后，模型显示如图 6-7-7 所示。同时出现【方向】菜单，选择【正向】命令。

图 6-7-7　模型显示状态

在如图 6-7-8 所示的【菜单管理器】中，选择【盲孔】|【完成】，输入螺纹长度为 5。接下来要求输入直径，在绘图窗口空白处单击中键，保持系统默认值。

图 6-7-8　指定到菜单

检索、修改螺纹注释参数。完成上步后，系统弹出如图 6-7-9 所示的【特征参数】对话框。

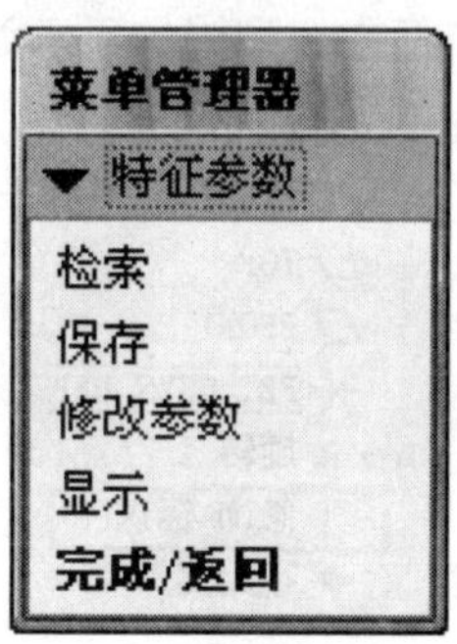

图 6-7-9　【特征参数】对话框

用户可以用此菜单进行如下操作：

- 【检索】：从磁盘上检索包含螺纹注释参数的文件，并把它们应用到当前的螺纹中。
- 【保存】：把参数保存到一个文件，以便以后可以用【检索】命令再利用。
- 【修改参数】：如果不满意【检索】出来的参数，可进行修改。选取此命令，系统弹出如图 6-7-10 所示的对话框，通过该对话框可以对螺纹的各参数进行修改。

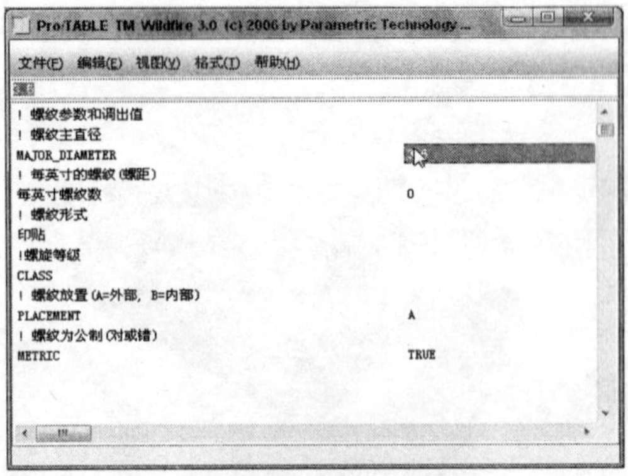

图 6-7-10　螺纹参数修改器

● 【显示】：显示参数。

用户也可以在这里选择【完成/返回】命令，直接转到下一步操作。

预览螺纹修饰特征。单击【修饰：螺纹】对话框下部的【预览】按钮，可预览所创建的螺纹修饰特征。将模型转为线框显示状态，可看到螺纹示意线。如图 6-7-11 所示。

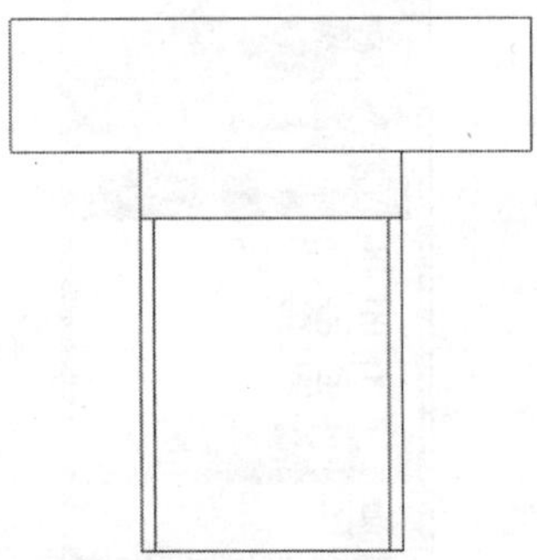

图 6-7-11　螺纹预览

完成特征创建，如果定义的螺纹修饰特征符合设置意图，可单击【修饰：螺纹】对话框的【确定】按钮，完成特征的创建。修饰特征在模型树的显示如图 6-7-12 所示。

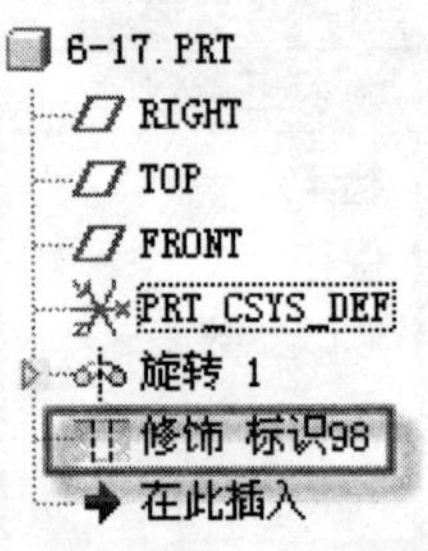

图 6-7-12　模型树的显示

6.7.3　创建草绘修饰特征

草绘修饰特征主要有以下特点：

- 草绘修饰特征被“绘制”在零件的曲面上，例如公司的标志或序列号等。
- 其他特征不能参照修饰特征（尺寸、边等）。

- 草绘修饰特征也可用于定义“有限元”局部负荷区域的边界。
- 草绘修饰特征不必再生或标注，然而在非参数状态时，它们的截面或位置不能修改。
- 如果一定需要非参数截面且要标注截面，则可进入草绘环境来修改特征形状。然后删除所有尺寸，并单击【完成】按钮。如果系统提示该截面未求解，则可输入【是】继续。
- 与其他特征不同，修饰特征可以有线型值。特征的每个单独的几何段，不论是单个特征还是阵列，都可以设置线型值，但不必设置相同的值。
- 可以选择下拉菜单中的【编辑（E）】|【线体（Y）...】命令设置特征的颜色、线型和线型值，如图 6-7-13 所示。

图 6-7-13 【线体】对话框

草绘修饰特征创建的步骤和螺纹修饰的创建步骤相似，这里不再重复，只对草绘修饰特征的两个选项作如下说明：

- 【规则截面】：不论【在空间】还是在零件的曲面上，规则截面修饰特征总会位于草绘平面处。这是一个平整特征。在创建规则截面时，它给它们加剖面线。剖面线将显示在所有模式中，但只能在【工程图】模式下修改。在【零件】和【装配】模式下，剖面线以 45° 显示。
- 【投影截面】：投影截面修饰特征被投影到单个零件曲面上，它们不能跨越零件曲面。不能对投影截面加剖面线或进行阵列。

6.7.4 建立草绘修饰特征

本小节将以实例介绍如何建立草绘修饰特征。

经典实例

建立草绘修饰特征。

打开文件【光盘：源文件/第 6 章/6-19.prt】，如图 6-7-14 所示。

【实例效果】

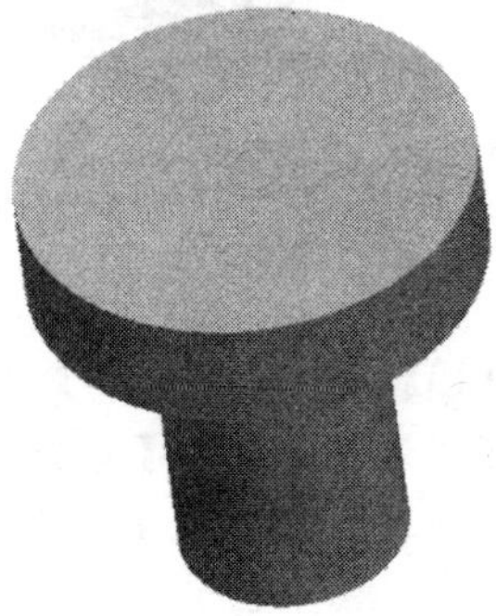

图 6-7-14 草绘修饰特征

【实例制作】

打开模型【光盘：源文件/第 6 章/6-18.prt】。

1. 创建第 1 个草绘修饰特征

01 选择下拉菜单中的【插入（I)】|【修饰（E)】|【草绘（S)】命令。

02 在【菜单管理器】中选择【规则截面】|【无剖面线】|【完成】命令。

03 选择零件最上方的平面为草绘平面。继续在【菜单管理器】中选择【正向】|【缺省】命令，进入草绘环境。

04 绘制如图 6-7-15 所示的剖面，具体尺寸忽略。

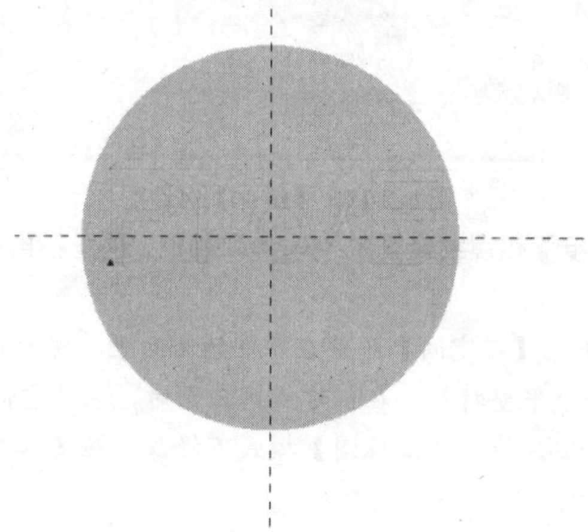

图 6-7-15 绘制剖面

05 单击✓按钮，完成草绘，建立草绘修饰特征，结果如图 6-7-16 所示。

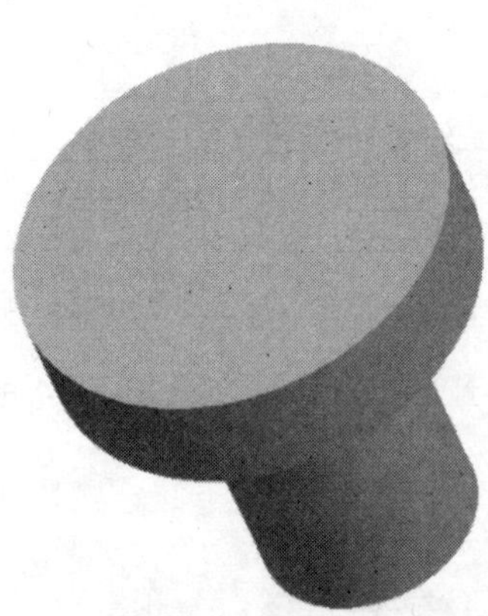

图 6-7-16 完成草绘修饰特征

2. 创建第 2 个草绘修饰特征

01 选择下拉菜单中的【插入（I)】|【修饰（E)】|【草绘（S)】命令。

02 在【菜单管理器】中选择【投影截面】|【无剖面线】|【完成】命令。

03 选择零件的大圆柱面为草绘平面，然后在【菜单管理器】中选择【完成参考】命令结束曲面选择。

04 选择 FRONT 基准平面为草绘平面，在【菜单管理器】中选择【正向】|【缺省】命令，

进入草绘环境。

05 绘制如图 6-7-17 所示的剖面，具体尺寸同样忽略。

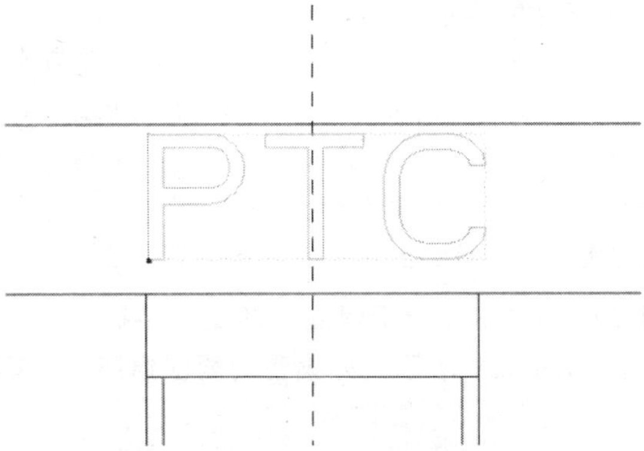

图 6-7-17 绘制剖面

06 单击✓按钮，完成草绘，建立草绘修饰特征，结果如图 6-7-18 所示。

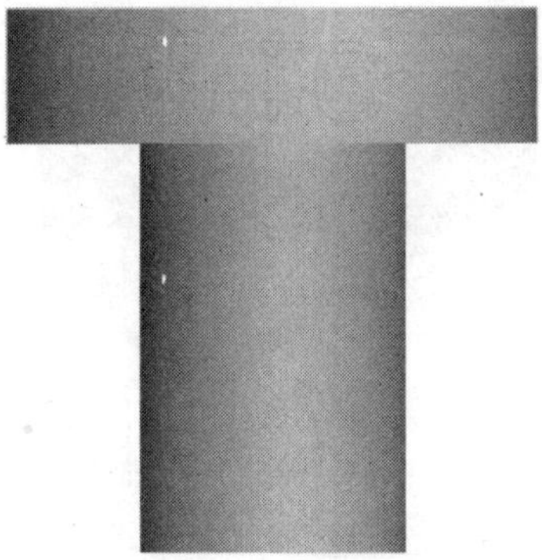

图 6-7-18 完成草绘修饰特征

本章总结

本章主要介绍了 Pro/E 中的放置特征，包括孔特征、圆角特征、倒角特征、抽壳、筋特征、修饰特征、拔模特征。这些是构成零件最基本的特征，需要重点掌握。

有问必答

问：在建立“孔”特征时，需要指定哪些参数？

答：在建立“孔”特征时，需要指定的参数包括参考平面、孔轴线位置、孔径、深度设置。

问：倒角的标注方式有哪些？它们的定义是什么？

答：倒角的标注方式有 4 种：D×D、D1×D2、角度×D、45×D。其定义分别如下：

- 【D×D】：创建的倒角离每个曲面边的距离都是 D，随后要输入 D 的值。
- 【D1×D2】：创建的倒角沿第 1 个曲面距选定边的距离为 D1，沿第 2 个曲面距选定边的距离为 D2，随后要输入 D1 和 D2 的值。
- 【角度×D】：创建的倒角沿某一邻接曲面距选定边的距离为 D，并且与该边成一定夹角。只能在 2 个平面之间使用该命令，随后要输入角度和 D 的值。
- 【45×D】：创建的倒角和 2 个曲面都成 45 度，并且离每个曲面边的距离都为 D，随后要输入 D 的值。尺寸标注方案为 45° ×D，将来可以通过修改 D 来修改倒角。只有在两个垂直的交线所形成的边上才能创建 45×D 倒角。

问：在建立圆角特征时，默认情况下建立新的倒角特征会穿过相切点自动延伸圆角几何，并将终止非相切点，如图 Q1 所示。如果我们要创建终止于相切点的圆角特征时应该如何操作？

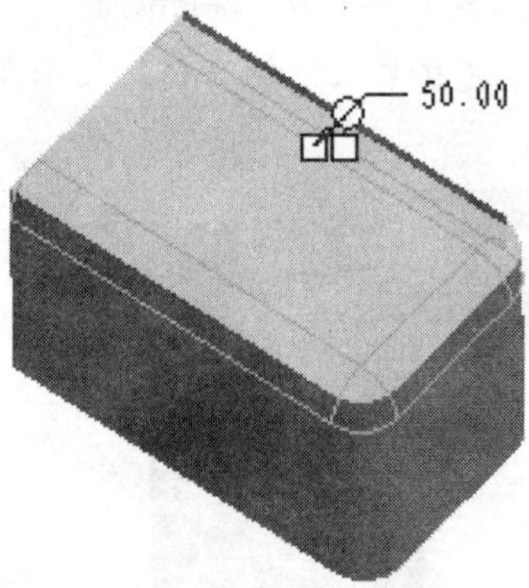

图 Q1 贯穿相切点倒圆角

答：要完成上述操作需要创建基于规则的倒圆角，这时可以在操作面板上进行如下操作：

首先在【设置】面板上单击【细节】按钮，弹出如图 Q2 所示的【链】对话框，然后在对话框内勾选【基于规则】选项，在【规则】栏里勾选【部分环】，如图 Q3 所示。

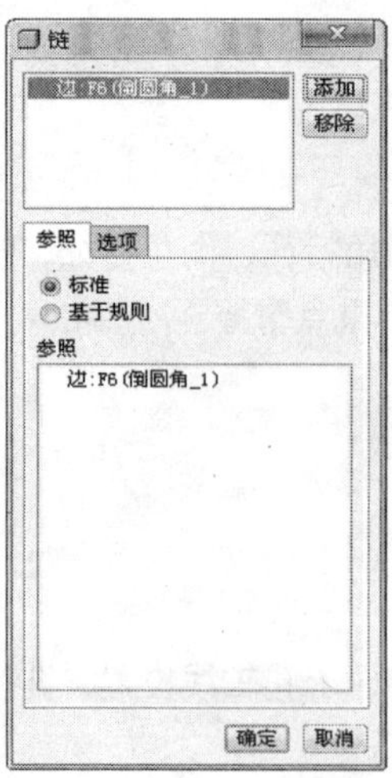

图 Q2 【链】对话框

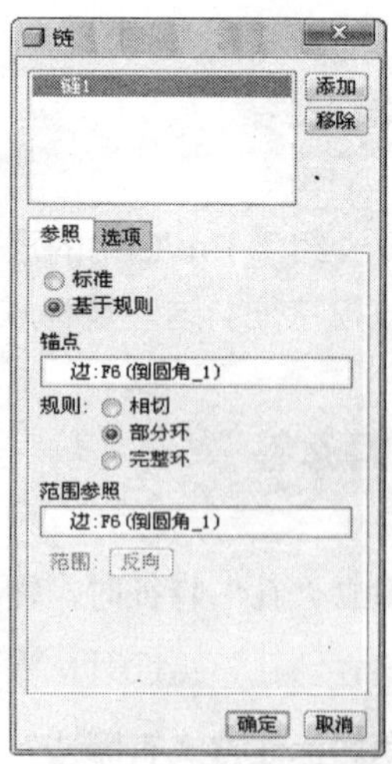

图 Q3 选择【基于规则】选项

最后单击【确定】按钮即可完成操作，效果如图 Q4 所示。

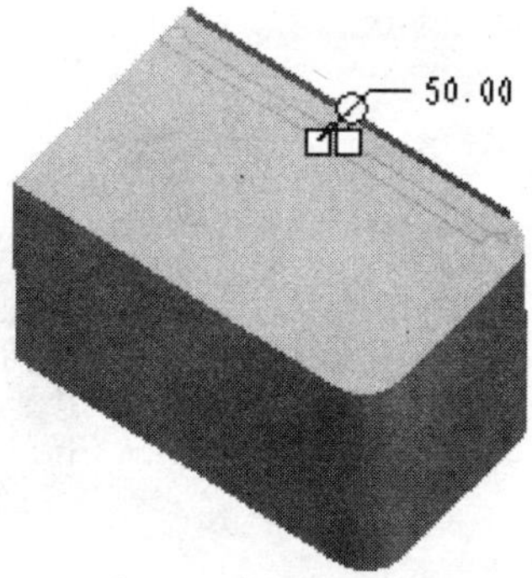

图 Q4 终止于相切点的倒圆角特征

问：在抽壳操作过程中，如果将要去除的表面与相邻曲面相切，那么就不能直接选择此表面进行抽壳，此时应该如何操作？

答：这是一种特例，如果将要去除的表面与相邻曲面相切，就不能选择它。如果有圆角的表面就不能选择被去除，这种情况下的解决办法是先抽壳后圆角。

问：拔模枢轴一定是一个平面吗？

答：拔模枢轴既可以为一个平面，也可以是一条曲面。两者在操作时区别如下：

- 当选取一个平面作为拔模枢轴，该平面称为枢轴平面，拔模以枢轴平面的方式进行拔模。
- 当选取一条曲线作为拔模枢轴，该曲线称为枢轴曲线，拔模以枢轴曲线的方式进行拔模。

Study Chapter 07

高级建模特征

学习导航

零件模块中，可以通过多个实体创建命令来完成基本建模操作，其中包括拉伸、旋转、扫描、混合和使用面组等。

零件模块还担任了创建高级实体的选项，如可变剖面扫描、扫描混合和螺旋扫描等。本章将介绍这些高级建模方法。

本章要点

- 可变剖面扫描
- 扫描混合
- 螺旋扫描
- 节距
- 轴心方向
- 弹簧
- 螺栓
- 扫描轨迹

7.1　可变剖面扫描

可变剖面扫描特征可以通过控制截面的方向和形状，使截面沿一个或多个选定扫描截面来创建实体或曲面。如图 7-1-1 所示为 5 条扫描轨迹，如图 7-1-2 所示为扫描截面。

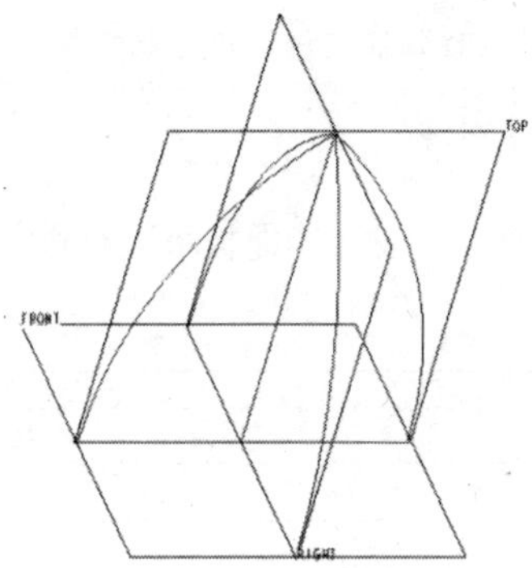

图 7-1-1　扫描轨迹

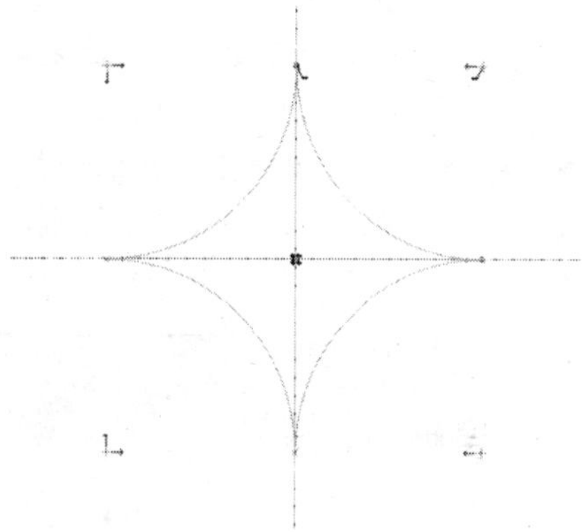

图 7-1-2　扫描截面

完成扫描如图 7-1-3 所示的扫描实体。

图 7-1-3　扫描实体。

7.1.1　可变剖面扫描工具的介绍

在一般扫描特征中，草绘剖面只能是恒定不变的，而可变剖面扫描特征的草绘剖面既可以是恒定不变的，也可以是可变的。可变剖面扫描特征的剖面可以利用各种关系式或基准图形驱动，能完成更加复杂的造型。

实际上，可变剖面扫描特征具有更加强大的功能和灵活性。如果用户能够熟练掌握可变剖面扫描特征的用法，可以用它取代一般扫描特征。

建立可变剖面扫描的方法为：

- 在主菜单中选择【插入】|【可变剖面扫描】命令。

注意

出现下列情况时，扫描可能失败：

- 轨迹与自身相交。
- 将截面对齐或标注到固定图元，但在沿三维轨迹扫描时，截面定向将发生变化。
- 相对于该截面，弧或样条半径太小，并且该特征经过该弧与自身相交。

- 在【特征】工具栏上单击按钮。

执行上述命令后，可打开【可变剖面扫描工具】操控面板，在操控面板可进行进一步的操作，如图 7-1-4 所示。

图 7-1-4 【可变剖面扫描工具】操控面板

操控面板分为上下两排，上排包括【参照】、【选项】、【相切】和【属性】4 个按钮，单击各按钮会弹出相应的上滑面板。

（1）【参照】上滑面板：

单击【参照】按钮，打开【参照】上滑板，如图 7-1-5 所示为建立一个有 5 条轨迹的变截面扫描特征时【参照】上滑面板的显示状态。

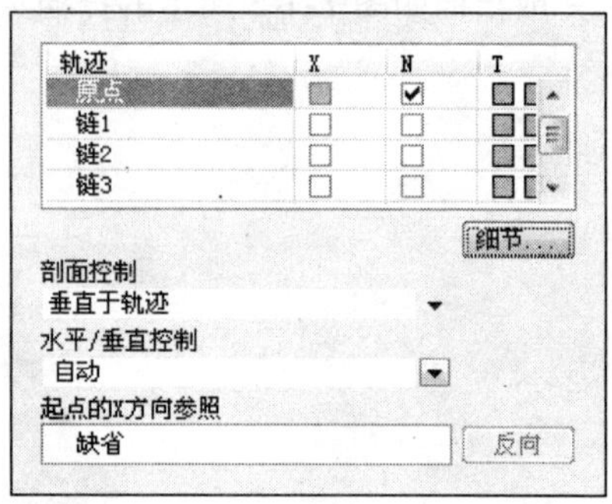

图 7-1-5 【参照】上滑面板

【轨迹】收集器：

在【参照】上滑面板最上方是【轨迹】收集器，该收集器内是变截面扫描特征用的各轨迹线。在变截面扫描中剖面扫描轨迹一共有 3 种类型：原始轨迹、X 轨迹、附加轨迹。其中指定 X 轨迹后意味着特征剖面的 X 轴将通过指定的 X 轨迹和沿着扫描方向剖面的交点。附加轨迹和原始轨迹、X 轨迹共同有一个“框架”，这个“框架”是建立特征的骨架。

在【轨迹】收集器中有三个字符：X、N、T。其中 X 代表 X 轨迹，N 代表垂直轨迹，T 代表垂直曲面轨迹（只有特征和某曲面相接时可选择）。X 轨迹和 N 轨迹只能指定其中一个，这意味着这些字母符号下边的方框只能单选。

注意

在可变截面扫描特征中，原始轨迹和 X 轨迹只能各有一条，附加轨迹可以有多条。

【剖面控制】下拉列表框：

【轨迹】收集器下方是【剖面控制】下拉列表，在下拉列表框中共有三个选项：【垂直于轨迹】、【垂直于投影】、【恒定法向】，其含义分别是：

- 【垂直于轨迹】：移动【框架】控制的剖面总是垂直于指定的轨迹。这是使用频率最高的选项。
- 【垂直于投影】：移动【框架】控制的剖面 Y 轴平行于指定方向，且 Z 轴沿指定方向与原始轨迹的投影相切。当选择【垂直于投影】时，【参照】上滑面板如图 7-1-6 所示。
- 【恒定的法向】：移动【框架】控制的 Z 轴平行于指定方向。当选择【恒定法向】时，【参照】上滑面板如图 7-1-7 所示。

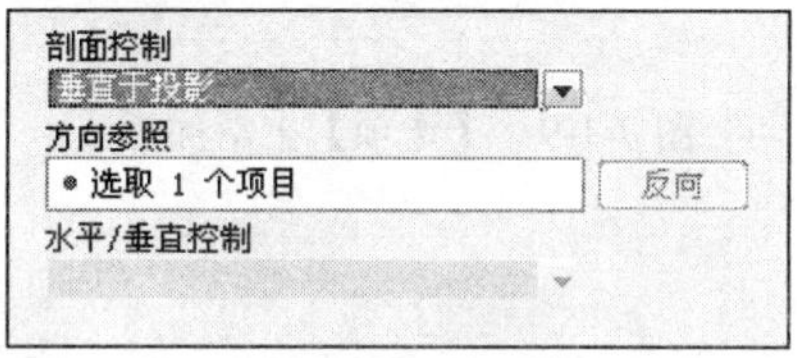

图 7-1-6 【参照】上滑面板

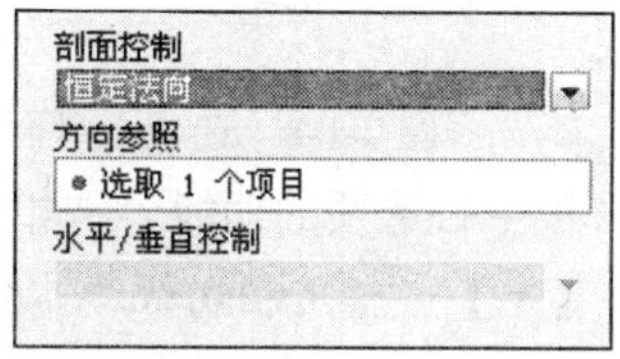

图 7-1-7 【参照】上滑面板

提示

在可变截面扫描特征中，原始轨迹起点的箭头方向是剖面的 Z 轴，该轴始终与原始轨迹相切，X、Y 轴则根据右手定则来判断，记住这个原则可以快速在【垂直于投影】、【恒定的法向】两个选项中判断剖面的走向。

【水平/垂直控制】下拉列表框：

在【参照】上滑面板接下来是【水平/垂直控制】下拉列表框，在该列表框中有【自动】和【X 轨迹】两个选项。

- 【自动】：系统默认选项是【自动】，即让系统自动计算 X 向量的方向，最大程度地降低扫描几何的扭曲。
- 【X 轨迹】：在有多条附加轨迹时，可以选项【X 轨迹】来指定究竟哪一条轨迹是 X 轨迹。

小知识

若无特征需求，可使用【自动】选项让系统自动判断，效果快且好。

（2）【选项】上滑面板：

单击【选项】按钮，打开【选项】上滑面板，如图 7-1-8 所示。

在该面板中有两个单选按钮，可变剖面和恒定剖面，其含义如下：

- 【可变剖面】：将草绘图元约束到其他轨迹（中心平面或现有几何），或使用 trajpar 参数或关系式等设置的截面关系，使草绘剖面可以沿着【框架】滑行时变化。这也是使可变剖面扫描面特征更大变化的关键。
- 【恒定剖面】：草绘剖面在沿着【框架】滑行时，剖面永远是恒定不变的。实际上，如果只指定一条原始轨迹，且指定为【恒定剖面】，那么可变剖面扫描特征完成的结果是和一般扫描特征的结果完全相同的。

（3）【相切】上滑面板：

单击【相切】按钮，打开【相切】上滑面板，如图 7-1-9 所示。

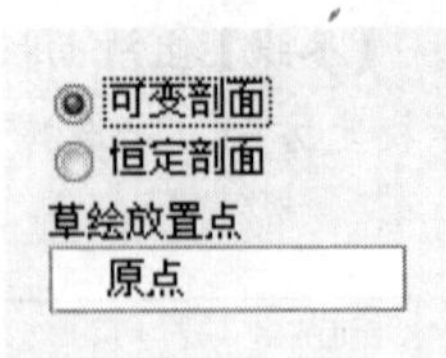

图 7-1-8　选项上滑面板

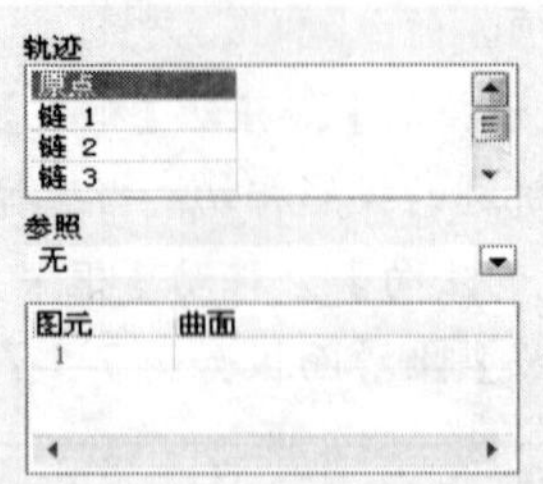

图 7-1-9　【选项】上滑面板

此面板中各选项的功能分别如下：

- 【无】：禁用相切轨迹。
- 【选取的】：手动为扫描截面中相切中心线指定曲面。

（4）【属性】上滑面板：

此面板用于重命名扫描特征或在 Pro/E 嵌入式浏览器中查看关于扫描特征的信息。

面板中各按钮的功能如下：

- ：扫描后生成实体特征。
- ：扫描后生成曲面特征。
- ：打开草绘器以创建或编辑扫描截面。
- ：生成减材料特征。
- ：延伸曲面、薄曲面或曲面切口。
- ：改变方向。

7.1.2 利用 trajpar 参数创建可变剖面扫描特征

利用一条原始轨迹创建可变剖面扫描特征时，如果剖面是恒定的，则结果与一般扫描特征相同。本小节将利用 trajpar 参照控制草绘剖面的变化，来介绍创建可变剖面扫描特征的一般过程和体会其特征。

这里需要先介绍 trajpar 参照，该参数是从 0 到 1 变化的变量，利用此参数或此参数与关系式的结合应用，可创建丰富变化的特征。下面以一个实例介绍 trajpar 参照的创建方法。

经典实例

【光盘：源文件/第 7 章/7-1.prt】

1. 准备工作

01　单击按钮，在【新建】对话框中设定文件类型为【零件】，子类型为实体，文件名修改为 7-1，清除【使用缺省模板】复选框。

02　单击【确定】按钮，在【新建文件】对话框中选择【mmns_part_solid】的公制实体零件模板。

03　单击【确定】按钮，进入零件建立模式。

2. 绘制轨迹

01　单击草绘的【基准曲线】工具按钮，打开【草绘】对话框。

02　选择 TOP 基准平面为草绘平面，其余接受系统默认设置。

03　单击【草绘】按钮，进入草绘模式。

04　绘制如图 7-1-10 所示的曲线。

05　单击【草绘】对话框中的✔按钮，退出草绘模式。建立如图 7-1-11 所示的轨迹曲线。

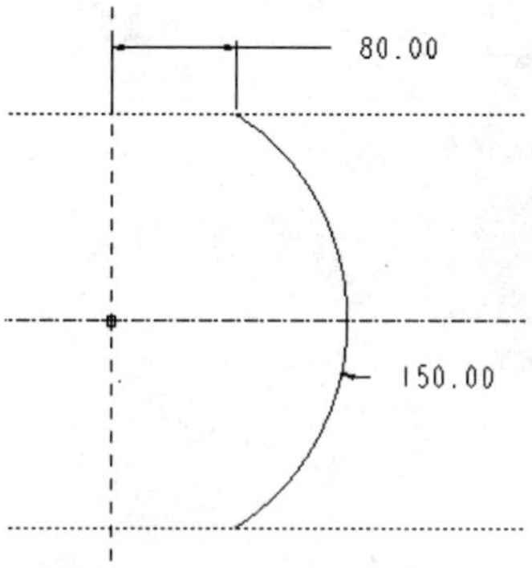

图 7-1-10　绘制曲线

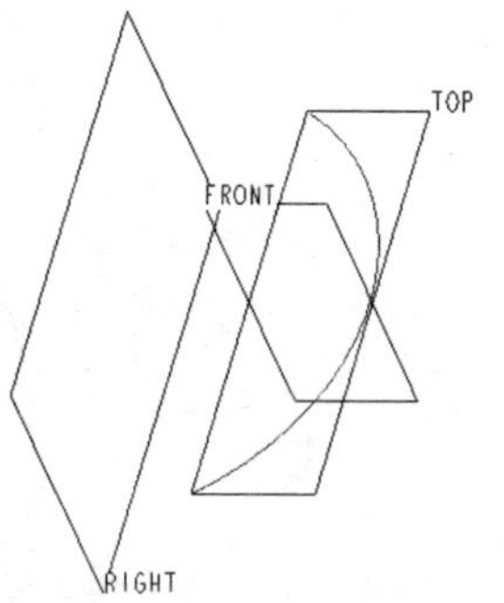

图 7-1-11　绘制的轨迹曲线

3. 创建可变剖面扫描特征

01　单击（可变剖面扫描工具）按钮，打开【可变剖面扫描工具】操控面板。

01　单击按钮建立实体特征。

03　选择上一步建立的曲线作为原始轨迹。单击操控面板上的按钮，系统自动调整绘图方向，且自动以原始起点为绘图中心，如图 7-1-12 所示。

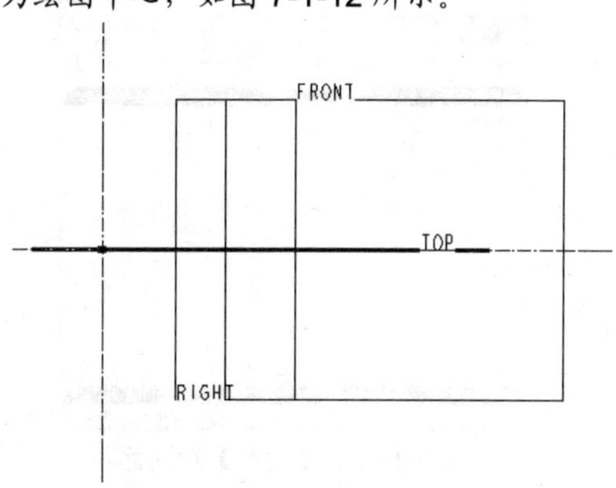

图 7-1-12　自动调整的绘图方向

04　以原始点为中心绘制如图 7-1-13 所示的剖面，半径值可以先任意给出。

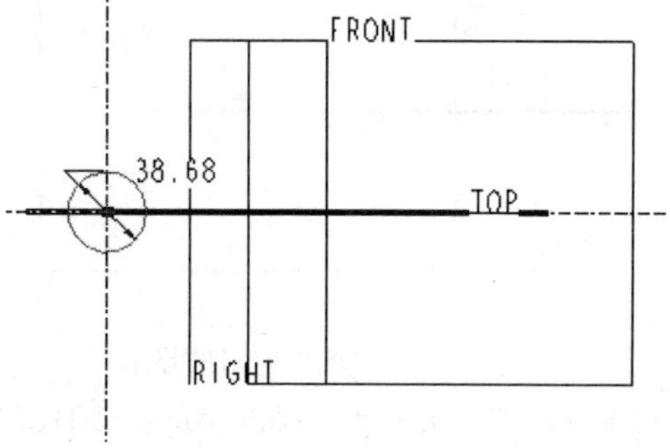

图 7-1-13　绘制剖面

05 单击【草绘】对话框中的按钮，退出草绘模式。操控面板中其他选项不变。

06 按【Ctrl+D】键恢复视图默认显示，在图形窗口可以看见此时可变剖面特征的预览形态，如图 7-1-14 所示。可以看出此时特征沿着原始轨迹的剖面没有变化。

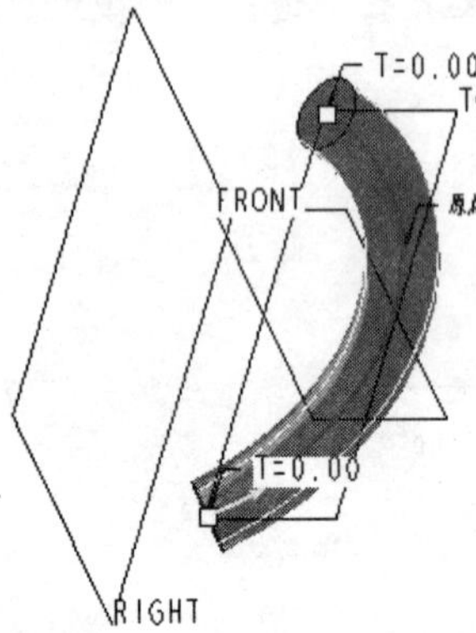

图 7-1-14 预览特征

4. 添加 trajpar 参数

01 单击操控面板上的按钮，重新进入草绘模式进行编辑。

02 在主菜单中选择【工具(T)】|【关系(R)...】命令，打开【关系】对话框，如图 7-1-15 所示。此时图形窗口草绘剖面数值显示成 ID 号 sd3，如图 7-1-16 所示。

图 7-1-15 【关系】对话框

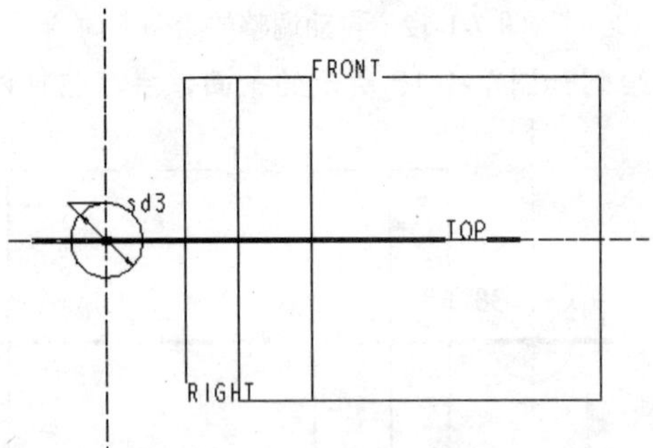

图 7-1-16 图形窗口的显示

03 在【关系】对话框中输入下列关系式：sd3=trajpar*30+30，其中 trajpar 是一个从 0 到 1 变化的参数，那么从此关系式可以看出 sd3 的值是从 30 变化到 60。

04 单击按钮，以关系式进行验证。

05 验证成功后，在弹出的【校验关系】对话框中单击【确定】按钮，关闭该对话框。

06 单击【关系】对话框中的【确定】按钮，关闭该对话框，剖面自动进行再生。

07 单击【草绘】对话框中的按钮，完成草绘的修改。结果如图 7-1-17 所示。

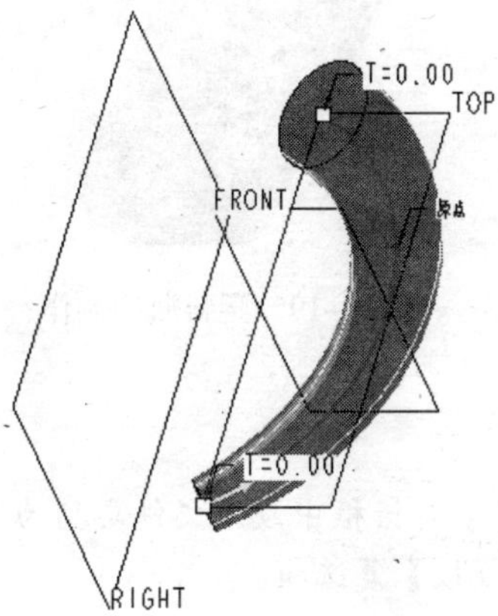

图 7-1-17 预览特征

08 单击如图 7-1-17 所示的箭头可改变剖面变化方向。

09 单击操控面板右侧的按钮，建立可变剖面扫描特征，结果如图 7-1-18 所示。

10 保存文件。

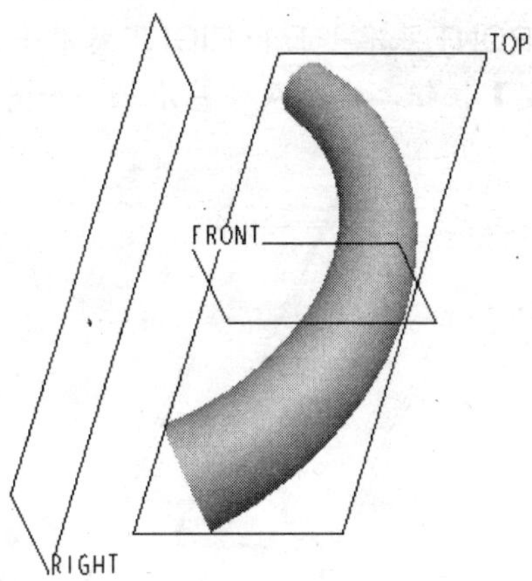

图 7-1-18 完成特征的创建

7.1.3 塑料瓶的制作

在本实例中，将使用 X 轨迹和附加轨迹构成一个“框架”，利用此框架建立可变剖面扫描特征，同时向读者介绍基准图形的建立及如何利用基准图形控制截面的变化。

经典实例

塑料瓶的制作。

打开文件【光盘：源文件/第 7 章/7-2.prt】，如图 7-1-19 所示。

【实例效果】

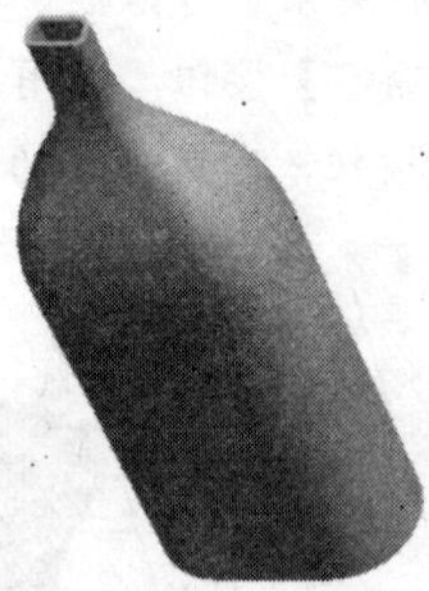

图 7-1-19　塑料瓶的制作

【实例制作】

1．新建文件

01　单击按钮，在【新建】对话框中设定文件类型为【零件】，子类型为【实体】，文件名修改为 7-2，清除【使用缺省模板】复选框。

02　单击【确定】按钮，在【新建文件】对话框中选择【mmns_part_solid】的公制实体零件模板。

03　单击【确定】按钮，进入零件建立模式。

2．建立基准轴

04　单击（基准轴工具）按钮，打开【基准轴】对话框。

05　按【Ctrl】键选择 FRONT 基准平面和 RIGHT 基准平面。

06　单击对话框的【确定】按钮，建立 A_1 基准轴，如图 7-1-20 所示。

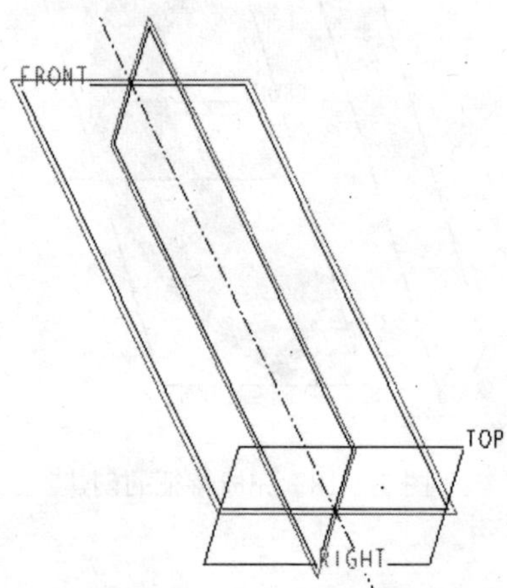

图 7-1-20　建立基准轴

3．绘制草绘基准线

01　单击按钮，打开【草绘】对话框。选择 FRONT 基准平面作为草绘平面，接受其余默认选项。单击该对话框的【草绘】按钮，进入草绘模式。

02　绘制如图 7-1-21 所示的剖面。

03　单击按钮，结束草绘，完成基准曲线的建立。结果如图 7-1-22 所示。

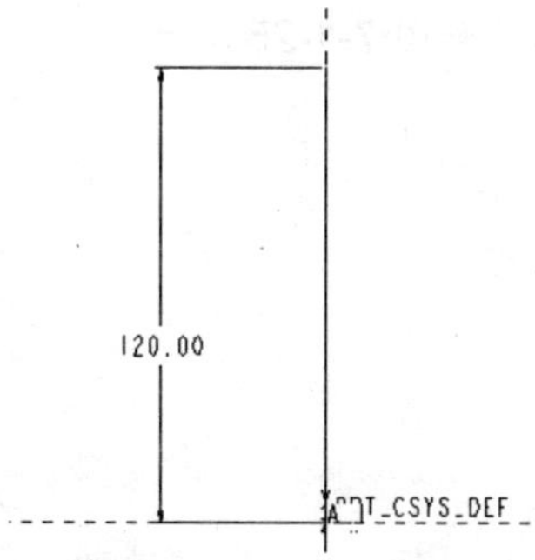

图 7-1-21　绘制剖面

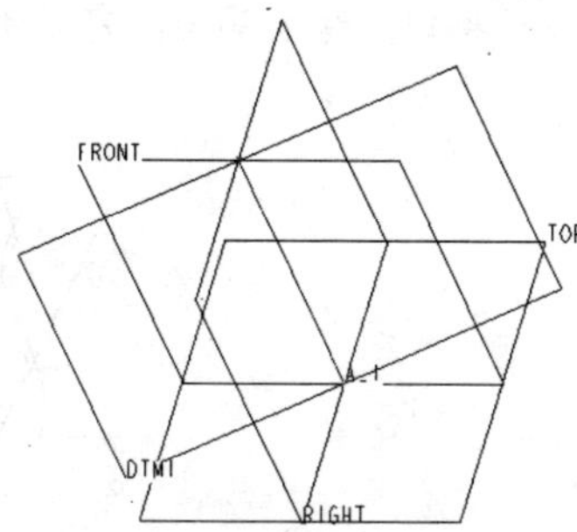

图 7-1-22　绘制基准曲线

4. 绘制曲线

01　单击按钮，打开【草绘】对话框。

02　准备创建一个基准平面，单击按钮，打开【基准平面】对话框。

03　选择 A_1 基准轴线，按住【Ctrl】键，选择 FRONT 基准平面。

04　在【旋转】数值对话框中输入旋转的角度值为 30°。

05　单击【基准平面】对话框中的【确定】按钮，建立 DTM1 基准平面，如图 7-1-23 所示。

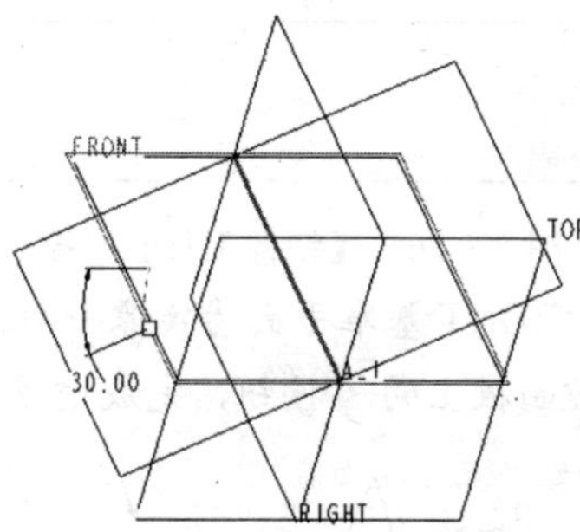

图 7-1-23　建立的基准平面

06　系统自动选择新建的基准平面为草绘平面，接受默认的 TOP 基准平面为绘图参考平面。

07　单击该对话框的【草绘】按钮，进入草绘模式。

08　选择前面建立的曲线特征的顶点和 TOP 基准平面作为参照平面，绘制如图 7-1-24 所示的剖面。

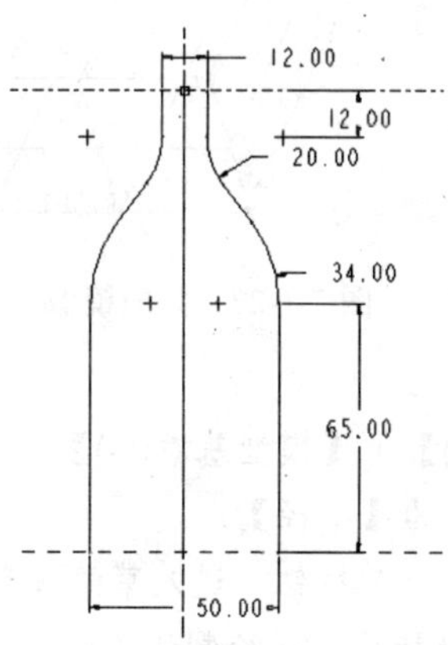

图 7-1-24　绘制剖面

09 单击✓按钮，结束草绘，完成曲线的绘制。结果如图 7-1-25 所示。

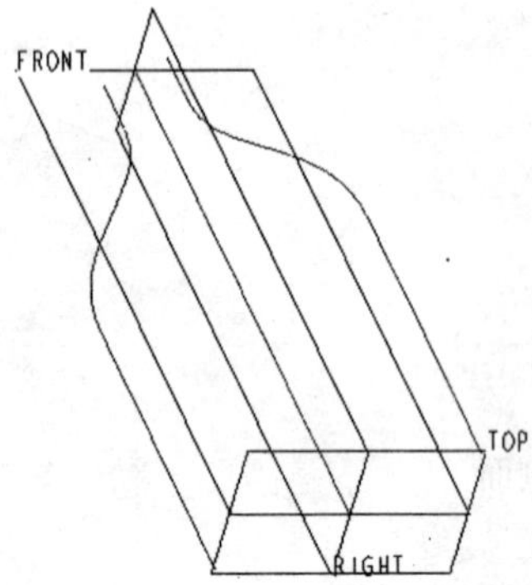

图 7-1-25 绘制曲线

5. 镜像复制曲线

01 选择上一步建立的草绘曲线，单击镜像按钮，打开【镜像工具】操控面板，如图 7-1-26 所示。

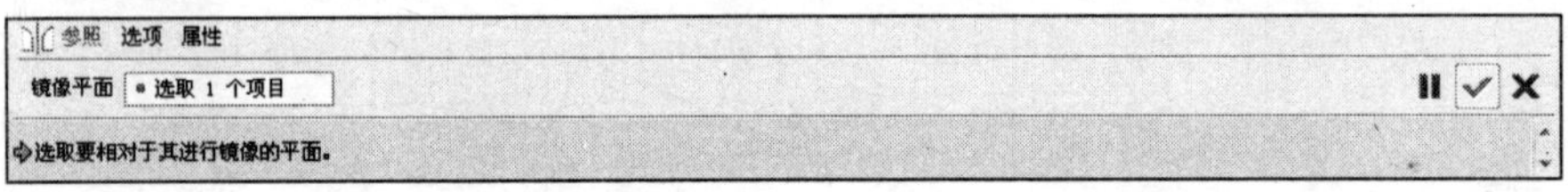

图 7-1-26 【镜像工具】操控面板

02 按照系统提示，选择 FRONT 基准平面为镜像平面。

03 单击【镜像工具】操控面板上的✓按钮，完成镜像操作，结果如图 7-1-27 所示。

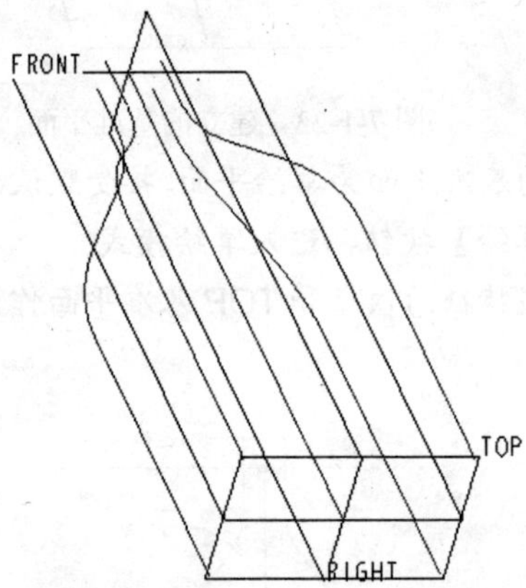

图 7-1-27 完成镜像

6. 建立基准图形

01 在主菜单中选择【插入(I)】|【模型基准(D)】|【图形(G)...】命令。

02 在信息栏输入图形的名称为【半径】。

03 单击信息栏后的✓（接受值）按钮，进入草绘模式。

04 单击坐标系按钮，建立草绘坐标系，并绘制两条中心线，如图 7-1-28 所示。

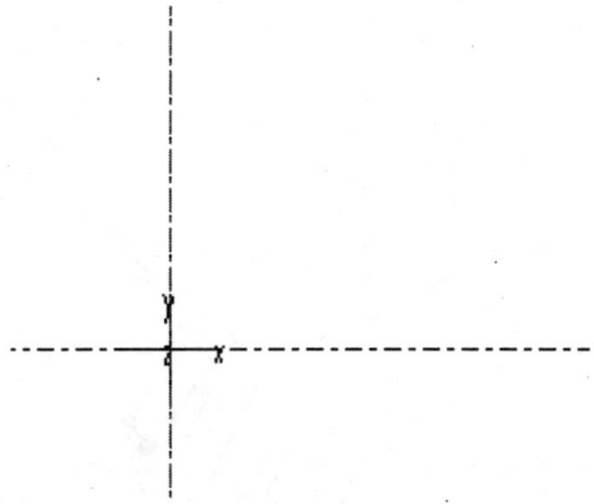

图 7-1-28 绘制草绘坐标系和中心线

05 接下来绘制如图 7-1-29 所示的剖面。此剖面为一根样条曲线。

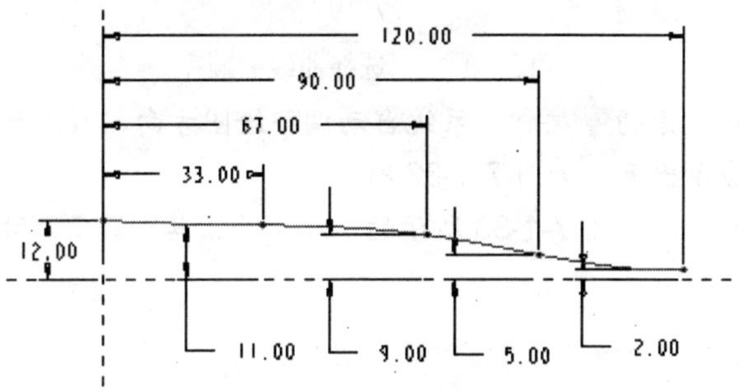

图 7-1-29 绘制剖面

06 单击✔按钮，完成基准图形的绘制。

提示

建立基准图形的目的是为了控制剖面的变化。基准图形在图形窗口有显示，但在模型树中可以看到，如图 7-1-30 所示。

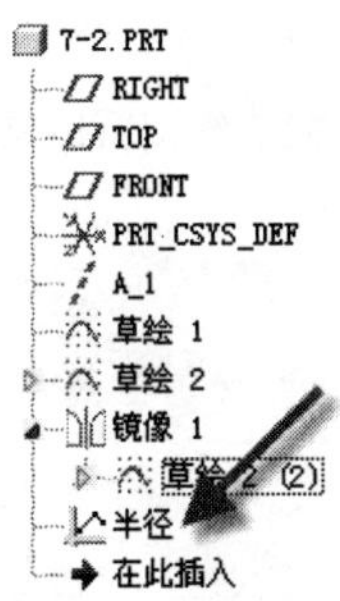

图 7-1-30 模型树的显示

7. 建立可变扫描特征

01 单击（可变剖面扫描）工具按钮，打开【可变剖面扫描】工具操控面板。

02 单击按钮，建立实体特征。

03 选择步骤 3 建立的曲线作为原始轨迹，按【Ctrl】键，选择另外 4 条曲线，曲线顺序如

图 7-1-31 所示。

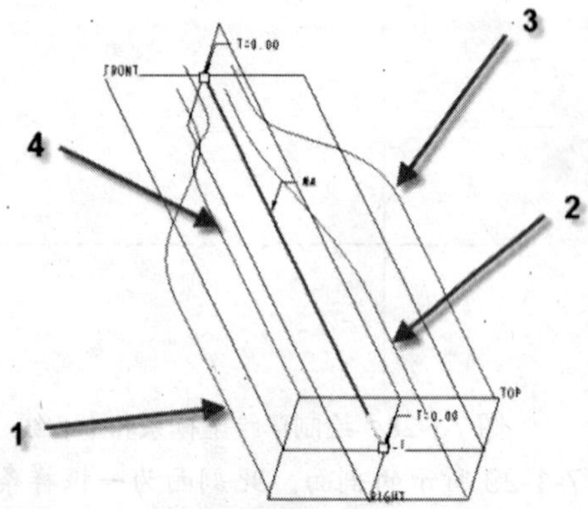

图 7-1-31　选择曲线的顺序

04　单击操控面板下方的按钮，系统自动调整绘图方向，且以原始起点为绘图中心，另外 4 条曲线的端点也显示出来，如图 7-1-32 所示。

05　利用这 4 个点绘制如图 7-1-33 所示的草绘剖面。其中圆角尺寸可以为任意值，它将由后面的关系式控制。

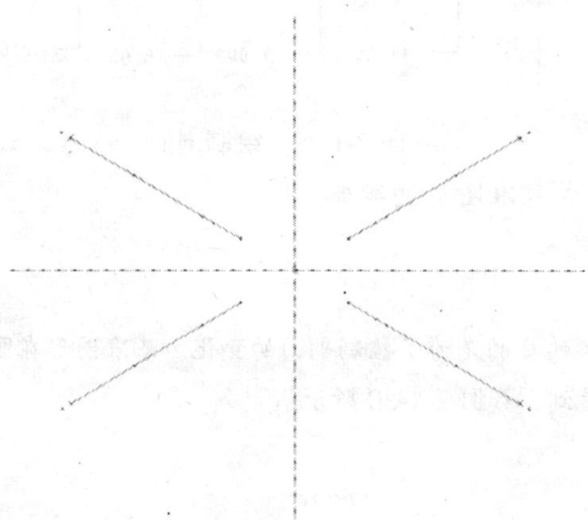

图 7-1-32　绘图窗口显示状态

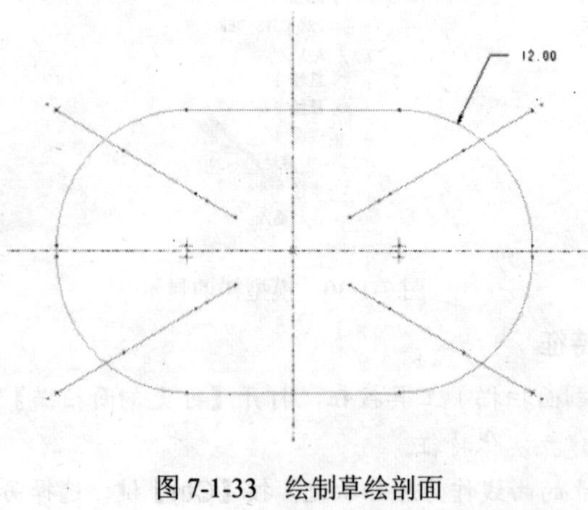

图 7-1-33　绘制草绘剖面

06 在主菜单上选择【工具(T)】|【关系(R)】命令，打开【关系】对话框。

07 在对话框中输入关系式：sd12=evalgraph("半径"，trajpar*120)。

注意

关系式中的除名称外全部是英文输入，若为中文输入则会出错。

提示

其中 sd12 是圆角尺寸的 ID 号，移动【关系】对话框，在绘图窗口中能找到这个 ID 号。evalgraph 是系统使用基准图形的参数。半径是前面建立的基准图形的名称，120 代表基准图形的长度尺寸。建立关系式后，意味着圆角半径数值会随着基准图形剖面尺寸的变化而变化。

08 单击【关系】对话框中的【确定】按钮，关闭该对话框，系统自动生成草绘剖面，如图 7-1-34 所示。

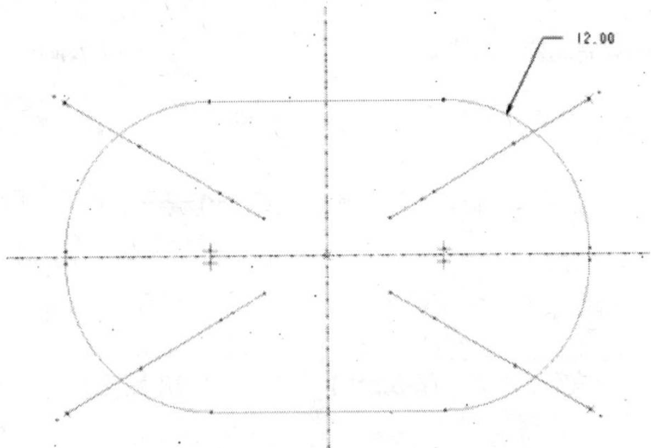

图 7-1-34 自动生成的草绘剖面

09 单击✔按钮结束草绘。

10 单击操控面板上的✔按钮，完成特征的建立，如图 7-1-35 所示。

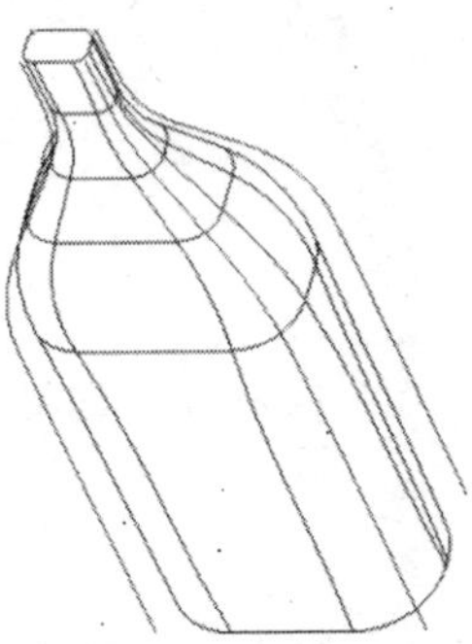

图 7-1-35 完成特征的建立

8. 建立壳特征

01 单击 (壳工具)按钮，打开【壳工具】操控面板。

02 选择零件最上方的平面作为移除曲面。

03 在操控面板下方输入 1 作为壳厚度。

04 单击操控面板上的按钮，完成特征的建立。结果如图 7-1-36 所示。

05 选择所有曲线，单击鼠标右键，在弹出的快捷菜单中选择【隐藏】命令。隐藏全部曲线，结果如图 7-1-37 所示。

06 保存文件。

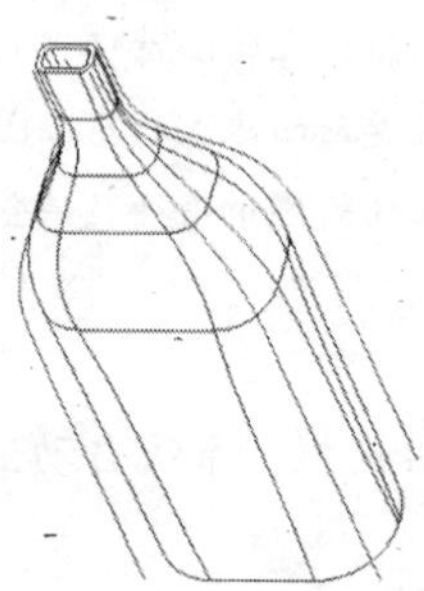

图 7-1-36 完成特征的建立

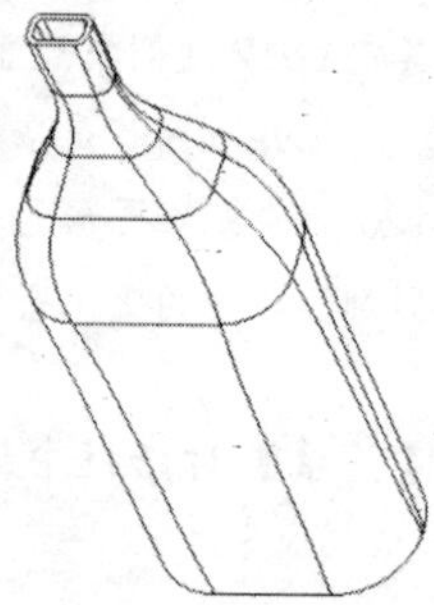

图 7-1-37 隐藏曲线

7.1.4 斧子的制作

在本实例中，将使用【可变剖面扫描工具】创建一个斧子。

经典实例

斧子的制作。

打开文件【光盘：源文件/第 7 章/7-3.prt】，如图 7-1-38 所示。

【实例效果】

图 7-1-38 斧子的制作

【实例制作】

1. 新建文件

01 单击按钮，在【新建】对话框中设定文件类型为【零件】，子类型为【实体】，文件名修改为 7-3，清除【使用缺省模板】复选框。

02　单击【确定】按钮，在【新建文件】对话框中选择【mmns_part_solid】的公制实体零件模板。

03　单击【确定】按钮，进入零件建立模式。

2. 建立基准轴

01　单击 (基准轴工具) 按钮，打开【基准轴】对话框。

02　按住【Ctrl】键选择 RIGHT 基准平面和 TOP 基准平面。

03　单击对话框的【确定】按钮，建立 A_1 基准轴，如图 7-1-39 所示。

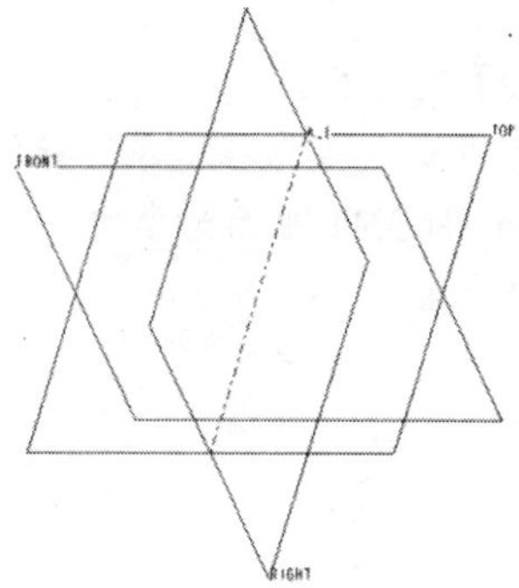

图 7-1-39　建立基准轴

2. 创建基准平面

01　单击 (基准平面工具) 按钮，选择 A_1 轴线与 TOP 基准平面为参考，创建与 TOP 基准平面相交的基准平面 DTM1，

02　输入夹角值为 10° 。

03　单击【基准平面】对话框中的【确定】按钮，结果如图 7-1-40 所示。

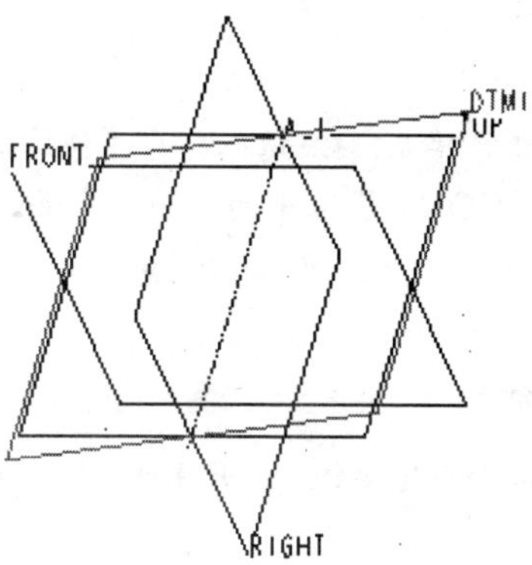

图 7-1-40　创建 DTM1

3. 绘制原始轨迹线

01　单击按钮，打开【草绘】对话框。

02　选择 TOP 平面作为草绘平面，其余接受系统默认设置。

03　单击该对话框的【草绘】按钮，进入草绘模式。绘制如图 7-1-41 所示的直线。

04　单击按钮，退出草绘模式。

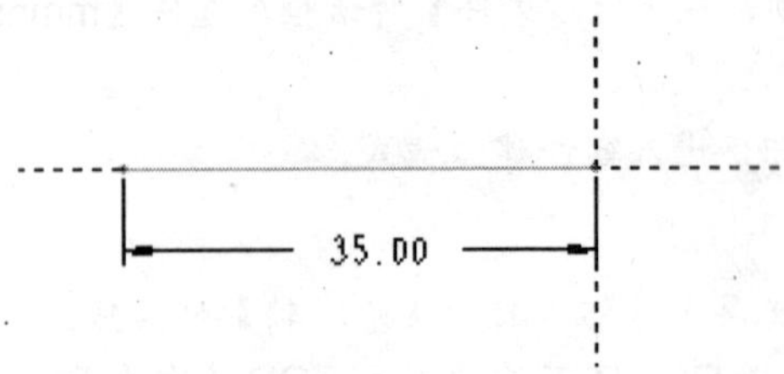

图 7-1-41 绘制直线

4．绘制轨迹线

01 单击按钮，打开【草绘】对话框。

02 选择 DTM1 平面作为草绘平面，其余接受系统默认设置。单击该对话框的【草绘】按钮，进入草绘模式。选择 A_1 轴和 FRONT 平面为参照。

03 绘制如图 7-1-42 所示的曲线。

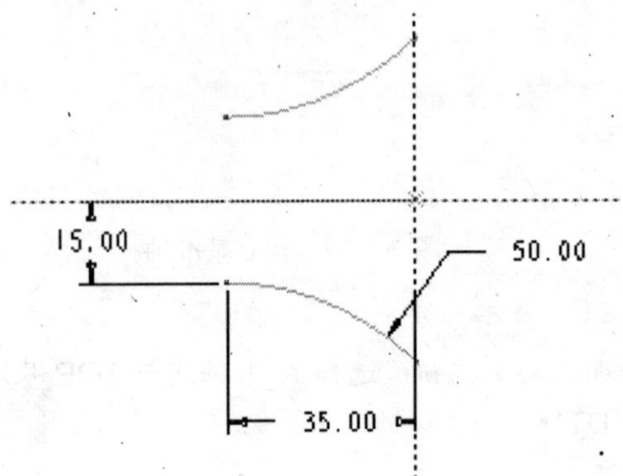

图 7-1-42 绘制曲线

04 单击按钮，退出草绘模式。

5．镜像复制曲线

01 选择上一步建立的曲线，单击按钮，打开【镜像工具】操控面板。

02 按照系统提示，选择 FRONT 基准平面为镜像平面。

03 单击【镜像工具】操控面板上的按钮，完成镜像操作，结果如图 7-1-43 所示。

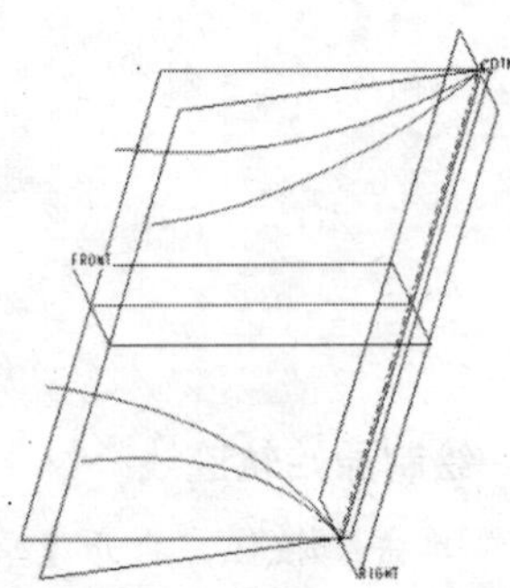

图 7-1-43 完成镜像

6．创建可变截面扫描特征

01 单击（可变剖面扫描）工具按钮，打开【可变剖面扫描工具】操控面板。

02 单击按钮，建立实体特征。

03 单击操控面板上的【参照】按钮，弹出【参照】上滑面板。

04 在上滑面板中选择新建的 5 条曲线为轨迹曲线，其中以直线为原始轨迹线。选择后绘图窗口，如图 7-1-44 所示。以第 1 根曲线为 X 轨迹，此时【参照】上滑面板如图 7-1-45 所示。

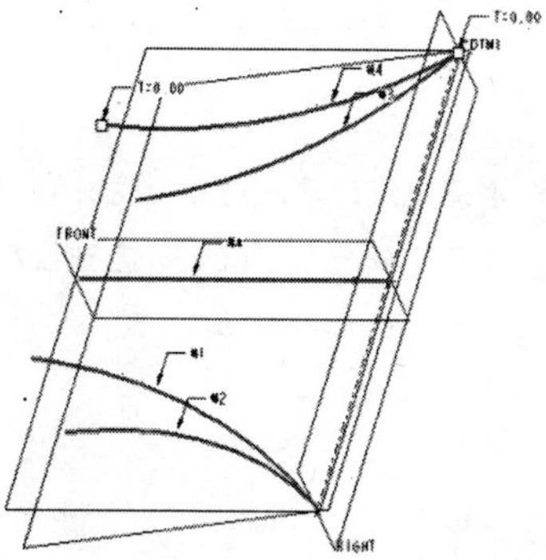

图 7-1-44　选择曲线

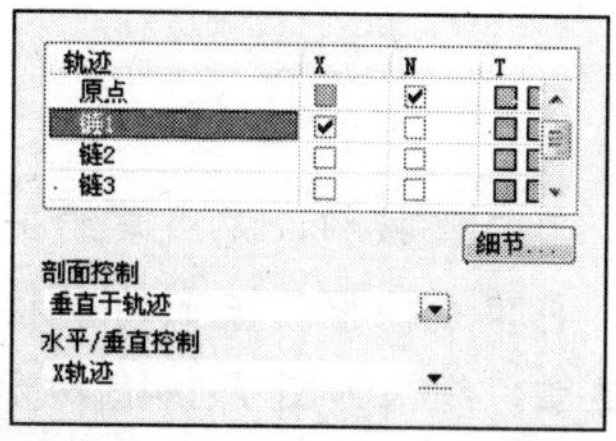

图 7-1-45　【参照】上滑面板

提示

注意原始轨迹的起点，如图 7-1-46 所示，移动鼠标到箭头处，单击箭头可以改变原始轨迹的方向。

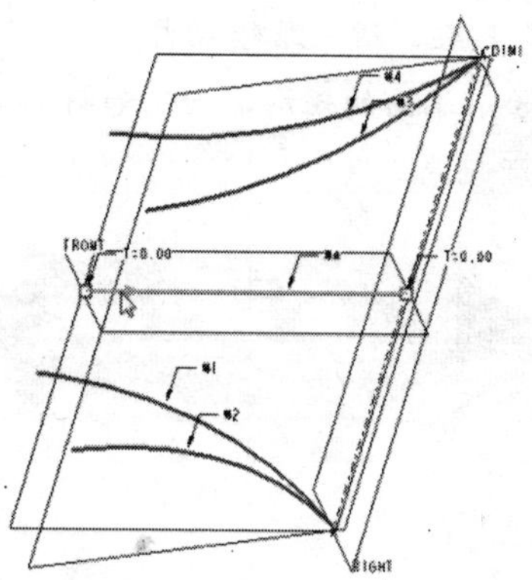

图 7-1-46　改变起始方向

05　单击按钮，绘制如图 7-1-47 所示的矩形截面图形（只有 4 条直线）。

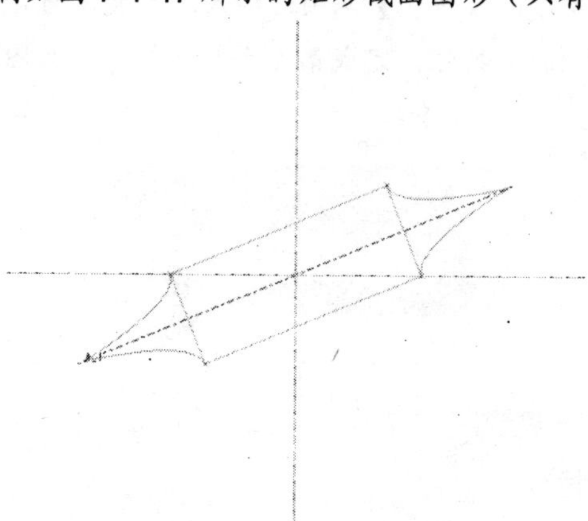

图 7-1-47　绘制截面图形

注意

绘制截面图形时四边形的 4 个顶点一定要与 4 条曲线的端点对齐，这样扫描时矩形的 4 个顶点才会沿着 4 条曲线的轨迹运动，从而使截面形状改变，直到最后相交于一条直线。

06 单击☑按钮，完成草绘剖面。

07 再单击操控面板上的☑按钮，完成可变剖面扫描特征的建立，结果如图 7-1-48 所示。

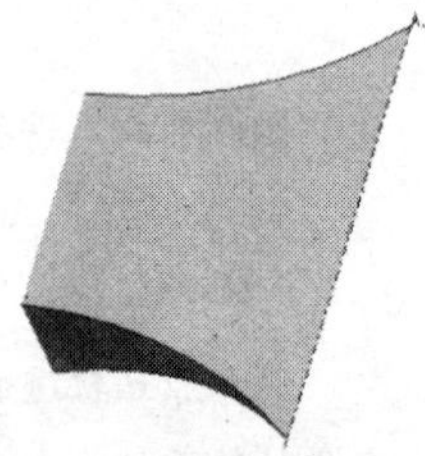

图 7-1-48 完成特征的创建

7. 创建第 1 个拉伸特征

01 单击 (拉伸工具) 按钮，打开【拉伸工具】操控面板。单击【放置】选项卡，打开上滑面板。单击【定义】按钮，打开【草绘】对话框。选择斧子前端的后平面为草绘平面，TOP 基准平面为参考平面。其余接受系统默认的设置。

02 单击对话框的【草绘】按钮，进入草绘模式。

03 单击 按钮，选择斧子前端面的矩形，绘制如图 7-1-49 所示的剖面。

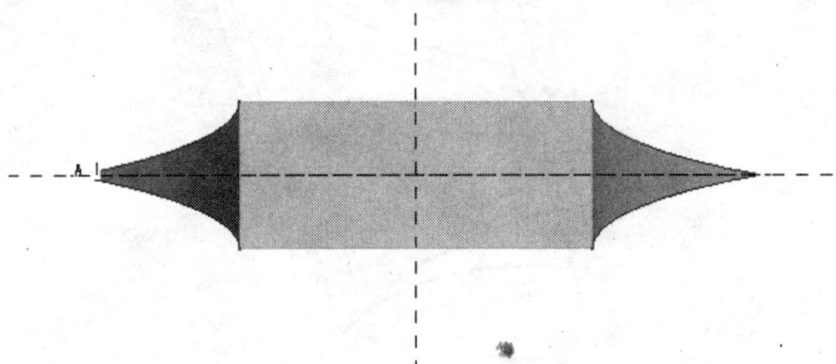

图 7-1-49 绘制剖面

04 完成剖面后，单击☑按钮，退出草绘模式。

05 保持操控面板上深度的【盲孔】选项，输入深度数值为 40。

06 单击操控面板右侧的☑按钮，完成第 1 个拉伸特征，如图 7-1-50 所示。

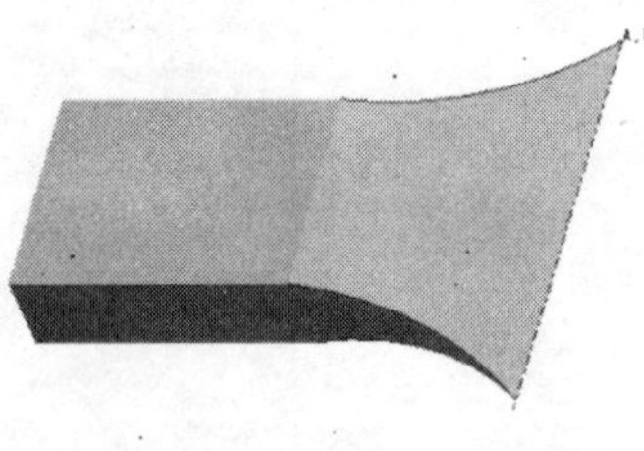

图 7-1-50 完成拉伸特征

8. 创建第 2 个拉伸特征

01 单击 (拉伸工具) 按钮，打开【拉伸工具】操控面板。单击【放置】选项卡，打开上滑面板。单击【定义】按钮，打开【草绘】对话框。选择如图 7-1-51 所示的平面为草绘平面，其余接受系统默认的设置。

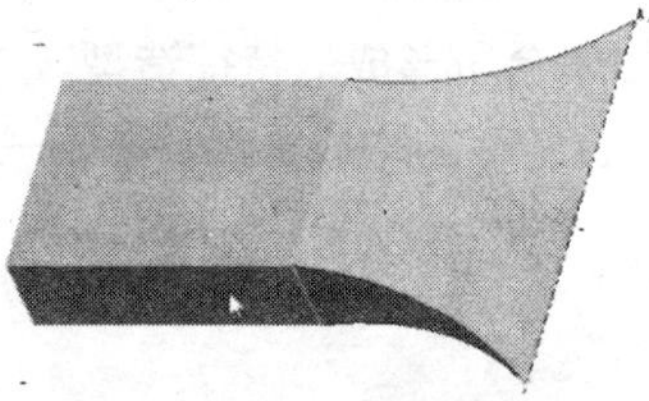

图 7-1-51　选择草绘平面

02　单击对话框的【草绘】按钮，进入草绘模式。

03　绘制如图 7-1-52 所示的剖面。

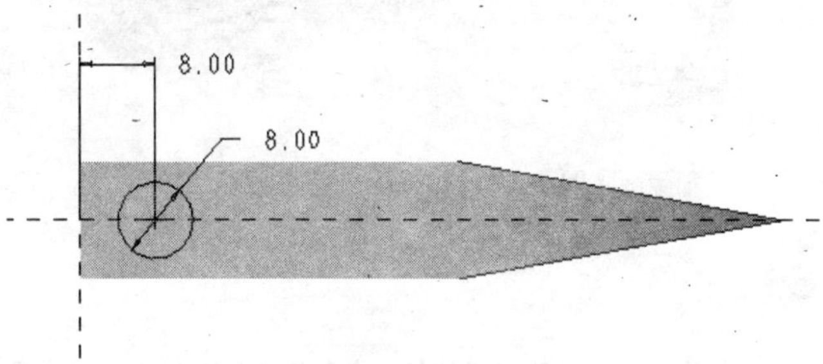

图 7-1-52　绘制剖面

04　完成剖面后，单击✔按钮，退出草绘模式。

05　保持操控面板上深度的【盲孔】选项，输入深度数值为 100。

06　单击操控面板右侧的✔按钮，完成第 2 个拉伸特征，如图 7-1-53 所示。

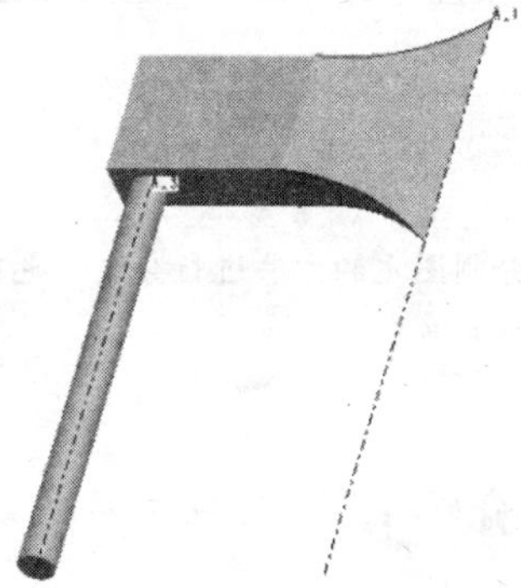

图 7-1-53　完成拉伸特征

07　选择所有曲线，单击鼠标右键，在弹出的快捷菜单中选择【隐藏】命令。

08　保存文件。

7.2　扫描混合特征

扫描混合特征可以理解为一种既包含扫描特征的特点，又包含混合特征特点的一种“综合”特征，它既没有扫描特征只能有一个剖面的特点，又没有混合特征没有任何轨迹的劣势，因此扫描混合特征是整合了二者各自的优点的和更富有弹性的工具，为用户提供了更好的特征创建选择。

扫描混合特征是使用轨迹线与多个截面图形来创建一个实体或曲面特征。如图 7-2-1 所示是由三个截面图形沿一条轨迹线扫描混合所形成的特征造型。

从图 7-2-1 中可以看出扫描混合特征的构成要素，需要一条轨迹线，沿轨迹线可以有多个截面（最少需要在首尾处有两个截面）。

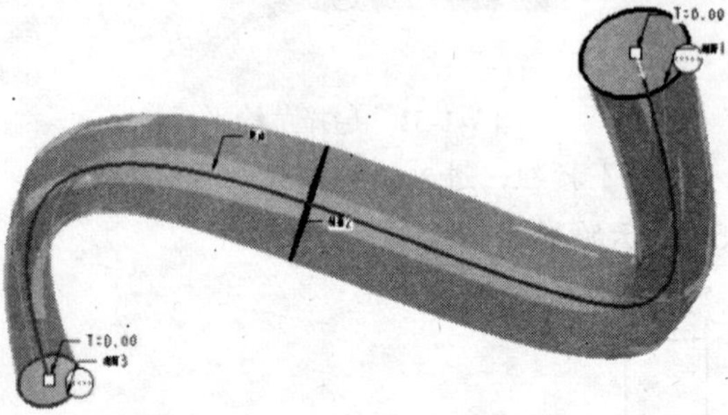

图 7-2-1　扫描混合特征预览

注意

当扫描轨迹是开放的，在轨迹线的起始点和终点处必须要建立截面；当扫描轨迹线是闭合的，该轨迹线必须要存在两个或者两个以上的断点，而截面可建立在这些断点处。

由于含有混合特征的特点，需要注意每个截面的起始点位置和方向，各个截面的线段数必须相等。

提示

如果不相等，可以用分割图元的方法进行分割，也可以用一般混合特征中使用的增加【混合顶点】的方向来增加线段数量。

7.2.1　扫描混合特征工具的介绍

在 Pro/E Wildfire 3.0 中，扫描混合特征的创建界面有所改变，即改为操控面板的形式。

在主菜单上选择【插入(I)】|【扫描混合(S)…】命令，系统弹出【扫描混合特征】操控面板，如图 7-2-2 所示。

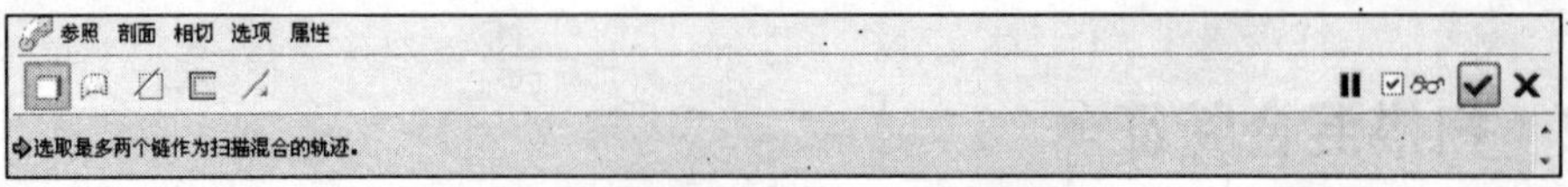

图 7-2-2　【扫描混合特征】操控面板

操控面板同样分为上下两排：

上排有【参照】、【剖面】、【相切】、【选项】、【属性】5 个按钮，单击它们会弹出相应的上滑面板。下排为对话栏，可实现相应的快捷功能。

（1）【参照】上滑面板：

单击操控面板上的【参照】按钮，打开【参照】上滑面板，如图 7-2-3 所示。

单击【细节】可打开【链】对话框，如图 7-2-4 所示。

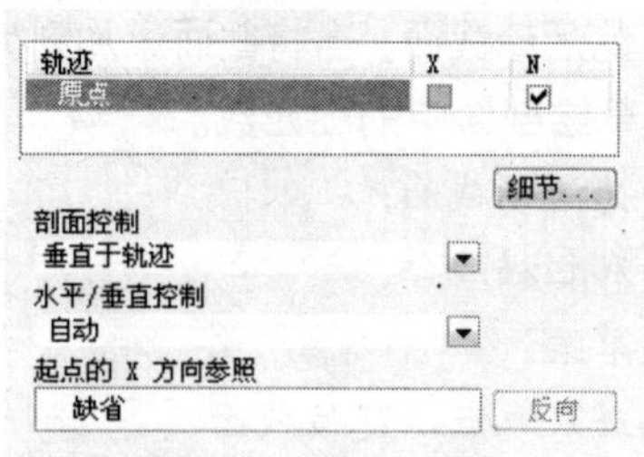

图 7-2-3　参照上滑面板

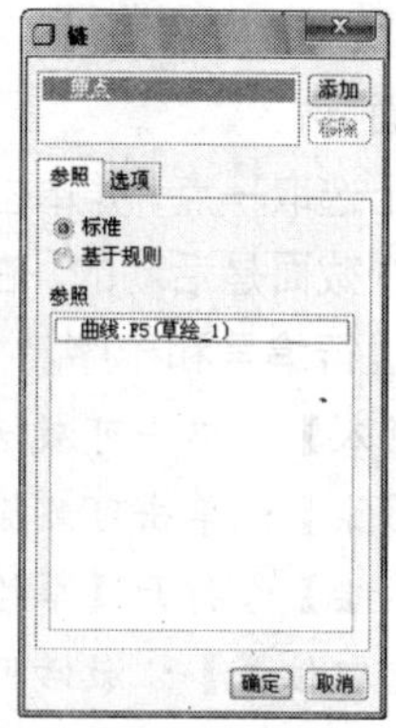

图 7-2-4　【链】对话框

注意

有关"链"的详细信息，请搜索【Pro/ENGINEER 帮助中心】的【基础】功能区域。

【剖面控制】中有 3 种类型：

- 【垂直于原始轨迹】：草绘平面将垂直于指定的轨迹。此为缺省设置。
- 【垂直于投影】：Z 轴与指定方向上的【原点轨迹】的投影相切。【方向参照】收集器激活，提示选择方向参照。不需要水平/垂直控制。
- 【恒定方向】：Z 轴平行于指定方向向量。【方向参照】收集器激活，提示选择方向参照。

【水平/垂直控制】设置水平或竖直控制，有 3 种类型：

- 【垂直于曲面】：轴指向选定曲面的方向，垂直于与【原点轨迹】相关的所有曲面。当原点轨迹至少具有一个相关曲面时，此项为缺省设置。
- 【轨迹】：有两个轨迹时显示。X 轨迹为第二轨迹而且必须比【原点】轨迹要长。
- 【自动】：轴位置沿原点轨迹确定。当没有与原点轨迹相关的曲面时，这是缺省设置。
- 【起点的 X 方向参照】：通过单击【缺省】激活参照收集器来指定轨迹起始处的 X 轴方向。
- 【反向】：单击该按钮可反向参照方向。

（2）【剖面】上滑面板：

单击操控面板上的【剖面】按钮，打开【剖面】上滑面板，如图 7-2-5 所示。

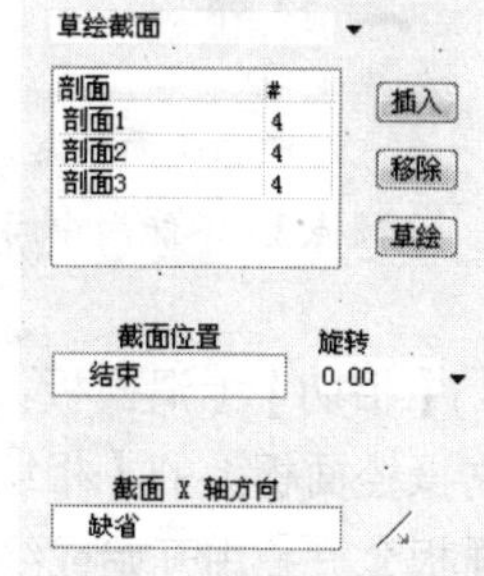

图 7-2-5　【剖面】上滑面板

提示

此面板可启用扫描混合剖面的定义。为扫描混合所草绘的或选取的截面会列在截面表中。不能组合截面类型。

草绘截面：

在轨迹上选取一点，并单击【草绘】可定义扫描混合的剖面。截面为扫描混合定义的截面表。每次只有一个截面是活动的。在表格中以蓝色加亮此活动截面。当将截面添加到列表时，会按时间顺序对其进行编号和排序。标记为#的列中显示草绘剖面中的图元数。

- 【插入】：单击可激活新收集器。新截面为活动截面。
- 【移除】：单击可删除表格中的选定截面和扫描混合。
- 【草绘】：打开【草绘器】，为剖面定义草绘。
- 【选取位置】：激活可收集链端点、顶点或基准点以定位截面。
- 【旋转】：对于定义截面的每个顶点或基准点，指定截面关于 Z 轴的旋转角度（在–120°和+120° 之间）。
- 【截面 X 轴方向】：为活动截面设置 X 轴方向。只有在为 X/Y 轴控制【参照】面板中的【水平/垂直控制】选中【自动】与起始处 X 方向参照同步时，此选项才可用。

所选截面：

将先前定义的截面选取为扫描混合剖面。

注意

不能使用薄壁伸出项作为【选取的截面】，而且包含草绘点的剖面必须为起止剖面，而不能是中间剖面。

- 【截面】：表格的每一行起参照收集器的作用。
- 【细节】：打开【链】对话框，以便为活动截面选取或修改链几何。
- 【增加混合顶点】：单击该按钮可将控制柄放置到选定截面的顶点。将控制滑块拖动到所需顶点。

注意

不能在剖面的起始点处添加【混合顶点】。只能向轨迹顶点处的起止剖面添加【混合顶点】。不能向中间剖面添加。

（3）【相切】上滑面板：

单击操控面板上的【相切】按钮，打开【相切】上滑面板，如图 7-2-6 所示。

此面板允许在由开始或终止截面图元和元件曲面生成的几何间定义相切关系，为开始和终止截面。当选取【相切】时，选取第一个图元，并且为相切选取曲面。收集器会自动前进到下一个图元。

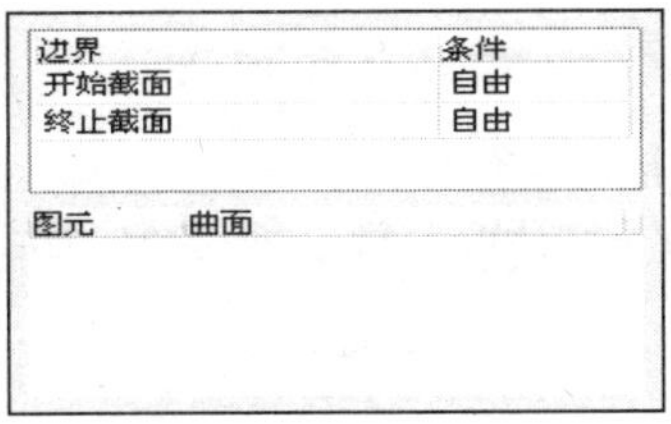

图 7-2-6　【相切】上滑面板

注意

不能定义薄壁伸出项的轨迹。

（4）【选项】上滑面板：

单击操控面板上的【选项】按钮，打开【选项】上滑面板，如图 7-2-7 所示。

此面板可启用特定设置选项，用于控制扫描混合的截面之间部分的形状。（可将【封闭端】应用于所有选项。）

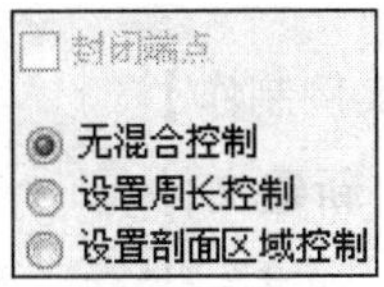

图 7-2-7　【选项】上滑面板

- 【封闭端点】：扫描混合用曲面封闭端点。
- 【无混合控制】：扫描混合无混合控制集。
- 【设置周长控制】：设置以便按线性方式改变截面之间的混合的周长。打开【通过折弯中心创建曲线】可将曲线放置在扫描混合的中心。
- 【设置剖面区域控制】：在扫描混合的指定位置指定剖面区域。

（5）【属性】上滑面板：

- 【名称】：扫描混合的名称。
- 单击可在浏览器窗口中打开特征信息。

下排【对话栏】中各按钮的功能分别如下：

- ：创建实体特征。
- ：创建曲面特征。
- ：从实体或面组移除材料。
- ：为曲面或曲面修剪创建薄板特征。此选项不适用于从选定截面创建的扫描混合。
- ：在截面的内侧或外侧反向材料切割侧、或反向厚度方向。
- ：当将修剪设置为保留修剪面组的两侧时，反向可设置要继承面组标识的一侧。
- ：暂停工具。
- ：恢复工具。
- ：在配置几何时对其进行查看，以及进入或退出检验模式。
- ：接受扫描混合并退出操控板。
- ：退出操控板，而不接受扫描混合。

注意

如果在组件中进行处理，单击（去除材料）按钮时会自动选中（实体）。

7.2.2 烟斗的制作

在本实例中，将使用【扫描混合特征工具】创建一个烟斗。

经典实例

烟斗的制作。

打开文件【光盘：源文件/第 7 章/7-4.prt】，如图 7-2-8 所示。

【实例效果】

图 7-2-8 烟斗的制作

【实例制作】

1. 新建文件

01 单击按钮，在【新建】对话框中设定文件类型为【零件】，子类型为【实体】，文件名修改为 7-4，清除【使用缺省模板】复选框。

02 单击【确定】按钮，在【新建文件】对话框中选择【mmns_part_solid】的公制实体零件模板。

03 单击【确定】按钮，进入零件建立模式。

2. 绘制原始轨迹线

01 单击按钮，打开【草绘】对话框。选择 FRONT 平面作为草绘平面，其余接受系统默认设置。单击该对话框的【草绘】按钮，进入草绘模式。

02 绘制如图 7-2-9 所示的剖面。

03 单击按钮，退出草绘模式。

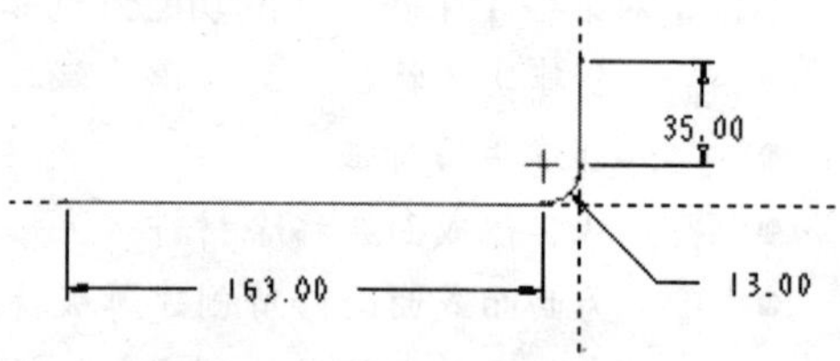

图 7-2-9 绘制原始轨迹

3. 创建基准平面 DTM1

01 单击（基准平面工具）按钮，选择 RIGHT 平面为参考平面。

02 输入偏移距离值为 15。

03 单击【基准平面】对话框中的【确定】按钮，建立基准平面 DTM1。如图 7-2-10 所示。

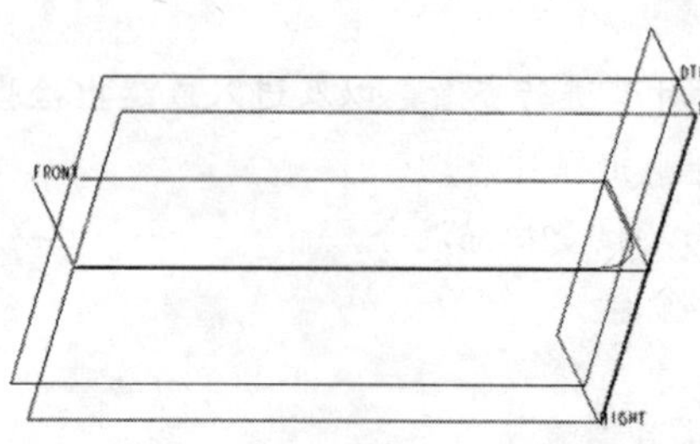

图 7-2-10 创建 DTM1

4．创建基准平面 DTM2

01　单击（基准平面工具）按钮，选择 DTM1 平面为参考平面。

02　输入偏移距离值为 10。

03　单击【基准平面】对话框中的【确定】按钮，建立基准平面 DTM2。如图 7-2-11 所示。

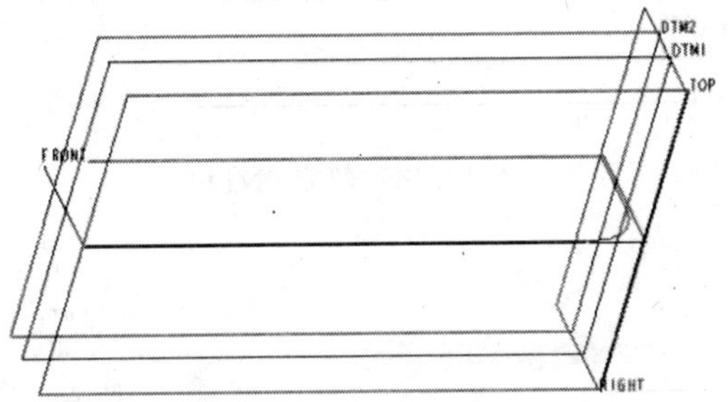

图 7-2-11　创建 DTM1

5．创建基准点

01　单击工具栏（基准点工具）按钮，按住【Ctrl】键选择 DTM1 和原始轨迹建立 PNT0，如图 7-2-12 所示。

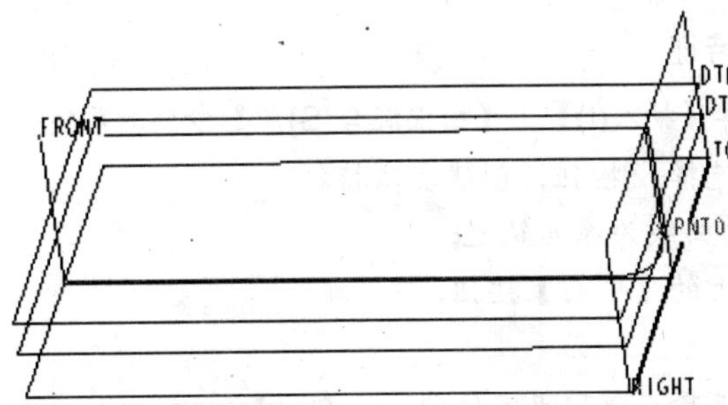

图 7-2-12　创建基准点 PNT0

02　在【基准点】对话框中单击【新点】按钮，如图 7-2-13 所示。

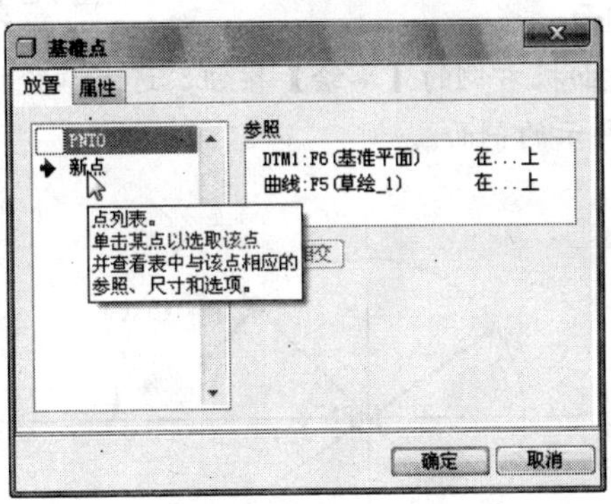

图 7-2-13　建立新基准点

03　按住【Ctrl】键选择 DTM2 和原始轨迹，建立新基准点 PNT1。如图 7-2-14 所示。

04　在曲线与直线的交点处继续创建 PNT2。

05　单击【基准点】对话框中的【确定】按钮，完成创建，结果如图 7-2-15 所示。

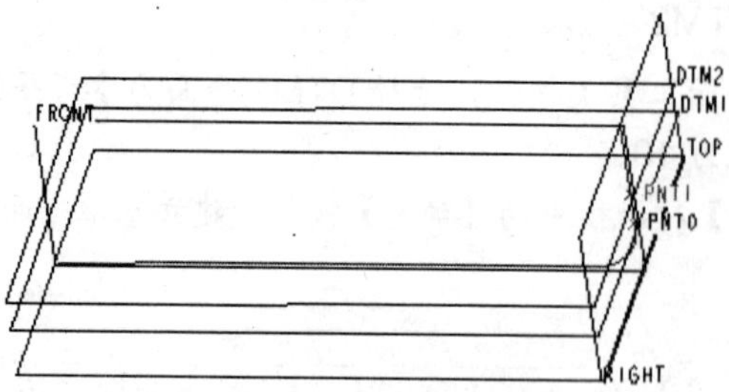

图 7-2-14　建立 PNT1

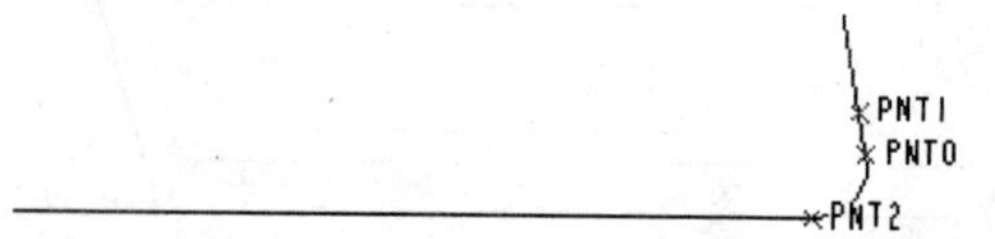

图 7-2-15　完成基准点的创建

提示

创建基准点的目的是为了方便绘制截面图形时定位。

6. 创建扫描混合特征

01　在主菜单上选择【插入(I)】|【扫描混合(S)...】命令，系统弹出【混合扫描】操控面板。

02　在操控面板上选择□按钮，创建实体特征。

03　选择 02 创建的曲线为原始轨迹。

04　单击操控面板上的【剖面】按钮，打开【剖面】上滑面板。

05　此时系统提示选择点或顶点定位截面。

06　绘制第 1 个剖面。选取如图 7-2-16 所示的顶点来创建第一个剖面。

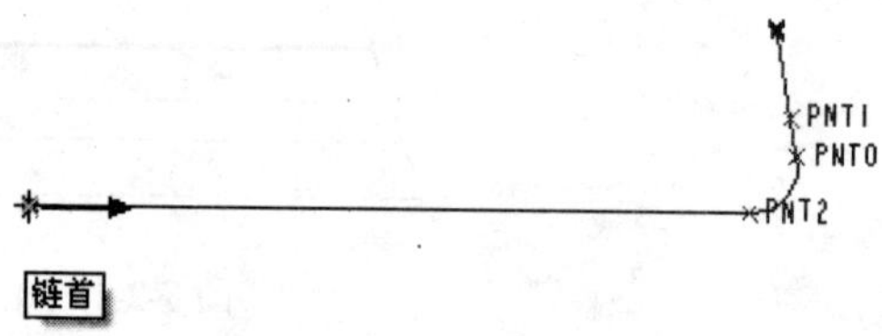

图 7-2-16　选择链首点

07　单击【剖面】上滑面板右侧的【草绘】按钮，进入草绘模式。

08　绘制如图 7-2-17 所示的剖面。

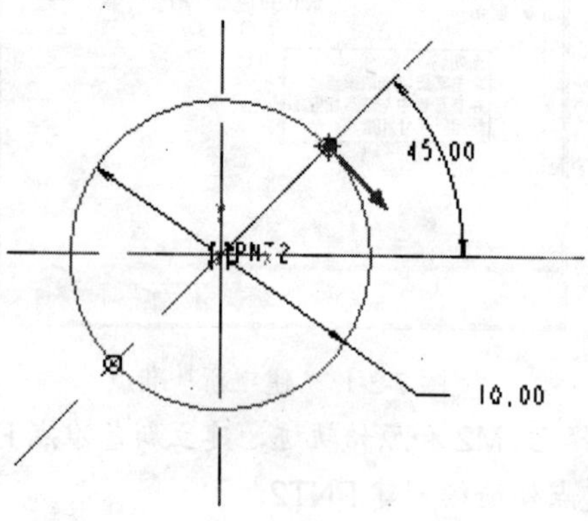

图 7-2-17　绘制剖面

注意

用【分割图元工具】按钮对图元进行分割，并通过单击鼠标右键选择【起始点】命令来调整起始点的方向。

09　单击工具栏上的按钮，完成剖面的绘制，结果如图 7-2-18 所示。

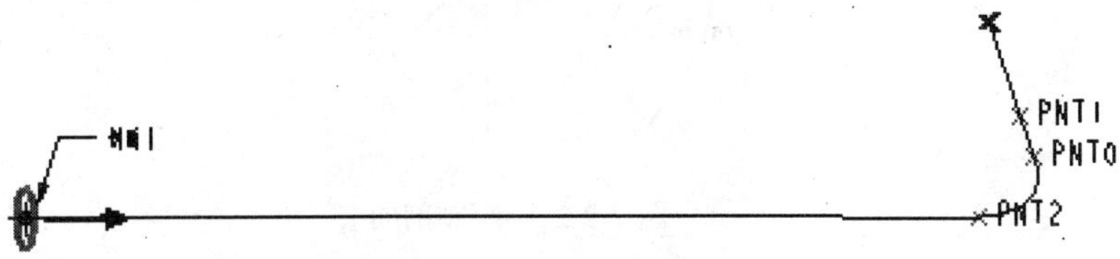

图 7-2-18　完成第 1 个剖面

10　绘制第 2 个剖面，在如图 7-2-19 所示的【剖面】对话框中空白处单击鼠标右键，选择【添加】命令。

11　再选择 PNT2 来定位截面。

12　单击【剖面】上滑面板右侧的【草绘】按钮，进入草绘模式。

13　绘制如图 7-2-20 所示的剖面。

14　单击工具栏上的按钮，完成剖面的绘制，结果如图 7-2-21 所示。

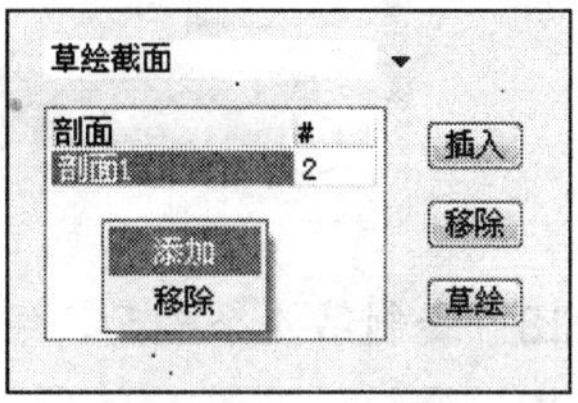

图 7-2-19　添加剖面

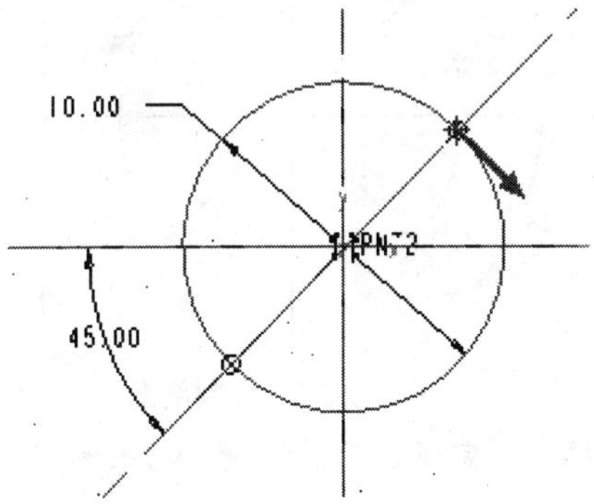

图 7-2-20　绘制剖面

图 7-2-21　完成第 2 个剖面

15 绘制第 3 个剖面，继续添加剖面，选择 PNT0 来定位截面。

16 绘制如图 7-2-22 所示的剖面。

17 单击工具栏上的✓按钮，完成剖面的绘制，结果如图 7-2-23 所示。

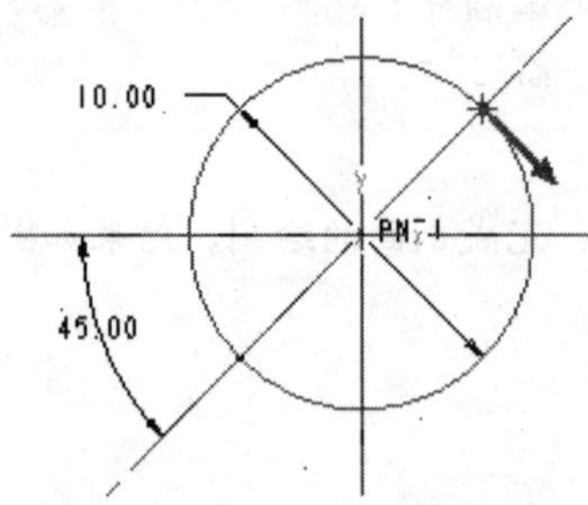

图 7-2-22 绘制剖面

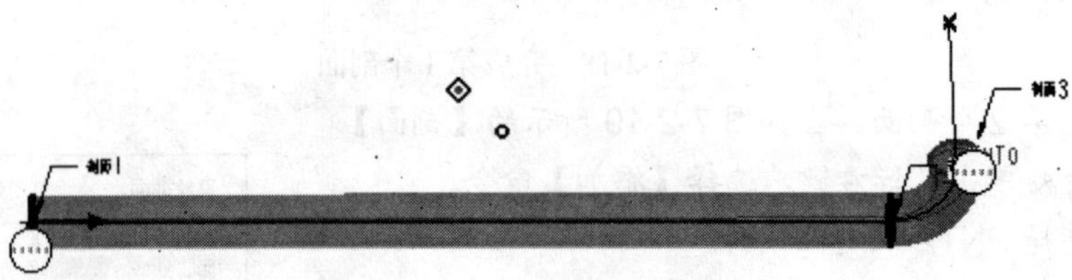

图 7-2-23 完成第 3 个剖面

18 绘制第 4 个剖面，继续添加剖面，选择 PNT1 来定位截面。

19 绘制如图 7-2-24 所示的剖面。

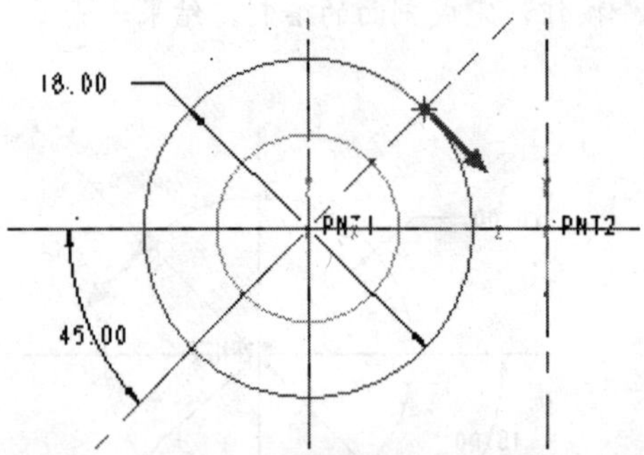

图 7-2-24 绘制剖面

20 单击工具栏上的✓按钮，完成剖面的绘制，结果如图 7-2-25 所示。

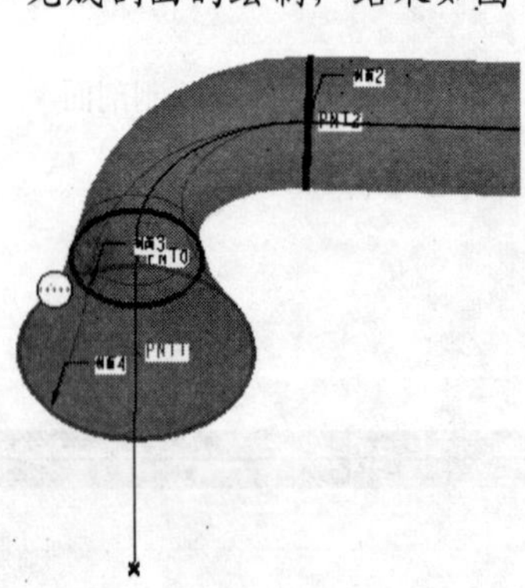

图 7-2-25 完成第 4 个剖面

21　绘制第 5 个剖面，继续添加剖面，选择链尾来定位截面。

22　绘制如图 7-2-26 所示的剖面。

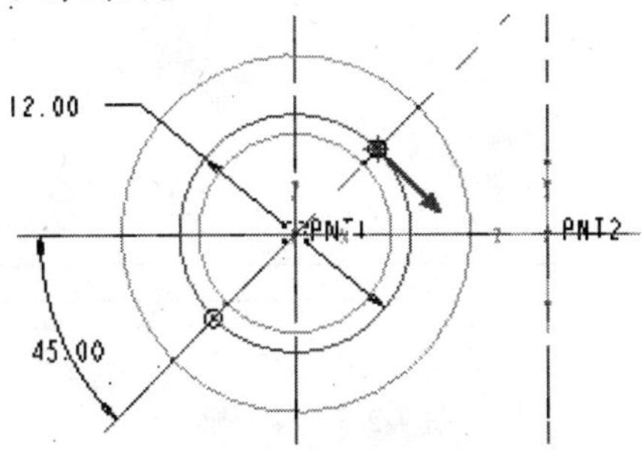

图 7-2-26　绘制剖面

23　单击工具栏上的☑按钮，完成剖面的绘制，结果如图 7-2-27 所示。

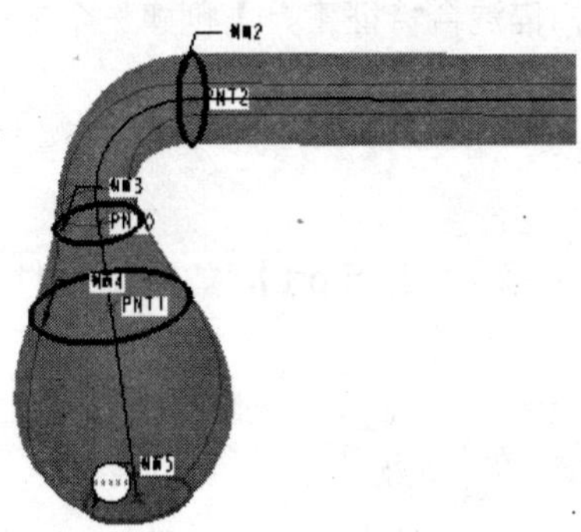

图 7-2-27　完成第 5 个剖面

24　完成扫描混合特征。单击操控面板上的☑按钮，完成扫描混合特征的创建，结果如图 7-2-28 所示。

图 7-2-28　完成扫描混合特征

7．建立壳特征

01　单击▣（壳工具）按钮，打开【壳工具】操控面板。

02　选择零件最上方的平面作为移除曲面。

03　在操控面板下方输入 1 作为壳厚度。

04　单击操控面板上的☑按钮，完成特征的建立。结果如图 7-2-29 所示。

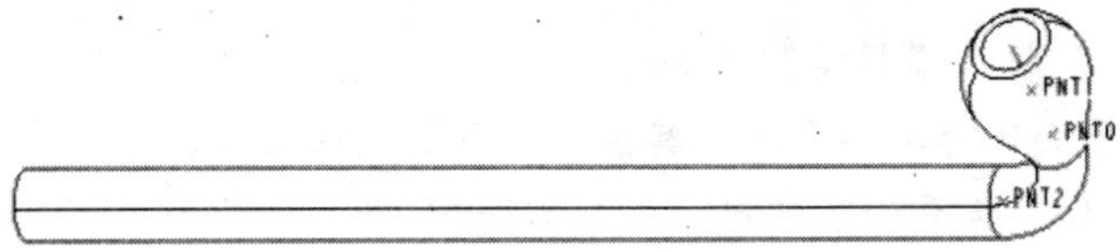

图 7-2-29　完成特征的建立

05 选择所有曲线和基准点，单击鼠标右键，在弹出的快捷菜单中选择【隐藏】命令。隐藏全部曲线，结果如图 7-2-30 所示。

06 保存文件。

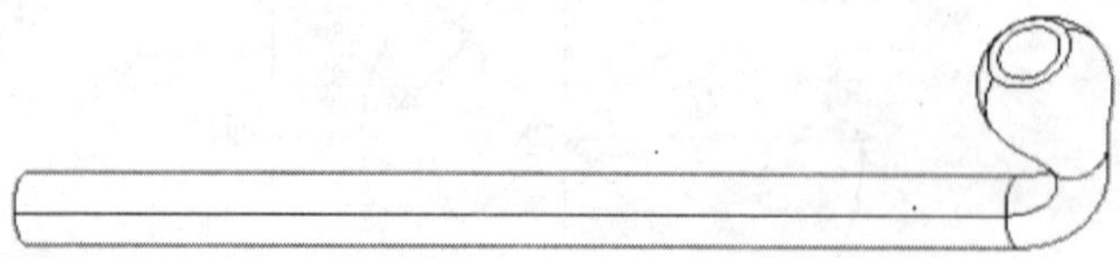

图 7-2-30 隐藏曲线

7.2.3 电话的制作

在本实例中，将使用【扫描混合特征工具】创建一个电话。

经典实例

电话的制作。

打开文件【光盘：源文件/第 7 章/7-5.prt】，如图 7-2-31 所示。

【实例效果】

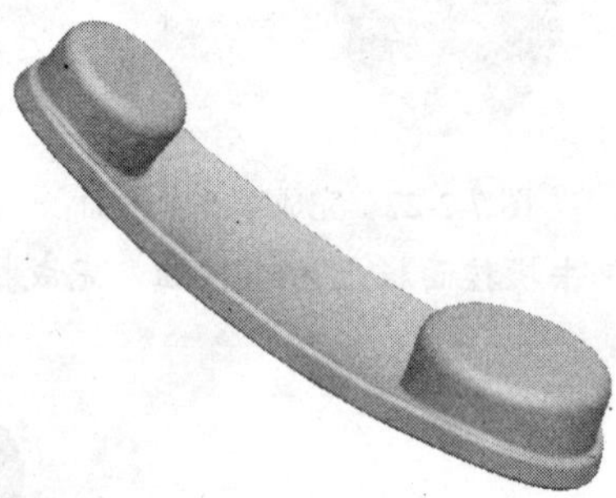

图 7-2-31 电话的制作

【实例制作】

1．新建文件

01 单击按钮，在【新建】对话框中设定文件类型为【零件】，子类型为【实体】，文件名修改为 7-5，清除【使用缺省模板】复选框。

02 单击【确定】按钮，在【新建文件】对话框中选择【mmns_part_solid】的公制实体零件模板。

03 单击【确定】按钮，进入零件建立模式。

2．绘制轨迹线

01 单击按钮，打开【草绘】对话框。

02 选择 TOP 平面作为草绘平面，其余接受系统默认设置。

03 单击该对话框的【草绘】按钮，进入草绘模式。

04 绘制如图 7-2-32 所示的剖面。

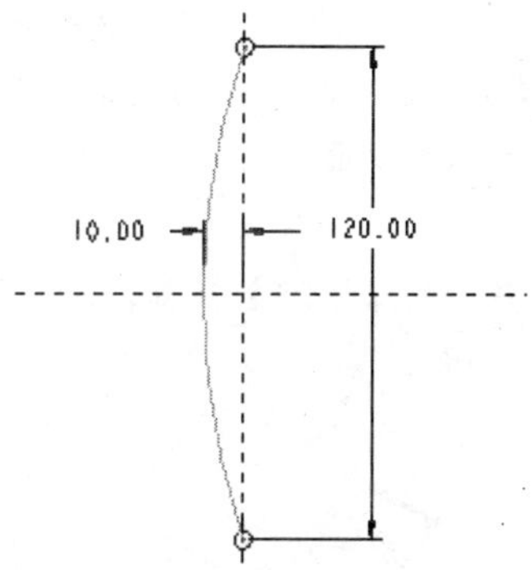

图 7-2-32　绘制轨迹

05　单击✓按钮，退出草绘模式。

3．创建基准点

单击工具栏（基准点工具）按钮，按住【Ctrl】键选择 FRONT 基准平面和原始轨迹建立 PNT0，如图 7-2-33 所示。

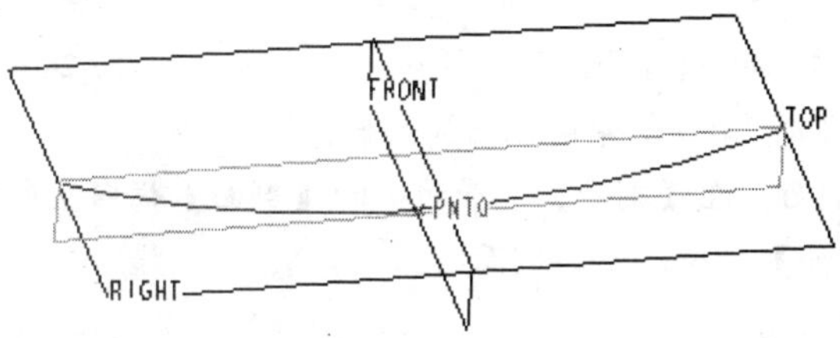

图 7-2-33　创建基准点 PNT0

4．创建扫描混合特征

01　在主菜单上选择【插入(I)】｜【扫描混合(S)…】命令，系统弹出【混合扫描】操控面板。

02　在操控面板上选择按钮，创建实体特征。

03　选择 02 创建的曲线为原始轨迹。

04　单击操控面板上的【剖面】按钮，打开【剖面】上滑面板。

05　绘制第 1 个剖面。选取链尾点来定位第 1 个剖面。

06　单击【剖面】上滑面板右侧的【草绘】按钮，进入草绘模式。

07　绘制如图 7-2-34 所示的剖面。

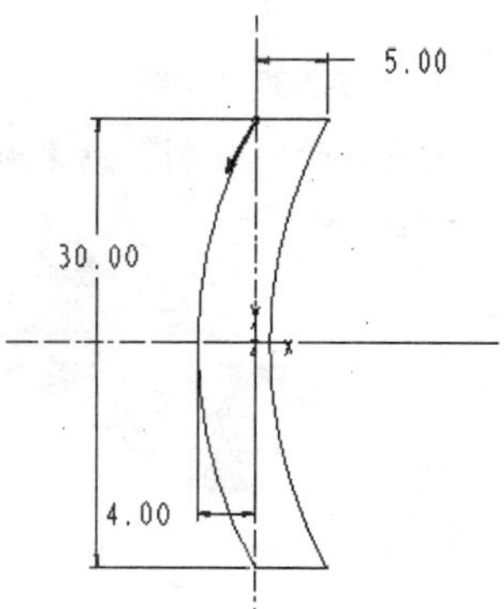

图 7-2-34　绘制剖面

08 单击工具栏上的✓按钮，完成剖面的绘制，结果如图 7-2-35 所示。

09 绘制第 2 个剖面。在【剖面】上滑面板的【剖面】栏内空白处单击鼠标右键，在弹出的快捷菜单中选择【添加】命令，添加剖面 2。

10 选取 PNT0 定位截面。

11 单击【剖面】上滑面板右侧的【草绘】按钮，进入草绘模式。

12 绘制如图 7-2-36 所示的剖面。

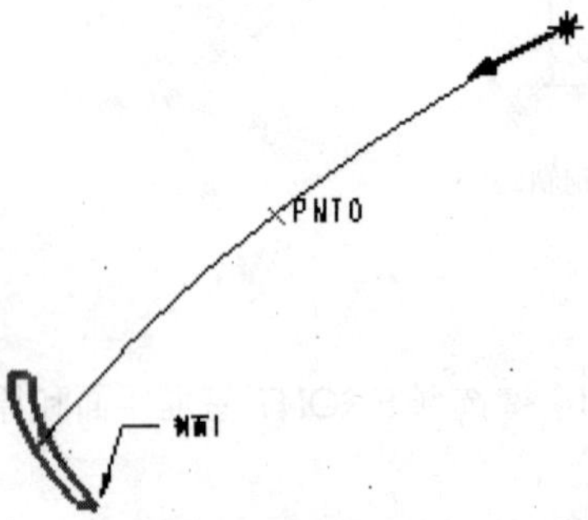

图 7-2-35 完成第 1 个剖面

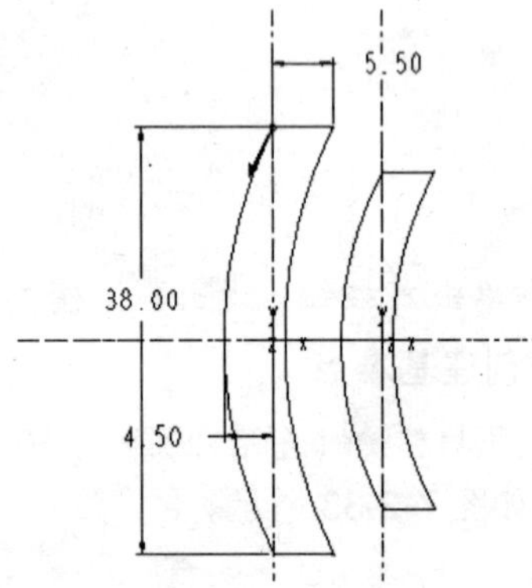

图 7-2-36 绘制剖面

13 单击工具栏上的✓按钮，完成剖面的绘制。

14 绘制第 3 个剖面。在【剖面】上滑面板的【剖面】栏内空白处单击鼠标右键，在弹出的快捷菜单中选择【添加】命令，添加剖面 3。

15 选取链首定位截面。

16 单击【剖面】上滑面板右侧的【草绘】按钮，进入草绘模式。

17 绘制如图 7-2-37 所示的剖面。

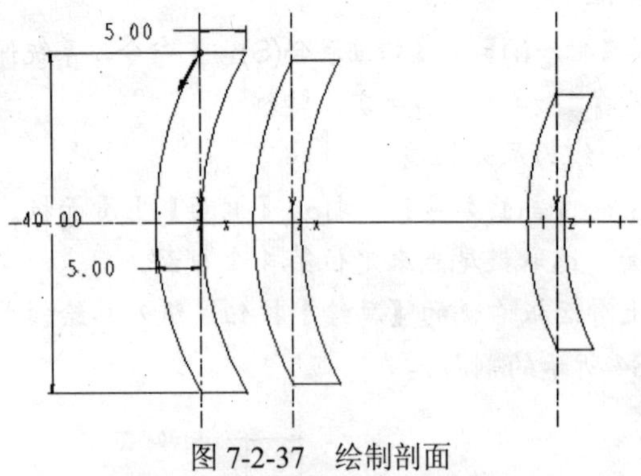

图 7-2-37 绘制剖面

18 单击工具栏上的✓按钮，完成剖面的绘制。结果如图 7-2-38 所示。

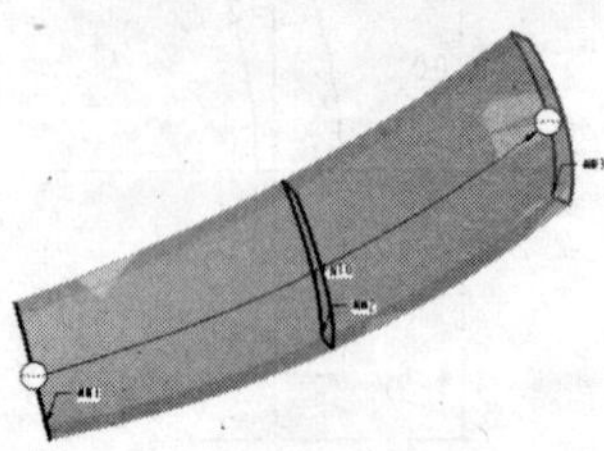

图 7-2-38 完成第 3 个剖面

第 7 章 高级建模特征

19　完成扫描混合特征。单击操控面板上的☑按钮，完成扫描混合特征的创建，结果如图 7-2-39 所示。

图 7-2-39　完成扫描混合特征

5．创建倒圆角特征

01　单击图形窗口右侧【特征】工具栏内的【倒圆角工具】按钮，或单击主菜单中的【插入(I)】|【倒圆角(O)...】命令。

02　此时系统自动弹出操控面板。按住 Ctrl 键依次选择如图 7-2-40 所示的 2 条边线。

03　单击操控面板上的【设置】按钮，弹出【设置】上滑面板。

04　在【设置】上滑面板上单击【完全倒圆角】按钮。结果如图 7-2-41 所示。

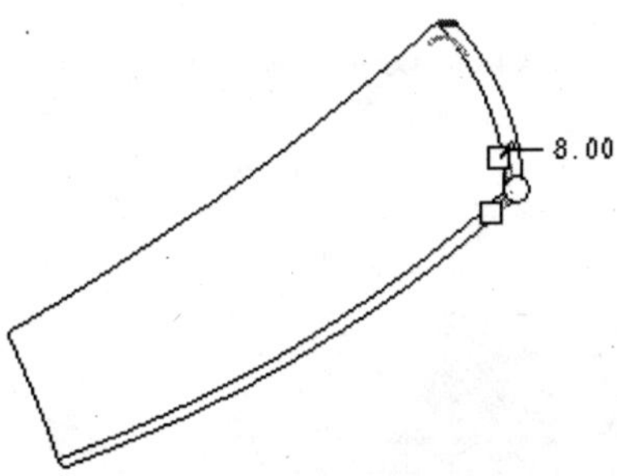

图 7-2-40　选择倒圆角边线

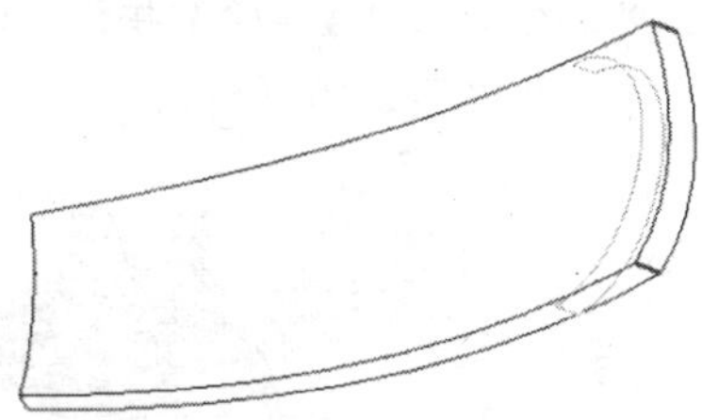

图 7-2-41　完全倒圆角

05　在【设置】上滑面板中单击【新组】按钮，添加设置 2。

06　选择对应的另外两条边线。

07　单击【设置】上滑面板中的【完全倒圆角】按钮，建立完全倒圆角。

08　单击操控面板上的☑按钮，完成创建，如图 7-2-42 所示。

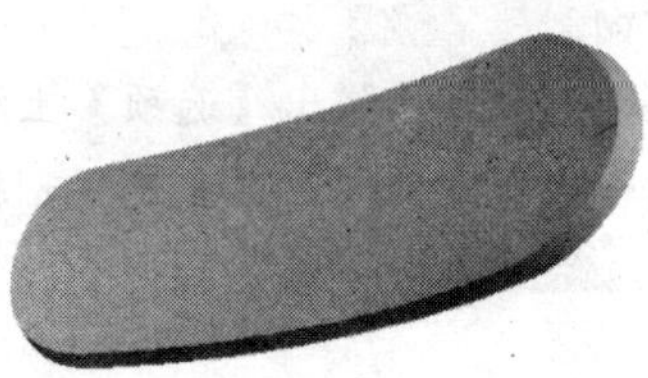

图 7-2-42　完成圆角特征创建

6．创建第 1 个拉伸特征

01　单击【草绘】工具栏上的（基准轴工具）按钮，通过 FRONT 与 TOP 平面的交线创建一条轴线 A_1。如图 7-2-43 所示。

02 在【草绘】工具栏上单击(基准平面)工具按钮，选择 A_1 轴线与 TOP 平面为参考，创建与 TOP 平面相交的平面 DTM1，夹角大小为–10° 。

03 单击【基准平面】对话框中的【确定】按钮。结果如图 7-2-44 所示。

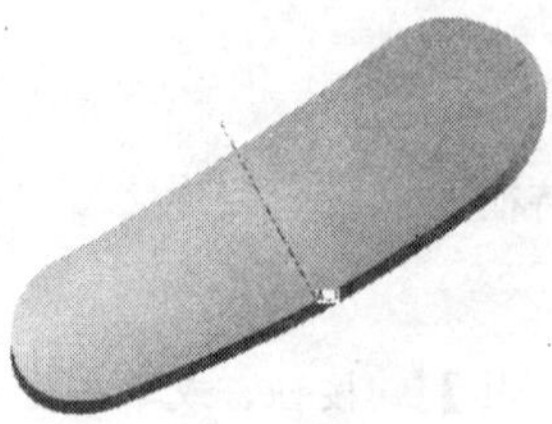

图 7-2-43 绘制基准轴

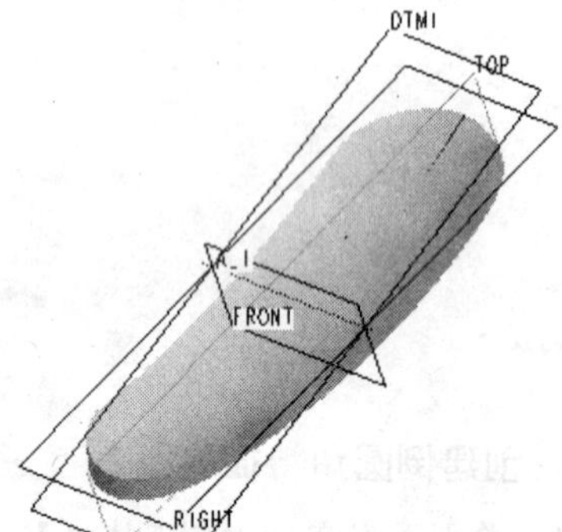

图 7-2-44 建立基准平面 DTM1

04 单击(拉伸工具)按钮，打开【拉伸工具】操控面板。

05 单击【放置】选项卡，打开上滑面板。

06 单击【定义】按钮，打开【草绘】对话框。

07 选择 DTM1 基准平面为草绘平面，其余接受系统默认的设置。

08 单击对话框的【草绘】按钮，进入草绘模式。

09 绘制如图 7-2-45 所示的剖面。

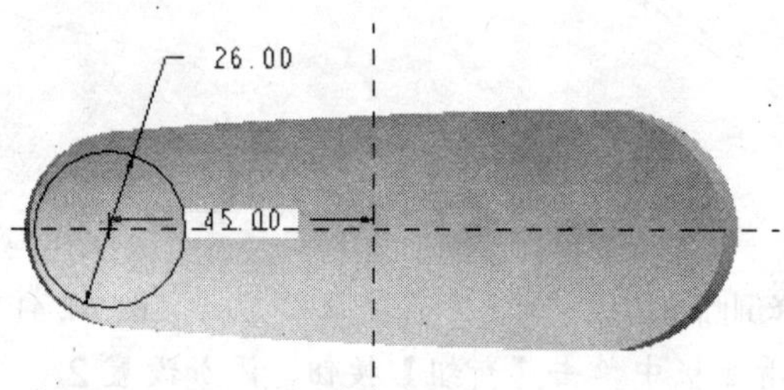

图 7-1-45 绘制剖面

10 完成剖面后，单击按钮，退出草绘模式。

11 单击按钮调整拉伸方向。

12 单击操控面板上的【选项】按钮，弹出【选项】上滑面板。

13 在第 1 侧栏保持操控面板上深度的【盲孔】选项，输入深度数值为 2。

14 在第 2 侧栏选择 到选定的 选项，并选定到内表面。此时【选项】上滑面板如图 7-2-46 所示。

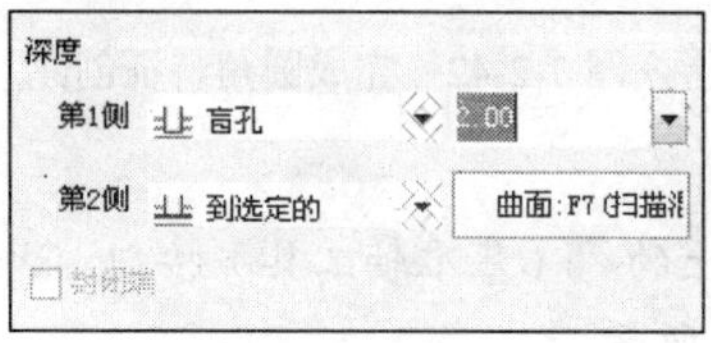

图 7-2-46 【选项】上滑面板

15 单击操控面板右侧的✓按钮，完成第 1 个拉伸特征，如图 7-2-47 所示。

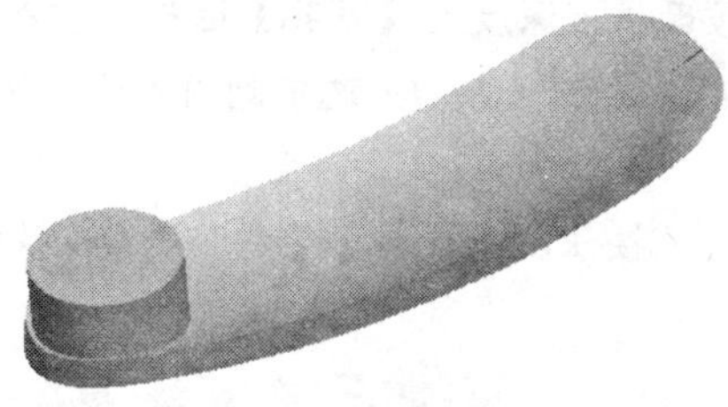

图 7-2-47 完成拉伸特征

7. 创建第 2 个拉伸特征

01 在【草绘】工具栏上单击▱（基准平面）工具按钮，选择 A_1 轴线与 TOP 平面为参考，创建与 TOP 平面相交的平面 DTM2，夹角大小为 10°。

02 单击【基准平面】对话框中的【确定】按钮，结果如图 7-2-48 所示。

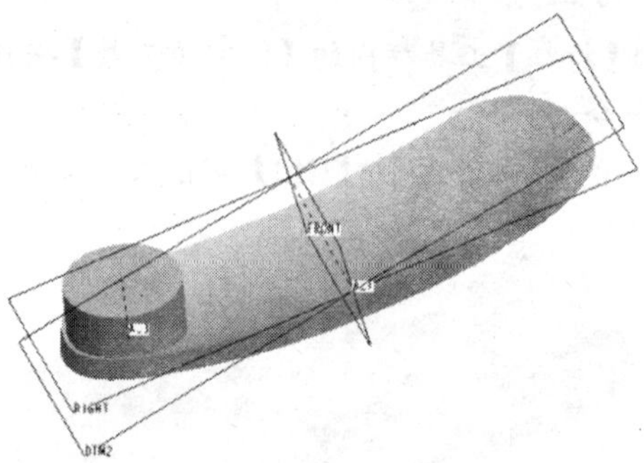

图 7-2-48 建立基准平面 DTM2

03 单击（拉伸工具）按钮，打开【拉伸工具】操控面板。

04 单击【放置】选项卡，打开上滑面板。

05 单击【定义】按钮，打开【草绘】对话框。

06 选择 DTM2 基准平面为草绘平面，其余接受系统默认的设置。

07 单击对话框的【草绘】按钮，进入草绘模式。

08 绘制如图 7-2-49 所示的剖面。

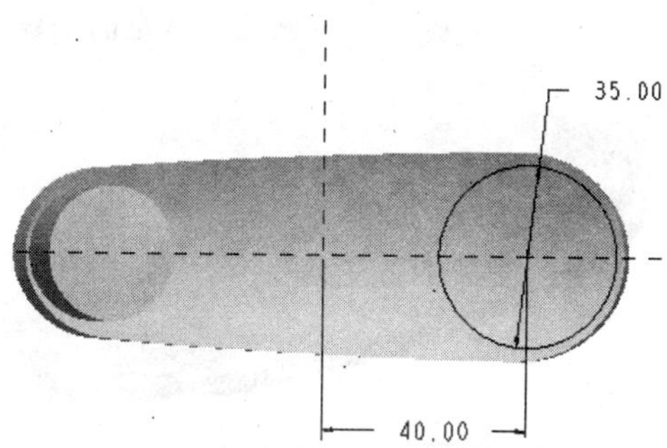

图 7-2-49 绘制剖面

09 完成剖面后，单击✓按钮，退出草绘模式。

10 单击按钮调整拉伸方向。

11 单击操控面板上的【选项】按钮，弹出【选项】上滑面板。

12 在第1侧栏保持操控面板上深度的【盲孔】选项，输入深度数值为2。

13 在第2侧栏选择“到选定的”选项，并选定到内表面。如图7-2-46所示为【选项】上滑面板。

14 单击操控面板右侧的✓按钮，完成第2个拉伸特征，如图7-2-50所示。

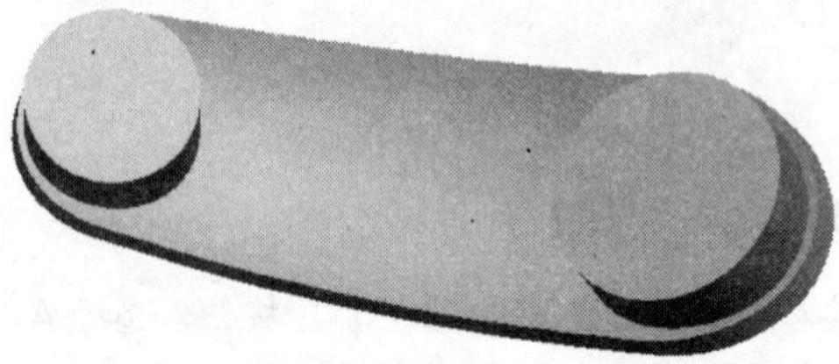

图7-2-50 完成拉伸特征

8. 创建第2个倒圆角特征

01 单击图形窗口右侧【特征】工具栏内的【倒圆角工具】按钮，或单击主菜单中的【插入(I)】|【倒圆角(O)...】命令。

02 此时系统自动弹出操控面板。按住【Ctrl】键依次选择如图7-2-51所示的边线。

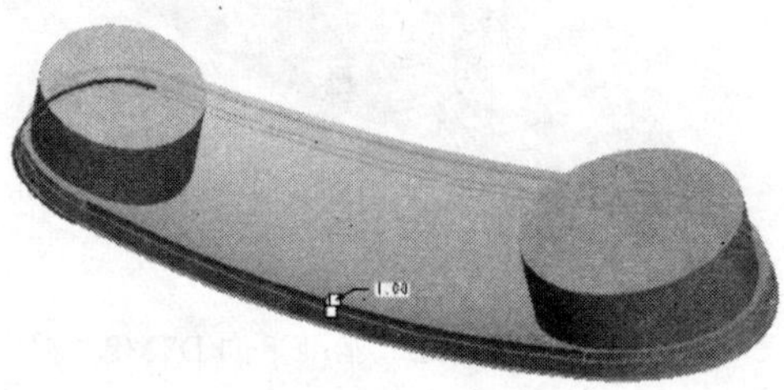

图7-2-51 选择倒圆角边线

03 输入半径值为1。

04 单击操控面板上的【设置】按钮，弹出【设置】上滑面板。

05 在【设置】上滑面板中单击【新组】按钮，添加设置2。

06 选择对应的另外两条边线，输入半径值为3。

07 单击操控面板上的✓按钮，完成第2个倒圆角特征的创建，如图7-2-52所示。

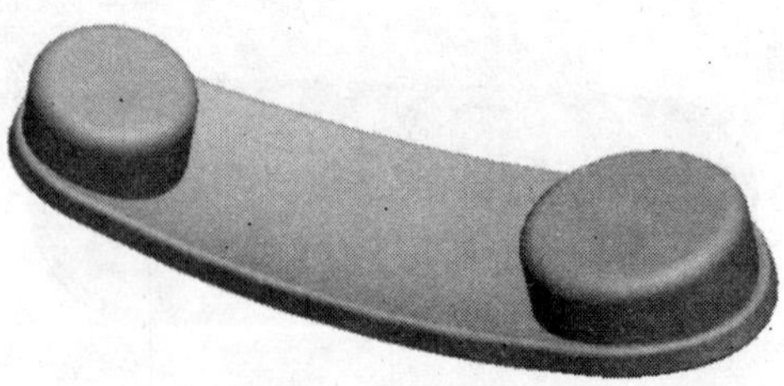

图7-2-52 完成倒圆角特征创建

9. 创建第3个倒圆角特征

01 单击图形窗口右侧【特征】工具栏内的【倒圆角工具】按钮，或单击主菜单中的【插

第7章 高级建模特征

入(I)】|【倒圆角(O)...】命令。

02　此时系统自动弹出操控面板。按住 Ctrl 键依次选择如图 7-2-53 所示的边线。

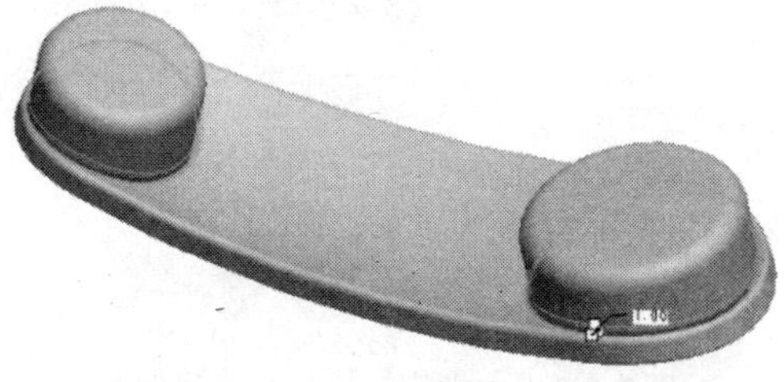

图 7-2-53　选择倒圆角边线

03　输入半径值为 1。

04　单击操控面板上的✓按钮，完成第 3 个倒圆角特征的创建，如图 7-2-54 所示。

05　保存文件。

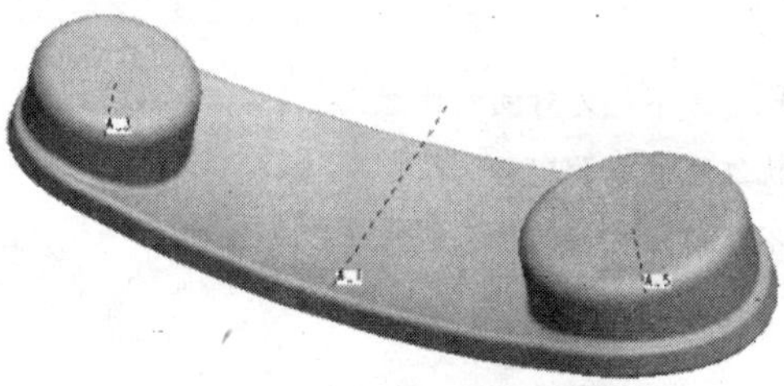

图 7-2-54　完成倒圆角特征创建

7.3　螺旋扫描特征

螺旋扫描特征是指将设定的截面沿着螺旋轨迹扫描而生成的一类特征，如弹簧、零件的内外螺纹都可以由螺旋扫描特征来建构，如图 7-3-1 所示。

轨迹由旋转曲面的轮廓（定义螺旋特征的截面原点到其旋转轴的距离）与螺距（螺圈间的距离）定义。轨迹和旋转曲面是不出现在生成几何中的做图工具。

图 7-3-1　螺旋扫描特征构建的弹簧

图 7-3-2　由螺旋扫描特征构建的螺纹

创建螺旋扫描特征，需要定义截面和默许轨迹。螺旋轨迹的定义包括两个方面：

- 一是螺旋曲面的轮廓轨迹。
- 二是螺距，其中螺距既可以是恒定的，也可以是可变的。

注意

螺旋扫描的轨迹线不能为封闭的曲线。

在放置轮廓轨迹线的截面中必须绘制旋转轴。

轮廓轨迹线不能与旋转轴的垂直线（法线）相切。

7.3.1　螺旋扫描工具介绍

创建螺旋扫描特征的命令位于【插入(I)】菜单中，如图 7-3-3 所示。

螺旋扫描特征可以有【伸出项】、【薄板伸出项】、【切口】、【薄板切口】、【曲面】等命令。

单击主菜单中的【插入(I)】|【螺旋扫描(H)】|【伸出项(P)…】命令，系统弹出如图 7-3-4 所示的【菜单管理器】对话框。

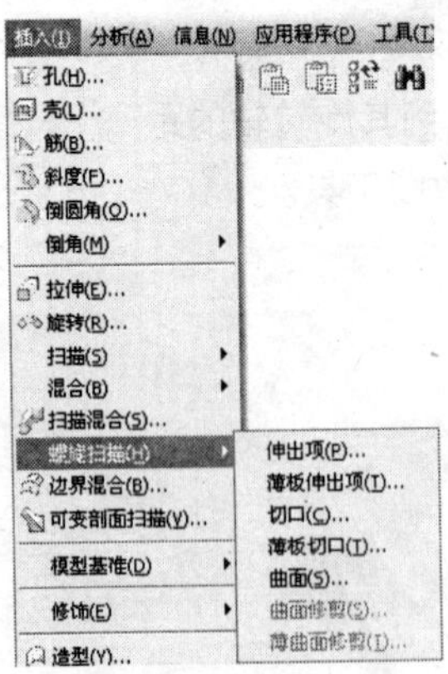

图 7-3-3　插入菜单

图 7-3-4　【菜单管理器】对话框

各菜单的具体含义如下：

- 【恒定】：螺距恒定。
- 【可变】：螺距可变，而且由图形定义。

- 【穿过轴】：横截面位于穿过旋转轴的平面内。
- 【垂直于轨迹】：确定横截面方向，使之垂直于轨迹（或旋转面）。
- 【右手定则】：使用右手规则定义轨迹。
- 【左手定则】：使用左手规则定义轨迹。

系统弹出【菜单管理器】对话框的同时也弹出了如图 7-3-5 所示的【信息】对话框。

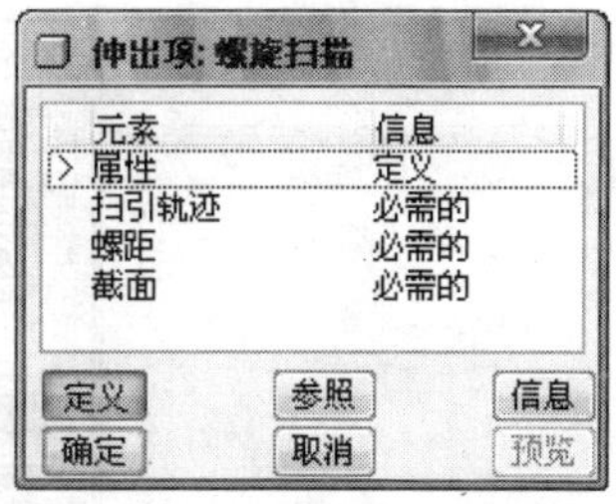

图 7-3-5　【信息】对话框

在该对话框中可以对各元素进行重新定义、查看信息、预览特征等操作。

7.3.2　可变螺距的锥形压缩弹簧的制作

在本实例中，将使用螺旋扫描工具制作可变螺距的锥形压缩弹簧，从这个实例中，你将体会到建立螺旋扫描特征的一般过程。

经典实例

可变螺距的锥形压缩弹簧的制作。

打开文件【光盘：源文件/第 7 章/7-6.prt】，如图 7-3-6 所示。

【实例效果】

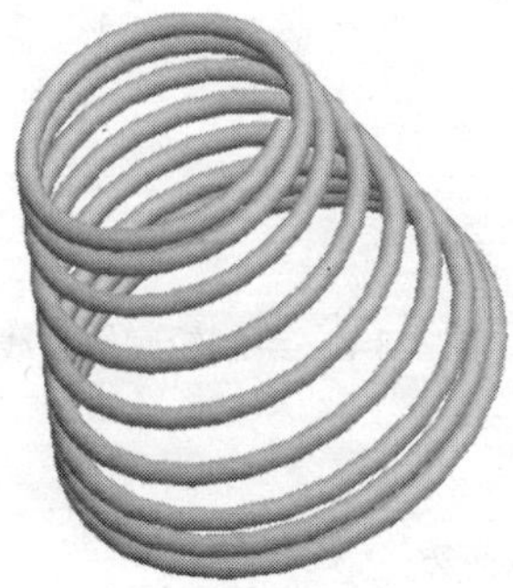

图 7-3-6　可变锥形压缩弹簧的制作

【实例制作】

1．新建文件

01　单击按钮，在【新建】对话框中设定文件类型为【零件】，子类型为【实体】，文件名修改为 7-6，清除【使用缺省模板】复选框。

02　单击【确定】按钮，在【新建文件】对话框选择【mmns_part_solid】的公制实体零件模板。

03　单击【确定】按钮，进入零件建立模式。

2．创建可变螺距的螺旋扫描特征

01　选择主菜单中的【插入(I)】|【螺旋扫描(H)】|【伸出项(P)...】命令。

02　在【菜单管理器】中选择【可变的】|【穿过轴】|【右手定侧】|【完成】选项。

如图 7-3-7 所示。

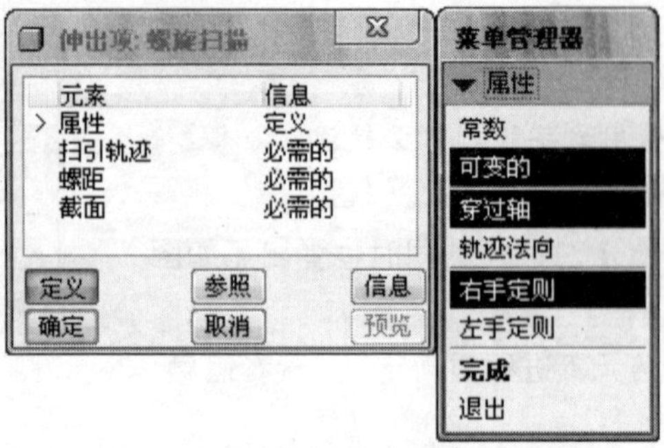

图 7-3-7　选择命令

03　选择 FRONT 基准平面为草绘平面。

04　在【菜单管理器】中选择【正向】|【缺省】选项，进入内部草绘器中。

05　使用草绘工具绘制如图 7-3-8 所示的轮廓轨迹线和旋转轴，注意该螺旋扫描的轮廓轨迹线由 5 条直线段组成，其中中间的一段作为弹簧的标准段。

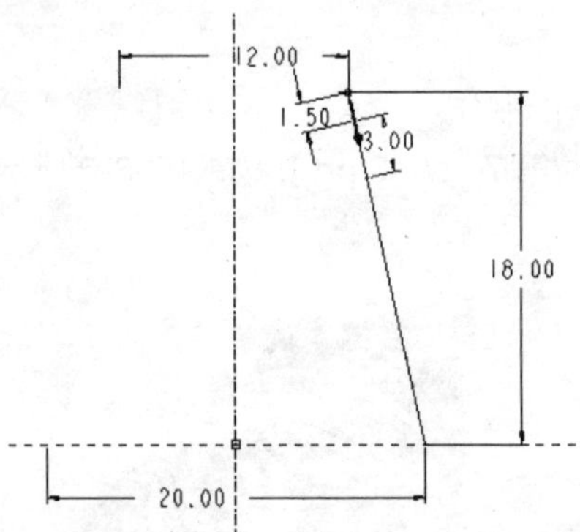

图 7-3-8　绘制轮廓轨迹线

提示

标注旋转剖面的尺寸方法为：

单击（尺寸标注工具）按钮。选择要标注尺寸的图元。选择旋转中心线，再选择要标注尺寸的图元。移动光标至尺寸旋转位置并单击鼠标中键。

06　单击按钮（继续当前部分）。

07　在如图 7-3-9 所示的节距输入框中输入螺旋扫描轨迹起始点的节距为 1，单击（接受）按钮。

图 7-3-9　输入起始点节距值

08　输入在螺旋扫描轨迹线末端的节距为 1，如图 7-3-10 所示，单击（接受）按钮。

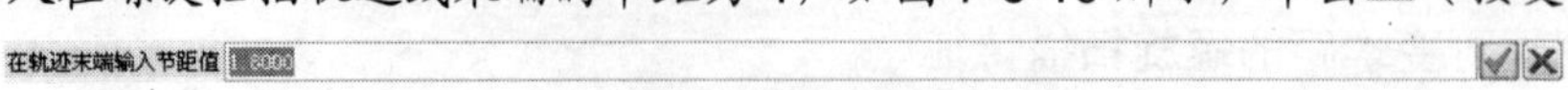

图 7-3-10　输入轨迹末端节距值

09　出现如图 7-3-11 所示的【菜单管理器】，接受默认的【增加点】选项。

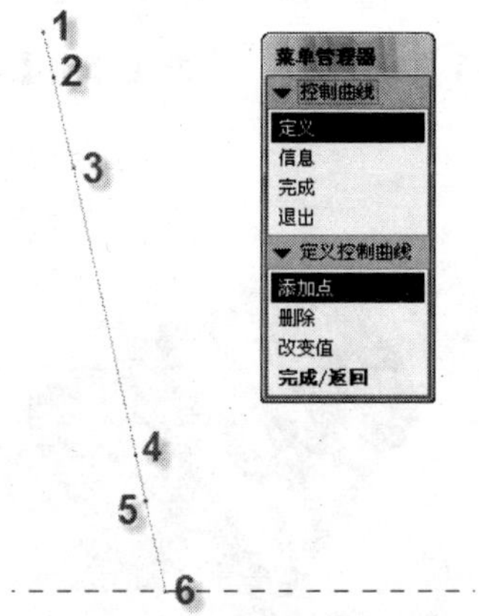

图 7-3-11　增加控制点

10　选择第 2 点，在信息提示区的节距框中输入节距值 1.5，单击（接受）按钮。
11　选择第 3 点，在信息提示区的节距框中输入节距值 3，单击（接受）按钮。
12　选择第 4 点，在信息提示区的节距框中输入节距值 3，单击（接受）按钮。
13　选择第 5 点，在信息提示区的节距框中输入节距值 1.5，单击（接受）按钮。
14　此时，在 PITCH_GRAPH 窗口中显示如图 7-3-12 所示的控制曲线图。

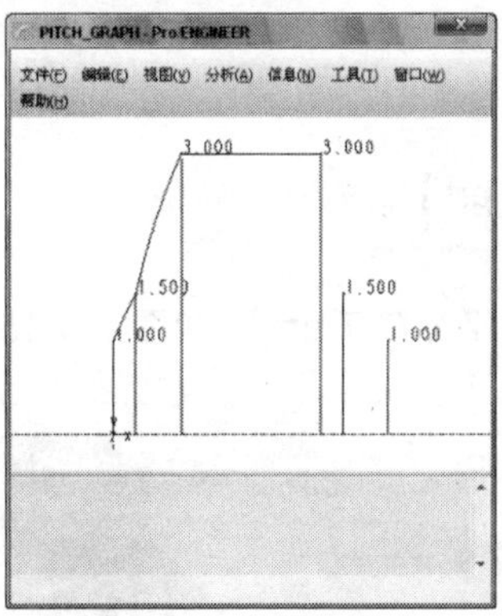

图 7-3-12　控制曲线图

15　在【菜单管理器】中选择【完成/返回】|【完成】命令。
16　绘制一个直径为 1 的圆作为弹簧丝的截面，如图 7-3-13 所示。

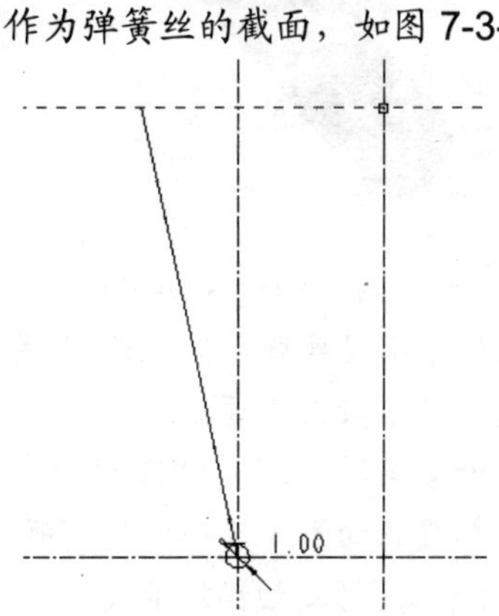

图 7-3-13　绘制截面图形

17 单击☑（继续当前部分）按钮。

18 在【伸出项：螺旋扫描】对话框上，单击【确定】按钮，创建的可变螺距的锥形有压缩弹簧，如图 7-3-14 所示。

19 保存文件。

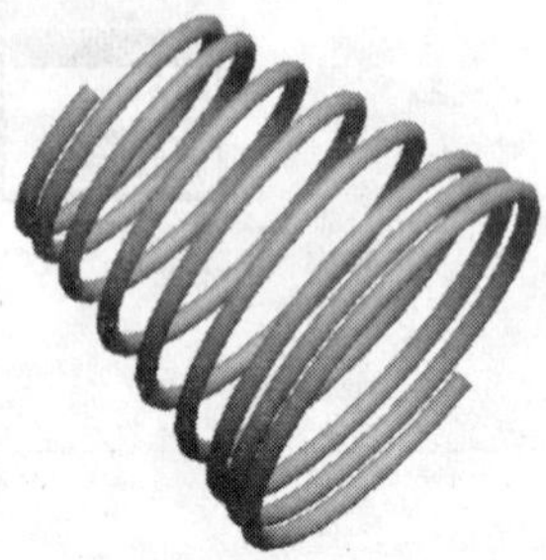

图 7-3-14 锥形压缩弹簧

7.3.3 螺纹的制作

本实例将介绍一般螺纹的制作。

经典实例

螺纹的制作。

【光盘：源文件/第 7 章/7-8.prt】

【实例制作】

打开文件【光盘：源文件/第 7 章/7-7.prt】，如图 7-3-15 所示。

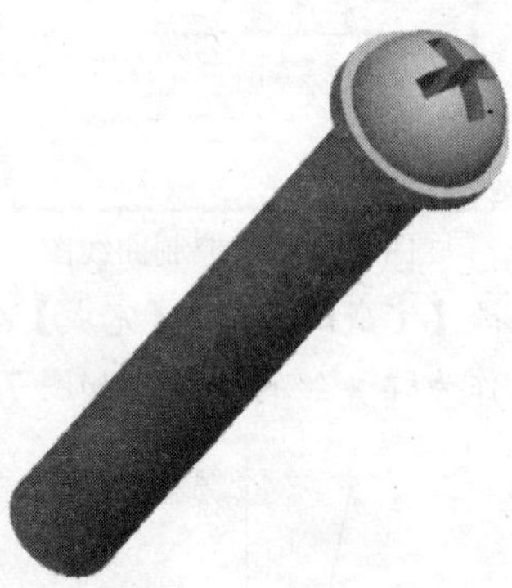

图 7-3-15 打开文件

01 选择主菜单中的【插入(I)】|【螺旋扫描(H)】|【切口(C)...】命令。

02 在【菜单管理器】中选择【常数】|【穿过轴】|【右手定侧】|【完成】选项。

03 此时出现【设置草绘平面】菜单，选择 RIGHT 基准平面为草绘平面。

04 在【菜单管理器】中选择【正向】|【缺省】选项，进入内部草绘器中。

05 绘制如图 7-3-16 所示的直线（螺旋扫描轮廓线），注意将绘制的直线设置与图标的轮廓边重合在一起，并且要绘制一条中心线作为旋转轴。

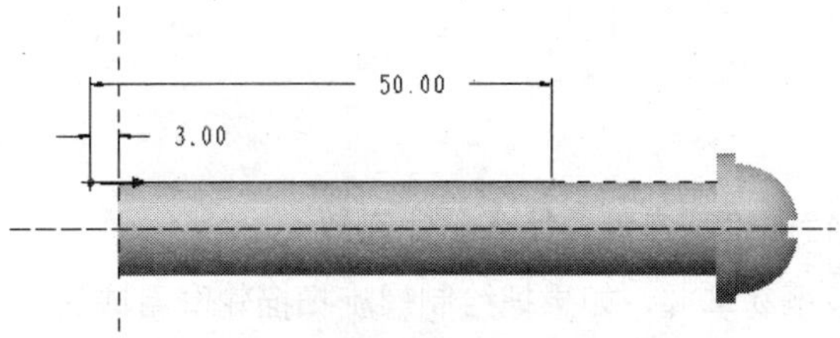

图 7-3-16　绘制轮廓轨迹线

06　单击（继续当前部分）按钮，完成草绘。

07　输入螺距 1，单击（接受）按钮。

08　在螺旋扫描轮廓线的起始点位置处，绘制一个边长为 0.45 的等边三角形作为螺旋切除的截面，如图 7-3-17 所示。

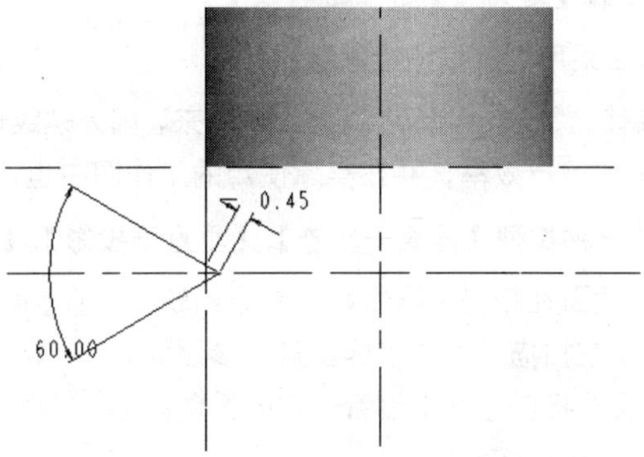

图 7-3-17　绘制切除截面

09　单击（继续当前部分）按钮，完成草绘。

10　选择【正向】选项。

11　在【切剪：螺旋扫描】对话框上，单击【确定】按钮，完成该螺纹结构的创建工作，如图 7-3-18 所示。

12　保存文件。

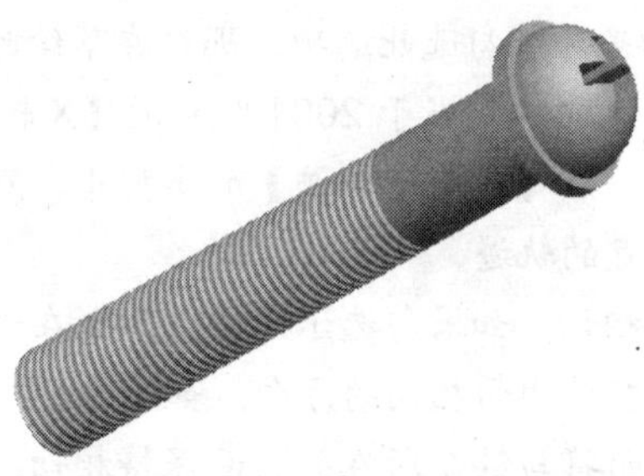

图 7-3-18　创建的螺纹结构

本章总结

本章学习了高级建模特征中的可变截面扫描特征、扫描混合特征以及螺旋扫描特征，这些都是 Pro/ENGINEER 提供的高级建模特征。学习了本章后可以建立更复杂的零件。

有问必答

问：使用螺旋扫描特征绘制弹簧为什么总会失败？

答：“螺旋扫描”较不易掌握，如果把绘制螺旋扫描轮廓看成是一个旋转特征，那么扫描对象会被包络在此旋转特征中，多数的失败都是这一步产生的。

有几点需要注意：

- 和旋转特征的草绘一样，必须有中心线作为旋转轴。
- 截面必须开放。
- 起始点将被用于扫描截面的草绘，如果要改变起始点，可选中需要的点之后，使用鼠标右键弹出菜单里的【起始点】选项进行设置。

问：Pro/E 中通常是否采用螺旋扫描绘制螺纹？

答：螺纹通常使用装修特征表示，而不直接绘制出来，因为螺纹形状较复杂，在较大的装配中过多的螺纹会降低系统的运行效率，并在实际使用的工作图中也仅仅使用辅助线表示螺纹。

问：可变截面扫描的三种类型【垂直于轨迹】、【垂直于投影】、【恒定的法向】有何区别？

答：【垂直于轨迹】：截面在扫描过程中始终和原始轨迹垂直。

【垂直于投影】：截面在扫描过程中始终垂直于参照面。

【恒定的法向】：截面在扫描过程中沿着一定的方向。

问：怎样改变原始轨迹的起始点？

答：将鼠标移动到起始点上时，鼠标指针会变成选择方向的样式，这时单击鼠标左键可改变起始点到轨迹的另一端。

问：在可变截面扫描中，参照对话框中【轨迹】右侧的 X、N、T 是什么意思？

答：对话框中的这三个选项分别控制草绘截面的放置方向、截面与轨迹的垂直、与轨迹所在曲面的相切。

- X：草绘的 X 方向，如果为链勾选此选项，那么在草绘时，系统就会将该链与草绘平面的交点作为草绘的 X 方向，相当于 2001 版中的【X 轨迹】。
- N：截面与轨迹的垂直，在【垂直于轨迹】的类型中，默认截面轨迹垂直，通过这个选项，可以指定截面垂直的轨迹。
- T：截面与链所在曲面相切，如果勾选了此项，那么在进行截面的草绘时，系统会使用中心线提示使用链所在的曲面相切的方向。如果以此中心线为参照绘制与之相切的线条，那么扫描出的曲面将与链 1 所在的曲面保持相切。

Study

Chapter 08

特征的操作

学习导航

特征操作是对已创建的特征进行修改和调整。Pro/ENGINEER 为我们提供了多种特征操作工具。

特征操作包括特征重定义、特征排序、特征插入等。

本章将介绍如何对已有的特征进行复制粘贴、镜像、阵列等操作。

本章要点

- 特征的复制粘贴
- 特征的镜像
- 特征的阵列
- 特征的复制
- 特征的插入模式
- 组
- 用户自定义特征

8.1 特征的复制、粘贴

在 Pro/E Wildfire 3.0 中，可以运用【常用】工具栏上的（复制）按钮、（粘贴）按钮、（选择性粘贴）按钮，实现快速的复制粘贴操作，相对于【菜单管理器】更方便实用。

利用它们，不但可以在同一个模型上复制和放置特征、几何等，而且还可以复制和粘贴两个模型间的特征，以及可以复制和粘贴相同零件在两个不同版本之间的特征。

8.1.1 特征复制粘贴工具的介绍

在【常用】工具栏上有 3 个实用【特征复制粘贴工具】按钮，分别为（复制）按钮、（粘贴）按钮、（选择性粘贴）按钮，它们对应的菜单命令为【复制(C)】、【粘贴(P)】、【选择性粘贴(S)⋯】，位于【编辑(E)】菜单下。

> **提示**
>
> 要使用系统提供的复制粘贴功能，需要先选择要处理的特征对象，只有选择了对象，才可以自动激活（复制）按钮或命令；当执行了（复制）功能后，才能自动激活（粘贴）功能和（选择性粘贴）功能。

【粘贴】和【选择性粘贴】的主要区别如下：

（1）粘贴

- 采用选择放置参照和修改截面放置尺寸等来创建相同或相似特征。
- 当执行（粘贴）命令后，系统会打开相应的特征创建工具，以重新定义将得到的新特征。

（2）选择性粘贴

- 主要用来复制多个特征、复制尺寸阵列、使用新放置参照放置特征、使用与原始特征的尺寸储存关系放置特征等。
- 当单击（选择性粘贴）按钮后，系统弹出如图 8-1-1 所示的【选择性粘贴】对话框。

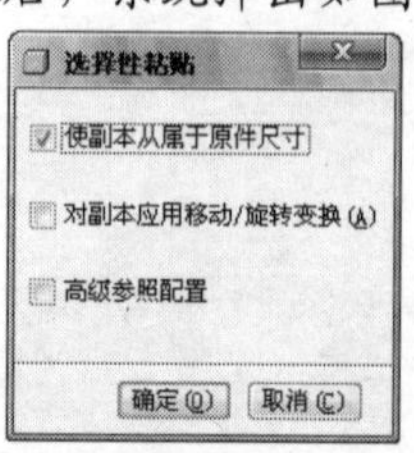

图 8-1-1 【选择性粘贴】对话框

在该对话框中，可以指定副本从属于哪些原始尺寸，可以对副本应用移动或旋转变换，以及可以通过指定新的旋转参照来粘贴特征。

8.1.2 特征复制粘贴工具的应用

下面通过一个简单的例子来说明【复制】、【粘贴】、【选择性粘贴】命令的应用。

经典实例

打开文件【光盘：源文件/第 8 章/8-1.prt】，如图 8-1-2 所示。

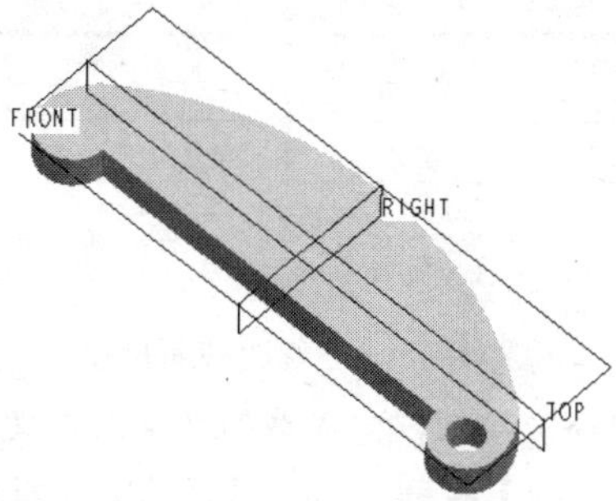

图 8-1-2 原始模型

1. 复制与粘贴

01 在模型中选择【拉伸 2】特征。

02 在【常用】工具栏上单击 （复制）按钮。

03 单击 （粘贴）按钮，系统打开创建源特征时需要的【拉伸特征】操控面板，如图 8-1-3 所示。

图 8-1-3 【拉伸特征】操控面板

04 单击操控面板上的【放置】按钮，弹出【放置】上滑面板，单击【编辑】按钮。

05 选择模型的顶面作为放置草绘的平面，其余接受默认设置，然后单击【草绘】按钮。

06 此时要粘贴的特征 2 的截面依附于光标，如图 8-1-4 所示。

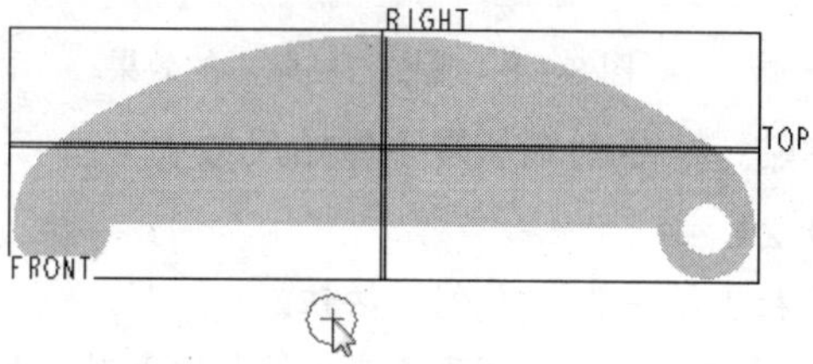

图 8-1-4 截面依附于光标

07 移动光标在如图 8-1-5 所示的大概位置单击。

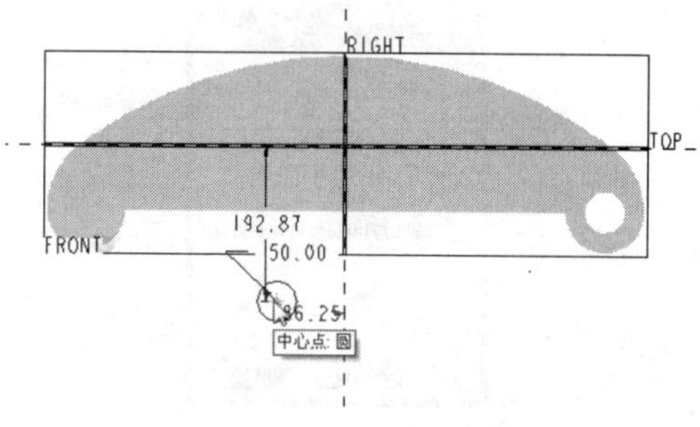

图 8-1-5 放置特征

08 修改截面尺寸，修改后的尺寸如图 8-1-6 所示。

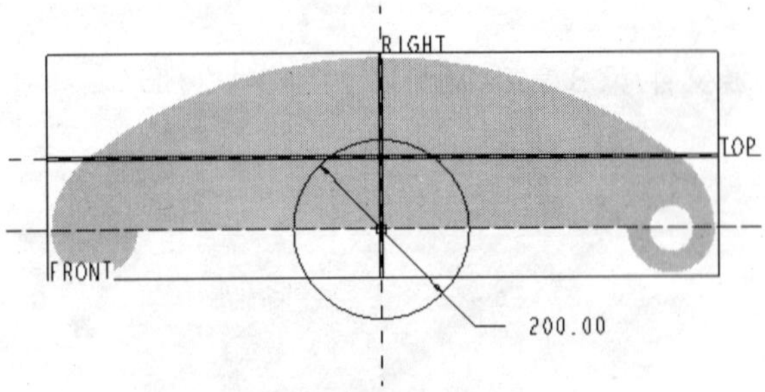

图 8-1-6 修改截面尺寸

09 单击✔（继续当前部分）按钮，完成截面的重新定义。

10 单击操控面板上的【选项】按钮，打开【选项】上滑面板。

11 选择底面为【到选定的】指定平面。如图 8-1-7 所示。

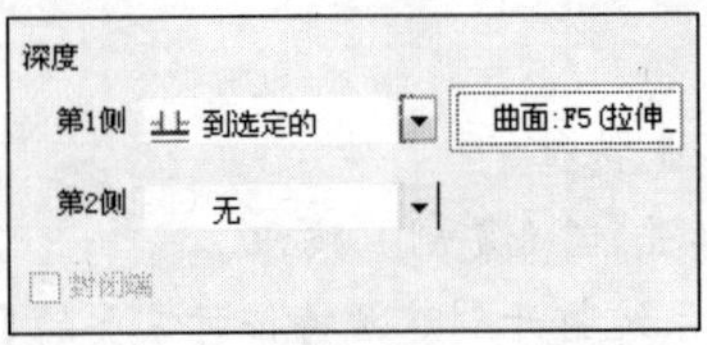

图 8-1-7 【选项】上滑面板

12 在【拉伸特征】操控面板中，单击✔（完成）按钮，完成该复制、粘贴操作后的零件模型，如图 8-1-8 所示。

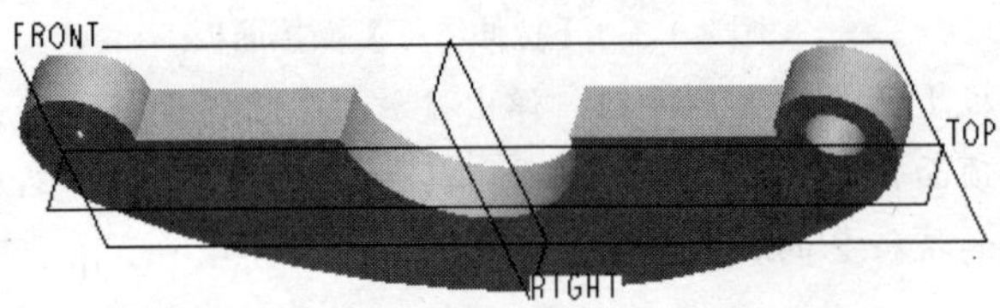

图 8-1-8 复制、粘贴后的效果

2. 复制与选择性粘贴——令副本从属于原始尺寸

01 选择特征【拉伸 2】。

02 在【常用】工具栏上单击（复制）按钮。

03 单击（选择性粘贴）按钮，打开【选择性粘贴】对话框。

04 接受默认的选项，即【从属副本】复选框处于被选中的状态，并且选择【仅尺寸和注释元素细节】单选项，如图 8-1-9 所示。

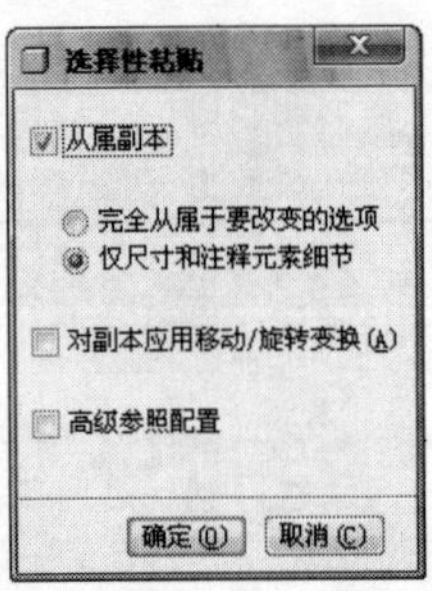

图 8-1-9 【选择性粘贴】对话框

05　单击【确定】按钮。

06　在出现的【拉伸特征】操控面板上，单击【放置】按钮，打开【放置】上滑面板。

07　单击【编辑】按钮，此时弹出如图 8-1-10 所示的【草绘编辑】对话框。

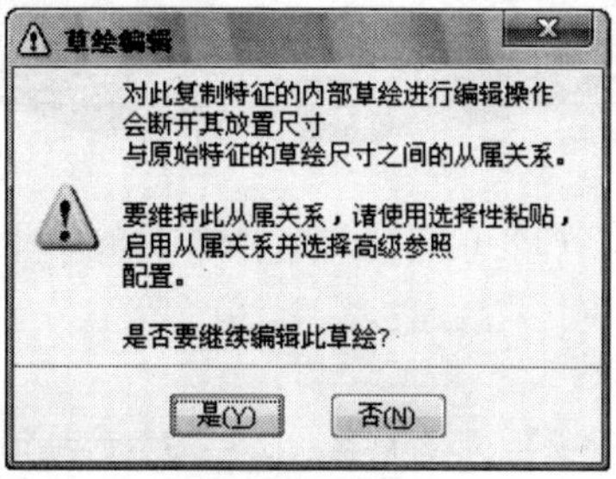

图 8-1-10　【草绘编辑】对话框

08　在【草绘编辑】对话框中单击【是(Y)】按钮。

09　在【草绘】对话框上单击【使用先前的】按钮。

10　移动光标选择放置位置，如图 8-1-11 所示。

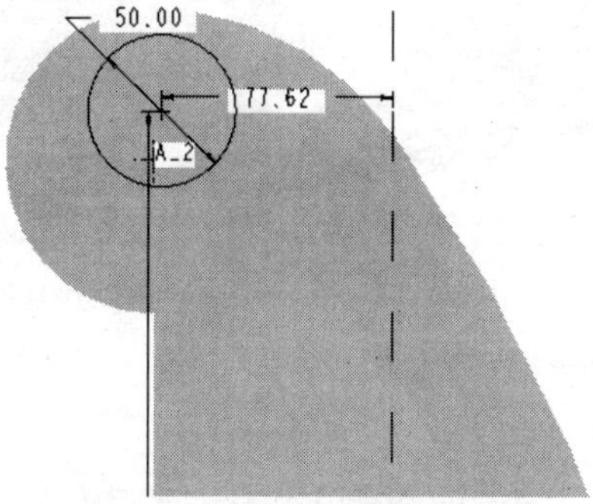

图 8-1-11　选择放置位置

11　修改草绘约束，定位到 A_2 轴上。如图 8-1-12 所示。

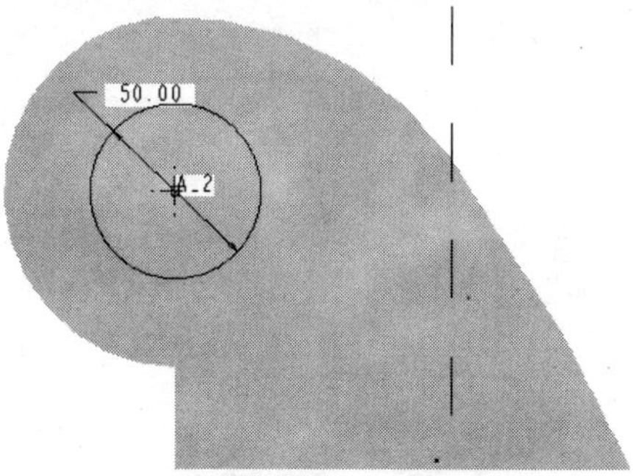

图 8-1-12　修改约束

12　单击✔（继续当前部分）按钮，完成截面的重新定义。

13　单击操控面板上的【选项】按钮，打开【选项】上滑面板。

14　选择底面为【到选定的】指定平面。

15　在【拉伸特征】操控面板中，单击✔（完成）按钮，完成该复制、粘贴操作后的零件模型，如图 8-1-13 所示。

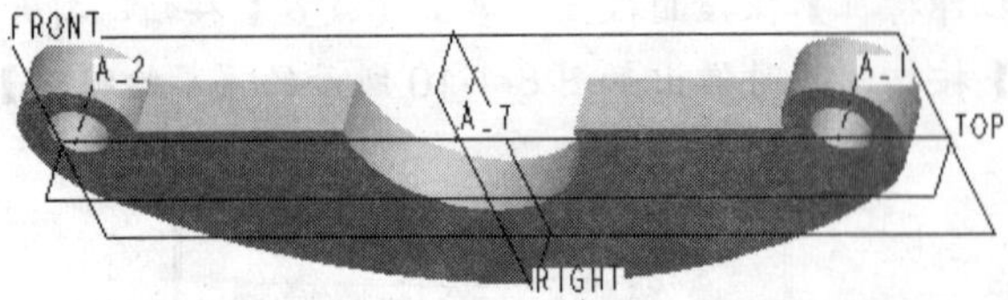

图 8-1-13 复制、粘贴后的效果

提示

如果修改特征【拉伸 2】，那么该复制、粘贴后的特征也会跟着改变。

例如，重新定义特征【拉伸 2】，将其截面直径改为 20，接着在【常用】工具栏上单击（再生）按钮，则可以看到副本也随之变化，如图 8-1-14 所示。

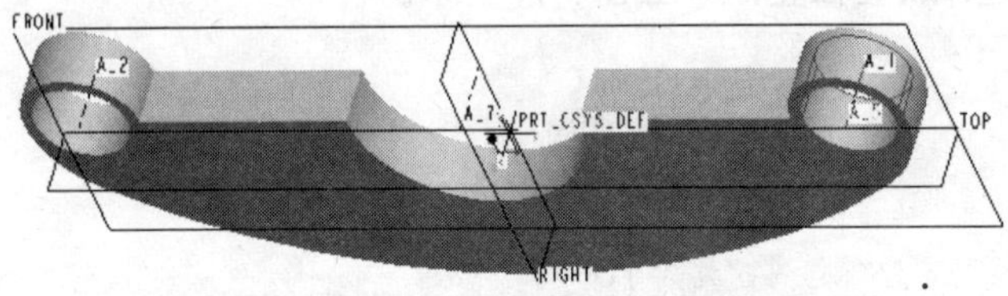

图 8-1-14 副本从属于原始尺寸

3. 复制与选择性粘贴——旋转变换

01 选择特征【拉伸 2】。

02 在【常用】工具栏上单击（复制）按钮，然后单击（选择性粘贴）按钮，打开【选择性粘贴】对话框。

03 在【选择性粘贴】对话框中选择【对话框副本应用移动/旋转变换】复选项，单击【确定】按钮，弹出如图 8-1-15 所示的操控面板。

图 8-1-15 操控面板

04 在出现的操控面板上单击（旋转变换）按钮，在模型中选择位于模型中央的特征轴 A_7，设置旋转角度为 9°，如图 8-1-16 所示。

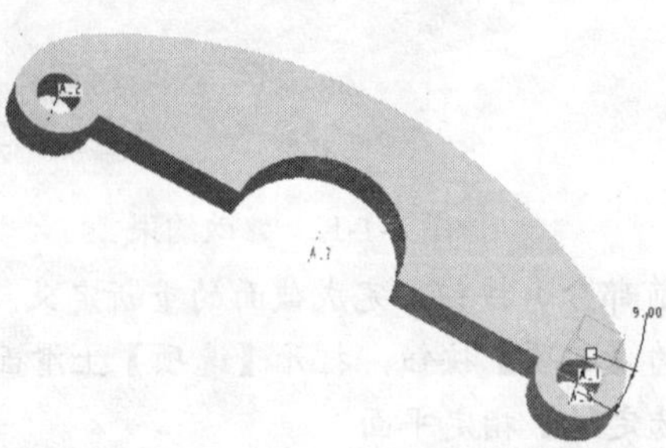

图 8-1-16 旋转变换

05 单击✔（完成）按钮，完成该复制、粘贴操作后的零件模型，如图 8-1-17 所示。

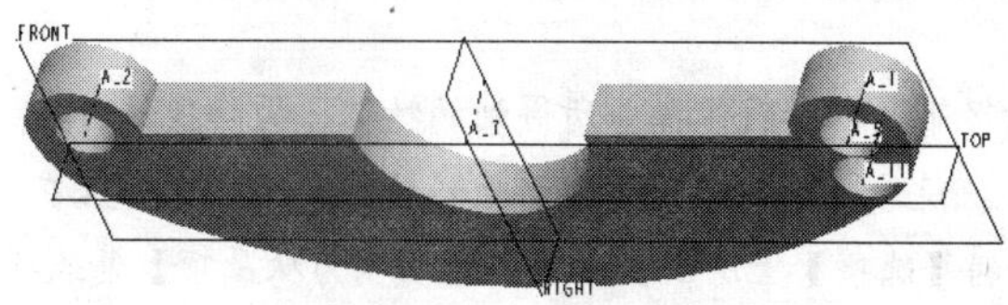

图 8-1-17 完成的效果

8.2 特征的镜像

系统提供的镜像命令，也很实用，如果零件的结构具有对称性时，那么可以先创建零件的一半，然后使用镜像的方法来生成另一半。

下面将以一个简单的某铝型材料为例来介绍应用特征镜像工具的一般过程。

打开文件【光盘：源文件/第 8 章/8-2.prt】，如图 8-2-1 所示。

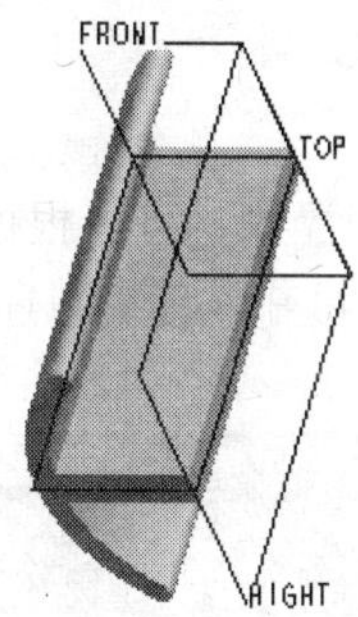

图 8-2-1 原始模型

01 选择要镜像的特征。

02 单击（镜像）工具按钮，出现如图 8-2-2 所示的【镜像】操控面板。

图 8-2-2 【镜像】操控面板

03 选择 RIGHT 基准平面为镜像平面。

04 单击✔（完成）按钮，完成操作，结果如图 8-2-3 所示。

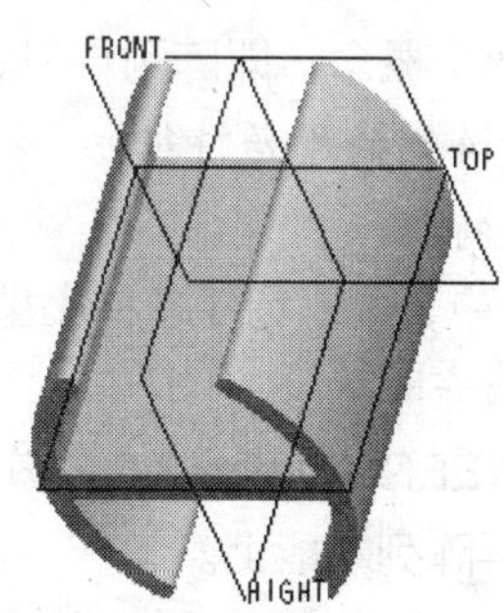

图 8-2-3 完成镜像操作

小知识

在默认情况下，执行镜像操作所得到的特征（简称镜像特征）是从属于原始特征的，如果要使镜像特征的尺寸独立于原始特征的尺寸，可以在创建过程中进入如图 8-2-4 所示的【选项】上滑面板，单击【复制为从属项】复选项。

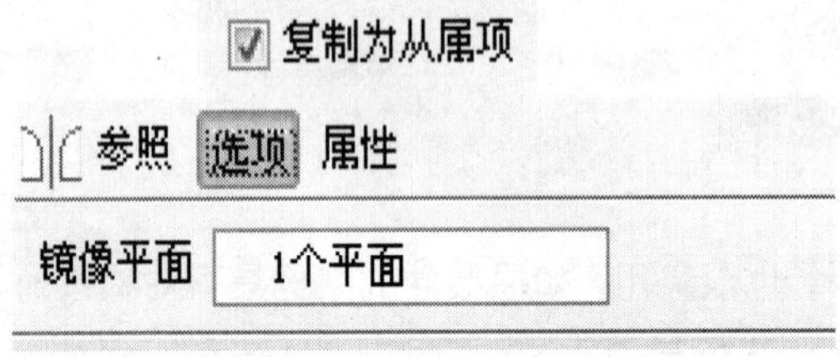

图 8-2-4　指定是否为从属项

8.3　特征的阵列

队列操作实际上是一种特征的复制操作，可以根据原始特征创建一系列具有某种关系的特征。如图 8-3-1 所示，零件模型中的三排孔特征可以通过阵列的方式来创建。

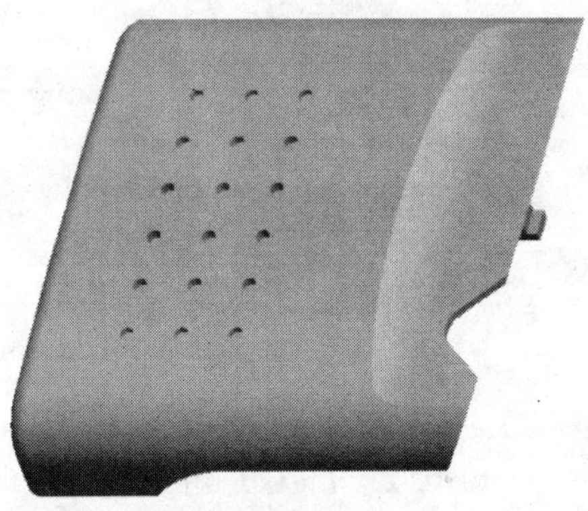

图 8-3-1　阵列示例

在深入介绍阵列之前，先介绍两个概念，即阵列导引和阵列成员（也称为阵列实例）。

- 【阵列导引】：指选定用于阵列的原始特征。
- 【阵列成员】：指阵列后的特征。

在 Pro/ENGINEER Wildfire 3.0 中，可以创建多种类型的阵列特征，包括尺寸阵列、方向阵列、轴阵列、表阵列、参照阵列和填充阵列。

相对于以往的版本，Pro/ENGINEER Wildfire 3.0 的阵列功能有所增强，主要体现在曲线阵列功能、沿曲面阵列功能、阵列后再阵列功能上。

例如要沿曲面阵列某一特征，可以使用【阵列】操控面板上的【选项】上滑面板，从中选择【跟随曲面形状】选项来定义相关参照等。

创建阵列特征的步骤简述为：

01　先指定阵列导引。

02　单击（阵列）工具按钮，系统打开如图 8-3-2 所示的【阵列】操控面板。

图 8-3-2　【阵列】操控面板

03　在操控面板上指定阵列的创建方法，如尺寸、方向、轴、表、参照、填充、曲线。如图 8-3-3 所示。

图 8-3-3　选择创建方法

04　接着定义相应的参数。

05　单击操控面板上的（完成）按钮，完成操作。

8.3.1　创建尺寸阵列的一般步骤

可以在指定的一个方向、两个方向上通过尺寸增量来创建一定数量的阵列成员。

下面将通过一个实例来讲解尺寸阵列操作的一般步骤。

经典实例

打开文件【光盘：源文件/第 8 章/8-3.prt】，如图 8-3-4 所示。

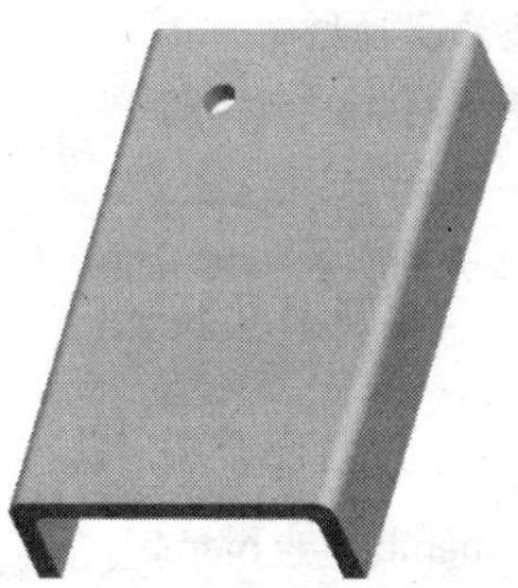

图 8-3-4　原始模型

01　选择模型中的通孔作为阵列导引。

02　单击（阵列）工具按钮，系统打开【阵列】操控面板。

03　接受默认的阵列创建方法为【尺寸】，此时显示通孔的相关尺寸，如图 8-3-5 所示。

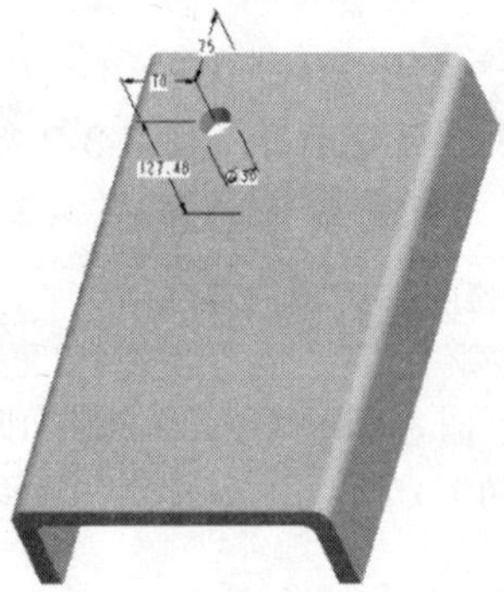

图 8-3-5 显示尺寸

04 单击操控面板上的【尺寸】按钮，进入【尺寸】上滑面板。

05 选择数值为 75 的一个尺寸作为方向 1 的尺寸，设置其增量为 80。

提示

尺寸增量也可以设置为负的，当输入负增量时，表示阵列成员的添加方向与默认时的方向相反。

也可以将尺寸增加设置具有某种关系，方法如下：

- 选择尺寸参照。
- 在相应的方向收集器中选中【按定义增量】复选项。
- 单击出现的【编辑】按钮。
- 在弹出来的记事本上定义有效的增量关系。有效的增量关系应由 memb_v、memb_i、lead_v – leader、idx1、idx2 这些符号参数来构成。

这些符号的含义是：

- memb_v：指定方向中的关系驱动最终尺寸。
- memb_i：指定方向中的关系驱动增量。
- lead_v – leader：值（选取尺寸确定方向）。
- idx1：阵列实例索引在第一方向。
- idx2：阵列实例索引在第二方向。

注意

不能在同一关系中使用 memb_v 和 memb_i。

06 在【方向 2】收集器中单击，将其激活。

07 从模型中选择尺寸数值为 70 的尺寸线，设置其增量为 65，如图 8-3-6 所示。

08 在操控面板上输入第 1 方向上的阵列成员数为 5。

09 输入第 2 方向上的阵列成员数为 2。

10 单击操控面板上的✓（完成）按钮，完成操作。创建的特征如图 8-3-7 所示。

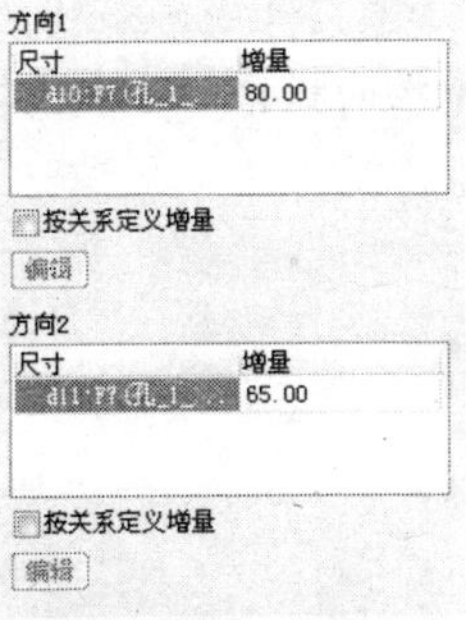

图 8-3-6 设置增量

图 8-3-7 完成特征效果

8.3.2 创建方向阵列

经典实例

创建方向阵列，需要选择参照来定义阵列的方向。8.3.1 小节中的实例，也可以按照如下步骤进行：

01 选择模型中的通孔作为阵列导引。

02 单击▦（阵列）工具按钮，系统打开阵列操控面板。

03 从阵列操控面板上的列表框中选择【方向】选项。

04 选择如图 8-3-8 所示的边线来定义方向 1，在操控面板内输入第一方向的阵列成员数为 3，增量为 65。

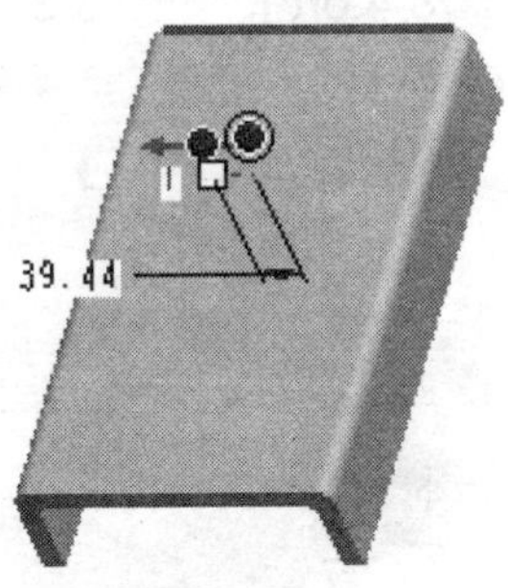

图 8-3-8 显示尺寸

05 单击反向第一方向按钮 ⅟ 改变阵列方向，效果如图 8-3-9 所示。

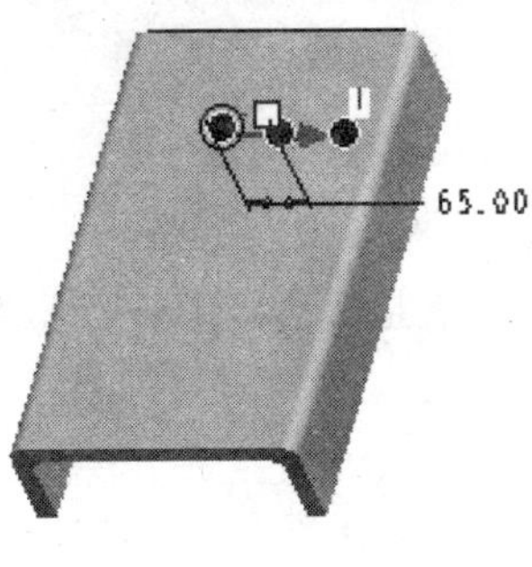

图 8-3-9 选择边线

06　在 2 方向收集器中单击，将其激活。

07　选择如图 8-3-10 所示的边线来定义方向 2，在操控面板第二方向上输入增加值为 80，阵列成员数为 5。

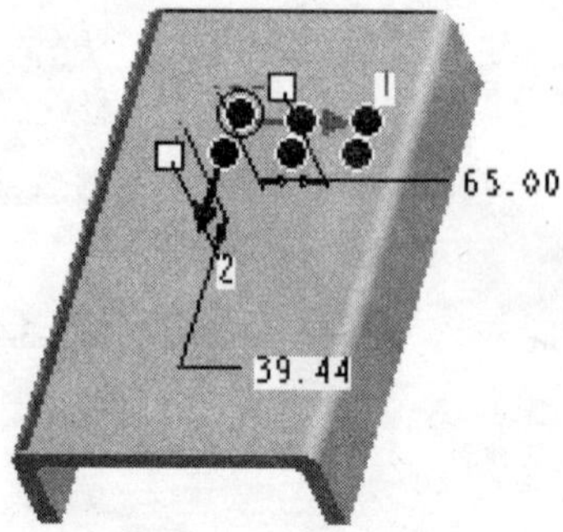

图 8-3-10　选择边线

08　单击操控面板上的（完成）按钮，完成操作。

8.3.3　创建轴阵列

所谓轴阵列，就是我们常说的圆周阵列，是指通过设置角增量、径向增量来创建的特征。下面将通过一个实例来介绍轴阵列创建的一般步骤。

经典实例

打开文件【光盘：源文件/第 8 章/8-4.prt】，如图 8-3-11 所示。

01　选择模型中的通孔作为阵列导引。

02　单击（阵列）工具按钮，系统打开【阵列】操控面板。

图 8-3-11　原始模型

03　从【阵列】操控面板上的列表框中选择【轴】选项。

04　在零件模型中选择特征轴 A_2。

05　在【阵列】操控面板上单击（角度范围）按钮，设置角度范围为 360°，输入该角度范围内的第 1 阵列方向成员数为 8，第 2 阵列方向成员数为 1。如图 8-3-12 所示。

图 8-3-12 设置参数

06 单击操控面板上的✓（完成）按钮，完成操作。完成的特征如图 8-3-13 所示。

图 8-3-13 完成阵列特征后的效果

8.3.4 创建参照阵列

当在【阵列】操控面板的列表框中选择【参照】时，可以通过参照现有的一个阵列（称为原始阵列）来创建阵列特征。

经典实例

下面将以一个实例来说明参照阵列的创建步骤：

打开文件【光盘：源文件/第 8 章/8-5.prt】，如图 8-3-14 所示。

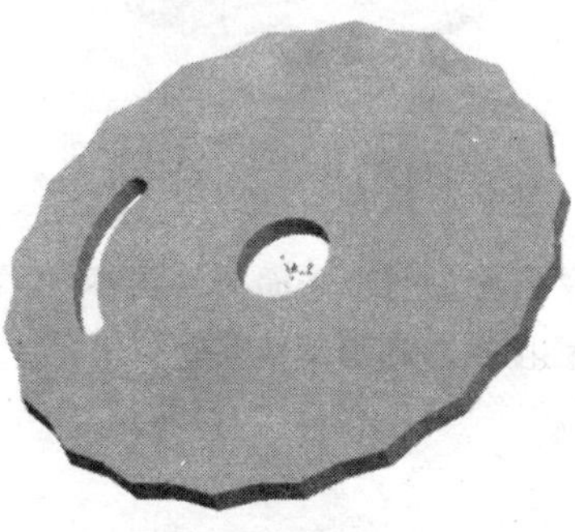

图 8-3-14 原始模型

1. 创建作为原始阵列的特征

01 选择模型中的特征【拉伸 2】作为阵列导引。

02 单击 （阵列）工具按钮，系统打开【阵列】操控面板。

03 从【阵列】操控面板上的列表框中选择【轴】选项。

04 在零件模型中选择特征轴 A_2。

05 在【阵列】操控面板上单击 （角度范围）按钮，设置角度范围为 360°，输入该角度范围内的第 1 方向成员数为 5，第 2 方向成员数为 1。

06 单击操控面板上的✓（完成）按钮，完成操作。完成的特征如图 8-3-15 所示。

图 8-3-15 完成阵列特征后的效果

2. 创建作为阵列引导的特征

01 单击（拉伸工具）按钮，打开【拉伸工具】操控面板。

02 单击【放置】选项卡，打开上滑面板。

03 单击【定义】按钮，打开【草绘】对话框。

04 选择如图 8-3-16 所示的平面为草绘平面，其余接受系统默认的设置。

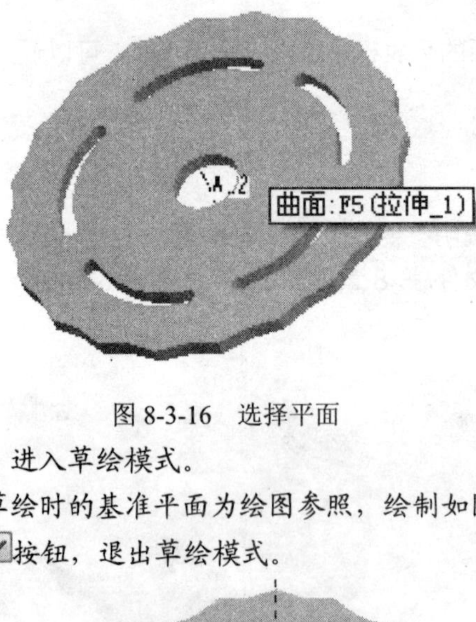

图 8-3-16 选择平面

05 单击【草绘】按钮，进入草绘模式。

06 用前面的方法增加草绘时的基准平面为绘图参照，绘制如图 8-3-17 所示的剖面。

07 完成剖面后，单击✓按钮，退出草绘模式。

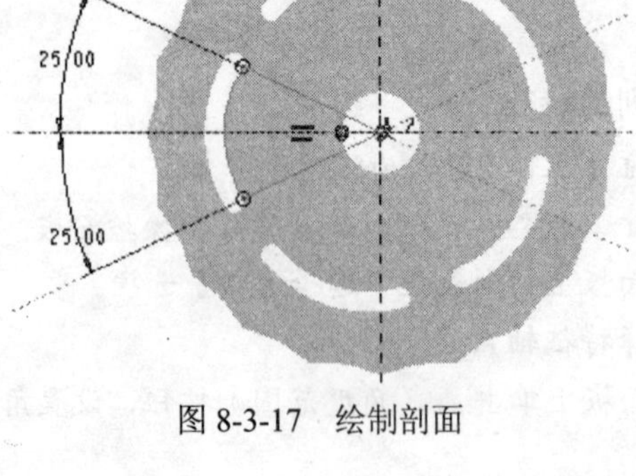

图 8-3-17 绘制剖面

08　单击创建拉伸切除特征，并单击来调整方向。
09　保留操控面板上深度的【盲孔】选项，输入深度值为 2.5。
10　单击操控面板右侧的按钮，建立拉伸切除特征，如图 8-3-18 所示。

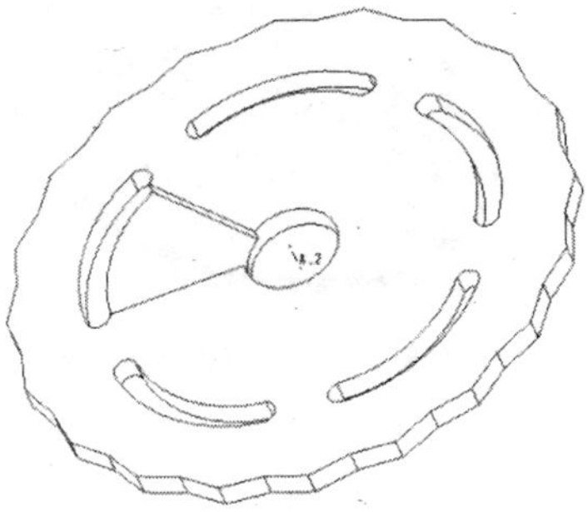

图 8-3-18　完成拉伸切除特征

3．创建参照阵列

01　使创建的【拉伸 3】特征处于被选中的状态。
02　单击（阵列）工具按钮，系统打开【阵列】操控面板。
03　从【阵列】操控面板上的列表框中选择【参照】选项，绘图窗口显示如图 8-3-19 所示。

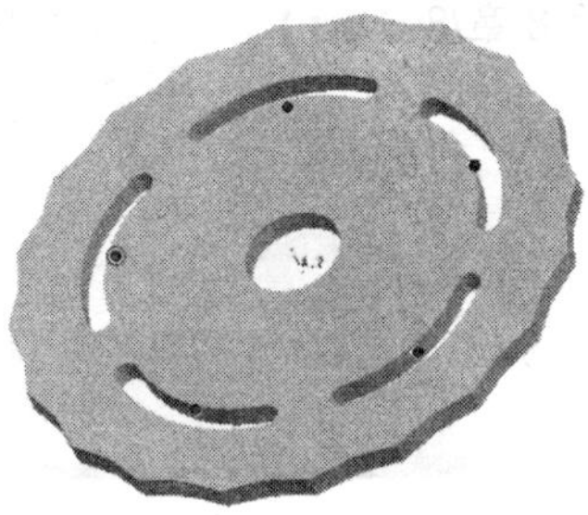

图 8-3-19　参照阵列预览

提示

如果选定特征可被单独阵列（如同轴孔），则【阵列】操控板打开，其缺省阵列类型设置为【参照】，阵列导引用◉加以标明，阵列成员用●加以标明。

要排除某个位置的阵列成员，可单击相应的黑点。黑点将变为白色(○)，表明阵列成员已被排除。要恢复阵列成员，可在重定义阵列时再次单击白点。

04　单击操控面板上的（完成）按钮，完成操作。完成的特征如图 8-3-20 所示。

注意

选定特征必须参照另一被阵列的特征。

如果选定特征属于无法以其他方式阵列的类型（如：倒圆角或倒角），则 Pro/ENGINEER 将创建此特征的参照阵列。

经典实例

本例将介绍创建表阵列的一般步骤：

打开文件【光盘：源文件/第 8 章/8-7.prt】，如图 8-3-26 所示。

图 8-3-26　原始模型

01　选择要阵列的原始特征，即选择阵列导引。

02　单击（阵列）工具按钮，系统打开【阵列】操控面板。

03　从【阵列】操控面板上的列表框中选择【表】选项。

04　在模型中选择需要的尺寸，多选时需要按住 Ctrl 键。如图 8-3-27 所示。

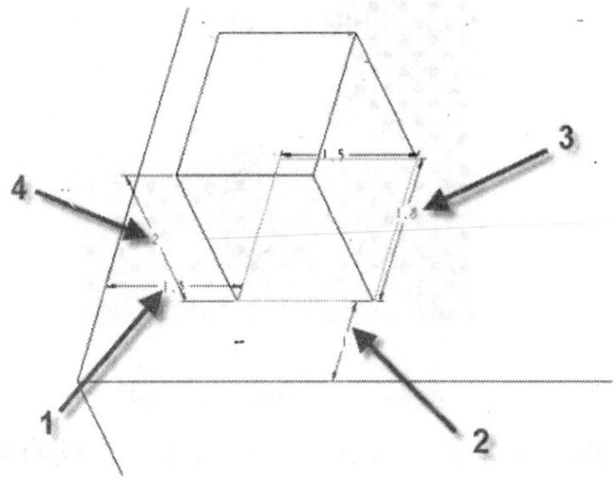

图 8-3-27　选择尺寸

05　单击操控面板上的【编辑】按钮，弹出一个【表编辑器】对话框。

06　在编辑器的表格中，设置每一个阵列成员的驱动尺寸值如图 8-3-28 所示，如果在表格中使用符号“*”，则表示接受默认值。

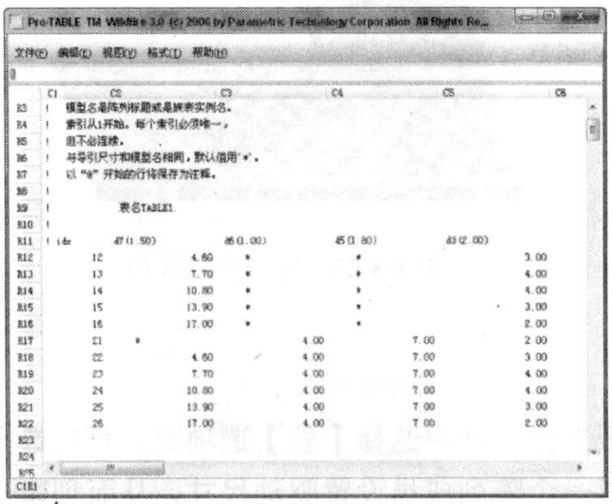

图 8-3-28　【表编辑器】对话框

07　单击 ✕ （关闭窗口）按钮，关闭【表编辑器】。

08　单击操控面板上的 ✓ （完成）按钮，完成操作。完成的特征如图 8-3-29 所示。

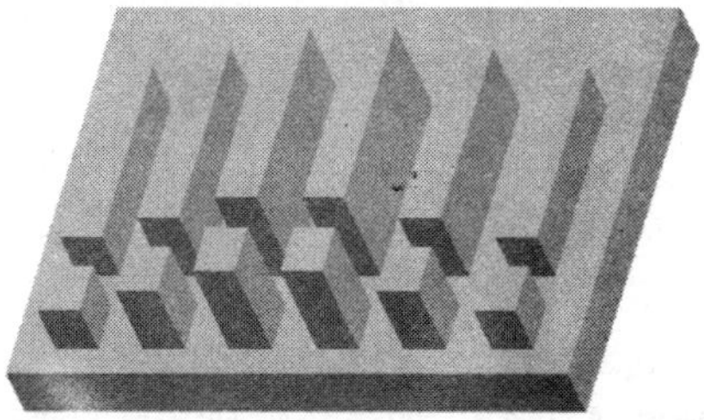

图 8-3-29　完成表阵列

8.3.7　创建曲线阵列

当【阵列】操控面板上列表框中选择【曲线】选项时，阵列可沿草绘的曲线创建特征实例。

创建曲线阵列时，应选取一个特征，然后通过指定阵列成员间的距离（或成员个数）和方向来沿着草绘的曲线创建其阵列。

小知识

曲线阵列允许你创建复杂的或不规则的特征阵列。只能沿草绘的曲线创建曲线阵列。

要创建曲线阵列，可草绘一条曲线或选取一条草绘基准曲线。曲线阵列的起始点始终位于曲线的起点。曲线阵列的方向始终为从曲线的开始处到曲线的结束处。为沿曲线精确对齐阵列成员，应将阵列导引放置在曲线的开始位置处。

黄色的方向箭头标识了曲线阵列的起始点和方向。

可通过以下操作创建曲线阵列：

- 指定沿草绘曲线的阵列成员之间的距离。
- 指定阵列成员的数量，包括沿曲线的阵列导引。

如果通过指定阵列成员间的距离或阵列成员个数创建曲线阵列，则创建阵列后，此距离或数目将分别变为尺寸。可编辑此尺寸以修改成员间的距离或成员数，然后就可以在关系中使用这一尺寸。

创建或重定义特征时，如果使用表达式而不使用尺寸值，则将由关系来约束尺寸。

创建或重定义曲线阵列时，可更改以下各项：

- 【间距】：在操控面板文本框中键入阵列成员间的增量值。
- 【阵列成员数】：在操控面板文本框中键入要创建的阵列成员的个数。
- 【跳过阵列成员】：要跳过阵列成员，请单击标识该阵列成员的黑点，黑点变成白色。要恢复阵列成员，单击白点。

下面将用一个简单的示例介绍如何使用【曲线阵列】来沿着曲线阵列孔：

打开文件【光盘：源文件/第 8 章/8-8.prt】，如图 8-3-30 所示。

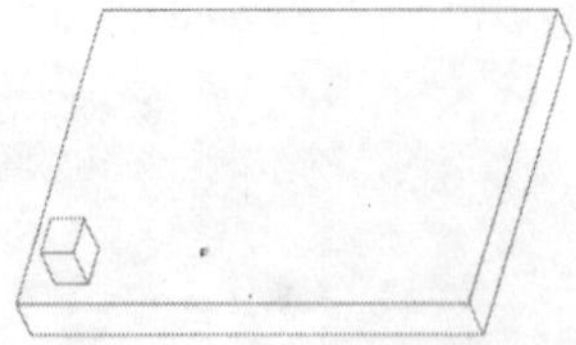

图 8-3-30　原始模型

01　选择要阵列的原始特征【孔 1】，即选择阵列导引。

02　单击（阵列）工具按钮，系统打开【阵列】操控面板。

03　从【阵列】操控面板上的列表框中选择【曲线】选项。

04　在操控面板上，单击【参照】按钮，打开其上滑面板。

05　单击【定义】按钮，选择零件顶面为草绘平面，其余接受默认设置。

06　单击【草绘】按钮，进入草绘模式。

07　绘制如图 8-3-31 所示的曲线。

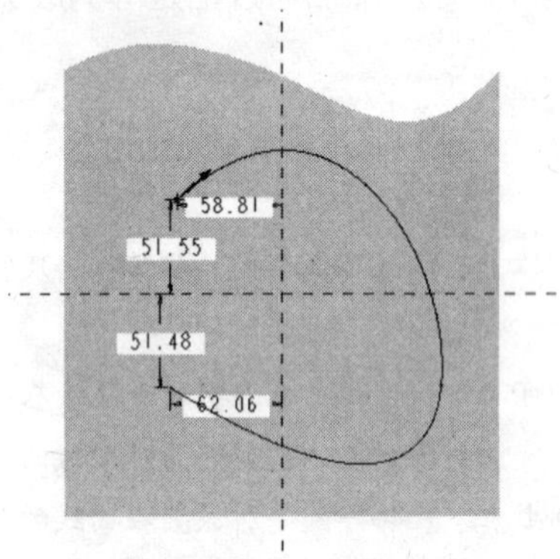

图 8-3-31　绘制曲线

08　单击按钮，退出草绘模式。

09　在操控面板上，指定要沿选定曲线创建的阵列成员的数目或阵列成员间的距离。此时阵列显示如图 8-3-32 所示。

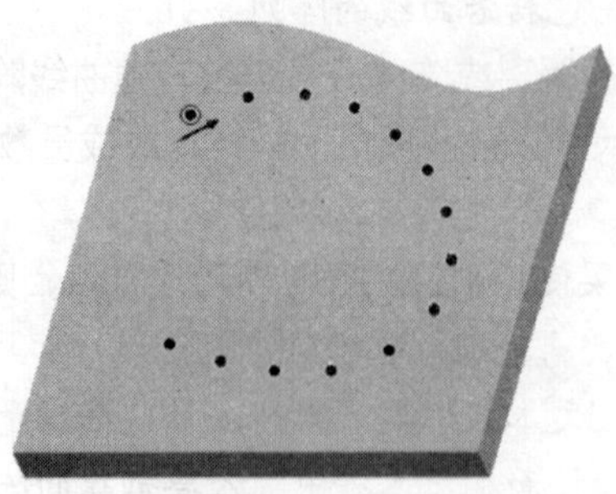

图 8-3-32　阵列的显示

10　要排除某个位置的阵列成员，可单击相应的黑点。黑点将变为白色，表明阵列成员已被排除。如图 8-3-33 所示。

第 8 章　特征的操作

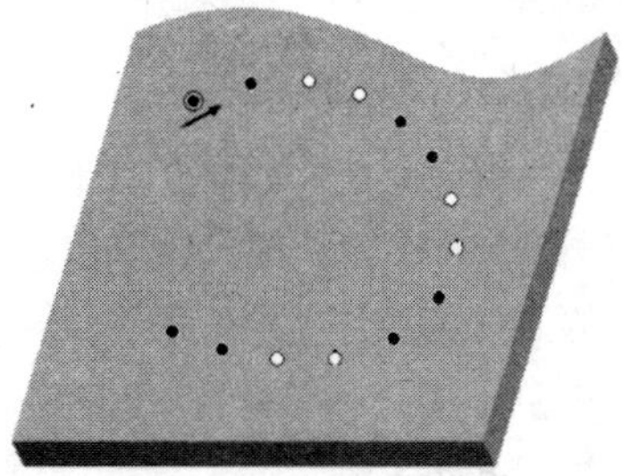

图 8-3-33　排除不需要阵列的成员

11　单击操控面板上的✓（完成）按钮，完成操作。完成的特征如图 8-3-34 所示。

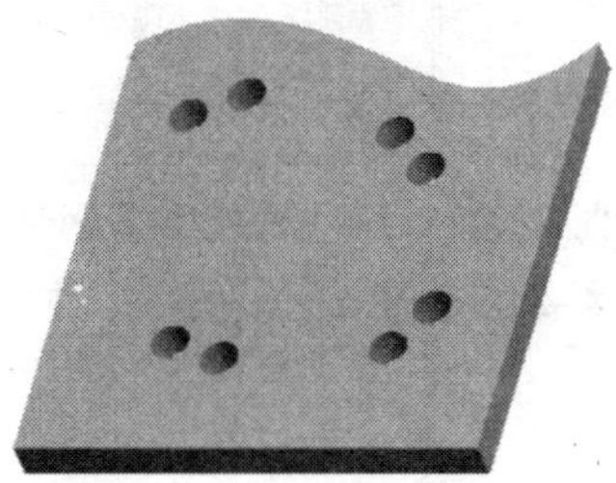

图 8-3-34　完成曲线阵列

8.3.8　阵列的删除

阵列的删除步骤如下：

01　在【模型树】上选取特征阵列的阵列（即：要删除的特征阵列的阵列），然后右键单击，即出现一个快捷菜单。

02　单击【删除阵列】命令，选定的特征阵列的阵列即从模型中删除，如图 8-3-35 所示。

注意

如果在快捷菜单中单击【删除】，而并未单击【删除阵列】，则将删除特征阵列和用于创建阵列的特征。

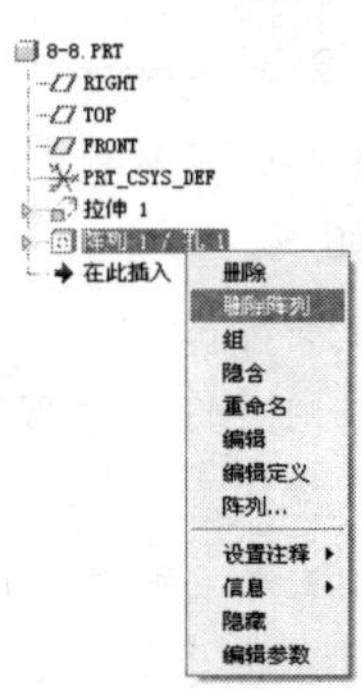

图 8-3-35　模型树

8.4 特征操作菜单

通过【特征操作】命令可以对选定的特征进行复制操作、重新排序特征、设置新特征的插入模式等，启动【特征】操作命令的方法如下：

- 在菜单栏上选择【编辑(E)】|【特征操作(O)】命令

执行上述命令后，系统弹出如图 8-4-1 所示的【菜单管理器】对话框。

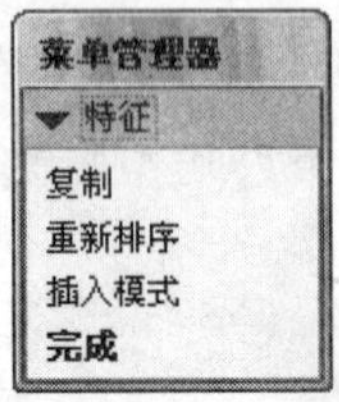

图 8-4-1 【菜单管理器】对话框

在该菜单中系统提供了 3 个重要的特征操作命令：【复制】、【重新排序】和【插入模式】。

8.4.1 复制菜单

在【菜单管理器】对话框的【特征】菜单中，选择【复制】命令，打开如图 8-4-2 所示的菜单。

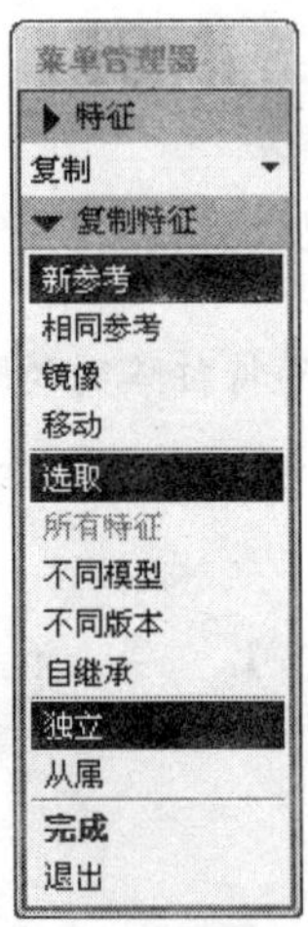

图 8-4-2 【复制】菜单

【复制】菜单中各命令的功能分别如下：

- 【新参考】：通过选择参考来复制特征。
- 【相同参考】：使用和原始特征相同的参考来复制特征，并可以修改其中的尺寸。
- 【镜像】：通过选择平面来镜像特征。
- 【移动】：通过平移或旋转的方法来复制特征。

下面通过一个实例来介绍如何使用【复制】菜单。

打开文件【光盘：源文件/第 8 章/8-9.prt】，如图 8-4-3 所示。

图 8-4-3 原始模型

01 在菜单栏上选择【编辑(E)】|【特征操作(O)】命令。

02 在【菜单管理器】中，选择【复制】|【移动】|【选取】|【从属】|【完成】命令。

03 选择特征【拉伸 2】，单击鼠标中键来确定。

04 在如图 8-4-4 所示的菜单中单击【完成】命令。

05 在【菜单管理器】中选择【平移】命令，如图 8-4-5 所示。

图 8-4-4 结束选择命令

图 8-4-5 采用平移方式

06 选择 RIGHT 基准平面，接着在出现的【方向】菜单中选择【正向】命令。

07 在如图 8-4-6 所示的框中输入 80，单击☑按钮。

图 8-4-6 输入平移偏移距离

08 在如图 8-4-7 所示的【菜单管理器】中选择【完成移动】命令。

09 在【组可变尺寸】菜单中选择【完成】命令，如图 8-4-8 所示。

图 8-4-7 选择完成移动命令

图 8-4-8 【组可变尺寸】菜单

10　在如图 8-4-9 所示的【组元素】对话框中，单击【确定】按钮。

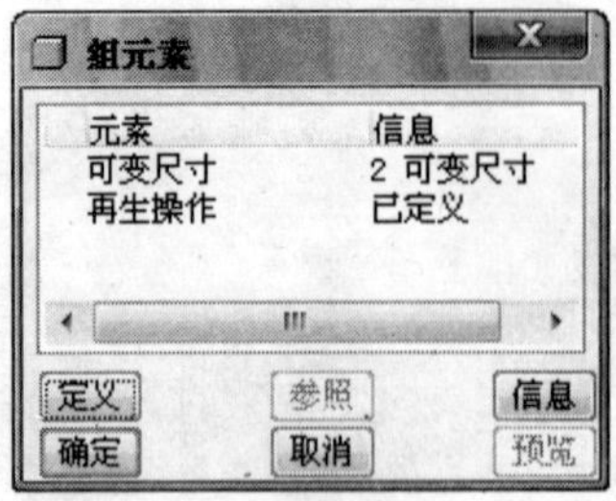

图 8-4-9　【组元素】对话框

11　此时，完成特征的平移复制操作，零件的效果图如图 8-4-10 所示。

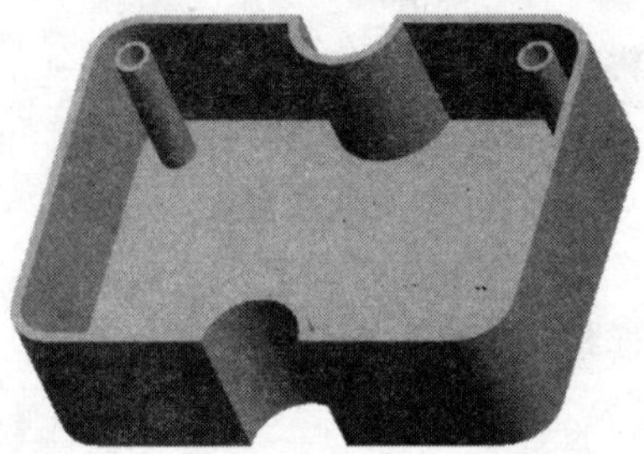

图 8-4-10　完成操作

8.4.2　重新排序

特征是按照一定的顺序来创建的，系统会自动给特征添加特征号，如图 8-4-11 所示的模型树上便显示特征号。

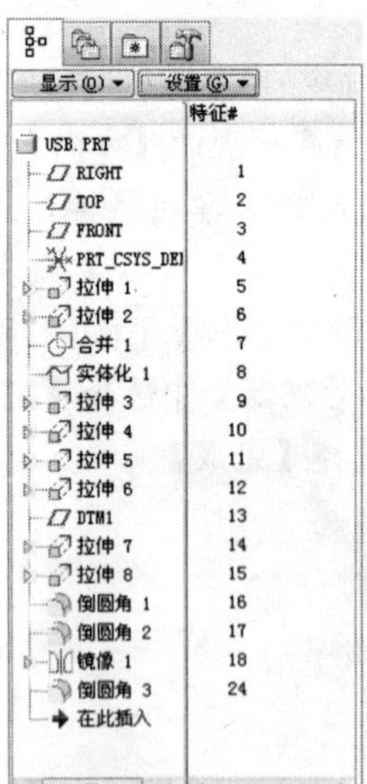

图 8-4-11　在模型树上显示特征号

默认状态下是不显示特征号的，显示特征号的方法如下：

01　在模型树上方单击【设置(G)】按钮。

02　从其下拉菜单中选择【树列(C)】命令，打开【树列】对话框。

03　在【不显示】选项组的列表栏中双击【特征 #】选项，从而将其切换到【显示】选项组中，如图 8-4-12 所示。

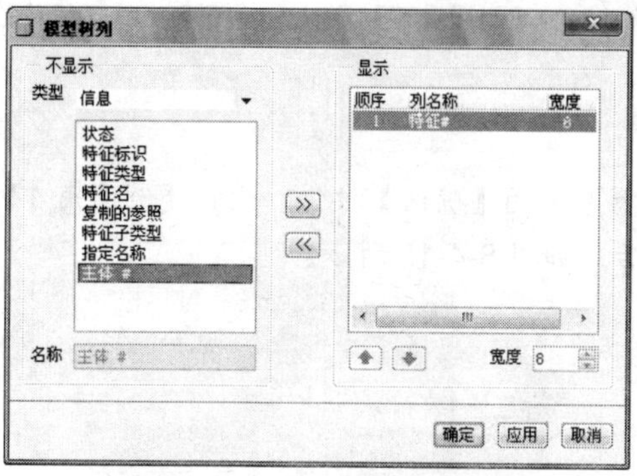

图 8-4-12　设置显示特征号

04　单击【树列】对话框中的【应用】按钮和【确定】按钮，完成设置。

注意

在设计中，可以对一些特征进行重新排序，这些特征之间不能存在父子关系。

重新排序的操作方法和步骤如下：

01　在主菜单中选择【编辑(E)】|【特征操作(O)】命令。

02　在【菜单管理器】中，选择【重新排序】命令。

03　选择对要重新排序的特征。选择【倒圆角 1】命令，单击鼠标中键。

04　此时，系统在信息提示区提示可以放置【倒圆角 1】的新位置范围，如图 8-4-13 所示。

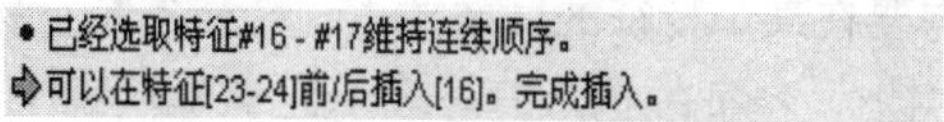

图 8-4-13　信息提示

05　在【菜单管理器】的【选择特征】中，选择【完成】命令，此时需要选择【之前】或者【之后】选项来定义排序，如图 8-4-14 所示。

图 8-4-14　【菜单管理器】中的选项

06 在模型树中选择【倒圆角 3】作为排序点。

提示

由于【倒圆角 1】和【倒圆角 2】具有连续顺序，因此将作为一个整体而进行重新排序。

07 单击【菜单管理器】上的【确认】按钮，此时【倒圆角 1】和【倒圆角 2】特征一起移动到【倒圆角 3】特征之后。如图 8-4-15 所示。

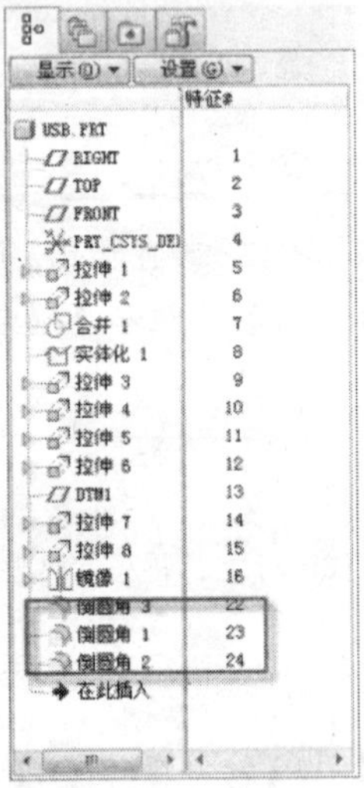

图 8-4-15 特征排序

8.4.3 插入模式

在设计实战中，有时需要在某个特征的后面插入一个新的特征，遇到这种情况时，可以采用特征的插入模式。在模型树上，特征的插入符号表示为➜ 在此插入 。

可以通过下面的方法插入新特征：

01 在菜单栏上选择【编辑(E)】|【特征操作(O)】命令。

02 在出现的【菜单管理器】中，选择【插入模式】|【激活】命令。

03 在模型树上选择一个特征，那么➜ 在此插入 便会出现在指定的特征之后。如图 8-4-16 所示。

图 8-4-16 插入模式

也可以使用鼠标拖动的方式来选择特征插入点，方法是在模型树上按住鼠标左键将➜ 在此插入 标识符号拖到需要插入的位置，然后松开鼠标左键。

8.5 组

利用【阵列】命令，系统只允许阵列一个单独特征。要阵列多个特征，可以创建一个【组】，然后阵列这个组，创建组阵列后，可取消阵列或取消分组实例以便可以对其进行独立修改。

8.5.1 组的介绍

组是把一些连续相连的特征归纳成一组，通过这种归组的操作，可以把一些前后关联比较紧密的特征组织在一起，进行更为方便的操作，这种归组也使模型树的排列变得简洁明了、易于管理。

在 Wildfire 版本中，有许多特征在默认情况下已经自动归纳成一个组，包括特征建立过程中创建活动的参照基准与创建的特征、实体特征复制操作得到的新特征等。在新创建的组中不能包含一个已经存在的组，删除组特征将删除该组包含的全部其他特征。

建立组的方法是在主菜单中选择【编辑(E)】|【组】命令。

也可以先选择需要成组的特征，然后单击鼠标右键，在弹出的菜单上选择【组】命令。

8.5.2 组的操作

本小节通过实例介绍如何在零件中创建组。

打开文件【光盘：源文件/第 8 章/8-10.prt】，如图 8-5-1 所示。

图 8-5-1 原始模型

1. 创建组

01 观察零件的模型树后面有很多连续的相同类型特征，这样我们可以通过创建一个组来包含这些特征，使模型树简化，如图 8-5-2 所示。

02 选择从特征【倒圆角 1】到【倒圆角 8】的 8 个倒圆角特征。

03 在主菜单上选择【编辑(E)】|【组】命令。

04 系统自动将 8 个倒圆角特征变成一个组 LOCAL_GROUP，如图 8-5-3 所示。

提示

可以对组进行展开：单击组左边的▷按钮，可以展开组，展开后可以看到全部的倒圆角特征，如图 8-5-4 所示。

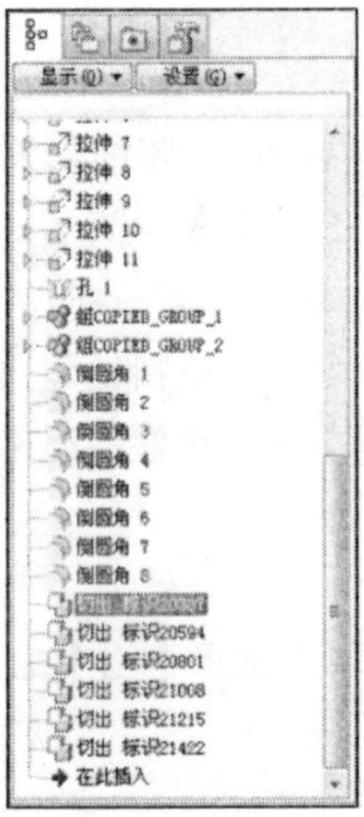

图 8-5-2　模型树

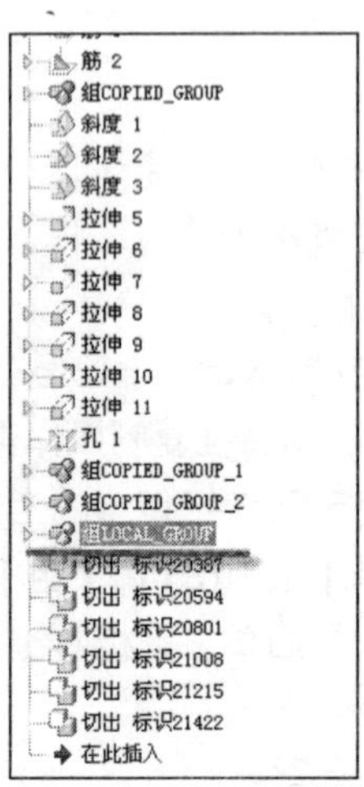

图 8-5-3　组

图 8-5-4　展开组

2. 分解和删除组

01　选择组，单击鼠标右键选择【分解组】命令，则建立的组特征取消，原来该组中的特征并没有受到任何影响，模型树恢复到了建立组前的状态。

02　运用前面介绍的创建组方法再次将分解的组组合起来。

03　在模型树中选择组特征，单击鼠标右键，在弹出的快捷菜单中选择【删除】命令。

04　在弹出的【删除】对话框中单击【确定】按钮。

05　可以看到组特征删除后，原来该特征内的所有特征也被删除。模型因此也失去了所有倒圆角特征，如图 8-5-5 所示。

图 8-5-5　没有倒圆角的模型

8.6　用户自定义特征

在一些复杂的设计项目中，倘若巧妙地应用用户自定义特征，则在一定程度上可以节省设计时间、提高设计效率。

8.6.1　用户自定义特征的介绍

用户自定义特征是用来复制相同外型特征的特征组，它的英文名称是 User Defined Feature，简称 UDF。

一个完整的 UDF 是由指定的特征、相关尺寸、选择特征之间的任何关系以及在零件上放置 UDF 的参照列表来构成。用户可以将常用的零件特征定义成 UDF。在以后的设计中，可以插入 UDF，而不必再重新创建这些零件特征。

8.6.2　创建复杂面孔的 UDF

孔特征，特别是剖面比较复杂的孔，如果每次创建时都先在草绘中完成剖面，再指定放置参照的话，这样是很没有效率的。如果把孔定义为 UDF，再利用 UDF 创建新的孔，将极大地提高建模效率。

经典实例

创建复杂面孔的 UDF，如图 8-6-19 所示。

【光盘：源文件/第 8 章/8-11.prt】

【光盘：源文件/第 8 章/hole.gph.1】

【实例效果】

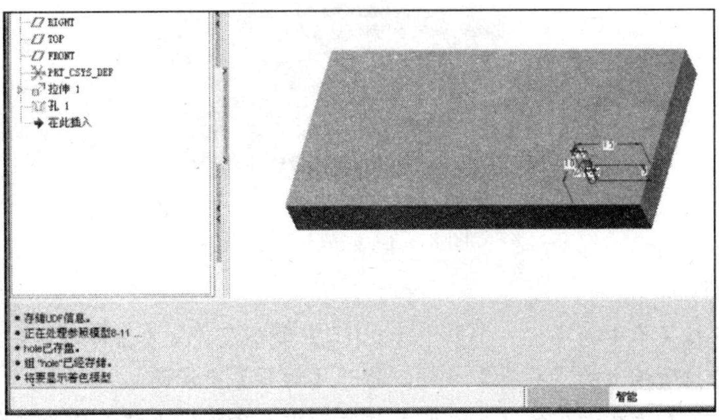

图 8-6-1　创建复杂面孔的 UDF

【实例制作】

1. 新建文件

01　单击按钮，在【新建】对话框中设定文件类型为【零件】，子类型为【实体】，文件名修改为 8-11，清除【使用缺省模板】复选框。

02 单击【确定】按钮，在【新建文件】对话框中选择【mmns_part_solid】的公制实体零件模板。

03 单击【确定】按钮，进入零件建立模式。

2. 创建拉伸特征

01 单击（拉伸工具）按钮，打开【拉伸工具】操控面板。

02 单击【放置】选项卡，打开上滑面板。

03 单击【定义】按钮，打开【草绘】对话框。

04 选择 TOP 基准平面为草绘平面，其余接受系统默认的设置。

05 单击对话框的【草绘】按钮，进入草绘模式。

06 绘制如图 8-6-2 所示的剖面。

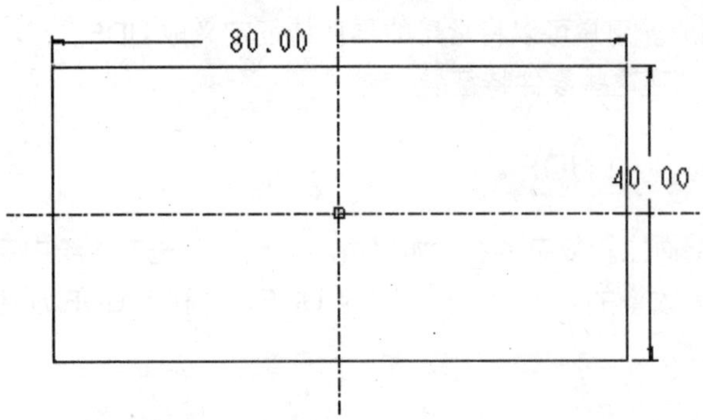

图 8-6-2 绘制剖面

07 完成剖面后，单击按钮，退出草绘模式。

08 保持操控面板上的【盲孔】选项，输入深度数值为 8。

09 单击操控面板右侧的按钮，建立拉伸特征，如图 8-6-3 所示。

图 8-6-3 完成拉伸特征

3. 建立孔特征

01 选择下拉菜单中的【插入(I)】|【孔(H)】命令或直接单击命令按钮。

02 单击操控面板上的【放置】按钮，打开【放置】上滑面板。

03 在【放置】上滑面板的【主参照】收集器中选择零件上端面作为主参照。

04 定位类型保持【线性】选项。

05 单击【放置】上滑面板上的【次参照】收集器，激活该收集器。

06 在图形窗口先选择上一特征的前端面，再按住【Ctrl】键，选择零件的右侧面，修改两个参照平面的距离为 10、15，如图 8-6-4 所示。

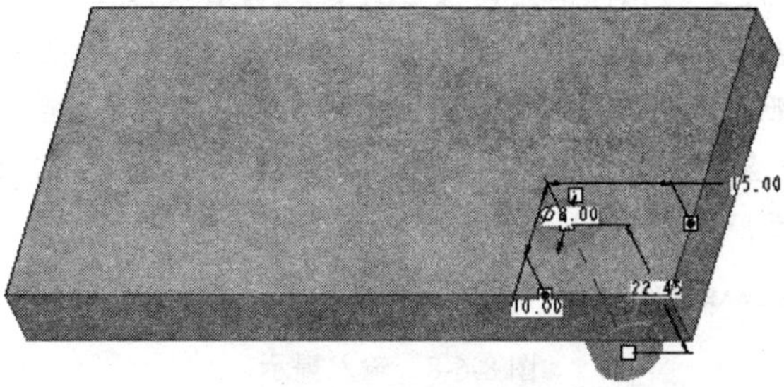

图 8-6-4　放置孔特征

07　保持操控面板上的直孔选项，在右边的下拉列表框中选择【草绘】选项，出现新的图标按钮。

08　单击按钮，绘制如图 8-6-5 所示的剖面。

09　单击【草绘】工具栏上的按钮，退出草绘系统。

10　单击操控面板上的按钮，完成草绘孔的创建，如图 8-6-6 所示。

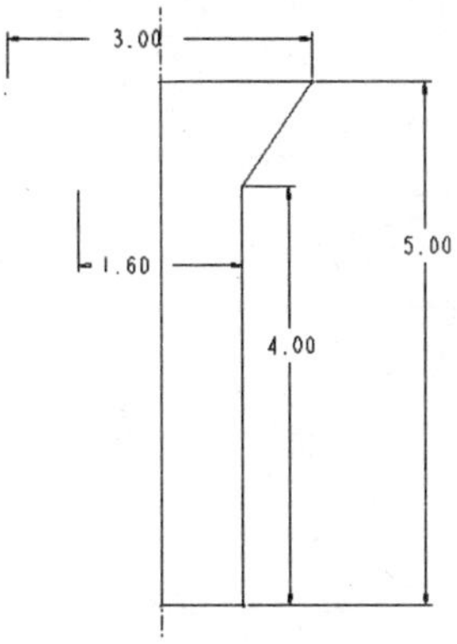

图 8-6-5　绘制剖面

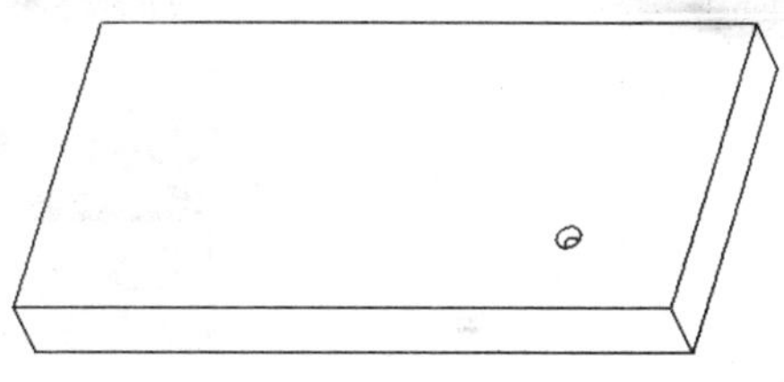

图 8-6-6　完成草绘孔的创建

4．创建用户自定义特征

01　在主菜单中选择【工具(T)】|【UDF 库(U)】命令。

02　在【菜单管理器】选择【创建】命令，在信息提示栏中输入此 UDF 的名称 hole。如图 8-6-7 所示。

图 8-6-7　输入名称

03　单击按钮，确定名称的输入。

04　在【菜单管理器】中选择【从属的】|【完成】命令，这个选项创建的 UDF 仍然依赖当前的零件，当前零件的变化会影响到已经创建的 UDF。

提示

如果不选择【从属的】而选择【单一的】命令，则意味着创建的 UDF 以后不再依赖当前的零件，修改当前零件不会影响已经创建的 UDF。

05　选择前面 03 中建立的孔特征并加入 UDF，选择后该特征的图形窗口以高亮显示。

06　在【菜单管理器】中选择【完成】|【完成/返回】命令，结束特征的选取。

07　孔特征的主参照平面在图形窗口以高亮显示，同时在信息栏要求输入该参照在 UDF 中的提示，该输入文字将来会在使用 UDF 创建特征时作为提示信息使用，因此要表达得容易理解，在这里输入【孔特征主参照平面】。如图 8-6-8 所示。

图 8-6-8　输入提示

08　确认输入后，孔特征次参照的第 1 个平面呈高亮显示，在信息栏中输入【孔特征参照的第 1 参照平面】。

09　确认输入后，孔特征次参照的第 2 个平面呈高亮显示，在信息栏中输入【孔特征参照的第 2 参照平面】。

10　确认输入后，在【菜单管理器】中选择【完成/返回】命令，完成特征参照的定义。

11　在【UDF: hole，从属的】对话框中选择【可变尺寸】选项。

12　单击该对话框【定义】按钮，孔特征的全部尺寸在图形窗口中显示出来。如图 8-6-9 所示。

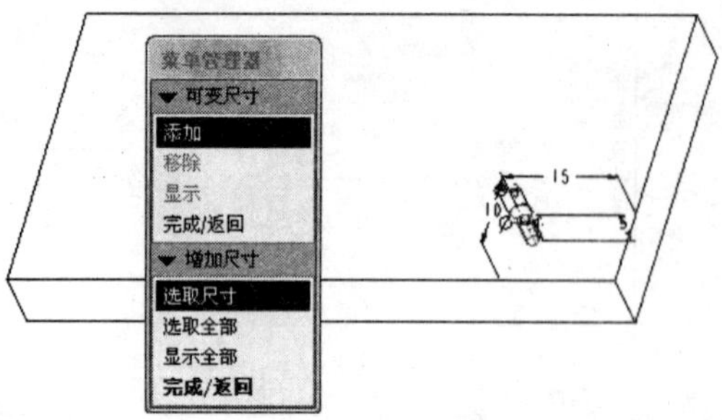

图 8-6-9　图形窗口

13　分别选择 10、15、3、1.6、4、5 等尺寸，在【菜单管理器】选择【完成】|【完成/返回】命令。

14　首先尺寸 4 呈现高亮显示，在信息栏内输入尺寸 4 的信息提示【孔螺纹深度】。

15　确认后尺寸 5 高亮显示，在信息栏中输入尺寸 5 的信息提示【孔深度】。

16　确认后尺寸 10 呈高亮显示，在信息栏中输入尺寸 10 的信息提示【孔定位尺寸 1】。

17　确认后尺寸 15 呈高亮显示，在信息栏中输入尺寸 15 的信息提示【孔定位尺寸 2】。

18　确认后尺寸 3 呈高亮显示，在信息栏中输入尺寸 3 的信息提示【孔沉头直径】。

19　确认后尺寸 1.6 呈高亮显示，在信息栏中输入尺寸 1.6 的信息提示【孔直径】。

20　确认后完成全部可变尺寸的定义。

21　单击【UDF: hole，从属的】对话框的【确定】按钮，完成 holeUDF 的创建，此 UDF 自动保存在当前的工作目录中。信息栏提示如图 8-6-10 所示。

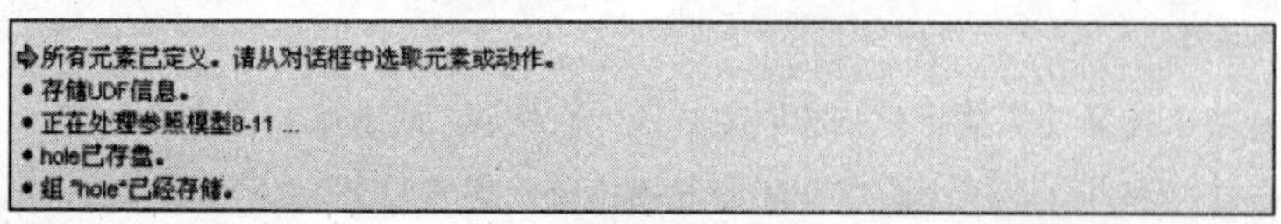

图 8-6-10　信息提示栏

8.6.3　利用 UDF 创建新特征

上一小节介绍了如何利用一个特征创建 UDF，本小节将介绍如何利用已经创建的 UDF 在新的零件中创建特征。

经典实例

利用 UDF 创建新特征，如图 8-6-11 所示。

【光盘：源文件/第 8 章/8-12.prt】

【光盘：源文件/第 8 章/hole.gph.1】

【实例效果】

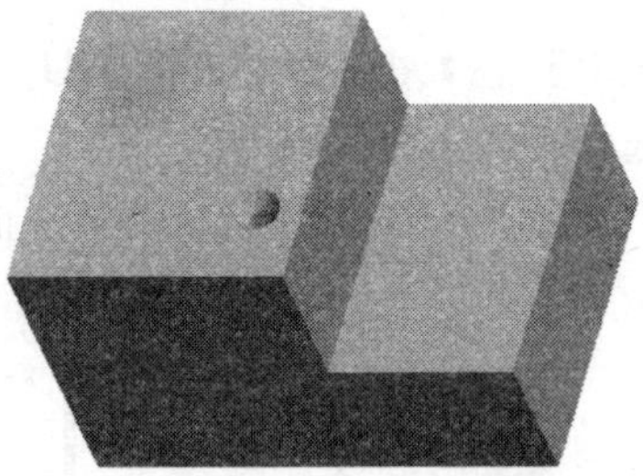

图 8-6-11　利用 UDF 创建新特征

【实例操作】

1．新建文件

01　单击□按钮，在【新建】对话框中设定文件类型为【零件】，子类型为【实体】，文件名修改为 8-12，清除【使用缺省模板】复选框。

02　单击【确定】按钮，在【新建文件】对话框中选择【mmns_part_solid】的公制实体零件模板。

03　单击【确定】按钮，进入零件建立模式。

2．创建拉伸特征

01　单击（拉伸工具）按钮，打开【拉伸工具】操控面板。

02　单击【放置】选项卡，打开上滑面板。

03　单击【定义】按钮，打开【草绘】对话框。

04　选择 FRONT 基准平面为草绘平面，其余接受系统默认的设置。

05　单击对话框的【草绘】按钮，进入草绘模式。

06　绘制如图 8-6-12 所示的剖面。

07　完成剖面后，单击✓按钮，退出草绘模式。

08　保持操控面板上的【盲孔】选项，输入深度数值为 20。

09　单击操控面板右侧的✓按钮，建立拉伸特

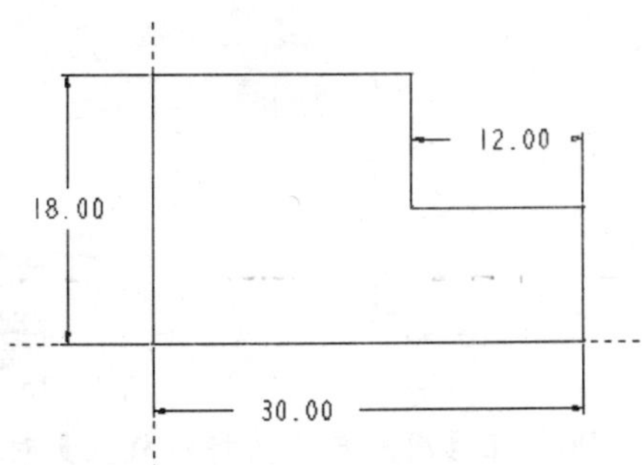

图 8-6-12　绘制剖面

征，如图 8-6-13 所示。

图 8-6-13 完成拉伸特征

3. 插入 UDF

01 在主菜单上选择【插入(I)】|【用户自定义特征(U)...】命令。

02 在【打开】对话框中选择 hole.gph 文件。

03 单击【打开】按钮后，弹出如图 8-6-14 所示的对话框。

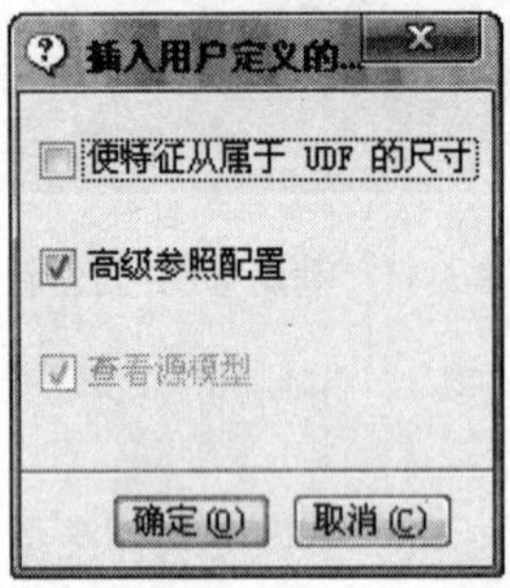

图 8-6-14 【插入用户定义的特征】对话框

04 接受默认的复选项，单击【确定】按钮。

05 此时，系统打开一个图形窗口和一个对话框，如图 8-6-15 所示。

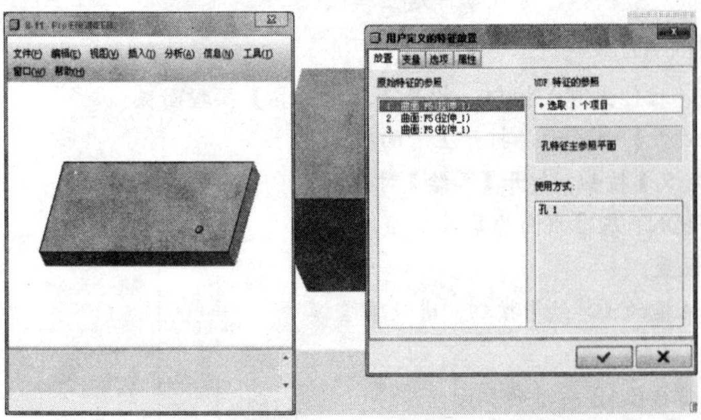

图 8-6-15 系统弹出的窗口和对话框

06 在【用户自定义特征放置】对话框中的【放置】选项卡上，从【原始特征的参照】列表中选择【1.曲面：F5 拉伸 1】参照（在右边提示为：孔特征主参照平面）。如图 8-6-16 所示。

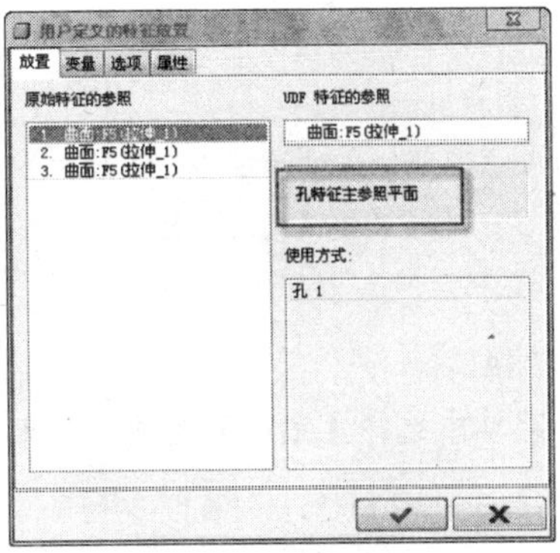

图 8-6-16　选择主参照平面

07　然后在零件模型中选择如图 8-6-17 所示的表面。

08　从【原始特征的参照】列表中选择【2.曲面：F5 拉伸 1】参照（提示为：孔特征次参照的第 1 参照平面）。

09　在零件上选择 FRONT 基准平面。

10　从【原始特征的参照】列表中选择【3.曲面：F5 拉伸 1】参照（提示为：孔特征次参照的第 2 参照平面）。

图 8-6-17　选择 UDF 参照

11　在零件上选择 RIGHT 基准平面。

12　单击【变量】进入【变量】选项卡，输入 D5 的值为 15，其余接受默认的值，如图 8-6-18 所示。

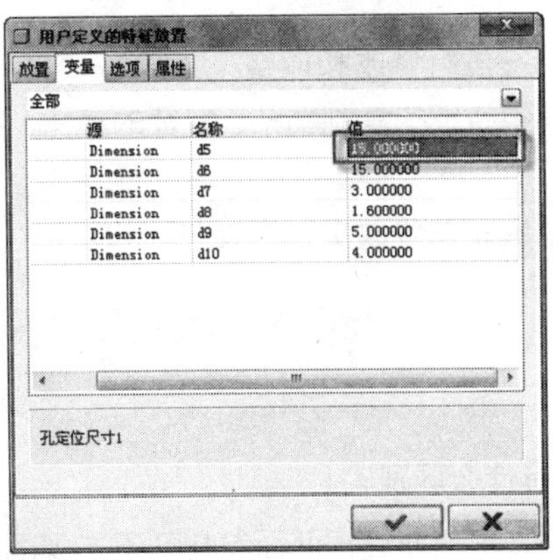

图 8-6-18　修改尺寸

提示

每当选择要设置的尺寸，都会在对话框的左下角位置显示可变尺寸的名称，如图 8-6-18 所示，左下角显示为【孔定义尺寸 1】。

13 单击 ✔（完成）按钮。

14 在如图 8-6-19 所示的菜单中选择【完成】选项。至此，完成了 UDF 的放置，结果如图 8-6-20 所示。

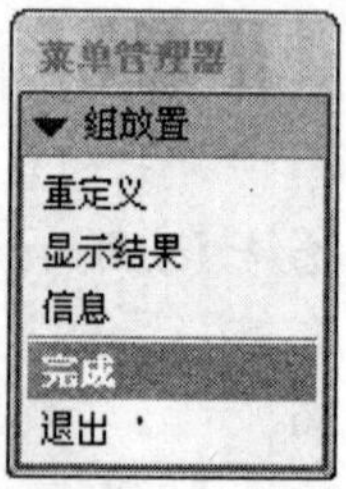

图 8-6-19 组放置菜单

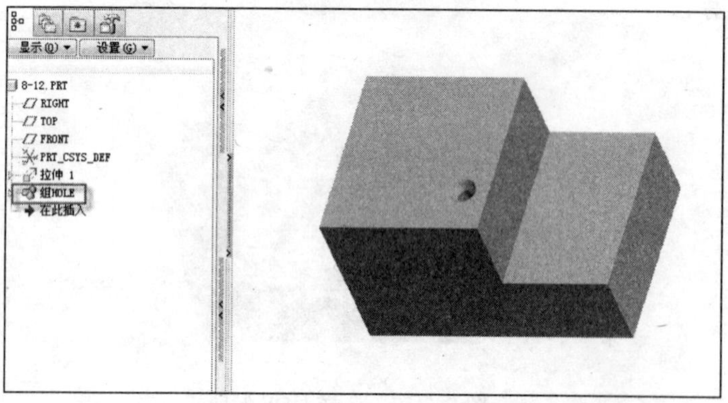

图 8-6-20 放置 UDF 后的效果

本章总结

特征操作是对已创建的特征进行修改和调整。

本章主要介绍了特征操作中特征的复制粘贴、特征的镜像、特征的阵列、特征操作菜单、组和用户自定义特征。

学习特征操作使得实体的编辑与修改更加方便与轻松。

有问必答

问：“隐藏”和“隐含”有什么区别？

答：利用“隐藏”可以使基准、曲线、曲面等特征不在视图中显示，“取消隐藏”后就会恢复显示。而“隐含”则使特征在模型中不起任何作用。

问：为什么某些特征不能被隐藏？

答：在 Pro/E 中，以下特征可以被隐藏：

- 基准轴。
- 特征中的轴、平面和坐标系，例如孔特征中自动产生的轴。
- 分析特征（点和坐标系）。
- 基准点。
- 坐标系。
- 基准曲线（整条曲线，不是单个曲线段）。
- 面组（整个面组，不是单个曲面）。
- 组件元件。

其他特征，例如实体特征不能被隐藏。

问：如何知道模型中是否有隐含特征？如何恢复被隐含的特征？

答：隐含的特征能够在模型树中显示出来。

单击模型树上方的【设置(G)】|【树过滤器(F)…】命令，在弹出的对话框中勾选【隐含的特征】即可。随后在模型树中可看到隐含的特征，其名称左侧使用黑色的小方块表示。

在模型树中显示出隐含特征后，使用鼠标右键单击希望恢复的特征，在弹出的菜单中选取【恢复】选项即可。

另外，选择主菜单中的【编辑(E)】|【恢复(U)】|【选定(S)】命令也可以对选择的隐含特征进行恢复。

问：什么是父子关系？

答：Pro/E 中建立特征时，需要以其他对象作为参照，例如草图绘制、对象选取等，当所参照的对象发生改变后，特征也会随之改变，两者之间存在的关联及继承关系，就是父子关系。

问：如何将不连续的特征成组？

答：“组”功能无法作用于不连续的特征，因此可以使用鼠标拖动或用【重排序】命令，将需要成组的特征变成连续后，再将其成组，但对于拖动后存在父子关系颠倒的情况不适用。

Study

Chapter 09

零件装配

学习导航

一个新产品往往是由多个零件的组合（装配）而成的，零件的组合是在装配模块中完成的。

在完成单个零件的特征创建后，使用零件装配模块可以将多个零件进行安装配合，从而生成复杂的组件、部件。在装配过程中可以检验零件设置是否合理，组成装配的零件之间是否有干涉情况的发生，零件与零件之间的相对位置如何，使用何种关系对位置进行约束。

通过本章的学习，了解产品装配的一般过程，掌握一些基本的装配技能。

本章要点

- 装配约束
- 组件操作
- 进一步检查
- 层操作
- 装配体分解状态

9.1 基本概念

零件装配就是将多个零件按照一定的配合关系组合在一起。将零件装配在一起形成组件的过程，也是通过 Pro/ENGINEER Wildfire 软件指定零件之间约束的过程。通过指定零件之间的约束关系，确定零件之间的相对位置，从而完成零件装配。

如图 9-1-1 所示的音响是由很多零件装配而成。

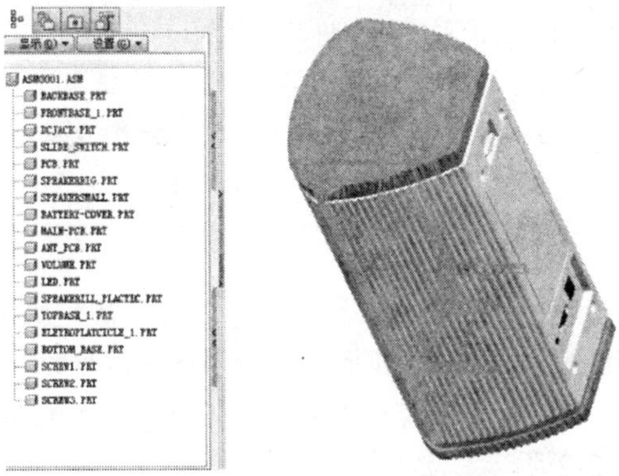

图 9-1-1 音响的装配

多个零件经过装配约束确定相对的位置形成一个装配体之后，这个装配体还可以作为另一个装配的部件进行再一次的装配，形成更复杂的装配体。而实际情况也是如此，在创建一个大的装配零件时，通常是首先把基本零件分组进行第一步的装配，形成不同的子装配体；然后将这些子装配体进行配合，形成更大型的零件装配模型。

装配的父子关系：

- 在装配过程中，已经存在的或者是首先被创建（调入）的零件是父零件，后调入（创建）零件为子零件。
- 零件装配的过程也是零件之间父子关系形成的过程。在删除、修改确定了父子关系的零件时必须要注意它们之间的关系。例如在删除零件时，子零件的删除不会影响父零件；而删除父零件时，与之相关的子零件也将被同时删除。因此不能随意地删除一个父零件。

注 意

在进行零件装配时，必须要合理选择第一个零件。它应该是整个装配体中最为关键的零件，在以后的装配过程中它也是最不会被删除的零件。

9.2 装配约束

装配约束是指一个零件模型相对于另一个零件模型的放置方式和偏距。装配约束的类型包括匹配、对齐、插入等。使用装配约束方式将零件模型加入到装配体模型中，并形成父子关系后，零件模型的位置会根据其父零件的位置的改变而改变。可以随时修改约束中的参照。

注意

放置约束指定了一对参照的相对位置。放置约束时应该遵守下面的一般原则：

- 匹配和对齐约束的参照的类型必须相同（平面对平面、旋转对旋转、点对点、轴对轴）。
- 为匹配和对齐约束输入偏距值时，系统显示偏移方向。要选取相反的方向，请输入一个负值或在图形窗口中拖动控制柄。
- 一次添加一个约束。不能使用一个单一的对齐约束选项将一个零件上两个不同的孔与另一个零件上的两个不同的孔对齐。必须定义两个单独对齐约束。

1.【匹配】约束

使用【匹配】约束可以使选择的两个零件平行，但正法线方向相反（即面对面），常用于两个零件平面的配合操作。结合【偏距】选项，可以调节两表面之间是紧贴还是有一定的间距。它的操作对象只能是表平面或基准平面。例如我们选择如图 9-2-1 所示的两个零件的表面，进行匹配约束操作，约束结果如图 9-2-2 所示。使用偏距操作后，效果如图 9-2-3 所示。

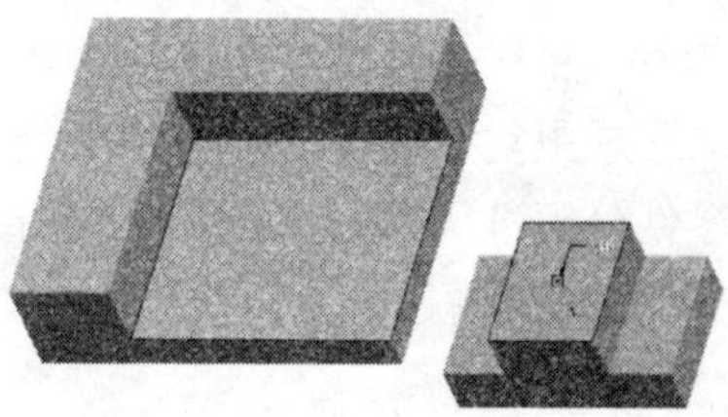

图 9-2-1 选择两个零件表面

图 9-2-2 匹配约束

图 9-2-3 有偏距的匹配

2.【对齐】约束

【对齐】约束可以使选择的两个对象的正法线相同（即表面重合，且朝向相同）。其选择对象可以是模型中的表面、基准平面、轴线或基线点，但是在组件和元件中选择的对象要求统一，即面与面、线与线、点与点对齐。

例如选择如图 9-2-1 所示的零件表面，对齐的结果如图 9-2-4 所示。使用偏距的对齐约束如图 9-2-5 所示。

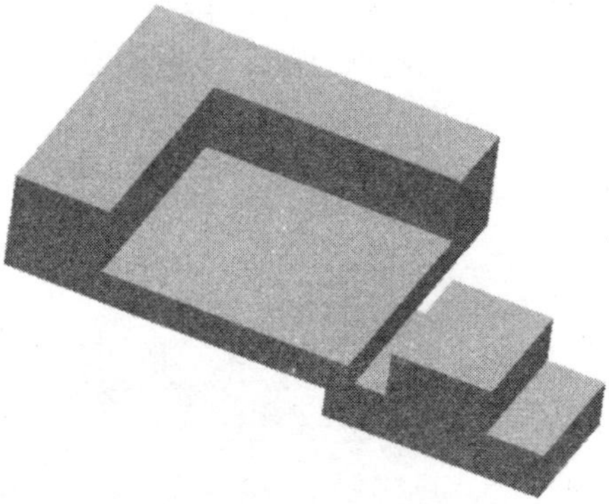

图 9-2-4 对齐约束

图 9-2-5 使用偏距的对齐约束

使用【对齐】约束也可以对齐两根轴线，分别选择如图 9-2-6 所示的两个模型中的轴线作为约束对象，轴对齐约束效果如图 9-2-7 所示。

图 9-2-6 选择轴为约束对象

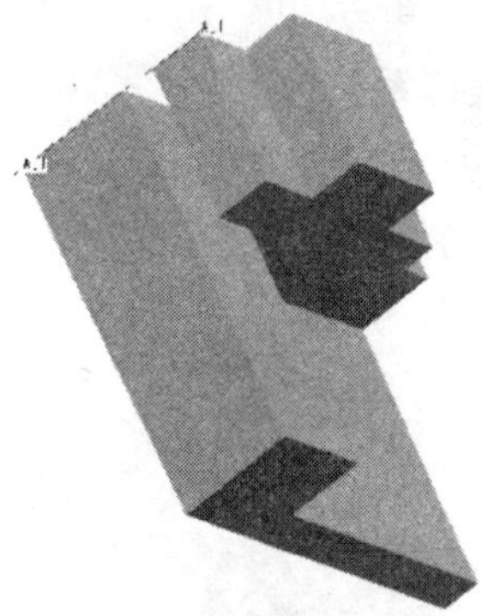

图 9-2-7 轴对齐约束

3.【插入】约束

【插入】约束主要用来实现两个放置曲面之间的配合。它可以将一个曲面插入到另一个放置曲面中，使两个轴线同轴。使用【插入】约束的两个对象不一定是完整的 360°，同时也可以大小不同，如图 9-2-8 所示的零件，使用【插入】约束装配后的结果如图 9-2-9 所示。

图 9-2-8 零件

图 9-2-9 插入约束

4.【相切】约束

使用【相切】可以确定两个表面之间的相切关系。所选择的约束对象可以是模型表面或者基准平面，但是其中至少要包含一个曲面，零件如图 9-2-10 所示，使用【相切】约束后的效果如图 9-2-11 所示。

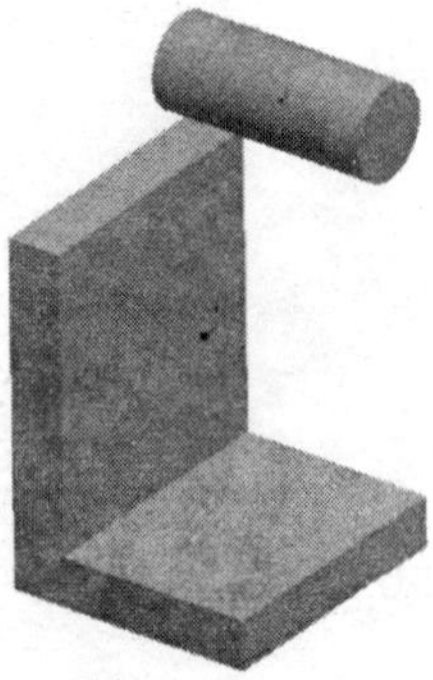

图 9-2-10　零件

图 9-2-11　相切约束

5.【坐标系】约束

使用【坐标系】约束，可以将装配元件和装配组件的坐标系对齐，即 X、Y、Z 三个坐标轴及坐标原点分别对齐。使用坐标系进行零件装配的零件如图 9-2-12 所示，经过坐标系约束的结果如图 9-2-13 所示。

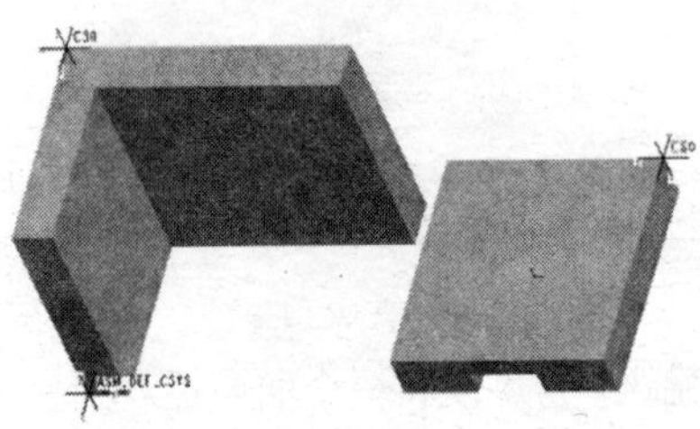

图 9-2-12　零件

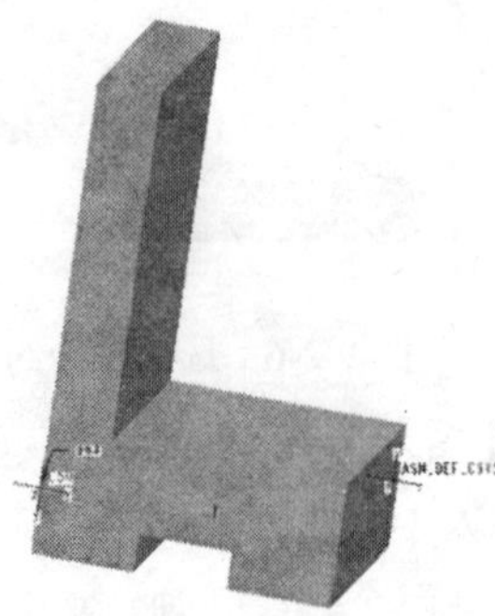

图 9-2-13　坐标系约束

6.【线上的点】约束

使用【线上的点】约束可以将一个点与一条线对齐。【线】可以是零件或者装配件的边线、轴线或者基准曲线;【点】可以是零件或者装配件上的顶点或基准点。在选择的过程中，应该首先选择点，然后再选取线。使用该约束对如图 9-2-12 所示的零件进行装配的结果如图 9-2-14 所示。

图 9-2-14　线上的点约束

7.【曲面上的点】约束

使用【曲面上的点】约束可以将一个点与一个曲面对齐。【曲面】可以是零件或者装配件的基准平面、曲面特征或零件的表面;【点】可以是零件或者装配件上的顶点或基准点。

在选择的过程中，应该首先选择点，然后再选取曲面。使用该约束对如图 9-2-12 所示的零件进行装配的结果如图 9-2-15 所示。

图 9-2-15 面上的点约束

8.【曲面上的边】约束

使用【曲面上的边】约束可以将一条边与一个曲面对齐。使用该约束来进行零件装配的结果如图 9-2-16 所示。

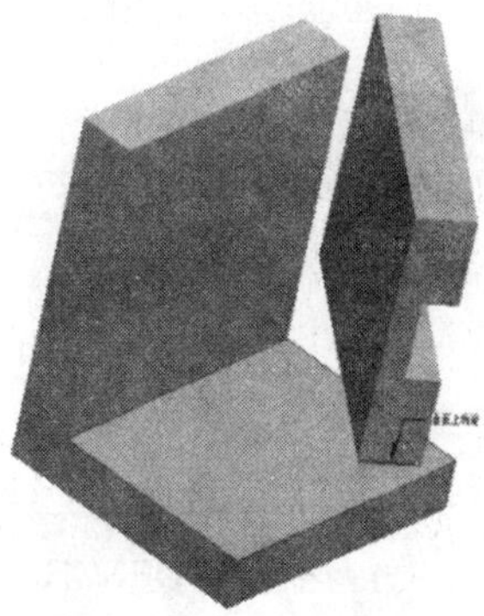

图 9-2-16 面上的边约束

9.【缺省】约束

【缺省】约束将装配元件的默认环境的坐标与装配环境的默认坐标系对齐，当向装配环境中引入第一个零件时通常采用这种方式来实现约束定位。

10.【固定】约束

"固定"约束将装配元件固定在当前的位置。

注意

在这 10 种约束的方式中，除了【坐标系】、【缺省】、【固定】约束之外，在使用时都要相互结合使用才能唯一地确定零件的位置。

9.3 创建装配体

通过装配约束，可以指定一个元件对于装配体中另一元件的放置方式和位置。那么应该如何进行装配呢？

9.3.1 创建装配体文件

创建组件文件与创建零件文件略有不同，其步骤如下：

01 在菜单栏上单击按钮，系统弹出【新建】对话框。

02 在【新建】对话框中设定文件类型为【组件】，子类型为【设计】，修改文件名。清除【使用缺省模板复选框】，如图 9-3-1 所示。

03 单击【确定】按钮，在【新建文件】对话框中选择【mmns_asm_design】的公制组件设计装配模板，如图 9-3-2 所示。

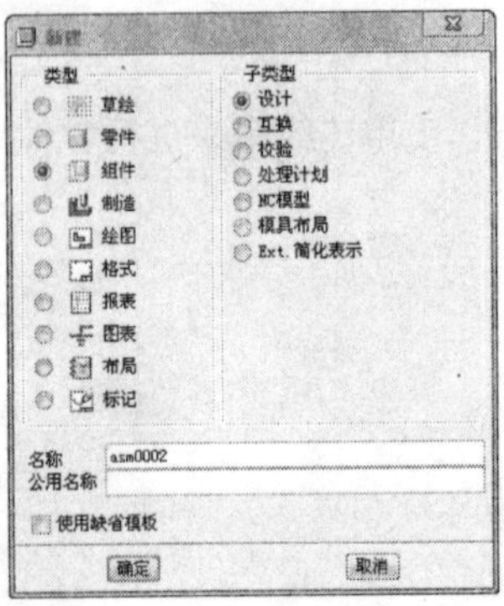

图 9-3-1 【新建】对话框

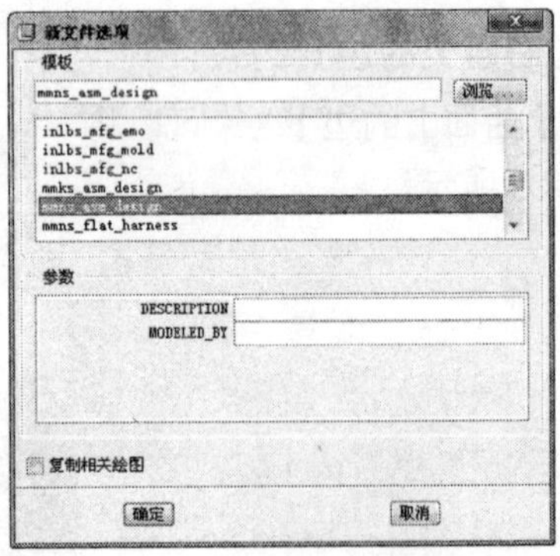

图 9-3-2 【新建文件】对话框

小知识

图 9-3-2 中的参数命令线中有两个参数 DESCRIPTION 和 MODELED_BY 与 PDM 有关，一般不对此操作。

【复制相关绘图】复选框一般不用进行操作。

04 单击【确定】按钮，进入组件装配模式。此时，在图形区可以看到 3 个正交的装配基准平面（与零件的基准平面名称不同），如图 9-3-3 所示。

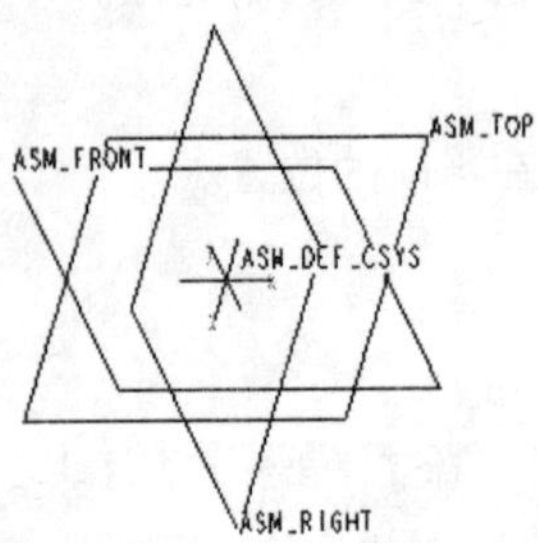

图 9-3-3 图形区

在装配模式下，要创建一个新的装配件，首先必须创建3个正交的装配基准平面或基本元件，然后才可把其他元件添加到装配环境中。

创建正交的装配基准平面的方法是：

单击【基准平面】按钮，或选择下拉菜单中的【插入(I)】|【模型基准(D)】|【平面(L)…】命令，如果不创建3个正交的装配基准平面，那么基础元件就是放置到装配环境中的第1个零件、子组件或骨架模型，此时，无需定义位置约束，元件只按默认放置。如果用互换元件来替换基础元件，则替换元件也总是按默认放置。

由于选择了【mmns_asm_design】模板命令，系统便自动创建了3个正交的装配基准平面，所以无需再创建装配基准平面。

9.3.2 装配工具的介绍

装配工具调用步骤如下：

01 在【特征】工具栏中单击按钮，或在主菜单中选择【插入(I)】|【元件(C)】|【装配(A)…】命令，如图9-3-4所示。

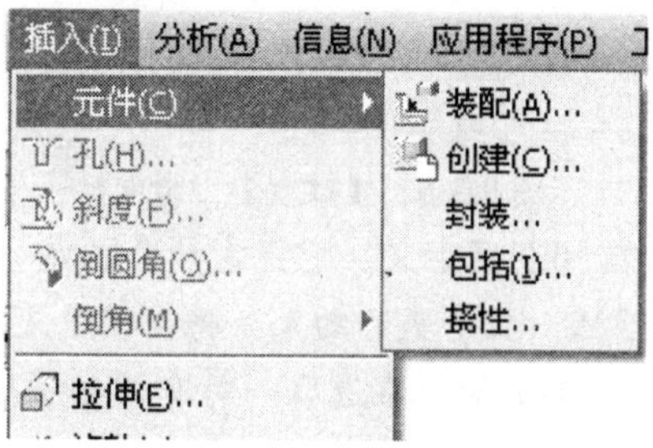

图9-3-4 【元件】菜单

小知识

【元件】菜单的几个命令说明如下：

【装配】：将已有的元件（零件、子配件或骨架模型）装配到装配环境中。用“元件放置”对话框，可将元件完整约束在装配件中。

【创建】：选择此命令，可在装配环境中创建不同类型的元件：零件、子装配件、骨架模型及主体项目。也可创建一个空元件。

【封装】：选择此命令可将元件不加装配地约束在装配环境中，它是一种非参数形式的元件装配。

【包括】：选择此命令可在活动组件中包括未放置的元件。

【挠性】：选择此命令可向所选的组件添加挠性元件。

02 执行上述操作后，系统弹出【打开文件】对话框，选择零件，然后单击【打开】按钮，调入基础零件模型。

03 此时系统打开如图9-3-5所示的【元件放置】操控面板。

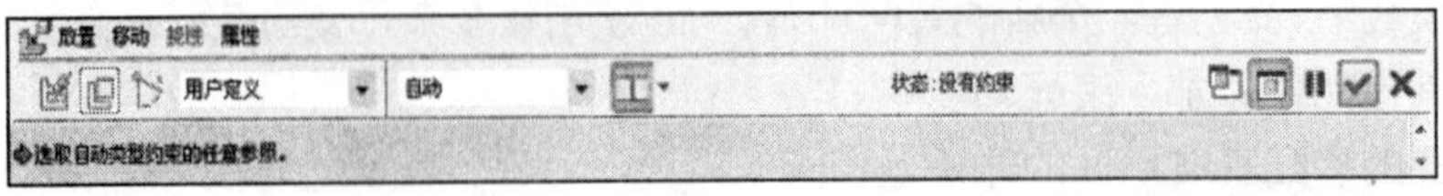

图 9-3-5 【元件放置】操控面板

【元件放置】操控面板的介绍如下：

- 按钮：指示正放入组件中的元件。该图标会显示在【插入(I)】|【元件(C)】|【装配(A)...】菜单和【特征】工具栏中。

【放置】上滑面板：

单击操控面板上的【放置】按钮，打开如图 9-3-6 所示的【放置】上滑面板。

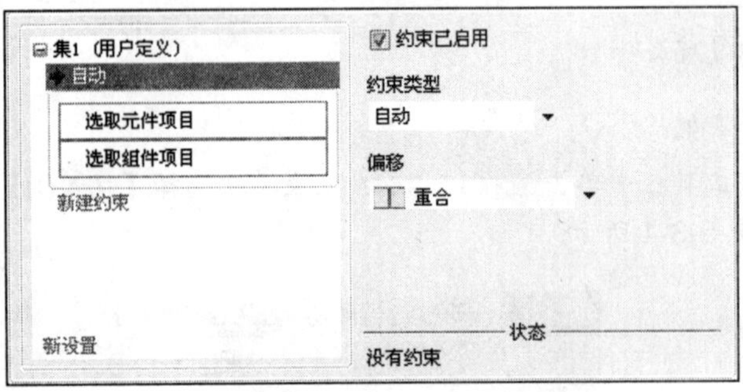

图 9-3-6 【放置】上滑面板

该面板启用和显示元件放置和连接定义。它包含两个区域：

- 【导航】和【收集】区域：显示集和约束。将为预定义约束集显示平移参照和运动轴。集中的第一个约束将自动激活。在选取一对有效参照后，一个新约束将自动激活，直到元件被完全约束为止。
- 【约束属性】区域：与在导航区中选取的约束或运动轴上下文相关。

【移动】上滑面板：

- 单击操控面板上的【移动】按钮，打开如图 9-3-7 所示的【移动】上滑面板。

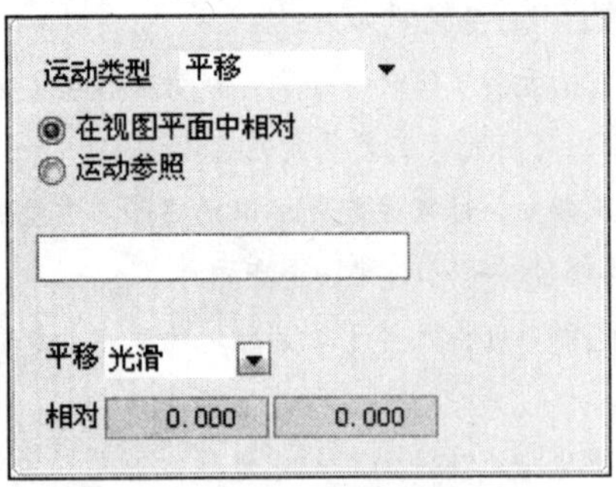

图 9-3-7 【移动】上滑面板

使用【移动】面板可移动正在装配的元件，使元件的取放更加方便。当【移动】面板处于活动状态时，将暂停所有其他元件的放置操作。要移动元件，必须要封装或用预定义约束集配置该元件。

在【移动】面板中，可使用下列选项：

【运动类型】：指定运动类型，缺省值是【平移】。

- 【定向平移】：重定向视图。
- 【平移】：移动元件。
- 【旋转】：旋转元件。
- 【调整】：调整元件的位置。

【视图平面中相对】:（缺省）相对于视图平面移动元件。

【运动参照】: 相对于元件或参照移动元件。此选项激活运动参照收集器。

参照收集器：搜集元件移动的参照。运动与所选参照相关。最多可收集两个参照。选取一个参照以激活【垂直】和【平行】选项。

- 【垂直】：垂直于选定参照移动元件。
- 【平行】：平行于选定参照移动元件。
- 【相对】：显示元件相对于移动操作前位置的当前位置。仅供参照。

【挠性】上滑面板：

此面板仅对于具有预定义挠性的元件是可用的。

【属性】上滑面板：

- 名称框：显示元件名称。
- ：在 Pro/ENGINEER 浏览器中提供详细的元件信息。

对话栏：

【元件放置】对话框栏选项与所选集类型和约束上下文相关，各按钮功能如下：

- ：使用界面放置元件。
- ：手动放置元件。
- ：将用户定义集转换为预定义集，或相反。

【预定义集】列表：显示预定义约束集的列表。

- 【用户定义】：创建一个用户定义约束集。
- 【刚性】：在组件中不允许任何移动。
- 【销钉】：包含移动轴和平移约束。
- 【滑块】：包含移动轴和旋转约束。
- 【圆柱】：包含只允许进行 360° 移动的旋转轴。
- 【平面】：包含一个平面约束，允许沿着参照平面旋转和平移。
- 【球】：包含允许进行 360° 移动的点对齐约束。
- 【焊接】：包含一个坐标系和一个偏距值，以将元件【焊接】在相对于组件的一个固定位置上。
- 【轴承】：包含一个点对齐约束，允许沿轨迹旋转。
- 【一般】：创建有两个约束的用户定义集。
- 【6DOF】：包含一个坐标系和一个偏距值，允许在各个方向上移动。
- 【槽】：包含一个点对齐约束，允许沿一条非直轨迹旋转。

【约束】列表：包含适用于所选集的约束。当选取一个用户定义集时，缺省值为【自动】，但可以手动更改该值。下列选项可用：

- 【缺省值】：用缺省的组件坐标系对齐元件坐标系。
- 【固定】：将被移动或封装的元件固定到当前位置。

- 【曲面上的边】：在曲面上定位边。
- 【曲面上的点】：在曲面上定位点。
- 【直线上的点】：在直线上定位点。
- 【相切】：定位两种不同类型的参照，使其彼此相向。接触点为切点。
- 【坐标系】：用组件坐标系对齐元件坐标系。
- 【插入】：将旋转元件曲面插入组件旋转曲面。
- 【配对】：定位两个相同类型的参照，使其彼此相向。
- 【对齐】：将两个平面定位在同一平面上（重合且面向同一方向），两条轴同轴或两点重合。

【偏移】类型输入框：为【配对】或【对齐】约束指定偏移类型。

- ：使元件参照和组件参照彼此重合。
- ：使元件参照位于同一平面上且平行于组件参照。
- ：根据在【偏距输入】框中输入的值，从组件参照偏移元件参照。
- ：根据在【偏距输入】框中输入的角度值，从组件参照偏移元件参照。
- ：切换【配对】和【对齐】约束。
- ：定义约束时，在其自己的窗口中显示元件。
- ：（缺省）在图形窗口中显示元件，并在定义约束时更新元件放置。

两个窗口选项可同时处于活动状态。

- ：暂停元件放置以使用工具。
- ：暂停后恢复元件放置。
- ：应用元件放置并退出操控板。
- ：取消元件放置。这将从组件和窗口中移除元件并关闭操控板。

9.3.3 小轴的装配

本小节将通过小轴的装配来介绍装配的一般过程。该装配由轴、键、齿轮三个零件组成。装配顺序是小轴，然后是键、齿轮。

经典实例

小轴的装配。

打开文件【光盘：源文件/第 9 章/9-4.asm】，如图 9-3-8 所示。

【实例效果】

图 9-3-8 装配效果图

【实例绘制】

1. 创建装配体文件

01 在菜单栏上单击按钮，系统弹出【新建】对话框。

02 在【新建】对话框中设定文件类型为【组件】，子类型为【设计】，修改文件名为9-4.asm。清除【使用缺省模板】复选框。

03 单击【确定】按钮，在【新建文件】对话框中选择【mmns_asm_design】的公制组件设计装配模板。

04 单击【确定】按钮，进入组件装配模式。

2. 调入小轴零件

01 在【特征】工具栏中单击按钮，或在主菜单中选择【插入(I)】|【元件(C)】|【装配(A)...】命令。

02 系统此时弹出【打开】对话框，选择【光盘：源文件/第 9 章/9-1.prt】，单击【打开】按钮。

03 在操控面板上选择【固定】约束。

04 单击【元件放置】操控面板上的按钮。窗口如图9-3-9所示。

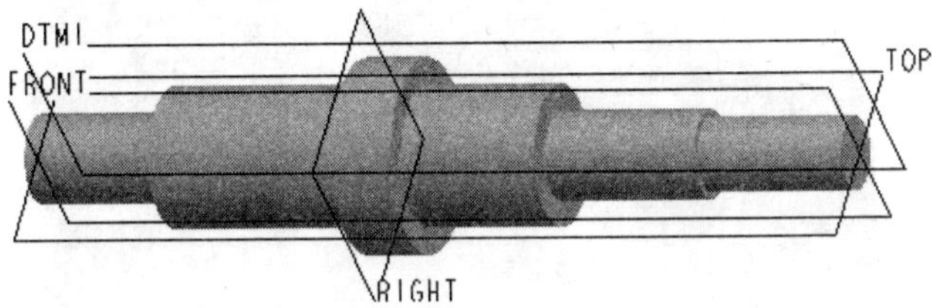

图9-3-9 小轴零件

3. 调入并装配"键"零件

01 在【特征】工具栏中单击按钮。

02 系统此时弹出【打开】对话框，选择【光盘：源文件/第 9 章/9-2.prt】，单击【打开】按钮。

03 此时装配体中键槽及键的相对位置如图9-3-10所示。

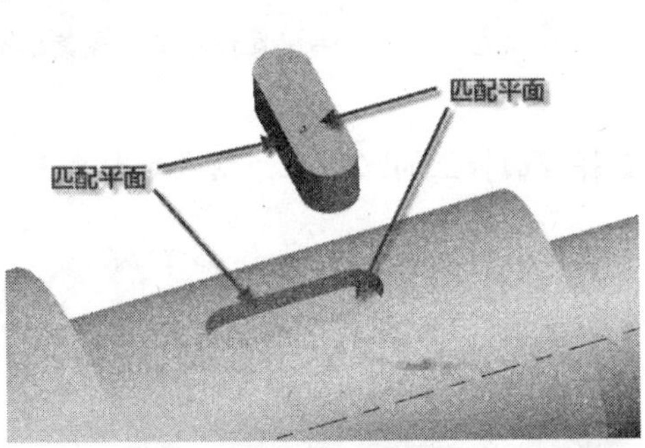

图9-3-10 调入键零件

04 建立第一个约束。在【约束】列表中选择【匹配】选项，选择如图9-3-10所示的含顶面的一组平面。在偏距框中输入偏移为0。如图9-3-11所示。

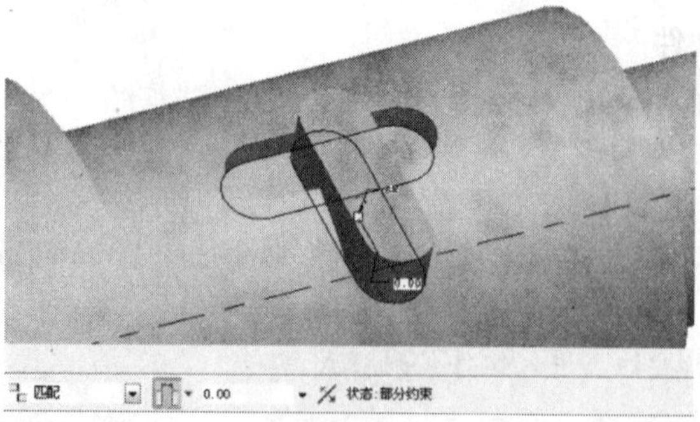

图 9-3-11　第一个约束

05　建立第二个约束。单击【元件放置】操控面板上的【放置】按钮，在弹出的【放置】上滑面板中选择【新建约束】命令，在【约束】列表中选择【匹配】选项，选择如图 9-3-10 所示的另一组平面。结果如图 9-3-12 所示。

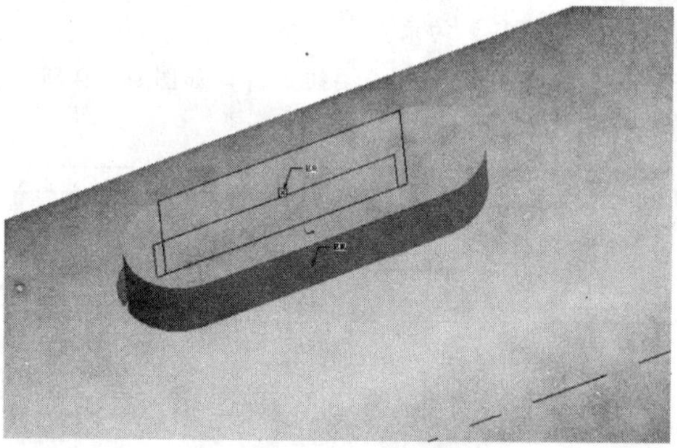

图 9-3-12　第二个约束

06　建立第三个约束。在弹出的【放置】上滑面板中选择【新建约束】命令。在【约束】列表中选择【插入】选项，选择键槽左端的半圆柱和平键左端的半圆柱面为参考。

> **提示**
>
> 对于错误的约束，可以在约束上右击，在弹出的快捷菜单中选择【删除】命令。

07　单击【元件放置】操控面板上的☑按钮。结果如图 9-3-13 所示。

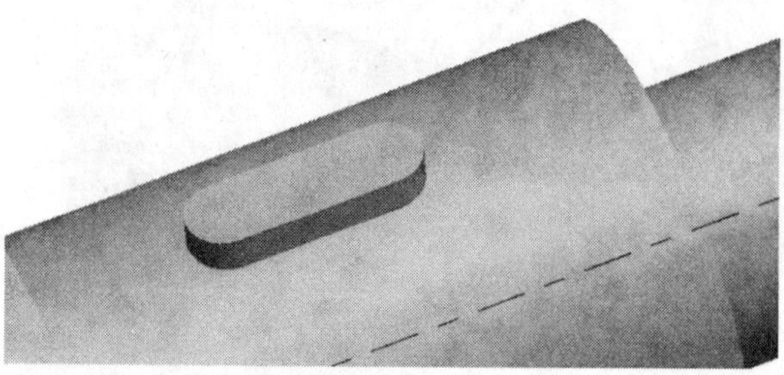

图 9-3-13　完成约束

4. 调入并装配齿轮零件

01 在【特征】工具栏中单击按钮。

02 系统此时弹出【打开】对话框，选择【光盘：源文件/第 9 章/9-3.prt】，单击【打开】按钮。

03 此时装配体中键槽及键的相对位置如图 9-3-14 所示。

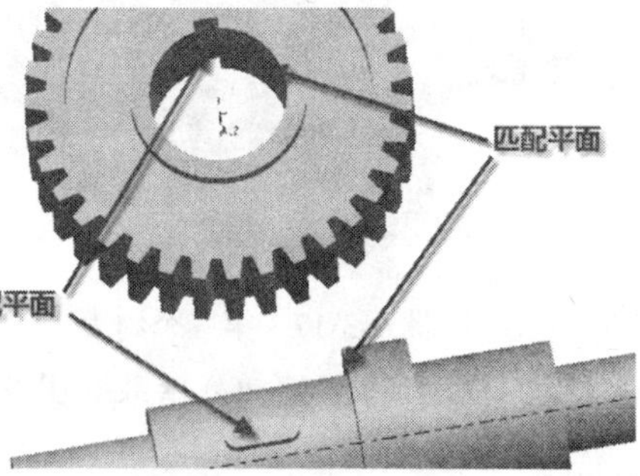

图 9-3-14 调入齿轮零件

04 建立第一个约束。在【约束】列表中选择【对齐】选项，选择两根中心轴。结果如图 9-3-15 所示。

图 9-3-15 对齐约束

05 建立第二个约束。单击【元件放置】操控面板上的【放置】按钮，在弹出的【放置】上滑面板中选择【新建约束】命令，在【约束】列表中选择【匹配】选项，选择如图 9-3-14 所示的含键顶面的一组平面，输入旋转角度值为 0，结果如图 9-3-16 所示。

图 9-3-16 第二个约束

06　第三个约束。在【约束】列表中选择【匹配】选项，选择如图 9-3-14 所示的另外一组平面，在偏距框中输入偏移为 0，结果如图 9-3-17 所示。

图 9-3-17　第三个约束

07　单击【元件放置】操控面板上的☑按钮。结果如图 9-3-18 所示。

图 9-3-18　完成装配

9.4　修改装配设计

在进行装配设计过程中，如果发现装配或者装配元件有错误，可以进行以下的修改：装配元件的打开与删除、元件尺寸的修改、元件装配尺寸的修改。

但是在修改的过程中应该注意装配模型中的“父子”关系，修改父特征，往往会影响子特征。

9.4.1　打开、删除元件

对于元件的基本操作都可以通过模型树或者是图形窗口中的快捷菜单完成。在模型树中选中一个元件并按下鼠标右键，都会弹出如图 9-4-1 所示的快捷菜单。

上述快捷菜单中各选项的功能分别如下：

- 下一个：下一个元件。
- 前一个：前一个元件。
- 从列表中选择：从列表中选择元件。
- 激活：激活所选择的元件。
- 再生：重新生成模型。
- 打开：打开所选的元件。

- 删除：删除所选的元件。
- 组：把所选元件变成组。
- 隐含：隐含所选的元件。
- 编辑：修改所选择的元件与装配体的偏距值。
- 编辑定义：重新定义所选元件的装配定位。
- 挠性化：将常规元件转化为挠性元件。
- 阵列：阵列所选的元件。
- 替换：替换所选的元件。
- 参照控制：控制所选的参照。
- 设置注释：在所选的元件中设置注释。
- 发送：发送电子邮件。
- 信息：查看元件的信息。
- 隐藏：将所选择的元件从图形中隐藏。

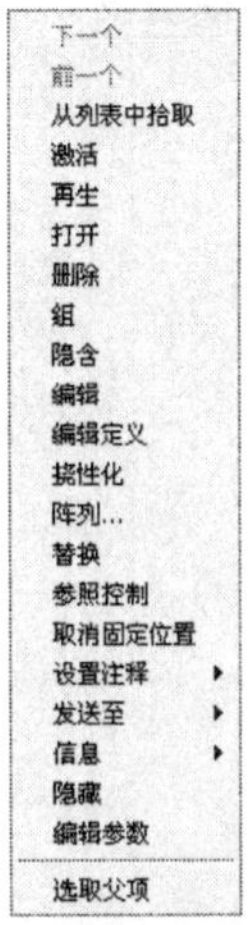

图 9-4-1　修改元件快捷菜单

如果想要打开、删除元件，可以打开此快捷菜单，并且从中选择【打开】或【删除】命令即可。

9.4.2　修改元件尺寸

要修改元件的尺寸，首先要在装配体模型树中显示元件的特征。修改元件尺寸的方法如下：

01　在模型树中单击【设置(G)】命令。

02　在弹出的下拉菜单中选择【树过滤器(F)...】命令，如图 9-4-2 所示。

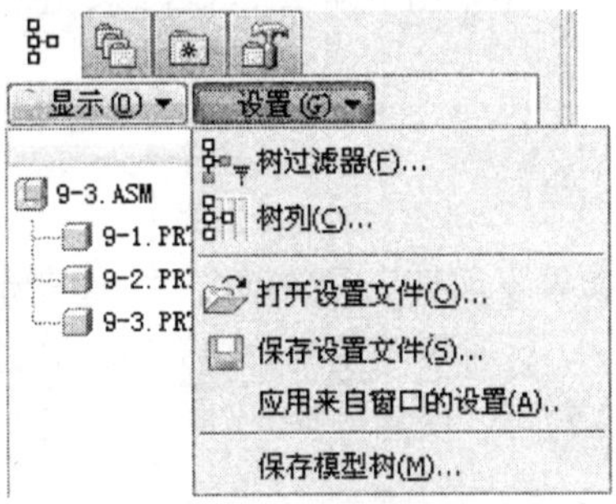

图 9-4-2　设置模型树

03　接着系统弹出【模型树项目】对话框，在【显示】组合框中选中【特征】选项。单击【确定】按钮。如图 9-4-3 所示。

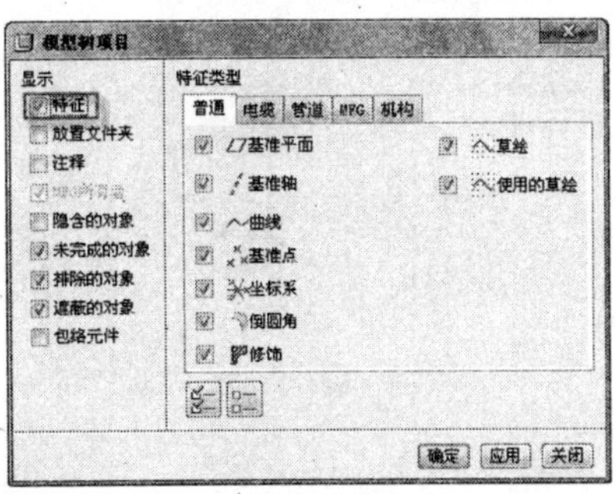

图 9-4-3　【模型树项目】对话框

04　此时模型树中将显示零件的具体特征，如图 9-4-4 所示。

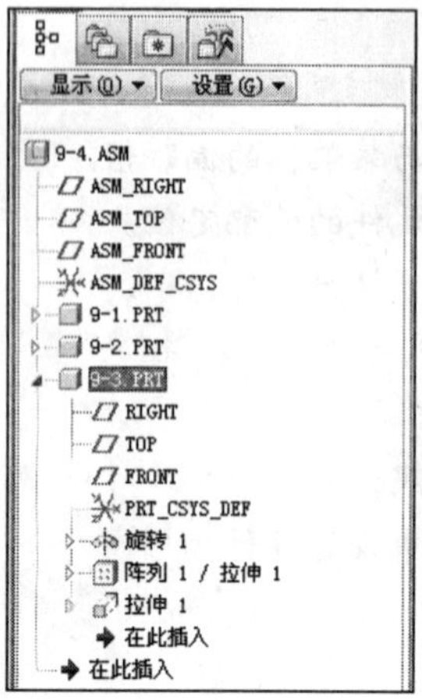

图 9-4-4　模型树

在模型树中选择要修改的特征，单击鼠标右键，在弹出的菜单中选择【编辑】命令，图形窗口显示相关的特征尺寸，单击某个尺寸可以修改尺寸值。但是在修改以后必须重新生成装配模型。

重新生成装配模型的方法有以下三种：

- 在菜单栏中选择【编辑(E)】|【再生(G)】命令。
- 在模型树中用鼠标右键单击要修改的特征，并在弹出的快捷菜单中选择【再生】命令。
- 快捷键：【Ctrl+G】

此外，在模型树中的快捷菜单中单击【编辑定义】命令也可以重新定义该特征。方法与零件中的特征修改相同。

9.4.3　替换元件

当装配体模型完成之后，如果发现某个元件不合适，或者是想要更换元件结构，又不想改变原有的装配关系（“父子”关系），这时可以使用替换元件的方法完成元件之间的更换。替换元件的装配关系（“父子”关系），这时可以使用替换元件的方法完成元件之间更换，因此替换元件也叫做互换元件。

替换元件的步骤如下：

01　在菜单栏中选择【编辑(E)】|【替换(A)...】命令，此时系统弹出如图 9-4-5 所示的【替换】对话框。

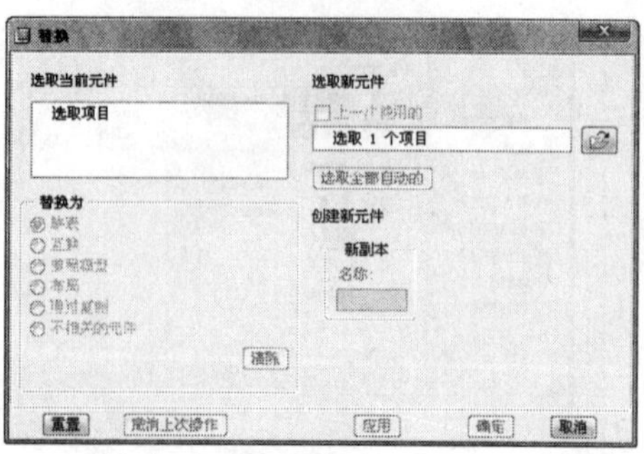

图 9-4-5　【替换】对话框

02 根据创建装配模型时，子选项的不同，此时可操作的命令也稍有不同，图 9-4-5 选择的子选项为【设计】。

03 在图形窗口选择将被替换的元件，这时【替换】对话框中的相关命令会变亮，成为可操作的命令。

04 单击按钮选择用来替代当前零件的零件模型。

05 可以通过以下几种方法来打开替代元件：

- 参考模型：使用包含有外部参照的零件来替换当前的装配元件。
- 布局：通过布局相关联的模型来替换当前的元件。
- 通过复制：用新创建的模型副本来替换当前的元件。
- 不相关的元件：通过指定新模型的放置来替换当前的元件。

06 然后单击对话框中的【应用】按钮，完成元件替代。

注意

在进行元件替代过程中，经常会发生原有的参考丢失的情况，如果替换的是最后调入的装配元件，系统将弹出【再生失败】对话框，要求重新放置参照。如果不是最后一个装配元件，系统会弹出错误的提示窗口。在【菜单管理器】中可进行如下操作：

不作改变：即删除引起特征生成失败的修改。

调查：调查特征生成失败的原因。

修复模型：修复出错的模型。

快速修复：可以重新定义或删除因替换而不能装配的元件及其子元件。

9.5 装配体的分解图

装配体的分解图也叫做爆炸图，是将装配体中的各零件沿着直线或者坐标轴移动、旋转，使各零部件从装配体中分解出来，如图 9-5-1 所示。

图 9-5-1 元件的分解图

分解图可以清楚地显示组成装配体的零部件的形状及相对位置，对于装配体的构成表达十分有利。

创建装配体分解图的步骤如下：

1．创建装配体分解图

01　在菜单栏上选择【视图】|【视图管理】命令。

02　此时系统进入【视图管理器】对话框，如图 9-5-2 所示。

03　在【视图管理器】对话框中单击【分解】选项卡。

04　单击【新建】按钮，新建一个爆炸图，输入名称并回车。

05　单击【属性】按钮，【视图管理器】对话框变为如图 9-5-3 所示的对话框。

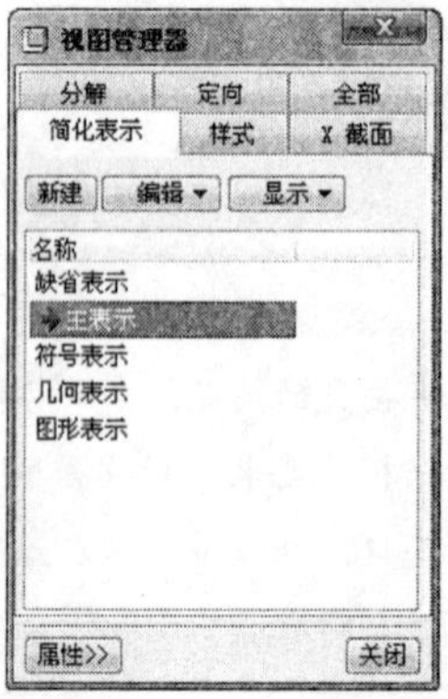

图 9-5-2　【视图管理器】对话框

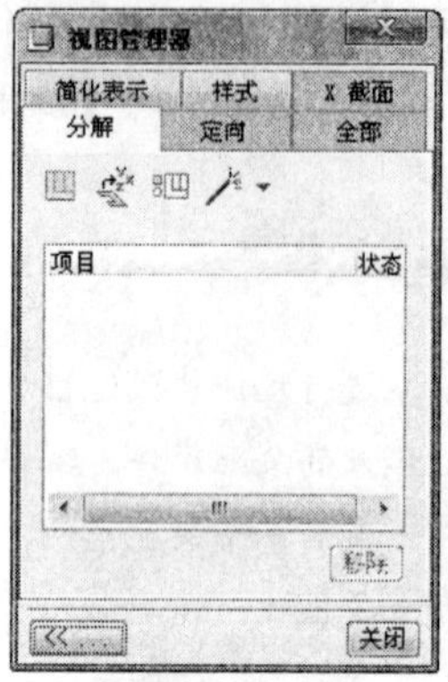

图　9-5-3

【视图管理器】对话框中各按钮的功能如下：

- ：取消分解视图或组件绘图视图，单击后此按钮变为。
- ：分解视图或组件绘图视图。
- ：编辑位置。
- ：切换状态。
- ：创建分解偏移线。

06　单击按钮，弹出如图 9-5-4 所示的【分解位置】对话框。

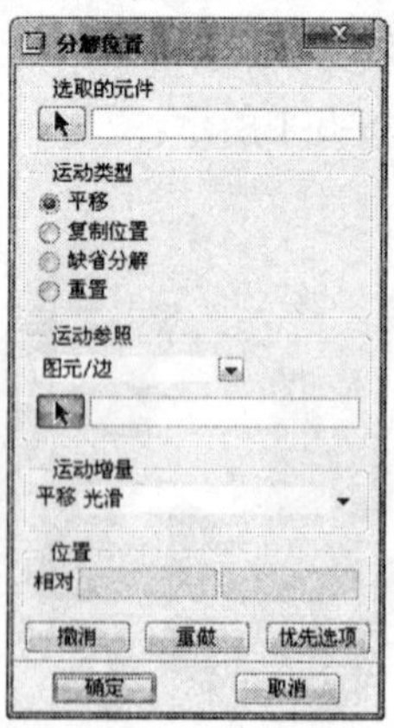

图 9-5-4　【分解位置】对话框

07　设置【运动类型】：

【分解位置】对话框中可以设置运动类型：

- 【移动】：进行元件的移动。
- 【复制位置】：移动同时可以进行另一个元件的运动，包括距离和方向。
- 【默认分解】：使用默认的方式分解该装配体。
- 【重置】：可以设置移动后的元件恢复原位。

08　接着要设置【运动参照】，单击下拉箭头，弹出如图 9-5-5 所示的列表。

09　选择要移动的元件，拖动鼠标到适当的位置松开鼠标。

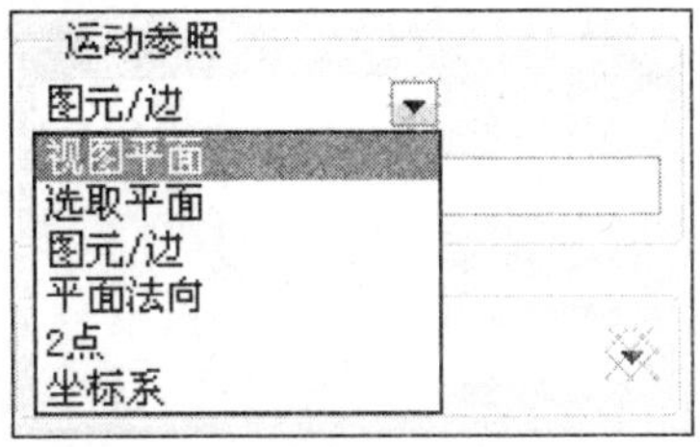

图 9-5-5　【运动参照】列表

2. 设置为当前状态

用户可以为装配体创建多个分解图，从不同角度显示元件之间的装配关系。因此，需要实现在多个分解图之间的切换。

操作方法是：

01　在【视图管理器】对话框中，选择【分解】选项卡。

02　选择相应视图的名称，并双击鼠标左键。

3. 返回默认视图

在当前的装配图分解视图中，单击菜单栏上的【视图(V)】|【分解(X)】|【取消分解视图(U)】命令，可返回默认的装配模型。

如果当前的状态为不分解的视图，则该命令为【分解视图(X)】。单击该命令可显示最后一次设置的分解视图。

9.6 装配体干涉检查

一个装配体完成后，往往需要知道装配体中各个零件部件间的干涉情况，有没有干涉？哪里有干涉？干涉量有多大？这些问题用 Pro/E 的干涉功能都可以解决。

装配体干涉检查的步骤如下：

01　在装配块中，选择下拉菜单中的【分析(A)】|【模型】|【全局干涉】命令，如图 9-6-1 所示。执行上述操作后，系统弹出如图 9-6-2 所示的【全局干涉】对话框。

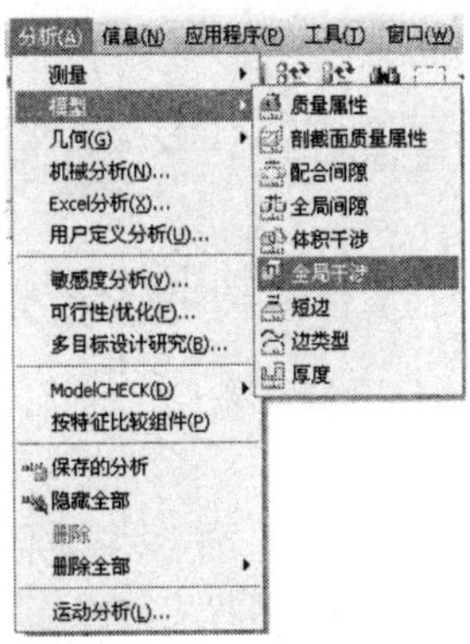

图 9-6-1　选取命令

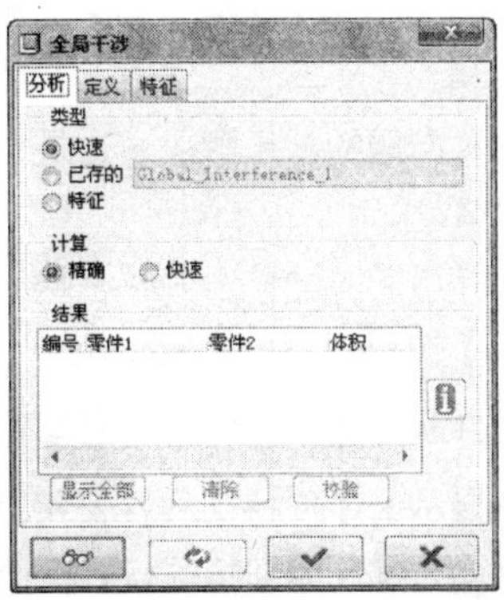

图 9-6-2　【全局干涉】对话框

02 保持默认选项，单击对话框中的 按钮。

03 在【结果】区域可看到干涉分析的结果：干涉的零件名称、干涉的体积大小；同时在模型上看到干涉的部位以红色加亮的方式显示。如图 9-6-3 所示。

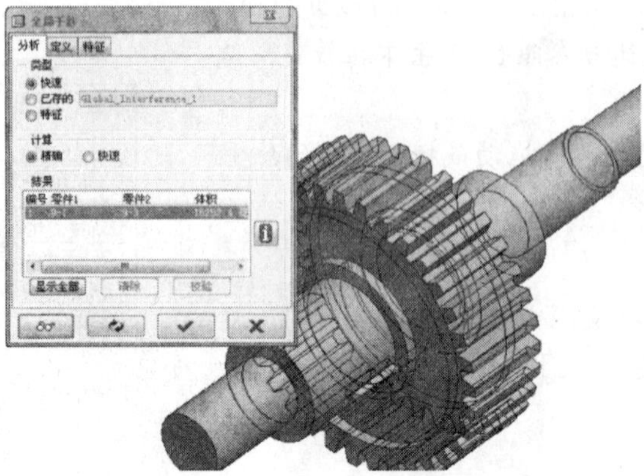

图 9-6-3 检查干涉的结果

04 如果装配体中没有干涉的元件，则系统在信息区无显示。

05 单击对话框中的 按钮完成干涉检查。

本章总结

一个产品往往是由多个零件组合（装配）而成的，零件的组合是在装配模块中完成的，通过本章的学习，可以通过学习产品装配的一般过程，掌握一些基本的装配技能。

主要学习的内容包括：基本概念、装配约束、如何创建装配体、装配体的分解图及装配体的干涉检查。通过这些内容的学习能够完成一些基本的装配工作。

有问必答

问：已将文件存盘，可再次打开时却提示“缺少元件模型”是什么原因？

答：产生这种问题的最可能的原因是：没有将所有的文件置于同一文件夹内。Pro/E 要求所有的文件都处于同一文件夹，如果某些零件不在当前文件夹，而打开的组件中正好需要此零件，那么就会报错。

遇到这种问题的常用解决方法是，单击屏幕右侧的【菜单管理器】中的【快速修复】|【查找元件】命令。

随后在弹出的对话框中寻找到缺失的文件（系统会自动在文件夹中搜索名称类似的文件），单击【打开】按钮，即可修复模型。

问：组件状态下，如何实现对零件的修改？

答：在显示出零件特征后，使用鼠标右键单击特征即可实现修改，方法与零件模块一样。

如果需要为零件添加特征，则事先应当将零件激活，方法是使用鼠标右键单击零件，从弹出的快捷菜单中选择【激活】命令。

在不激活零件的情况下，所创建的特征将位于组件中，会使工作白做。

问：为组件装配零件时，能否将旋转、平移的操作只应用于零件，而组件保持不动？

答：装配过程中仅对零件进行旋转和平移操作，将更有利于对象的观察选取。

- 旋转：Ctrl+Alt+鼠标中键，拖动鼠标。
- 平移：按住 Ctrl+Alt+鼠标右键，拖动鼠标。

如果按住 Ctrl+Alt+鼠标左键，就会发现模型略微偏转一个角度。此时拖动鼠标，那么零件将在垂直于视图平面的方向上移动。

为零件添加了约束之后，再使用上述的方法，则模型只能在没有被限制自由度的方向上运动。

问：在使用【匹配】和【对齐】约束时，【定向】功能有什么用处？

答：通常用【匹配】和【对齐】功能使两个平面重合或保持一定的偏距，而【定向】则不考虑两平面间的距离，仅保持两平面间的平行。

问：在使用【匹配】和【对齐】约束时，【角度偏移】功能有什么用处？

答：在模型中的剩余一个旋转自由度时就可以使用【角度偏移】功能。使用者可以输入角度数值来调整零件的位置，系统会使用环形箭头提示旋转方向。

Study

Chapter 10

综 合 实 例

学习导航

零件建模与设计是产品设计的基础和关键，要熟练掌握 Pro/ENGINEER 各种零件的设计，只靠理论学习和少量的练习是远远不够的。

本章的目的正是为了使读者通过一些典型实例，迅速掌握各种零件的建模方法、技巧和构思精髓，使读者在短时间内成为一名 Pro/ENGINEER 产品设计高手。

本章要点

- ◎ 软管
- ◎ 调温旋钮
- ◎ 齿轮泵体

10.1 软管制作

【光盘：源文件/第 10 章/10-1.prt】

【实例分析】

本实例主要运用了如下一些命令：旋转、阵列和抽壳，其难点是创建模型上的波纹，在进行这个特征的阵列操作时，确定增量尺寸比较关键。

【实例效果】

软管制作的最终效果如图 10-1-1 所示。

图 10-1-1　软管

【实例制作】

1. 新建文件

01　单击（新建）按钮，在【新建】对话框中设定文件类型为【零件】，子类型为【实体】，文件名修改为 10-1，清除【使用缺省模板】复选框。

02　单击【确定】按钮，在【新建文件】对话框中选择【mmns_part_solid】的公制实体零件模板。

03　单击【确定】按钮，进入零件建立模式。

2. 创建旋转特征

01　单击（旋转工具）按钮，打开【旋转工具】操控面板。

02　在绘图窗口单击鼠标右键，选择【定义内部草绘】命令，打开【草绘】对话框。

03　选择 TOP 视图为【草绘】平面，其余接受系统默认设置。进入【草绘】模式。绘制如图 10-1-2 所示的剖面。

注意

注意旋转特征要绘制中心线。

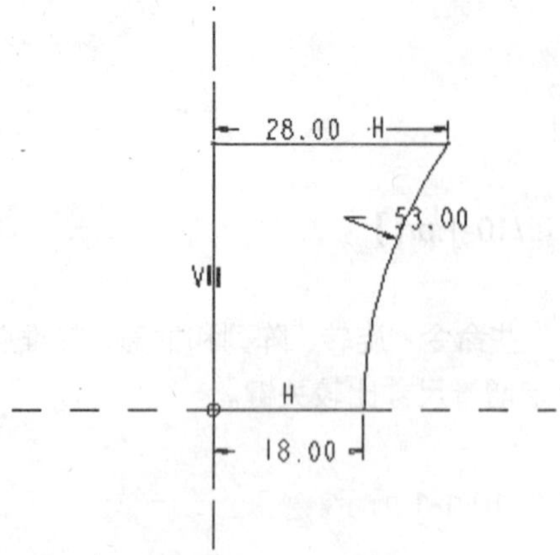

10-1-2　绘制剖面

04　完成剖面后，单击按钮，退出【草绘】模式。

05　保留操控面板上的（变量）选项，在旁边的角度数值中保持 360°。这意味着建立的旋转特征绕中心 360° 旋转，结果如图 10-1-3 所示。

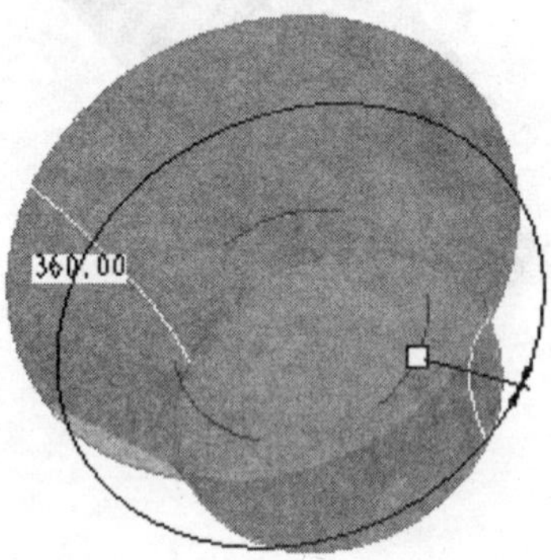

图 10-1-3　360° 的旋转特征

06　单击按钮，完成第 1 个旋转特征，如图 10-1-4 所示。

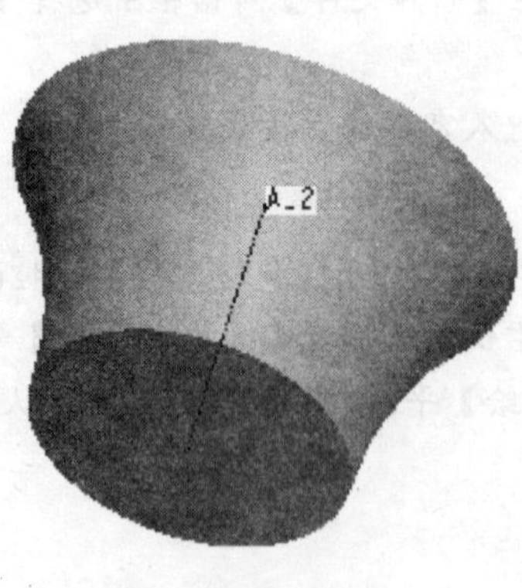

图 10-1-4　完成旋转特征

3. 创建第 2 个旋转特征

01　单击（旋转工具）按钮，打开【旋转工具】操控面板。

02 在绘图窗口单击鼠标右键，选择【定义内部草绘】命令，打开【草绘】对话框。

03 选择TOP视图为【草绘】平面，其余接受系统默认设置。进入【草绘】模式。绘制如图10-1-5所示的剖面。

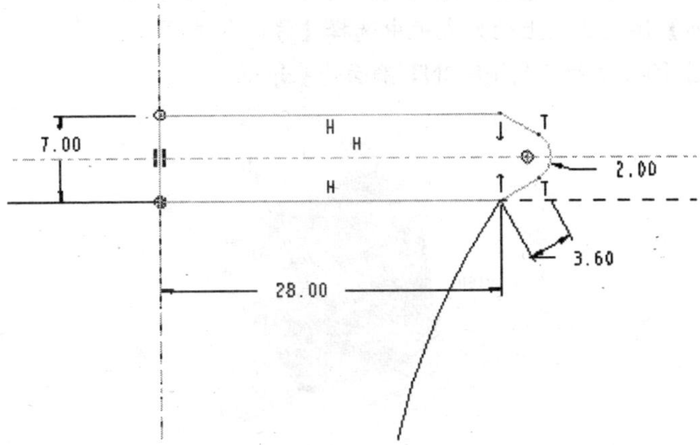

10-1-5 绘制剖面

04 完成剖面后，单击按钮，退出【草绘】模式。

05 保留操控面板上的（变量）选项，在旁边的角度数值中保持 360° 。这意味着建立的旋转特征绕中心360° 旋转，结果如图10-1-6所示。

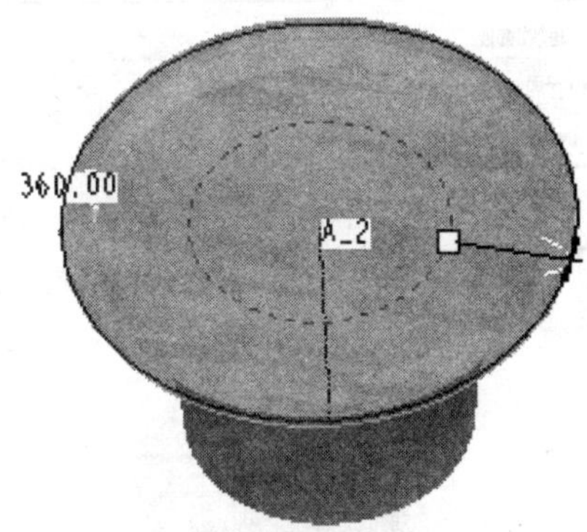

图10-1-6 360° 的旋转特征

06 单击按钮，完成第2个旋转特征，如图10-1-7所示。

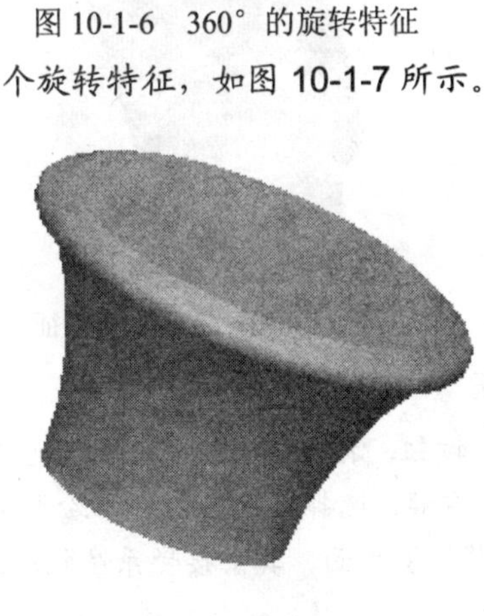

图10-1-7 完成旋转特征

4. 创建阵列特征

01 选择模型中的第 2 个旋转特征作为阵列导引。

02 单击▦（阵列）工具按钮，系统打开【阵列】操控面板。

03 从【阵列】操控面板上的列表框中选择【方向】选项。

04 选取如图 10-1-8 所示的 FRONT 平面为基准面。

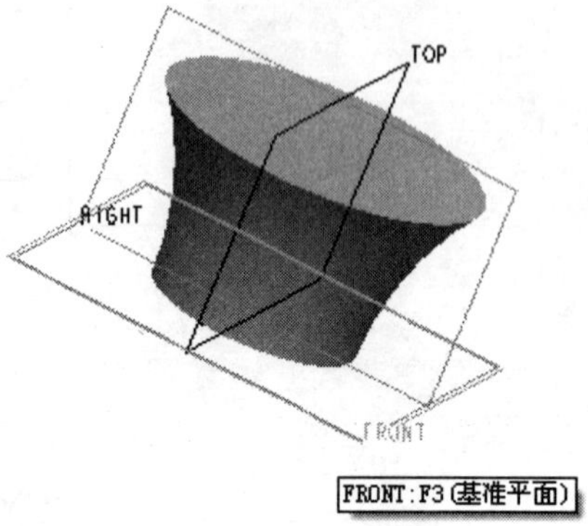

图 10-1-8　选择基准面

05 设置其增量为 7，阵列成员数为 15。此时操控面板如图 10-1-9 所示。

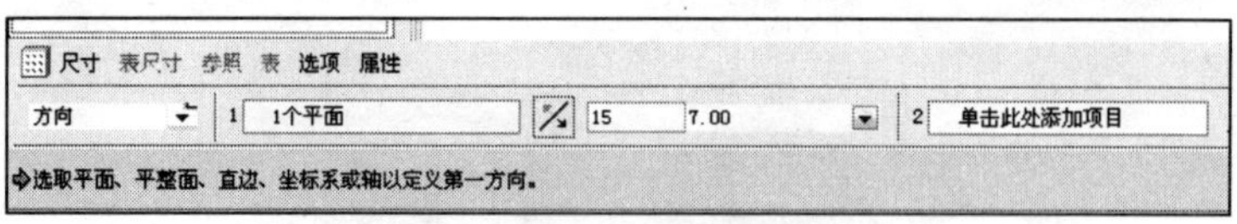

图 10-1-9　操控面板

06 单击操控面板上的✔（完成）按钮，完成操作。完成的阵列特征如图 10-1-10 所示。

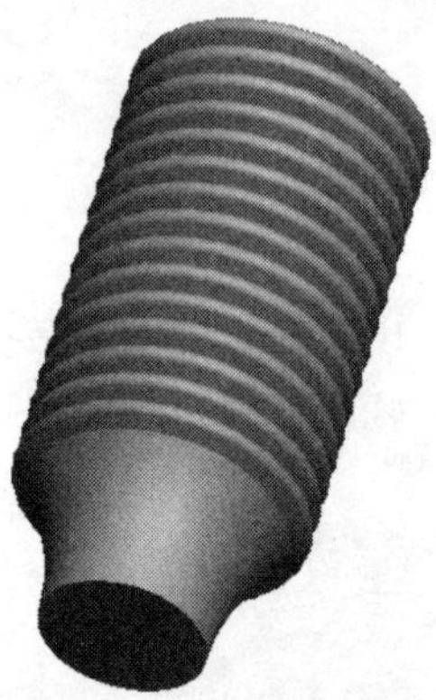

图 10-1-10　完成阵列特征

5. 创建第 3 个旋转特征

01 单击⊕（旋转工具）按钮，打开【旋转工具】操控面板。

02 在绘图窗口单击鼠标右键，选择【定义内部草绘】命令，打开【草绘】对话框。

03 选择 TOP 视图为【草绘】平面，其余接受系统默认设置，进入【草绘】模式。绘制如图 10-1-11 所示的剖面。

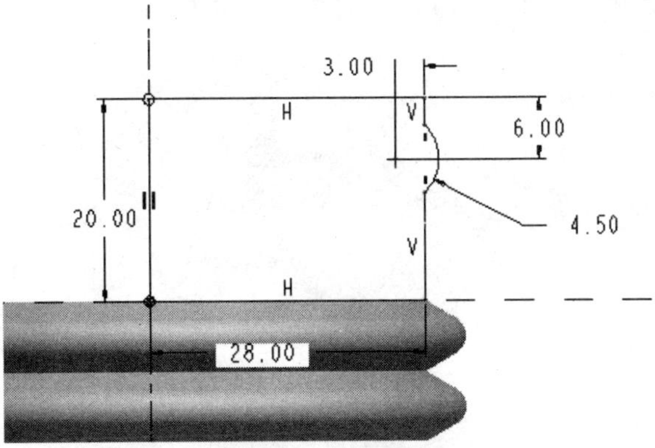

10-1-11 绘制剖面

04 完成剖面后，单击☑按钮，退出【草绘】模式。

05 保留操控面板上的⊔（变量）选项，在旁边的角度数值中保持 360° 。这意味着建立的旋转特征绕中心 360° 旋转，结果如图 10-1-12 所示。

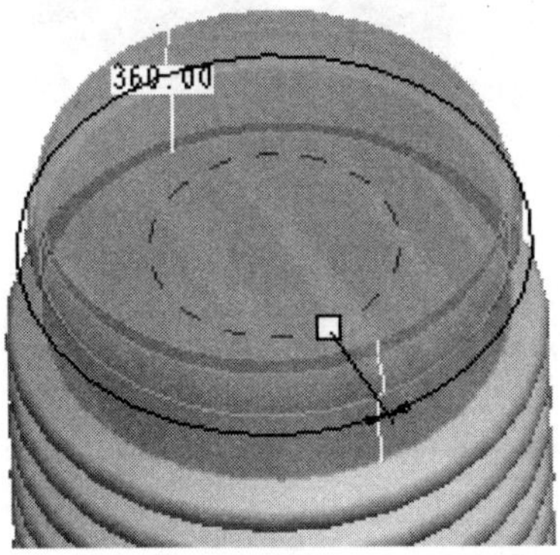

图 10-1-12 360° 的旋转特征

06 单击☑按钮，完成第 3 个旋转特征，如图 10-1-13 所示。

图 10-1-13 完成旋转特征

6．创建壳特征

01 单击图形窗口右侧【特征】工具栏内的回按钮，或在主菜单中选择【插入（I）】|【壳（L）】命令。

02　在图形窗口选择如图 10-1-14 所示的两个端面为移除曲面。

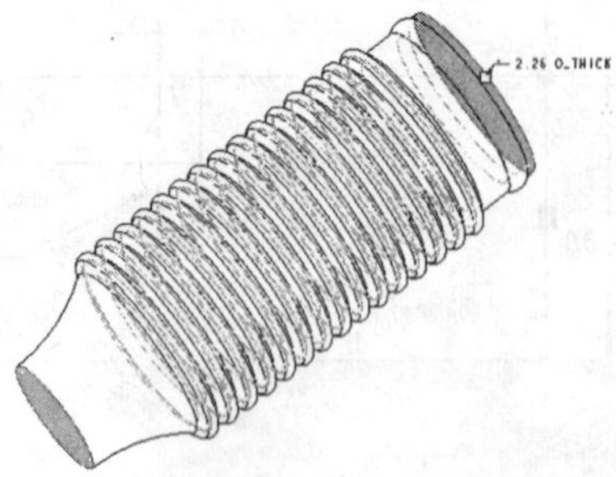

图 10-1-14　选择曲面

03　在操控面板中输入厚度数值为 1.2。

04　单击操控面板上的☑按钮，完成壳特征的创建，如图 10-1-15 所示。

图 10-1-15　完成壳特征的创建

10.2　微波炉的调温旋钮

【光盘：源文件/第 10 章/10-2.prt】

【实例分析】

本实例是设计一个日常生活中常见的微波炉的调温旋钮。首先创建实体旋转特征、基准曲线，然后通过镜像并利用得到的基准曲线构建边界混合曲面，再利用边界混合曲面来塑造实体（这是本例的关键点），最后进行倒圆角、抽壳从而得到最终模型。

【实例效果】

微波炉的调温旋钮的最终效果如图 10-2-1 所示。

图 10-2-1　微波炉调温旋钮

【实例制作】

1. 新建文件

01 单击（新建）按钮，在【新建】对话框中设定文件类型为【零件】，子类型为【实体】，文件名修改为 10-2，清除【使用缺省模板】复选框。

02 单击【确定】按钮，在【新建文件】对话框中选择【mmns_part_solid】的公制实体零件模板。

03 单击【确定】按钮，进入零件建立模式。

2. 创建旋转特征

01 单击（旋转工具）按钮，打开【旋转工具】操控面板。

02 在绘图窗口单击鼠标右键，选择【定义内部草绘】命令，打开【草绘】对话框。

03 选择 FRONT 视图为【草绘】平面，其余接受系统默认设置，进入【草绘】模式。绘制如图 10-2-2 所示的剖面。

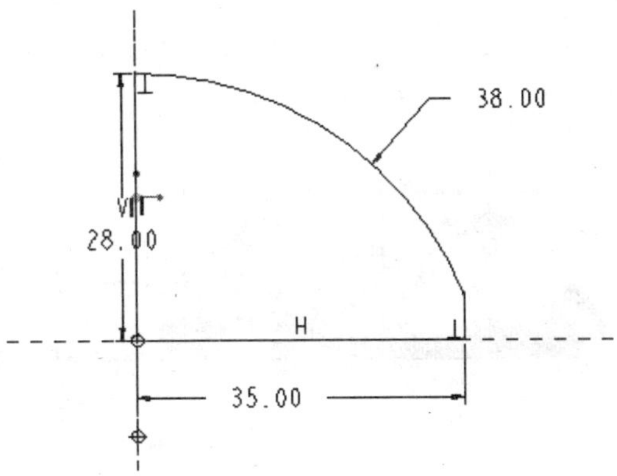

图 10-2-2 绘制剖面

04 完成剖面后，单击按钮，退出【草绘】模式。

05 保留操控面板上的（变量）选项，在旁边的角度数值中保持 360°。这意味着建立的旋转特征绕中心 360° 旋转，结果如图 10-2-3 所示。

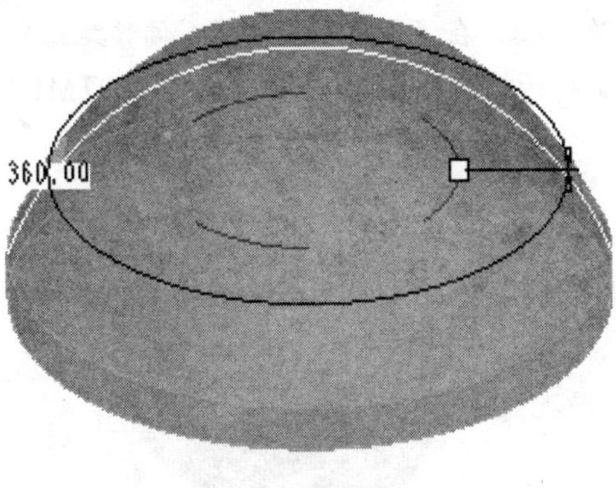

图 10-2-3 360° 的旋转特征

06 单击按钮，完成第 1 个旋转特征，如图 10-2-4 所示。

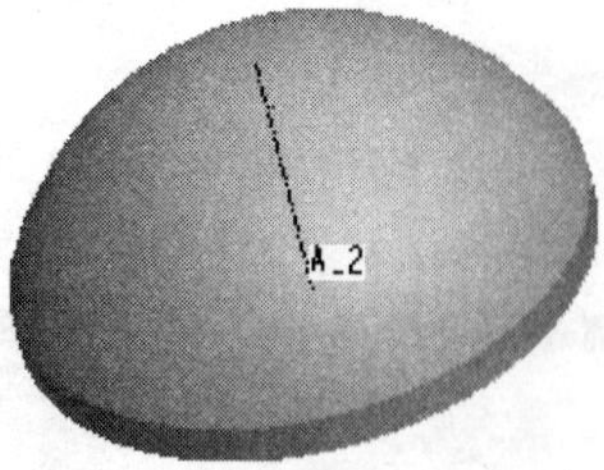

图 10-2-4　完成旋转特征

3. 绘制基准曲线

01　单击按钮，打开【草绘】对话框。

02　选择 FRONT 平面作为【草绘】平面，其余接受系统默认设置。

03　单击该对话框的【草绘】按钮，进入【草绘】模式。

04　绘制如图 10-2-5 所示的【草绘】截面。

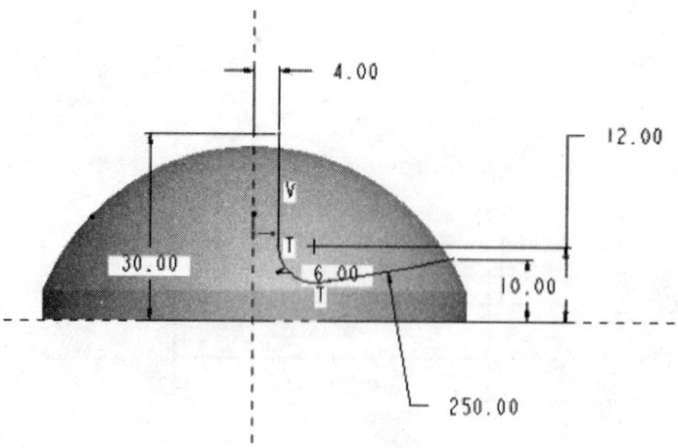

图 10-2-5　绘制基准曲线

05　单击按钮，退出【草绘】模式。

4. 建立新的基准平面

01　单击（基准平面工具）按钮，打开【基准平面】对话框。

02　选择 FRONT 基准平面，在【偏移】选项输入偏移距离为 35。

03　单击【基准平面】对话框中的【确定】按钮，建立 DTM1 基准平面，如图 10-2-6 所示。

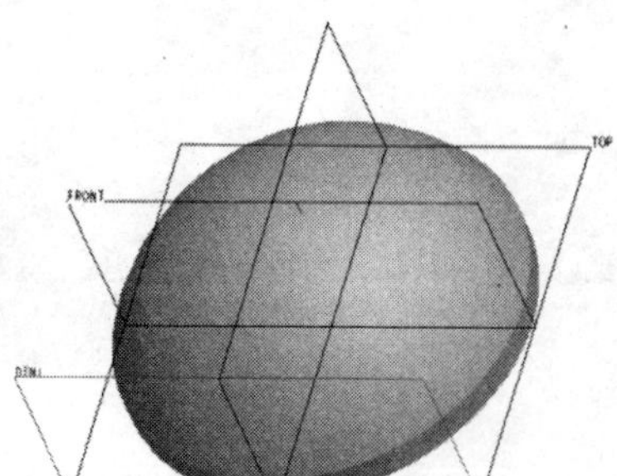

图 10-2-6　创建 DTM1

5. 绘制基准曲线 1

01 单击按钮，打开【草绘】对话框。

02 选择 DTM1 平面作为【草绘】平面，其余接受系统默认设置。

03 单击该对话框的【草绘】按钮，进入【草绘】模式。

04 绘制如图 10-2-7 所示的【草绘】截面。

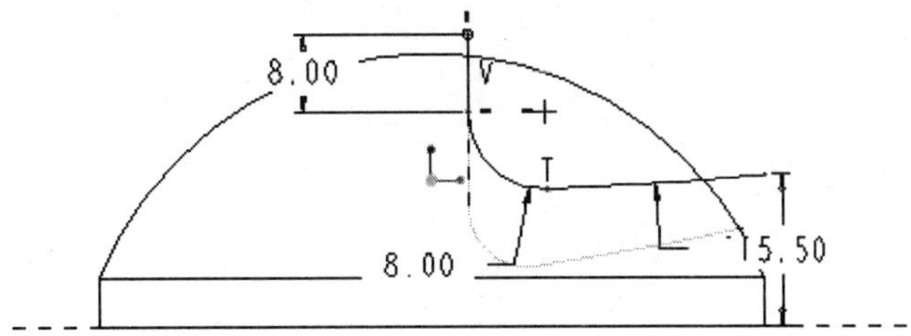

图 10-2-7 绘制基准曲线 2

05 单击按钮，退出【草绘】模式。

6. 镜像基准曲线 2

01 在主菜单中选择【编辑（E）】|【特征操作（O）】命令。

02 在【菜单管理器】中选择【复制】|【镜像】|【选取】|【从属】|【完成】命令，如图 10-2-8 所示。

图 10-2-8 选择命令

03 选择上面步骤建立的基准曲线 2，选择【完成】命令。

04 选择 FRONT 基准平面为镜像参照平面，结果如图 10-2-9 所示。

7. 创建边界曲面

01 在主菜单上选择【插入（I）】|【扫描混合（S）】命令。

02 系统弹出【混合扫描】操控面板，激活选取项目栏。

03 按住【Ctrl】键，依次选择基准曲线 2、基准曲线 1、基准曲线 3，如图 10-2-10 所示。

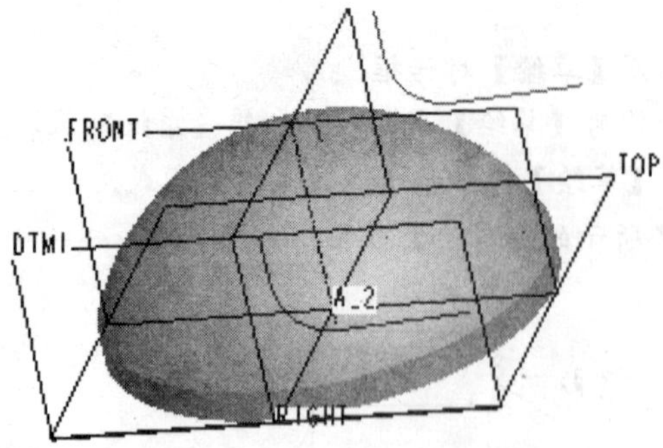

图 10-2-9　镜像基准曲线 2

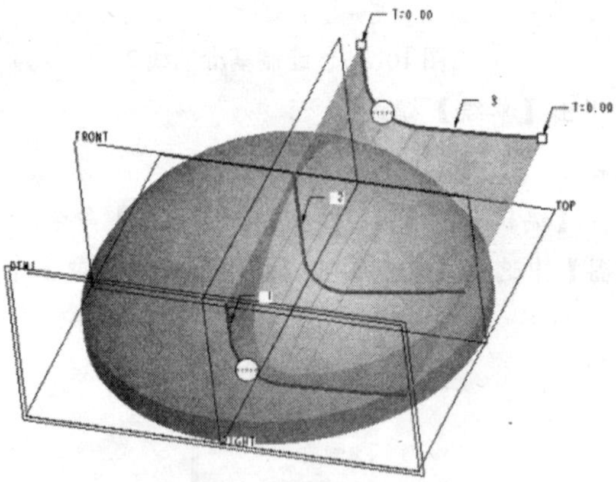

图 10-2-10　选择边界曲线

04　单击✔按钮，完成操作。创建的边界曲面如图 10-2-11 所示。

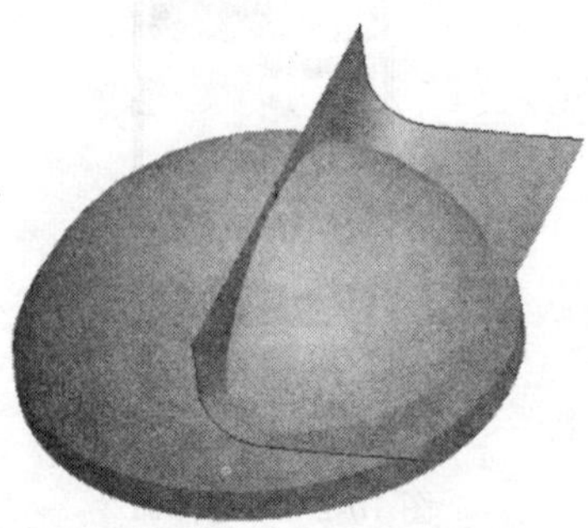

图 10-2-11　创建边界曲面

8. 镜像边界曲面

01　选择要镜像的边界曲面。

02　单击（镜像）工具按钮，出现【镜像】操控面板。

03　选择 RIGHT 基准平面为镜像平面。

04　单击✔（完成）按钮，完成操作，结果如图 10-2-12 所示。

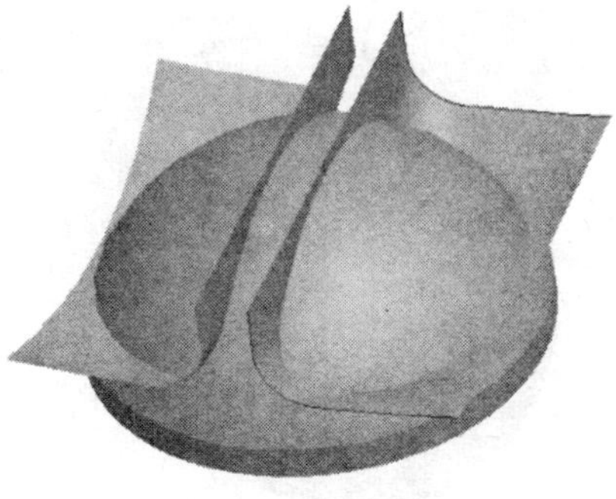

图 10-2-12 完成镜像操作

9. 使用“曲面”创建实体

01 选择创建的边界曲面 1。

小知识

可以用一个面组替代实体表面的一部分，注意替换面组的所有边界都必须位于实体表面上。

02 选择下拉菜单中的【编辑（E）】｜【实体化（Y）】命令，此时系统出现如图 10-2-13 所示的操控面板。

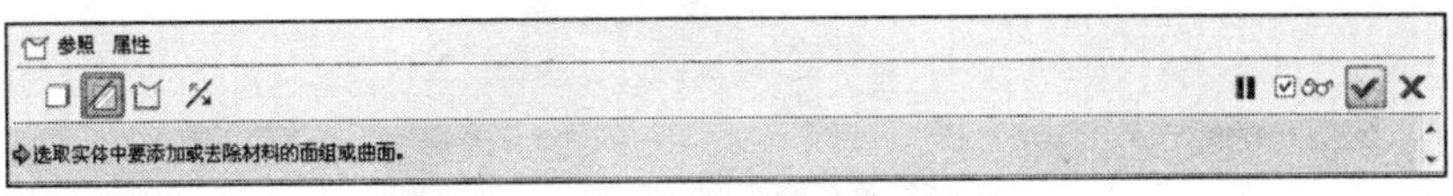

图 10-2-13 实体化操控面板

03 单击操控面板上的按钮，进行去除材料操作。

04 选择特征【草绘 1】、【草绘 2】、【镜像 1】，单击鼠标右键，在弹出的命令中选择【隐藏】命令。

05 单击按钮，完成实体化操作。结果如图 10-2-14 所示。

图 10-2-14 完成实体化操作

06 用同样的方法对边界曲面 2 进行实体化。结果如图 10-2-15 所示。

图 10-2-15　完成实体化操作

10. 创建圆角特征

01　单击图形窗口右侧【特征】工具栏内的【倒圆角工具】按钮，或单击主菜单中的【插入（I）】|【倒圆角（O）】命令。

02　保持操控面板的默认设置。

03　按住【Ctrl】键，在模型上选择如图 10-2-16 所示的边线。

04　输入半径值为 2。

05　在图形窗口空白处单击鼠标右键，在弹出的快捷菜单中选择【添加组】命令。

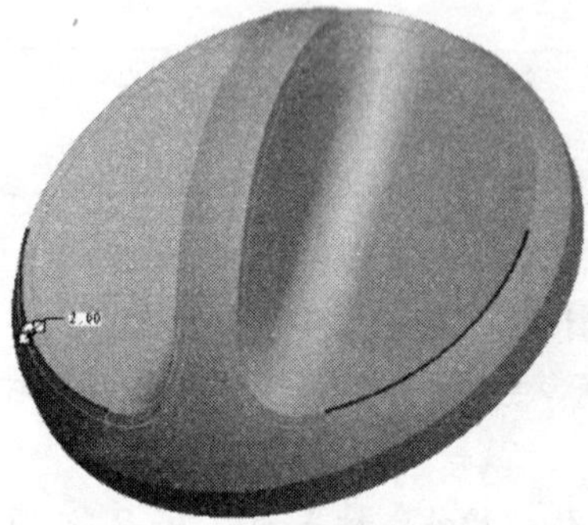

图 10-2-16　选择边线

06　选择如图 10-2-17 所示的边线。

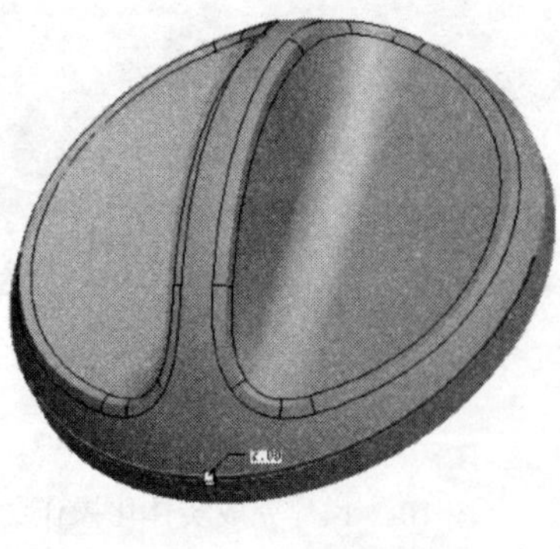

图 10-2-17　选择边

07 输入半径值为 5，其余保持默认设置。

08 单击操控面板上的按钮，完成创建，如图 10-2-18 所示。

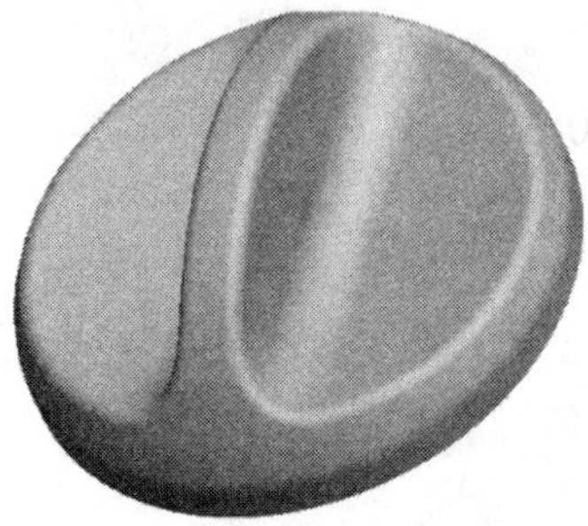

图 10-2-18 完成倒圆角特征的创建

11. 创建壳特征

01 单击图形窗口右侧【特征】工具栏内的按钮，或在主菜单中选择【插入（I）】|【壳（L）】命令。

02 在图形窗口选择如图 10-2-19 所示的端面为移除曲面。

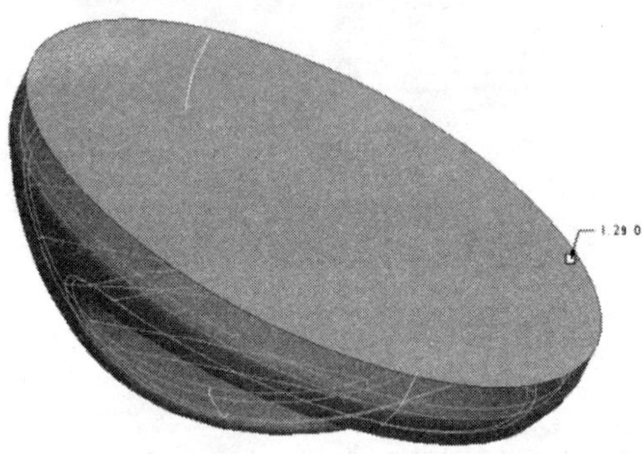

图 10-2-19 选择曲面

03 在操控面板中输入厚度数值为 1.5。

04 单击操控面板上的按钮，完成壳特征的创建，如图 10-2-20 所示。

图 10-2-20 完成壳特征的创建

10.3 齿轮泵体

【光盘：源文件/第 10 章/10-3.prt】

【实例分析】

本实例主要采用的是一些基本的实体创建命令，如实体拉伸、拔模、实体旋转、切削、阵列、孔、蛇纹修饰、倒角等，重点是培养构建三维模型的思想，其中各种孔的创建需要特别注意。

【实例效果】(如图 10-3-1 所示)

图 10-3-1 齿轮泵体

【实例制作】

1. 新建文件

01 单击 (新建) 按钮，在【新建】对话框中设定文件类型为【零件】，子类型为【实体】，文件名修改为 10-3，清除【使用缺省模板】复选框。

02 单击【确定】按钮，在【新建文件】对话框中选择【mmns_part_solid】的公制实体零件模板。

03 单击【确定】按钮，进入零件建立模式。

2. 创建拉伸特征 1

01 单击 (拉伸工具) 按钮，打开【拉伸工具】操控面板。

02 单击【放置】选项卡，打开上滑面板。

03 单击【定义】按钮，打开【草绘】对话框。

04 选择 TOP 基准平面为【草绘】平面，其余接受系统默认的设置。

05 单击对话框的【草绘】按钮，进入【草绘】模式。

06 绘制如图 10-3-2 所示的剖面。

07 完成剖面后，单击按钮，退出【草绘】模式。

08 保持操控面板上深度的选项，输入深度数值为 105。

09 单击操控面板右侧的按钮，建立第 1 个拉伸特征，如图 10-3-3 所示。

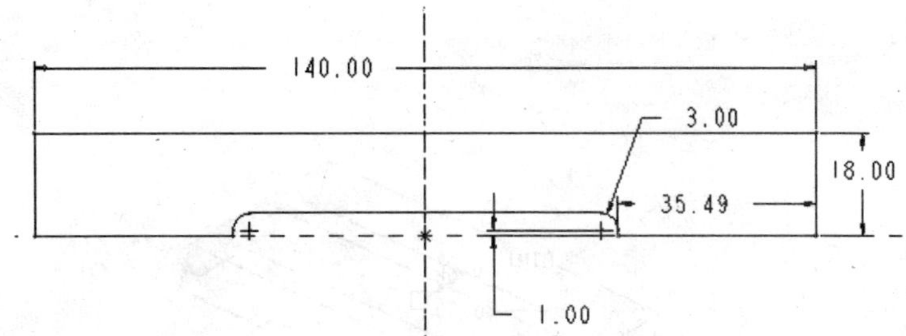

图 10-3-2　绘制剖面

图 10-3-3　完成拉伸特征

3. 建立基准平面 DTM1

01　单击（基准平面工具）按钮，打开【基准平面】对话框。

02　选择 FRONT 基准平面，在【偏移】选项输入偏移距离为–70。

03　单击【基准平面】对话框中的【确定】按钮，建立 DTM1 基准平面，如图 10-3-4 所示。

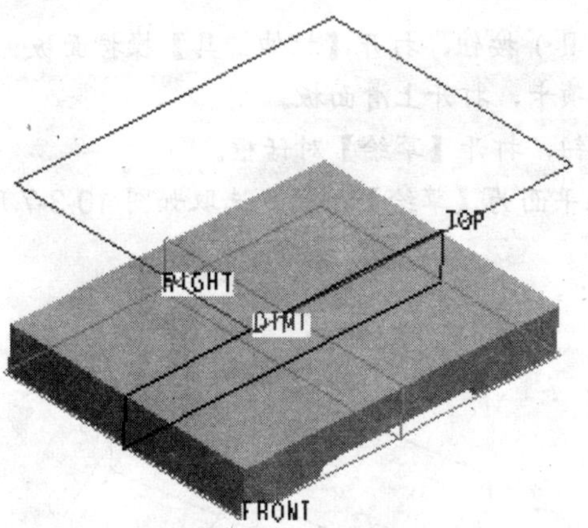

图 10-3-4　创建 DTM1

4. 建立基准平面 DTM2

01　单击（基准平面工具）按钮，打开【基准平面】对话框。

02　选择如图 10-3-5 所示的模型表面。

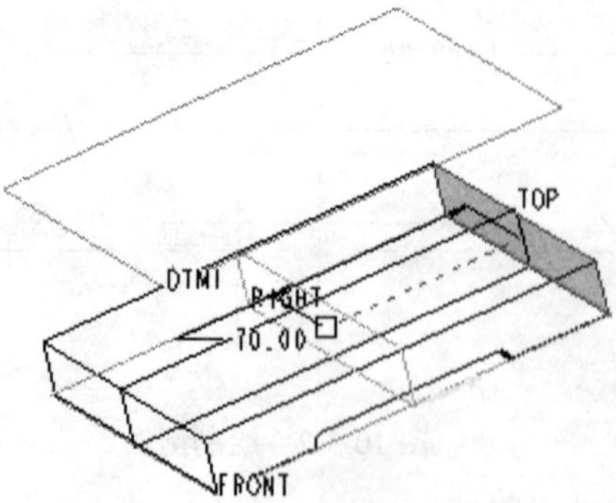

图 10-3-5 选取模型表面

03 在【偏移】选项输入偏移距离 55。

04 单击【基准平面】对话框中的【确定】按钮，建立 DTM2 基准平面，如图 10-3-6 所示。

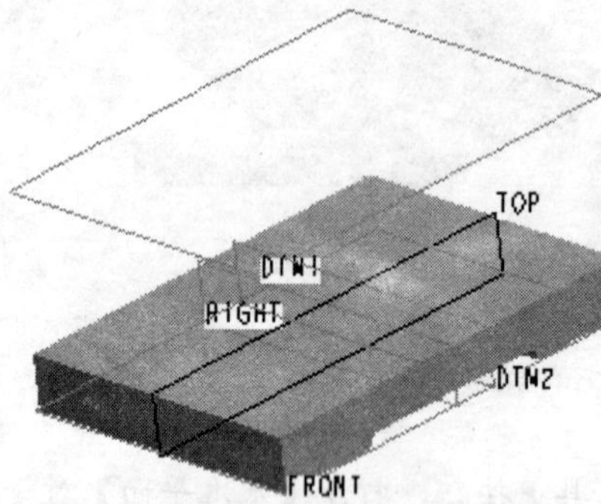

图 10-3-6 创建 DTM2

5．创建拉伸特征 2

01 单击（拉伸工具）按钮，打开【拉伸工具】操控面板。

02 单击【放置】选项卡，打开上滑面板。

03 单击【定义】按钮，打开【草绘】对话框。

04 选择 DTM2 基准平面为【草绘】平面。选取如图 10-3-7 所示的平面为参照平面。

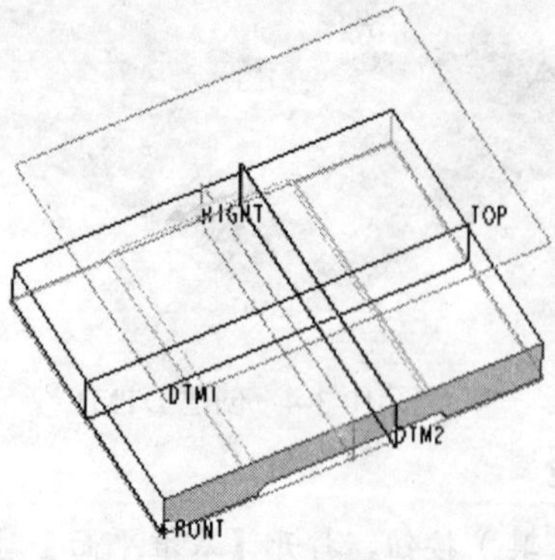

图 10-3-7 选取参照平面

第 10 章 综合实例

05 选取【右】作为平面参照方向。

06 单击对话框的【草绘】按钮，进入【草绘】模式。

07 绘制如图 10-3-8 所示的剖面。

08 完成剖面后，单击✔按钮，退出【草绘】模式。

09 保持操控面板上深度的⊥选项，输入深度数值为 48。

10 单击操控面板右侧的✔按钮，建立拉伸特征 2，如图 10-3-9 所示。

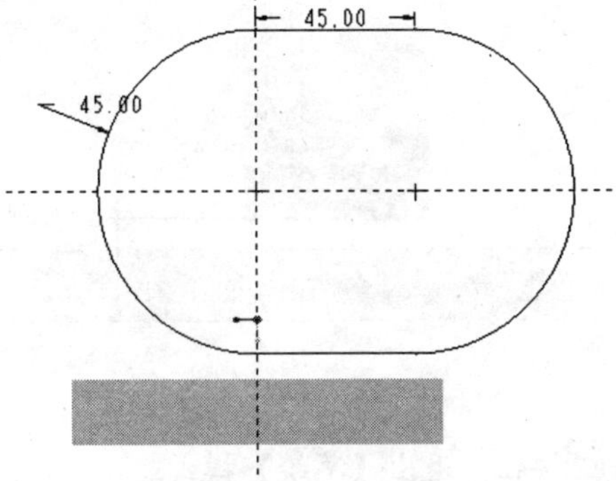

图 10-3-8 绘制剖面

图 10-3-9 完成拉伸特征

6. 创建拉伸特征 3

01 单击（拉伸工具）按钮，打开【拉伸工具】操控面板。

02 单击【放置】选项卡，打开上滑面板。

03 单击【定义】按钮，打开【草绘】对话框。

04 选取如图 10-3-10 所示的平面为【草绘】平面。

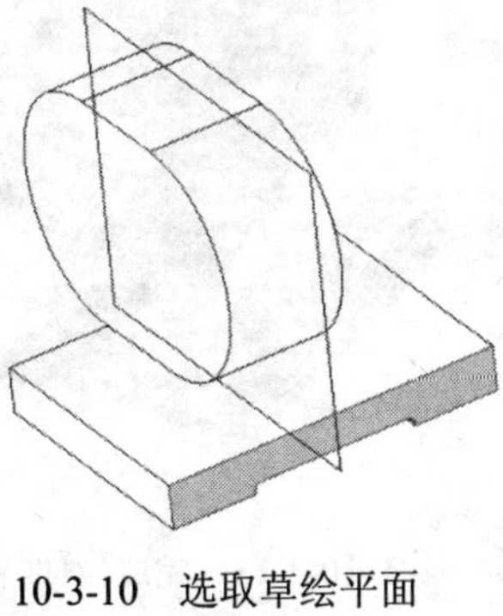

图 10-3-10 选取草绘平面

05 选择 RIGHT 基准平面为参照平面，选取【右】作为平面参照方向。

06 单击对话框的【草绘】按钮，进入【草绘】模式。

07 绘制如图 10-3-11 所示的剖面。

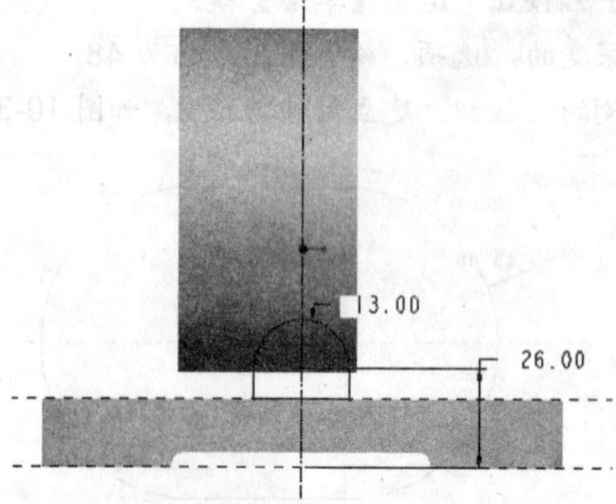

图 10-3-11 绘制剖面

01 完成剖面后，单击☑按钮，退出【草绘】模式。

02 保持操控面板上深度的⊒（到选定的）选项，选择如图 10-3-12 所示的拉伸终止面。

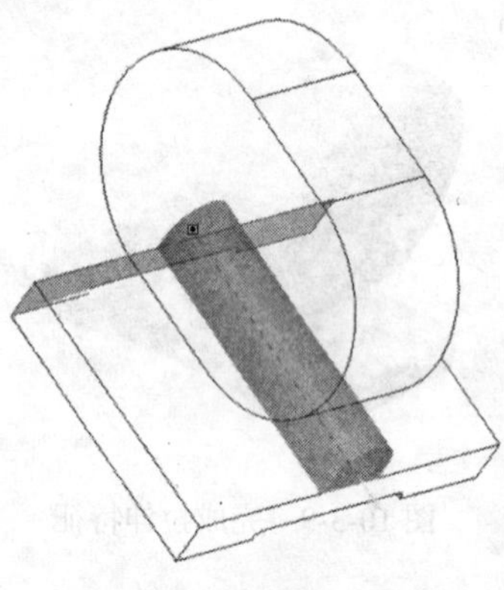

图 10-3-12 选择终止面

10 单击操控面板右侧的☑按钮，建立拉伸特征 3，如图 10-3-13 所示。

图 10-3-13 完成拉伸特征 3

7. 创建拉伸特征 4

01 单击 (拉伸工具) 按钮，打开【拉伸工具】操控面板。

02 单击【放置】选项卡，打开上滑面板。

03 单击【定义】按钮，打开【草绘】对话框。

04 选取如图 10-3-14 所示的平面为【草绘】平面，其余接受默认设置。

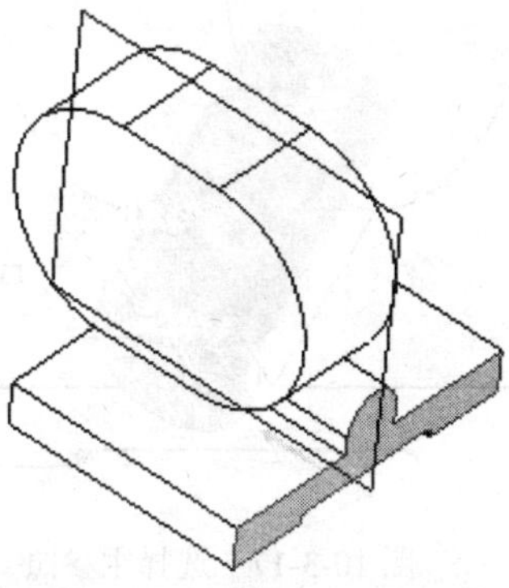

图 10-3-14 选取【草绘】平面

05 单击对话框的【草绘】按钮，进入【草绘】模式。

06 绘制如图 10-3-15 所示的剖面。

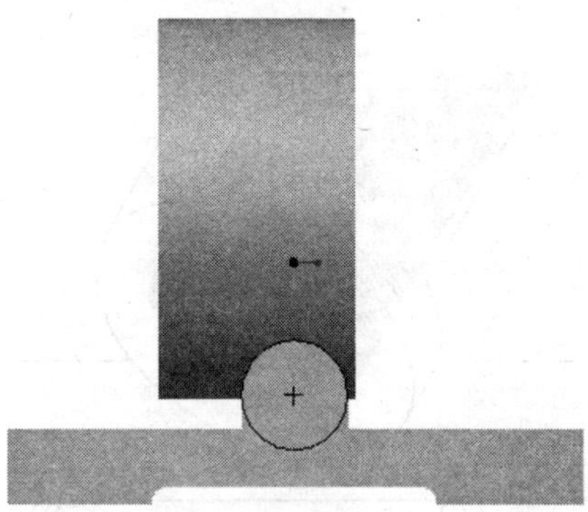

图 10-3-15 绘制剖面

07 完成剖面后，单击按钮，退出【草绘】模式。

08 保持操控面板上深度的选项，输入深度数值为 5。

09 单击操控面板右侧的按钮，建立拉伸特征 4，如图 10-3-16 所示。

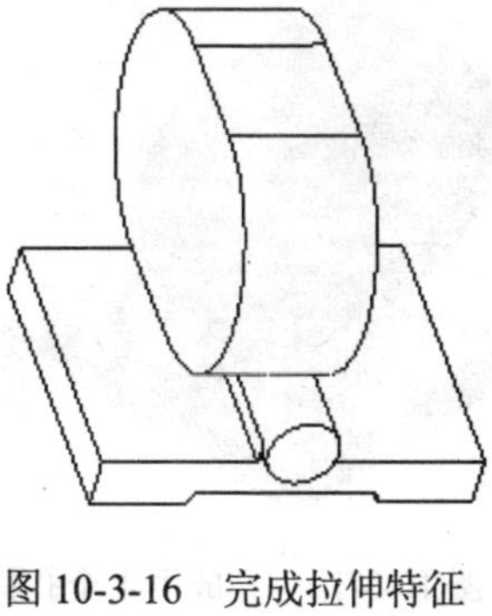

图 10-3-16 完成拉伸特征

8. 创建第 1 个孔特征

01 选择下拉菜单中的【插入（I)】|【孔（H)】命令或直接单击命令按钮。

02 单击操控面板中的【放置】按钮，弹出上滑面板。

03 定义孔的放置的主参照。选择如图 10-3-17 所示的端面为主参照，这时系统以当前默认值自动生成孔的轮廓。

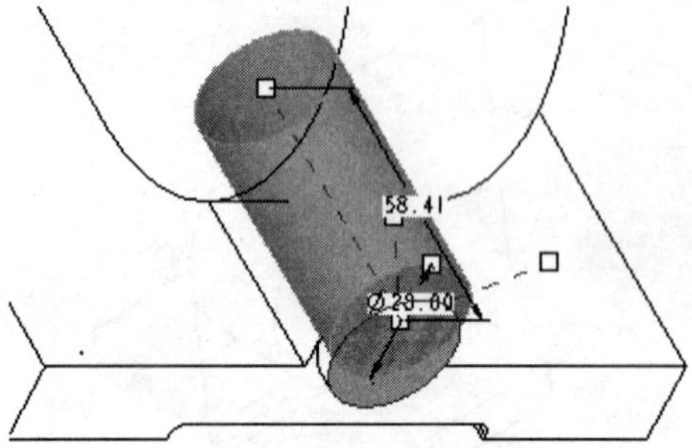

图 10-3-17 选择主参照

04 按下【螺纹类型】按钮，选择 ISO 螺孔标准，螺孔大小为 M18×1。

05 在【放置】操控面板上的【主参照】栏中，定位类型选择【同轴】。

06 单击操控面板的【次参照】下的【选取一个项目】命令，选择如图 10-3-18 所示的基准轴 A_2 为次参照。

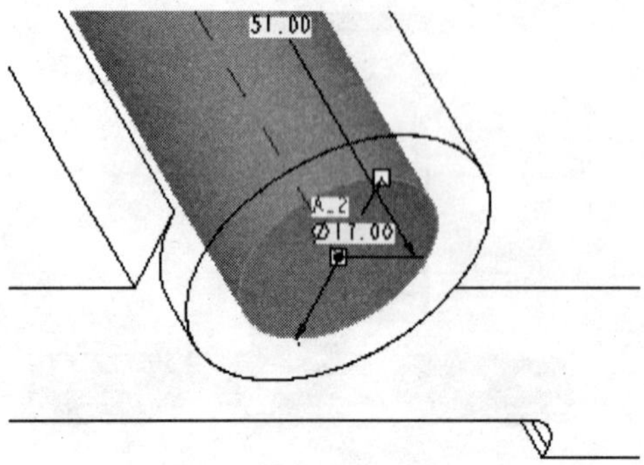

图 10-3-18 选择轴为次参照

07 选择（指定深度）按钮作为深度选项，并键入深度值为 96。

08 单击操控面板上的按钮，完成孔特征的创建，如图 10-3-19 所示。

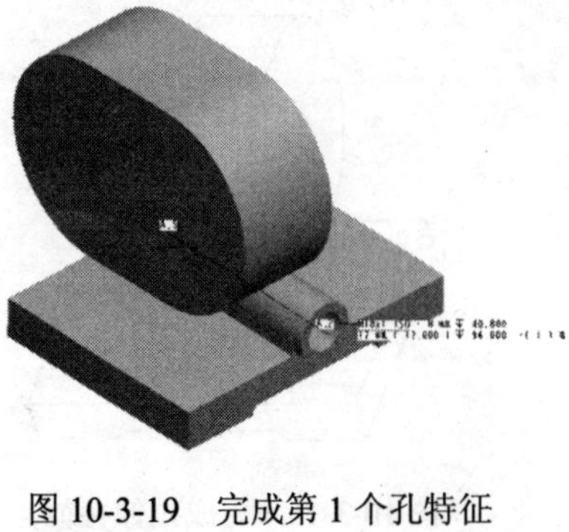

图 10-3-19 完成第 1 个孔特征

9．建立边倒角

01　单击【特征】工具栏内的（倒角工具）按钮，或在主菜单中单击【插入（I）】|【倒角（M）】|【边倒角（E）】命令。完成后，系统自动弹出【倒角】操控面板。

02　在模型上选择如图10-3-20所示的内边线。

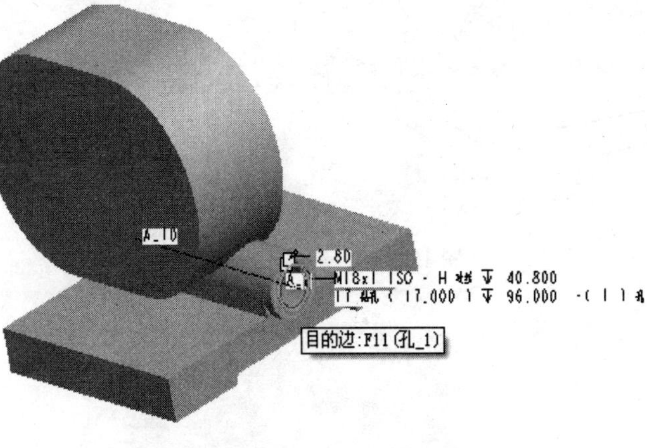

图10-3-20　选择倒角内边线

03　选择D×D为倒角方案。

04　在操控面板上的尺寸文本框中输入值为1。

05　单击操控面板上的按钮，完成边倒角特征的创建。如图10-3-21所示。

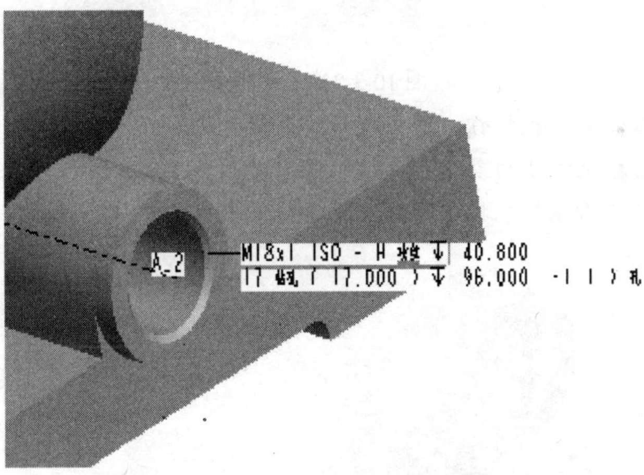

图10-3-21　完成边倒角的创建

10．创建拉伸特征5

01　单击（拉伸工具）按钮，打开【拉伸工具】操控面板。

02　单击【放置】选项卡，打开上滑面板。

03　单击【定义】按钮，打开【草绘】对话框。

04　选取如图10-3-22所示的平面为【草绘】平面，其余接受默认设置。

05　单击对话框的【草绘】按钮，进入【草绘】模式。

06　绘制如图10-3-23所示的剖面。

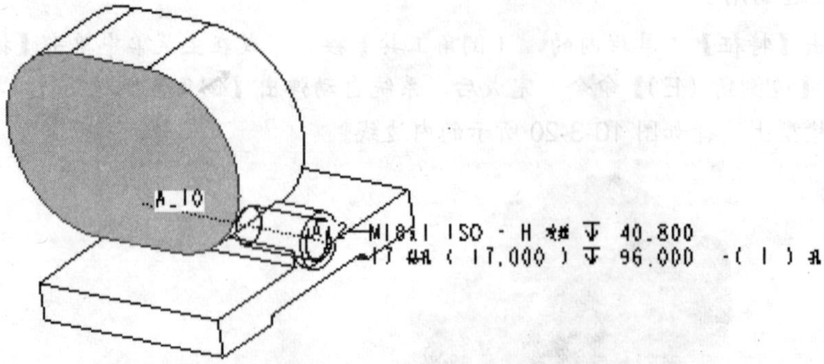

图 10-3-22 选取【草绘】平面

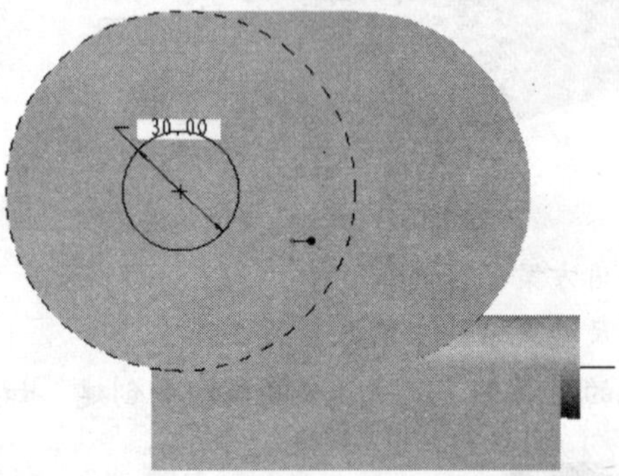

图 10-3-23 绘制剖面

07 完成剖面后，单击✓按钮，退出【草绘】模式。

08 保持操控面板上深度的⊔选项，输入深度数值为 9。

09 单击操控面板右侧的✓按钮，建立拉伸特征 5，如图 10-3-24 所示。

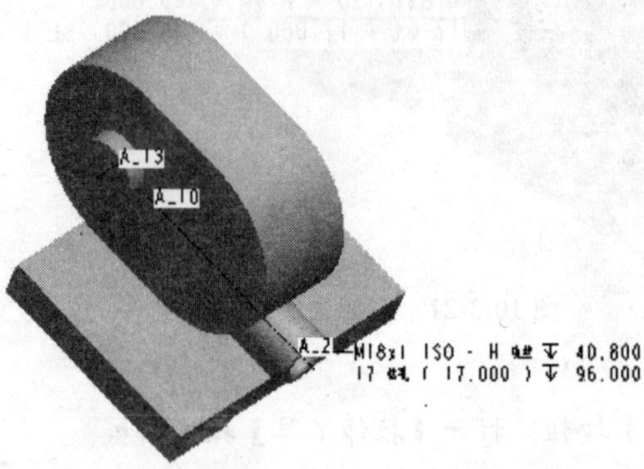

图 10-3-24 完成拉伸特征

11．创建拔模特征

01 在图形窗口右侧工具栏上单击(拔模工具)按钮或在主菜单中选择【插入(I)】|【斜度(F)】命令，打开【拔模】操控面板。

第10章 综合实例

02 单击操控面板上的【参照】按钮，打开【参照】上滑面板，默认情况下【拔模曲面】收集器处于激活状态。

03 在模型中，按住【Ctrl】键选取如图 10-3-25 所示的模型表面为要拔模的表面。

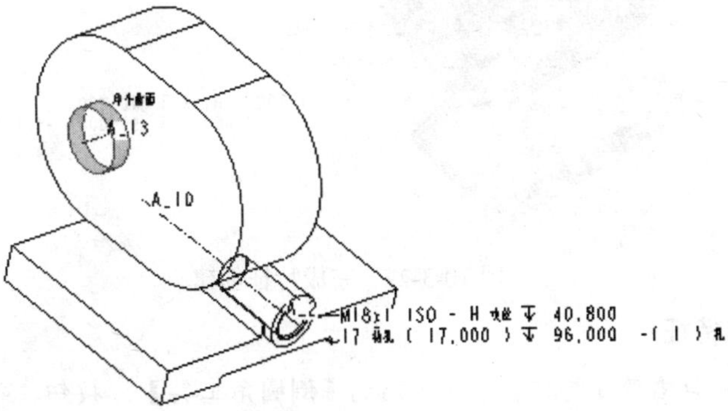

图 10-3-25 选择平面

04 在绘图窗口空白处单击鼠标右键，在弹出的快捷菜单中选择【拔模枢轴】命令或单击【参照】按钮，在弹出的上滑面板中选择【拔模枢轴】收集器中的【单击此处添加项目】命令，可激活【参照】上滑面板的【拔模枢轴】收集器。

05 激活后，在图形窗口选择凸台顶面，使该基准平面作为参照平面。

06 观察图形窗口的零件变化，单击【拖动方向】收集器旁边的按钮来调整方向，使它与如图 10-3-26 所示的方向一致。

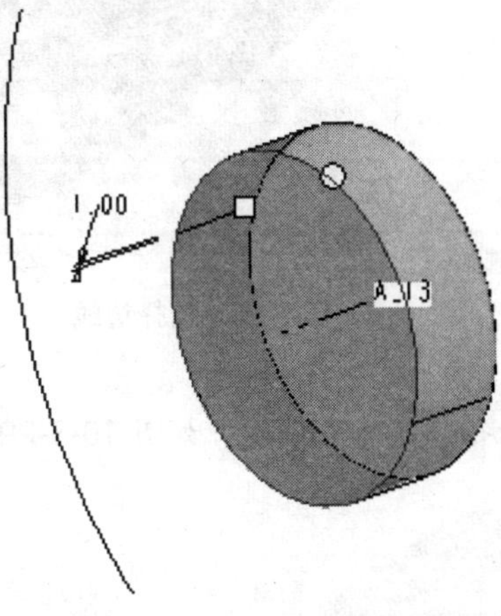

图 10-3-26 调整拔模方向

07 在操控面板中，键入新的拔模角度值为–8°。

小知识

拖动绘图窗口的小方块，可动态改变拔模角度值。

08 单击操控面板上的按钮，可完成特征的创建。如图 10-3-27 所示。

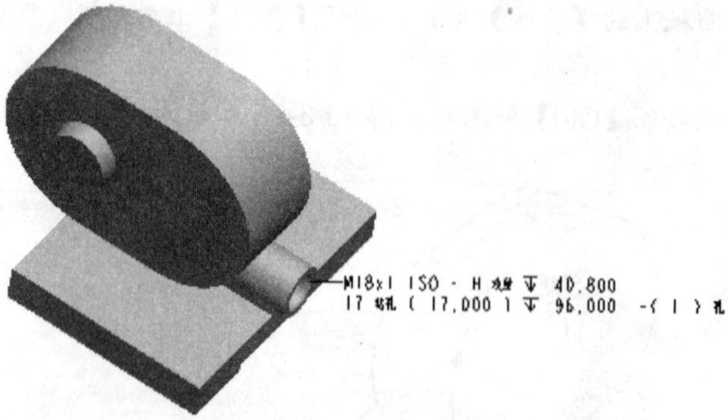

图 10-3-27　完成特征创建

12. 创建圆角特征

01　单击图形窗口右侧【特征】工具栏内的【倒圆角工具】按钮，或单击主菜单中的【插入（I）】|【倒圆角（O）】命令。

02　保持操控面板的默认设置。

03　在模型上选择如图 10-3-28 所示的边线。

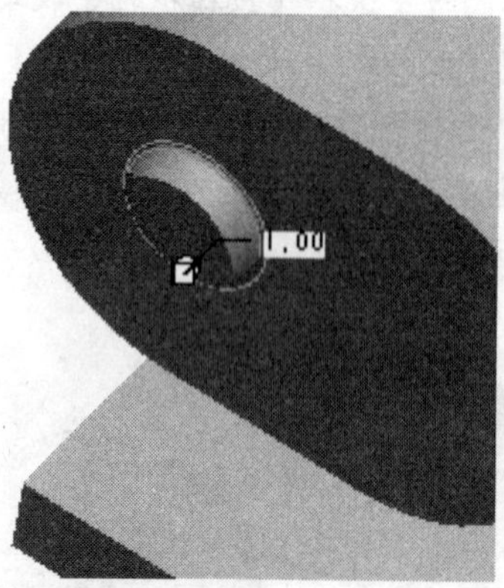

图 10-3-28　选择边线

04　输入半径值为 3。

05　单击操控面板上的按钮，完成创建，如图 10-3-29 所示。

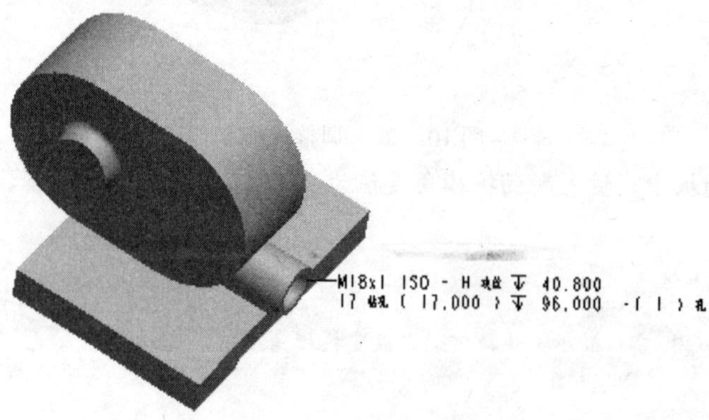

图 10-3-29　完成倒圆角特征的创建

13. 创建拉伸特征6

01 单击（拉伸工具）按钮，打开【拉伸工具】操控面板。

02 单击【放置】选项卡，打开上滑面板。

03 单击【定义】按钮，打开【草绘】对话框。

04 选取如图10-3-30所示的平面为【草绘】平面，其余接受默认设置。

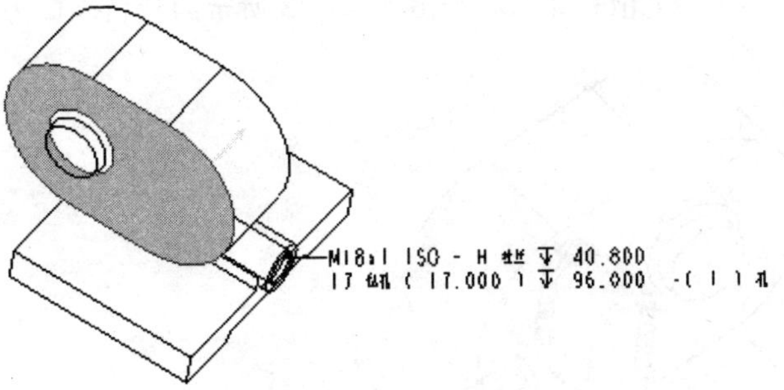

图10-3-30 选取【草绘】平面

05 单击对话框的【草绘】按钮，进入【草绘】模式。

06 绘制如图10-3-31所示的剖面。

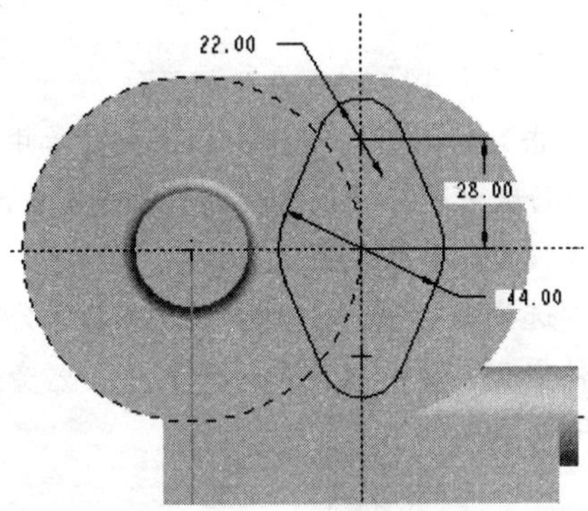

图10-3-31 绘制剖面

07 完成剖面后，单击按钮，退出【草绘】模式。

08 保持操控面板上深度的选项，输入深度数值为9。

09 单击操控面板右侧的按钮，建立拉伸特征6，如图10-3-32所示。

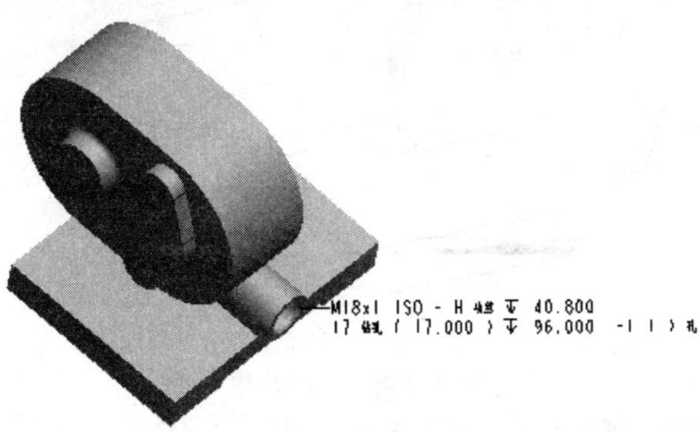

图10-3-32 完成拉伸特征

14. 创建拔模特征

01 在图形窗口右侧工具栏上单击 (拔模工具)按钮或在主菜单中选择【插入(I)】|【斜度(F)】命令，打开【拔模】操控面板。

02 单击操控面板上的【参照】按钮，打开【参照】上滑面板，默认情况下【拔模曲面】收集器处于激活状态。

03 在模型中，按住【Ctrl】键选取如图 10-3-33 所示的模型表面为要拔模的表面。

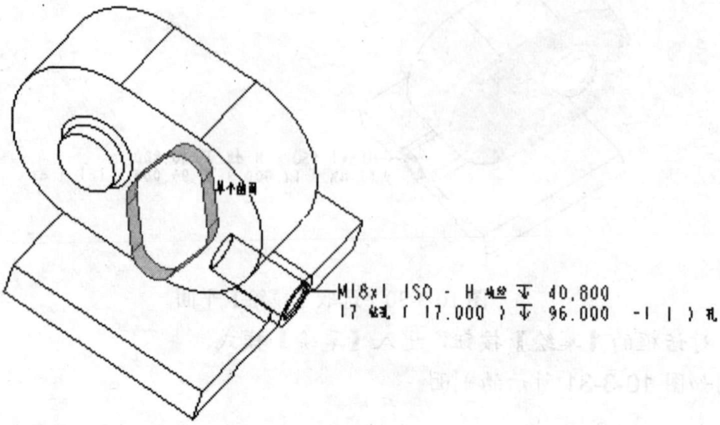

图 10-3-33 选择平面

04 在绘图窗口空白处单击鼠标右键，在弹出的快捷菜单中选择【拔模枢轴】命令或单击【参照】按钮，在弹出的上滑面板中选择【拔模枢轴】收集器中的【单击此处添加项目】命令，激活【参照】上滑面板的【拔模枢轴】收集器。

05 激活后，在图形窗口选择凸台顶面，使该基准平面作为参照平面。

06 观察图形窗口的零件变化，单击【拖动方向】收集器旁边的按钮来调整方向，使它与如图 10-3-34 所示的方向一致。

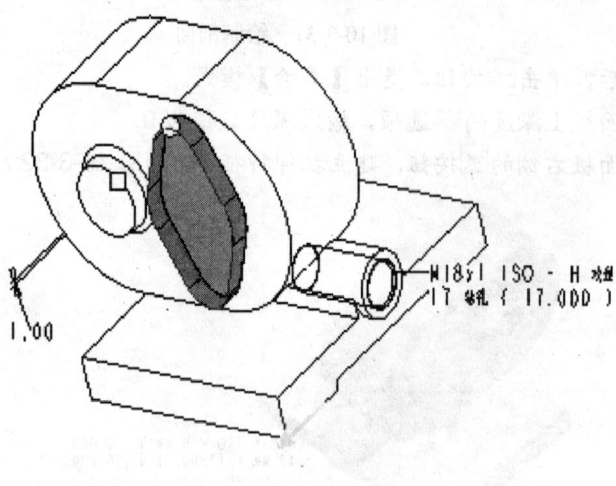

图 10-3-34 调整拔模方向

07 在操控面板中，键入新的拔模角度值为–8°。

08 单击操控面板上的按钮，可完成特征的创建。如图 10-3-35 所示。

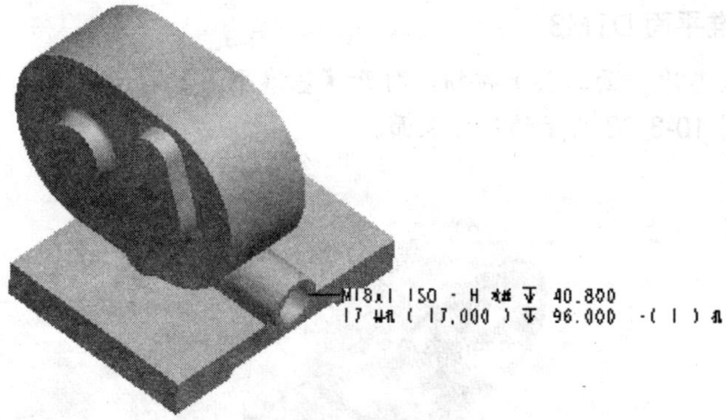

图 10-3-35 完成特征创建

15. 创建圆角特征

01 单击图形窗口右侧【特征】工具栏内的【倒圆角工具】按钮，或单击主菜单中的【插入（I）】|【倒圆角（O）】命令。

02 保持操控面板的默认设置。

03 在模型上选择如图 10-3-36 所示的边线。

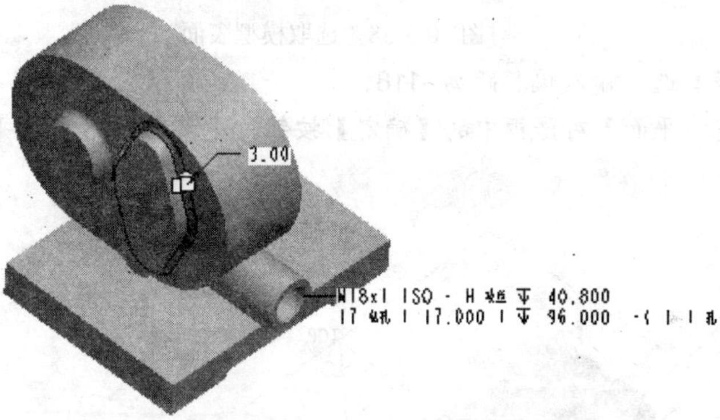

图 10-3-36 选择边线

04 输入半径值为 3。

05 单击操控面板上的按钮，完成创建，如图 10-3-37 所示。

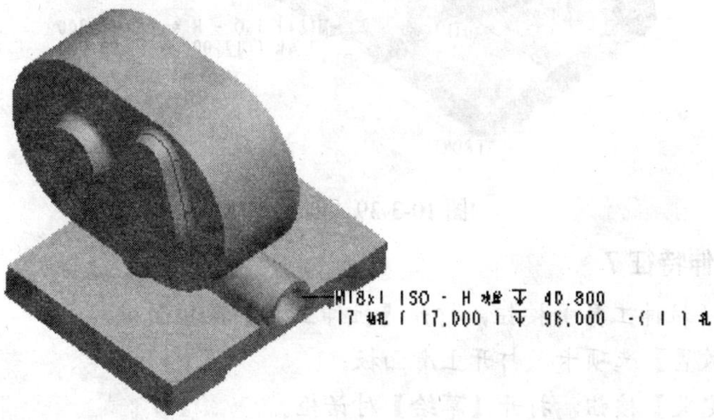

图 10-3-37 完成倒圆角特征的创建

16. 建立基准平面 DTM3

01 单击 （基准平面工具）按钮，打开【基准平面】对话框。

02 选择如图 10-3-38 所示的模型表面。

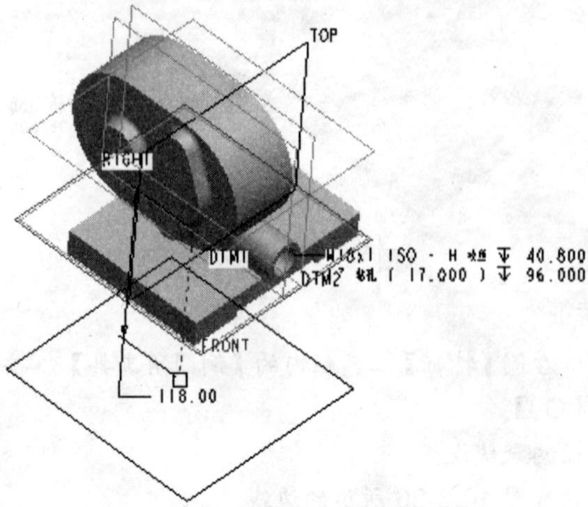

图 10-3-38 选取模型表面

03 在【偏移】选项输入偏移距离–118。

04 单击【基准平面】对话框中的【确定】按钮，建立 DTM3 基准平面，如图 10-3-39 所示。

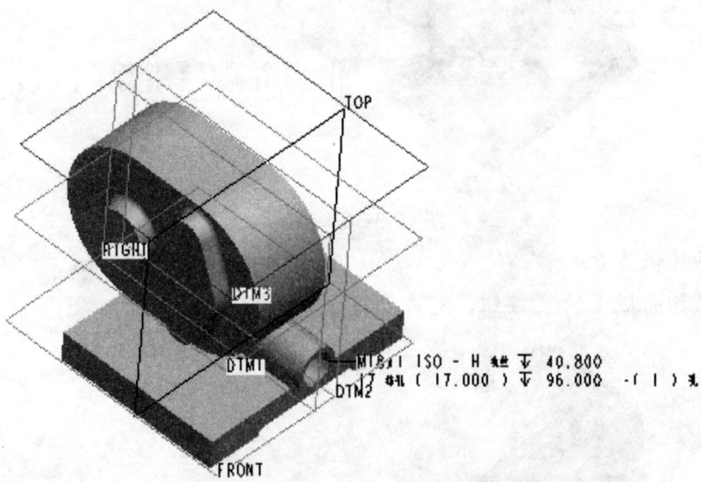

图 10-3-39 创建 DTM3

17. 创建拉伸特征 7

01 单击 （拉伸工具）按钮，打开【拉伸工具】操控面板。

02 单击【放置】选项卡，打开上滑面板。

03 单击【定义】按钮，打开【草绘】对话框。

04 选取如图 10-3-40 所示的平面为【草绘】平面，其余接受默认设置。

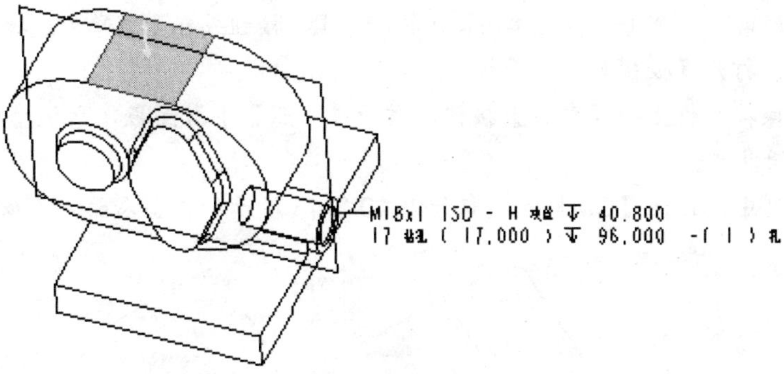

图 10-3-40 选取【草绘】平面

05 单击对话框的【草绘】按钮，进入【草绘】模式。

06 绘制如图 10-3-41 所示的剖面。

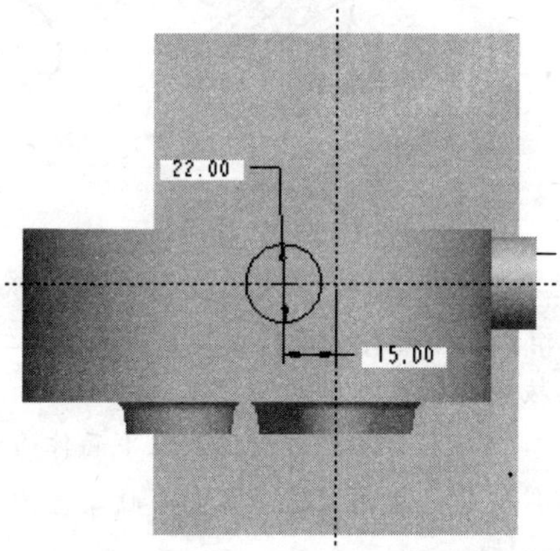

图 10-3-41 绘制剖面

07 完成剖面后，单击✔按钮，退出【草绘】模式。

08 保持操控面板上深度的⊥⊥（到选定的）选项，选择 DTM3 作为拉伸终止面。

09 单击操控面板右侧的✔按钮，建立拉伸特征 7，如图 10-3-42 所示。

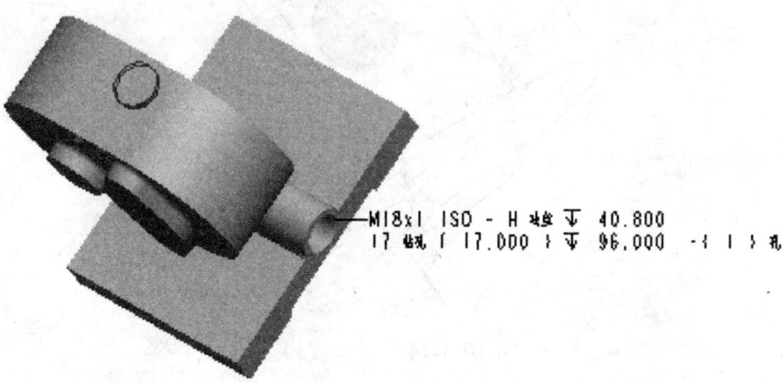

图 10-3-42 完成拉伸特征

18．创建拔模特征

01　在图形窗口右侧工具栏上单击（拔模工具）按钮或在主菜单中选择【插入（I）】|【斜度（F）】命令，打开【拔模】操控面板。

02　单击操控面板上的【参照】按钮，打开【参照】上滑面板，默认情况下【拔模曲面】收集器处于激活状态。

03　在模型中，按住【Ctrl】键选取如图 10-3-43 所示的模型表面为要拔模的表面。

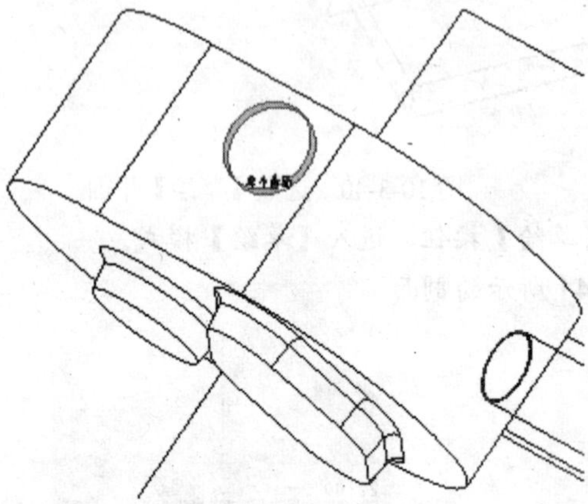

图 10-3-43　选择平面

04　在绘图窗口空白处单击鼠标右键，在弹出的快捷菜单中选择【拔模枢轴】命令或单击【参照】按钮，在弹出的上滑面板中选择【拔模枢轴】收集器中的【单击此处添加项目】命令，激活【参照】上滑面板的【拔模枢轴】收集器。

05　激活后，在图形窗口选择凸台顶面，使该基准平面作为参照平面。

06　观察图形窗口的零件变化，单击【拖动方向】收集器旁边的按钮来调整方向，使它与如图 10-3-44 所示的方向一致。

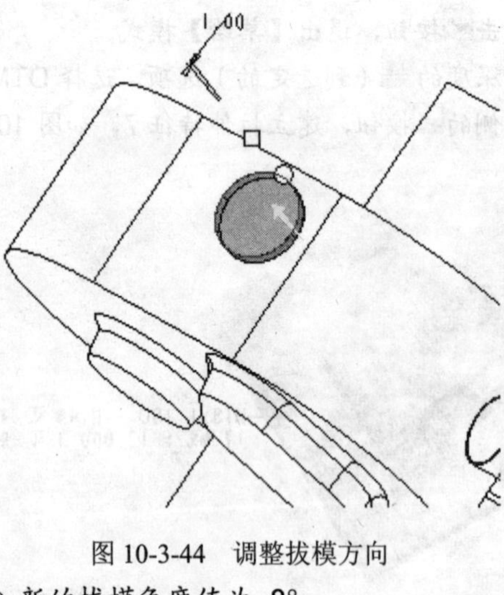

图 10-3-44　调整拔模方向

07　在操控面板中，键入新的拔模角度值为–8°。

08　单击操控面板上的按钮，可完成特征的创建。如图 10-3-45 所示。

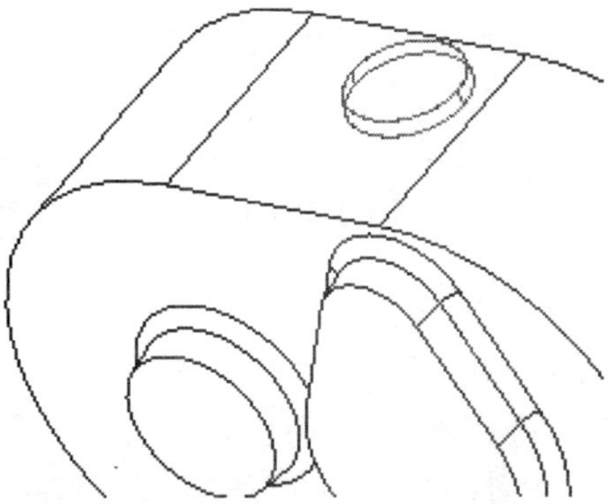

图 10-3-45 完成特征创建

19. 创建圆角特征

01 单击图形窗口右侧【特征】工具栏内的【倒圆角工具】按钮，或单击主菜单中的【插入（I）】|【倒圆角（O）】命令。

02 保持操控面板的默认设置。

03 在模型上选择如图 10-3-46 所示的边线。

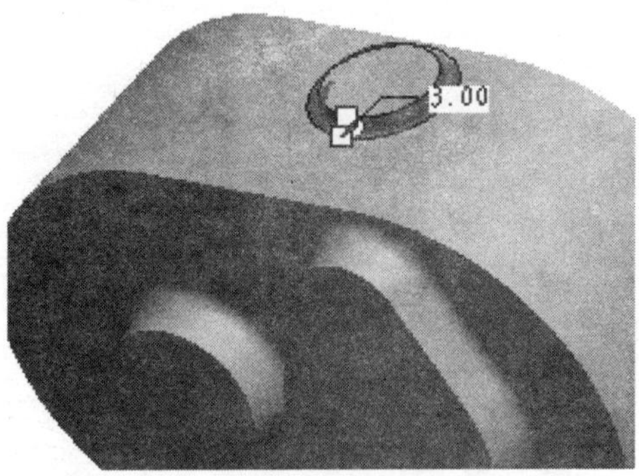

图 10-3-46 选择边线

04 输入半径值为 3。

05 单击操控面板上的按钮，完成创建，如图 10-3-47 所示。

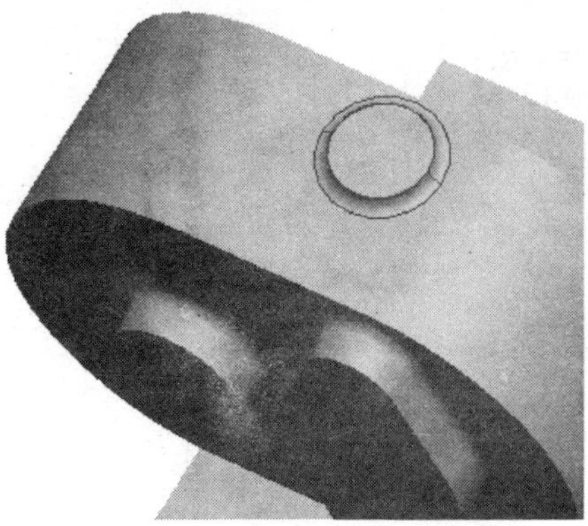

图 10-3-47 完成倒圆角特征的创建

20. 创建切削拉伸特征

01 单击（拉伸工具）按钮，打开【拉伸工具】操控面板。

02 单击【放置】选项卡，打开上滑面板。

03 单击【定义】按钮，打开【草绘】对话框。

04 旋转到合适的角度，选择如图 10-3-48 所示的平面为【草绘】平面，其余接受系统默认的设置。

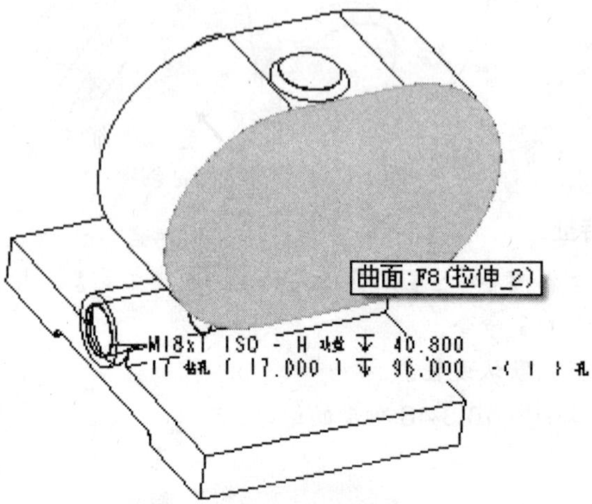

图 10-3-48 选择平面

05 单击【草绘】按钮，进入【草绘】模式。

06 增加绘图参照，绘制如图 10-3-49 所示的剖面。

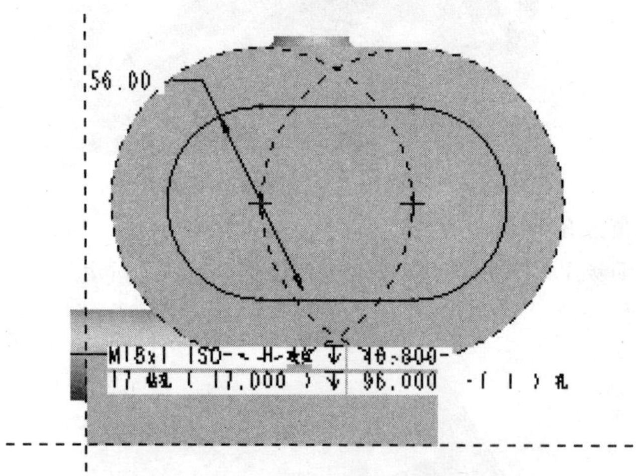

图 10-3-49 绘制剖面

07 完成剖面后，单击按钮，退出【草绘】模式。

08 在操控面板深度控制按钮中选择按钮，输入深度值为 33。

09 单击操控面板上的按钮，进行减除材料操作。观察方向，如果不对，则单击操控面板最右侧的按钮。

10 单击操控面板右侧的按钮，建立切削拉伸特征，如图 10-3-50 所示。

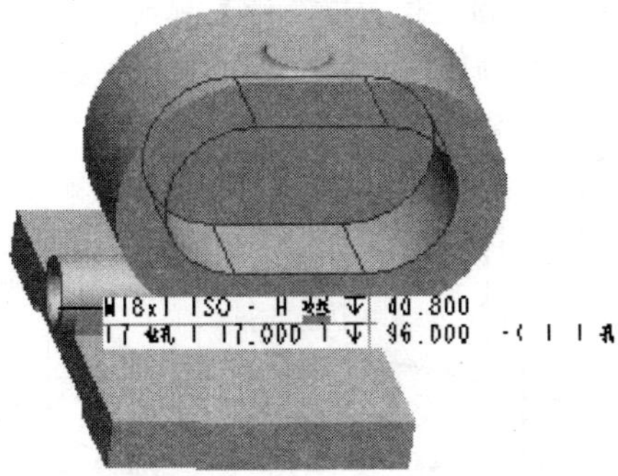

图 10-3-50 完成切削拉伸特征

21．创建切削拉伸特征 2

01 单击 （拉伸工具）按钮，打开【拉伸工具】操控面板。

02 单击【放置】选项卡，打开上滑面板。

03 单击【定义】按钮，打开【草绘】对话框。

04 旋转到合适的角度，选择如图 10-3-51 所示的平面为【草绘】平面，其余接受系统默认的设置。

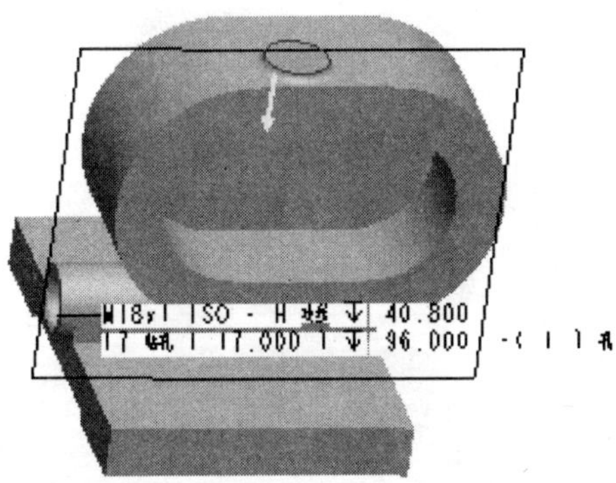

图 10-3-51 选择平面

05 单击【草绘】按钮，进入【草绘】模式。

06 增加 A-10 轴为绘图参照，绘制如图 10-3-52 所示的剖面。

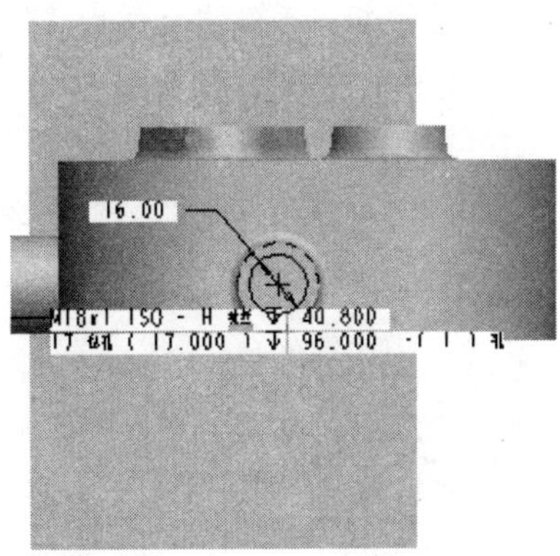

图 10-3-52 绘制剖面

07　完成剖面后，单击按钮，退出【草绘】模式。

08　在操控面板深度控制按钮中选择（到选定的）按钮，选择如图 10-3-53 所示的 A_5 基准轴为终止位置参照。

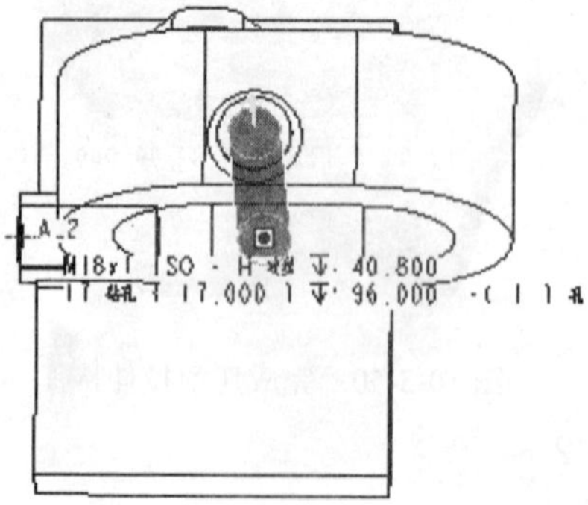

图 10-3-53　选择终止位置参照

09　单击操控面板上的按钮，进行减除材料操作。观察方向，如果不对，则单击操控面板最右侧的按钮。

10　单击操控面板右侧的按钮，建立切削拉伸特征，如图 10-3-54 所示。

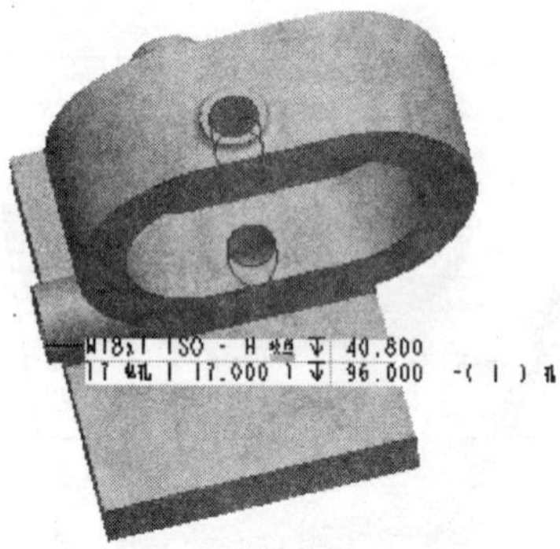

图 10-3-54　完成切削拉伸特征 2

22. 建立边倒角

01　单击【特征】工具栏内的（倒角工具）按钮，或在主菜单中单击【插入（I）】|【倒角（M）】|【边倒角（E）】命令。完成后，系统自动弹出【倒角】操控面板。

02　在模型上选择如图 10-3-55 所示的内边线。

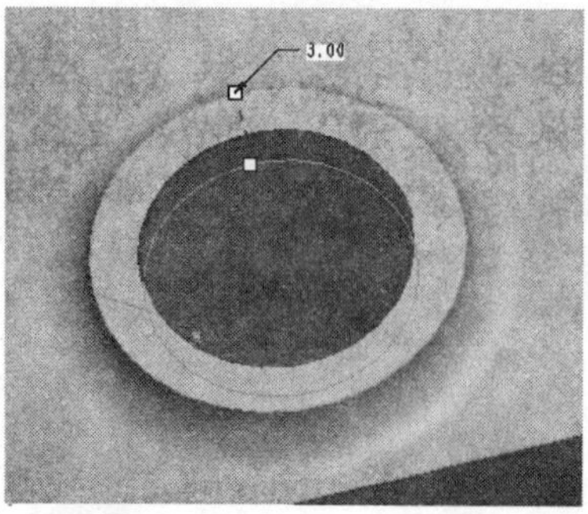

图 10-3-55　选择倒角内边线

03 选择D×D为倒角方案。

04 在操控面板上的尺寸文本框中输入值为1。

05 单击操控面板上的✓按钮，完成边倒角特征的创建，如图10-3-56所示。

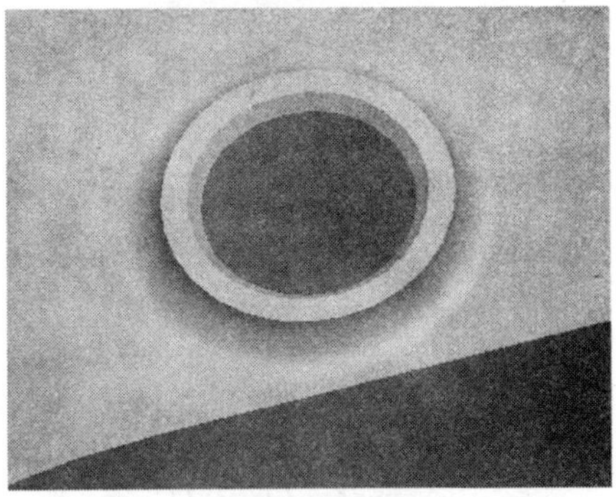

图10-3-56 完成边倒角的创建

23. 创建孔特征2

01 选择下拉菜单中的【插入（I)】|【孔（H)】命令或直接单击命令按钮。

02 单击操控面板【放置】按钮，弹出上滑面板。

03 定义孔的放置的主参照。选择如图10-3-57所示的端面为主参照，这时系统以当前默认值自动生成孔的轮廓。

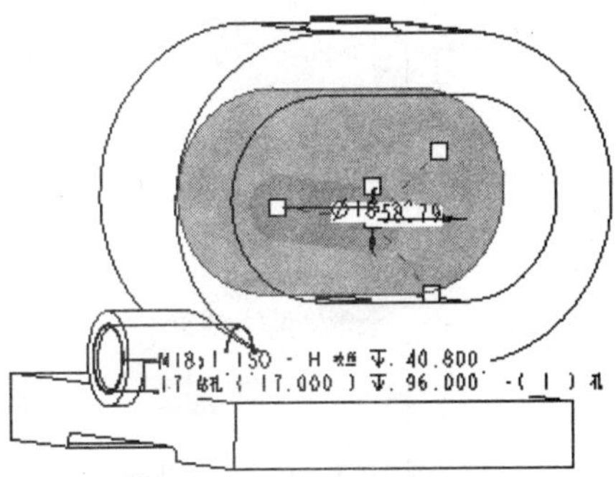

图10-3-57 选择主参照

04 在【放置】操控面板上的【主参照】栏中，定位类型选择【同轴】。

05 单击操控面板的【次参照】下的【选取一个项目】命令，选择如图10-3-58所示的基准轴A_8为次参照。

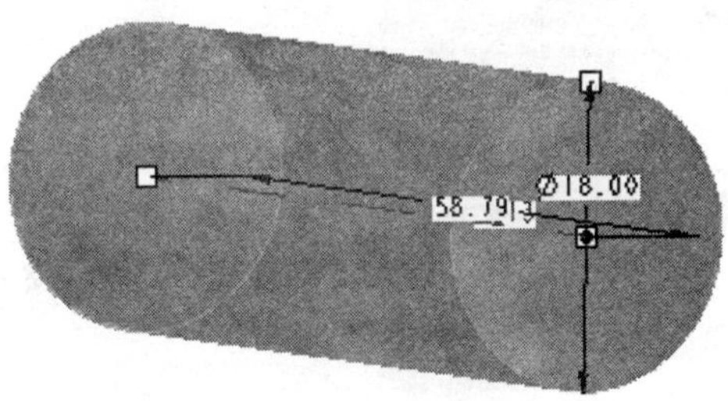

图10-3-58 选择轴为次参照

06 选择（指定深度）按钮作为深度选项，并键入深度值为 15，直径值为 16。

07 单击操控面板上的按钮，完成孔特征的创建，如图 10-3-59 所示。

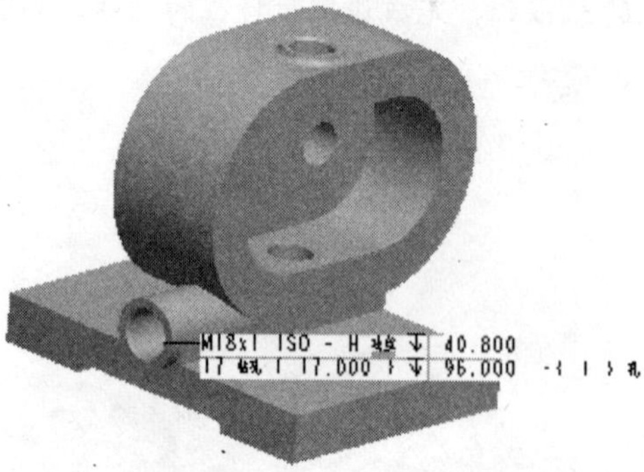

图 10-3-59 完成孔特征 2

24．创建旋转特征

01 单击（旋转工具）按钮，打开【旋转工具】操控面板。

02 在绘图窗口单击鼠标右键，选择【定义内部草绘】命令，打开【草绘】对话框。

03 选择 TOP 视图为【草绘】平面，其余接受系统默认设置，进入【草绘】模式。绘制如图 10-3-60 所示的剖面。

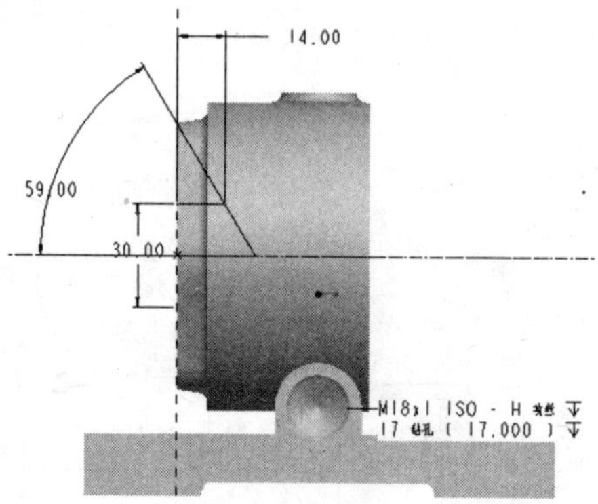

图 10-3-60 绘制剖面

04 完成剖面后，单击按钮，退出【草绘】模式。

05 保留操控面板上的（变量）选项，在旁边的角度数值中保持 360°。

06 按下【去除材料】按钮，此时绘图窗口如图 10-3-61 所示。

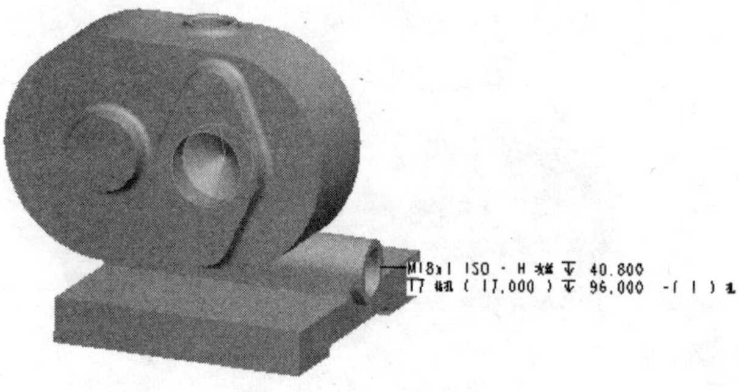

图 10-3-61 创建的旋转特征

07 单击☑按钮，完成旋转特征，如图 10-3-62 所示。

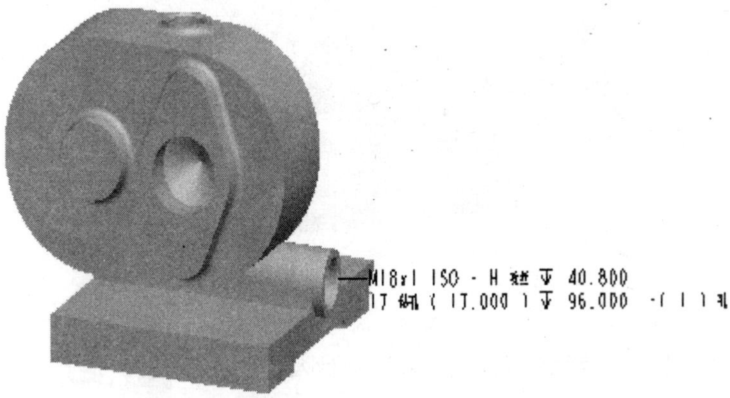

图 10-3-62 完成旋转特征

25. 创建孔特征 3

01 选择下拉菜单中的【插入（I)】|【孔（H)】命令或直接单击命令按钮。

02 单击操控面板【放置】按钮，弹出上滑面板。

03 定义孔的放置的主参照。选择如图 10-3-63 所示的端面为主参照，这时系统以当前默认值自动生成孔的轮廓。

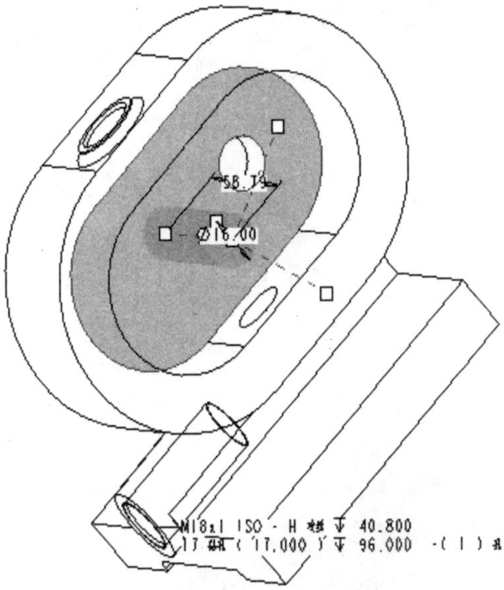

图 10-3-63 选择主参照

04 在【放置】操控面板上的【主参照】栏中，定位类型选择【同轴】。

05 单击操控面板的【次参照】下的【选取一个项目】命令，选择如图 10-3-64 所示的基准轴 A_18 为次参照。

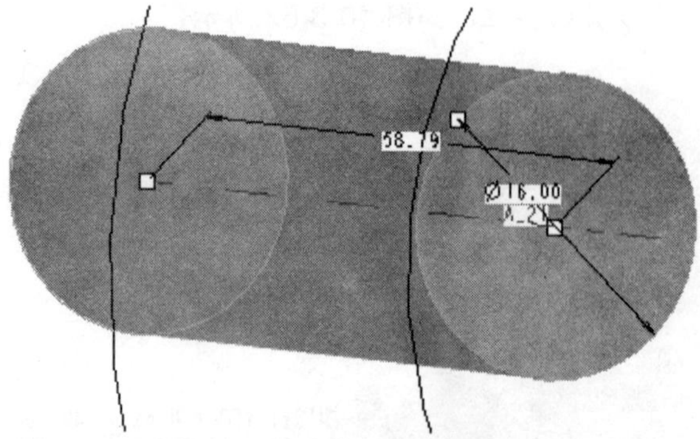

图 10-3-64 选择轴为次参照

06 选择（穿透）按钮作为深度选项，并键入直径值为 22。

07 单击操控面板上的按钮，完成孔特征的创建，如图 10-3-65 所示。

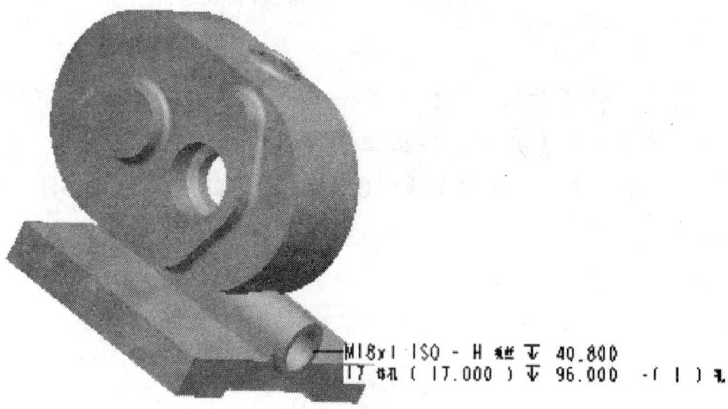

图 10-3-65 完成孔特征 3

26. 创建基准轴 A_3

01 单击（基准轴工具）按钮，打开【基准轴】对话框，选择如图 10-3-66 所示的侧表面。

图 10-3-66 选择曲面

注意

此时【基准轴】对话框的【参照】收集器中所选曲面的参照类型为【穿过】。

02 单击【基准轴】对话框中的【确定】按钮，完成基准轴的建立，系统自动命名此基准轴为 A_21，结果如图 10-3-67 所示。

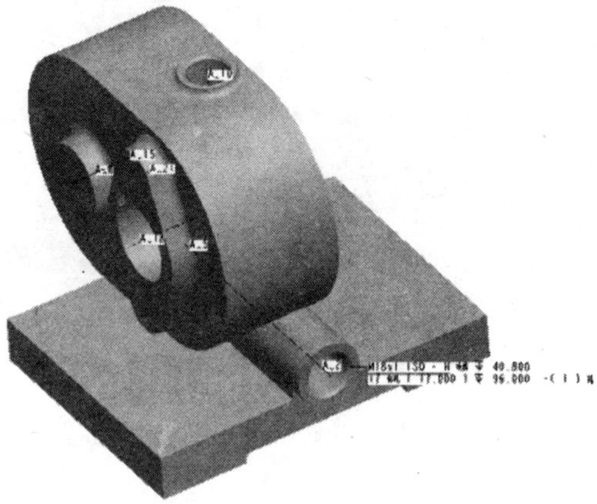

图 10-3-67 创建 A_21

提示

在模型树里面选中要改变名称的基准轴，按下【F2】键输入新名称即可更名。

27. 创建孔特征 4

01 选择下拉菜单中的【插入（I）】|【孔（H）】命令或直接单击命令按钮。

02 单击操控面板【放置】按钮，弹出上滑面板。

03 定义孔的放置的主参照。选择如图 10-3-68 所示的端面为主参照，这时系统以当前默认值自动生成孔的轮廓。

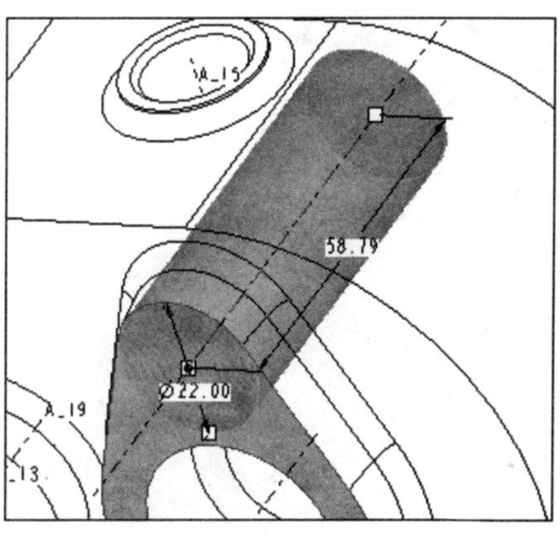

图 10-3-68 选择主参照

04 按下【螺纹类型】按钮，选择 ISO 螺孔标准，螺孔大小为 M8 × 1。

05 在【放置】操控面板上的【主参照】栏中，定位类型选择【同轴】。

06 单击操控面板的【次参照】下的【选取一个项目】命令，选择如图 10-3-69 所示的基准轴 A_21 为次参照。

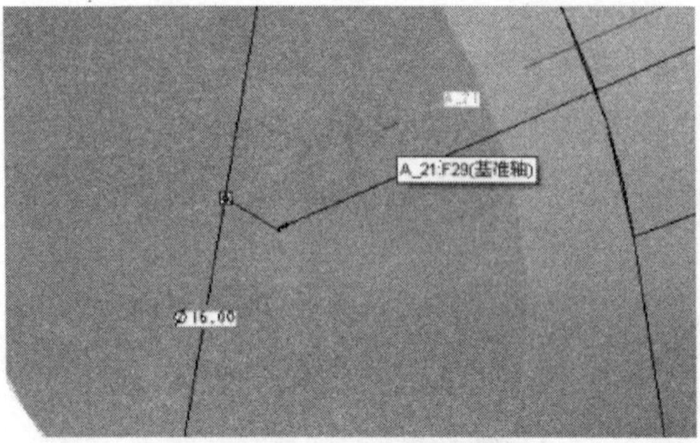

图 10-3-69 选择轴为次参照

07 单击【形状】按钮，打开【形状】上滑面板，设置如图 10-3-70 所示。

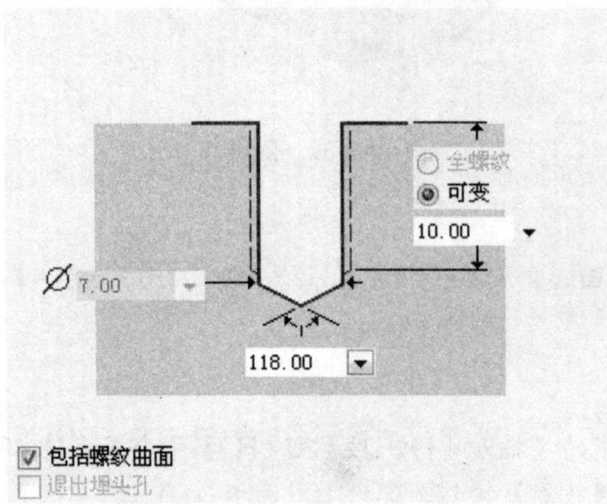

图 10-3-70 设置形状面板

08 选择（指定深度）按钮作为深度选项，并键入深度值为 15。

09 单击操控面板上的按钮，完成孔特征的创建，如图 10-3-71 所示。

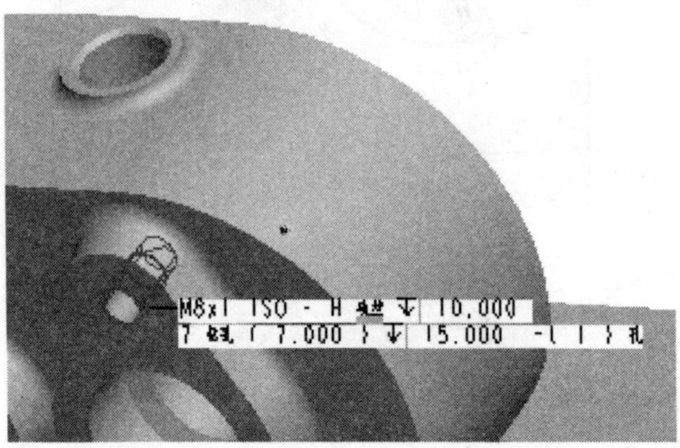

图 10-3-71 完成孔特征 4

28. 镜像孔特征 4

01 选择要镜像的孔特征 4。

02 单击 (镜像) 工具按钮，出现【镜像】操控面板。

03 选择 DTM1 基准平面为镜像平面。

04 单击 (完成) 按钮，完成操作，结果如图 10-3-72 所示。

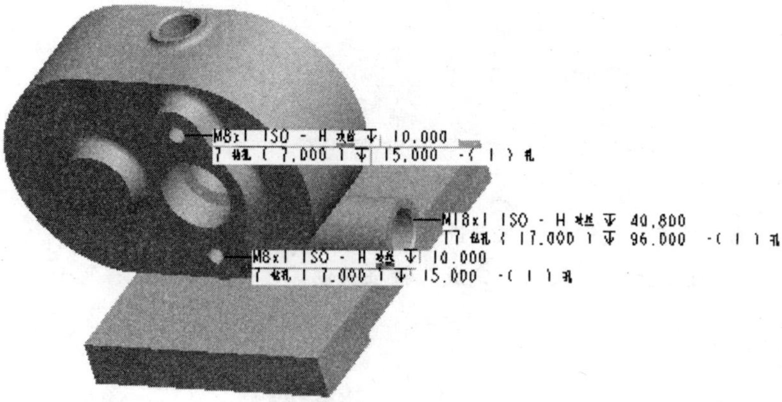

图 10-3-72 完成镜像操作

29. 创建孔特征 5

01 选择下拉菜单中的【插入 (I)】|【孔 (H)】命令或直接单击命令按钮。

02 单击操控面板【放置】按钮，弹出上滑面板。

03 定义孔的放置的主参照。选择如图 10-3-73 所示的端面为主参照，这时系统以当前默认值自动生成孔的轮廓。

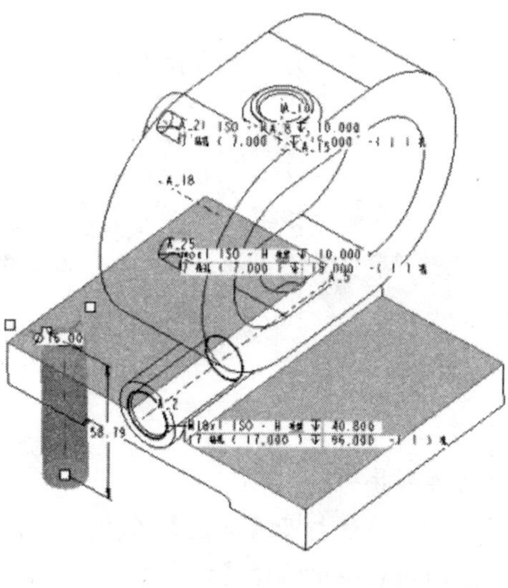

图 10-3-73 选择主参照

04 单击【形状】按钮，打开【形状】上滑面板，设置如图 10-3-74 所示。

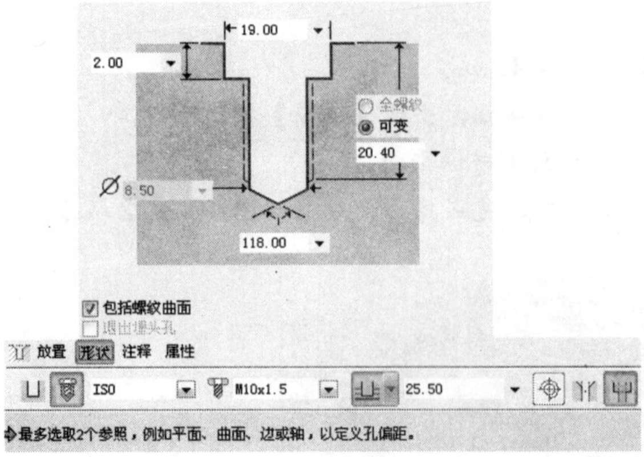

图 10-3-74　设置形状面板

05　选择（穿透）按钮作为深度选项。

06　单击操控面板上的按钮，完成孔特征的创建，如图 10-3-75 所示。

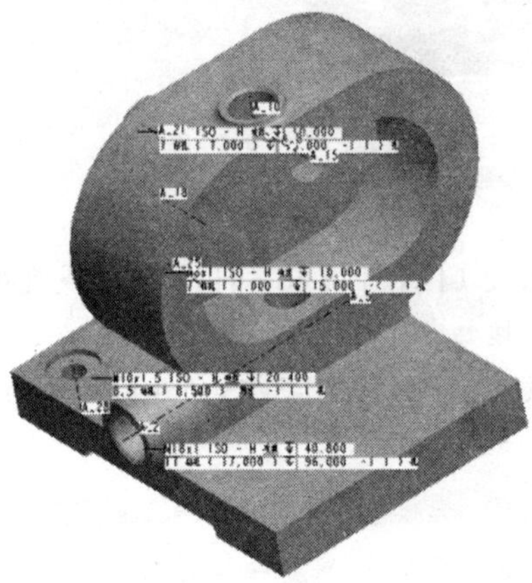

图 10-3-75　完成孔特征 5

> **提示**
>
> 标准孔多了以后，整个屏幕都是标准孔的注释文字。要消除注释文字，只需要选取【工具（T）】|【选项（O）】命令，设置【model_note_display】项值为 no 即可。

30. 创建孔阵列

01　选择模型中的孔 5 作为阵列导引。

02　单击（阵列）工具按钮，系统打开【阵列】操控面板。

03　从【阵列】操控面板上的列表框中选择【方向】选项。

04　单击操控面板上的【尺寸】按钮，进入【尺寸】上滑面板。

05　选择第 1 方向和第 2 方向的引导尺寸，并给出增量值，如图 10-3-76 所示。

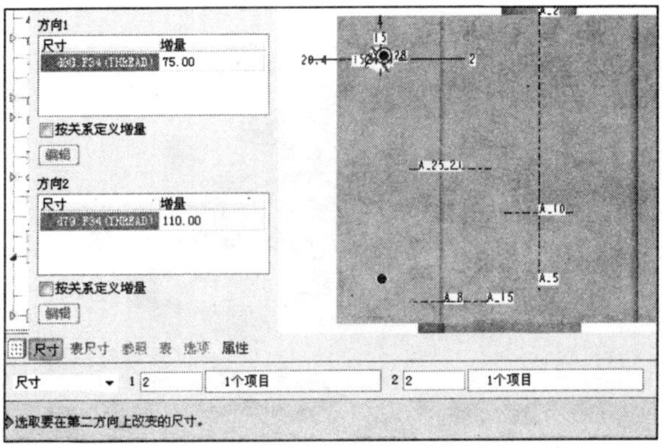

图 10-3-76 参数的设置

06 单击操控面板上的 （完成）按钮，完成操作，如图 10-3-77 所示。

图 10-3-77 完成阵列

31. 创建圆角特征

01 单击图形窗口右侧【特征】工具栏内的【倒圆角工具】 按钮，或单击主菜单中的【插入（I）】|【倒圆角（O）】命令。

02 选择如图 10-3-78 所示的边线并输入半径值为 6。

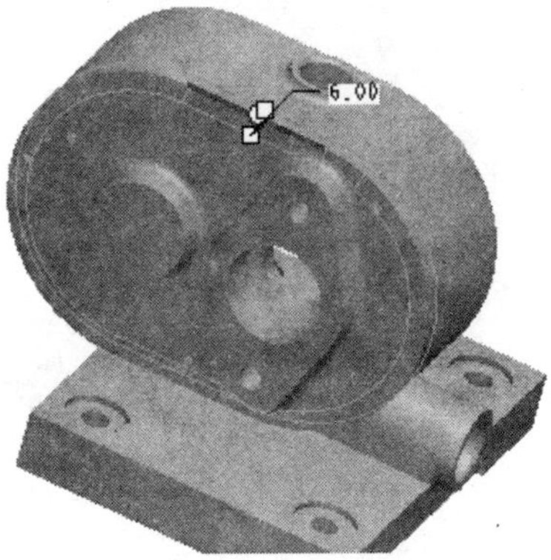

图 10-3-78 选择边线

03 在图形窗口空白处单击鼠标右键，在弹出的快捷菜单中选择【添加组】命令。

04 选择如图 10-3-79 所示的边线，输入半径值为 10，其余保持默认设置。

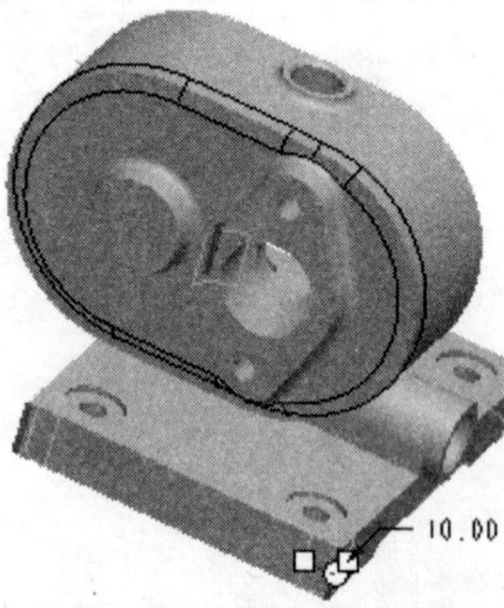

图 10-3-79 选择边

05 在图形窗口空白处单击鼠标右键，在弹出的快捷菜单中选择【添加组】命令。

06 选择如图 10-3-80 所示的边线，输入半径值为 10，其余保持默认设置。

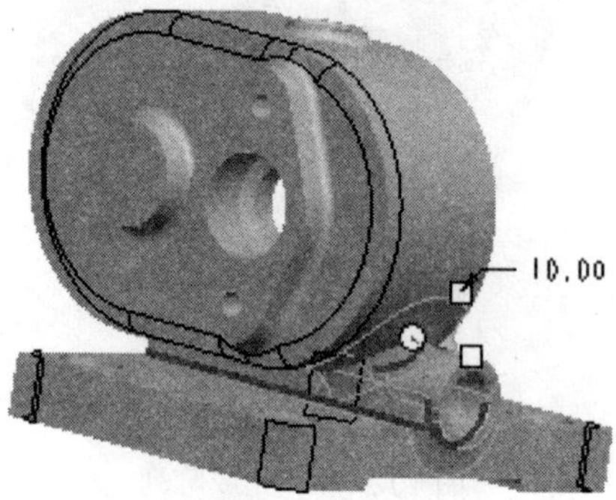

图 10-3-80 选择边

07 在图形窗口空白处单击鼠标右键，在弹出的快捷菜单中选择【添加组】命令。

08 单击操控面板上的✓按钮，完成创建，如图 10-3-81 所示。

图 10-3-81 完成倒圆角特征 4 的创建

32. 创建圆角特征 5

01 单击图形窗口右侧【特征】工具栏内的【倒圆角工具】按钮，或单击主菜单中的【插

入（I）】|【倒圆角（O）】命令。

02　选择如图 10-3-82 所示的边线并输入半径值为 2。

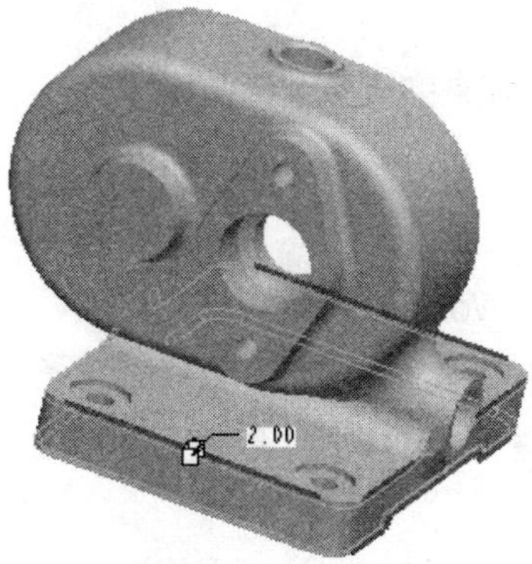

图 10-3-82　选择边线

03　单击操控面板上的✓按钮，完成创建，如图 10-3-83 所示。

图 10-3-83　完成倒圆角特征 5 的创建

本章总结

本章主要是对前面章节所学的知识进行综合的实例操作，内容涉及拉伸、旋转、抽壳、拔模、倒角、实体化等多项操作。相信通过本章的实例练习，可以让读者体会并掌握一些模型的建模思想，对成为一个建模师有很大的帮助。

有问必答

问：草绘实体旋转剖面时需要注意什么？

答：草绘实体旋转剖面时，要注意一定要有中心线，剖面必须封闭并位于中心线的一侧，否则将再生失败。

问：如何去除标准孔在图形窗口的注释？

答：只需要选取【工具（T）】|【选项（O）】命令，设置【model_note_display】项值为 no 即可。

问：如何利用一个倒圆角特征来完成多个倒角操作？

答：在完成一个倒角设置后，在绘图区单击鼠标右键，在弹出的快捷菜单中选择【添加组】命令，或在【设置】上滑面板上选择【新组】命令，即可添加新的倒角组。

问：如何将 Pro/E 图形放到 Word 中去？

答：方法 1：首先在 Pro/E 中在线框模式（在绘图模式下也可以）下直接另存为*.CGM 文件，然后在 Word 中插入，此方法效果非常好，图像是矢量图形，所以可以任意缩放也不会模糊，此方法适合线条图。

方法 2：直接使用抓图软件（如 HyperSnap-DX）抓图。

问：如何将 Pro/E 中的零件调入 3D MAX 中进行渲染?

答：只需将文件导出成 igs 格式即可导入 3D MAX 中进行渲染。